注册土木工程师（水利水电工程）资格考试指定辅导教材

水利水电工程专业案例

（水土保持篇）

（2009年版）

全国勘察设计注册工程师水利水电工程专业管理委员会 编
中 国 水 利 水 电 勘 测 设 计 协 会

黄 河 水 利 出 版 社

图书在版编目(CIP)数据

水利水电工程专业案例:2009年版.水土保持篇/全国勘察设计注册工程师水利水电工程专业管理委员会,中国水利水电勘测设计协会编.—郑州:黄河水利出版社,2009.4

注册土木工程师(水利水电工程)资格考试指定辅导教材

ISBN 978-7-80734-590-9

Ⅰ.水… Ⅱ.①全…②中… Ⅲ.①水利工程-工程技术人员-资格考核-自学参考资料②水力发电工程-工程技术人员-资格考核-自学参考资料③水土保持-工程技术人员-资格考核-自学参考资料 Ⅳ.TV

中国版本图书馆CIP数据核字(2009)第047284号

出 版 社:黄河水利出版社

地址:河南省郑州市顺河路黄委会综合楼14层　邮政编码:450003

发行单位:黄河水利出版社

发行部电话:0371-66026940、66020550、66028024、66022620(传真)

E-mail: hhslcbs@126.com

承印单位:河南地质彩色印刷厂

开本:787 mm×1092 mm　1/16

印张:29

字数:670千字　　印数:6 001—8 000

版次:2007年4月第1版　　印次:2009年4月第3次印刷

2009年4月第2版

定价:85.00元

注册土木工程师(水利水电工程)资格考试
指定辅导教材编委会

前 言

为加强工程勘察与设计人员的管理,保证工程质量,国家对从事工程勘察与设计活动的专业技术人员逐步实行职业准入制度。注册土木工程师(水利水电工程)执业制度于2005年9月起正式实施,专业技术人员经考试合格,并按有关规定进行注册后,方可以注册土木工程师(水利水电工程)名义执业。实施勘察与设计执业制度后,在水利水电工程勘察与设计活动中形成的勘察与设计文件,必须由注册土木工程师(水利水电工程)签字并加盖执业印章后方可生效。根据执业岗位需要,注册土木工程师(水利水电工程)执业岗位划分为水利水电工程规划、水工结构、水利水电工程地质、水利水电工程移民、水利水电工程水土保持5个执业类别。

注册土木工程师(水利水电工程)资格考试分为基础考试和专业考试,基础考试合格后方可报名参加专业考试。基础考试分为两个半天,分别进行公共基础、专业基础考试,专业考试分为两天,分别进行专业知识、专业案例考试,基础考试不分执业类别,专业考试分执业类别。

为更好地帮助专业考生复习,全国注册土木工程师(水利水电工程)专业管理委员会和中国水利水电勘测设计协会成立了由行业资深专家、教授组成的考试复习教材编审委员会,于2007年5月组织编写并出版了参加资格考试的专用复习教材。针对2007年、2008年考试情况,全国勘察设计注册工程师水利水电工程专业管理委员会组织专家对考试大纲进行了修订,并经全国勘察设计注册工程师管理委员会审定,于2009年3月公布,考试复习教材编审委员会也组织专家对原复习教材进行了修编。

根据水利部《关于将水土保持方案编制资质移交中国水土保持学会管理的通知》(水保[2008]329号)的精神,水土保持方案编制资质移交中国水土保持学会管理,在中国水土保持学会关于《印发〈水土保持方案编制资质管理办法(试行)〉的通知》([2008]中水会字第 024 号)中,水土保持方案编制资格证书分为甲、乙、丙三个等级,并规定了不同等级持证单位应配备的注册土木工程师(水利水电工程)(水土保持)人员数量,注册土木工程师(水利水电工程)水土保持专业的考试已涉及到水利水电、交通运输、电力、煤炭等各类开发建设项目的水土保持方案编制和水土保持工程设计领域。为了使从事水土保持考试人员更好地复习,经研究,决定水土保持专业单独成册。本教材对 2007 年出版的《水利水电工程专业案例(工程规划、水土保持与工程移民篇)》中的水土保持篇进行了修改、补充,增加开发建设项目方面的内容以及各章节的案例分析,适当删减了科研试验方面的内容。

参加本教材编写的专家以其强烈的责任感、深厚的理论功底、丰富的工程实践经验以及对技术标准的准确理解,对教材字斟句酌,精心编撰,付出了辛勤劳动。本教材以注册工程师应掌握的专业知识、勘察设计技术标准为重点,紧密联系工程实践,不仅能够帮助考生系统掌握专业知识和正确运用设计规范、标准处理工程实际问题,也可作为各行各业从事水土保持勘察、设计、咨询、建设项目管理技术人员的专业学习读本,亦是高等院校一本很好的教学参考书。

值此教材出版之际,我们对各位作者表示深切的谢意,对编者所在单位给予的关心和支持表示衷心的感谢,对黄河水利出版社展现的专业精神表示敬意。

全国注册土木工程师水利水电工程专业管理委员会

中国水利水电勘测设计协会

2009 年 3 月

目 录

第一章　水土流失与土壤侵蚀

第一节　水土流失与水土保持

一、水土流失与土壤侵蚀

（一）土壤侵蚀

土壤侵蚀是土壤或其他地面组成物质在水力、风力、冻融、重力等外营力及地震、地质构造运动等内营力作用下，被剥蚀、破坏、分离、搬运和沉积的过程。狭义的土壤侵蚀仅指“土壤”被外营力分离、破坏和移动。根据外营力的种类，可将其划分为水力侵蚀、风力侵蚀、冻融侵蚀、重力侵蚀、淋溶侵蚀、山洪侵蚀、泥石流侵蚀及土壤坍陷等。侵蚀的对象也并不限于土壤及其母质，还包括土壤下面的土体、岩屑及松软岩层等。在现代侵蚀条件下，人类活动对土壤侵蚀的影响日益加剧，它对土壤和地表物质的剥离与破坏，已成为十分重要的外营力。因此，全面而确切的土壤侵蚀含义应为：土壤或其他地面组成物质在自然营力作用下或在自然营力与人类活动的综合作用下被剥蚀、破坏、分离、搬运和沉积的过程。

（二）水土流失

水土流失是在水力、重力、风力等外营力作用下，水土资源和土地生产力的破坏与损失，包括土地表层侵蚀及水的损失，亦称水土损失。土地表层侵蚀指在水力、风力、冻融、重力以及其他外营力作用下，土壤、土壤母质及岩屑、松软岩层被剥蚀、破坏、转运和沉积的全部过程。水土流失的形式除雨滴溅蚀、片蚀、细沟侵蚀、沟道侵蚀等典型的土壤侵蚀形式外，还包括河岸侵蚀、山洪侵蚀、泥石流侵蚀以及滑坡侵蚀等形式。从目前我国法律所赋予的水土流失防治工作内容看，水土流失的含义已经相应扩大，其不仅包括水力侵蚀、风力侵蚀、重力侵蚀、泥石流等，还包括水损失及由此而引起的面源污染（非点源污染），即除土地表层侵蚀之外，还包括水损失和面源污染。我国的水土流失的内涵与外延比土壤侵蚀更宽泛，实际上已经超出了国际上土壤侵蚀的范畴。

（三）正常侵蚀与加速侵蚀、古代侵蚀与现代侵蚀

正常侵蚀是在自然环境中，地表物质在不受人为影响条件下，由自然因素包括雨、雪、冰、风、重力等外营力作用下引起的地表侵蚀，也称为自然侵蚀，其侵蚀速度缓慢，常与成土过程相伴，两者构成的复合过程，决定着土壤类型、土层厚度及其在陆地表面的分布。自然侵蚀是一个漫长的地质过程，在人类出现以前的侵蚀是一种自然侵蚀，称为古代侵蚀，实际上也是一种地质侵蚀；人类出现后的土壤侵蚀称为现代侵蚀，现代侵蚀大部分是一种加速侵蚀。

加速侵蚀是由于人为活动或突发性自然灾害破坏而产生的侵蚀现象。通常人们所关注的水土流失即指这种侵蚀,它可分为人为加速侵蚀和自然加速侵蚀两种。自然加速侵蚀是自然界本身在某一时段出现的突发性环境剧变引起的侵蚀现象。如由地震破坏和由地震诱发的滑坡、崩塌和泥石流等;又如气候变化引起的冰雪融水所造成的侵蚀以及洪水泛滥造成的强烈冲刷等,无论是人类出现以前或以后均应视为地质侵蚀。

人为加速侵蚀或者说人为现代加速侵蚀,是由人类不当的经济活动,如滥伐、滥垦、滥牧、不合理耕作,以及开矿、修路等工程建设引起的一种破坏性的侵蚀过程,其侵蚀速率远大于土壤形成的速率。通常以容许土壤流失量作为衡量加速侵蚀的下限指标。土壤侵蚀面积的统计,即以加速侵蚀面积为依据。

(四)水力侵蚀

水力侵蚀是在降水、地表径流、地下径流作用下,土壤、土体或其他地面组成物质被破坏、剥蚀、转运和沉积的全过程,它是土壤侵蚀的重要类型。通常所称的水蚀或水力侵蚀与水土流失的含义有较大的差别,水土流失包含水的损失与土壤的流失两个方面。由融雪水引起的土壤侵蚀,也是一种水蚀现象,或称为融雪侵蚀。

水力侵蚀的主要形式包括面蚀和沟蚀两种。面蚀包括溅蚀、片蚀和细沟侵蚀;沟蚀包括溯源、沟岸扩张和下切三种侵蚀形式。

(五)风力侵蚀

风力侵蚀是在气流冲击作用下,土粒、沙粒脱离地表、被搬运和堆积的过程,简称风蚀。风对地表所产生的剪切力和冲力引起细小的土粒与较大的团粒或土块分离,甚至从岩石表面剥离碎屑,使岩石表面出现擦痕和蜂窝,继之土粒或沙粒被风挟带形成风沙流。气流的含沙量随风力的大小而改变,风力越大,气流含沙量越高,当气流中的含沙量过饱和或风速降低时,土粒或沙粒与气流分离而沉降,堆积成沙丘或沙垄。土(沙)粒脱离地表、被气流搬运和沉积3个过程是相互影响、穿插进行的。

(六)重力侵蚀

重力侵蚀是指坡地表层土石物质,主要由于本身所受的重力作用,失去平衡,发生位移和堆积的现象,国际上也称之为块体运动。重力侵蚀常见于山地、丘陵、沟谷和河谷的坡地以及人工开挖形成的渠道和路堑的边坡。根据土石物质破坏的特征和移动方式,一般可将重力侵蚀分为蠕动、崩塌、滑塌、崩岗、滑坡和泻溜等类型。

(七)混合侵蚀

混合侵蚀是在两种或两种以上侵蚀营力作用下发生的侵蚀现象,如泥石流,是在水流冲力和重力共同作用下的一种特殊的侵蚀形式。泥石流是饱含固体物质(泥沙、石块和巨砾)的高粘性流体,它以巨大的冲击力和高强搬运能力冲刷沟道、破坏和淤埋各种设施。有的学者也将崩岗列入混合侵蚀中。

(八)冻融侵蚀

冻融侵蚀是指土壤及其母质孔隙中或岩石裂缝中的水分冻结时,体积膨胀,裂隙随之加大增多,整块土体或岩石发生碎裂,消融后其抗蚀稳定性大为降低,在斜坡坡面或沟坡上的土体由于在冻融过程中隆起和收缩,即使不受水力或风力的搬运,在重力作用下也会导致岩土顺坡向下方产生位移的现象。冻融侵蚀主要分布于冻土地带。中国冻土面积约215万km^2,占国土总面积的22.3%左右,主要分布在东北北部山区、西北高山区及青藏高原地区。

(九)其他侵蚀类型

除上述侵蚀以外,现代冰川的活动对地表造成的机械破坏作用称为冰川侵蚀。冰川侵蚀活跃于现代冰川地区,主要发生于青藏高原和高山雪线以上。此外,在河流、海潮冲刷形成的侵蚀称为河岸侵蚀和海岸侵蚀。

(十)水流失

水土流失中水的流失主要是指正常的水分局部循环被破坏情况下的地面径流损失,主要是指大于土壤入渗强度的雨水或融雪水因重力作用,或土壤不能正常贮蓄水分情况下产生的流失现象。如植被与土壤破坏后产生的水流失、地面硬化产生的水流失等。其流失量取决于地面组成物质或土壤特性、降雨强度、地表形态及地表植被状况。在干旱地区或半干旱地区,通过保水措施可以达到充分利用天然降水为旱作农业服务及解决人畜用水等目的。

(十一)土壤养分流失

土壤养分流失是指坡地土壤颗粒表面的营养物质在径流和土壤侵蚀作用下,随径流泥沙向沟道及下游输移,从而造成养分损失的自然现象。养分流失后将使土壤日益贫瘠、土壤肥力和土地生产力降低,并造成下游水体污染或富营养化。

土壤的养分包含大量的氮、磷、钾,中等含量的钙、镁和微量的锰、铁、铜、锌、钼等元素,其中有离子态速效性养分,也有经过分解转化的无机或有机速效性养分。土壤侵蚀使这些养分大量流失。

在流失的养分中,氮、磷、铜、锌等元素对水体的污染最严重,水体中过剩的氮、磷引起绿藻的旺盛生长,加速水体富营养化过程。水土流失是导致面源污染加剧的主要因素。因此,防止土壤养分流失的有效措施是认真做好坡面水土保持以减少水分损失,增强土壤持水能力。

(十二)面源污染

面源污染,也称非点源污染,是指污染物从非特定的地点,在降水(或融雪)的冲刷作用下,通过径流过程汇入受纳水体(河流、湖泊、水库和海湾等),并引起水体的富营养化或其他形式的污染。一般而言,面源污染具有以下特点:污染源以分散形式间歇地向受纳水体排放污染物,这种时间上的间歇性与气象因素相关联,污染产生的随机性较强;污染物分布于范围很大的区域,并经过很长的陆地迁移后进入受纳水体,成因复杂;面源污染的地理边界和发生位置难以识别与确定,无法对污染源进行监测,也难以追踪并找到污染物的确切排放点。

面源污染与水土流失密切相关,水土流失在输送大量径流与泥沙的同时,也将各种污染物输送到河流、湖泊、水库。土壤侵蚀与富营养化是自然现象,但人类活动加速此过程时就会导致水质恶化。

城市和农村地表径流是两类重要的面源污染源。病原体、重金属、油脂和耗氧废物污染主要由城市径流产生,而我国农村目前不合理地使用农药、化肥,养殖业产生的畜禽粪便,以及未经处理的农业生产废弃物、农村生活垃圾和废水等,在降雨或灌溉过程中,经地表径流、农田排水、地下渗漏等途径进入受纳水体,是造成面源污染的最主要因素。

（十三）土壤侵蚀量、土壤流失量与容许土壤流失量

土壤侵蚀量包括侵蚀过程中产生的沉积量与流失量。水力侵蚀一般采用径流小区法测定，但其结果仅是土壤流失量，而不包括沉积量。风蚀通常采用积沙仪等预测，其结果也只能预测悬移量，是地面剥蚀后能在空中搬运的部分。

容许土壤流失量是指小于或等于成土速率的年土壤流失量。对于坡耕地，是指使作物在长时期内能持续稳定地获得高产而许可的年最大土壤流失量。一般单位亦采用 $t/(km^2 \cdot a)$。

（十四）土壤侵蚀程度与土壤侵蚀强度

土壤侵蚀程度反映土壤侵蚀总的结果和目前的发展阶段，以及土壤肥力水平，如片蚀阶段程度较轻，沟蚀阶段较严重。土壤侵蚀程度通常采用土壤原生剖面（或活土层）被侵蚀和丧失的情况加以判断，如 A 层（表土层）、B 层（心土层）、C 层（母质层）的丧失情况。土壤侵蚀程度是土地分级、土壤改良及侵蚀防治的主要依据，决定着土地利用的方向。

土壤侵蚀强度是地壳表层土壤在自然营力（水力、风力、重力、冻融等）和人类活动作用下，单位面积在单位时段内被剥蚀并发生位移的土壤侵蚀量。通常用土壤侵蚀模数作为衡量土壤侵蚀强度大小的指标，侵蚀模数中的土壤流失量可以用重量、体积或厚度来表示。

土壤侵蚀程度与土壤侵蚀强度相比，有更广泛的含义，它含有景观概念，如侵蚀土壤发生层出露情况、基岩裸露情况、土壤肥力大小等。而土壤侵蚀强度只反映单位面积单位时间内的侵蚀量。例如侵蚀强度大并不意味着侵蚀程度严重，侵蚀强度小也不意味着侵蚀程度不严重。如长期遭受严重土壤侵蚀而引起基岩大面积裸露的云贵高原地区侵蚀强度小，但侵蚀程度相当严重；而黄土高原土层深厚，目前侵蚀强度很大，但就土壤侵蚀程度而言则不严重。

（十五）土壤侵蚀模数、输沙模数和输移比

土壤侵蚀模数是单位面积土壤及土壤母质在单位时间内侵蚀量的大小。它是表征土壤侵蚀强度大小的一个定量指标，用以反映某区域单位时间内侵蚀强度的大小。

输沙模数是指单位面积内某一粒径范围内的泥沙在单位时间内通过某一河流断面的泥沙量，单位采用 $t/(km^2 \cdot a)$。

土壤侵蚀模数不同于输沙模数，前者是描述土壤的侵蚀强度，后者是描述流域的输沙数量。同一流域内产生的侵蚀总量并非完全进入河道（沟道），河道的冲淘揭底也可能导致大量的产沙与输沙。

泥沙输移比是在一定时段内，通过沟道或河流某一断面的总输沙量与该断面以上汇水面积内总侵蚀量的比值。

二、水土保持

水土流失防治即水土保持，是指对自然因素和人为活动造成水土流失所采取的预防与治理措施。通过水土保持，保护、改良和合理利用水土资源，减少水土流失，减轻水、旱、风沙灾害，改善生态环境，促进社会经济可持续发展。保持的内涵不只是保护，而且包括改良与合理利用。不能把水土保持理解为土壤保持和土壤保护，更不能将其等同于土壤侵蚀控制。水土保持内涵上包括了土壤保持。

水土保持是山区发展的生命线，是国民经济和社会发展的基础，是国土整治、江河治理的根本，是我们必须长期坚持的一项基本国策。国家对水土保持实行“预防为主，全面规划，综合防治，因地制宜，加强管理，注重效益”的方针。

现阶段我国水土保持的主要工作内容包括预防监督、综合治理（包括雨水利用、面源污染防治等）、生态修复和城市水土保持。

（一）预防监督

预防监督是对现有的水土流失与水土保持进行调查、监测和管理，其目的是预防人为新的水土流失的产生和扩大、巩固治理成果及保护和合理利用水土资源。预防监督工作应坚持“预防为主、保护优先”的方针，通过强化执法，有效控制人为造成的新的水土流失。水土保持预防监督开展的工作重点，一是法规体系建设，二是监督执法体系建设，三是防治水土流失的技术体系标准建设。现阶段的重点是开发建设项目水土保持预防监督工作，包括水土保持方案编制与实施、水土保持设施验收等。

（二）综合治理（流域综合治理）

1. 流域综合治理

水土保持流域综合治理是以大中流域（或区域）为框架，以小流域（或小片区）为单元，采取农业（农艺）、林牧（林草）、工程等综合措施，对水土流失地区实施治理，以减少水土流失，合理利用和保护水土资源。我国水土保持综合治理的主要工作内容是组织开展水土保持规划、实施治理、检查验收、设施管护、试验研究等。

2. 雨水利用与水保持

水土保持包括水的保持和土的保持。防止坡地径流损失、减小地表径流，是防治土壤侵蚀、充分利用天然降水、增加土壤水分、提高坡地农业产量的重要措施。尤其是在干旱和半干旱地区或其他缺水地区，采取旱井、涝池、小型蓄水工程等措施将雨水集蓄利用，提高雨水利用率，是十分重要的水土保持措施。

3. 面源污染防治

农业面污染源的污染物主要是土壤中的农业投入品（化肥、农药等），在降雨或灌溉过程中，经地表径流、农田排水、地下渗漏等途径进入水体，造成水体污染。在水土流失地区，水土流失作为载体在输送大量泥沙的同时，也输送了大量化肥、农药和生活垃圾。水土保持最基本的技术路线就是改变水土流失区的地形条件，就地拦蓄水土、增加降雨入渗、涵养水源，同时增加植被，改善生态环境，以减少水分损失，增强土壤持水能力，对水质起到保护和过滤的作用。因此，保护水源、防治面源污染与水土保持息息相关。

（三）水土保持生态修复

在学术界生态修复包括生态恢复、重建和改建，其内涵大体上可以理解为通过外界力量使受损（开挖、占压、污染、全球气候变化、自然灾害等）的生态系统得到恢复、重建或改建。其外延可理解为四层面，即环境生态修复工程、生态重建、生态工程建设和生态自我修复。

水土保持技术措施体系中的生态修复是属于辅以生态建设措施的生态自我修复层面，即在水土流失地区通过一定的人工辅助措施，促进自然界本身固有的再生能力得以最大限度地发挥，促进植被的持续生长发育和发展演替，保护和改善受损生态系统的结构与功能，加快水土流失防治步伐，建立和维系与自然条件相适应、与经济社会可持续发展相协调、相对稳定并良性发展的生态系统。主要做法是在建设基本农田和水利基础设施、发展集约型高效农牧业、发展沼气和以电代柴、实施生态移民、改善农村生产生活条件、增加农民的经济收入以及确保农牧民安居乐业和社会稳定的基础上，实施封山禁牧、轮牧、休牧，改放牧为舍饲养畜，保障生态用水，促进植被恢复。

(四)城市水土保持

城市水土保持，应理解为对城市开发建设造成的水土流失和生态景观破坏进行防治与管理的综合性技术措施。城市化过程中水土保持对城市防洪安全、景观保护、植被恢复，确保城市化过程中的各种基础设施发挥其正常的功能具有重要意义。城市水土保持的内涵主要包括：

(1)城市规划区内退化劣地的生态修复及生态重建技术，包括闲置开发区的生态恢复治理，裸露山体缺口(采石场、遗留边坡、废弃石场等)的复绿治理，毁林种果、原有侵蚀劣地的生态修复。

(2)城市内各类开发建设项目造成的水土流失控制方法与措施。

(3)城市水源地水土保持综合防护体系的建设、管理及周边山地生态风景林的保护。

(4)城市区域内小流域河道(排水道)整治与河岸景观改善。

(5)预防监督措施及水土保持违法案件查处。

第二节　我国土壤侵蚀类型及其分区

一、我国土壤侵蚀类型

我国土壤侵蚀类型是按导致土壤侵蚀的外营力种类进行划分的。

在我国引起土壤侵蚀的外营力种类主要有水力、风力、重力、水力和重力及其综合作用力、温度作用力(由冻融作用而产生的作用力)、冰川作用力、化学作用力等，因此土壤侵蚀类型就有水力侵蚀类型、风力侵蚀类型、重力侵蚀类型、冻融侵蚀类型、混合侵蚀类型、冰川侵蚀类型等。

我国土壤侵蚀分类分级标准主要是针对水力侵蚀、风力侵蚀、重力侵蚀和混合侵蚀制定的。

二、我国土壤侵蚀类型分区

我国土壤侵蚀类型分布基本遵循地带性分布规律。干旱区(北纬38°以北)是指以风力侵蚀为主的地区，包括新疆、青海、甘肃、内蒙古等省(区)，侵蚀方式是吹蚀，其形态表现为风蚀沙化和沙漠戈壁。半干旱区(北纬35°～38°)风力侵蚀、水力侵蚀并存，为风蚀水蚀类型区，包括甘肃、内蒙古、宁夏、陕西、山西等省(区)，风蚀以吹蚀为主，反映在形态上是局部风蚀沙化和鳞片状的沙堆；主要侵蚀类型是水蚀，侵蚀方式为面蚀和沟蚀，形态表现为沟谷纵横、地面破碎，这一区域是我国的强烈侵蚀带。湿润地区(北纬35°以南)为水蚀类型区，主要侵蚀方式是面蚀，其次是沟蚀。我国一级地形台阶和二级地形台阶区的高山以及东北寒温带地区是冻融侵蚀类型区，主要表现形式为泥流蠕动。重力侵蚀类型散布各类型区，主要分布在一、二级地形台阶区的断裂构造带和地震活跃区，表现形式是滑坡、崩塌、泻溜等。

土壤侵蚀类型受降水、植被类型、盖度和活动构造带等因素控制。年降水量400mm等值线以北的地区属风蚀类型区，为非季风影响区，区内降雨少，起风日多，风速大，而且沙尘暴日数多，植被为干草原和荒漠草原；年降水量400～600mm等值线的区域是风蚀水蚀区，本区虽具有大陆性气候特征，冬春风沙频繁，但仍受季风的影响，夏季降雨集中，多暴雨，因而既有风蚀类型，又有水蚀类型；年降水量600mm等值线以南的地区为水蚀类型区；在高山、青藏高原以及寒温带地区以冻融侵蚀类型为主。以上侵蚀类型受地带性因素控制。重力侵蚀类型主要分布在我国西部地区地震活动带或断裂构造的地区，受非地带性因素控制。

(一)分区目的与任务

土壤侵蚀类型分区任务是在详细了解土壤侵蚀类型的基础上，全面认识土壤侵蚀的发生、发展特征和分布规律，并考虑影响土壤侵蚀的主导因素，根据土壤侵蚀和治理的区域差异性，提出分区方案，划分不同的侵蚀类型区。土壤侵蚀类型分区目的在于制订分区的水土流失防治方案，以达到合理利用水土资源的目的。

(二)分区原则

土壤侵蚀分区主要反映不同区域土壤侵蚀特征及其差异性，要求同一类型区自然条件、土壤侵蚀类型和防治措施基本相同，而不同类型区之间则有较大差别。因此，分区原则是同一区内的土壤侵蚀类型和侵蚀强度应基本一致，影响土壤侵蚀的主要因素等自然条件和社会经济条件基本一致，治理方向、治理措施和土地利用方向基本相似。侵蚀分区以自然界线为主，适当考虑行政区域的完整性和地域的连续性。

用主导因素法并以与土壤侵蚀关联度高且较稳定的自然因素作为分区的依据。全国一级区的区划以发生学原则为依据(主要侵蚀外营力)，分为水力侵蚀、风力侵蚀、冻融侵蚀三大侵蚀类型区。全国二级区的区划以形态学原则(地质、地貌、土壤)为依据，将以水力侵蚀为主的一级区分为西北黄土高原区、东北黑土区、北方土石山区、南方红壤丘陵区和西南土石山区等五个二级类型区。

各大流域，各省(自治区、直辖市)在全国二级分区的基础上再细分为三级区和亚区。

(三)区划的范围及特点

为了对土壤侵蚀类型区进行具体定量的划分工作，首先要收集区划范围内与土壤侵蚀有关的系列图件及相关资料，做好系统分析及综合集成，尤其要充分利用最新的遥感技术影像。

土壤侵蚀范围及强度是一个动态变化过程，要重视和利用土壤侵蚀动态监测评价的有关成果。一些新的分析计算方法如模糊聚类分析等，可以参考应用。

区划的范围、面积和特点见表1-2-1，根据第二次全国遥感调查，全国水力侵蚀面积164.88万km^2，风力侵蚀面积190.67万km^2，冻融侵蚀面积126.98万km^2，各占土壤侵蚀总面积的17.35%、20.07%和13.36%。

表 1-2-1　全国各级土壤侵蚀类型区的范围及特点

<table>
<tr><th>一级类型区</th><th>二级类型区</th><th>范围与特点</th></tr>
<tr><td rowspan="3">I 水力侵蚀类型区</td><td>I_1 西北黄土高原区</td><td>大兴安岭—阴山—贺兰山—青藏高原东缘一线以东；西为祁连山余脉的青海日月山；西北为贺兰山；北为阴山；东为管涔山及太行山；南为秦岭。主要流域为黄河流域。地带性土壤：在半湿润气候带自西向东依次为灰褐土、黑垆土、褐土；在干旱及半干旱气候带自西向东依次为灰钙土、棕钙土、栗钙土。土壤侵蚀分为黄土丘陵沟壑区（下设 5 个副区）、黄土高原沟壑区、土石山区、林区、高地草原区、干旱草原区、黄土阶地区、冲积平原区等 8 个类型区，是黄河泥沙的主要来源区</td></tr>
<tr><td>I_2 东北黑土区（低山丘陵区和漫岗丘陵区）</td><td>南界为吉林省南部，东、西、北三面被大小兴安岭和长白山所绕，漫川漫岗区为松嫩平原，是大小兴安岭延伸的山前冲积洪积台地。地势大致由东北向西南倾斜，具有明显的台坎，坳谷和岗地相间是本区重要的地貌特征；主要流域为松辽流域；低山丘陵主要分布在大小兴安岭、长白山余脉；漫岗丘陵则分布在东、西、北侧等三地区：
(1) 大小兴安岭山地区。系森林地带，坡缓谷宽，主要土壤为花岗岩、页岩、片麻岩发育的暗棕壤，轻度侵蚀。
(2) 长白山千山山地丘陵区。系林草灌丛，主要土壤为花岗岩、页岩、片麻岩发育的暗棕壤、棕壤，轻度—中度侵蚀。
(3) 三江平原区（黑龙江、乌苏里江及松花江冲积平原）。古河床自然河堤形成的低岗地，河间低洼地为沼泽草甸，岗洼之间为平原，无明显水土流失</td></tr>
<tr><td>I_3 北方土石山区</td><td>东北漫岗丘陵以南，黄土高原以东，淮河以北，包括东北南部，河北、山西、内蒙古、河南、山东等部分。本区气候属暖温带半湿润、半干旱区；主要流域为淮河流域、海河流域；按分布区域，可分为以下 6 个主要地区：
(1) 太行山山地区。包括大五台山、小五台山、太行山和中条山山地，是海河五大水系发源地。主要岩性为片麻岩类、碳酸盐岩等；主要土壤为褐土；水土流失为中度—强烈侵蚀，是华北地区水土流失最严重的地区。
(2) 辽西—冀北山地区。主要岩性为花岗岩、片麻岩、砂页岩；主要土壤为山地褐土、栗钙土；水土流失为中度侵蚀，常伴有泥石流发生。
(3) 山东丘陵区（位于山东半岛）。主要岩性为片麻岩、花岗岩等；主要土壤为棕壤、褐土，土层薄，尤其是沂蒙山区；水土流失属中度侵蚀。
(4) 阿尔泰山地区。主要分布在新疆阿尔泰山南坡；山地森林草原；无明显水土流失。
(5) 松辽平原、松花江、辽河冲积平原，范围不包括科尔沁沙地。主要土壤为黑钙土、草甸土；水土流失主要发生在低岗地，水土流失强度为轻度侵蚀。
(6) 黄淮海平原区。北部以太行山、燕山为界；南部以淮河、洪泽湖为界，是黄、淮、海三条河流的冲积平原；水土流失主要发生在黄河中下游、淮河流域、海河流域的古河道岗地，流失强度为中、轻度</td></tr>
</table>

续表 1-2-1

一级类型区	二级类型区	范围与特点
Ⅰ水力侵蚀类型区	$Ⅰ_4$ 南方红壤丘陵区	以大别山为北屏，巴山、巫山为西障（含鄂西全部），西南以云贵高原为界（包括湘西、桂西），东南直抵海域并包括台湾省、海南省及南海诸岛。主要流域为长江流域；主要土壤为红壤、黄壤，是我国热带及亚热带地区的地带性土壤，非地带性土壤有紫色土、石灰土、水稻土等。 按地域分为 3 个区： (1)江南山地丘陵区。北起长江以南，南到南岭，西起云贵高原，东至东南沿海，包括幕阜山、罗霄山、黄山、武夷山等。主要岩性为花岗岩类、碎屑岩类；主要土壤为红壤、黄壤、水稻土。 (2)岭南平原丘陵区。包括广东、海南岛和桂东地区。以花岗岩类、砂页岩类为主，发育赤红壤和砖红壤。局部花岗岩风化层深厚，崩岗侵蚀严重。 (3)长江中下游平原区。位于宜昌以东，包括洞庭湖、鄱阳湖平原、太湖平原和长江三角洲；无明显水土流失
	$Ⅰ_5$ 西南土石山区	北接黄土高原，东接南方红壤丘陵区，西接青藏高原冻融区，包括云贵高原、四川盆地、湘西及桂西等地。气候为热带、亚热带；主要流域为珠江流域；岩溶地貌发育；主要岩性为碳酸岩类，此外，还有花岗岩、紫色砂页岩、泥岩等；山高坡陡、石多土少；高温多雨、岩溶发育。山崩、滑坡、泥石流分布广，发生频率高。 按地域分为 5 个区： (1)四川山地丘陵区。四川盆地中除成都平原以外的山地、丘陵；主要岩性为紫红色砂页岩、泥页岩等；主要土壤为紫色土、水稻土等；水土流失严重，属中度、强烈侵蚀，并常有泥石流发生，是长江上游泥沙的主要来源区之一。 (2)云贵高原山地区。多高山，有雪峰山、大娄山、乌蒙山等；主要岩性为碳酸盐岩类、砂页岩；主要土壤为黄壤、红壤和黄棕壤等，土层薄，基岩裸露，坪坝地为石灰土，溶蚀为主；水土流失为轻度—中度侵蚀。 (3)横断山山地区。包括藏南高山深谷、横断山脉、无量山及西双版纳地区；主要岩性为变质岩、花岗岩、碎屑岩类等；主要土壤为黄壤、红壤、燥红土等；水土流失为轻度—中度侵蚀，局部地区有严重泥石流。 (4)秦岭大别山鄂西山地区。位于黄土高原、黄淮海平原以南，四川盆地、长江中下游平原以北；主要岩性为变质岩、花岗岩；主要土壤为黄棕壤，土层较厚；水土流失为轻度侵蚀。 (5)川西山地草甸区。主要分布在长江上中游、珠江上游，包括大凉山、邛崃山、大雪山等；主要岩性为碎屑岩类；主要土壤为棕壤、褐土；水土流失为轻度侵蚀

续表 1-2-1

<table>
<tr><th>一级类型区</th><th>二级类型区</th><th>范围与特点</th></tr>
<tr><td rowspan="2">Ⅱ风力侵蚀类型区</td><td>$Ⅱ_1$“三北”戈壁沙漠及沙地风沙区</td><td>主要分布在西北、华北、东北的西部，包括青海、新疆、甘肃、宁夏、内蒙古、陕西、黑龙江等省（区）的沙漠戈壁和沙地。气候干燥，年降水量100～300mm，多大风及沙尘暴、流动和半流动沙丘，植被稀少；主要流域为内陆河流域。
按地域分为6个区：
（1）（内）蒙（古）、新（疆）、青（海）高原盆地荒漠强烈风蚀区。包括准噶尔盆地、塔里木盆地和柴达木盆地，主要由腾格里沙漠、塔克拉玛干沙漠和巴丹吉林沙漠组成。
（2）内蒙古高原草原中度风蚀水蚀区。包括呼伦贝尔、内蒙古和鄂尔多斯高原，毛乌素沙地、浑善达克（小腾格里）和科尔沁沙地，库布齐和乌兰察布沙漠；主要土壤：南部干旱草原为栗钙土，北部荒漠草原为棕钙土。
（3）准噶尔绿洲荒漠草原轻度风蚀水蚀区。围绕古尔班通古特沙漠，呈向东开口的马蹄形绿洲带，主要土壤为灰漠土。
（4）塔里木绿洲轻度风蚀水蚀区。围绕塔克拉玛干沙漠，呈向东开口的绿洲带，主要土壤为淤灌土。
（5）宁夏中部风蚀区。包括毛乌素沙地部分、腾格里沙漠边缘的盐地等区域。
（6）东北西部风沙区。多为流动和半流动沙丘、沙化漫岗，沙漠化发育</td></tr>
<tr><td>$Ⅱ_2$沿河环湖滨海平原风沙区</td><td>主要分布在山东黄泛平原、鄱阳湖滨湖沙山及福建省、海南省滨海区。湿润或半湿润区，植被覆盖度高。
按地域分为3个区：
（1）鲁西南黄泛平原风沙区。北靠黄河、南临黄河故道；地形平坦，岗坡洼相间，多马蹄形或新月形沙丘；主要土壤为沙土、沙壤土。
（2）鄱阳湖滨湖沙山区。主要分布在鄱阳湖北湖湖滨，赣江下游两岸新建、流湖一带；沙山分为流动型、半固定型及固定型三类。
（3）福建及海南省滨海风沙区。福建海岸风沙主要分布在闽江、晋江及九龙江入海口附近一线；海南省海岸风沙主要分布在文昌沿海</td></tr>
<tr><td rowspan="2">Ⅲ冻融侵蚀类型区</td><td>$Ⅲ_1$北方冻融土侵蚀区</td><td>主要分布在东北大兴安岭山地及新疆的天山山地。按地域分为两个区：
（1）大兴安岭北部山地冻融水蚀区。高纬高寒，属多年冻土地区，草甸土发育。
（2）天山山地森林草原冻融水蚀区。包括哈尔克山、天山、博格达山等；为冰雪融水侵蚀，局部发育冰石流</td></tr>
<tr><td>$Ⅲ_2$青藏高原冰川冻土侵蚀区</td><td>主要分布在青藏高原和高山雪线以上。按地域分为两个区：
（1）藏北高原高寒草原冻融风蚀区。主要分布在藏北高原。
（2）青藏高原高寒草原冻融侵蚀区。主要分布在青藏高原的东部和南部，高山冰川与湖泊相间，局部有冰川泥石流</td></tr>
</table>

第三节　我国土壤侵蚀分级标准

一、我国土壤侵蚀分级依据与标准

(一)土壤侵蚀强度分级

根据土壤侵蚀的实际情况,土壤侵蚀强度分为微、轻、中、强烈、极强烈、剧烈等。由于各国土壤侵蚀严重程度不同,土壤侵蚀分级强度也不一致,一般是按照容许土壤流失量与最大流失量值之间进行内插分级。

1. 水力侵蚀、重力侵蚀的强度分级

土壤侵蚀强度分级,必须以年均侵蚀模数为判别指标,当缺少实测及调查侵蚀模数资料时,可以在经过分析后,运用有关侵蚀方式(面蚀、沟蚀、重力侵蚀)的指标进行分级,各分级的侵蚀模数与土壤水力侵蚀强度分级相同,土壤侵蚀强度分级标准见表 1-3-1。

1)土壤侵蚀强度面蚀(片蚀)分级

土壤侵蚀强度面蚀(片蚀)分级指标见表 1-3-2。

表 1-3-1　土壤侵蚀强度分级标准

级别	平均侵蚀模数[$t/(km^2 \cdot a)$]	平均流失厚度(mm/a)
微度	<200、500、1 000	<0.15、0.37、0.74
轻度	200、500、1 000~2 500	0.15、0.37、0.74~1.9
中度	2 500~5 000	1.9~3.7
强烈	5 000~8 000	3.7~5.9
极强烈	8 000~15 000	5.9~11.1
剧烈	>15 000	>11.1

注:本表流失厚度系数按土壤的干密度 $1.35g/cm^3$ 折算,各地可按当地土壤干密度计算。

表 1-3-2　面蚀(片蚀)分级指标

<table>
<tr><td colspan="2" rowspan="2">地 类</td><td colspan="5">地面坡度(°)</td></tr>
<tr><td>5~8</td><td>8~15</td><td>15~25</td><td>25~35</td><td>>35</td></tr>
<tr><td rowspan="4">非耕地
林草
覆盖度
(%)</td><td>60~75</td><td>轻度</td><td>轻度</td><td>轻度</td><td>中度</td><td>中度</td></tr>
<tr><td>45~60</td><td>轻度</td><td>轻度</td><td>中度</td><td>中度</td><td>强烈</td></tr>
<tr><td>30~45</td><td>轻度</td><td>中度</td><td>中度</td><td>中度</td><td>强烈</td></tr>
<tr><td><30</td><td>中度</td><td>中度</td><td>中度</td><td>强烈</td><td>极强烈</td></tr>
<tr><td colspan="2">坡 耕 地</td><td>轻度</td><td>中度</td><td>强烈</td><td>极强烈</td><td>剧烈</td></tr>
</table>

2)土壤侵蚀强度沟蚀分级

土壤侵蚀强度沟蚀分级指标见表 1-3-3,重力侵蚀强度分级指标见表 1-3-4。

表 1-3-3 沟蚀分级指标

沟谷占坡面面积比(%)	<10	10~25	25~35	35~50	>50
沟壑密度(km/km^2)	1~2	2~3	3~5	5~7	>7
强度分级	轻度	中度	强烈	极强烈	剧烈

表 1-3-4 重力侵蚀强度分级指标

崩塌面积占坡面面积比(%)	<10	10~15	15~20	20~30	>30
强度分级	轻度	中度	强烈	极强烈	剧烈

2. 风蚀强度分级

日平均风速大于或等于5m/s全年累计30d以上，且多年平均年降水量小于300mm(但南方及沿海风蚀，如江西鄱阳湖滨湖地区、滨海地区、福建东山等，不在此限值之内)的沙质土壤地区，应定为风力侵蚀区。

风蚀强度分级见表1-3-5。

表 1-3-5 风蚀强度分级

级别	床面形态(地表形态)	植被覆盖度(%)(非流沙面积)	风蚀厚度(mm/a)	侵蚀模数[$t/(km^2 \cdot a)$]
微度	固定沙丘、沙地和滩地	>70	<2	<200
轻度	固定沙丘、半固定沙丘、沙地	50~70	2~10	200~2 500
中度	半固定沙丘、沙地	30~50	10~25	2 500~5 000
强烈	半固定沙丘、流动沙丘、沙地	10~30	25~50	5 000~8 000
极强烈	流动沙丘、沙地	<10	50~100	8 000~15 000
剧烈	大片流动沙丘	<10	>100	>15 000

3. 混合侵蚀(泥石流)强度分级

粘性泥石流、稀性泥石流、泥流的侵蚀强度分级，均以单位面积年平均冲出量为判别指标，见表1-3-6。

表 1-3-6 泥石流侵蚀强度分级

级别	固体物质冲出量(万m^3/km^2)	固体物质补给形式	固体物质补给量(万m^3/km^2)	沉积特征	泥石流浆体密度(t/m^3)
轻度	<1	由浅层滑坡或零星坍塌补给，由河床质补给时，粗化层不明显	<20	沉积物颗粒较细，沉积表面较平坦，很少有10cm以上的颗粒	1.3~1.6
中度	1~2	由浅层滑坡及中小型坍塌补给，一般阻碍水流，或由大量河床补给，河床有粗化层	20~50	沉积物细颗粒较少，颗粒间较松散，有网状筛滤堆积形态，颗粒较粗，多大漂砾	1.6~1.8
强烈	2~5	由深层滑坡和大型坍塌补给，沟道中出现半堵塞	50~100	有舌状堆积形态，一般厚度在200m以下，巨大颗粒较少，表面较为平坦	1.8~2.1

续表 1-3-6

级别	固体物质冲出量（万 m^3/km^2）	固体物质补给形式	固体物质补给量（万 m^3/km^2）	沉积特征	泥石流浆体密度（t/m^3）
极强烈	>5	以深层滑坡和大型集中坍塌为主，沟道中出现全部堵塞情况	>100	有垄岗、舌状等粘性泥石流堆积形成，大漂石较多，常形成侧堤	2.1～2.2

（二）土壤侵蚀程度分级

1. 有明显土壤发生层的分级

有明显土壤发生层的分级标准见表 1-3-7。

表 1-3-7　按土壤发生层保留的厚度分级

侵蚀程度分级	指　标
无明显侵蚀	A、B、C 三层剖面完整
轻度侵蚀	A 层保留厚度大于 1/2，B、C 层完整
中度侵蚀	A 层保留厚度小于 1/2，B、C 层完整
强烈侵蚀	A 层无保留，B 层开始裸露，受到剥蚀
剧烈侵蚀	A、B 层全部剥蚀，C 层出露，受到剥蚀

2. 按土壤层残存情况的侵蚀程度分级

当侵蚀土壤是由母质甚至母岩直接风化发育的新成土（无法划分 A、B 层），且缺乏完整的土壤发生层剖面进行对比时，应按表 1-3-8 进行侵蚀程度分级。

表 1-3-8　按活土层的侵蚀程度分级

侵蚀程度分级	指　标
无明显侵蚀	活土层完整
轻度侵蚀	活土层小部分被蚀
中度侵蚀	活土层厚度 50% 以上被蚀
强烈侵蚀	活土层全部被蚀
剧烈侵蚀	母质层部分被蚀

（三）土壤侵蚀潜在危险分级

土壤侵蚀潜在危险分级包括加剧侵蚀的危险分级和侵蚀后果的危险分级。无明显侵蚀（微度侵蚀）的地区，可以不进行侵蚀后果的危险分级。

1. 水蚀区侵蚀后果的危险度分级标准

水蚀区危险度分级见表 1-3-9。

表 1-3-9　水蚀区危险度分级

级别	临界土层的抗蚀年限(a)
无险型	>1 000
轻险型	100～1 000
危险型	20～100
极险型	<20
毁坏型	裸岩、明沙、土层不足 10cm

注:1. 临界土层是指农、林、牧业中林、草、作物种植所需土层厚度的低限值,此处按种草所需最小土层厚度 10cm 为临界土层厚度。

2. 抗蚀年限是指大于临界值的有效土层厚度与现状年均侵蚀深度的比值。

2. 滑坡、泥石流危险度分级

用百年一遇的泥石流冲出量或滑坡滑动时可能造成的损失作为分级指标,见表 1-3-10。

表 1-3-10　滑坡、泥石流危险度分级

类别	等级	指　标
Ⅰ较轻	1	危害孤立房屋、水磨等安全,危及人数在 10 人以下
Ⅱ中等	2	危及小村庄及非重要公路、水渠等安全,并可能危及 50～100 人的安全
	3	威胁乡(镇)所在地及大村庄,危及铁路、公路、小航道安全,并可能危及 100～1 000 人的安全
Ⅲ严重	4	威胁县城和重要镇所在地,以及一般工厂、矿山、铁路、国道及高速公路,并可能危及 1 000～10 000 人的安全或威胁Ⅳ级航道
	5	威胁地级行政所在地;危及重要县城、工厂、矿山、省际干线铁路的安全,并可能危及10 000以上人口的安全或威胁Ⅲ级航道

二、我国各类型区的土壤容许流失量

基于我国地域辽阔,自然条件复杂,各地区成土速率不同,在各侵蚀类型区采用了不同的土壤容许流失量。主要侵蚀类型区的土壤容许流失量见表 1-3-11。

表 1-3-11　主要侵蚀类型区土壤容许流失量

类型区	土壤容许流失量[$t/(km^2 \cdot a)$]
西北黄土高原区	1 000
东北黑土区	200
北方土石山区	200
南方红壤丘陵区	500
西南土石山区	500

在缺少土壤流失量资料的地区,可经过下面几种方法分析得到年土壤流失量值,并据此推算出面蚀的发生程度。常用的方法有:①简易侵蚀场法;②坡面径流小区法;③利用小型水库、坑塘的多年淤积量推算其上游控制面积的年土壤侵蚀量;④根据水文站多年输沙模数资料,用泥沙输移比推算上游的土壤侵蚀量;⑤采用通用土壤流失方程式(USLE)对各因子调查分析后,选取合适的值进行计算等。

使用上述各种方法确定侵蚀量时，均存在一定误差，在某一地区应用时，应对各种方法分析对比，找出其误差来源和修正办法；使测定结果更趋准确。在应用上述方法时还有一个问题，就是需要较长时间进行测定，实际的土壤侵蚀调查工作中，往往是不允许的。因此，常用现场剖面对比分析法，间接推算出土壤流失的数量。

三、建设项目不同水土流失类型区的特殊要求

（一）风沙区

（1）“三北”戈壁沙漠及沙地风沙区。该区主要分布于长城沿线以北地区，区域气候干旱少雨，风力侵蚀强烈，荒漠化严重，沙漠入侵绿洲，直接危害农、林、牧业，应严格控制施工过程中的扰动范围（特别是施工场地和施工道路），保护地表结皮层；宜采取砾（片、碎）石覆盖、沙障、草方格或化学固化等措施；植被恢复应同步建设灌溉设施。

（2）沿河环湖滨海平原风沙区。该区域主要是江、河、湖、海岸边沉积的泥沙，干燥遇大风形成并逐步扩大，造成掩埋各类生产用地的危害。水土保持植物措施应注意土壤盐碱化，选择耐盐碱的树种及采取排盐碱措施。

（3）黄河故道及黄泛风沙区或沙土区。该区降水量相对较大，施工过程中开挖、弃堆土等应及时采取临时防护措施。

（二）东北黑土区

东北黑土区土壤为暗棕壤、棕壤，呈黑色，土地肥沃，是我国主要林区和粮食产区，山地丘陵区、漫川漫岗区存在不同程度的水土流失，保护黑土是一项十分重要的任务。同时东北也是我国主要林区之一，因此应保护现有天然林、人工林及草地；建设过程中清基、弃渣、取土时应将表土剥离保存并集中堆放，完工后回覆用于植被恢复；丘陵沟壑区还应有注重坡面径流排导工程，因东北地区气候寒冷，工程和植物措施设计时还应考虑防治冻害的措施。东北平原区存在大量湿地，选择取土和弃土场等时应注意保护湿地资源。辽西地区有风蚀存在，应采取防风蚀的有效措施。

（三）西北黄土高原区

西北黄土高原区是我国水土流失最为严重的地区，大部分属干旱及半干旱气候带，以水力侵蚀为主，长城沿线为水蚀风蚀交错区。主要地貌类型有黄土高原丘陵沟壑区、黄土高塬沟壑区、黄土阶地区、冲积平原区、高地草原区、干旱草原区、土石山区等。在沟壑区，应对边坡削坡开级并放缓坡度（45°以下），采取沟道防护、沟头防护措施并控制塬面或梁峁地面径流；沟道弃渣可与淤地坝建设结合，设置排水与蓄水设施，防止泥石流等灾害；因地制宜布设植物措施，降水量在400mm以下地区植被恢复应以灌草为主，400mm以上（含400mm）地区应乔灌草结合。在干旱草原区，应控制施工范围，保护原地貌，减少对草地及地表结皮的破坏，防止土地沙化。子午岭、黄龙山、吕梁山等还应注意天然次生林的保护。

（四）北方土石山区

北方土石山区大部分属于半干旱半湿润地区，降水量在450～800mm不等，土层较薄，耕地资源十分宝贵，这一区域也是我国北方大城市主要水库的水源地，太行山、燕山在局部地区存在泥石流。因此，应注意山地丘陵区特别是水源区的天然林草的保护，对扰动

破坏的植被，应采取措施恢复；高寒山区应采取更为严格的天然植被保护措施，工程措施应有防治冻害的要求；工程建设过程中应注重剥离和保存表土并加强表土回覆利用。弃土（石、渣）场应做好防洪排水、工程拦挡，防止引发泥石流；弃土（石、渣）应平整后用于造地。

（五）西南土石山区

西南土石山区大部分为石灰岩山区，降雨强度大，侵蚀强度小，侵蚀程度严重，石漠化发育，土层很薄，耕地资源不足；金沙江下游和陇南、川西地区为泥石流多发区，四川盆地和滇中高原等地，人口密集，紫色砂页岩广布，水土流失严重。保护土壤和耕地是十分重要的任务。因此，应做好表土的剥离与利用，恢复耕地或植被；弃土（石、渣）场选址、堆放及防护应避免产生滑坡及泥石流问题；施工场地、渣料场上部坡面应布设截排水工程，可根据实际情况适当提高防护标准；秦岭、大别山、鄂西山地区应提高植物措施比重，保护汉江等上游水源区；川西山地草甸区应控制施工范围，保护表土和草皮，并及时恢复植被；工程措施应有防治冻害的要求；应保护和建设水系，石灰岩地区还应避免破坏地下暗河和溶洞等地下水系。

（六）南方红壤丘陵区

南方红壤丘陵区水土流失程度较高，而且分布范围广，除一般的面蚀和沟蚀，还有崩岗这一特殊流失形态。应做好坡面水系工程，防止引发崩岗、滑坡等灾害；保护地表耕作层，加强土地整治，及时恢复农田和排灌系统；弃土（石、渣）的拦护应结合降雨条件，可适当提高防护的设计标准。

（七）青藏高原冻融侵蚀区

该区域人口稀少，人为活动影响较小，以冻融侵蚀为主，兼有水蚀、风蚀。局部农区和人口居住区、草场牧场应严格控制施工便道及施工场地的扰动范围；保护现有植被和地表结皮，需剥离高山草甸（天然草皮）的，应妥善保存，及时移植，应与周围景观相协调；土石料场和渣场应远离项目一定距离或避开交通要道的可视范围；工程建设应有防治冻土翻浆的措施。

（八）平原和城市

平原和城市地区人口密度大，应严格控制建设用地，特别是耕地占用，需加强复耕措施，保存和利用表土（农田耕作层）。城市对环境和景观的要求较高，同时，城市还存在土地资源缺乏、地面硬化，导致地表径流加剧、防洪压力加大等问题。因此，应控制地面硬化面积，综合利用地表径流；平原河网区还应保持原有水系的通畅；防止水系紊乱和河道淤积；植被措施需提高设计标准，可按园林设计要求布设；建设过程中应封闭施工，遮盖运输，土石方及堆料应设置拦挡及覆盖措施，防止大风扬尘或造成城市管网的淤积；取土场宜以宽浅式为主，注重复耕，做好复耕区的排水、防涝工程；弃土（石、渣）应分类堆放，宜结合其他基本建设项目综合利用。

第二章　水土保持调查与勘测

水土保持调查与勘测是保证水土保持工程设计质量的基础性技术工作。

水土保持调查是通过询问、收集资料、普查、典型调查、重点调查、抽样调查、遥感调查等方法，对相关的自然、社会、经济条件、水土流失形式及危害、水土保持措施、水土流失防治效果、水土保持项目管理、执法监督等情况进行全面接触和了解，掌握水土保持各方面的资料，力求真实客观地反映水土保持现实状况，为水土保持规划设计、动态监测、监督管理服务。

水土保持勘测是指针对具体工程进行的勘探与测量工作。由于水土保持工程多为小型工程，因此一般主要是进行测量工作。

第一节　常规调查

水土保持是农、林、水交叉学科，具有科学性、综合性、生产性和社会性的特征。它决定了水土保持调查既有自然科学，特别是资源环境学科、林业学科的调查方法，同时也有与社会科学相类似的调查方法，包括询问、收集资料、普查、典型调查、重点调查和抽样调查等，统称为水土保持常规调查。

一、常规调查的应用范围

水土保持常规调查技术包括询问、收集资料、普查、典型调查和抽样调查等。它既是水土保持科学研究、规划设计等工作的最基本和最经典的方法，也是一种监测方法，通过定期的和不定期的调查，可以获得各种动态监测资料。特别是开发建设项目水土保持，由于涉及监测面积小，遥感调查相对困难，常规调查是主要的监测手段。

常规调查在水土保持调查中具有重要的基础地位，先进的调查方法均是在传统调查成果的基础上发展起来的。即使最先进的方法，也离不开调查成果的复核和检校，如遥感调查也要通过抽样调查进行实地检验。但常规调查方法费工费时、周期长，因此将传统调查方法与现代调查方法结合起来，缩短常规调查的周期十分重要。

二、常规调查的方法和内容

（一）询问调查

询问调查是将拟调查事项，有计划地以多种询问方式向被调查者提出问题，通过他们的回答来获得有关信息和资料的一种调查方法。询问调查是一种广泛应用于社会和市场调查的方法，也是国际上通用的一种调查方法。

询问调查主要应用于调查公众对水土保持政策法规的了解和认识程度，对水土流失及其防治的观点和看法，对水土流失危害和水土保持的认识与评价，以及公众对水土保持的参与程度；调查专家对水土保持政策、法规及水土保持科学技术的研究、推广和应用的认识、看法与观点；总结水土流失及其防治方面的经验、存在的问题和解决的办法。同时，通过询问可进一步了解和掌握与水土保持有关的一些社会经济情况，弥补统计资料的遗漏与不足。

询问调查可分为面谈、电话访问、发表调查、问卷调查、邮送或网络调查等多种形式。

询问调查的最大特点在于，整个访问过程是调查者与被调查者直接（或间接）见面，相互影响、相互作用。因此，询问调查要取得成功，不仅要求调查者做好各种调查准备工作，熟练掌握访谈技巧，还要求被调查者的密切配合。

（二）收集资料

收集资料是调查中最便捷的一种方法，它能够有效利用已有的各种资料，为水土保持监测服务，其费用低，效率高。但在众多的资料中分析出有用的数据和成分是收集资料的关键。收集资料主要是指收集、取得并利用现有资料，对某一专题进行研究的一种调查形式。

收集资料应用于水土保持可调查以下内容：①项目区的水土流失影响因子，包括地质、地貌、气候、土壤、植被、水文、土地利用等；②与水土保持有关的一些社会经济指标，如人口、经济发展指标、土地利用情况等；③其他相关资料，如现场调查需要使用的图件、遥感资料以及区域水土保持规划、措施及防治效果等。

收集资料在水土保持调查中应用十分广泛。通过收集资料可以了解和掌握某一区域某一项目前人的工作与研究状况、当前工作与研究现状，以及存在的问题。通过对已有的资料进行甄别分析，来确定是否有必要专门组织一次专题调查。如果有必要，则应充分利用收集的资料，在分析、研究、归纳、总结的基础上，针对某一专题确定专题调查的范围和具体调查内容，制订调查方案，可做到省时、省力、省钱。

不同的行业可根据调查目的来确定需收集的资料来源类型与内容。一般资料来源可分为：内部资料，即调查单位或行业内部的资料；外部资料，即调查单位或行业以外的资料。水土保持调查收集资料，主要来源于行业内部和行业外部的各种原始观测资料、调查研究报告、统计资料，以及从科研情报机构、图书馆、文献报刊杂志社等获得的与调查有关的资料。

1. 观测资料

它包括研究单位为研究某一地区的相关问题而专门布设实验或试验场，并通过观测获取的资料与数据；相关业务部门为服务于某一行业而长期定位定点的观测资料。与水土保持监测有关的观测资料主要包括：行业内水土流失试验观测资料、河流水文观测资料、林业部门森林水文观测资料、气象部门的气象观测资料等。

2. 调查资料

它是指行政主管部门、业务部门、科研院校等单位，为完成某一综合或专项调查任务而获取的原始数据、分析成果、图件图像等。与水土保持监测有关的调查资料包括：行业内部的水土保持综合或专项调查资料，国土资源部门的区域地质普查和专项地质调查资料、土地资源普查或专项调查资料、土壤调查资料等，林业部门的森林资源清查及专项林业调查资料，农业部门的综合农业或专项调查资料等。

3. 区划和规划成果

它主要是指行业主管部门进行县域以上的行业区划和规划形成的成果材料,包括本行业水土保持区划及规划、水利规划、水资源规划等,农、林、牧业等部门的气象区划、农业区划及规划、种植业区划、林业区划及规划、畜牧业区划及规划、农业机械区划等。

4. 史志类资料

史志类资料对掌握县域以上人文、地理、民俗风情、自然条件、土地开垦、资源开发、城乡建设等有很大帮助,包括省志、县(市)志、县域以上的地理志、植物志、区域土壤志、农业志、林业志、矿产资源志等。

5. 统计资料

它是指政府统计部门或其他部门,根据统计法进行的各行业的统计资料,包括行业内部和外部的各种统计资料、统计报表(年度、季度、月度)、水利年鉴、林业年鉴、农业年鉴、政府统计台账等。

6. 法规和文件

水土保持调查工作经常需要收集与水土保持相关的国家、地方法规与政府文件等,据此了解水土保持执法监督情况,政府对某一项工作的态度、所做的工作以及对各种事件的处理结果等。

7. 图形图像

水土保持规划、设计等需要收集大量的图形资料作参考或作为工作底图。首先是测绘部门、遥感部门或地矿部门的地形图和遥感影像资料,大流域和省域以上应收集1:50 000和1:100 000的地形图、1:50 000的航片和卫星影像资料;中流域和县域的调查应收集1:10 000和1:50 000的地形图、1:25 000的航片;小流域应收集1:5 000或1:10 000的地形图、1:10 000或不小于1:25 000的航片,以及相应行政图、交通图。其次是本行业及有关行业部门的成果性图件,如水文地质图、土壤图、土地利用现状图等。再次是相关的一些录像、照像、图片资料。有条件的尽可能收集相应的电子文件,以方便计算机制图。开发建设项目尽可能收集主体工程设计单位的各类勘测和设计图件。

二手资料不是经过实地调查获得的第一手资料,由于其调查目的、性质、方法等不是针对当前的调查,因此必然存在着它的局限性。总的说来,二手资料在一定程度上缺乏相关性、现时性、准确性,实际调查中需要认真评估和筛选。

一般说来,收集资料的主要步骤是:查找收集内部资料→发现不足→寻找外部资料源→评价、筛选资料源→收集外部资料→评价、筛选二手资料。

收集资料的第一步是对行业内部现有的资料进行搜集、归类,针对调研问题筛选出有助于分析研究的资料。这些资料不仅包括行业统计资料,而且还应该包括以往的调研成果、日常积累的报刊杂志及其他文献的剪报等。

第二步是查找和发现不足。内部资料往往是有限的,不足以解决当前的调研问题。因此,在确保所有内部资料都已充分利用后,我们同时要对照本次调研的目标,找出差距与不足,拟定下一步需要收集的资料。

第三步是寻找外部资料源。如前所述,外部资料主要是从统计机构、其他行业部门、设计咨询机构、科研情报机构、图书馆、文献报刊杂志社等途径获得,有些重要的有价值的资料可能需要购买,如地形图、遥感影像、气象等资料。但随着社会信息化程度越来越高,网络技术的进一步完善和发展,网上信息查询也成为收集资料的一种全新的方式。

第四步是评价、筛选资料源。一般说来,国家统计机关公布的统计资料如年鉴、普查资料以及相关部门或行业协会发布的资料和学术刊物上发表的文章一般是可靠的。但一些非政府网站、报纸、杂志所提供的资料,其可靠性、真实性则要通过认真分析、考察鉴定,以判断其真伪。同时,通过筛选资料源,可减少不必要的开支,在有限调研费用预算内完成任务。

由于二手资料的来源不同,资料的时间区间、口径范围就可能不同。因此,收集资料必须注意资料数据的实用性、代表性、时效性、可比性、完整性、准确性、可靠性。对收集到的资料应进行分类汇总,并进行必要的统计分析,在分析研究的基础上,剔除不真实的资料数据。

(三)典型调查

典型调查是一种非全面调查,即从众多调查研究对象中有意识地选择若干具有代表性的对象进行深入、周密、系统的调查研究。

典型调查可应用于:①水土流失典型事例及灾害性事故调查,包括滑坡、崩岗、泥石流、山洪等;②小流域综合治理典型调查,包括水土保持措施新技术的推广示范调查及水土保持政策法规执行情况和新的治理经验调查;③全国重点流域治理、重点示范流域及重点城市和开发建设项目水土流失及其防治调查。重点或示范流域的典型调查内容应根据每次调查的任务确定,包括自然条件、社会经济、土地利用、水土流失及其危害、水土保持等。

1.典型对象的选择

典型调查的首要问题是选择好典型对象。选好典型对象的标准,就是被选中的对象具有充分的代表性。典型对象的选择,要根据调查研究的具体要求来确定。例如,为了总结推广先进经验,就应选择先进的典型;为了吸取失败的教训,就应选择后进的典型;为了反映一般情况,应选择具有广泛代表性的典型。总之,典型调查应根据实际情况,灵活运用各种典型,达到调查研究的目的。

2.拟订典型调查方案

典型调查要有调查方案,调查方案应结合典型调查的特点拟订。方案中应包括:①搜集数字资料的表式和了解具体情况的提纲;②搜集典型资料的方式方法。应充分利用原始资料,采取小组座谈、开调查会、个别询问、实地查勘等多种方案进行典型调查。

3.调查方法

水土保持典型调查,可以采取可采用资料收集、实地考察和量测、开调查会、访问等多种形式。可根据实际要求,布设样地或选择典型小流域、典型行政区域进行临时调查,也可设置固定连续观测点。重点或示范小流域综合治理典型调查,一般应采用1∶10 000或1∶5 000的地形图或航片,逐个图斑进行调查、绘制。中大流域可采用1∶10 000～1∶50 000的地形图或相应比例的航片,也可采用卫片或卫星数据资料,逐个图斑进行调查、判读、绘制。

典型调查的内容应填入调查表,并完成相应的图件和说明,根据要求编写调查报告。

4. 调查应注意的问题

典型调查的关键是调查对象应具有很强的代表性,调查对象应分布合理,调查规模要适度。应根据不同的调查目的和任务,确定详细的调查细则。可以是一次性调查,也可以定期进行调查。调查应严格按照确定的细则进行,杜绝漏查。

(四)重点调查

重点调查是一种非全面调查,它是在调查总体中选择一部分重点对象作为样本进行调查。重点调查对象的标志在于其在总体标志总量中占的比重较大,因此能够反映总体情况或基本趋势。但重点调查的对象与一般对象有较大的差异,不具有普遍性,并不能以此来推算总体。

重点调查适用于全国或大区域范围内对重点治理流域、重点示范流域及重点城市和开发建设项目水土流失及其防治、水土保持执法监督规范化建设等项目的详细调查,以便掌握全国或大区域范围内的水土保持总体情况。采用方法可参照典型调查。重点调查可以是一次性调查,也可以定期进行调查。

重点调查与典型调查都是非全面调查,但二者是有区别的。首先,重点调查的对象标志总量占总体标志总量的绝大比重,但不具有普遍的代表性。典型调查对象是在对总体有相当了解和分析的基础上,有意识地选择出来的,如果采用分类抽样的方法,则具有普遍的代表性。重点调查的目的是为了从某种数量方面掌握重点对象的状况,从而对总体在这方面的基本情况作出估计。典型调查是通过典型对象的调查研究或定性分析说明总体。

1. 重点单位的选取

组织重点调查的首要问题,是确定重点对象。重点对象选择应着眼于它占所研究现象标志总量的比重,重点对象选多选少,要根据调查任务确定。一般说来,选出的对象应尽可能少些(调查项目设置应尽可能详细),其标志总量在总体中所占的比重应尽可能大些,才能够代表总体的情况、特征和主要发展变化趋势。选中的对象应有比较完整的统计、观测、施工、验收等方面的资料。

2. 重点调查方案的拟订

重点调查,可以印发统一的调查报表,由重点对象所在单位填报以取得资料,然后进行统计分析,即可以组织专门调查,按统一调查要求、统一调查表格、统一调查精度、统一计算方法的要求,拟订详细的调查方案,对重点对象进行逐一实查。

3. 重点调查应注意的问题

(1)在广泛收集资料的基础上,分析对全局起决定作用的重点调查对象,重点调查对象应分布合理,调查规模要适度。

(2)应根据不同的调查目的和任务,确定详细的调查细则,然后培训人员,进行调查。

(3)重点小流域综合治理调查应采用1:10 000或1:5 000的地形图和航片,逐个小班进行调查,防止漏查。

(五)普查

普查也叫全面调查,指对调查总体中的每一个对象进行调查的一种调查组织形式。普查相比其他调查方法,取得的资料更全面、更系统。普查的主要作用是为国家或部门制定长期计划、宏伟发展目标、重大决策提供全面、详细的信息和资料，为搞好定期调查和开展抽样调查奠定基础。

普查可分为逐级普查、快速普查、全面详查、线路调查。逐级普查是按照部门分级，从最基层全面调查开始，一级一级向上汇总，各级部门可根据规定或需求汇总和分析相应级别的资料，如人口普查。快速普查则是根据需要以报表、网络、电话等多种形式进行快速调查汇总的一种方法。详查是对某一区域进行非常详尽的全面调查，如全国土地详查，由村一级起，采用万分之一的地形图野外调绘，结合室内航片判读进行。线路调查是地质、地貌、植被、土壤普查的一种特殊方式，是以线代面的一种调查方法。

普查在水土保持工作中应用广泛，主要有：①逐级普查方法应用于大面积的定期或不定期的水土流失普查和水土保持调查，如土壤侵蚀遥感调查就是以省为单元，利用全国已有的土地利用资料，开展一种逐级普查；②快速普查应用于水土流失监测站网的例行调查，一般采用报表形式或电传、网传形式进行；③全面详查适用于小流域水土流失与水土保持综合调查以及开发建设项目水土流失与水土保持综合调查；④线路调查适用于与水土保持相关的地质、土壤、植被的调查。

1. 普查工作程序

(1) 大型的普查工作应首先建立统一的领导机构，组织技术队伍。

(2) 根据调查目的与任务，设计全面调查方案，主要包括确定全面调查总体和单位、项目和时间、经费以及预算等。

(3) 编写调查细则和培训教材，组织培训，开展试点工作，然后全面铺开。

(4) 全面调查，详细记录与登记。

(5) 根据要求，逐级资料汇总与分析，撰写调查报告和研究制定数据共享的原则，出版公布资料。

2. 普查工作方法

(1) 周期性水土流失普查和水土保持调查，应根据《水土保持综合治理规划通则》(GB/T15772—1995)确定调查内容，每次调查的内容基本不变，以保证资料的连续性。全国或大流域范围内的水土流失普查一般为 5 ~ 10 年，一般采用遥感普查与抽样调查相结合的方法进行。

(2) 水土流失监测站网的例行调查，以各级监测站网管辖的遥感监测站、小流域监测站、地面监测站的月度、季度、年度统计报表调查为主。

(3) 小流域水土流失与水土保持综合调查内容和方法应按 GB/T15772—1995 进行。开发建设项目水土流失与水土保持综合调查，根据具体项目情况，参照 GB/T15772—1995 确定，具体内容见《水土保持监测技术规程》的有关附表。对小流域水土流失普查也可采用线路控制调查法，现场调绘，逐块小班调查登记。

(4) 植被、地质、土壤调查线路、调查内容根据实际需要确定。关键是选择的线路，应具有代表性和不同类型或种类的覆盖性。具体调查方法应根据每一次调查的具体要求和有关调查手册确定。

3. 普查应注意的问题

普查工作中应注意的问题是：①统一调查时间；②调查项目应统一，任何单位和个人不得增减内容，不同时期的普查项目应保持一致，以利汇总和对比；③尽可能同时对各个调查单位进行调查，并力求在最短时间内完成。调查时间拖得愈长，调查资料的真实性和准确性受各种因素的干扰就愈大。

（六）抽样调查

抽样调查是一种非全面调查，是在被调查对象总体中，抽取一定数量的样本，对样本指标进行测量和调查，以样本统计特征值（样本统计量）对总体的相应特征值（总体参数）作出具有一定可靠性的估计和推断的调查方法。

抽样调查是适宜于调查总体为“较大或无限”、一般无法开展全面调查的研究对象，是非全面调查方法中具有数学依据的科学方法，抽样必须遵循随机原则，即在总体中抽取样本时，完全排除主观意识的作用，保证总体中每一个个体被抽中的机会是均等的。

抽样调查可应用于：①抽样调查在监测样点布设不足的情况下，补充布设监测样点，以及对遥感监测的实地检验；②一定区域范围内土地利用类型变动和土壤侵蚀类型及程度的监测；③综合治理和开发建设项目中水土保持措施质量的监测；④水土保持措施防治效果及植被状况调查。

抽样调查的特点决定了抽样调查有以下的作用和优势：一是抽样调查与全面调查相比，能节省人力、物力、财力，从而也能提高调查资料的时效性；二是抽样调查可通过严格的抽样技术减小抽样误差，提高调查结果的准确性；三是抽样调查能够对不能用全面调查方法进行调查研究的事物进行调查分析，以取得总体数量特征；四是在水土保持监测中将抽样调查、常规样地调查技术和遥感技术结合起来，能够达到时效高、节约资金与人力的目的。

1. 基本概念

1）总体和样本

被研究事物或现象的所有个体（数值或单元）称为总体；从总体中按预先设计的方法抽取一部分单元，这部分单元称为样本，组成样本的每个单元称为样本单元。总体单元数用 N 表示；样本总体单元数用 n 表示。总体和样本都是一种随机变量。

2）抽样估计

利用样本指标（统计量）来推算总体参数的一种统计分析方法。

3）总体参数和样本特征值

根据总体各单元标志值计算的综合特征值，又称总体参数，常用的总体参数有：

①总体平均数： $\overline{X} = \frac{1}{N}\sum_{i=1}^{N} X_i$（$X_i$ 表示各单元上的标志值）

②总体方差： $$\sigma^2 = \frac{1}{N}\sum_{i=1}^{N}(X_i - \overline{X})^2$$

③总体标准差： $$\sigma = \sqrt{\frac{\sum_{i=1}^{N}(X_i - \overline{X})^2}{N}}$$

④总体成数： $$P = 1 - Q$$

P 表示总体中具有某种性质的单元在总体全部单元数中所占的比重，Q 表示总体中不具有某种性质的单元数在总体中所占的比重。

根据样本总体各单元标志值计算的综合特征值,也称统计量。抽样前,样本单元观测值为随机变量,故统计量也是随机变量。常用的样本特征值有:

①样本平均数: $$\bar{x} = \frac{1}{n}\sum_{i=1}^{n} x_i$$

②样本方差: $$s^2 = \frac{1}{n-1}\sum_{i=1}^{n}(x_i - \bar{x})^2$$

③样本标准差: $$s = \sqrt{\frac{\sum_{i=1}^{n}(x_i - \bar{x})^2}{n-1}}$$

④样本成数: $$p = 1 - q$$

P 表示具有某种性质的样本单元数在样本总体中所占的比重,q 表示不具有某种性质的样本单元数在样本总体中所占的比重。

2. 重复抽样和不重复抽样

从总体中抽取样本单元的方法有重复抽样和不重复抽样两种。

重复抽样是把已经抽出来的单元再放回到总体中继续参加下一次抽选,使总体单元数始终是相同的,每个单元可能不止一次被抽中。

不重复抽样是把已经抽出来的单元不再放回总体中,每抽一次,总体单元数会相应减少。每个单元只能被抽中一次。

抽样方法不同,样本总体可能数目不同。重复抽样的样本总体可能数目为 N^n,不重复抽样的样本总体可能数目为 $N!/(N-n)!$。

分层抽样调查时,在中间层总体中抽取样本单元就有等概率抽样和不等概率抽样两种方法。等概率抽样是指对每一中间层,不论其所含总体单元多少,均给予同等被抽中的机会。不等概率抽样是指对中间层抽样时,按各层总体单元数所占比例的多少不同,给予被抽概率对应于不同比例的抽样。因此,采用不等概率抽样时,必须知道中间层包括的总体单元数的多少。等概率抽样比较简单,对于中间各层总体单元数目相差不大的情况,采用这种方法比较适宜。如相差较大,仍采用等概率抽样,将会使抽样结果产生较大的偏差,这时以采用不等概率抽样为宜。因为对中间层的抽取给予不等概率,事实上就保证了总体各单元的抽取为等概率。

3. 抽样误差的概念

非全面调查中,由于用部分总体单元代表总体,因此在推算总体时必然要产生误差,我们称之为代表性误差。代表性误差有两种:系统误差和随机误差。系统误差也称偏差,是指破坏了抽样的随机原则而产生的误差。随机误差是指遵守了随机原则,但可能抽到不同的样本而产生的误差。随机误差也分两种:绝对误差和平均误差。绝对误差也称实际误差,是指某一样本指标与总体指标之间的数值差异。平均误差是指所有可能出现的样本指标值与总体指标值的平均离差,也可以说是所有可能出现的绝对误差的标准差,它反映了误差的一般水平。抽样平均误差用 μ 表示。

抽样调查固有的误差是由总体各单元特征值的差异程度、样本单元数、抽样方法、抽样调查的组织形式等造成的。以用数理统计方法将其控制在所允许的范围以内,主要是通过调整样本单元数、改变抽样调查方案来实现的。

另外，由于工作原因产生的抽样误差，只能通过改进工作质量加以克服和改善，不属于统计学上的问题。

抽样平均误差是反映抽样误差一般水平的指标。通常用抽样平均数的标准差或抽样成数的标准差来作为衡量其抽样误差一般水平的尺度。

1）抽样平均误差

（1）重复抽样条件下，抽样平均数的平均误差。抽样平均数，也称样本平均数，即样本内样本单元的平均数。抽样平均数的数学期望理论上应是总体平均数，即

$$E(\overline{x_i}) = \frac{\sum \overline{x_i}}{M} = \overline{\overline{x_i}} = \overline{X} \tag{2-1-1}$$

式中 $E(\overline{x_i})$——抽样平均数的数学期望，即所有可能样本的平均数的平均；

$\overline{x_i}$——各样本中数据的平均数；

M——全部可能的样本数；

$\overline{X}$——总体平均数。

μ_x 表示抽样平均数的平均误差，则

$$\mu_x = \sqrt{\frac{\sum (\overline{x_i} - \overline{X})^2}{M}} = \sqrt{\frac{\sum (\overline{x} - E(\overline{x_i}))^2}{M}} = \sigma_{\bar{x}} \tag{2-1-2}$$

即将各样本平均数与总体平均数的标准差定义为平均数抽样误差。

由此也可推出：$\mu_x = \sigma_{\bar{x}} = \dfrac{\sigma}{\sqrt{n}}$

在实际使用中，因总体标准差 σ 往往并不容易求得，故通常以样本标准差代替。

（2）不重复抽样条件下，抽样平均数的平均误差。将抽样平均数的方差乘以修正系数$\dfrac{N-n}{N-1}$，则

$$\mu_x = \sqrt{\frac{\sigma^2}{n}\left(\frac{N-n}{N-1}\right)} \tag{2-1-3}$$

而当 N 数值较大时，可将 $(N-1)$ 看成 N，从而

$$\mu_x = \sqrt{\frac{\sigma^2}{n}\left(\frac{N-n}{N}\right)} = \sqrt{\frac{\sigma^2}{n}\left(1-\frac{n}{N}\right)} \tag{2-1-4}$$

可以看出，不重复抽样的抽样误差比重复抽样的抽样误差小，相差的程度取决于$\dfrac{n}{N}$。当$\dfrac{n}{N}$很小时，重复抽样的误差和不重复抽样的误差的差异也就很小，此时，为了简化计算，可以使用重复抽样的抽样误差计算公式。

2）抽样成数的平均误差

抽样成数的平均误差计算与抽样平均数的平均误差的计算基本相同，所不同的是成数的总体方差，不是离差平方和的平均数，由于各个样本成数的平均数就是总体的成数本

身，因而成数的总体方差是：成数×(1－成数)。

设 P 为成数，$\sigma_p{}^2$ 为成数的方差，则：$\sigma_p^2 = P(1-P)$。

(1)重复抽样：

$$\mu_p = \sqrt{\frac{P(1-P)}{n}} \tag{2-1-5}$$

(2)不重复抽样：

$$\mu_p = \sqrt{\frac{P(1-P)}{n}\left(\frac{N-n}{N-1}\right)} \tag{2-1-6}$$

同样，在 N 很大时，式(2-1-6)可简化为：

$$\mu_p = \sqrt{\frac{P(1-P)}{n}\left(1-\frac{n}{N}\right)} \tag{2-1-7}$$

上述计算公式中，在计算抽样平均误差时，总体的方差 $P(1-P)$ 资料是经常不易掌握的，通常用抽样样本成数的方差 $P(1-P)$ 代替。

σ^2 和 $P(1-P)$ 也可用过去调查的资料、估计资料或小规模试验性资料代替。

4. 抽样极限误差和相对误差

1)极限误差

抽样平均误差是从理论上描述样本指标与总体指标偏差的平均状况，还无法确定某一次或某几次实际抽样中样本特征值偏离总体指标的范围，也不可能以某次抽样估计总体参数的可靠性大小。极限误差是指样本特征值与总体特征值之间抽样误差的可能范围。由于总体特征值是客观存在的唯一确定的数值，而样本特征值是随不同集合体而变动的一个随机变量，因而样本特征值与总体特征值可能产生正或负的离差。极限误差就是指变动的样本特征值与确定的总体特征值之间离差的可能范围。

用概率与数理统计方法可以证明，抽样极限误差同概率保证程度与抽样平均误差存在一定的关系，抽样平均数极限误差公式为：

$$\Delta_{\bar{x}} = t\mu_x \tag{2-1-8}$$

抽样成数公式为：

$$\Delta_p = t\mu_p \tag{2-1-9}$$

式中，t 称为概率度，它表示用样本资料推断的总体指标数值包括在范围内的可靠程度。即极限误差可用 t 倍的抽样平均误差 μ_p 表示，因而极限误差是以抽样平均误差作为标准衡量单位的。对于一定的 μ_p，t 值越大，极限误差 Δ_p 越大，用样本指标估计总体指标的可靠程度也就越高，估计的精确程度就越低。通常 t 取 2。

抽样估计置信区间，即可表达为：

$$(\bar{x}-\Delta_{\bar{x}}) \leqslant \bar{X} \leqslant (\bar{x}+\Delta_{\bar{x}}) \quad \text{或} \quad (p-\Delta_p) \leqslant P \leqslant (p+\Delta_p) \tag{2-1-10}$$

显然，置信区间的长度与 t 有着密切的关系。各种概率保证程度和抽样误差的概率度 t 是密切联系的，并随 t 的增大而增大。它是 t 的函数，用 $F(t)$ 表示。

2)相对误差

在设计抽样调查方案时，对调查总体参数都有一定的精度要求。通常情况下，要求利用样本资料推算总体参数时，必须达到在一定的概率保证程度下，使最大相对误差控制在多少比例以内。可以说,相对误差也是进行抽样调查时需要计算的重要参数之一,它表明在设计出的抽样调查方案中,用各种可能出现的样本资料推算出的总体参数值与客观存在的唯一确定的总体参数值间的相对误差的大小。相对误差用 E 表示,计算公式为:

$$E = \frac{\Delta_{\bar{x}}}{\bar{x}} \quad 或 \quad E = \frac{\Delta_{\bar{p}}}{\bar{p}} \tag{2-1-11}$$

精度 $P_c = 1 - E$。

5. 常用抽样方法

对某一对象进行抽样调查,需要根据调查现象总体的分布状况选择合适的抽样方法(或称为组织形式)。不同的抽样方法,计算抽样误差的方法不同,进而影响抽样单元数目的多少。常用的抽样方法有简单随机抽样、系统抽样、分层随机抽样、整群抽样等。在具体操作过程中,还可以综合运用两种或两种以上的抽样方法,尽量保证用最少的投入取得较为理想的调查效果。

1)简单随机抽样

简单随机抽样是指在总体单元均匀混合的情况下,随机逐个抽取样本的抽样方式。抽取样本过程中,总体单元都有均等的概率被抽中,且前一次抽到的样本与后一次抽到的样本无必然联系。具体做法是,先将总体各单元编号,然后再随机抽取,抽取的方法有手工抽取、机械摇号抽取和用随机数表抽取三种。简单随机抽样是最基本的抽样方法,其他的组织形式都是在简单随机抽样的基础上,采取排列、分层等更细的方法而形成的。该方法一般适用于总体单元数比较少、总体单元特征值比较集中的总体,如小流域造林质量抽样检查。抽样误差的概念、抽样平均误差和极限误差的计算以及由此计算必要抽样单元数的公式等均是由简单随机抽样推导出来的。因此,确定采用简单随机抽样,并确定抽样单元数,则可根据上述抽样方法抽取样本单元,进行调查汇总,再根据公式推断总体总量。

2)系统抽样

系统抽样,又称机械抽样或等距抽样。它是先将总体各单元按某一特征值排队,然后按相等的距离或间隔逐个抽取样本单元的方法。等距抽样是不重复抽样,在已知总体有关信息条件下,能够保证样本单元在总体中的均匀分布,因此等距抽样抽取的样本能提高样本对总体的代表性,比简单随机抽样更精确。等距抽样抽样间隔的划分,是根据抽样单元数确定的,每个抽样间隔大小是相同的,且相互之间没有明确的质的差别或数量界限。与随机抽样的计算和推算方法相同,只是更为精确。

3)分层随机抽样

分层随机抽样也称分类抽样或类型抽样,它是在总体单元特征值的大小明显地呈现出层次时,按该特征值将总体各单元划分为若干层,使层间特征值差异较大,层内特征值差异较小,然后每层随机抽取样本单元,进而实现在总体中抽取样本单元的抽样方法。分层抽样将分组法与抽样原理结合运用。分层抽样每个组都要抽取样本单元,具有很好的代表性。组间方差已不再影响总体抽样平均误差。由于组内差异相对变小,组内抽样误差也缩小了。因此,只要对总体分层得当,一般都能够使总的抽样误差减小,从而减少抽样单元数,提高抽样调查精度。该方法一般适用于总体单元很多、有关特征值差异较大、总体分布偏于正态的有关总体。如同龄林的林木生长量调查可按立地条件进行分层抽样。各层的样本单元数确定后，再按简单随机抽样在各层内独立地抽取样本单元，对其进行调查汇总，先推算各层的特征值，后加权平均推算总体特征值。成数抽样的基本计算公式为：

(1)抽样平均数：

$$\bar{x} = \frac{\sum_{i=1}^{n} n_i x_i}{n} \tag{2-1-12}$$

(2)抽样误差：

重复抽样时

$$\mu_x = \sqrt{\frac{\bar{\sigma}^2}{n}} \tag{2-1-13}$$

不重复抽样时

$$\mu_x = \sqrt{\frac{\bar{\sigma}^2}{n}\left(1 - \frac{n}{N}\right)} \tag{2-1-14}$$

4)整群抽样

整群抽样是先将总体分为若干群或集团，然后以群为单元成群地抽取一部分群作为样本单元，对抽中的群内所有单元进行全面调查的一种抽样方法，也称为集团抽样。该方法是抽取部分群，在抽中的群内做全面调查，以样本群直接推断总体。整群抽样时，要尽量扩大群内差异(使之接近总体分布)，缩小群间差异(以减少样本群个数)，这适合于群内差异大而群间差异小且缺乏原始记录利用的总体。整群抽样的组织和设计工作比较简单，而且由于调查单元相对集中于若干个样本群内，实地调查时，能节省调查人员往来于样本单元间的时间和费用。但是整群抽样相对于简单随机抽样，抽样估计精度较低，抽样误差较大。因此，可以适当增加样本群，以达到减少抽样误差、提高估计效果的目的。整群抽样由于群内全面调查，因此抽样误差只与群间方差有关。设总体分为 R 群，每群 M 个单元，现从中抽 r 群进行全面调查，则

(1)抽样平均数：

$$\bar{x} = \frac{1}{r}\sum_{i=1}^{r} \bar{x}_i \tag{2-1-15}$$

(2)抽样误差：

$$\mu_x = \sqrt{\frac{\delta^2}{r}\left(\frac{R - r}{R - 1}\right)} \tag{2-1-16}$$

其中

$$\delta^2 = \frac{\sum (\bar{X} - \bar{\bar{X}})^2}{R} \quad 或 \quad \delta^2 = \frac{\sum (\bar{x}_i - \bar{x})^2}{r}$$

6. 样本单元数确定

1)必要样本单元数

样本单元数是根据抽样调查的精度要求和总体分布特征来确定的，不同抽样方法直接影响抽样样本单元数的大小。因此，设计抽样调查方案、确定样本单元数目之前，往往要综合考虑各种可能的人、财、物条件和总体资料推断的必要精度，选择合适的抽样方法，再确定样本单元数。

以简单随机抽样为例。

(1)平均数的必要抽样单元数目的计算公式：

重复抽样时

$$n = \frac{t^2\sigma^2}{\Delta_x^2} \tag{2-1-17}$$

不重复抽样时
$$n = \frac{Nt^2\sigma^2}{N\Delta_x^2 + t^2\sigma^2} \tag{2-1-18}$$

(2)成数的必要抽样单元数目的计算公式：

重复抽样时
$$n = \frac{t^2P(1-P)}{\Delta_p^2} \tag{2-1-19}$$

不重复抽样时
$$n = \frac{Nt^2P(1-P)}{N\Delta_p^2P + t^2P(1-P)} \tag{2-1-20}$$

例如，要调查黄土高原沟坝地的单位面积产量，假定我们知道其标准差为1 000，要求的调查误差不超过100kg，则可靠性指标（置信程度）为95%时（查表可得，$t=1.96$），所需的样本单元数为：$n=1.96^2\times1\ 000^2/100^2=3\ 841\ 600/10\ 000=384$，即需要调查的样本单元数为384个。

2）最大样本量

以上公式只是理论上的，在实际调查中确定合理的样本量，必须考虑多方面的因素。

首先，由于人们通常缺乏对标准差的感性认识，因此对标准差的估计往往是最难的。总体的标准差没有一点对样本的先验知识，那么对标准差的估计是不可能的。我们引入一个变异系数的概念 $c=\frac{s}{x}\leqslant1$，并以相对误差 E 来确定。

以简单随机抽样为例。

(1)平均数的样本单元数：

$$n = \frac{t^2c^2}{E^2} \tag{2-1-21}$$

$$n = \frac{Nt^2c^2}{NE^2 + t^2c^2} \tag{2-1-22}$$

(2)成数的样本单元：

重复抽样时
$$n = \frac{t^2(1-P)}{E^2P} \tag{2-1-23}$$

不重复抽样时
$$n = \frac{Nt^2P(1-P)}{NE^2P + t^2P(1-P)} \tag{2-1-24}$$

根据上述公式，我们可以计算在相对误差一定的情况下，所需的最大样本量。表2-1-1是在可靠性指标（置信程度）95%的水平下，不同相对误差下的最高样本量。

表2-1-1　置信程度95%水平时不同相对误差下的最高样本量

相对误差	1%	2%	3%	4%	5%	10%	20%
样本量	38 416	9 604	4 268	2 401	1 537	384	104

7. 确定调查样本单元数的原则

虽然我们根据公式可以从理论上确定样本量的上限，但是由于实际工作的经费和时间限制，使用最大样本量的可能性很小；而且，实际研究的情况通常要复杂得多，因为一个研究往往都要考虑多个目标，而不是简单地考虑一个目标，在实际抽样调查工作中，必须综合考虑,采用多种方式来确定样本量。

1)调查的主要目标

对于目标单一的调查,调查的样本单元数可以少些;而对于多个目标的调查,必须考虑这些目标中变异程度最大、要求精度最高的目标,单元数就多些。

2)调查要求的精度

精度 P_c 要求越高,即相对误差 E 越小($E=1-P_c$);可靠性指标(置信程度)越高,t 值越大,则样本单元数越大。

3)调查区域的大小

一般调查区域越大,所需要的样本量越大,因为大区域内的样本变异程度通常较难掌握。此外,在实际调查抽样时往往采用分层抽样的方法来确定样本数。

8. 实际调查中确定样本量的做法

(1)通过对方差的估计,采用公式计算所需样本量。主要做法是:用两步抽样,在调查前先抽取少量的样本,得到标准差 S 的估计,然后代入公式中,得到下一步抽样所需样本量 n;如果有以前类似调查的数据,可以使用以前调查的方差作为总体方差的估计。

(2)根据经验,确定样本量。主要方法有:如果以前有人做过类似的调查,可以参照前人的样本单元数确定。一般大样本应在50个以上,小样本不小于30个(大、小样本的计算公式有差异,参见有关书籍)。区域面积越大,样本单元数越多。

9. 参数估计

参数估计就是以样本特征值来估计总体特征值。参数估计主要有点估计和区间估计两种方法。

1)点估计

根据总体特征值的结构形式,设计样本特征值并作为总体参数的估计量,即直接以样本特征值作为相应总体特征值的估计量。例如,用样本平均数作为总体平均数的近似值,用样本成数作为总体成数的近似值。数理统计要求,并不是所有的样本特征值都可以作为总体参数的估计量,只有被称为是"优良的估计量"才可作为总体参数的估计量。优良的估计量应符合三个标准:一是无偏性,样本特征值的平均数等于被估计的总体参数;二是一致性,样本单元数充分大时,样本特征值也充分靠近总体参数;三是有效性,作为优良的估计量的方差比其他任何估计量的方差都小。在抽样调查中推算总体总量时,就可以用样本平均数、样本成数和样本方差作为总体平均数、总体成数和总体方差的点估计值,并以此推断总体有关特征值,以样本特征值直接作为相应总体参数的估计值。

2)区间估计

根据给定的概率保证程度的要求,利用实际抽样资料,指出总体被估计值的上限和下限,即指出总体参数可能存在的区间范围,而不是直接给出总体参数的估计值。区间估计是进行统计估计的主要方法。区间估计的三个要素:估计值、抽样误差范围和概率保证程度。抽样误差范围决定估计的准确性,而概率保证程度则决定估计的可靠性。至于区间估计方法视给定的条件可以根据已知的抽样误差求概率保证程度;范围也可以根据已知的置信度要求,推算抽样误差的可能范围。评价优良估计量的标准仍是无偏性、一致性、有效性。

抽样调查中,用样本平均数和样本成数推断总体时,使总体平均数和总体成数落在置

信区间内的概率为 $F(t)$（如 $t=1.96$ 时，概率 $F(t)$ 为95%）。

用样本指标推算总体总量指标的方法有直接换算法和修正系数法两种。

（1）直接换算法。它是用样本平均数或成数，乘以总体单位数，直接推算出总体总量指标的方法。直接换算法也分为点估计和区间估计两种。点估计推算法是不考虑抽样误差和推断的可靠程度，直接用样本平均数或样本成数乘以总体单位数，其积作为总体总量指标的方法。区间估计推算法是用样本平均数或成数，结合极限误差，在一定的概率保证程度下来推算总体总量指标所在的范围的方法。计算公式如下：

$$N(p - t\mu_p) \leqslant NP \leqslant N(p + t\mu_p) \tag{2-1-25}$$

（2）修正系数法。修正系数法是在全面调查后，用抽样调查方法从总体中抽取一部分单位进行复查，将抽样调查资料与全面调查资料进行对比，求出差错比率，并对全面统计资料进行修正的一种方法。

10. 抽样调查的步骤

（1）根据调查目的和任务的需要，按照一定的内容和要求，对某一对象总体编制抽样框。

（2）根据调查总体中各调查单位的数量分布特征选择一定的抽样调查方法。

（3）根据调查的精度要求和选择的调查方法确定抽样单元数，并从抽样框中抽取样本单元。

（4）对抽取的样本单元进行调查，对样本资料进行审核、汇总。

（5）根据样本汇总资料结果推断总体，并进行一定的可靠性检验。

11. 抽样调查方案设计

水土保持抽样调查方案设计，首先必须遵循抽查的基本准则，即随机性；其次是选择适宜的抽样方法，在一定的精度条件下，保证实现最好的抽样效果，一般多采取随机成数抽样、系统抽样和分层抽样方法。在抽样调查方案设计之前，应进行踏勘、预备调查，然后根据抽样原理与实际情况，设计抽样调查方案（包括抽样、外业调查、内业分析整理等）。抽样调查技术设计方案的核心是采用有效的抽样方法和效果。

1）抽样方法与样地数确定

1 000km^2 以上流域的调查应采用成数抽样法。抽样可靠性为90% ~95%，精度为80% ~85%，最小地类总成数预计值为1% ~10%，一般采用5%。以此为依据确定样地数。

1 000km^2 以下流域的调查，采用随机抽样或系统抽样。变动系数小于20%，采用系统抽样；变动系数大于20%，采用随机抽样。抽样可靠性为90% ~95%，估计抽样误差小于10%。以此为依据确定样地数。

一般按下列公式计算后，样地数计算结果应增加10%的安全系数。

（1）成数抽样样本单元数确定，采用如下公式计算：

$$n = \frac{t^2(1-p)}{E^2 p} \tag{2-1-26}$$

式中 p——第1，2，3，…，k 种地类占面积最小的地类总体成数预计值；

t——可靠性指标，$\alpha=95\%$ 时，$t=1.96$；

E——相对允许误差，$E=1-P_c$，P_c 为精度。

(2)随机抽样和系统抽样时,样本单元数 n 依据抽样比例的不同来确定。

若抽样比例小于5%:

$$n = \frac{t^2c^2}{E} \tag{2-1-27}$$

若抽样比例大于5%:

$$n = \frac{t^2c^2N}{E^2N + t^2c^2} \tag{2-1-28}$$

式中 t——可靠性指标,$\alpha = 95\%$ 时,$t = 1.96$;

E——相对允许误差,$E = 1 - P_c$,P_c 为精度;

c——总体变动系数;

N——总体单元数,$N = \frac{A}{a}$,A 为总体面积,a 为样地面积。

2)样地形状与面积

一般采用方形或长方形样地,乔木林样地面积大于400m²,一般为600m²,草地调查样地面积1~4m²,灌木林样地面积10~20m²,农业用地和其他用地根据坡度、地面组成、地块大小及连片程度确定,一般采用10~100m²。一次综合抽样,各种不同地类的样地面积应保持一致,以400~600m²为宜。

3)样地类别

(1)固定样地:定期监测的可复位的固定样地,应设置固定标志。

(2)临时样地:本期不复位或下一期不复查的样地。

(3)放弃样地:只有样地号,无法设置和调查的样地。

4)样地布点

(1)小流域范围内抽样调查林草生长状况、工程质量状况等,可根据确定的样地数,在1:10 000地形图上采用网点板布点。

(2)中流域或县域范围进行水土流失及防治措施调查,可根据确定的样地数,在1:10 000或1:50 000的地形图公里网交叉点上布点。大流域或县域以上范围则在1:50 000或1:100 000的地形图公里网交叉点上布点。

5)样地定位与设置

(1)样地应根据地形图上确定的位置,利用样地附近的永久性明显地物标志,现场采用引点确定样地的位置。

(2)样地边界现地测定时,样地各边方向误差小于1°,周长闭合误差小于1/100。

(3)定期抽样调查时,固定样地的复位可根据样地标志复位,如标志已损坏,则可采用原定位方法重新定位与设置样地。复查时发现固定样地位移小于50m但符合随机抽样原则时,可确认为复位样地。

6)样地调查内容和方法

样地调查是抽样调查的主要外业工作,也是抽样调查的核心,调查的内容和方法是根据调查目的和任务确定的。样地调查的精度高低、内容详细程度对最终抽样调查的结果关系重大。因此,应事先制定样地调查细则,设计表格,所有的外业人员应按细则统一进行调查。样地调查可用人工方法,也可用遥感方法,或者两者结合。

7)总体特征值估计与误差

抽样方法不同,总体特征值估计与误差计算公式也不同,应根据统计学的要求进行。动态估计达不到规定的要求时,要增加样地数进行补充调查,直到精度达到要求为止。

土壤侵蚀总体监测特征值的估计方法是根据不同侵蚀强度级的土地类型样地数计算土地面积成数,根据成数和调查总体面积估计各侵蚀强度级土地面积现状,最终计算出调查总体的土壤侵蚀监测特征值。同时,也能够得出土地利用的现状。

定期抽样调查监测的动态变化,是以监测前后期得到的土壤侵蚀面积成数平均数动态估计值除以监测间隔年数并乘以调查总体面积,即可得到土壤侵蚀面积的年平均动态变化。

总体特征值估计与误差的计算公式如下。

(1)成数抽样。

总体估计值:

$$\hat{A} = A\frac{n_k}{n} = AP_k \tag{2-1-29}$$

绝对误差值:

$$\Delta_{P_i} = t\sqrt{\frac{P_i(1-P_i)}{n-1}} \tag{2-1-30}$$

相对误差值:

$$E_{P_i} = E_{A_i} = t\sqrt{\frac{1-P_i}{P_i(n-1)}} \tag{2-1-31}$$

式中 $P_i = P_1, P_2, \cdots, P_k$—— 各地类的总体成数估计值,$\sum_{i=1}^{k} P_i = 1$;

$\hat{A}$—— 第 i 地类面积估计值;

A—— 总体面积;

n—— 总样点数;

n_k—— 第 k 地类的总体成数。

(2)随机抽样或系统抽样。

总体估计值:

$$\hat{Y} = \bar{y} = \frac{1}{n}\sum_{i=1}^{n} y_i \tag{2-1-32}$$

标准误差:

$$S_{\bar{y}} = \frac{S_y}{\sqrt{n}} = \sqrt{\frac{\sum_{i=1}^{n} y_i^2 - \frac{(\sum_{i=1}^{n} y_i)^2}{n}}{n(n-1)}} \tag{2-1-33}$$

式中 $\hat{Y}$——总体平均数的估计值;

$\bar{y}$——样本平均数;

y_i——第 i 个单元观测值；

n——样本单元数。

(3)两期监测样地复位率达到95%时，动态变化的误差计算公式为：

$$\bar{\Delta} = \bar{Y}_p - \bar{X}_p \tag{2-1-34}$$

Δ 的方差：

$$S_{\Delta}^{2} = \frac{S_{yp}^{2} + S_{xp}^{2} - 2RS_{yp}S_{xp}}{n_p - 1} \tag{2-1-35}$$

$\bar{\Delta}$ 的标准误差：

$$S_{\bar{\Delta}} = \sqrt{S_{\Delta}/n_p} \tag{2-1-36}$$

相关系数：

$$R = \frac{S_{xy}}{S_{yp}S_{xp}} \tag{2-1-37}$$

估计精度：

$$U = (1 - \frac{tS_{\bar{\Delta}}}{\bar{\Delta}}) \times 100\% \tag{2-1-38}$$

式中 $\bar{Y}_p$、$\bar{X}_p$——后期、前期土壤侵蚀面积成数平均数；

S_{yp}——固定样地后期土壤侵蚀面积成数方差；

S_{xp}——固定样地前期土壤侵蚀面积成数方差；

S_{xy}——协方差；

n_p——固定样地数；

R、t——相关系数、可信度。

两期监测样地复位率达不到95%时，动态变化的误差计算公式为：

$$\bar{\Delta} = a\bar{Y}_p - b\bar{X}_p - (1-a)\bar{Y}_t - (1-b)\bar{X}_t \tag{2-1-39}$$

Δ 的方差：

$$S_{\Delta}^{2} = \frac{a^2 S_{yp}^{2} + b^2 S_{xp}^{2} - 2abRS_{yp}S_{xp}}{n_p} + \frac{(1-a)^2 S_y^{2}}{n_{ty}} + \frac{(1-b)^2 S_x^{2}}{n_{tx}} \tag{2-1-40}$$

估计精度：

$$U = (1 - \frac{tS_{\bar{\Delta}}}{\bar{\Delta}}) \times 100\% \tag{2-1-41}$$

式中 $\bar{Y}_t$、$\bar{X}_t$——后期、前期临时样地土壤侵蚀面积成数平均数；

S_y、S_x——临时样地后期、前期土壤侵蚀面积成数方差；

n_{ty}、n_{tx}——后期、前期临时样地数；

a、b——计算方程系数(请参考抽样调查有关教材)。

12.水土保持工程质量抽检

小型工程(梯田、谷坊等)质量抽查，单个工程可作为一个独立的样地(点)，中大型工程质量应全面检查，关于工程质量抽样检查的抽样比例，根据国标抽查比例(表)，具体使用时可根据抽样原理和实际情况计算复核确定。

13. 抽样调查应注意的问题

(1)水土流失监测应将遥感解译与抽样校验结合起来,提高其可靠性和精度,具体方法见遥感监测部分。

(2)水土流失变动调查一般与土地利用类型变动调查结合进行。

(3)用样地调查结果来估计总体时,计算必须符合统计学的计算要求。

(4)植被调查除本规定之外,应符合植被调查的有关规定。

三、水土流失综合调查

水土流失调查的内容是根据事先明确的规划、设计、监测、监督等任务确定的。主要包括一定区域范围内影响水土流失的各种因子(自然、社会、经济状况)的调查、水土流失及其防治调查。

(一)自然情况的调查

1. 地质

地质条件是水土流失形成的大背景或者说是控制性因子。主要包括地质构造、地层与岩性、地震、新构造运动、地下水活动等。地质条件对于地貌形成、母质及土壤特性十分重要,是滑坡、崩塌、泥石流调查的主要内容。

(1)地质构造:指大地构造位置、构造系统、褶皱性质与产状、断层性质与产状。地质构造与沟系统形成、沟沿线(与构造线有关)、滑坡、崩塌、泥石流的产生关系最为密切。

(2)地层的地质年代、产状和岩性:与节理发育、岩石风化与破碎、母质及土壤形成有关,也直接影响到地质稳定性。一般老地层成岩作用好,质地坚硬,不易风化,但在多次构造运动过程中易形成发育的节理;反之,则成岩作用差,质地疏松,易风化。岩性与风化关系更为密切:花岗岩地区,易形成崩岗;砂页岩区易形成泻溜。

(3)地震:易导致山体滑坡、岩体崩塌,为泥石流的形成提供物质条件。我国一般地震多发区也是滑坡、泥石流多发区。

(4)新构造运动:包括新生代以来地壳的水平与垂直运动、断裂活动、岩浆侵入、火山喷发等,是泥石流、滑坡形成的重要原因。我国喜玛拉雅运动以来形成的新构造地区,也是泥石流与滑坡重点分布区和防治区。

(5)地下水活动及各种不良地质运动等。

2. 地貌与地形

地貌与地形是在造山运动与夷平运动的共同作用下形成的,大地构造运动起着决定性和主导性作用,它是水土流失发生、发展的内在原因和必要条件;同时,水土流失(一种主要的夷平运动)也塑造着地貌与地形,只是相对于地势来讲,水土流失对地貌与地形的变化似乎影响很小,而地貌与地形却深刻影响着水土流失。地貌与地形对水土流失的影响,包括大、中地貌和小地貌的影响及各种地形因素的影响。

(1)大、中尺度地貌:主要是地面高程(海拔高度)和相对高差及大、中地貌形态。高山、中山、低山、丘陵、盆地、平原;石质山区、黄土区、土石山区等不同的大、中地貌形态,在气候和植被的作用下,形成了不同的水土流失类型。如黄土高原区,植被稀少,水土流失严重;南方石灰岩地区,则水冲土跑,石漠化严重;青藏高原冻融侵蚀严重。同样在黄土高原,中尺度地貌的丘陵沟壑区与高塬沟壑区水土流失差别也很大。地貌类型划分指标见表2-1-2。

表2-1-2　地貌类型划分指标

阶　梯	地貌类型区	海拔(m)	相对高差(m)
极高原面(>4 000m)	极高山区	>6 000	>1 500
	高山区	5 500~6 000	1 000~1 500
	中山区	5 000~5 500	500~1 000
	低山区	4 500~5 000	200~500
	丘陵区(山前台地)	<4 500	<200
	盆地区(谷地)	可低于4 000	可成负地形
	极高原区	4 000	<50
高原面(1 000~4 000m)	高山区	>2 500	>1 000
	中山区	2 000~2 500	500~1 000
	低山区	1 500~2 000	200~500
	丘陵区(山前台地)	<1 500	<200
	盆地区(谷地)	可低于1 000	可成负地形
	高原区	1 000	<50
平原区	中山区	>1 000	>500
	低山区	500~1 000	200~500
	丘陵区(山前台地)	<500	<200
	洼地区(谷地)	可低于海平面	可成负地形
	平原区	<200	<50

(2)小尺度地貌:与大尺度地貌相比,小尺度地貌与水土流失关系更为直接。主要包括:小地貌形态,如塬面、梁峁顶、梁峁坡、沟坡、沟道、山脊、山坡、冲洪积扇、阶地、水域、坡麓等。

(3)地形:包括坡型、坡度、坡长、坡向、坡位等,是影响水土流失的直接因素,常作为水土流失预测预报中的一个主要因素来考虑。常规调查时采用的坡度分级、坡向分级见表2-1-3和表2-1-4。

表2-1-3　坡度分级

名称	部门	平坡	缓坡	斜坡	陡坡	急坡	险坡
坡度(°)	水保	<5	6~8	9~15	16~25	26~35	>35
	林业	<5	6~15	16~25	26~35	36~45	>45

注:缓坡与斜坡的界线划分,在造林立地划分上采用15°,在水土流失调查时采用8°。

表 2-1-4　坡向划分

四分法	阴坡	半阴坡	阳坡	半阳坡
方位角(°)	337.5～22.5	22.5～157.5	157.5～212.5	212.5～337.5
三分法	阴坡	半阴半阳坡		阳坡
方位角(°)	337.5～22.5	22.5～157.5,157.5～212.5		212.5～337.5
二分法	阴坡		阳坡	
方位角(°)	67.5～247.5		247.5～67.5	

注:表中以南北向为0°～180°,生产上多采用二分法。

(4)小流域(沟谷)特征与形态:是地貌与地形综合构成的一种外在表现。主要包括流域面积、流域平均长度、流域平均宽度、流域形状系数和均匀系数、沟道比降、沟谷裂度(沟占地面积)、沟壑密度(或开析度)、坡度组成等。

3. 气象

(1)降水。降水与水土流失特别是水蚀有着十分密切的关系。降水主要包括降雨和降雪,一般地区主要是降雨,高原地区降雪也非常重要。降水特征调查主要指标包括降水(雨)量、雨强、降雨历时、汛期雨量、一日最大降水量、次最大降水量、降水量年际分布、降水量年内季节分布等。降水量越大,雨强越大,降水历时越长,流失量越大。同时,降水量与植被生长有很大关系,400mm 以上地区以森林分布为主,400mm 以下则为森林草原区或草原区。而植被生长越好,流失量越小。降水与植被共同影响着水土流失。即使在风蚀地区,降水量与植被也同样是最重要的因子。降水量一方面与大气环流有关,另一方面受海拔影响。即使在干旱荒漠区,高山地区的降水量较大,常伴有森林或草地分布。

(2)光照与温度。光照与温度是影响植物生长的关键因子,同时,光照与温度变化是影响冻融侵蚀、泥石流、物理性侵蚀(胀缩、风化等)的主要因子。调查指标主要包括年平均气温、1月和7月平均温度、极端最高温度、极端最低温度、≥10℃的年活动积温、无霜期、冻土深度、日照时数等。

(3)风。风是风蚀的动力因子,同时空气流动加快又增大蒸发,造成干旱,影响植物生长,并进而加剧土壤侵蚀。调查指标主要包括年平均风速、春冬季月平均风速、大风日数、沙尘日数、干热风日数、风频和风向,特别是主害风方向。

4. 土壤或地面组成物质

土壤是土壤侵蚀的对象,也是植被生长的基础。土壤的物理化学性质不仅影响土壤的抗蚀性,而且影响植物生长,反过来又影响水土流失。调查主要内容有土壤类型、土壤质地、土壤厚度、土壤养分(有机质、全氮、速效氮等)。土壤类型、土壤质地、土壤养分可查阅土壤志或农业区划相关资料。土壤厚度可调查实测。土壤类型从南到北依次为砖红壤、红壤、黄壤、褐土、棕壤等,从东到西依次为黑土、褐土、灰褐土、栗钙土、灰钙土、灰漠土、荒漠土等,从高到低依次为褐土、棕壤、高山草甸等。土壤厚度划分见表 2-1-5。

表 2-1-5　土壤厚度划分

北方	薄土		中土		厚土	
土层厚度(cm)	<30		30~60		>60	
南方	1级	2级	3级	4级	5级	6级
土层厚度(cm)	<5	5~15	15~30	30~70	70~100	>100

对于尚未形成土壤的,可用地面组成物质的调查来代替。地面组成物质一般可用风化岩壳组成来说明,如风化砂质花岗岩、风化碎砾状页岩、粗骨质土状物等。

5. 植被

植被是控制水土流失的主要因素。植被调查多采用线路调查,主要内容包括植物种类、植被类型、郁闭度(森林)、覆盖度(草或灌木)、生长状况、林下枯枝落叶层等。

植被调查也可采用样方进行调查。样方大小根据抽样调查方案设计中的规定执行。植被类型从水土保持角度划分可粗可细,具体应根据调查目的和要求确定,一般可分为针叶林、阔叶林、针阔混交林(此三者又可分为落叶和常绿)、灌木林、灌丛草地等。郁闭度指调查样方地块内林冠垂直投影与地块总面积的比,野外调查一般是抬头法;覆盖度指调查地块内草灌覆盖面积与地块总面积的百分比,野外调查的方法一般是触针法。

6. 水文与水资源

水文与水资源状况对水土保持、防止径流冲刷、加强水资源利用及植被恢复等具有重要意义。水文调查包括地表径流量、不同地面入渗状况、地下水位、地下水资源、植被耗水量、沟道洪水位、沟道冲刷情况等。

7. 其他资源

其他资源包括矿产资源、动植物资源等。其中矿产资源开发极易造成水土流失。

(二)社会经济情况调查

社会经济情况调查是水土流失调查的重要组成部分,尽管社会经济状况与水土流失没有直接关系,但间接关系密切。比如同样是山区,人口稠密的地区人类活动的影响大,水土流失严重;经济发达地区则因采取更有效的水土流失防治措施,水土流失较轻。通常调查的内容包括以下几方面。

1. 人口与劳力

重点调查人口总数、人口密度、农业人口与非农业人口、劳力总数、农业与非农业劳力、男劳力与女劳力、人口自然增长率、劳力自然增长率等。

2. 村镇产业结构与状况

调查村镇经济总收入,农、林、牧、渔、工副业收入结构,用地结构。

农业生产:耕地与基本农田(或基本田)、作物种类、种植结构、总产量与单产、坡耕地与基本农田建设、主要问题与经验。

林业生产:森林覆盖率、林地总面积、宜林地面积、林种与树种、林业生产主要收入来源、林业生产经营管理水平、经验与问题。

牧业生产:草场及草场经营、牲畜存栏量、草场载畜量、舍饲情况、饲料来源、牧业收入来源、主要经验与问题等。

渔业及水产：水面、养殖种类（鱼、虾等）、经营状况、单产、收入、主要经验与问题等。

工副业生产：工副业生产门类、主导产业情况、从事工业的劳力、工副业收入及主要来源、经营管理水平、第三产业发展等。

其他与农业生产相关的信息。

3. 村镇人民生活水平

调查人均收入、人均占有粮食量、人均占有牲畜量、燃料、饲料、肥料、人畜饮用水、交通道路建设、通电等。

社会经济因素调查主要是通过收集资料、访问等获得。

（三）水土流失及其防治现状调查

1. 水土流失现状

1）水力侵蚀

主要调查面蚀和沟蚀。

（1）面蚀：目前通过调查只能获取定性的分级状况，没有观测与实验数据是很难定量的。《土壤侵蚀分类分级标准》（SL190—2007）中采取地面坡度和林草覆盖度两项指标来确定，这两项指标在野外比较容易取得。

（2）沟蚀：区域性水土流失调查可采用SL190—2007规定的方法，即采用沟谷占坡面面积的比与沟壑密度两项指标。

2）重力侵蚀与泥石流

（1）重力侵蚀：区域性水土流失调查可采用SL190—2007规定的方法，即采用崩塌面积占坡面面积的比。

（2）泥石流侵蚀：调查固体物质补给形式及补给量、沉积特征、浆体容重，并进行侵蚀分级。

3）风力侵蚀

主要调查床面形态与植被覆盖度，并据此进行强度分级。

2. 水土流失危害调查

水土流失危害调查主要包括水土流失对当地危害、对下游地区危害的调查及大型灾害性水土流失事故的调查。调查方法以收集资料和询问为主，需要时可进行典型调查。

1）对当地危害的调查

降低土地生产力：包括土地完整度的破坏、土壤肥力下降、农作物产量下降、土地石漠化程度、土地沙化程度等。

对周边生产生活与生态环境的危害：对铁路、公路、工厂、村庄等的危害；对土地利用及其结构调整的危害；对土地耕作的危害。

2）对下游危害的调查

加剧洪涝灾害：采用类比法，调查相近地区治理与非治理流域的差异，从而分析洪涝灾害。

库、湖、塘、池、凼、河道等的淤积调查。

3）对大型灾害性水土流失事件的典型调查

对大型灾害性水土流失事故，如山洪、泥石流、滑坡等进行典型调查，见本章第二节“水土流失专题调查”。

3. 水土保持现状调查

水土保持现状调查一般都纳入水土流失综合调查中，以便能更好地分析水土流失成因与防治对策。调查内容包括水土保持过程（历史）、水土保持成果、水土保持经验和水土保持问题。调查方法以收集资料和询问为主，可进行抽样统计调查和必要的典型调查。

（1）水土保持过程调查：调查区内水土保持工作开展的时间、发展阶段、各阶段的特点。

（2）水土保持成果调查：包括水土保持措施的类型、分布、面积、保存情况、产生的效果。

（3）水土保持经验调查：水土保持治理、水土保持组织领导、水土保持工程项目管理、水土保持维护运行管理等方面的经验。

（4）水土保持存在问题调查：公众对水土保持的意见、水土保持工作过程中的失误与教训、存在的困难与问题、今后可能解决的途径与方法。

第二节　水土流失专题调查

一、水土流失专题调查

（一）土地利用调查

土地利用调查是水土流失调查与水土保持规划设计的基础。土壤侵蚀量可以通过对不同土地利用类型的估测，按各类型的面积推算某一区域的土壤侵蚀总量。同时，也可以澄清梯田、坝地、林地等水土保持措施面积，监测水土保持措施的成效。通过调查，对土地利用进行重新规划是水土保持综合治理规划设计的首要一步。土地利用调查首先是对土地利用进行分类，然后采用野外调绘、调查登记、室内整理等最终完成。

1. 土地利用现状分类

2007 年 8 月，国家质量监督检验检疫总局和国家标准化管理委员会联合发布《土地利用现状分类》（GB/T21010—2007）。国家标准采用一级、二级两个层次的分类体系，共分 12 个一级类、56 个二级类。其中一级类包括：耕地、园地、林地、草地、商服用地、工矿仓储用地、住宅用地、公共管理与公共服务用地、特殊用地、交通运输用地、水域及水利设施用地、其他用地。

《土地利用现状分类》国家标准确定的土地利用现状分类，严格按照管理需要和分类学的要求，对土地利用现状类型进行归纳和划分。一是区分“类型”和“区域”，按照类型的唯一性进行划分，不依“区域”确定“类型”；二是按照土地用途、经营特点、利用方式和覆盖特征四个主要指标进行分类，一级类主要按土地用途，二级类按经营特点、利用方式和覆盖特征进行续分，所采用的指标具有唯一性；三是体现城乡一体化原则，按照统一的指标，城乡土地同时划分，实现了土地分类的“全覆盖”。这个分类系统既能与各部门使用的分类相衔接，又能满足当前和今后需要，为土地管理和调控提供基本信息，还可根据管理和应用需要进行续分。

针对水土保持实际工作要求，现有一、二级分类体系无法满足水土保持工作的需要。为此，在即将颁布实施的《水土保持工程三阶段编制规程》（项目建议书、可行性研究报告、初步设计报告）中，根据水土保持行业特点，在国家一、二级分类的基础上，根据有关因子或指标再分三级、四级，并对部分一级进行了归并处理，提出了《土地利用现状分类表》(适用于水土保持)。

1) 坡度

即根据《土壤侵蚀分类分级标准》，将坡度划分为六级，即 0°～5°、5°～8°、8°～15°、15°～25°、25°～35°、>35°。

2) 土地利用类型划分

如将耕地(一级类)中旱地(二级类)划分为旱平地、梯田、坡耕地、沟川坝地等 4 个三级类；对于坡耕地可依据坡度再分为 5 个四级类；梯田划分为水平梯田、坡式梯田 2 个四级类。

具体划分情况参考表 2-2-1。

表 2-2-1　土地利用现状分类(适用于水土保持)

<table>
<tr><th>一级类</th><th>二级类</th><th>三级类</th><th>四级类</th><th>备注</th></tr>
<tr><td rowspan="16">耕地</td><td colspan="4">指种植农作物的土地，包括熟地、新开发、复垦、整理地、休闲地(含轮歇地、轮作地)；以种植农作物(含蔬菜)为主，间有零星果树、桑树或其他树木的土地；平均每年能保证收获一季的已垦滩地和海涂。耕地中包括南方宽度 <1.0m、北方宽度 <2.0m 固定的沟、渠、路和地坎(埂)；临时种植药材、草皮、花卉、苗木等的耕地，以及其他临时改变用途的耕地</td></tr>
<tr><td>水田</td><td colspan="3">指用于种植水稻、莲藕等水生农作物的耕地。包括实行水生、旱生农作物轮种的耕地</td></tr>
<tr><td>水浇地</td><td colspan="3">指有水源保证和灌溉设施，在一般年景能正常灌溉，种植旱生农作物的耕地。包括种植蔬菜等的非工厂化的大棚用地</td></tr>
<tr><td rowspan="13">旱地</td><td colspan="3">指无灌溉设施，主要靠天然降水种植旱生农作物的耕地，包括没有灌溉设施仅靠引洪淤灌的耕地</td></tr>
<tr><td rowspan="2">旱平地</td><td><1°</td><td rowspan="2">分布于北方自然形成的小于 5°的平缓耕地</td></tr>
<tr><td>1°～5°</td></tr>
<tr><td rowspan="2">梯田</td><td>水平梯田</td><td>田面坡度小于 1°的梯田</td></tr>
<tr><td>坡式梯田</td><td>田面坡度大于 1°的梯田，包括东北漫岗梯地</td></tr>
<tr><td rowspan="5">坡耕地</td><td>5°～8°</td><td rowspan="5">实际应用中可根据情况适当归并</td></tr>
<tr><td>8°～15°</td></tr>
<tr><td>15°～25°</td></tr>
<tr><td>25°～35°</td></tr>
<tr><td>>35°</td></tr>
<tr><td rowspan="3">沟川坝地</td><td>沟川(台)地</td><td>分布于北方的川台地</td></tr>
<tr><td>坝滩地</td><td>由淤地坝淤地形成的坝地，包括引洪漫地</td></tr>
<tr><td>坝平地</td><td>分布于南方的山间小盆地、川台地</td></tr>
</table>

续表 2-2-1

一级类	二级类	三级类	四级类	备注
园地	指种植以采集果、叶、根、茎、汁等为主的集约经营的多年生木本和草本作物，覆盖度大于 50% 和每亩株数大于合理株数 70% 的土地。包括用于育苗的土地			
	果园	指种植果树的园地。果园的三级地类可根据实际情况按树种细分		
	茶园	指种植茶树的园地		
	其他园地	指种植桑树、橡胶、可可、咖啡、油棕、胡椒、药材等其他多年生作物的园地		
		经济林栽培园		经济林栽培园是指在耕地上种植的并采取集约经营的木本粮油等其他类的栽培园，四级地类可根据实际情况按树种细分
		其他园地		其他园地的四级地类可根据实际情况按树种细分
林地	指生长乔木、竹类、灌木的土地，及沿海生长红树林的土地。包括迹地，不包括居民点内部的绿化林木用地，铁路、公路征地范围内的林木，以及河流、沟渠的护堤林			
	有林地	指树木郁闭度≥0.2 的乔木林地，包括红树林地和竹林地		
		用材林		三、四级可根据需要按林业有关标准进行划分
		防护林		
		经济林	指种植在非耕地上的木本食油	
		薪炭林		
		特种用途林		
	灌木林地	指灌木覆盖度≥40% 的林地		
				三、四级可依需要按林业有关标准划分
	其他林地	包括疏林地（指树木郁闭度为 0.1～0.19 的疏林地）、未成林地、迹地、苗圃等林地		
		疏林树		树木郁闭度为 0.10～0.19 的林地
		未成林造林地		
		迹地		
		苗圃		

续表 2-2-1

一级类	二级类	三级类	四级类	备注
草地	指以生长草本植物为主的土地			
	天然牧草地	指以天然草本植物为主,用于放牧或割草的草地		
	人工牧草地	指人工种植牧草的草地		
	其他草地	指树木郁闭度<0.1,表层为土质,以生长草本植物为主,不用于畜牧业的草地		
		天然草地	覆盖度>40%的天然生长的,以草本植物为主的,不用于畜牧业的草地	
		人工草地	覆盖度>40%的人工种植的,以草本植物为主的,不用于畜牧业的草地	
		荒草地	覆盖度≤40%的不用于畜牧业的其他草地	
交通运输用地	指用于运输通行的地面线路、场站等的土地。包括民用机场、港口、码头、地面运输管道和各种道路用地			
	铁路用地	指用于铁道线路、轻轨、场站的用地。包括设计内的路堤、路堑、道沟、桥梁、林木等用地		
	公路用地	指用于国道、省道、县道和乡道的用地。包括设计内的路堤、路堑、道沟、桥梁、汽车停靠站、林木及直接为其服务的附属用地		
	农村道路	指公路用地以外的南方宽度≥1.0m、北方宽度≥2.0m的村间、田间道路(含机耕道)		
	机场用地	指用于民用机场的用地		
	港口码头用地	指用于人工修建的客运、货运、捕捞及工作船舶停靠的场所及其附属建筑物的用地,不包括常水位以下部分		
	管道运输用地	指用于运输煤炭、石油、天然气等管道及其相应附属设施的地上部分用地		
水域及水利设施用地	指陆地水域、海涂、沟渠和水工建筑物等用地。不包括滞洪区和已垦滩涂中的耕地、园地、林地、居民点、道路等用地(本类可以根据设计需要适当简化归并)			
	河流水面	指天然形成或人工开挖河流常水位岸线之间的水面,不包括被堤坝拦截后形成的水库水面		
	湖泊水面	指天然形成的积水区常水位岸线所围成的水面		
	水库水面	指人工拦截汇集而成的总库容≥10万 m^3 的水库正常蓄水位岸线所围成的水面		
	坑塘水面	指人工开挖或天然形成的蓄水量<10万 m^3 的坑塘正常蓄水位岸线所围成的水面		
	沿海滩涂	指沿海大潮高潮位与低潮位之间的潮浸地带。包括海岛的沿海滩涂。不包括已利用的滩涂		

续表 2-2-1

一级类	二级类	三级类	四级类	备注
水域及水利设施用地	内陆滩涂	指河流、湖泊常水位至洪水位间的滩地；时令湖、河洪水位以下的滩地；水库、坑塘的正常蓄水位与洪水位间的滩地。包括海岛的内陆滩地，不包括已利用的滩地		
	沟渠	指人工修建，南方宽度≥1.0m、北方宽度≥2.0m用于引、排、灌的渠道，包括渠槽、渠堤、取土坑、护堤林		
	水工建筑用地	指人工修建的闸、坝、堤路林、水电厂房、扬水站等常水位岸线以上的建筑物用地		
	冰川及永久积雪	指表层被冰雪常年覆盖的土地		
城镇村及工矿用地	指城乡居民点、独立居民点以及居民点以外的工矿、国防、名胜古迹等企事业单位用地，包括其内部交通、绿化用地			
	城市	指城市居民点，以及与城市连片的和区政府、县级市政府所在地镇级辖区内的商服、住宅、工业、仓储、机关、学校等单位用地		
	建制镇	指建制镇居民点，以及辖区内的商服、住宅、工业、仓储、学校等企事业单位用地		
	村庄	指农村居民点，以及所属的商服、住宅、工矿、工业、仓储、学校等用地		
	采矿用地	指采矿、采石、采砂（沙）场，盐田，砖瓦窑等地面生产用地及尾矿堆放地		
	风景名胜及特殊用地	指城镇村用地以外用于军事设施、涉外、宗教、监教、殡葬等的土地，以及风景名胜（包括名胜古迹、旅游景点、革命遗址等）景点及管理机构的建筑用地		
其他土地	设施农用地	指直接用于经营性养殖的畜禽舍、工厂化作物栽培或水产养殖的生产设施用地及其相应附属用地，农村宅基地以外的晾晒场等农业设施用地		本类可以根据设计需要适当简化归并。田坎、盐碱地、沼泽地、沙地、裸地可归并为未利用地
	田坎	主要指耕地中南方宽度≥1.0m、北方宽度≥2.0m的地坎		
	盐碱地	指表层盐碱聚集，生长天然耐盐植物的土地		
	沼泽地	指经常积水或渍水，一般生长沼生、湿生植物的土地		
	沙地	指表层为沙覆盖、基本无植被的土地。不包括滩涂中的沙地		
	裸地	指表层为土质，基本无植被覆盖的土地；或表层为岩石、石砾，其覆盖面积≥70%的土地		

注：对比《土地利用现状分类》（GB/T21010—2007），本表将05、06、07、08、09一级类和103、121二级类归并为“城镇村及工矿用地”。

2. 土地评价指标与等级

土地利用调查可根据实际情况与土地评价指标评价合并调查分析，其评价指标和评价等级可参考表 2-2-2。

表 2-2-2　土地资源评价指标及评价等级

评价指标	评价等级					
	一	二	三	四	五	六
地貌	平整大块	缓坡大块	缓坡小块	陡坡小块	急坡破碎	难利用地
地面坡度	<3°	3°~5°	5°~15°	15°~25°	25°~35°	>35°
土层厚度(cm)	>200	150~200	50~150	30~50	15~30	<50
土壤侵蚀程度	微度	微度	轻度	中度	强烈	极强烈
土壤质地	轻壤—中壤	轻壤—中壤	轻壤—中壤	中壤—重壤	重壤、粗沙	重粘土、粗沙、风化母质
有机质含量(%)	>1.0	0.8~1.0	0.5~0.8	0.3~0.5	0.1~0.3	<0.1
砾石含量(%)	<2	2~5	5~15	15~30	30~50	>50
pH 值	6.5~7.5	6.5~7.5	6.5~7.5	>7.5，<5.5	>7.5，<5.5	>7.5，<5.5
有无灌溉条件	有	无	无	无	无	无
土地适应性	宜农	宜农、果、牧	宜农、果、牧	宜农、林、牧	宜林、牧	需经改造后利用

3. 土地利用调查方法

1）全面调查法

对调查对象的每一地块进行调查，传统的方法是人工实地调绘，即以 1∶5 000 ~ 1∶10 000地形图为底图，野外采用对坡勾绘的方法，室内清图和量算面积。现代的调查方法有两种：一是采用一定分辨率航片或高分辨率的卫星影像（10m 以内的精度）的野外调绘，然后室内转绘 1∶5 000 ~ 1∶10 000地形图；二是室内采用航片或卫星影像判读，并进行野外抽样检验。

2）抽样调查法

较大区域（县域以上），可采用成数抽样的方法。传统的方法是在地形图上布点，野外调绘，室内量算面积，采用样本估计总体的方法获取整个区域的土地利用状况。现代的方法是将地形图上的布点转到遥感航片或卫星影像上，通过读判与地面抽样调查检验相结合获得。

3）调查精度控制

一般农区小流域外业采用 1∶5 000 ~ 1∶10 000 地形图及相应航片或高分辨率的卫星影像（10m 以内的精度）；林区采用 1∶10 000 ~ 1∶50 000 的地形图，牧区采用 1∶50 000 ~ 1∶100 000的地形图，以及相应比例尺的航片或卫星影像。基础图件的质量主要体现在比例尺大小和现势性上。比例尺越大，反映地物越多、越细、越清晰；航摄和成图时间越近，现势性越强，越能反映土地利用现实状况，调查的精度越高。调查精度的控制与计算应按国家有关测绘规程进行。

（二）水土流失调查

1. 沟蚀

沟蚀分细沟侵蚀（面状沟蚀可列入面蚀）、浅沟侵蚀、切沟侵蚀、干沟和河沟侵蚀，后两者实际已形成沟床或河床，存在问题是水流冲刷，应与山洪、泥石流合并调查。

1）侵蚀量

局部地段的细沟与浅沟侵蚀可采用样地横断面体积量测法。一个样地上等间距取若干个断面，每个断面上量测沟的总断面面积，然后采用以下公式进行计算：

$$M = \frac{1}{2}\gamma \sum_{i=1}^{n} (S_i + S_{i+1}) \cdot l \tag{2-2-1}$$

式中 M——样地侵蚀量，t；

S_i——第 i 个断面侵蚀沟的总断面面积，m^2；

S_{i+1}——第 $i+1$ 个断面侵蚀沟的总断面面积，m^2；

l——样地断面间距，m；

γ——土壤容重，t/m^3；

n——断面数。

侵蚀沟的断面面积可根据实际断面以梯形、三角形等形式计算。

2）侵蚀形态

主要通过实测来观测沟头发育情况、沟岸稳定性、沟道下切情况等。

3）侵蚀危害

主要调查沟蚀引起的土地切割、农作物倒伏、田坎冲毁等。

2. 重力侵蚀

1）泻溜调查

岩石风化物特征、风化速度、风化季节、滑落面植被状况、滑落量。调查采用专家估测，并填写设计好的表格。

2）崩塌调查

崩塌区域的岩性、岩层、节理、周边环境状况、崩塌规模和崩塌量等。调查性状可采用专家估测，崩塌量可进行量测，并填写设计好的表格。

3）滑坡调查

滑坡形成条件、滑坡形态、滑体组成结构、滑体地面组成物质、地面变形情况、地下水活动情况、滑坡规模；滑坡诱发的原因、危害、造成的经济损失；滑坡稳定性及动态情况；对滑坡的防治措施等。大型滑坡应编写专门的调查报告。

典型滑坡（含崩塌）调查表格见表 2-2-3。

4）泥石流调查

区域内历史泥石流活动情况：堆积物形态、结构、组成；流域自然与人为活动情况；泥石流形成与诱发原因；历史上泥石流的活动情况、危害及经济损失等，以及泥石流防治情况等（见表 2-2-4）。大型泥石流调查还应编制专门的报告。

表 2-2-3　典型滑坡(含崩塌)调查表

滑坡编号及名称____

地理位置______________省______________县______________镇______________村

地理坐标:东经______________至______________;北纬______________至______________

1:10 000 或 1:5 000 地形图分幅编号及名称________________________________

滑坡发生地的坐标:*X*______________________________;*Y*______________________________

形成条件	地形地貌			
	地质构造			
	水文地质			
	滑坡体组成与结构			
	土地利用			
诱发原因	降水情况			
	滑体前缘水流冲刷			
	滑坡前的地震征兆			
	人为活动			
滑坡几何数据	滑壁最高点高程(m)		滑舌高程(m)	
	后壁高差(m)		滑体中轴线长度(m)	
	宽度(m)		滑体最大厚度(m)	
	体积(m^3)			
滑坡发生时间	新滑坡发生时间			
	老滑坡发生推测时间			
危害及经济损失				
防治情况				
滑坡形态及稳定性评价				
滑坡平面图		滑坡纵剖面图		
备注				

调查人:　　　　填表人:　　　　核查人:　　　　填写日期:　　年　月　日

表 2-2-4　典型泥石流调查表

沟道编号及名称______________________________

所属水系及主河名称______________________________

地理位置__________省__________县__________镇__________村

地理坐标:东经__________至__________;北纬__________至__________

形成条件及诱发原因	流域地貌	流域面积(km^2)		流域地质	所处大地构造部位	
		流域长度(km)			岩层构造	
		流域平均宽度(km)			地震烈度	
		流域地形系数			地面组成物质	
		沟道比降(‰)			地表岩石风化程度	
		沟口海拔高度(m)			沟道堆积物组成与厚度	
		相对最大高差(m)		流域植被	林木生长及分布情况	
		冲洪积扇面积(km^2)				
		冲洪积扇厚度(m)				
	土地利用状况	农业用地(hm^2)			森林覆盖率(%)	
		林业用地(hm^2)				
		牧业用地(hm^2)			林草覆盖率(%)	
		水域(hm^2)			林草涵养水源功能	
		裸岩及风化地(hm^2)				
		其他用地面积(hm^2)			林草防蚀功能	
	气候	年均温度(℃)		社经情况		
		年温差(℃)				
		年均降水量(mm)				
		日最大降水量(mm)				
	各种诱发原因					
泥石流历史活动及危害情况						

典型泥石流发生情况	暴发时间		历时	
	容重(t/m^3)		流体性质	
	流速(m/s)		流量(m^3/s)	
	流态		冲出物量(m^3)	
	沟口堆积情况及危害			
	降水情况			
潜在危害及威胁对象				
防治情况				

调查人:　　　　填表人:　　　　核查人:　　　　填写日期:　　　年　月　日

3. 风力侵蚀

我国风蚀地区大体可分为北方风沙区、滨海湖岸风沙区和河流泛滥风沙区（主要是黄泛风沙区）等。北方风沙区可以分为沙漠、沙地和水蚀风蚀交错区等。风蚀专项调查主要包括大风日数、风速、起沙风速、沙丘移动速度、沙区植被、沙区水资源、风沙危害（沙埋、沙割）等。

4. 冻融侵蚀

冻融侵蚀是在0℃左右及其以下变化时，产生对土体的机械破坏作用，是高寒地区的一种重要的侵蚀形式。我国冻融侵蚀的地区多数为无人居住区或人口稀少的地区。典型调查应根据当地实际情况确定，主要包括岩性、岩层、节理、水分来源、温度变化、植被状况、崩解规模和崩解量、造成的危害等。

（三）水土保持专项调查

为了掌握全国或区域水土保持动态，还经常进行一些水土保持专项调查，如典型流域调查、重点流域调查、开发建设项目水土保持调查、水土保持执法监督调查、城市水土保持调查、生态自然修复调查等。每一项调查及方法内容都应根据调查目的和任务确定。下面介绍主要的几项。

1. 典型或重点流域调查

典型流域主要是针对流域综合治理的典型，其可能代表一种新的治理模式或方向，通过调查总结，好的经验加以推广。调查内容包括政策、投资方式、治理模式和方法、经营管理等，调查方法可采用询问、实地考察等方法。

重点流域则是对国家或地方重点投资治理的小流域进行调查，目的是通过调查掌握全国或地方小流域治理的总体情况。调查的重点是治理的面积、采取的措施及其工程质量、投资完成情况等，采用收集资料、普查（或详查）、抽样调查等方法。调查表格式参考《水土保持监测技术规程》（SL277—2002）附录 H。

2. 开发建设项目水土保持调查

开发建设项目水土保持调查有两种类型，一是全国开发建设项目水土保持普查，二是某一特定项目水土保持监测中的各项调查。这里主要是指前者，后者将在第七章中讨论。

全国或区域性开发建设项目水土保持调查应与全国水土保持定期普查同时进行，但由于这类项目多为点线工程（特大型矿山除外），一般遥感影像的分辨率是很难达到调查要求的，因此除实行各部门的行业上报统计制度外，一般宜分层抽样调查。即先将一个区域划分为若干类型（每一类型集中的开发项目不同），然后根据权重，确定抽样点数，对抽中的样点进行全面详查，然后进行统计分析，估计总体情况。如果区域面积不大，可采用全面调查。全国范围内的详查以县级为单元，通过逐级调查上报完成，对重点项目国家进行抽检。调查表格式参考《水土保持监测技术规程》附录Ⅰ。

3. 水土保持执法监督调查

水土保持执法监督调查包括执法宣传、案件立项查处、开发建设项目水土保持“三同时”执行情况等，可采用问卷调查、逐级上报统计、抽样调查等调查方法。水土保持执法监督工作、水土保持方案执行情况是最为重要的方面。通过调查，可以了解和掌握这些水保方案的实施情况及存在问题，为今后更好地搞好水土保持的监督管理工作提供科学的依据。“三同时”执行情况调查表见表 2-2-5。

表 2-2-5 “三同时”执行情况调查表

序号	工程或项目名称	立项机关		方案编制情况			编制单位资质	方案审批机关	审批情况		方案实施情况			验收情况	
		中央	地方	方案编制时间	投资	占工程投资的比例(%)			上报时间	批复时间	实施时间	方案设计变更	竣工时间	评估时间	验收时间
1															
2															
3															

4. 城市水土保持调查和生态自然修复调查

城市水土保持调查是近年来兴起的一项新的水土保持工作，由于其定义尚不明晰，因此应以典型调查为主，着力探讨与推广。普查主要依据逐级统计表，目前尚无定型的调查内容、方法和表格。

生态自然修复是在水利部治水新战略指导下出现的水土流失防治新思路。目前正在进行试点，通过典型调查，总结经验，显得十分迫切。具体调查方法可参照封育治理调查。

二、水土保持制图

为了规范水土保持规划设计制图的标准化，依据水土保持有关技术规范以及《水利水电工程制图标准》，水利部制定并颁布实施了《水利水电工程制图标准　水土保持图》（SL73.6—2002）（以下简称《制图标准》）。现将水土保持制图有关内容介绍如下。

（一）水土保持制图术语和符号

图例：示意性表达某种被绘制对象的图形或图形符号。

图式：水土保持制图所应遵循的式样、内容，包括图幅、图标、图线、字体、比例以及小班注记和着色等。

图样：在图纸上按一定规则、原理绘制的能表示被绘制对象的位置、大小、构成、功能、原理、流程等的图。

小班：也称地块，是土地利用调查、水土流失调查、水土保持调查及规划设计时的最小单位。同一小班应具有相同的属性。

水土保持图与一般水利水电工程制图相比较，在涉及乔、灌、草等植物措施时，对树种图例的脚注或填注符号作了一般规定，具体内容参见《制图标准》表 2.2.1 和表 2.2.2。

（二）水土保持图式

包括通用图式、综合图式、工程措施图式、植物措施图式和园林式种植工程图式等 5 种类型。

1. 通用图式

包括图纸幅面、标题栏、比例、字体、图线及复制图纸的折叠方法等。除标题栏有水土保持专门规定外，其余与水利水电工程制图一致。

2. 综合图式

综合图式包括水土保持分区图或土壤侵蚀分区图、重点小流域分布图、水土流失类型及现状图、水土保持现状图、土地利用和水土保持措施现状图、土壤侵蚀类型和水土流失分布图、水土保持工程总体布置图或综合规划图等综合性图。一般综合性图常用比例尺如表2-2-6所示。

表2-2-6　水土保持图常用比例尺

图　类	比　例　尺
区域水土保持分区图或土壤侵蚀分区图、水土流失类型及现状图	1∶2 500 000，1∶1 000 000，1∶500 000，1∶250 000，1∶100 000，1∶50 000
水土保持工程总体布置图或综合规划图、水土保持现状图	1∶1 000 000，1∶500 000，1∶250 000，1∶100 000，1∶50 000
土壤侵蚀类型和水土流失分布图、土地利用和水土保持措施现状图	1∶10 000，1∶5 000
小流域水土保持工程总体布置图或综合规划图	1∶10 000，1∶5 000，1∶2 000，1∶1 000

小班标记应符合下列要求：

(1)小班标记与图例符号相结合，表示项目区内各地块的土地利用状况及主要属性指标等。

(2)现状的小班标记格式为：$\frac{\text{小班编号}}{\text{控制面积}}$。

一般情况下，小班标记直接标记于小班范围内。当小班面积较不易直接标记时，则标注小班编号，控制面积及其他主要属性指标可另列表格表示。

(3)规划或设计小班注记的格式为：$\frac{\text{小班编号}}{\text{控制面积}-\text{实施时间}}$。

为了便于读图、识别信息，《制图标准》根据综合图的需要，对土地利用和水土保持措施现状图、水土保持分区图、水土流失类型及现状图、水土保持现状图、土壤侵蚀类型和水土流失分布图、水土保持工程总体布置图等综合性图，通过着色表示有关对象的属性或性状。《制图标准》对各类土地利用类型及水土保持措施、土壤侵蚀(水土流失)类型及侵蚀(或流失)强度和程度、植被覆盖度等色标进行了规定。

3. 工程措施图式

水土保持工程措施总平面布置图图式中，必须绘制各主要建筑物的中心线和定位线，并应标注各建筑物控制点的坐标，还应标注河流的名称、绘制流向、指北针和必要的图例等。

4. 植物措施图式

在植物措施图式中，小班标注应标明立地类型及种植树(草)种典型设计号及相应树(草)的符号。规划或可行性研究阶段可采用$\frac{\text{小班编号}}{\text{控制面积}-\text{实施时间}}$图式注记，初步设计或更详细的设计应采用$\frac{\text{立地类型号}-\text{典型设计号}}{\text{控制面积}-\text{实施时间}}$图式。若项目本身要求进行简化设计，也可采用$\frac{\text{小班编号}-\text{典型设计号}}{\text{控制面积}-\text{实施时间}}$。若小班太小,可只标注小班编号,其他属性列表表达。

5. 园林式种植工程图式

其图幅可不作严格限制,以可复制和内容完整表达为准。比例可根据需要确定,一般为1:2 000 ~1:200,特殊情况可采用1:100 或1:50。着色上可参考综合图式有关色标规定执行。

(三)水土保持图例

图例可分为通用图例、综合图例、工程措施图例、耕作措施图例、植物措施图例、园林式种植工程图例等6种类型。

1. 通用图例

通用图例包括地界(境界)图例、道路及附属设施图例、地形地貌图例、水系及附属建筑物图例等。

2. 综合图例

综合图例包括土地利用类型图例、地面组成物质图例、水土流失类型图例、土壤侵蚀强度与程度图例等。

3. 工程措施图例

工程措施图例包括工程平面图例、建筑材料图例。其中工程平面图例包括水土保持综合治理工程平面图例和开发建设项目水土保持工程平面图例两部分。

4. 耕作措施图例

耕作措施图例包括改变微地形、增加地面覆盖、改良土壤三种。

5. 植物措施图例

常规水土保持植物工程图例包括林种图例、树种图例(分小班注记、平面设计、典型设计3种列出)、草种图例、整地图例。

林种图例主要适用于小比例尺的规划设计,一般相当于县级以上区域,比例尺≤1:50 000。

树种图例采用图例与脚注或填注符号相结合的方法表达。小班注记树种应在右下脚加注该树种脚注符号;平面设计树种图例应将树种填注符号填入图形的中心。

草种图例因使用时多为示意性的,一般不表达密度和种植点,故小班注记与平面设计采用同一图形,具体草种图例也采用加脚注的方法,规则与小班注记树种相同。

整地图例主要应用于植物工程施工设计的平面布置图,主要包括全面整地、鱼鳞坑、大坑(果树坑)、小坑、水平阶、水平沟、隔坡整地7种图例。

第三节　遥感调查

一、遥感调查的应用范围

遥感是对大地进行综合观测的一项技术,能够实现大面积同步观测,数据具有高度的时效性、综合性、可比性、经济性等优点,在水土保持调查与勘测中已得到了广泛应用。遥感调查根据信息源可分为航空遥感(航片)调查、航天遥感(卫星影像)调查。

应用遥感技术对水土流失(或土壤侵蚀)的类型、强度及空间分布,以及水土流失防治措施与效果进行调查是水土保持调查非常有效的手段。但是由于地表覆盖的影响,反映土壤侵蚀信息的土壤表层微观色调、质地和光谱特征难以被目前的传感器直接感知,因此必须将遥感信息和非遥感信息相结合,通过一系列的信息处理和提取方法才能达到预期效果。根据水土保持监测技术规程及有关遥感调查的技术规范,其在水土保持中的应用范围包括小流域综合治理的设计调查、县域以上(中大流域)水土保持普查及规划调查,目前,一些大型开发建设项目在水保方案阶段及实施阶段也有应用遥感调查的情况。

水土保持遥感监测调查适用于以下内容:

(1)水土流失状况,如土壤侵蚀类型、强度、分布及其危害等。

(2)水土流失防治现状,包括水土保持措施的数量和质量。

(3)部分土壤侵蚀因子调查,主要是植被、地貌地形、地面组成物质等。

(4)大型建设项目水土流失监测(需精度较高的卫星影像)。

二、遥感调查的方法

(一)遥感信息的选择与使用

1. 信息源的选择与使用

按照调查或监测区域的大小和制图比例尺要求,可选择相应的航空遥感(航片)、航天遥感信息源(卫片)。

2. 时间跨度的确定

时间跨度是指在同一次遥感调查(或监测)中,当监测区由多景遥感影像组成时,遥感影像之间的时间差。时间跨度应当按照调查区域级别分类确定,不宜太大。如监测技术规程要求:①全国、大江大河流域、省(自治区、直辖市)和重点防治区遥感信息的时间跨度不得超过2年;②县和小流域的时间跨度不得超过6个月。

3. 时相选择

时相选择应根据工作区域和任务不同进行选择。时相的选择直接决定着遥感图像专题内容的解译质量。遥感图像的时相选择,既要根据地物本身的属性特点,同时也要考虑同一种地物不同区域间的差异。同一地物在不同时相的影像中所成的图像,可能差异性较大,对于判读人员的要求也较高,任务量也会相应地增大,甚至会影响到判读的结果。遥感图像的影像特征有非常明显的地方性,因此在选择时相时必须二者兼顾。一般情况,我国东北地区选择5月上旬至6月上旬或10月上旬,华北地区选择5月中下旬,华中、华东和西南的北部地区选择4月上旬,华南大部分和西南的南部地区选择冬季,西北地区则选择5~6月或9~10月。

(二)遥感调查的程序与方法

遥感调查的程序是:①确定计划任务;②组织培训监测人员;③野外考察;④建立解译标志;⑤遥感图像解译;⑥野外校核;⑦图形编辑与面积量测;⑧检查与验收;⑨成果资料管理。

1. 前期准备

1)调查计划的编制

承担监测任务的单位应根据项目任务书，编制监测计划。其主要内容应包括：①区域概况；②基础资料和技术路线；③组织实施与方法；④预期成果；⑤进度安排和经费预算。

2)调查人员培训

调查人员必须由从事水土保持和遥感专业的人员组成，工作人员工作年限必须在3年以上。遥感影像解译工作目前使用人机交互方式，需要解译人员根据遥感信息和非遥感信息，在计算机的支持下进行信息的综合分析判断，其优势是将人的经验和认识有效地综合在信息提取上。

调查工作开始前，应对承担工作的技术人员进行培训。人机交互式解译的缺点是解译过程中人为主观性造成信息提取差异较大。因此，解译工作开始前，应对解译工作程序、解译特征等进行统一规定，并培训解译人员，使解译人员在进行信息提取时有统一的工作程序和解译判别标准。

3)资料收集

(1)遥感信息：根据工作需要进行选择。

(2)地形图：主要包括不小于调查比例尺的最新地形图或数字高程模型。

(3)其他资料：图件资料包括相关的土地利用图、地质图、地貌图、植被图、土壤图等土壤侵蚀因子图件，以及水土保持规划、行政界线等图件。观测数据和文字资料包括监测区域的水文、气象、径流、泥沙等观测资料，以及水土保持治理资料等。

2. 遥感图像解译、遥感信息处理与制图

1)航空照片

(1)航空照片的判读。航空照片属于垂直中心投影，与实际人类视觉习惯有差异，为了提高解译精度与解译速度，需要掌握航空照片的判读标志(解译标志)。

航空照片的判读标志，又称解译标志，它反映了目标地物信息的遥感影像的各种特征，分为直接判读标志和间接判读标志。直接判读标志是指能够直接反映和表现目标地物的遥感影像的各种特征，它包括航空照片上的色调、色彩、大小、形状、阴影、纹理、图型和位置。间接判读标志能够间接反映和表现目标地物的遥感影像的各种特征，借助它可以推断与某地物属性相关的其他现象，主要有目标地物与其相关指示特征、地物及环境的关系、目标地物与成像时间的关系。

(2)航空照片的调绘。航空摄影测量方法成图大体上分为三个阶段：航空摄影、航测外业、航测内业。航测的外业包括像片联测和判读、调绘。其中，调绘是在像片上补绘没有反映出的地物、地类界等，并搜集地图上必需的地名、注记等地图元素。

(3)航空照片的制图。一般说来，航空照片主要用于大比例尺影像地图的编制。常规编制流程的第一步是根据任务要求对影像地图进行设计，包括根据用图的要求恰当地选择影像地图内容，探讨专题图的表示方法，进行影像制图资料分析和制图数据分析，做好地图图面配置，确定影像地图生产流程，制定生产技术措施及质量管理办法。第二步是地理基础底图的选取。地理基础底图是影像制图的基础，它用来显示制图要素的空间位置和区域地理背景，对遥感影像进行几何纠正。对于航空影像，若所摄地区为平坦地区，则采用光学机械纠正的方法;若所摄地区有地形起伏,可采用微分纠正的方法进行几何纠正。在此基础上,制作线划注记版,并在影像图上套合地图基本要素,利用摄像仪或复照仪对影像图和线划注记版摄像,形成影像地图彩色负片,可洗印影像地图正片。

2)卫星图像

(1)卫星图像的判读。

①遥感图像的解译方法:遥感图像解译采用人机交互式解译法,并鼓励试用自动识别等新方法。

人机交互式解译是在地理信息系统支持下,由经验丰富的专业人员进行遥感影像解译。解译主要是通过对地貌、土地利用、地表组成物质、植被覆盖度、坡度、海拔高度等指标进行综合分析而实现的。人机交互式解译方法是目前采用较多的一种解译方法。

自动识别解译是由计算机自动完成信息提取的。目前,其可靠性、稳定性还有待进一步提高。自动识别解译主要有以下三种类型。

a. 基于地物光谱分析的自动识别:主要依据监测对象在遥感信息中的灰度值进行分析,包括波段分析、非监督分类和监督分类等。

b. 基于模型的自动识别:主要是通过遥感信息分析获得模型参数,通过模型计算达到信息自动识别。

c. 基于专家系统的自动识别:通过建立专家知识库,利用人工智能方法完成信息自动提取。

②人机交互解译的步骤。

a. 建立解译标志:通过外业调查,建立遥感解译标志,拍摄相应的野外实况照片,并作详细野外记录。

b. 室内人机交互解译:根据野外建立的判读标志及相关资料,在影像上勾绘图斑。

c. 野外校核:应用典型样区校核法和线路验证法,校核室内判读的准确性,拍摄照片,并作现场记录。

d. 修编:根据野外校核情况和专家意见,对解译结果进行全面修改和补充。

e. 数字图生成:将修编后的数字图接边,并转成 ARC/INFO 的 EOO 和 Coverage 格式。

(2)卫星图像的制图。

①遥感影像的选取与数字化。应根据搜集到的遥感信息,选择最佳波段组合,利用数字图像处理方法进行信息增强。遥感影像是人机交互式解译的主要依据。图像增强是指通过改变影像亮度、反差、目标对比度和影像颜色等特征达到最佳的视觉效果。目前主要通过计算机数字图像处理完成,主要方法有反差增强、边缘增强、平滑处理、频率滤波、比值增强和彩色增强等。

②遥感影像几何纠正与图像投影配准。

a. 几何纠正。应根据地形图,选取控制点进行几何校正。校正后图面误差不应大于0.5mm,最大不应大于1mm。对于丘陵、山区侧视角较大的图像,可利用数字高程模型进行地形位移校正。所选地物控制点应均衡分布,一景遥感影像范围内的地物控制点不少于20个;进行影像几何纠正时,纠正的影像应赋有地理坐标,图像的灰度动态范围可不做调整。图像处理的目的是消除影像噪音,去除少量云朵,增强影像中的专题内容。

b. 图像配准。在水土保持动态监测时，可以以前一期校正好的遥感影像为基础，对新一期的遥感影像进行校正。当有校正好的遥感影像时，可以将新的遥感影像配准到该影像。配准后的误差不应大于0.5个像元。

全国、大江大河流域应采用双标准纬线等积圆锥投影，省（自治区、直辖市）和重点防治区根据不同情况可采用双标准纬线等积圆锥投影或高斯－克吕格投影，县和小流域监测区宜采用高斯－克吕格投影，单位为m。

双标准纬线等积圆锥投影（Albers Conic Equal－Area）是我国常用的小比例尺等积投影，其参数如下：第一标准纬线北纬25°，第二标准纬线北纬47°，中央经线东经105°；坐标原点为105°E、0°N；椭球体为克拉索夫斯基（Krasovsky），东西坐标位移0，南北坐标位移0。

高斯－克吕格投影（Guass－Kruger）是一种横切椭圆柱投影。我国大于1∶500 000比例尺的各种地形图，都采用高斯－克吕格投影，1∶25 000～1∶50 000地形图均采用6°分带投影，1∶10 000及更大比例尺地形图采用3°分带投影。高斯－克吕格投影与通用墨卡托（UTM）投影相近，前者是椭圆柱与地球相切，中央经线的长度比为1，后者是椭圆柱与地球相割，这时中央经线的长度比小于1，产生一个负变形区（中央经线缩小0.04%）。

（3）遥感影像镶嵌。镶嵌的第一种情况把左右相邻的两幅或两幅以上的图像准确地拼接在一起；另一种情况是把一幅小图像准确地嵌入另一幅大图像中。一般情况下应把握下列原则：

①镶嵌时应注意镶嵌图像的投影相同、比例尺一致，有足够的重叠区域；

②图像的时相应保持基本一致，尤其季节差不宜过大；

③涉及一景遥感影像以上的调查或监测区，应采用无缝镶嵌；

④多幅图像镶嵌时，应以最中间的一幅图像为标准，以减小累积误差。

影像镶嵌方法是读取已经纠正过的图像和图像的四周角点地理坐标，可以将图像地理坐标换算成图像像元坐标。将图像放在同一坐标系平面内，按像元坐标值确定各图像的相对位置，利于相邻影像中同名地物点作为镶嵌的配准点，对区域相邻的影像进行拼接，把多景遥感影像镶嵌成一幅包括研究区域范围的遥感影像。镶嵌过程可以利用遥感图像处理软件，也可利用针对影像特点开发的专用图像镶嵌软件。图像无地理坐标时，可利用数字地形图的同名地物点测出各图像间相同地物点的像元坐标，定出其相对位置，完成镶嵌。

（4）地理基础图拼接。多幅地理基础图拼接可利用GIS提供的地图拼接功能进行，依次利用两张底图相邻的四周角点地理坐标进行拼接，将多幅地理基础底图拼接成一幅信息完整、比例尺统一的制图区域地图。

（5）地理基础底图与遥感影像复合。卫星数字影像与地理底图之间复合的操作流程为：利用多个同名地物控制点作为卫星数字影像与数字地图之间的位置配准；将数字专题地图与卫星数字图像进行符合叠置。

（6）符号注记层生成。地图符号可以突出表现区域内的某种或几种要素，以弥补遥感图像在某些信息方面的不足。可以按照点状地物、线状地物、面状地物进行标注。注记是对某种属性的补充说明，符号和注记可以利用图形软件交互式添加在新的数据图中。

（7）影像地图图面配置。图面配置的要求是保持影像地图上信息量均衡和便于用图者使用。图面配置的内容包括影像地图放置的位置、添加影像标题、配置图例、配置参考图、放置比例尺、配置指北箭头图幅的边框等。

3. 面积量算与汇总

面积量算时控制面积应以图幅理论面积或国家统一的行政单位面积为准，即以分幅地形图上各级行政区的总面积为依据，对下一级行政区总面积或各类各级图斑面积量测进行控制。为了保证控制面积的精度，量算地形图图幅内各级控制面积时，要以图幅的理论面积为基本控制，控制面积量测按行政区等级由高到低逐级逐幅进行，在规定的允许限差内进行逐级逐图幅平差。图斑面积量测要在控制面积量测的基础上进行，即经过控制面积量测和逐级平差后，按基层行政区进行图斑面积量测和图斑面积平差。

理论面积（是指根据地图投影方式计算出图幅面积）与实际面积（是按图幅轮廓实际测算出的面积）的误差范围不得大于理论面积的1/400。面积应平差到每个图斑，平差后差值应赋于图中面积最大的图斑。

在图斑面积量测和平差后，应按图幅逐级逐类自下而上统计汇总面积量算结果。全国、大江大河流域、省（自治区、直辖市）和重点防治区面积汇总时，应以县级行政单位为单元，分类分级统计面积。进行县级面积汇总时，应按乡级行政单位进行统计；小流域监测可根据具体情况确定。

（三）精度、质量控制与要求

1. 图像拼接与投影质量要求

航片处理控制时，航向重叠不得小于60%，旁向重叠不得小于30%，每张像片的倾角不应大于2°，个别不应大于3°；每张航片上4条压平线的弯曲度不得大于0.01mm；影像清晰，色调均一，反差适中，阴影、云彩和其他斑痕不得影响应用；投影误差应控制在±0.4mm。

卫星影像处理应经过几何纠正与辐射校正，保证无错误的条带。遥感影像经精细纠正后，误差控制在1个像元内。

2. 解译质量控制要求

解译质量控制应符合下列规定：

（1）图斑属性的判对率应大于90%。

（2）图斑边界线的走向和形状与影像特征的允许误差：遥感影像小于1个像元，航片按成图比例尺控制在0.5mm内。

（3）按成图比例尺，最小图斑面积应为4mm；条状图斑短边长度不应小于1mm。

（4）图斑定性和定位应准确，矢量图内弧段应封闭，图斑应标注，图形应建立拓扑关系，图幅接边及其判读应在规定误差内，质量采用随机抽样方法，各级检查图斑数不得少于总图斑数的5%。

（5）采用分级检查制度控制人机交互式解译结果的误差：自查（指解译人员自己的检查）误差应不大于10%；复验（指其他解译人员的检查）误差应不大于8%；审核（指解译质量负责人的检查）误差应不大于5%。

3. 成果质量

成果质量应符合下列规定：

（1）图斑属性接边正确，图斑界线接边误差不应大于遥感影像的0.5个像元，航片按成图比例尺不应大于0.5mm。

(2)每个图斑只能有一个代码。

(3)矢量图内弧段应封闭,图形应建立拓扑关系。

(4)成果图绘制应按《水利水电工程制图标准　水土保持图》(SL73.6—2001)的规定执行。

4. 成果目录

(1)基础资料、原始记录、实地照片等技术文档。

(2)遥感影像、数字图和成果图件。遥感数字影像为Erdas的img格式,数字图为ARC/INFO的EOO或Coverage格式,成果图为印刷图。

(3)调查或监测对象的分类分级面积统计表,包括Excel、Word格式及打印文稿。对于监测工作还应包括现状和动态变化的面积统计表。

(4)调查报告及Word格式和打印文稿。监测报告包括工作报告、技术报告和结果分析报告等。

5. 检查与验收

(1)检查验收应包括的内容:遥感监测的解译程序;抽查的面积或范围宜为调查区域的10%,且不应小于5%。抽查面积必须考虑不同类型、级别的面积比例。检查验收时应重点检查遥感影像判对率、图斑界线与影像的套合、图形接边和基础底图、成图质量、统计表和监测报告。

(2)验收报告应包括的内容:检查验收组织单位、验收时间、验收人员和验收方法;监测成果的综合评价;存在的问题与修改意见;提出应用建议。

6. 资料整理

(1)资料整编包括:①基础资料:用于解译的各种遥感信息、地形图和其他相关资料;②成果资料:数字图、成果图、原始记录和原始数据等;③技术文档:调查或监测方案、技术细则、有关文件和调查或监测报告等。

(2)报告资料汇编包括:①调查或监测背景;②工作方法与程序;③遥感影像判读标志;④调查或监测结果与分析;⑤准确率检验;⑥存在问题与展望。

(3)相关统计表。统计表的格式应按照调查或监测对象确定。

(4)应提交纸质记录两份,并配有磁盘、光盘等介质资料。

(5)成果更新与存档应符合下列规定:原有成果满足不了需要时,可按技术规程要求进行更新,但应保持新老资料的连续性;全部调查或监测资料应由相应单位分类保存。

第四节　水土保持勘测

一、测量方法和应用范围

(一)概述

1. 常用的测量方法

在水土保持工程中,经常需要测量或求算面积、坡向、坡度、土方量、库容、比降等常用参数。各种水土保持工程对上述参数的精度要求不同,所选用的测量或计算方法也不尽相同。常用的方法有两种:①通过实地测量求取;②在一定比例尺的地形图上量取。

利用仪器进行实地测量的精度高于在地形图上量取的精度,但工作量较地形图上量取时要大。在精度容许的范围内,可直接在地形图上量取;在精度要求较高或没有地形图时可考虑实地测量。

常用的测量方法有两种:①常规的地面测量;②利用全球卫星定位系统(GPS)测量。

2. 常规测量

常规测量包括角度测量、距离测量、高差测量、方位角测量等。

(1)角度测量:水平角(或称平面角)和竖直角(或称垂直角)测量,所用仪器为经纬仪(光学经纬仪、电子经纬仪)。

(2)距离测量:使用的仪器为尺子(钢尺、皮尺)和测距仪。

(3)高差测量:使用的仪器有水准仪和经纬仪。利用水准仪测量高差精度很高,利用经纬仪测量高差精度相对较低。水土保持工程一般利用经纬仪就能够满足要求。

(4)方位角的测量:在水土保持工程测量中方位角的测量主要指磁方位角。常用罗盘仪测量。

在常规测量使用的仪器中,全站仪是一种特别的仪器,它包含了电子经纬仪和电子测距仪的功能,并加入了自动计算和程序化操作,具有快速测量、自动化数据处理、程序化操作等诸多优点。

在常规测量中还可以利用全球定位系统(GPS),它是一种方便快捷的测量方式,尤其适合于观测大范围或地面通视状况不佳的地区。使用的仪器是 GPS 接收机。GPS 的定位方式有两种:单点定位方式和相对定位方式,其中,单点定位方式只需要一台 GPS 接收机即可进行测量,而相对定位方式则需要至少 2 台 GPS 接收机。单点定位的精度为数十米,而相对定位的精度可达到厘米级或更高。

(二)测量方法

1. 水平角度测量

(1)在实地用经纬仪进行测量。当需要观测角度的精度很高,达到秒级精度时,采用经纬仪测量。

(2)在实地用罗盘仪观测两个方向的磁方位角,通过其差数得到水平角。该方法是一种较粗略的方法,精度大致达到 20′~30′,甚至更低。

(3)在地形图上用量角器直接量取。其精度受比例尺及组成角的点之间的距离大小等因素的影响。

(4)在电子地图上量取。精度受电子地图比例尺及精度的影响。

2. 水平距离测量

(1)用钢尺或皮尺测量。该方法只适用于短距离精确丈量距离。

(2)用测距仪(或全站仪)测量。该方法是一种精密的距离测量方法,精度可达到毫米级。测距仪量程较大(数公里甚至数十公里),在野外距离测量中使用广泛。

(3)在地形图上直接量取。精度主要受比例尺精度及地形图误差的影像影响。

(4)在电子地图上直接量取。若应用电脑软件直接在电子平板所测的地形图上量取，其精度与实地距离丈量的精度大致相当。

3. 高差和方位角测量

1）高差测量

（1）用水准仪测量。精度高，但当所测量的两点距离较远时，需要观测多个测站才能完成，甚至当坡度太大或有障碍时，无法使用水准测量。

（2）用经纬仪测量。该方法精度比水准测量低，其优点是不受地形条件的影响，只要两个点间能够互相通视，就可以测出其间的高差，是一种常用的测量高差的方法。

（3）在地形图上量取。首先在地形图上通过内插的方法求出两点的高程，然后将所求出的高程相减，即可得到两点间的高差。

（4）梯田埂坎高度测量。直接用水准尺、钢尺、皮尺测量。

2）方位角测量

方位角一般可通过罗盘仪测量，也可以在地形图上直接量取。

4. 面积测量

1）解析法

将测定区域概化成多边形，根据多边形各角点的平面坐标，计算出多边形的面积。当地块的边界包含有曲线段时，可以根据一定的要求将其简化为一个连续的折线段。解析法的关键是求取点的坐标，在野外测量中，可以应用全站仪测出地块各角点的坐标，也可以应用 GPS 测出各顶点的坐标。同样，在地形图上，可直接量算出地块各角点的坐标。解析法求面积的精度取决于坐标测量的精度。

2）求积仪法

在地形图上，应用机械式或电子式求积仪求取地块的面积。

3）图解法

图解法包括 3 种方法。

（1）几何图形法。当地块的形状是多边形时，可将它分成若干三角形、梯形等简单几何图形，分别计算面积，求其总和，再乘以比例尺分母的平方即可。

（2）方格法。在透明方格纸或透明膜片上做好边长 1mm 或 2mm 的正方形格网，将其覆盖在图上，统计出地块内的方格数（不完整的方格可目估），进而根据每个方格的面积计算出整个地块的面积。

（3）平行线法。在透明膜片上制作一组间距相等的平行线，并将其覆盖于图上，则地块将被平行线切成多个等高的梯形，计算出每个梯形的面积，并进而求出整个地块的面积。

5. 坡度、坡向、比降量测

1）坡度量测

（1）用坡度仪直接测定。

（2）用罗盘仪、经纬仪直接测定。

（3）用经纬仪测定两点的高差，用皮尺测量两点间的距离，利用三角函数计算。

（4）在地形图上用内插法求算两点间的高差，用尺子量取两点间的距离，用高差除以水平距离得到坡度。

2）坡向量测

同方位角测量。

3）比降量测

与坡度确定相同。

6. 土方量的计算

1）方格法

将地块、地形单体（如山、池、岛等）分截成若干"直立的长方条"阵，根据所求得的每个"长方条"的体积，累加求出总的土方量。该方法适用于地形起伏不大或地形变化比较规律的地区。

2）断面法

断面法是以一组等距（或不等距）的相互平行的截面将拟计算的地块、地形单体（如山、池、岛等）和土方工程（如堤、沟渠、路堑、路槽等）分截成"段"，分别计算这些"段"的体积，再将各段的体积累加，求得总土方量。在地形变化较大的地区，可以用断面法来估算土方。断面法包括垂直断面法和水平断面法（即等高线法）。

7. 淤地坝汇水边界测量及库容计算

淤地坝汇水面积测量及库容计算可参照小型水库测量和计算要求进行。

1）汇水边界测量

从地形图上已设计的坝址或涵闸的一端开始，沿山脊线画一条与等高线垂直的分水线，直到坝址的另一端而形成一条闭合曲线，该闭合曲线包围的面积即汇水面积，然后利用面积的测量方法求出汇水面积。

2）库容计算

淤地坝库容的计算方法与土方量的计算方法一致。当没有地形图可利用时，需要在野外实测水底地形。常使用的方法是用 GPS 配合声纳系统来测量水底地形。根据所观测的水底地形点的平面位置和深度，计算出点的高程，从而内插出等高线，并进一步根据坝体高程值，推求出库容。

二、工程地质勘测方法与应用范围

水土保持工程地质勘测以踏勘为主，必要时可进行地质勘探。

（一）工程地质测绘

工程地质测绘的比例尺分为小比例尺（1∶100 000、1∶50 000）、中比例尺（1∶25 000、1∶10 000）、大比例尺（1∶5 000、1∶1 000或更大）三类。使用的地形图必须是符合精度要求的同等或大于地质测绘比例尺的地形图，并必须在图上注明实际的地质测绘比例尺。

地质测绘时，地层的分层要与地质测绘的比例尺相适应。中小比例尺测绘时，地层的分类应与一般区域测绘的要求相同。大比例尺地质测绘的分层，按岩性和工程地质岩组分层；对水文地质和工程地质有重大意义的岩层或岩组，更需要单独划分。第四纪地层的划分，一般应按地层时代、岩性及成因类型划分。

(二)工程地质测绘方法

1. 地层剖面实测

根据测区露头出露的情况,可以采用不同的测绘地层剖面。当岩层出露较好时,可利用横切岩层走向的傍山公路、渠道或河谷、冲沟等,直接量测岩层,进行观察描述。当山坡或山岭无覆盖层或覆盖层较薄时,可以沿山体的倾斜方向测量岩层的出露情况、地面坡度和岩层产状。当天然露头零散、岩层出露不连续、无法测绘较长的天然剖面时,可分别测量若干孤立露头剖面,然后进行岩层对比,根据相应层位或标志层,把各个孤立的露头剖面连成统一的长剖面。

2. 地质点的观测

地质点的观测工作包括位置的标测、岩层产状要素的量测、地质现象的观察与素描、标本采集等。

1)地质点位置的标测

使用经纬仪测定位置、水准仪测定高程。

2)岩层产状要素的测定

岩层和断裂产状要素用罗盘测定。在测定岩层产状时,要事先观察岩层的真正倾斜方向,当岩层倾斜较缓、不易确定岩层的倾斜方向时,可采用"V形法则"或"三点法"来确定岩层的产状要素和主要倾斜方向。

V形法则确定岩层倾向:在冲沟或河谷地段,当两岸露头的V形尖端指向上游时,说明岩层倾向冲沟上游方向;当V形尖端倾向下游时,说明岩层倾向与冲沟水流方向一致。

三点法确定产状要素:当岩层倾角比较平缓、不易用罗盘测量出岩层产状时,可用三点法作图求岩层的产状要素。

3)地质素描与照片

在地质点上对露头作地质素描时,只考虑大概的比例关系即可,但对于每一地质现象有关数据,应该精确注明。

4)标本采集

在地质点上采集每一层的岩石标本,标本尺寸为4cm×6cm×2cm或9cm×12cm×2cm,并进行记录。

3. 野外地质观察

1)层理的观察

平行层理:层理呈直线状,互相平行于层理面,表明沉积环境比较稳定。

波状层理:波状层理的出现,说明当时沉积物顶面处在波浪所及的浅水区。

斜层理:是在沉积介质大动荡的条件下形成的,由一系列斜交层面组成。

2)地质构造的观察

(1)褶皱。由于褶皱的出现,使地层对称地重复出现。根据岩层的产状和新老地层重复出露的次序,从地面上观察,就可以判断出背、向斜的存在位置和形式;如果褶皱保存完整,则可通过对露头剖面的直接观察来确定褶皱的形态;在岩层有褶皱时,应对岩层间错动、夹泥等情况进行仔细观察,取样进行有关粘土矿物和物理力学性质的试验与分析。

(2)断层。野外识别断层的标志是破碎带和构造岩。断层发生时沿断层面两侧岩体受强大的剪切和压磨,发生动力变质作用,形成破碎带和构造岩。根据构造的性状、磨碎或动力变质程度,一般可分为断层泥、断层糜棱岩、角砾岩、构造碎裂岩等。

(3)节理裂隙统计。野外测绘时,除对节理的成因与力学性质进行研究外,还应进行节理裂隙统计,确定测区范围内对岩体起主导作用节理组的产状,并为岩体中节理裂隙的发育程度提供定量指标。

(4)岩层接触关系。①整合:不同时代的地层顺序连续沉积,新地层依次叠置在较老地层上面,代表当时地壳比较稳定;②假整合:新、老地层依次平行叠置,但中间有地层缺失;③不整合:上下岩层以不同产状相接触,中间有地层缺失(沉积间断)和古剥夷面。

(三)遥感技术应用

1. 区域地质构造稳定性确定

区域地质构造的稳定性与区域水土流失特别是滑坡泥石流及强度有很大关系,利用遥感图像能提供大量宏观的线性构造信息,了解与掌握区域地质特征、水系分布特征和地貌形态是十分重要的手段。

2. 崩塌、滑坡、泥石流调查

滑坡、崩塌、泥石流以及某些松散堆积体的调查中,利用航卫片或彩红外片进行地质解译,结合野外现场观察、复查和检查,能够查明大型或较大型塌滑体的数量、分布及其稳定状态,查明泥石流发生情况及泥石流易发区域的地质地貌情况。

3. 岩溶调查

利用遥感影像,特别是彩红外影像进行岩溶及岩溶水文地质调查有其特殊的优势,像片解译不仅能很好地判读各种岩溶地貌现象,而且还可以充分利用岩溶地貌与其他介质红外光谱的差异,判断地下水的分布和泉水分布等。

4. 中小比例尺地质测绘填图

在保持必需的野外工作量和成图现场校核工作的前提下,中小比例尺地质图以遥感成图取代常规地质测绘;建筑物及其他重要地区大比例尺工程地质图优先考虑遥感成图。

5. 岩土工程开挖面地质编录

为适应大型水利水电工程施工中进行反馈设计、安全预报和存档备查的需要,在人工开挖高边坡、大型地下建筑物和大坝基坑的开挖中采用地面遥感技术,进行地质编录,可以为相关的水土保持工程提供翔实的现场地质资料和数据。

(四)工程钻探与物探

水土保持工程地质调查中很少采用工程钻探与物探,但应有所了解,以便在开发建设项目水土保持中应用有关资料。

1. 钻探

钻探是工程勘察中能直接获取地下信息的最重要的手段。平硐和竖井(或大径钻井)勘探,是山地勘探工作中的重要组成部分。

2. 物探

(1)重力勘探:应用在大区域地质构造、地下深部断层、大溶洞、巨大的埋藏谷等的勘探中。

(2)磁性勘探:圈定岩浆岩体界线,追索覆盖层下的岩体界线。

(3)电法勘探:研究地质构造,探测溶洞,解决水文地质问题;确定覆盖层厚度、滑坡规模等。

(4)弹性波探测:研究区域地质构造,确定覆盖层厚度、构造、破碎带等。

(5)钻孔地球物理勘探:划分地层,确定岩层的物理力学和水文地质参数。

三、勘测图件绘制

在地质勘测过程中和勘测任务完成后,及时对勘测资料进行整理,并绘制成相关图件。

(一)地质勘测图件

水利与水土保持工程的地质勘测图件主要包括综合地层柱状图、区域构造稳定性地质图、综合地质图、坝址及其他建筑物区工程地质图及剖面图、天然建筑材料产地分布图、喀斯特区水文地质图、土基工程地质剖面图、钻孔柱状图、硐井展示图等。

(二)勘测图件绘制的一般要求

编制图件所应用的各项资料必须经过系统整理、综合分析和全面校核。各类图件应主题突出,图面布置紧凑、协调,线条主次分明,字体端正清楚。

各类图件的精度应与地质测绘的比例尺相适应。为了保证图件的准确性,主要地质图必须在底图上描绘,不得在蓝图上套描。

地质平面图必须标明经纬度或坐标网,应以正上方为北,否则必须标出指北方向。

地质剖面图的绘制方向:顺水流者由上游至下游从左到右绘制,跨水流者应面向下游自左向右绘制,与水流无关和平面图上附的地质剖面图应与平面图协调;地质剖面图的纵横比例尺应一致,当确需放大纵向比例尺时,一般不宜大于横向比例尺的 5 倍,平原区可适当放宽。

地质图的图名应置于正上方,平面图图名下方应绘线段比例尺。图纸幅面、图标规格及折叠方法按基础制图规定执行。

地质图上的软弱夹层、岩脉、断层、裂隙、滑坡、崩塌、喀斯特洞穴、泉、井、试验点、取样点、长期观测点、地质点、勘探点及剖面线等均应分别统一编号。

地质图的图例编排应按地层(从新到老)、构造、地貌、喀斯特、物理地质现象、水文地质、工程地质和各种勘探符号依次排列;为了减少图例的重复绘制,可按工程编制总图例。

阶段性地质报告的附图应制版复印,主要图件应套色,并符合国家关于地质资料归档的要求。

第三章　水土保持项目管理

第一节　前期工作管理程序

一、水土保持生态建设工程前期工作管理程序

2000年5月水利部印发了《水土保持规划编制暂行规定》、《水土保持工程项目建议书编制暂行规定》、《水土保持工程可行性研究报告编制暂行规定》、《水土保持工程初步设计报告编制暂行规定》(以下均简称《暂行规定》)。水土保持生态建设已纳入国家基本建设管理程序。目前,《水土保持规划编制规程》(SL335—2006)已由水利部颁布,2006年6月1日起实施;《水土保持工程项目建议书编制规程》、《水土保持工程可行性研究报告编制规程》、《水土保持工程初步设计报告编制规程》已经通过了审查,正在报批之中,本教材按编制规程的有关内容编写。

水土保持前期工作划分为规划、项目建议书、可行性研究、初步设计四个阶段。水土保持规划是一种政府行为,一般由政府委托相应机构按《中华人民共和国水土保持法》的规定以及规划区域的实际情况进行编制,规划报告经县级以上人民政府批准后,将作为某一时期的水土保持生态建设工作的指导性文件,也是政府有计划地安排规划中确定的重点地区进行重点建设项目立项的依据。项目建议书是在规划指导下,根据规划确定的工程项目,按轻重缓急编制的工程立项技术文件。项目建议书被批准后,即视为该项目已列入建设计划,接下来应按规定开展项目的可行性研究工作,编制可行性研究报告,该报告一经批准,则工程项目正式立项。可行性研究报告批复后应进行水土保持初步设计,经有关部门审批后,列入年度计划,初步设计审批后,应由建设单位委托相应资质单位开展施工图设计,组织实施。

水土保持生态建设项目因点多面广,项目小而分散。项目建议书与可行性研究报告一般针对大中流域或县级以上行政区域或较大片区,而初步设计则针对小流域或骨干工程。因此,国家在建设管理程序上有时作适当简化,将项目建议书与可行性研究报告合并,初步设计与施工图设计合并。例如,黄土高原淤地坝工程建设项目,就是根据全国水土保持规划确定的建设内容,首先编制黄土高原淤地坝工程建设规划,然后将项目建议书与可行性研究合并编制可行性研究报告,此后,以流域为单元编制淤地坝工程初步设计(与施工图设计合并)。治沟骨干工程则直接编制扩大初步设计(与施工图设计合并)。有关具体情况见表3-1-1。

表 3-1-1　水土保持生态建设项目规划设计各阶段所需的技术文件

项目类型	规划设计层次			
	规划阶段	项目建议书	可行性研究报告	初步设计
1. 全国性规划	√			
2. 大江大河综合治理项目	√			
3. 省级总体规划	√			
4. 专项规划(如治沟骨干工程、监测等)	√	√	√	√
5. 大江大河支流治理(面积 >2 000km^2)	√	√	√	√
6. 县级总体规划	√	√	√	√
7. 小流域综合防治设计				√

注:规划设计层次可根据国家有关规定做适当调整。

二、开发建设项目水土保持前期工作管理程序

(一)开发建设项目水土保持方案报告制度

根据《中华人民共和国水土保持法》、《中华人民共和国环境影响评价法》、《中华人民共和国水土保持法实施条例》、《建设项目环境保护管理条例》的规定,凡在生产建设过程中可能引起水土流失的开发建设项目必须编制水土保持方案,防治其造成的水土流失。开发建设项目包括在山区、丘陵区、风沙区,以及在县级以上人民政府划分并公告的水土流失重点预防保护区、重点监督区和重点治理区的各类开发建设项目。

原国家计委、环保局、水利部根据法律法规,于 1994 年制定了《开发建设项目水土保持方案审批管理办法》,调整了建设项目立项审批的程序,首先由水行政主管部门审批水土保持方案,之后由环境保护主管部门审批环境影响报告,最后由计划主管部门审批项目的立项。管理办法中明确在开发建设项目的可行性研究阶段报批水土保持方案。2003 年 9 月施行的《中华人民共和国环境影响评价法》第十七条又进一步明确规定:“涉及水土保持的建设项目,还必须有经水行政主管部门审查同意的水土保持方案。”

(二)编制水土保持方案的资质规定

为保证水土保持方案编制的质量,水利部于 1995 年制定了《开发建设项目水土保持方案资质证书管理规定》,根据国家行政许可有关规定,2004 年水利部令第 25 号废止了该文,2008 年水利部的水保[2008]329 号文将水土保持方案编制资质移交中国水土保持学会管理,中国水土保持学会以[2008]中水会字第 024 号印发了“水土保持方案,编制资质篇管理办法(试行)”,资质证书分为甲、乙、丙三级。

(三)水利工程水土保持技术文件编制

根据《水利工程水土保持技术文件编制指导意见》(水总局科[2005]3 号文)的规定,水利工程项目前期工作应根据工程性质、任务、规模及水土流失的影响程度等编制相应的水土保持技术文件(见表 3-1-2)。

表 3-1-2 水利工程项目前期工作水土保持技术文件编制要求

设计阶段	项目建议书		可行性研究		初步设计	
	主体工程	移民安置	主体工程	移民安置	主体工程	移民安置
一般	水土保持章节		水土保持方案报告书	水土保持章节	水土保持专章	水土保持篇章
规模较大	水土保持专项报告		水土保持方案报告书	水土保持章节	水土保持专章	水土保持方案报告书

(1)在水利工程项目建议书、可行性研究报告、初步设计报告中应有专门的水土保持章节。可行性研究阶段应编制水土保持方案(含移民安置区的措施与投资)。

(2)占地与移民规划在项目建议书和可行性研究阶段需有水土保持的内容,并匡列其投资;初步设计阶段移民安置应单独编制水土保持方案或篇章。有关移民安置区水土保持方案编制要求暂参照主体工程水土保持方案的要求执行。对于征地和移民数量较大、水土流失问题比较突出的工程,在项目建议书阶段,应有水土保持专项报告。有关移民水土保持管理规定,水利部正在进行调研,将另行制定相应规定。

第二节 水土保持规划设计各阶段深度与重点

一、水土保持生态建设规划

(一)水土保持生态建设规划类型

水土保持生态建设规划是根据国家国民经济发展规划或区域经济发展规划进行的一种专业规划,是一种宏观的战略性的指导性文件。根据目前我国水土保持规划设计的主要层次和类型,按国家基本建设项目前期工作管理程序,水土保持规划可分为水土保持综合规划和专项规划、其他规划中的水土保持专业规划;工作层面上分,有全国性或大区域(流域)、地方性或中大区域(流域)。结合起来主要有以下四方面。

(1)全国性或大区域大江大河水土保持综合规划。如全国水土保持生态建设规划,长江、黄河等大江大河水土流失综合防治规划、东北黑土区水土流失综合防治规划等。一般由国家批准。此类规划可根据形势的发展做相应的修订。

(2)全国性或大区域大江大河专项规划。全国水土流失预防监督规划、全国水土保持监测网络建设规划、全国水土保持生态修复规划、全国坡耕地水土综合整治规划、黄土高原淤地坝工程建设规划等。一般也应由国家或部门批准。此类规划多作为国家近期实施的规划,与项目立项有密切关系。

(3)省(区)、市(地、自治州)、县(旗、自治县)级或中大区域大江大河支流(一般面积在 2 000km^2 以上)综合规划或专项规划。如省(市、县)级或某流域水土保持综合治理规划、治沟骨干工程专项规划、水土保持监测规划等。此类规划一般由省(市、县)级人民政府批准,涉及跨省或流域的由国家批准。

(4)国家大型综合规划中的水土保持专业规划。如全国生态建设规划、防洪规划、水资源规划、水污染防治规划、林业规划、饮水安全保障规划中有关水土保持专业方面的规划，可能占一个篇章，有时也作为单独的附件。经国家批准后作为某一规划的组成部分，有时也可以单独立项。

（二）规划阶段的规划深度和重点

1. 规划期与规划水平年

根据《水土保持规划编制规程》（SL335—2006）的规定：省级以上规划期为10～20年，地、县级为5～10年。规划可根据实际需要确定近期和远期两个水平年，并以近期为重点。规划期一般宜与国民经济规划一致。如东北黑土地区水土流失综合防治规划的近期时段为2006～2010年，与国家"十一五"规划期一致。

现状水平年：调查资料的年限，一般为2～3年，最好为1～2年。

规划水平年：即达到预期效果的年份，分为近期水平年和远期水平年。近期水平年为5～10年，远期水平年为10～20年。

2. 规划深度与重点

规划阶段应对规划区域开展综合调查和资料的整理分析，研究规划区的水土流失状况、成因和规律，划分水土流失类型区，拟定水土流失防治目标、指导思想和原则，因地制宜地提出防治措施；拟定规划实施进度，明确近期安排；估算规划实施所需的投资；预测规划实施后的综合效益并进行经济评价，提出规划实施的组织管理措施。

规划阶段的工作重点是研究和论证水土流失防治方向、任务及目标，提出各类型区防治措施的总体布局、方案和主要防治措施，作实施方案比选，提出优先实施的项目和排序等。

（三）设计阶段的设计深度与重点

水利工程设计阶段划分为：项目建议书、可行性研究、初步设计和施工图设计，水土保持工程设计可根据情况做适当简化。以下仍按一般设计阶段划分分述。

1. 项目建议书阶段

1）设计水平年

项目建议书是根据规划中确定近期实施的项目，建设期不超过5～10年，设计水平年应根据实际情况确定。对于需要进行较为长期建设的项目，可分期编制项目建议书，并确定现状水平年、近期设计水平年和远期设计水平年。

2）设计深度与重点

项目建议书阶段应说明项目所在行政区域内自然条件、社会经济条件、水土流失及其防治等基本情况，论证项目建设的必要性；基本确定工程建设主要任务，初步确定建设目标；基本确定建设规模，基本选定项目区，初步查明项目区自然条件、社会经济条件、水土流失及其防治等基本情况，涉及工程地质问题的应了解并说明影响工程的主要地质条件和工程地质问题；初步确定工程总体方案，选定典型小流域，进行典型设计，对大中型淤地坝、拦沙坝等沟道治理工程应做重点论证；推算工程量，初步拟定施工组织形式及进度安排；初步拟定水土保持监测计划、技术支持方案；初步明确管理机构，初步提出项目管理模式和运行管护方式；估算工程投资，初步提出资金筹措方案；进行国民经济评价，提出综合评价结论。对利用外资项目，还应提出融资方案并评价项目的财务可行性。

项目建议书阶段的工作重点是优选建设项目、选择项目建设区并论证项目建设的必要性和合理性，拟定建设规模（治理面积与工程量）与措施布局、初拟建设期、估算投资并进行经济评价。

2. 可行性研究阶段

1）设计水平年

可行性研究的工作范围应与项目建议书基本保持一致，建设期一般不超过10年，设计水平年亦应与项目建议书保持一致。

2）设计深度和重点

可行性研究阶段应在项目建议书的基础上进一步深化设计，论述项目建设的必要性和确定项目建设任务；确定建设目标和规模，选定项目区，明确重点建设小流域（或片区），对水土保持单项工程应明确建设规模。明确现状水平年和设计水平年，查明并分析项目区自然条件、社会经济技术条件、水土流失及其防治状况等基本建设条件；水土保持单项工程涉及工程地质问题的，应查明主要工程地质条件。提出水土保持分区，确定工程总体布局，根据建设规模和分区，选择一定数量的典型小流域进行措施设计，并推算措施数量；对单项工程应确定位置，并初步明确工程型式及主要技术指标。估算工程量，基本确定施工组织形式、施工方法和要求、总工期及进度安排；初步确定水土保持监测方案；基本确定技术支持方案。明确管理机构，提出项目建设管理模式和运行管护方式。估算工程投资，提出资金筹措方案。分析主要经济评价指标，评价项目的国民经济合理性和可行性。对利用外资项目，还应提出融资方案并评价项目的财务可行性。

工作重点是阐述分析项目的技术、经济、社会、环境可行性，确定项目范围、建设地点和数量，比选确定防治总体布局方案。根据按小流域或小片区进行典型设计并推算出的各类型区的防治措施及工程量，初步确定技术支持、施工组织（建设期、进度安排等）、建设管理方案，较准确估算投资，并进行详细经济评价（一般为国民经济评价）。

3. 初步设计阶段

1）设计水平年

水土保持初步设计在很多情况下与施工图设计合并，且是针对可行性研究报告来确定各条小流域或小片区（相当于小流域）、单项工程做出的具体设计，一般能够指导施工。因此，设计水平年应根据小流域治理进度安排情况确定。每条小流域或每个项目建设期大都不超过5年。

2）设计深度和重点

水土保持初步设计工作范围由可行性研究的区域范围细化到具体的小流域，建设目标要量化，防治方案、总体布局、措施配置要落实到地块（小班、工点）。初步设计阶段要复核项目建设任务和规模；查明小流域（或片区）自然、社会经济、水土流失的基本情况；水土保持工程措施应确定工程设计标准及工程布置，做出相应设计，对于水土保持单项工程应确定工程的等级。水土保持林草措施应按立地条件类型选定树种、草种并做出典型设计；封育治理等措施应根据立地条件类型和植被类型分别做出典型设计；确定施工布置方案、条件、组织形式和方法，做出进度安排；提出工程的组织管理方式和监督管理办法；编制初步设计概算，明确资金筹措方案；分析工程的经济效益、生态效益和社会效益。

初步设计的重点是各项措施的典型设计、单项设计和专项设计，并落实施工组织设计

(含分年实施进度)、项目组织管理,核定投资概算等。水土保持措施现状图和总体布置图的精度,一般在农区图的比例尺为1:5 000~1:10 000,在林区图的比例尺为1:25 000,在牧业(风沙草原区)图的比例尺为1:50 000~1:100 000。

对治沟骨干工程、小型蓄水工程等应按水利工程设计深度要求进行设计。

4.施工图设计阶段

目前,水土保持生态建设工程设计规范尚在制定过程中,小流域综合治理的施工图设计相当于林业部门的作业设计。治沟骨干工程、小型蓄水工程等施工图设计可参照水利工程施工图设计规范。个别水土保持项目涉及园林的可参照园林设计规范执行。

二、开发建设项目

(一)阶段划分、设计深度与设计水平年

开发建设项目水土保持工程设计可分为项目建议书、可行性研究、初步设计和施工图设计四个阶段。开发建设项目在项目建议书阶段应有水土保持章节。工程可行性研究阶段(或项目核准前)必须编报水土保持方案,并达到可行性研究深度,可行性研究报告中应有水土保持章节。初步设计阶段应根据批准的水土保持方案和有关技术标准,进行水土保持初步设计,工程的初步设计应有水土保持篇章。施工图阶段应进行水土保持施工图设计。

开发建设项目水土保持各设计阶段的设计深度应与主体工程设计深度相一致。设计水平年因植物措施滞后,一般比主体工程建设完工时间推后一年。

(二)各阶段设计深度和重点

1.项目建议书

项目建议书阶段应简要说明项目区水土流失现状与环境状况,预防监督与治理状况;明确水土流失防治责任;初步分析项目建设过程中可能对水土流失的影响;提出水土流失防治总体要求,初拟水土流失防治措施体系及总体布局,提出下一阶段要解决的主要问题;确定水土保持投资估算的原则和依据,估算水土保持投资。

项目建议书阶段的水土保持设计重点是:通过对主体工程设计提出的各种比选方案进行水土流失影响分析评估,初步明确水土流失防治责任范围;提出对项目主体工程方案比选、工程设计、施工组织设计、移民占地规划等的水土保持初步要求;初步确定水土流失防治标准等级;初步明确水土流失防治分区及总体布局;初拟水土保持措施体系与布置,并进行典型设计分析,合理估算工程量,估算水土保持投资,对主体工程设计提出水土保持建议。

2.可行性研究报告

可行性研究阶段应开展相应深度的勘测与调查以及必要的试验研究;从水土保持角度论证主体工程设计方案的合理性及制约因素;对主体工程的选址(线)、总体布置、施工组织、施工工艺等比选方案进行水土保持分析评价,对主体工程提出优化设计要求和推荐意见。估算弃土(石、渣)量及其流向,分析土石方平衡,初步提出分类堆放及综合利用的途径。基本确定水土流失防治责任范围、水土流失防治分区及水土流失防治目标等。分析工程建设过程中可能引起水土流失的环节、因素,定量预测水力侵蚀、风力侵蚀量及分布,定性分析引发重力侵蚀、泥石流等灾害的可能性。定性分析开发建设所造成的水土流

失危害类型及程度。确定水土流失防治措施总体布局,按防治工程分类进行典型设计并明确工程设计标准,估算工程量。对主要防治工程的类型、布置进行比选,基本确定防治方案。初步拟定水土保持工程施工组织设计。基本确定水土保持监测内容、项目、方法、时段、频次,初步选定地面监测的点位,估算所需的人工和物耗。编制水土保持工程投资估算,估算防治措施的分项投资及总投资,分析水土保持效益,定量分析水土流失防治效果。拟定水土流失防治工作的保障措施。

本阶段水土保持设计重点是:对主体工程设计提出的方案比选、总体布置、施工组织设计等进行水土保持评价,进行工程建设的水土保持制约性因素分析根据综合评价结论,提出水土保持要求与建议;确定水土流失防治责任范围;分析计算工程建设过程中扰动地貌植被的面积、弃土弃渣(石)量、损坏水土保持设施数量、预测水土流失面积及危害以及防治责任范围内的新增水土流失量;拟定水土流失防治目标,明确水土流失防治分区、措施体系及总体布局;按水土流失防治分区对拟定的防治措施进行典型设计,并推算各类工程的工程量;初步确定水土保持工程施工组织设计,明确与主体工程施工组织设计相关联的主要问题;提出水土保持监测的初步方案和管理要求;估算投资。

3. *初步设计阶段*

初步设计阶段应开展相应深度的勘测与调查;分区(段)复核土石方平衡及弃土(石、渣)场、取料场的布置;复核水土流失防治责任范围、水土流失防治分区和水土保持措施总体布局;在项目划分的基础上进行水土流失防治措施的设计,说明施工方法及质量要求,进一步细化施工组织设计;编制水土保持监测设计与实施计划;编制水土保持投资概算。

初步设计阶段的水土保持设计重点是根据主体工程设计进一步复核水土保持方案中提出的有关建议的落实;在水土保持勘测与调查的基础上,复核工程建设过程中扰动土地、植被破坏、水土保持设施破坏的面积、土石方平衡及弃土弃渣量;复核水土流失防治责任、范围;根据主体工程设计,复核并确定弃渣场、取土场的位置,调整分区防治标准与水土保持措施总体布局,复核工程设计标准,按防治分区,对各项水土保持工程措施、植物措施进行详细设计,并计算工程量;基本确定水土保持工程施工进度,并做出水土保持施工组织设计;提出水土保持监测、管理及监理计划;编制水土保持投资概算。

4. *施工图设计阶段*

施工图设计是在初步设计的基础上,进行水土流失防治单项工程的施工图设计,计算工程量,编制工程预算。重点是根据水土保持初步设计、招标投标文件及合同,在收集主体工程征占地图,工程平面布置总图,各类建筑物的平、立剖面图和基础图,有关土方挖填平衡、土方调用资料,工程地质资料及施工组织设计资料等的基础上,进行必要补充调查勘测工作,绘制施工图和编制施工组织说明书。施工组织说明书内容包括:水土保持工程概况、施工组织管理、施工准备、施工布置、施工方案、施工进度、质量保证体系、安全管理和文明施工等。

工程措施施工图设计深度要求按水利工程要求进行;植被恢复工程施工图设计深度应在1∶2 000~1∶10 000地形图上做总平面布置,并按地块设计,附施工说明;园林式种植工程设计按园林工程要求进行。

第三节　水土保持项目管理

建设项目就是一定量(限额以上)的投资,在一定的约束条件(时间、资源、质量)下,按照一个科学的程序,经过决策(设想、建议、研究、评估、决策)和实施(勘察、设计、施工、竣工、验收、启用),最终达到特定目标的一次性任务。在水土保持项目建设中,利用工程项目管理的原理、方法、手段,针对水土保持项目建设活动的特点,对水土保持项目建设进行全过程、全方位的科学管理和全面控制,最优地实现水土保持项目建设的投资和成本目标、工期目标及质量目标是新时期水土保持项目建设的必然趋势。因此,本节重点介绍工程项目"三制"管理的有关内容。

一、项目组织管理形式

工程建设项目组织管理形式有多种,常见的有自营方式、工程指挥部管理方式、总承包管理方式、工程托管方式、三角管理方式。目前,我国已基本实行项目管理项目法人制、工程建设招标投标制和建设监理制(通常称"三制")。开发建设项目水土保持工程应纳入主体工程项目建设管理的范畴,采用工程项目管理的组织形式。

水土保持生态建设项目点多、面广,且工点分散,就水土保持生态建设项目整体而言,组织管理形式是农业补助项目的管理方式,即采取国家、地方筹资,农民投劳的管理模式。20 世纪 50 ~ 70 年代后期采取的组织管理形式是乡村集体行政组织负责制,主要依靠农村集体经济辅以国家补助的形式,没有明确管理制度和技术规范要求。20 世纪 80 年代后逐渐被县级行政主管部门责任主体制取代,即项目建设由县级人民政府承诺,县水行政主管部门作为责任主体负责项目管理,此种管理形式实际上仍是一种行政负责制,不是严格意义上的项目法人负责制。近年来,世界银行水土保持贷款项目、黄土高原淤地坝工程项目、京津水源工程项目已采用或借鉴工程项目管理的经验创造了一些可供借鉴的项目组织管理形式。以下介绍三类水土保持项目组织管理形式。

(1)长江上游水土保持重点防治工程由六省一市主管领导组成水土保持委员会,由项目所在地(市)、县各级水土保持委员会和水土保持办公室及区、乡(镇)水土保持工作站逐级负责实施。

(2)黄土高原水土保持世界银行贷款项目(1994 ~ 2001 年)组织管理在形式上成立了中央、省、地(市)、县四级项目领导小组,逐级建立实施机构、技术支持服务机构、监测评价机构。国家审计署受世界银行委托负责项目资金运行和全面审计。

(3)黄土高原淤地坝工程项目和京津水源工程项目则实施了项目法人制、招标投标制和监理制。

随着农村两工(积累工、义务工)和其他税费的取消,传统的水土保持项目组织管理形式已不能适应当前水土保持生态建设的需要。水土保持生态建设工程实行"三制"管理是必然趋势。因此,项目投资体制和经费管理必须做相应的改革。现阶段我国财力尚无法达到对水土保持项目实行全额投资,全面实施工程项目管理制还需一段较长的时间。

二、项目“三制”管理

(一)项目法人制

1. 基本含义

项目法人是指由项目投资代表组成的对项目全面负责并承担投资风险的项目法人机构,它是一个拥有独立法人财产的经济组织。

项目法人负责制是指将投资者所有权和经营管理权分离,对项目从规划设计、筹资、建设实施到生产经营,以及投资保值、增值和投资风险负全部责任。

2. 项目法人制形式

水土保持生态工程建设项目与水利工程及其他工程的主要区别是:前者不是全额投资,后者是全额投资,因此在现行投资体制不改变的情况下,水土保持生态工程建设项目法人制仅是一种探索和尝试,并非严格意义上的项目法人制。主要有以下几种形式。

(1)县级行政主管部门主体法人负责制:实际是一种行政负责制,但其可以代理业主职能,对项目实施招投标和监理。

(2)专业队项目法人负责制:政府采取免税、投资建设苗木基地等多种优惠政策,由当地农民组建水土保持专业队伍,由专业队作为项目法人。进入农闲或造林季节实施项目,进入农忙和冬季则解散,设有常设管理人员。此种形式一般与县级行政主管部门主体法人负责制相结合。专业队本身只具有施工法人性质,招投标和监理仍由主体法人负责。

(3)股份公司形式的项目法人制:在经济相对发达地区,组建股份公司,国家给予一部分投资,以法人负责形式完成项目,此种形式适用于生态经济型水土保持项目的管理,即股份公司在项目完成后应有稳定的经济收入。

(4)专项工程项目法人责任制:投资额度大,基本接近全额投资的专项项目,可组建项目法人,负责项目实施管理。

(二)招标投标制

1. 基本含义

招标是指业主为发包方,根据拟建工程的内容、工期、质量和投资额等技术经济要求,招请有资格和能力的企业或单位参加投标报价,从中择优选取承担可行性研究、方案论证、科学试验或勘查、设计、施工等任务的承包单位。

投标是指经审查获得投标资格的投标人,以统一发包方投标文件所提出的条件为前提,经过广泛的市场调查掌握一定的信息并结合自身情况,以投标报价的竞争形式获取工程任务的过程。

水土保持生态建设项目招投标主要发生在项目前期,包括勘察设计招标投标、设备材料招标投标、项目监理招标投标和施工招标投标。

2. 项目招标形式与程序

1)招标形式

(1)公开招标:亦称无限竞争性招标。由业主在国内外主要报纸、有关刊物上,或在电台、电视台发布招标广告,凡对工程项目有兴趣的承包商,均可买招标文件进行投标。

(2)邀请招标:亦称有限竞争性选择招标。这种方式不发布广告,业主根据自己的经验和对各种信息资料的了解,对那些被认为有能力承担该工程的承包商发出邀请,一般邀请5~10家(但不能少于3家)前来投标。

(3)邀请议标:亦称非竞争性招标或称指定性招标。这种方式是业主邀请一家、最多不超过两家承包商来直接协商谈判。实际上是一种合同谈判的形式。

2)招标程序

(1)招标准备阶段:招标申请经批准后,首先是编制招标文件(也称标书),主要内容包括工程综合说明、投标须知及邀请书、投标书格式、工程量报价、合同协议书格式、合同条件、技术准则、验收规程及有关资料说明等。其次是编制标底,即项目费用的预测数。

(2)招标阶段:主要过程有发布招标公告及招标文件,组织投标者进行现场查勘,接受投标文件。

(3)决标与签订合同阶段:首先是公开开标,接着是由专家委员会评标,双方进行谈判,最后签订合同。

(三)建设监理制

1. 基本含义

受项目法人委托,对工程建设的各种行为和活动进行监督、监控、检查、确认,并采取相应的措施使建设活动符合行为准则,防止在建设中仅凭主观盲目决断,来达到项目的预期目标。

2. 监理的主要任务

(1)对工程建设的各阶段投资进行控制。

(2)在项目设计和施工中对工程质量进行全面控制。

(3)对工程整个过程的进度进行控制。

(4)依据各方签订的合同,对合同的执行进行管理。

(5)及时了解、掌握项目的各类信息,并对其进行管理。

(6)在项目实施过程中,对项目法人与承包方发生的矛盾和纠纷组织协调。

三、质量管理

工程质量管理体系一般包括各级政府及其所属的质量监督体系、设计单位和施工单位的质量保证体系、项目法人及其所聘的监理单位的质量控制体系。开发建设项目水土保持因纳入主体工程建设,实行全面质量管理;水土保持生态建设工程因投资、机构、技术规范等多方面的原因,目前的质量管理体系尚在探索过程中,实施全面质量管理尚需一段时间。以下内容参照正在编制的《水土保持综合治理验收技术规程》、黄河水利委员会编制的《水土保持质量评定技术规程》、水利部编制的《水土保持质量评定技术规程》(送审稿)以及正在报批的国标《开发建设项目水土流失防治标准》编写,这些规程、标准正式颁布后,其内容若有与此不一致的地方,以颁布的规程、标准为准。

(一)设计质量控制

1. 基本规定

水土保持生态建设工程的设计质量控制主要是在流域综合治理(包括淤地坝工程)

的初步设计阶段。设计目标、任务、措施应充分具体反映综合治理的特点,按限额设计目标(即每平方公里的投资额),合理优化配置各类、各项治理措施。设计深度上林草措施要求落实到地块;工程措施要求到工点位置,必须能指导施工。小流域综合治理项目应控制建设期,最长不超过5年。

2.设计类型及要求

1)典型设计

典型设计是对不同类型的生态工程进行分类设计,即有一种措施类型,就有一个或几个典型设计,施工时按典型设计图实施。主要的工程措施有:

(1)水平梯田:对自然坡面较完整、面积小于$1hm^2$(南方小于$0.5hm^2$)的地块进行典型设计。

(2)造林:根据流域的水土资源条件确定各地块的造林类型,然后对各类型的造林分别做典型设计,做出林种、树种、造林技术、种苗、幼林抚育等设计。

(3)种草:根据立地条件,确定种草类型,分别做典型设计,提出草种、种植技术、管理等要求。

(4)谷坊、水窖:对治理小沟道的土、石谷坊,用于贮水的水窖、旱井等进行典型设计,做出工程布局、结构设计。

2)单项工程设计

所谓单项设计即有一种单项工程,就有一套相应的工程设计,施工时按单项工程设计图实施。主要工程有:

(1)水平梯田:对自然坡面较破碎、面积相对较大的地块进行逐块设计,做出设计图、工程量表和施工技术要求。

(2)封育措施:对治理中的每个封山育林、封山育草地块逐一作单项设计,做出封育技术措施和组织管理措施设计。

(3)沟道治理工程:对治理沟壑的治沟骨干工程、淤地坝、塘坝、沟渠排水工程等做出单项工程设计,按有关的设计规定进行水文、水利计算及水工建筑物设计等。

(4)沟头防护、坡面排水、崩岗治理工程:确定工程布局、进行水文水利计算及结构设计。

(5)小型蓄排水工程:对流域治理中的小型蓄水、排水工程做单项设计,提出工程布局,进行水利计算及结构设计等。

(6)施工道路:流域治理所需的施工道路要做单项设计,做出总体布局,进行工程设计。

3)专项设计

专项设计主要指对水土保持生态工程所必需的技术支持项目的设计,明确工作内容、方法、布局、经费预算等。

4)林草措施设计问题

水土保持林草措施设计除按水土保持综合治理技术规范要求进行外,还应参考林业部门有关标准。国家林业局林业生态工程设计分为总体设计或初步设计、作业设计或施工图设计两类。设计类目包括造林类、经营类、利用工程类、基础设施类和档案与信息化工程类等5个类目。主要标准有《造林技术规程》(国标)、《造林质量管理暂行办法》(国家林业局)及《生态公益林建设规划通则》。以下介绍林业部门设计的有关情况,与水利部门水土保持标准不一致时,以水利部门为准。

(1)施工设计(作业设计)要求。林业施工设计以小班或施工地块为设计单元,其中封山育林小班的最小面积一般不小于3hm^2。施工设计的主要工作包括:对实地进行踏勘,复核原设计的造林立地类型,落实施工的各项技术措施,进行施工组织设计及资金预算。

(2)生态公益林建设规定。生态公益林营造原则是因地制宜,实行三个结合:封山(沙)育林(草)、飞播造林(草)、人工造林(草)相结合;乔、灌、草相结合;多林种、多树种、多层次相结合。

造林方式有:

水土保持林、水源涵养林:以封山(沙)育林(草)为主,结合飞播造林(草)。当封山与飞播难以恢复林草植被或必须新造林(草)才能满足建设需要时,进行人工造林种草,禁止全面整地。

防风固沙林:以封山(沙)育林(草)、飞播造林(草)和人工造林(草)相结合。

农田牧场防护林:采用人工造林方式,在牧区造林时应尽量保留原有植被。

护路护岸林:在山区、沙区以封山育林与人工造林相结合,一般地区采用人工造林种草方式。

(二)施工质量控制

施工阶段的质量控制分为事前控制、事中控制和事后控制3个过程。

1. 施工质量控制的方法与程序

质量控制的主要依据是有关设计文件和图纸、施工组织设计文件及合同中规定的其他质量依据。

1)质量控制方法

(1)旁站式检查。由于生态工程施工点多而且分散,因此采用旁站式检查,主要是在关键工序和关键工程点进行现场质量控制,对浆砌石、混凝土工程的原料配比进行现场检查。

(2)试验与检验控制。生态工程主要是对水泥、砂、粗骨料等材料的性能做试验,经试验各项指标未达到设计要求的,施工中不能使用。对植物措施的材料要进行抽检,达不到设计规格的,也不能在工程中使用。

(3)指令性控制。对发现质量问题的,监理工程师应以书面形式及时通知施工方,并要求其改正。

(4)抽样检验控制。对大多数治理工程,如整地工程、造林工程、种草工程及一般的土石方工程等,都要用抽样方法,检验其施工质量。

2)质量控制程序

(1)开工条件的审核。

(2)施工过程中的检查和检验。

(3)工程完工后的中间交工签认。

2. 生态工程施工工序质量控制

1）工序质量分析及控制

对经常会发生质量问题的工序进行调查，进而采取对策措施。

建立工序质量控制流程，明确工序质量控制的重点和难点。

对工程质量出现的问题，分析规律，找出其原因，进行改进试验，落实整改技术措施。

对影响工序质量的因素在实现或过程中进行有效控制。

2）生态工程的施工工序

（1）水平梯田（含坡式梯田、隔坡梯田）。其施工工序分为定线、清基、筑埂、保留表土、修平田面等5道工序。

（2）造林。主要包括整地和造林两大阶段。整地的施工工序为定线定位、挖方及筑埂夯实。造林的施工工序分为苗木准备和造林两大工序。

（3）种草。种草的施工工序分为条状整地保墒、种籽处理、选择播期、播种及镇压等工序。

（4）封育治理措施。封育治理分为划定并界标封育区、管护、补植及防病虫害4道工序。

（5）沟头防护工程。蓄水型工程分为定线、清基、开沟筑埂及夯实工序，排水型工程还要增加跌水、消能工序。

（6）谷坊工程。土谷坊分为定线、清基、挖结合槽、填土夯实及挖溢洪道工序；石谷坊分为定线、清基、凿结合槽、砌石工序；柳谷坊分为桩料选择、埋桩、编篱、填石和填土工序。

（7）淤地坝工程。前期分为定线、清基、削坡及截流防渗工序。土坝施工工序为取土、铺土、分层压实及整坡。溢洪道施工工序为开挖、基础处理及砌筑。浆砌石涵洞施工工序为清基、侧墙砌筑、拱圈砌筑、两侧及顶部回填。

（8）坡面小型蓄排水工程。截水沟、排水沟施工工序为定线放样、地面处理、挖沟筑埂、跌水植防冲草皮或砌石；蓄水池和沉沙池施工工序为定线放样、开挖、基础处理及砌筑。

（9）路旁、沟地小型蓄引水工程。水窖施工工序为窖体开挖、窖体防渗、地面集水池和沉沙池修筑；沟道滚水坝施工工序为定线、清基、砌石与养护。

（10）引洪漫地工程。引洪漫地工程由渠首建筑物、渠道及田间工程组成，施工工序参照前述。

（11）风沙治理工程。风沙治理工程主要有植物防沙治沙技术（治沙造林）和工程治沙技术，施工工序参照前述。

（12）崩岗治理工程。崩冈治理工程主要有截水沟、崩壁小台阶、土谷坊及拦沙坝等措施，工序参照前述。

（三）质量检测与评定

1. 生态工程质量检验的内容及施工质量要求

1）梯田工程质量

（1）集中连片，总体布局应符合小流域综合治理设计要求。

（2）水平梯田质量应做到田面水平、田坎坚固，靠田坎侧有1m左右的反坡。

（3）修筑水平梯田（或坡式梯田）田坎，若种植经济果木、草本及灌木等，其密度和种植方式要符合设计要求。

(4)在施工建设期间,田坎受暴雨冲刷损毁的,修补加固时应符合设计要求。

2)保土耕作措施质量

(1)对改变局部地形的农业技术措施,应沿等高线进行布设,雨量较大的地区其沟垄应有一定的排水坡度。

(2)耕作的间距、高度应符合设计要求。

(3)采取深耕、深松耕作措施的,其耕作深度应达到犁底层。

(4)增施有机肥的,应使土壤的团粒结构和保水能力显著增加。

(5)对增加地面植被的农业技术措施,其种植方式应符合设计要求。

3)造林质量

(1)总体布局要合理,造林地块要选择得当,根据地块的立地条件确定相应的林种、树种,造林的株行距要符合设计要求。

(2)造林整地工程应与实地情况相符,工程的规格尺寸及施工质量要达到设计要求。

(3)在树种的选择上,要能够满足当地解决燃料、经济果木、饲草料等的需求,所占比例根据当地实际情况确定。

(4)水土保持林当年造林的成活率要达到80%以上,即春季造林、秋季达到80%以上,或秋季造林、第二年秋季达到80%以上;3年后的保存率在70%以上。

4)种草质量

(1)种草地块的选择应适合种植各类牧草,草种应适合当地地块的立地条件,种草的密度要达到设计要求。

(2)所选草种应具有较强的蓄水保土能力,产量高,且有较高的经济价值。

(3)在干旱、半干旱地区应采取抗旱种植技术措施。

(4)在质量验收中,种草的当年出苗率和成活率应达到80%以上,3年后的保存率应达到70%以上。

5)封禁治理质量

(1)封禁

①具备了合理齐全的封育规划和作业设计;

②封禁区设置了明晰的固定标志;

③落实了职责明确的管护机构和人员;

④制定了技术合理的封育制度和封育措施;

⑤已实施或准备实施封育措施;

⑥建立了封山(沙)育林技术档案。

(2)育林草

①对植被覆盖度较大的地块进行带状或块状除草,促进林木萌生;

②对自然繁育能力低的地块进行人工补植和补种;

③对萌蘖强的乔灌木进行平茬复壮,对林地进行抚育等。

林地封育又分以下三种类型:

a. 无林地和疏林地封育。

Ⅰ.乔木型:乔木郁闭度≥0.20;平均有乔木1 050株/hm^2以上,且分布均匀。

Ⅱ.乔灌型:乔木郁闭度≥0.20;灌木覆盖度≥30%;有乔灌木1 350株(丛)/hm^2以上,或年均降水量400mm以下地区有乔灌木1 050株(丛)/hm^2以上,其中乔木所占比例≥30%,且分布均匀。

Ⅲ.灌木型:灌木覆盖度≥30%;有灌木1 050株(丛)/hm^2以上,或年均降水量400mm以下地区有灌木900株(丛)/hm^2以上,且分布均匀。

Ⅳ.灌草型:灌草综合覆盖度≥50%,其中灌木覆盖度≥20%;年均降水量在400mm以下地区灌草综合覆盖度≥50%,其中灌木覆盖度≥15%;有灌木900株(丛)/hm^2以上,或年均降水量在400mm以下地区有灌木750株(丛)/hm^2以上,且分布均匀。

Ⅴ.竹林型:有毛竹450株/hm^2以上,或杂竹覆盖度≥40%,且分布均匀。

b.有林地封育:小班郁闭度≥0.60,林木分布均匀;林下有分布较均匀的幼苗3 000株(丛)/hm^2以上或幼树500株(丛)/hm^2以上。

c.灌木林地封育:灌木林地封育小班的乔木郁闭度≥0.20,乔灌木总盖度≥60%,且灌木分布均匀。

(3)预防保护

①制定具体措施,预防森林火灾,防治病、虫及鼠害。

②封禁后3~5年原地块的林草郁闭度应达到80%以上,水土流失显著减轻。管理、管护措施落实,没有人为破坏现象。

6)沟头防护工程质量

(1)工程定位应准确,防护工程的规格尺寸及施工质量要达到设计要求。

(2)雨季经暴雨考验后,做到总体完好、稳固,局部受损地方得到及时补强加固。侵蚀沟向深、向两侧和向沟头的延伸得到控制。

7)谷坊、淤地坝、小水库、治沟骨干工程质量

(1)治沟工程在小流域综合治理中按流域和各支沟进行了系统规划、设计与建设,形成完整的坝系工程。

(2)土坝施工分层进行了压实,没有土块缝隙,坝体土层的干容重达到1.5t/m^3以上,与坝体内泄水洞和坝肩两端山坡地结合紧密。

(3)溢洪道、泄水洞等建筑物材料质量符合标准,所用水泥、砂浆的质量等达到规定标准。

(4)治沟工程的规格尺寸及施工质量达到设计要求,能够保证设计洪水安全排放;经暴雨的考验后,工程总体完好,局部受损地方及时得到了维修、复原。

(5)淤地坝工程在设计频率暴雨下,坝地能够种植作物。

(6)小水库上游的泥沙得到控制,使用寿命达20年以上。

(7)治沟骨干工程能够在较大暴雨情况时保护下游其他小型工程,起到骨干控制作用。

8)崩岗治理工程质量

(1)对崩口以上集水区进行了综合治理,地表径流显著减少。

(2)天沟的规格尺寸、蓄水容量、排水能力达到了设计要求,保证设计暴雨情况下不冲崩口。

(3)谷坊、拦沙坝工程的施工达到设计要求,能够经受暴雨考验。

(4)崩壁两岸进行了削坡处理,小平台种植了林草,暴雨后工程基本完好。

9)风沙治理工程质量

(1)沙障固沙

沙障布设的位置、配置形式、建设所用材料及施工方式等达到设计的要求,沙障建设的当年就能发挥防风固沙作用。

(2)造林固沙

①采用林网、林带成片造林进行固沙的,其林带的走向、宽度布置要适当,树种选择、林型选择及株行距控制也要达到设计要求。

②在工程验收时,造林当年成活率要在80%以上,3年后的保存率要在70%以上。

③灌木带方式种植的防风固沙林在种植、平茬及采伐利用时,应实行带状作业,隔带间伐,新种植的灌木带成林后,再间伐相邻一侧的林带。

(3)引水拉沙固沙

引水所需的配套设施应达到设计要求,冲填过程符合规范程序,所造田面要平整,必须设林带进行防护。

10)小型蓄排引水工程质量

(1)坡面蓄排工程

①坡面设置的截水沟、排水沟在布置上应合理,其规格尺寸及施工质量要达到设计要求。

②能有效控制坡上部来水,保护农田和林草地,排水工程有削能处理。

③在设计频率暴雨下,工程总体完好率在90%以上。

(2)水窖、旱井、蓄水池等工程

布设的位置应合理,有地表径流水源保证,其规格尺寸、建筑材料、施工方法及防渗等应达到设计要求。

(3)引洪漫地工程

①建设的拦洪坝、引洪渠布局合理,规格尺寸及渠道比降等达到设计要求,在引洪过程中渠系能做到冲淤平衡。

②淤灌的土地能均匀淤沙。

③在设计频率暴雨下,水工建筑物保持完好。

④所淤灌的土地能实现高产稳产。

2. 工程质量评定

1)单元工程质量评定标准

(1)合格标准

①保证项目必须符合相应质量检验评定标准的规定。

②基本项目抽检的处(件)应符合相应的质量检验评定标准的合格规定。

③允许偏差项目抽检的点数中,建筑工程中有70%以上,设备安装工程中有80%以上的实测值应在相应质量检验评定标准的允许偏差范围内。

(2)优良标准

①保证项目必须符合相应质量检验评定标准的规定。

②基本项目每项抽检的处(件)应符合相应的质量检验评定标准的合格规定,其中有50%以上的处(件)符合优良规定,该项目即为优良;优良项数应占检验项数的50%以上。

③允许偏差项目抽检的点数中,有90%以上的实测值应在相应质量检验评定标准的允许偏差范围内。

2)分部工程质量评定标准

(1)合格标准

所含分项工程质量全部合格,中间产品质量及原材料质量全部合格。

(2)优良标准

单元工程质量全部合格,其中有50%以上达到优良,主要单元工程、重要隐蔽工程及关键部位的单元工程质量优良,且未发生过质量事故。

3)单位工程质量评定标准

(1)合格标准

①中间产品质量及原材料质量全部合格,分部工程质量全部合格。

②大中型工程外观质量得分率达到70%以上。

③施工质量检验资料基本齐全。

(2)优良标准

①分部工程质量全部合格,其中有50%以上达到优良,主要分部工程质量优良,且施工中未发生过重大质量事故。

②中间产品和原材料质量全部合格。

③大中型工程外观质量得分率达到85%以上。

④施工质量检验资料齐全。

4)工程项目质量评定标准

(1)合格标准

单位工程质量全部合格。

(2)优良标准

单位工程质量全部合格,其中有50%以上的单位工程质量优良,且主要单位工程为优良。

四、工程验收

(一)水土保持生态建设工程验收

根据验收的时间和内容分单项措施验收、阶段验收和竣工验收3类。

1. 单项措施验收

在小流域综合治理实施过程中,施工承包单位按合同完成了某一单项治理措施时,由实施主持单位及时组织验收,评定其质量和数量。对工程较大的治理措施(如大型淤地坝治沟骨干工程等),施工单位在完成其中某项分部工程(如土坝、溢洪道、泄水洞等)时,实施主持单位也应及时组织验收。

1)验收组织

由小流域综合治理实施主持单位负责组织验收,该单位有关技术人员参加具体验收工作。

2)验收内容

按以下5个方面,完成一项及时验收一项。

(1)坡耕地治理措施:包括各类梯田(梯地)与保土耕作。

(2)荒地治理措施:包括造林(含经济林、果园)、种草和封禁治理(育林、育草)。

(3)沟壑治理措施:包括沟头防护工程、谷坊、淤地坝、治沟骨干工程及崩岗治理等。

(4)风沙治理措施:包括沙障、林带、林网、成片林、草及引水拉沙造田等。

(5)小型蓄排引水工程:包括坡面截水沟、蓄水池、排水沟、水窖、塘坝及引洪漫地等。

3)验收重点

第一是各项治理措施的质量,第二是各项治理措施的数量。质量不符合标准的,不计其数量;其中经过返工、重新验收质量符合标准时,可补计其数量。

4)验收成果

主要是验收单、验收图和验收表3项。

2. 阶段验收

小流域综合治理实施主持单位,每年应在按年度实施计划完成了治理任务后,由项目主管单位组织阶段验收,并对年度治理成果做出评价。

1)验收组织

由项目主管单位主持,该单位有关技术人员参加,同时请有关财务及金融部门人员配合验收,并请上级主管部门派员参加检查指导。

2)验收内容

根据年度计划和《阶段验收申请报告》中要求验收的措施项目,在前述所列5方面治理措施项目范围内,逐项进行验收。

3)验收重点

各项治理措施的质量和数量。

对于汛前施工的工程措施,还应检查其经受暴雨考验情况;对于春季种植的林草,还应检查其成活情况。

对当年完成的各项措施的位置和数量,应与当年的验收图对照,防止和历年完成的措施混淆。

4)验收成果

《小流域综合治理阶段验收报告》包括必要的附表、附图,由项目主管单位根据阶段验收情况编写。

实施主持单位提出的《小流域综合治理年度工作总结》及其有关附表、附图。

3. 竣工验收

设计确定小流域综合治理的建设期末,即按设计任务全面完成后,项目主管单位由项目提出部门组织全面的竣工验收,并评价治理成果等级。

1)验收组织

由项目提出部门主持,该部门有关工程技术人员参加,并邀请有关财务、金融部门配合验收,有关科技专家参加指导。

2）验收内容

根据《小流域综合治理规划》和《竣工验收申请报告》要求验收的措施项目，在前述所列5方面治理措施项目范围内，逐项进行验收。

3）验收重点

各项治理措施在小流域内的综合配置是否合理，是否按照规划实施。

各项治理措施的质量和数量。

质量验收中，包括造林、种草的成活率与保存率，各类工程措施经汛期暴雨考验的情况。

小流域综合治理的基础效益（保水、保土）、经济效益、社会效益与生态效益。

4）验收成果

《小流域综合治理竣工验收报告》包括竣工验收图和各项竣工验收表，由项目提出部门根据验收情况编写。

项目主管单位上报的《小流域综合治理竣工总结报告》及其附表、附图、附件。

以上三类验收的共性要求是都应有相应的验收条件、组织、内容、程序和成果要求；以相应的合同、文件和有关的规划、设计为验收依据；重点都是各项治理措施的质量和数量（质量不符合标准的不计其数量）。

（二）开发建设项目水土保持设施验收

开发建设项目水土保持设施的验收包括建设单位开展的自查初验和审批水土保持方案报告书的水行政主管部门（以下简称行政验收主持单位）主持的水土保持设施行政验收两个方面。开发建设项目水土保持设施应由县级以上人民政府水行政主管部门或者其委托的机构，按照开发建设项目水土保持方案的审批权限，负责项目的水土保持设施的验收工作。组织完成的水土保持设施验收材料，应当报上一级人民政府水行政主管部门备案。

1. 依据、范围和任务

1）验收依据

验收主要应遵循以下标准：《开发建设项目水土流失防治标准》（GB50434—2008）、《开发建设项目水土保持技术规范》（GB50433—2008）、《水土保持工程质量评定规程》（SL336—2006）、《开发建设项目水土保持设施验收技术规程》（SL387—2007）等。

2）验收范围

水土保持设施验收的范围应以批复的水土保持方案确定的水土流失防治责任范围为基础，根据工程建设实际情况进行适当调整。

3）验收任务

检查水土保持设施的设计落实情况及建设进度、工程量及质量，核查水土保持投资到位及使用情况，调查和评价水土流失防治效果，落实水土保持设施的管理维护责任，对存在问题提出处理和改进意见，明确建设项目水土保持设施是否合格并正式投入使用运行。

2. 技术指标与合格标准

1）验收技术指标

应达到批准的水土保持方案确定的目标。主要包括扰动土地整治率、水土流失总治理度、土壤流失控制比、拦渣率、林草植被恢复率和林草覆盖率。

2)合格标准

(1)建设项目水土保持方案的审批手续完备,水土保持工程管理、设计、施工、监理、监测、专项财务等建档资料齐全。

(2)水土保持设施按批准的水土保持方案及其设计文件的要求建成,符合水土保持的要求。

(3)扰动土地整治率、水土流失总治理度、土壤流失控制比、拦渣率、林草植被恢复率、林草覆盖率等指标达到批准的水土保持方案的要求及国家和地方的有关技术标准。

(4)水土保持设施具备正常运行条件,且能持续、安全、有效运转,符合交付使用要求,且水土保持设施的管理、维护措施已得到落实。

3. 验收权限

水行政主管部门对开发建设项目水土保持设施的验收,实行统一管理、分级负责制度。水土保持设施的竣工验收由水土保持方案的原批准机关组织,不得越级验收。水利部负责由国家立项建设的项目验收,地方水行政主管部门负责由同级主管部门立项建设的项目验收。经水利部授权,流域机构可以代表水利部组织国家立项建设项目的水土保持设施验收工作。

开发建设项目水土保持设施验收实行备案制度,下一级水行政主管部门组织的水土保持设施验收材料须报上一级水行政主管部门备案。

4. 验收过程

项目法人应首先进行自查初验,依据批准的水土保持方案和批复文件,会同水土保持方案编制单位、施工单位、监理单位等,对照检查各项水土保持设施的完成情况、质量和效果,在查验合格的基础上,编制水土保持方案实施工作总结报告和水土保持设施竣工验收技术报告,以书面形式向水土保持方案批准机关提出验收申请。

具有验收权限的水行政主管部门,应在接到验收申请后3个月内组织完成验收工作,包括技术评估和行政验收。

5. 竣工验收程序

竣工验收分为直接组织竣工验收和先评估后验收两种情况。由地、县级负责验收的项目,因其规模较小可以直接进行竣工验收;国家立项的项目,必须先进行技术评估,在评估合格的基础上方能组织验收;省级负责验收的项目可以参照国家立项的项目,先评估后验收。

竣工验收工作程序如下:

(1)审查建设单位提交的验收申请材料,受理验收申请。

(2)听取技术评估机构的技术评估汇报,确定行政验收时间。

(3)召开预备会议,听取建设单位有关验收准备情况汇报,确定验收组成员名单。

(4)现场检查水土保持设施及其运行情况。从水土保持设施竣工图中抽取重点工程和重点部位,现场查勘不同防治区和主要防治措施的质量、数量、防治效果、生态与环境状况等。

(5)查阅有关资料。

(6)召开验收会议,可按下列程序进行:

①宣布验收会议议程;

②宣布验收组成员名单;

③观看工程的声像资料;

④听取建设单位的“工作总结报告”和“技术报告”;

⑤听取施工单位的“施工总结报告”;

⑥听取监理单位的“监理总结报告”;

⑦听取监测单位的“监测总结报告”;

⑧听取技术评估单位的“评估报告”;

⑨会议质询;

⑩验收组讨论并形成“验收意见”,落实遗留问题的处理责任及核查单位;

⑪宣布水土保持设施的“验收意见”;

⑫验收组成员在“验收意见”上签字。

6.验收的其他工作

1)验收不合格的处理

个别项目如发现重大问题,验收组应停止验收,待处理完毕后再组织验收。对验收不合格的项目,项目法人必须根据验收委员会提出的处理意见,认真进行整改,直到符合要求再重新申请验收。

2)遗留问题处理

对于行政验收中发现的遗留问题,应由建设单位负责整改,并由水行政主管部门监督实施。

3)验收合格后的管理维护

水土保持设施验收合格的,项目法人应落实管护的单位和管护责任,移交地方的也要明确责任单位。各级水行政主管部门要定期进行检查,确保水土保持设施的正常运行和持续发挥作用。

4)验收资料的存档

项目法人应将水土保持方案、工程设计、监理报告及资料、施工文件、监测资料及报告、技术评估资料及竣工验收资料等按工程档案的归档要求整理和保存。负责验收的机关及参加验收的单位都要将验收资料及验收意见存档。

第四章　水土保持区划与规划

第一节　背景材料分析

一、自然条件分析

（一）地理位置

地理位置特别是经纬度代表规划区域在地球的空间位置及所处的气候带。不同的气候带水、热、土壤、植被等因子相差很大，因而从宏观上决定水土流失的类型与强度。

（二）地质

地质对水土流失的影响主要反映在地质构造背景、地层结构和地质构造方面。现代地质构造运动直接表现为强烈地震引发的滑坡、崩塌为泥石流提供松散固体堆积物；间接表现为地壳抬升与下降引发侵蚀基准面的变化。我国受第四纪新构造运动影响表现尤为明显，西南地区和黄土高原因地壳抬升而表现强烈的沟谷下切，水土流失严重；而地质稳定区域如河流三角洲、山间盆地等则水土流失轻微。此外，褶皱、断裂、岩层倾向、岩石种类及成因等对水土流失影响很大。

（三）地貌

地貌形态一般分为平原、盆地、山地、丘陵和高原（见水土保持调查与勘测章节）。第四纪地貌对我国水土流失起着支配与控制作用。地貌因素对水土流失影响的强弱，主要是受坡度、坡长、地表破碎程度等控制。

1. 坡度与坡长

地表径流的大小和流速主要取决于径流深及地面坡度，坡度越大侵蚀越大。我国坡地面蚀土壤侵蚀分级主要就是根据地面坡度划分的。我国坡度划分有两种，一是根据坡度与土壤侵蚀关系划分的，分为六级；二是根据造林部门与立地类型相关的划分方法（见水土保持调查与勘测章节）。通过坡度分析，我们大体可以判断分析规划区域的水土流失情况及其治理的难易程度。一般地面坡度越大土壤流失量越大，土层越薄，养分越贫瘠，水土流失治理难度越大，造林种草越困难。

坡长与水土流失的关系较为复杂，且与坡度一起综合影响水土流失，一般在降雨强度小时，坡度越长流失量越小；反之则大。土壤侵蚀预报方程中 *SL* 因子即为坡度坡长综合因子。

2. 坡型与坡向

坡型一般分为直型、凸型、凹型和复合型，其通过地面径流分配和流速的变化直接影响水土流失；坡向则是通过水热状况、植被分布、土地利用等间接影响水土流失。在北方地区坡向还对林草措施的配置起着关键作用。坡向划分见调查与勘测章节。在水土保持规划时应分析坡向组成情况以及对植被分布的影响，从而判断水土流失情况，为林草措施、坡耕地改造等提供依据。

3. 地表破碎程度

地表破碎程度的指标主要有流域平均沟壑密度、地面裂度、沟道平均比降。这3项指标越大，表明侵蚀强度越大，水土流失越严重。分析评价这3项指标，对沟道治理措施配置及土地利用安排具有重要意义。一般来说，流域平均沟壑密度较小，沟壑面积占流域总面积相当的比例，沟道平均比降较小，则说明沟道开阔，进行坝系建设和引洪漫地的条件好。如黄土高塬沟壑区常具备此种条件。

4. 海拔

海拔直接影响水热条件，海拔每升高100m，气温下降0.5～0.6℃，气温低，空气湿度大，形成湿冷气候；海拔很高时则因地形和温度变化，形成高原荒漠区，我国高海拔地区如青藏高原植被稀少，冻融侵蚀严重。因而海拔间接影响植被生长和水土流失。如北方的油松在海拔1 600m以下分布广，生长良好；1 600m以上则分布少且生长不良；2 200m以上地区基本没有分布。进行大区域规划时，分析海拔高度有助于合理布局水土保持植物措施。

（四）气象

气候因素对水土流失形成主要外营力，其影响是多方面的，以降水对水蚀的影响、风对风蚀的影响、温度对冻融侵蚀的影响最为突出。各种气候因素之间相互作用，主要是水热变化对土壤、植被形成与分布影响深远。分析评价规划区域的气象条件对于掌握水土流失状况及治理措施配置具有重要意义。

1. 降水与蒸发

降水特征主要包括多年平均、最大年、最小年降水量；降水季节分布（汛期与非汛期雨量）、暴雨情况；降雨频次、降雨量、降雪量、强度及其占年降水量的比重。其中降雨量和降雨强度与水土流失关系密切。降雨量直接影响水土流失与植被分布，年降水量250mm以下地区以风蚀为主，植被以干旱草原荒漠植被为主；250～400mm地区水蚀风蚀并存，植被以半干旱草原植被为主，植被恢复难度大；400～600mm地区以水蚀为主兼有风蚀，植被以半干旱半湿润森林草原植被为主；600mm以上地区则主要是水蚀，植被以半湿润湿润森林植被为主，植被恢复比较容易。同时还应分析年降水的季节分布、雨量、雨强等，以便判断水土流失发生时间、强度，与植被或作物生长发育的吻合程度等，提出相应的治理措施。

蒸发量分为水面年蒸发量、陆面年蒸发量，年蒸发量（陆面）与年降水量的比值为干燥度（d），d值大于2.0的为干旱区；小于1.5的为湿润区；介于1.5与2.0之间的为半干旱区。降水与蒸发分析对大区域规划中拟定水土流失防治目标、确定土地利用方向和措施总体布局有着密切关系。

2. 温度

温度的特征值主要包括年均气温、最高气温、最低气温、≥10℃的积温、无霜期等。温度是影响植物（含农作物）生长发育、产量和品质的重要因素。

日平均气温≥0℃的始现期和终止期，土壤解冻和开始冻结；日平均气温≥5℃的始现期和终止期,是各种喜冻作物(如小麦、大麦、马铃薯、油菜等)及大多数牧草开始生长和停止生长的时间;日平均气温≥10℃是一般喜温作物(如玉米、谷子、大豆、高粱、甘薯、水稻、花生、棉花等)生长的起始温度。

低温(最冷月平均温度和极端最低温度)、无霜期短、≥10℃的积温低对林草生长发育有决定性影响,如北方枣树当≥10℃的积温低于2 800℃时,产量明显开始下降;低于2 400℃时,则不能挂果;大于4 400℃以后产量开始下降且品质不好。又如新疆杨引种移植至福建,因得不到其所需低温,虽能生长,但不能结实。温度情况分析应与植被建设布局、植被生长发育、树种草种选择、引种驯化、造林种草等分析联系在一起,根据规划范围内不同地貌条件下热量分布特征和变化规律,对于合理安排配置水土保持林草措施有重要作用。

3. 风和风沙

风和风沙天气与风蚀密切相关,分析规划区域大风天数、沙尘暴天数、风速、风向(特别是主害风方向)、风频等,有助于认识风蚀产生原因,分析风蚀强度,提出可行的防治措施。

(五)土壤

土壤性状、类型、空间分布规律和构成对水土流失强度及其土地利用方式具有显著的影响。从土壤侵蚀的角度来看,土层厚度影响土壤侵蚀的抗蚀年限。土壤物质的机械组成对水土流失的影响主要表现在抗蚀性能上。土壤结构影响土壤流失的强度,通常紧实的土壤比松散的土壤抗蚀性要强。土壤的各种化学性质,一方面通过对植被的影响间接地对土壤流失起作用,另一方面直接影响土壤侵蚀强度。从土地利用来看,土壤理化性质等,如土层厚度、土壤质地、容重、孔隙率、氮、磷、钾、有机质含量、pH值等,主要是作为土地资源评价依据之一(详见土地资源评价的内容)以及改造利用方式的可行性,例如,分析土层厚度是否能适应修建水平梯田、经济林或建果园等。

(六)植被与作物

植被包括林木、草本、灌木、果树、特用植物等,植被分析内容包括植物地带性分布(植物区系)、人工植被和天然植被的面积、森林覆盖率、植被覆盖率(林草覆盖率)、植被覆盖度、植物群落结构及生长情况、城镇绿化情况等。植被能够综合反映自然环境状况,个别植物还具有指示功能(称为指示植物),如侧柏多生长在石灰性土壤上(pH值高),柽柳生长在低湿盐渍化严重的土壤上,这对自然环境条件分析十分有用。通过植被条件的分析,不仅能够深入分析自然环境,而且对于水土保持林草措施总布局、土地利用方向调整提供重要依据,以便提出适宜于在规划范围内涵养水源、保持水土、防风固沙能力强的树种、草种及最佳搭配。

作物分析包括规划范围内种植作物种类、栽培经营管理方式等。作物种类栽培管理如作物种植密度、留茬高度、秸秆还田等均与水土流失有关;又如黄土高原地区种植冬小麦,在6月收割以后,直至9月播种,地面裸露,而此时正好是雨季,极易造成水土流失。采取套种生长期短的其他秋作物即可减少水土流失。

(七)水资源

主要在调查区域水资源总量、需水量、供水量的基础上分析水量供需平衡,提出水资源利用中存在问题、解决方法和开发利用方向。特别是分析生态需水量与可供水量的关系，灌溉的可能性和潜力等。对于干旱缺水地区还应分析地表径流拦蓄利用的可能性。

（八）其他

其他条件如：灾害性气候如霜冻、冰雹、干热风与植物和作物生长有关；矿藏资源、水能资源、旅游资源等分布、贮量以及开发条件等，对区域城镇、工矿企业等建设和开发过程水土流失产生影响，以便提出相应的预防监督措施。

二、社会经济条件分析

区划与规划应对区域范围内的社会经济条件进行深入分析，既要考虑当前，又要着眼未来；一个项目只有在技术和经济上均具备条件的情况下，才能得以实现。社会经济条件分析包括人口和劳动力分析、土地利用结构、经济结构（经济收入与产业结构等）、物质技术条件分析、政策因素分析等。有关土地利用问题将设专节说明。

（一）人口及劳动力

水土保持生态建设项目目前仍以农业补助性项目为主，在实施区域地方和农民承诺的基础上，尚需投入一定的劳动力和资金。人口增加与生态环境承载能力应相互协调；劳动力充足是实施项目的必备条件，人口素质又与实施项目、科技应用及后效益相关。因此，评价人口与劳动数量和结构、人口分布、人口素质、自然增长率等对于确定水土保持生态建设项目总体目标与布局十分重要。

（二）经济结构与物质技术条件

1. 经济结构

经济结构包括农村经济收入状况、产业结构等，主要是农村经济总收入、人均纯收入、人均产粮、人均产值，以及燃料、饲料、肥料情况等；农、林、牧、工各业投入产出情况，农业主要是农作物播种面积、总产、单产；林业主要是林种分布、木材及果品产量、投入产出情况；畜牧业主要是畜群结构、饲养情况、年存栏和出栏数量、草地载畜量、投入产出情况；渔业主要是养殖水面、投入产出情况；农村工业企业的投入及产值等。重点分析经济结构中存在的问题及其与水土流失的关系，产业结构调整与水土保持的关系，水土保持效益发挥可能对经济结构的影响等。

2. 物质技术条件

物质技术条件包括基础设施、经济区位、科技发展前景分析等。应分析现有水平、利用状况及效果、存在的问题及与项目建设的矛盾。以上条件对生态建设项目的制约、利用的可行性，对水土保持生态建设项目必要支撑物质技术条件的改善等，为项目目标与方案制定提供依据。

（三）政策因素

对国家有关水土保持生态建设项目的计划规划、信贷、价格物资等方面政策及可能的调整进行分析，分析有利与不利的因素，为提出必要的对策和措施提供依据。

（四）农业生产状况分析

1. 产出结构

以价值指标表示，即以货币量作为产出的度量基准。基本计算公式为：

$$SVI = \frac{V_i}{\sum V_i} \times 100\% \tag{4-1-1}$$

式中 SVI——产出的价值结构指标；

V_i——第 i 项产出值；

$\sum V_i$——总产出值。

2. 投入结构

依据投入要素的不同来分别计算，主要有劳动就业结构、土地利用结构和资金分配结构。

(1)劳动就业结构(主要反映经济结构)：

$$LSI = \frac{L_i}{\sum L_i} \times 100\% \tag{4-1-2}$$

式中 LSI——劳动就业结构指标；

L_i——总体第 i 部分的劳动就业量；

$\sum L_i$——总体各部分的劳动就业量之和，即劳动就业总量。

(2)土地利用结构(反映农业产业结构)：

$$ASI = \frac{A_i}{\sum A_i} \times 100\% \tag{4-1-3}$$

式中 ASI——土地利用结构；

A_i——总体第 i 部分的土地占有量；

$\sum A_i$——总体各部分的土地占有量之和。

(3)资金分配结构(反映资金在经济总体各部分间的投放情况)：

$$KSI = \frac{K_i}{\sum K_i} \times 100\% \tag{4-1-4}$$

式中 KSI——资金分配结构；

K_i——总体第 i 部分的资金投放量；

$\sum K_i$——资金总投放量。

3. 农民生活和消费

恩格尔系数是指食品消费支出在生活消费支出中所占的份额，其表达式为：

$$恩格尔系数 = \frac{食品消费支出额}{生活消费支出总额} \times 100\%$$

其中：食品消费支出包括购买食品的开支和自产、赠送食品中用于消耗的折算价值；总消费支出包括各种消费(包括吃、住、行、衣等)的总价格，自有物品同样计算其价值。

恩格尔系数的大小与人均收入水平的高低有内在的联系，分析恩格尔系数，可以考察一个国家或地区的经济发达程度。联合国曾确定了以恩格尔系数划分贫富的标准，见表 4-1-1。

表 4-1-1 恩格尔系数划分贫富标准表

恩格尔系数	富裕程度
>59%	绝对贫困
50% ~59%	勉强度日(温饱)
40% ~50%	小康水平
20% ~40%	富裕
<20%	最富裕

三、土地利用现状分析评价

土地利用现状是人类在漫长开发过程中对土地资源持续利用的结果,它既反映了土地自然适应性,又反映了当前生产力水平对土地改造和利用的能力,有着复杂而深刻的自然、社会、经济和历史根源。通过对土地资源总量、人均土地拥有量,以及农、林、牧、工等各业用地比例分析,评价土地资源的适宜性及其限制性;通过土地生产潜力评价,结合当地社会经济对土地生产需求的分析,查找土地利用中存在的问题,论证土地利用结构调整的必要性和可行性,并提出土地利用调整方案。这对区划方案、规划目标确定和水土保持措施布局具有控制性的作用。如黄土高原人口密度相对较大的地区,坡耕地面积所占比例大是造成水土流失的重要原因;而内蒙古草场载畜量大、草库仑建设不足是造成风蚀和土地沙化的根本原因。

四、水土流失及其防治情况分析

水土流失及其防治情况分析包括水土流失及其危害状况分析、“三区”划分情况以及水土流失防治措施、效果、成绩经验与存在问题等的分析。通过分析进一步明确规划设计区域的主要水土流失问题及形成的原因和发生发展的趋势,总结水土流失防治经验教训,探求解决的方略,为水土保持分区及措施总体布局提供依据。

(一)水土流失及其危害状况分析

水土流失类型、强度、潜在危险程度及分布与面积等情况的分析是水土保持规划设计中背景材料分析的基础。重点是主要水土流失类型发生发展的原因和危害。水土流失与自然、社会两大因素有很大关系,在一定区域内,人类活动往往是加速水土流失的原因,因此应分不同区域有针对性地进行分析。

(二)“三区”划分

水土保持“三区“划分是指在划定的水土流失重点防治区内,根据自然条件、社会经济发展、水土流失类型及危害、水土流失防治重点等划分为重点预防保护区、重点治理区和重点监督区。“三区”划分一般由县以上人民政府以公告或通告形式颁布。规划设计应根据“三区”划分的原则要求,确定防治目标和水土保持措施布局。

1. 重点预防保护区

重点预防保护区主要指目前水土流失轻度以下,林草覆盖率较大,但存在潜在水土流失危险,在轻度险型以下区域。重点预防保护区分为国家、省、县三级。在重点预防保护区的规划区域以生态修复、保护管理为主。在预防保护区进行资源开发与工程建设应采取最为严格的水土保持措施。

2. 重点监督区

重点监督区是指资源开发和基本建设规模较集中，破坏地貌植被造成严重水土流失的区域。重点监督区分为国家、省、县三级。在重点监督区的规划区域应加强执法监督，严格执行水土保持“三同时”制度，加快水土保持方案编制、审批实施、验收工作。

3. 重点治理区

重点治理区是指水土流失严重，对国民经济与河流生态环境、水资源利用有较大影响的地区，包括已列入和计划列入国家及地方重点治理的流域和区域；江河湖库上游，土壤侵蚀强度属中度以上的地区。在重点治理区的规划区域应以水土保持生态建设为主，加强以小流域为单元的山、水、田、林、路综合治理。

(三)水土保持状况分析

1. 水土保持现状评价

对水土流失治理面积和治理度、林草覆盖率、各类治理措施面积等进行综合分析评价是确定建设规模、实施项目区域、重点投资区域等的重要依据。如黄土高原某区域水土流失治理度在30%以下，林草覆盖率低于10%，>15°坡地面积占40%以上的应实施重点治理，且应将坡改梯、造林种草等作为主要措施。

2. 水土保持经验及存在的问题

应通过水土流失及其防治的现状分析评价，总结水土保持经验，分析存在的问题，以供规划设计参考。主要有以下几方面：

(1)大中流域水土保持总体布局、小流域措施配置模式。

(2)适宜当地的水土保持主要树种、草种及乔灌草配置模式。

(3)地面径流利用及调节控制模式。

(4)水土保持生态修复模式。

(5)水土保持项目实施的政策和管理机制。

(6)水土保持在社会经济、生态建设方面发挥的效益。

第二节 水土保持区划

水土保持区划是一种部门经济区划，也是综合农业区划的组成部分。水土保持区划是在土壤侵蚀区划(或水土流失类型区划分)和其他自然区划(植被地带区划、自然地理区划等)的基础上，根据自然条件、社会经济情况、水土流失特点及水土保持现状的区域分异规律(区内相似性和区间差异性)，将区域划分为若干个不同的(根据情况可以进一步划分出若干个亚区)水土保持类型区，并因地制宜地对各个类型区分别提出不同的生产发展方向和水土保持治理要求，以便指导各地科学地开展水土保持，做到扬长避短，发挥优势，使水土资源能得到充分合理的利用，水土流失得到有效的控制，收到最好的经济效益、社会效益和生态效益。水土保持区划是水土保持的一项基础性工作，将在相当长的时间内有效指导水土保持综合规划与专项规划。

一、水土保持区划的适用范围与原则

（一）适用范围

水土保持区划是根据国民经济发展规划、综合农业区划、国土整治规划、生态建设规划等的要求，制定的不同区域范围的水土保持治理方略性技术文件。我国在20世纪80年代曾经在全国范围内自上而下、自下而上进行了一次综合性农业区划，县级以上地区的水土保持区划作为水土保持规划的基础工作基本完成。水土保持区划作为部门经济区划，涉及行政区划、经济地理区划等多方面，目前全国尚未统一区划方案。区划适应于大区域范围，省级以上或大江大河区划十分重要，县、市、区应视地方实际需要确定。水土保持区划方案制定完成后，在一定时间内能有效指导规划设计，但根据国民经济发展情况隔一定时间对其做适当修订。

应当注意，在水土保持规划设计中经常是首先进行水土保持分区，然后布置措施，这种规划设计层面的水土保持分区是为了分区分类进行措施布置和典型设计，应在县级以上水土保持区划的指导下进行，分区方法可参照水土保持区划的方法，但不应视为水土保持区划。区划是宏观的、战略性的和方向性的技术文件。

（二）水土保持区划的原则

1. 区内相似性和区间差异性原则

水土保持区划遵循区域分异规律，即保证区内相似性和区间差异性。

（1）同一类型区内，各地的自然条件、社会经济情况、水土流失特点应有明显的相似性；不同类型区之间则应有明显的差异性。相似性和差异性可以采用定量和定性相结合的指标反映。

（2）同一类型区内生产发展方向（包括土地利用调整方向、产业结构调整方向等）、水土流失防治途径及措施总体部署应基本一致；不同类型区之间应有明显差异。

2. 以土壤侵蚀区划为基础的原则

土壤侵蚀区划属于自然区划，它是不考虑行政区界和社会经济因素的，一般均按水土流失类型如水蚀、重力侵蚀、风蚀、冻融侵蚀划分。

3. 按主导因素区划的原则

水土保持区划的主要依据是影响水土流失发生发展的各种因素，应从众多的因素中寻找主导因素，以主导因素为主要依据划分。

（1）在自然条件中，对水土流失发生发展起主导作用的因素是地貌（包括大地貌和地形）、降雨、土壤和地面组成物质、植被。如根据地貌可明确划分为高原、山区、丘陵、盆地与平原；根据水热条件（降雨、温度）因素可明确划分为温带干旱半干旱区、暖温带湿润区、亚热带湿润区等；根据地面组成物质可分为黄土覆盖、基岩裸露、沙地、荒漠等；根据植被因素可分为森林区、森林草原、草原区等。

（2）在自然资源中，对水土流失和生产发展起主导作用的因素包括土地资源、水资源、植物资源、矿藏资源等。应根据自然资源特点和开发利用程度等划分。如晋陕蒙接壤区煤炭资源丰富，开发利用程度高，人为水土流失严重，水土保持的主要工作是执法监督。因此，黄土高原水土保持区划时可考虑将其划为一个亚区。

(3)在社会经济情况中,对水土流失和生产发展起主导作用的因素是人口密度、土地利用现状(主要是农耕地比重)、经济与产业结构等。以土地利用状况和产业结构可分为农业区、林区、牧区等。

4. 自然区界与行政区界相结合的原则

水土保持区划的性质是部门经济区划,是在自然区划的基础上进行的,因此首先应考虑流域界、天然植被分界线、等雨量线等自然区界;同时必须充分考虑行政管理区界,适当照顾行政区划的完整性;二者综合考虑,应尽量保证地貌类型的完整性。

5. 自上而下与自下而上相结合的原则

水土保持区划可分为国家级、大流域级(跨省)、省级(或中大流域级)、地(市)级、县(市)级等五级,省级以上区划着重宏观战略,地(市)和县(市)级区划相对具体并应能具体指导相关规划设计。在国家级和省级区划中属同一类型区的,在地区级和县级区划中可能还需再划分为亚区。因此,在进行区划时应由上一级部门制定初步方案,下达到下一级,下一级据此制定相应级别的区划,然后再反馈至上一级,上一级根据下一级的区划汇总并对初步方案进行修订。这样自上而下与自下而上多次反复修改最终形成各级区划。

二、水土保持区划的目的、任务和内容

(一)水土保持区划的目的和任务

水土保持区划的目的就是为分类分区指导水土流失防治和水土保持规划提供基础的科学依据。其任务就是在调查研究区域水土流失特征、防治现状、水土保持经验、区域经济发展对水土保持要求和存在问题的基础上,正确处理好水土保持与生态环境和社会经济发展的关系,提出分区生产发展方向、水土保持防治途径、任务和措施部署。

(二)水土保持区划工作内容

1. 区划指标(或分区特征)

根据自然条件、社会经济条件、水土流失特征筛选确定划分指标体系。主要从以下几方面考虑。

1)自然条件

(1)地貌地形指标:大地貌(山地、丘陵、高原、平原等)、地形(地面坡度组成、沟壑密度)。

(2)气象指标:年均降水量、汛期雨量、年均温度、≥10℃的积温、无霜期、大风日数、风速等。

(3)土壤与地面组成物质指标:岩土类型(土类、岩石、沙地、荒漠等)、土壤类型(褐土、红壤、棕壤等)。

(4)植被指标:林草覆盖率、植被区系、主要树种草种等。

2)社会经济情况

(1)人口密度、人均土地、人均耕地。

(2)耕地占总土地面积的比例、坡耕地面积占耕地面积的比例。

(3)人均收入、人均产粮等。

3)水土流失特征

(1)水土流失类型指标:水蚀(沟蚀、面蚀)、重力侵蚀、风力侵蚀、冻融侵蚀、泥石流。

(2)土壤侵蚀状况:土壤侵蚀强度和程度。

(3)人为水土流失状况:开发建设项目规模与分布。

(4)水土流失危害:土地退化、洪涝灾害、河库淤积等。

2. 明确逐级分区方案

根据区域大小确定逐级分区方案,当一级分区不能满足工作需要时,应考虑二级以上分区,同时应明确分级分区界限确定原则(自然区界与行政区划结合)及各级分区的区划指标。一级区以第一主导因素为依据,二、三级区划以相对次要的主导因素为依据,并最终确定水土保持逐级分区方案。

例如黑龙江省水土保持区划采取四级分区:一级区以水土流失类型和主要气候特征为指标;二级区以地貌和地面组成物质为指标;三级区以降水和植被为指标;四级区以土壤侵蚀地域差异(类型与强度)和土地利用方向为指标。

3. 生产发展方向与防治途径及总体部署

根据分区特征和分区方案,明确发展方向和防治途径。

(1)各区的生产发展方向:土地利用调整方向、产业结构调整方向等。

(2)各区的水土流失防治途径(主攻方向)、措施总体部署、主要防治措施及其配置模式。

三、水土保持区划命名

区划命名的目的是反映不同类型区的特点和应采取的主要防治措施,使之在规划与实施中能更好地指导工作。命名的组成有单因素、二因素、三因素、四因素四类,不同层次的区划,应分别采用不同的命名。目前我国水土保持区划的命名采取多段式命名法,即地理位置+地貌类型+水土流失类型和强度+防治方案。

(1)单因素和二因素命名,一般适用于高层次区,如全国一级水土保持分区3个,即以水蚀为主的水土保持区、以风蚀为主的水土保持区、以冻融侵蚀为主的水土保持区;二级区有9个(地理位置和地貌特点),如有东北低山丘陵漫岗区、西北黄土高原区、南方山地丘陵区等。

(2)三因素命名,在上述二因素基础上,再加侵蚀类型和强度,共三因素组成,一般适用于次级分区。如黄土高原北部黄土丘陵沟壑剧烈水蚀防治区、阴山山地强烈风蚀防治区等。

(3)四因素命名。在上述三因素基础上,再加防治方案。一般适用于更次一级区。如北部黄土丘陵沟壑剧烈水蚀坡沟兼治区、南部冲积平原轻度侵蚀护岸保滩区等。

四、水土保持区划的方法与步骤

水土保持区划是水土保持主管部门的一项重要工作,应该当做带有全局性和战略性的主要业务来抓好。水土保持区划工作的具体方法、步骤如下:

(1)组织队伍,制订计划。根据区划需要由各级政府和业务部门领导与技术人员组成区划工作组,技术队伍应按专业特长分工分组。制定工作大纲和技术细则,并组织培训技术人员。

(2)收集资料,实地调查。收集与水土保持区划有关的自然、社经、农林牧等各方面的资料和成果,进行归类整编。同时进行实地调查,核实分析。

(3)资料分析,专题研究。对收集到的各种图表、文字资料,要认真地进行分析研究,从中找出区划需要的依据或指标,对关键性问题进行专题研究。

(4)综合归纳,形成成果。集中力量,对各组分析的资料和专题讨论成果进行综合归纳,归纳过程中可结合数值区划方法(如主成分分析、聚类分析、灰色系统理论、模糊数学及数量化理论等)进行。主要是确定各级区划的主要指标、范围、界限,然后绘制区划图表,编写区划报告,征求意见,修改审定,形成成果。

五、我国水土保持区划框架及水土流失防治方略

(一)水土保持区划框架

我国水土保持区划专家们曾经提出多种方案,但至今未能形成完整的公认的政府公布的方案,为了便于学习,在总结各方面成果的基础上,提出了水土保持区划框架,包括8个一级区、40个二级区,供大家学习参考(见表4-2-1),今后实际工作中以政府公布的方案为准。

表4-2-1　水土保持区划框架参考表

一级区	二级区	区域范围
东北内蒙古山地丘陵区(东北黑土区)Ⅰ	大小兴安岭和长白山山地(森林)区Ⅰ-1	大小兴安岭和长白山山地森林区,主要是指国有林区部分,是大面积森林覆盖区域
	大小兴安岭和长白山(大黑山)漫川漫岗丘陵区Ⅰ-2	本区主要是大小兴安岭和长白山延伸的相连的山前台地、山地丘陵、漫川漫岗
	长白山山地丘陵区Ⅰ-3	长白山东部山地丘陵,从丹东—延吉—绥芬河至三江平原与小兴安岭交界地带
	大兴安岭东部低山丘陵区Ⅰ-4	从加格达奇以南至乌兰浩特一线,与松嫩平原交界地区,以及西辽河流域从乌兰浩特至通辽、赤峰一带,包括科尔沁沙地
	三江平原区及兴凯湖周边地区Ⅰ-5	佳木斯大部分地区及兴凯湖周边地区
	松嫩及辽河平原区Ⅰ-6	沈阳—长春—齐齐哈尔一线的广大平原区
北方山地丘陵区(北方土石山区)Ⅱ	冀北及辽东山地丘陵区Ⅱ-1	河北张家口东北部至承德一线过山海关—辽东半岛(燕山山地与千山山地),为土石山地区
	太行山山地丘陵区Ⅱ-2	从河北小五台至山西恒山、五台山、太行山、中条山一带,为土石山地区
	鲁中南及胶东低山丘陵区Ⅱ-3	泰山—兖州以东连云港以北至胶东半岛,为低山土石山地区
	华北及黄淮平原区Ⅱ-4	华北及黄淮地区广大平原区

续表 4-2-1

一级区	二级区	区域范围
西北黄土高原区Ⅲ	晋陕蒙黄土丘陵沟壑区Ⅲ-1	山西省洪涛山管涔吕梁以西，内蒙古岱海、察旗、呼林格尔一线以南，陕西长城沿线至毛乌素沙地一线以东，山西永和、隰县至陕西延安以北地区
	晋陕甘黄土残塬高塬沟壑区Ⅲ-2	陕西延安至隰县以南，吕梁山以西，六盘山以东，山西峨眉台地、陕北渭北塬及以北地区
	甘宁青黄土丘陵沟壑区Ⅲ-3	日月山以东，大坂山、乌鞘岭至白于山一线以南，六盘山以西，秦岭以北广大地区
	陇秦晋土石山（森林）区Ⅲ-4	子午岭、桥山、黄龙、关帝、吕梁等林区
	晋陕汾渭平原及台塬阶地区Ⅲ-5	包括山西汾河和陕西渭河冲积平原、渭北旱塬、峨眉台地
新甘蒙盆地高原山地区（北方风沙区）Ⅳ	北疆山地盆地区Ⅳ-1	天山以北，吐鲁番以西广大地区
	南疆东疆山地盆地区Ⅳ-2	天山以南，昆仑山阿尔金山以北广大地区
	河西走廊及阿拉善高原区Ⅳ-3	玉门关以东，祁连山以北，贺兰山以西广大地区
	内蒙古高原山地区Ⅳ-4	贺兰山以东，毛乌素沙地至长城以北，大兴安岭以西广大地区
	蒙宁陕风沙丘陵区Ⅳ-5	主要长城沿线地区包括库布齐沙漠、毛乌素沙地和陕北长城沿线风蚀水蚀区
	黄河河套山地高原区Ⅳ-6	贺兰山地区及河套平原区
南方山地丘陵区（红壤、黄壤丘陵区）Ⅴ	大别山、桐柏山及江淮山地丘陵区Ⅴ-1	桐柏山低山丘陵、大别山低山丘陵、江淮丘陵岗地和鄂中北岗地丘陵
	江南山地丘陵区（皖浙闽赣山地丘陵区）Ⅴ-2	武夷山、南岭以北，长江以南地区，武陵山、衡山以东地区
	长江中下游平原区Ⅴ-3	江汉、洞庭湖、鄱阳湖平原，长江沿江、滨海沙土、江北冲积盐渍平原，江苏沿江丘陵岗地及苏南、浙北水网平原
	南岭武夷山山地区Ⅴ-4	南岭山地与武夷山山地
	粤桂山地丘陵区Ⅴ-5	南岭以南的广东、广西山地丘陵区，桂中、桂西岩溶山地
	东南沿海丘陵平原区Ⅴ-6	舟山及浙江沿海丘陵平原、浙东南低山丘陵、闽东闽东南沿海及岛屿丘陵、潮汕沿海及粤桂东部丘陵台地、珠江三角洲丘陵平原
	海南及南海诸岛台地丘陵区Ⅴ-7	海南岛滨海平原台地、西部阶地、中部山地丘陵
	台湾山地丘陵区Ⅴ-8	不在规划之内

续表 4-2-1

一级区	二级区	区域范围
四川盆地及周围山地丘陵区Ⅵ	四川盆地及盆周山地丘陵区Ⅵ-1	包括盆地西北部山地、盆地中南部山地丘陵、川渝岭谷低山丘陵及成都平原区
	秦岭大巴山伏牛山地区Ⅵ-2	包括秦岭中高山山地、大巴山及陇南中山山地、伏牛山及鄂西北山地、汉水谷地及汉中南阳盆地
	湘鄂渝黔山地丘陵区(武陵山区)Ⅵ-3	三峡库区、鄂西南清江流域山地丘陵、渝湘黔山地丘陵
云贵高原区Ⅶ	西南高山峡谷区(滇北高原及川西南山区)Ⅶ-1	滇西北高山峡谷、川西高山峡谷
	滇东黔西高原区Ⅶ-2	云南东部及贵州西部地区,主要包括金沙江、雅砻江、乌江等流域
	滇南及横断山山地区(横断山脉区)Ⅶ-3	滇南德宏—红河洲中山宽谷、滇东南部及西双版纳河谷盆地区
青藏及四川高原区Ⅷ	柴达木盆地及昆仑山北麓高原区Ⅷ-1	日月山以西,昆仑山以北,阿尔金山以南,若羌以东地区
	羌塘—藏北高原区Ⅷ-2	昆仑山以南,冈底斯山到昌都、甘孜一线以北,阿里山以东,若尔盖以西地区,包括西藏的大部分高寒地区
	藏东—川西高山峡谷区Ⅷ-3	西藏林芝、昌都及四川甘孜、阿坝地区
	昆仑山—阿里山山地区Ⅷ-4	昆仑山及阿里山地区
	藏南山地区Ⅷ-5	藏南及喜玛拉雅南翼地区

(二)水土流失防治方略

1. 一级分区水土流失防治方略

1)东北内蒙古山地丘陵区(东北黑土区)Ⅰ

本区包括大小兴安岭、三江平原、松辽平原等地区。南到吉林省南部,西、北、东三面为大小兴安岭和长白山所围绕的地区低山漫岗丘陵区,是我国主要的粮食生产基地和商品粮基地,该地区水土流失严重,以水蚀为主。辽西农牧交错区水蚀、风蚀并存;低山丘陵区降雨量相对较大,面蚀、沟蚀严重;黑土漫岗区水土流失发展速度快,坡面切割严重,黑土层逐年变薄。本区水土流失防治重点是加大坡耕地综合整治力度,坡沟兼治,就地拦蓄,荒山荒坡营造水保林,通过水土流失防治综合治理,建设高标准基本农田,增加粮食产量;黑土区加强监管,保护治理成果,限制大型开发建设项目对黑土资源的破坏。大小兴安岭和长白山山地是我国的三大林区之一,主要是做好预防保护工作,对资源开发加强监管。

2)北方山地丘陵区(北方土石山区)Ⅱ

本区主要包括冀北山地、辽东丘陵、太行山山地、鲁东南及胶东低山丘陵地区,涉及辽河、海河、淮河、黄河等流域。区内植物资源丰富,是北方地区重要的水源地,但地表土石混杂,坡陡沟深,山洪和泥石流多发。本区水土流失防治的重点是改造坡耕地,加强沟道治理,发展水土保持林和水源涵养林,人口稀少地区实施封禁。主要任务是在涵养水源、保护水资源和保障饮水安全的基础上发展特色农业产业。

3）西北黄土高原区Ⅲ

本区降雨量250～600mm，水资源相对短缺，森林覆盖率较低，主要的生产方式为旱作农业，以水蚀为主。降雨量在400mm左右的地区为农牧交错区，水蚀、风蚀并存；黄河中游地区的晋陕峡谷区特别是多沙粗沙区是入黄泥沙的重要策源地。本区水土流失防治重点是通过小流域综合治理，加大坡耕地综合整治和淤地坝建设力度，减少入黄泥沙，力求实现粮食自给，并结合农业产业结构调整，发展生态经济型产业，同时，加强晋陕蒙接壤区的水土保持监督管理，促进地区经济社会可持续发展。

4）新甘蒙盆地高原山地区（北方风沙区）Ⅳ

本区主要包括西北地区几大沙漠及其邻近地区，内蒙古草原和东北的低平原地区。风沙区水资源严重缺乏，风沙大，侵食农田导致耕地逐年减少，土地生产力下降，群众生活十分困难；草原区是我国的主要畜牧业生产基地，这里气候干旱，风蚀严重，生态环境十分脆弱。本区的防治重点是建立农田防护林，加强绿洲农业保护，发展治沙产业，改良农田、滩地，另外加强对森林资源和雪线的保护；恢复和改良草场，加强监管，禁止过渡放牧，对破坏的草场采取禁牧、限牧、轮牧、休牧结合的办法，修复草场资源。对风沙区矿产资源开发、交通道路、建设水利工程极易造成水土流失，应实行严格的监管。

5）南方山地丘陵区（红壤、黄壤丘陵区）Ⅴ

本区主要分布于长江中下游和珠江中下游及福建、浙江、海南、台湾等省，包括在珠江流域和沿海各省的赤红壤（或砖红壤）地区。该区的水土流失程度较高而且分布范围广，除一般的面蚀和沟蚀，还有崩岗这一特殊流失形态。本区的水土流失防治重点是崩岗治理与坡耕地整治相结合，拦蓄结合，封禁治理与造林种草结合，控制水土流失，同时，发挥水土资源优势，调整农业生产结构，种植经济林，发展特色经济，增加农民收入；另外，对湘、浙、赣、皖交界地带资源开发加强监管，防止人为水土流失。

6）四川盆地及周围山地丘陵区Ⅵ

本区主要包括四川盆地西北部山地、盆地中南部山地丘陵、川渝岭谷低山丘陵及成都平原区、秦岭中高山山地、大巴山及陇南中山山地、伏牛山及鄂西北山地、汉水谷地及汉中南阳盆地、三峡库区、鄂西南清江流域山地丘陵、渝湘黔山地丘陵地区。以紫色砂页岩分布最为广泛，人口密集，人均耕地少，且大部分是坡耕地，水土流失严重，加强以坡耕地综合整治与坡面水系工程建设，提高土地承载力，是本区水土保持的根本任务。同时，由于该区域地处第四纪地质活动带，金沙江、大渡河、岷江流域、陇南等地区滑坡、泥石流多发，严重危害人民群众生命财产安全。应加强小流域综合治理，拦蓄结合，修建泥石流排导工程，在人口稀少的高陡山区搞好封禁治理。本区水电开发造成的水土流失和生态影响较大，应加强水电建设项目水土保持监管工作。

7）云贵高原区Ⅶ

本区主要分布在长江和珠江上游的四川、云南、贵州、广西四省（区）以及甘肃、陕西两省南部。石灰岩山区降雨强度大，侵蚀剧烈，土层薄，石漠化严重，保护土壤及耕地资源，加强小流域综合治理，特别是坡耕地整治及坡面水系工程建设，合理调整种植结构，发展经济林，同时岩溶地区也是水资源相对缺乏的地区，在搞好雨水利用和小型水利工程的同时，增加灌溉面积，提高土地生产力，维护群众基本的生存条件是该区域长期的任务。

在人口稀少的高山峡谷地区搞好封育治理。云贵高原地区是我国水能资源和旅游资源十分丰富的地区，加强水电开发建设的水土保持监管，以及对风景旅游区及周边地区实施预防保护十分重要。

8）青藏及四川高原区Ⅷ

该区人为活动影响较小，以冻融侵蚀为主，水土保持的重点是对局部农业区域和人口居住区、草场牧场的保护，以预防监督为主，严格限制开发建设项目。

东北、华北、长江中下游平原区分别涵盖在以上区域，主要是加强水土保持监督及城市水土保持工作。

2. 二级分区水土流失防治方略

二级分区水土流失防治方略如表4-2-2所示。

表4-2-2　二级分区水土保持防治方略

一级区	二级区	防治方略
东北内蒙古山地丘陵区（东北黑土区）Ⅰ	大小兴安岭和长白山山地（森林）区Ⅰ-1	本区重点是结合现有自然保护区、重点天然保护区、重要水源地做好预防保护规划，应划定重点保护区域，明确项目建设准入的控制指标与要求。特别是重要河源与水源地（如磨盘山水库、天长山水库等）的水土保持预防保护规划
	大小兴安岭和长白山（大黑山）漫川漫岗丘陵区Ⅰ-2	本区呈农林相镶嵌分布格局，是东北重要产粮区，保护黑土资源是根本任务，应实施以坡耕地综合整治和侵蚀沟控制为主的综合治理，植物、工程、耕作措施相结合，沟坡兼治，大力开展小流域综合治理，实施改垄，提高土地生产力
	长白山山地丘陵区Ⅰ-3	本区呈农林相镶嵌分布格局，重点是防治结合，大力推进封山育林、退耕还林、营造水土保持林，优化林分质量，改善林区生态环境，实施坡耕地综合整治，控制侵蚀沟发生发展，同时划定水土保持监督区，加强工矿区水土保持监督
	大兴安岭东部低山丘陵区Ⅰ-4	本区呈农林牧相镶嵌分布格局，重点是以丘陵区水土流失综合治理为中心，加强植被建设，结合水土保持工程措施，控制土壤侵蚀，做好山前草地区预防保护工作；加强西辽河流域及科尔沁沙地的风蚀防治工作
	三江平原区及兴凯湖周边地区Ⅰ-5	本区是国家重要的粮食生产基地，分布大面积的湿地草原。重点是大力营造农田防护林和推行水土保持耕作制度，合理保护和开发农业资源，促进农业可持续发展，对湿地保护区域划定重点，明确项目建设准入的控制指标与要求，加强灌区建设过程中水土保持监督，做好兴凯湖周边地区的预防保护工作
	松嫩及辽河平原区Ⅰ-6	本区是国家重要的粮食生产基地，北部有大面积湿地草原。重点是加强农田防护林体系建设和缓坡耕地治理。对辽西地区风蚀区应划定重点，采取以治风蚀为主，风蚀、水蚀兼治，通过防风固沙林和封育措施建设，提高区域抗御风蚀能力。对划定的湿地保护区域，采取预防保护与监督管理措施，加强以油田开采为主的工业项目，明确项目建设准入的控制指标与要求

续表 4-2-2

一级区	二级区	防治方略
北方山地丘陵区(北方土石山区)Ⅱ	冀北及辽东山地丘陵区Ⅱ-1	本区是北京、天津、大连的重要水源地保护区域。应重点加强水源地(密云、官厅、潘家口、桃林河、英那河水库)的水土保持工作,划定水源地重点预防保护区域,明确项目建设准入的控制指标与要求,加强山区水土保持综合治理工作,张北、承德北部地区有风蚀存在,应做好风沙治理工作
	太行山山地丘陵区Ⅱ-2	本区有森林分布,土地资源相对较少,是石家庄、邯郸、保定等市的重要水源地。重点是加强水源地(黄壁庄、岗南、官厅水库等)水土保持工作,划定水源地重点预防保护区域,提出建设项目准入的控制性指标与要求,同时加强山区坡耕地整治及局部地区泥石流防治工作。对南水北调中线工程沿太行山区一侧应划定预防保护与监督区域,加强水土保持监管,保护工程运行安全
	鲁中南及胶东低山丘陵区Ⅱ-3	重点是加强鲁南地区水土保持综合治理,发展特色农业产业,做好保护水源地(卧虎山、锦绣川等水库)水土保持工作,划定水源地重点预防保护区域,提出建设项目准入的控制性指标与要求。加强矿区水土保持监督管理
	华北及黄淮平原区Ⅱ-4	本区是国家重要的粮食生产基地,人口密集、城市集中,开发建设强度大,重点是加强水土保持监督管理,做好开发建设项目水土保持工作,对局部岗地丘陵区进行综合治理
西北黄土高原区Ⅲ	晋陕蒙黄土丘陵沟壑区Ⅲ-1	本区北部地区水蚀、风蚀并存,东北部受毛乌素沙地影响较大,是我国典型的农牧交错区,也是黄河多沙粗沙区集中区域;南部地区为水蚀区,梁峁起伏,坡陡沟深。区内水土流失极为严重,应通过综合治理,修建淤地坝系、梯田以及沟坡治理工程,达到拦沙保土的目的。应加强多沙粗沙区集中区的拦沙工程建设,减少入黄泥沙;做好毛乌素沙地南缘地区的防风固沙工程建设,防止沙化南移;搞好雨水集蓄利用,着力发展沿黄河地区特色农林产业。对晋陕蒙交界地区、延安石油工业区、晋西煤矿区加强水土保持监督管理
	晋陕甘黄土残塬高塬沟壑区Ⅲ-2	本区是黄土高原农业生产条件相对较好的地区,降水量相对适中,应重点做好晋西南残塬、陕西洛川塬、宜川延川残塬、甘肃庆阳塬等地区的梯田(埝地)、沟道淤地坝坝系工程建设及沟坡治理工作,着力发展以苹果为主的农业规模产业。晋西南、延安以南的以煤炭为主的矿区,加强水土保持监督管理

续表 4-2-2

一级区	二级区	防治方略
西北黄土高原区Ⅲ	甘宁青黄土丘陵沟壑区Ⅲ-3	本区的陇西地区是以农业为主的地区,应加强梯田、沟道淤地坝坝系工程建设及沟坡治理,宁南、兰州至西宁一线为农牧交错区,应加强森林和草场的预防保护工作,应划定重点预防保护区域,做好预防保护规划。对六盘山地区应提出开发建设项目准入的控制性指标,强化该地区水土保持监督管理
	陇秦晋土石山(森林)区Ⅲ-4	本区应提出预防保护的控制性指标,划定重点预防保护区域(包括自然保护区、风景名胜区、水源涵养林区等),做好预防保护规划,明确项目建设准入的控制指标与要求,加强在这一地区的资源开发的水土保持管理
	晋陕汾渭平原及台塬阶地区Ⅲ-5	本区应加强阶地(平原与丘陵交界)、台塬周边水土流失综合治理,主要梯田(埝地)建设,发展特色规模产业(如核桃、柿、板栗、葡萄、红枣等)。做好城镇及工矿区水土保持监督管理工作
新甘蒙盆地高原山地区(北方风沙区)Ⅳ	北疆山地盆地区Ⅳ-1	本区重点是在阿尔泰山、北塔山山地、伊犁河谷天然林和高山草场区,提出预防保护区划分的控制性指标,划定重点预防保护区域,提出建设项目准入的控制性指标与要求,重点是额尔齐斯河、伊犁河水源地预防保护规划;加强准噶尔盆地绿洲农业风沙防护,草场轮封轮牧,人工草地建设,以及克拉玛依油田及管道、中哈管道等工程建设的监督管理
	南疆东疆山地盆地区Ⅳ-2	本区重点是以塔里木盆地、吐鲁番—哈密盆地绿洲为中心,建立绿洲外围和内部防风固沙体系,加强与水资源综合开发利用相结合,对昆仑山—阿尔金山北麓实施预防保护,划定重点预防保护区域,对塔里木盆地、吐鲁番—哈密盆地油气资源开发区域实施严格的水土保持监督管理
	河西走廊及阿拉善高原区Ⅳ-3	本区重点是结合疏勒河、黑河、石羊河流域的水资源综合利用,加强绿洲生态保护及河西走廊(包括民勤)绿洲农业风沙防护,控制腾格里和巴丹吉林两沙漠南移;对祁连山—阿尔金山水源地及疏勒河、黑河、石羊河下游划定重点水土保持预防保护区域并做好水土保持预防保护规划。对金昌工业区及水利工程建设项目实施水土保持监督
	内蒙古高原山地区Ⅳ-4	本区加强科尔沁沙地、浑善达克沙地地区的防风固沙工程,提出预防保护的控制性指标,划定重点预防保护区,明确项目建设准入的控制指标与要求。保护好阴山山地丘陵植被,对呼仑贝尔及锡林郭勒高原草原的草场实施预防保护,加强草场轮封轮牧管理,局部山地丘陵加强治理,对额尔古纳河以南地区实施重点预防保护

续表 4-2-2

一级区	二级区	防治方略
新甘蒙盆地高原山地区(北方风沙区)Ⅳ	蒙宁陕风沙丘陵区Ⅳ-5	本区大部分是典型的农牧交错区,应加强库布齐沙漠、毛乌素沙地周边的治理,加强农牧交错区的水土流失综合防治,特别要加强封育治理。对局部地区的湖泊水源地(如红碱淖)应提出预防保护措施与规划
	黄河河套山地高原区Ⅳ-6	本区应加强贺兰山森林区的预防保护工作,对河套平原采取以风蚀防治为主的水土流失综合防治。加强灌区建设和农村人饮、矿区等建设过程中水土保持监督管理
南方山地丘陵区(红壤、黄壤丘陵区)Ⅴ	大别山、桐柏山及江淮山地丘陵区Ⅴ-1	本区应以坡改梯为核心,治理与开发并重,发展农业特色产业及农村经济。划定重要水源地预防保护区域,并明确建设项目准入的控制指标与要求,做好预防保护规划
	江南山地丘陵区(皖浙闽赣山地丘陵区)Ⅴ-2	本区应在保护现有林、营造水保林及坡改梯(含坡面水系工程)的基础上,在低缓丘陵适宜发展以经济林果为特色的农业产业;崩岗严重地区,采取植物措施与工程措施相结合的综合治理。根据水源保护区和自然保护区等的分布提出预防保护区的控制性指标,划出重点水土保持预防保护区域,明确项目建设准入的控制指标与要求
	长江中下游平原区Ⅴ-3	本区重点是开展建设项目水土保持监督管理,对洞庭湖、鄱阳湖滨地区划定水源地重点水土保持预防保护区,并做好水土保持与面源污染治理相结合的规划,局部沙土区和低山丘陵区应实施综合治理
	南岭武夷山山地区Ⅴ-4	本区重点是保护现有林,对东江、北江上游水源地加强保护,划定重点预防保护区域,提出建设项目准入的控制性指标与要求,做好预防保护规划;存在崩岗的区域应实施综合治理;有条件的发展南方亚热带特色经济林果
	粤桂山地丘陵区Ⅴ-5	本区重点是在保护现有林和坡改梯(含坡面水系工程)基础上,发展亚热带特色经济林业;并对崩岗实施治理;桂中桂西岩溶地区实施保护土壤和雨水集蓄利用结合的综合治理。根据水源地保护区和自然保护区等的分布,划出重点预防保护区域,提出建设项目准入的控制性指标与要求
	东南沿海丘陵平原区Ⅴ-6	本区重点是加强现有林保护,对低山丘陵区进行综合治理;根据水源地保护区和自然保护区等的分布,划出重点预防保护区域,提出建设项目准入的控制性指标与要求。特别是做好水源地水土保持预防保护规划
	海南及南海诸岛台地丘陵区Ⅴ-7	加强山地丘陵综合治理,发展以橡胶为主的特色产业,划定重点生态旅游区域并制定预防保护规划,着力发展生态旅游业
	台湾山地丘陵区Ⅴ-8	

续表 4-2-2

一级区	二级区	防治方略
四川盆地及周围山地丘陵区Ⅵ	四川盆地及盆周山地丘陵区Ⅵ-1	在平原区应加强耕地的保护;在紫坪铺等水源水库上游划出重点预防保护区域,提出建设项目准入相关条件与要求,实施封育治理及其配套治理措施;在盆地丘陵区,开展综合治理,注重坡耕地综合整治及配套坡面水系工程建设,对开发建设项目区特别是水电项目实施监督管理
	秦岭大巴山伏牛山地区Ⅵ-2	重点保护现有林地,对于丹江口水库等水源地区,结合水库水土保持与污染治理,提出预防保护区控制性指标,划定重点预防保护区域,提出建设项目准入相关条件与要求,实施综合治理,加强坡改梯及坡面水系工程建设,发展油桐、杜仲等特色产业;对矿产资源开发等建设项目实施监督管理
	湘鄂渝黔山地丘陵区(武陵山区)Ⅵ-3	本区重点是保护现有林,对于三峡库区及周边水库水源地划定重点预防保护区域,实施坡改梯及坡面水系工程建设,发展特色林果产业。明确项目建设准入的控制指标与要求,对开发建设项目实施监督
云贵高原区Ⅶ	西南高山峡谷区(滇北高原及川西南山区)Ⅶ-1	本区应加强高原区草场建设与保护,改良牧草,防治草场退化、沙化。特别是河源地区应实施严格监督管理,在干热河谷地带,要加强坡耕地整治,发展特色优质高效经济林(果)和农业产业。加强水电站开发、矿区等建设项目的水土保持监督管理
	滇东黔西高原区Ⅶ-2	特别是河源地区应加强草场保护建设,实施严格监督管理。对于岩溶地貌地区应加强坡耕地整治,提高蓄水保土能力,大力发展亚热带特色产业,做好小水利用与雨水集蓄利用。加强矿产开采、水电开发等开发建设项目监督管理。对突发崩塌、滑坡、泥石流等灾害的地区,强化水土流失灾害的预警和防治。对滇池周边应提出预防保护的控制性指标,划定预防保护区,加强区内水土保持与面污染综合治理
	滇南及横断山山地区(横断山脉区)Ⅶ-3	本区保护热带雨林,结合自然保护区、风景区的旅游建设,提出预防保护区控制性指标,划出重点预防保护区域,提出建设项目准入的条件与要求。加强以坡耕地整治为主的综合治理,发展热带特色农业产业和生态农业旅游业
青藏及四川高原区Ⅷ	柴达木盆地及昆仑山北麓高原区Ⅷ-1	本区重点是做好水源地、高山草原及自然保护区的水土保持预防保护工作,提出预防保护区划分控制性指标和要求,划定重点预防保护区域,明确项目建设准入的控制指标与要求,有条件的地区实施封育治理及配套措施。划定青海湖周边地区的重点预防保护区域并做好规划

续表 4-2-2

一级区	二级区	防治方略
青藏及四川高原区Ⅷ	羌塘—藏北高原区Ⅷ-2	本区应重点加强高山草场管理，控制挖虫草、贝母和砂金矿等人为活动频繁造成水土流失和草场退化与沙化。对河源区应提出预防保护的控制性指标，划定重点预防保护区域，提出建设项目准入条件与要求，做好预防保护规划
	藏东—川西高山峡谷区Ⅷ-3	本区除高山地雪线附近有冻融侵蚀外，大部分地区是高深谷针叶林区及高原草甸，水蚀轻微，自然环境良好。应提出预防保护的控制性指标，划定重点预防保护区域，重点加强水电综合利用与开发的水土保持监督管理。由于人口大部分居住在河流两岸，应结合沿雅砻江、澜沧江、大渡河、岷河上游、拉萨河流域等地区河流两岸水资源综合开发利用，开展适当规模的水土流失综合治理
	昆仑山—阿里山山地区Ⅷ-4	本区大部分是高寒荒漠地区，人口稀少，以游牧为主，主要采取预防保护措施。维护脆弱的生态系统
	藏南山地区Ⅷ-5	本区大部分是高山谷地灌丛草原地区，局部地区（如亚东）林草植被覆盖率高，土地资源条件好。应以草场管理为核心，划定重点预防保护区域，加强预防保护工作

第三节　水土保持规划

一、规划依据、任务、范围及内容

（一）规划依据

1. 法律法规

《中华人民共和国水土保持法》及相关法律法规。

2. 国家、部门和地方批复的有关综合规划

国家和地方政府批复的有关水土保持规划。水土保持综合规划的依据是国民经济规划、水利综合规划、生态建设规划等。

3. 技术规程规范和技术资料

国家、部门、地方政府颁布的有关水土保持技术规程、规范。规划区域土壤、植被、农林牧水等方面的技术资料和成果。

（二）规划任务和范围

1. 规划任务

首先应明确规划的任务与性质，一般区域性综合规划（国家或大流域、省或中大流域、地、县级）涉及部门多、专业多，协调工作多，需要从多方面、宏观上战略上进行规划；专项工程规划相对单一，目标明确，针对性强。若对原有水土保持规划进行修订，则应在原规划进行回顾评价的基础上，根据新的情况和要求，重新调整规划任务，并据此加以补

充和调整。

规划的主要任务一般可概括为水土流失治理、生态建设、土壤保护、水源保护、耕地保护、农村经济发展等。如东北黑土区水土流失综合规划的主要任务是保护黑土,改善环境,为东北粮食生产提供生态安全保障;西南岩溶地区水土流失综合防治的主要任务是抢救保护岩溶地区的土壤,保护耕地,改善环境;黄土高原淤地坝工程规划则主要是拦沙造地,防治水土流失;全国水源地饮水安全保障规划中水土保持规划的任务是以保护湖库型水源地为主,以减少进入湖库泥沙、控制农村面源污染,以稳定水量和保证水质为核心,滤水汰沙,正本清源,保证向下游输送符合饮用水条件的饮用水。

明确任务后应根据规定实际需要确定规划期,大区域综合规划可以确定近期水平年和远期水平年两个水平年,并以近期为重点。专项规划可以确定一个水平年或两个水平年,一个水平年也可分期实施。

2. 规划范围

规划任务明确后应选定规划范围(流域或行政区),根据规划要求进行调查统计,分类排序,按先易后难、轻重缓急、集中连片、突出重点、分步实施的原则,确定若干指标,如行政区划、地理位置、流域面积、总人口、农业人口、耕垦指数、森林覆盖率、林草覆盖率、水土流失面积及强度等,并选择确定规划的范围。如东北黑土区水土流失综合规划,划入规划范围的是典型黑土区;全国饮水安全保障规划,则确定以供水人口达5万人以上的湖库型水源地作为规划的范围。

(三)规划内容

水土保持规划的内容可归纳为:确定任务,明确性质;调查研究,分析现状;界定范围,明确思路;布设措施,核定数量;估算投资,规划进度。

(1)开展综合调查和资料的整理分析,研究规划区水土流失状况、成因和规律,确定水土流失类型分区。

(2)拟定水土流失防治目标、方向,因地制宜地提出防治措施和数量,估算投资;拟定防治进度,明确近期安排项目。

(3)预测规划实施后的综合效益,并进行经济评价。

(4)提出规划实施的组织管理措施。

二、规划的原则和目标

(一)规划的原则

(1)符合国民经济发展、环境保护、生态建设、水土保持等方面的基本方针和政策,本着“预防为主、全面规划、综合防治、因地制宜、加强管理、注重效益”的方针,按国家行业有关技术规范和标准进行规划。

(2)统筹兼顾、协调平衡。水土保持规划既要符合国家和地方水利综合规划及水利专项规划的要求,又要符合国家和地方的国民经济规划、土地利用规划、生态建设规划、环境保护规划等相关的规划。

(3)区域性经济社会发展和生态安全宏观战略与水土保持生态建设主攻方向相结合;远期目标和近期目标相结合;实事求是,一切从实际出发,按照区域自然规律、社会经济规律，确定水土保持生态建设与生产发展方向。

(4)因地制宜、分区分类规划、突出重点、整体推进、分步实施，确定逐级分区方案，按类型区分区确定土地利用方向和措施总体部署，合理安排实施进度。

(5)近期的具体实施区域，应按照预防保护、治理措施、生态修复、监督、治理与开发利用相结合，工程措施、植物措施和农业措施相结合的原则，进行水土保持措施总体布局，以充分发挥水土保持的生态效益、社会效益、经济效益。

(二)规划的目标

各类规划因任务和要求不同，规划目标也不尽相同，应本着实事求是、符合实际的原则，首先确定总体目标，然后确定近期目标与远期目标。近期目标应明确生态修复、预防监督、综合治理、监测预报、科技示范与推广等项目的建设规模，提出水土流失治理程度、人为水土流失控制程度、减沙率、林草覆盖度等量化指标。对远期目标进行展望或定性描述。

三、分区和措施总体部署(布局)

全国或大流域(大区域性)、省级宏观水土保持综合规划应合理分区，从战略角度进行水土保持措施部署。全国或大流域(大区域性)、省级专项规划和地、县规划则应在上一级综合规划的指导下制定相对具体的分区和措施总体布局。有关分区问题可参照水土保持区划的成果进行，全国性规划应形成固定分区方案，以便于规划修订。水土保持总体部署(布局)应针对不同水土保持分区的特征，依据“三区”划分的成果，按照水土保持主攻方向，安排生态修复、预防监督、综合治理、水土保持监测、科技示范与推广等措施，省、市、县规划也应在确定的水工保持区划方案基础上进行，在没有区划方案的情况下，可根据实际情况，按照区划的要求和方法进行分区。

水土保持规划总体部署(布局)应注意以下几方面：

(1)应优先考虑规划范围内涉及重点预防保护区、重点监督区与重点治理区的区域，根据“三区”划分要求进行部署(布局)。如列入重点预防保护区的森林和草原，应以防止破坏林草植被的管理措施和生态修复为主；列入重点监督区的工矿区应以预防监督措施为主；列入重点治理区的严重水土流失区域则应以综合治理措施为主。

(2)应充分考虑区域社会经济发展、农业生产方向、土地利用规划调整，环境保护要求等，措施部署(布局)应与社会经济环境协调发展方向一致。如沿海发达地区措施部署(布局)应着重发挥绿化美化功能的水土保持植物措施；而西部地区则在治理水土流失的同时，还应考虑促进农村经济发展，提高农民生活水平，措施部署(布局)应着重生态经济型水土保持措施。对老、少、边、穷地区应加强具有促进脱贫致富、发挥经济功能的水土保持措施(经济林果、径流蓄水引用等)。

(3)大区域水土保持规划，应立足当前，放眼未来，加强水源区上游、湖库周边、城镇、工矿区周边的水土保持措施部署(布局)，并应从生态安全角度考虑，加强面源污染控制措施。

(4)应本着分期实施、突出重点、优先安排的原则，措施部署(布局)上处理好重点与非重点、上游与下游、东部和西部、治理与保护、治理与开发的关系。对已确定的重点实施项目应有具体措施布局。

(5)措施部署(布局)应充分研究已实施项目的布局模式及实施效果,并分区抽取一定数量有代表性的中流域、小流域进行典型调查和剖析,作为措施部署(布局)的依据。

【案例4-3-1】 东北黑土区水土流失防治分区及方略

(1)水土保持类型分区

按照地貌类型及水土流失特点,将黑土区分为以下几个水土保持类型区。

①漫川漫岗区(Ⅰ)

该区总面积11.41万km^2,主要是大小兴安岭和长白山延伸的山前台地。本区地势波状起伏,坡长多在200m以上,海拔250~450m,是松辽流域重点产粮区。本区从东北部的乌裕尔河向西南一直延伸到饮马河和伊通河流域,区内特点相近,不分亚区。由于开发较早,土地开垦指数高,地面植被率低,沟壑密度在2.0km/km^2以上,年土壤侵蚀模数平均为0.7万t/km^2。

②丘陵沟壑区(Ⅱ)

该区总面积43.37万km^2,主要分布在嫩江、二松的支流和辽河的中上游及东辽河,其中分布在嫩江、二松的支流和东辽河的丘陵沟壑区为$Ⅱ_1$区,该区主要是农区;分布在辽河的中上游地区的丘陵沟壑区为$Ⅱ_2$区,该区主要为农牧结合区。丘陵沟壑区共有3°以上的坡耕地1.9万km^2,坡耕地年平均流失表土层厚0.2~0.7cm,沟壑密度1.5~2.0km/km^2,年土壤侵蚀模数平均为0.5万t/km^2。

③风沙区(Ⅲ)

该区总面积0.30万km^2,主要分布在松花江流域的中游和西辽河中上游地带,其中松花江流域中游的风沙区为$Ⅲ_1$区,特点是风沙干旱和土地的盐碱化,年风蚀表土厚度0.6cm左右,年土壤侵蚀模数0.6万t/km^2;西辽河中上游地带的风沙区为$Ⅲ_2$区,特点是土地沙化和草场退化并伴随着流动沙丘的发生。

④中低山区(Ⅳ)

该区总面积29.29万km^2,分为两个亚区$Ⅳ_1$和$Ⅳ_2$区,$Ⅳ_1$区主要分布在嫩江和东辽河上游,特点是山地绵延。$Ⅳ_2$区主要分布在二松的上游,地势较陡。中低山区内主要是林区及部分农区和半农半牧区。水土流失程度以农区和半农半牧区较为严重。

⑤平原区(Ⅴ)

该区总面积8.63万km^2,主要指三江平原和松辽平原及辽河流域的中下游平原,其中三江平原和松辽平原为$Ⅴ_1$区,这里地势平坦,有大片沼泽,在生物多样性保护方面起着重要作用;辽河流域的中下游平原为$Ⅴ_2$区,这里地势低洼,荒原多,且分布有大片的盐碱地和芦苇塘。

(2)分区水土流失防治方略

①漫川漫岗区

本区要坚持沟坡兼治,以治理坡耕地为重点。坡顶植树戴帽,林地与耕地交界处挖截水沟,就地拦蓄坡面径流、泥沙。坡面采取改顺坡垄为水平垄,修地埂植物带、坡式梯田和水平梯田等工程措施,调节和拦蓄地表径流,控制面蚀的发展。同时,结合水源工程等小型水利水保工程,建设高标准基本农田。侵蚀沟的治理采用植物跌水和沟坡植树等措施,防止沟道发展。

②丘陵沟壑区

林区要以预防为主,合理采伐,积极采取封山育林等措施,荒山荒坡要大力营造水土保持林,对现有的疏林地进行有计划的改造,采取生态修复等措施,增强蓄水保土和抗蚀能力。

Ⅱ_1 区要大力开展小流域综合治理,以治理坡耕地和荒山为突破口,大力改造中低产田。降雨少的地区要全面推广旱作农业高产技术,建设旱作农业高产田,增强农业综合生产能力。

Ⅱ_2 区要重点营造防护林和种草,增加地面植被,建设稳定草场。搞好旱作农业和集水灌溉措施,适当发展果树。沟壑要采取沟头防护、修谷坊和小塘坝等措施进行治理,对于较大的侵蚀沟要修建拦沙坝等控制骨干工程,以达到控制和治理水土流失的目的。

③风沙区

本区水土流失应防治结合,结合"三北"防护林建设,采取植物固沙和沙障固沙措施,建立农田防护林体系。

Ⅲ_1 区要结合水土流失的治理,推广节水灌溉技术和建立抗旱防蚀耕作制度,注意搞好盐碱地的中低产田改造。

Ⅲ_2 区治理的重点是防风固沙,植物措施以草、灌为主,配以速生乔木,大搞草、田、林网建设,并结合轮牧、舍饲等措施,发展高效牧业,为保护草原和大面积植被恢复创造条件。

④中低山区

本区森林覆盖率高,但由于多年大量采伐,迹地更新跟不上,局部水土流失比较严重,潜在危险性很大。本区治理开发方向要以预防保护为重点,25°以上坡面的森林不准砍伐,25°以下森林可以采取间伐,做到采育结合。

Ⅳ_1 区重点是搞好预防保护工作。

Ⅳ_2 要在搞好预防保护的同时,重点搞好局部严重水土流失地区沟蚀的综合治理工作,实现青山长在、永续利用。

⑤平原区

平原区水土保持工作的重点是合理保护和开发利用农业资源,大力营造网、带、片相结合的农田防护林,建立合理的耕作制度,大力提倡深松少耕,秸杆还田,增施有机肥料,改良土壤,增强土壤的抗蚀能力。

四、土地利用结构调整

(一)土地利用结构调整的原则

大区域规划首先应充分运用区域内土地管理部门或农业部门现有的土地利用规划,并对不能满足水土保持要求的部分,加以适当调整和补充后应用于水土保持规划,并努力通过水土保持措施,促进土地利用结构趋于合理。

(二)土地利用结构调整的任务

1. 加强基本农田建设,保护耕地,保障粮食安全,为区域经济发展服务

大区域综合规划的土地利用规划与调整应留有足够的耕地面积,并首先考虑坡改梯、淤地坝、引洪漫地、治滩造地、保护性耕作等基本农田建设措施,确保粮食安全,在提高耕

地质量的前提下，才能退耕还林还草，才能有发展林业（特别是经济林）、果园、草地的空间，才能做到在建立良好生态环境的同时，促进区域经济发展。

2. 调整不合理土地利用结构，防治水土流失、改善生态环境

土地利用不合理与水土流失及贫困互为因果，对造成水土流失、破坏生态环境的土地利用类型应在规划中进行调整，如陡坡耕地、荒草地、沟壑地、裸露地等应通过水土保持治理措施，改变土地利用方式，消除产生水土流失的根源，防治水土流失，改善其生态环境，并使群众在合理利用土地的基础上脱贫致富。

3. 在涉及大量建设用地的区域，土地利用调整应考虑耕地和植被恢复

在开发建设项目集中的区域，水土保持规划应本着耕地占补平衡原则，将恢复耕地和林草植被的土地面积纳入土地利用规划与调整中。

（三）土地利用结构调整的方法

1. 调查分析土地利用现状

在规划范围内收集土地利用规划资料和成果，并抽样进行土地利用现状调查，分析存在问题及产生问题的原因，提出解决设想。

2. 进行土地资源评价

在土地资源普查或详查的基础上，抽样调查评价规划范围区内的土地等级，并作为土地利用调整的依据。

3. 确定区域经济发展与生产发展方向

在当地区域经济发展规划指导下，以市场经济为导向，确定规划经济生产发展方向，并作为土地利用规划与调整的依据。

4. 调整农、林、牧、工等各业用地

根据以上分析，调整农、林、牧、工各业用地比例，通过水土保持措施部署（布局）使之既符合水土保持的要求，又满足发展生产的需要。

五、综合防治规划

（一）生态修复规划

（1）应在加快基本农田和水利基础设施建设，发展集约高效农牧业，发展沼气和以电代柴，实施生态移民等措施的基础上，实施封山禁牧、轮牧、休牧，改放牧为舍饲养畜等措施。生态修复规划实际是一项复杂的系统工程，规划总体部署（布局）应据此确定相应的原则与目标，并分类型区划定生态修复的面积，提出各分区灌木林地、疏幼林地、稀疏草地、荒山裸地、荒疏草地等不同地类的生态修复总体要求和方案。

（2）各类型区分别选一至两条有代表性的小流域进行生态修复典型规划，并提出典型的生态修复措施配置模式，推算各类型区的措施，汇总后得出规划区的生态修复措施量。

（二）预防保护与监督管理规划

1. 预防保护规划

确定预防保护的原则与目标，据此划定预防保护的位置、范围与面积。规划制定预防保护采取的技术性与政策性措施，包括制定相关的规章制度、健全管理机构、发布水土保

持“三区”公告以及采取封禁管护、监督与监测等措施。

2. 监督管理规划

制定对开发建设项目和其他人为不合理活动实行监督管理，防止人为造成水土流失的目标；确定规划区当前实施监督的区域与项目的名称、位置、范围；提出实现监督管理目标应落实的技术性与政策性措施，包括针对监督区制定的相关规章制度，水土保持方案编报审批、实施和验收；对开发建设项目造成人为水土流失的监督监测与管理等措施。

（三）治理措施规划

1. 治理措施的总体配置

根据水土保持规划总体部署（布局），在土地利用结构调整规划的基础上，以江河流域为骨干，以县为单位，以小流域为实施单元，分区配置治理措施；各分区分别选一至两条有代表性的小流域作典型规划，并提出典型的治理措施配置模式，推算各分区的综合治理措施配置，汇总后得出规划区的治理措施量。

2. 各项治理措施规划体系

（1）坡耕地治理措施规划。主要包括坡改梯、退耕还林还草和保土耕作规划。

（2）荒地治理措施规划。主要包括水土保持造林、种草和封禁治理规划（封山育林与封坡育草）。

（3）沟壑治理措施规划。应根据“坡沟兼治”的原则，从沟头到沟口、从支沟到干沟的全面治理规划。主要包括分别提出沟头防护工程、谷坊工程、淤地坝工程（含治沟骨干工程）、沟道整治工程、小水库（含堰塘）工程、崩岗治理、封沟造林（草）规划等。

（4）风沙区治理规划。北部（东北、西北、华北）风沙区治理区包括沙障、防风固沙林带、农田防护林网、成片造林种草、引水拉沙造田等措施的规划；中部（黄河故道为主）包括造林（果）、淤土压沙和改造沙地、育草固沙等措施的规划；东南沿海风沙区主要大型防风固沙林带规划。

（5）小型蓄排引水工程规划。主要包括坡面小型排引水工程规划、小型蓄水工程规划（水窖、涝池、蓄水池、塘坝等）、引洪漫地工程规划。

（四）其他规划

1. 水土保持监测规划

选定监测站点名称、布设数量及分期建设进度；提出水土流失因子观测、水土流失量的测定、水土流失灾害及水土保持效益等监测项目的内容与方法。

2. 科技示范推广规划

选定科技示范工程的类型、名称、位置、数量及分期进度；提出需要进行的重点推广项目及内容。对示范区及示范区内的示范推广项目进行规划，主要包括技术依托单位、科技人员、教育培训、推广应用机制等。

六、投资估算与经济评价

（一）投资估算

根据水利部《水土保持工程概（估）算编制规定和定额》，说明投资估算编制的依据、方法及确定的价格水平年，按规定进行投资估算，并提出资金筹措方案，进行近期投资估算、远期投资估算或暂不估算。

(二)经济评价

包括效益分析和经济评价。效益分析主要是生态效益、经济效益、社会效益分析;经济评价主要是国民经济初步评价。

七、进度安排、近期实施意见和组织管理

(一)进度安排

汇总各项防治措施的数量,确定进度安排原则,提出近期与远期实施进度。

(二)近期实施意见

根据类型区水土流失特点及在生态建设中的重要程度确定实施顺序,对国民经济和生态系统有重大影响的江河中上游地区、重要水源区、重点水土流失区及老、少、边、穷区应优先安排。提出近期重点地区重点项目,主要说明重点地区、重点项目确定的依据,项目的名称、位置及规模、进度安排等。

(三)组织管理

(1)组织领导措施。包括政策、机构、人员、经费等。

(2)技术保障措施。包括管理、监理、监测、技术培训、新技术研究及推广等。

(3)投入保障措施。包括资金筹措、筹劳、进度控制等。

八、案例

(一)案例1:杭州市水土保持总体规划

水土保持是杭州市创建国家环保模范城市、实现经济和社会可持续发展的重要保障,也是杭州市社会主义现代化建设的重要任务。

1. 水土流失现状

全市现有水土流失面积2 936.15km^2,占总面积的17.39%。其中:轻度流失面积1 478.24km^2,占水土流失面积的50.3%;中度流失面积1 023.24km^2,占水土流失面积的34.9%;强度以上水土流失面积434.67km^2,占水土流失面积的14.8%。杭州市水土流失的类型主要为水力侵蚀,在西部山区还存在滑坡、崩塌等重力侵蚀,杭州湾的海涂区还有一定的风力侵蚀。

坡耕地是水土流失最严重的土地类型。全市坡耕地水土流失面积为399.37km^2,水土流失率达到99%以上,其中强度以上侵蚀的面积达282.88km^2。

2. 水土保持工作的指导思想与总体目标

水土保持规划体现“预防为主,全面规划,综合防治,因地制宜,加强管理,注重效益”的原则,实现2010年25°以上坡耕地逐步退耕还林,50%的水土流失得到治理,2020年完成全部适宜治理的水土流失治理任务的目标。

1)近期目标(2001~2010年)

新增治理面积1580.82km^2,占水土流失总面积的53.6%。其中太湖流域治理水土流失面积共115.971km^2。治理坡耕地275.93km^2,治理疏林地面积1 284.87km^2,荒草地面积20.10km^2,其他水土流失面积0.89km^2。25°以下坡耕地营造梯田123.55km^2。

2）中期目标（2011～2020年）

新增治理水土流失面积1 243.88km²，其中治理坡耕地123.44km²，疏林地面积1 100.05km²，荒草地面积20.39km²，治理率达到96%以上。另有约4%的水土流失面积因自然条件和技术水平限制暂不能治理。

3）远景目标（2021～2050年）

全面巩固水土流失治理成果，建立完善的水土保持监测预防体系，杜绝人为活动造成的新的水土流失，对前期遗留的难治理水土流失面积酌情进行治理，优化全市森林结构，使森林的水土保持效益进一步提高，森林覆盖率达到65%，生态环境显著改善。

3. 水土保持区划及治理方略

根据《浙江省水土保持总体规划》，杭州市分属浙中浙南丘陵山地区和浙北平原丘陵区。全市划分为四个类型区：东北部平原农田区（Ⅰ区），中部、南部低丘河谷风景资源区（Ⅱ区），西北部中低山水源涵养林区（Ⅲ区），西南部千岛湖水源涵养林区（Ⅳ区）。

1）东北部平原农田区（Ⅰ区）

该区位于杭州市东部及东北部的钱塘江河口滨海平原和杭嘉湖水网平原地区，总土地面积2 189.81km²，占全市总面积的13%。本区地势低平，水网纵横，水土保持状况较好，在零星分布的低丘存在一定的水土流失。

本区水土流失治理主要以农田防风林带建设和河网整治为主。对疏林地以封育为主，部分山坡可结合景点建设采取园林化设计。另外，本区基础建设项目较多，城市建设步伐快。加强对建设项目引起的水土流失的防治及其监督管理是本区水土保持工作的重点。

2）中部、南部低丘河谷风景资源区（Ⅱ区）

该区位于杭州市中南部，钱塘江、富春江、新安江中下游及其支流两岸和苕溪流域的下游，总土地面积6 950.83km²，占全市总面积的41.2%。本区地貌为平原向山区过渡地带，以低丘河谷台地为主。

本区水土流失主要发生在低丘区。陡坡垦植、开矿采石、疏林过度砍伐和开发建设活动是造成区内水土流失的主要原因。全区水土流失面积1 394.49km²，占全市水土流失面积的47.5%，其中轻度流失面积为758.32km²，占水土流失面积的54.38%；中度水土流失面积470.59km²，占33.74%；强度以上面积165.58km²，占11.88%。

本区应紧密围绕风景旅游资源的保护，对不能退耕的坡耕地要加紧实现坡改梯。退耕地、疏林地、荒草地的治理宜以营造生态公益林为主，适量发展经济林果。林种搭配要合理，做到"针阔叶、乔灌草"均衡发展。

3）西北部中低山水源涵养林区（Ⅲ区）

该区位于杭州市西北部，全市地势最高区域，总土地面积3 315.91km²。本区水土流失面积730.06km²，占总面积的22.02%。其中轻度水土流失面积349.02km²，占47.8%；中度水土流失面积247.5km²，占33.9%；强度以上水土流失面积133.54km²，占18.3%。

本区是苕溪流域、分水江流域的源头区，保护森林的水源涵养功能是本区水土保持工作的重点。本区河流坡陡流急，坡耕地较多，造成水土流失面积较集中。治理过程中应引导群众逐步减少坡耕地面积，大力发展特色林果产品，疏林地和荒草地以发展水保林为主,加大封育力度,提倡使用沼气、煤气、太阳能等其他能源,减少薪柴砍伐对森林资源的破坏。

4)西南部千岛湖水源涵养林区(Ⅳ区)

该区位于淳安县境内,总土地面积4 427.18km^2,占全市总面积的26.2%。本区地形以低山丘陵为主。西部白际山、南部千里岗,海拔1 000m以上的山峰有磨心尖、金紫尖、凤凰尖、啸天龙等70余座。境内有新安江水库,正常蓄水库容178.6亿m^3。

本区的水土流失面积778.38km^2。表现为陡坡垦植、薪柴过度砍伐、山体崩塌、滑坡等。水土流失以轻度、中度为主。轻度水土流失345.85km^2,占44.4%;中度水土流失面积298.84km^2,占38.4%;强度以上水土流失面积133.69km^2,占17.2%。

本区是千岛湖水源区。本区治理重点为保护森林的水源涵养功能、减少水库的淤积、改善水库水质。本区山多地少,水土流失面积大,交通不便,部分山区群众生活较贫困,给水土流失治理带来一定难度。治理过程中应引导山区群众逐步减少坡耕地面积,大力发展特色经济林果,建设农业产业化基地,推进小流域综合治理工程,加强对滑坡、崩塌的预防和治理,提倡使用沼气、煤气和太阳能,减少薪柴砍伐。对少数发展潜力小的贫困山区,可采取移民下山方式解决其生活出路问题。

4. 水土流失预防、监督与监测

1)水土流失预防

一是划定重点预防保护区、重点监督区和重点治理区,由市人民政府予以公告,明确各区治理的重点内容。二是禁止开垦陡坡地,依法禁止在25°以上陡坡地和面向水库的20°以上陡坡地开垦种植农作物;开垦禁开坡度以下、5°以上的荒坡地必须经县级水行政主管部门批准。三是加强对林木采伐、造林、幼林抚育的管理,林木采伐方案中必须有采伐区水土保持措施并经林业行政主管部门批准。四是加强采矿管理,在山区丘陵区开办乡镇集体矿山企业或申请个体采矿,必须编报水土保持方案,报县级以上水行政主管部门批准后,方可依法申请办理采矿批准手续。五是加强对开发建设项目的管理,建设项目的水土保持方案必须与主体工程同时设计、同时施工、同时竣工投入使用。

2)水土保持监督和监测

建立健全水土保持监督管理体系。市、区、县(市)水行政主管部门应成立专职的水土保持监督管理机构,完善执法队伍,配备水土保持监督执法人员和必要的执法装备。

建立健全水土保持法规体系。根据水土保持法律法规,结合杭州市实际,制定相应的监督管理制度,如水土保持设施补偿费和水土流失治理费征收管理制度、监督检查年检制度、违反水土保持法规行政处罚程序等,使杭州市水土保持监督执法有章可循。

5. 水土流失治理措施

1)坡耕地治理

根据当地条件,种植水保生态林,适当发展经济林。禁开坡度以下、土层较厚的坡耕地改为梯田,土层较浅薄的,采取等高耕作、间作套种、粮林带状间作等保土耕作措施。

2)荒坡、疏林地治理

对轻、中度水土流失的疏林地,以封山育林为主。强度以上水土流失的疏林地,进行补植、修枝疏伐、择优选育。荒草地以营造生态公益林为主。

3）溪滩整治

针对山区溪流溪滩淤积严重、溪岸不整、堤防防洪能力不足等问题，采取拓宽河道、整溪护岸、加高堤防、溪沟疏浚等措施，使溪流防洪能力达到5～10年一遇防洪标准。

4）沟头防护工程

沟头防护工程主要有谷坊工程、拦沙坝工程、蓄水工程以制止沟底下切、阻止上游泥沙下泄。

5）城区建设及其他开发建设项目水土流失治理

对建设过程中的临时堆料场、弃土场地做好防护，其周边设置拦护、排水设施；对路堤、路堑、防洪堤、开挖面等边坡采取挡墙、喷浆锚固、浆砌石护坡等工程防护或草皮、混凝土格栅植草、种植攀援植物或喷洒草籽等，对边坡进行植物护坡，并结合城镇绿化美化，进行园林化设计；城市建成区应尽可能增加绿地面积；固体废弃物应定点堆放，并有相应的防护措施。

6）河网整治措施

一是对主要的河岸进行砌石护岸，并在两岸划定保护范围，在保护范围内禁止取土、开发建设活动，以免影响堤岸安全。二是禁止向河道倾倒砂石和废弃物，对侵占河道断面的行为应予以制止，并责令责任人限期清除或者强制清除。三是在河道两岸植树，保护堤岸。

7）废弃矿山整治

"十五"期间，小石矿、水泥厂、砖瓦厂要局部关停并转。对废弃的矿山、料场必须进行整治。在矿山关停前一年即采取小平台式进行宕面修复性开采，关停后采取复合有机混凝土、立面挂网混凝土复绿或坡面混凝土保水剂等措施进行复绿。

（二）案例2：山西省灵石县水土保持生态环境建设规划

1. 自然概况与存在的生态环境问题

灵石县地处山西省中部，全县总土地面积1 206km^2，是一个典型的半干旱丘陵山地县，属大陆性季风气候，年均降水量518mm，汛期降水量占全年降水量的70%。境内沟壑纵横，地形起伏变化大，除东部少数地区外，植被稀少，生态环境十分脆弱。改革开放以来，以煤炭为主的地下矿产资源开采造成的人为水土流失、水资源破坏、水质污染、大气污染日趋突出。生态环境问题已成为严重制约县域经济发展的主要因素。综合分析，全县的生态环境问题主要是：

（1）山区丘陵面积大，地形地貌复杂，水土流失严重。灵石县山区丘陵区占全县总面积的93.2%。水土流失面积8.07万hm^2，黄土残塬或丘陵区土壤侵蚀模数达5 000～6 000t/(km^2·a)，土石山区土壤侵蚀模数为2 000～3 000t/(km^2·a)。矿产资源的开采导致地貌和植被挖损破坏及弃土弃渣，造成了大量新的人为水土流失。水土流失已成为制约灵石县社会经济发展的主要因素，也是全县的头号生态环境问题。

（2）地表水利用率低，地下水严重超采，水资源贫乏。灵石县水资源总量为8 407万m^3。人均资源占有量408m^3，仅相当于全国人均水平的1/7。由于工矿企业多，工业用水量大，地下水严重超采，加上煤炭开采造成的地下水资源破坏，使得很多村庄人畜吃水都非常困难。

(3)植被分布不均,覆盖率低,生物多样性差。灵石县林地面积 2.52 万 hm^2;森林覆盖率为 13.6%;牧草地面积 1.6 万 hm^2,全县仅有植物 200 余种,石膏山一带以油松、杨、桦、栎为主,富家滩一带以石灰岩山地矮丛侧柏林为主,其余黄土丘陵地区植被,以人工栽植植物为主。由于植被覆盖率低,境内有动物仅 30 多种,野生动物资源主要分布在石膏山一带林区。

(4)坡耕地面积大,耕地资源相对不足,土地生产力低。灵石县土地总面积 12.06 万 hm^2,其中耕地面积 2.81 万 hm^2,耕地中坡耕地 1.69 万 hm^2,占总耕地面积的 60%,人均耕地 0.12hm^2(1.8 亩),耕地资源相对不足。大部分耕地为旱地,土壤有机质含量 0.5% 左右,土壤肥力差,生产力低,粮食产量低而不稳,多年来每亩产量在 150~200kg 徘徊。

(5)采矿业发展迅猛,小企业多,环境污染和土地破坏严重。据 1990 年统计,全县有 3 000 多个污染企业,每年排放工业废水和生活污水 450 万 t,排放废气 28 亿 m^3,严重污染了汾河、静升河、段纯河、仁义河、交口河水质及两岸水浇地。采矿导致了严重的地面塌陷,仅两渡、张家庄、富家滩、南关 4 个矿区调查,已有 800hm^2 耕地出现地裂缝,400hm^2 耕地严重塌陷,土地荒芜,塌陷区内泉水和浅井水大部分干枯。

2. 生态环境建设经验

在过去 50 年的水土流失治理、植树造林、生态农业建设过程中,积累了很多经验:

(1)以流域为单元,综合治理,集中治理,连续治理。以梯、坝、滩等基本农田建设、旱作农业、节水灌溉为突破口,保证土地利用结构和产业结构的合理调整,使退耕还林真正落到实处,达到改善生态环境的目的。加强以果树和经济林建设为主的植被建设,促进农村经济发展,提高生态环境建设的社会经济效益。

(2)重点投资,重点突破,以点带面,建成一批示范样板流域,推动全县的生态环境建设工作。椒仲沟流域、东沟骨干工程、汾河治理工程都充分体现了这一点。

(3)"以工补农,以工促农",充分调动企业参与水土保持生态建设的积极性,发挥企业优势。"一矿一机一流域、一水一站一基地"的实施成果,表明这一思路的正确性,也是灵石县根据自己的特点得出的一条生态环境建设的经验。

(4)以小流域为治理单元、以乡(镇)为管理单元、以村为实施单元,实行户包、联户承包、股份合作制、拍卖"四荒"等多种治理模式,通过以工补农、以物代奖、承包、转让、拍卖等方法,充分调动群众治理小流域的积极性,真正做到"谁治理、谁受益"。

3. 规划原则与目标

1)规划原则

(1)坚持以《全国生态环境建设规划》和《山西省生态环境建设规划》为指导,结合灵石县的实际情况,以小流域为规划设计单元,以乡(镇)为实施管理单元,以行政村为治理单元,统一规划,重点突破,集中连片,做到整座山头、整面坡连片治理。形成片片连面、村村靠拢、乡乡连接的治理格局,充分发挥规模建设的效益优势。

(2)坚持生物措施、工程措施和农艺措施相结合,实行山、水、田、林、路综合规划,塬、梁、峁、沟、坡综合治理,林、粮、果综合开发。把建设高标准基本农田、退耕还林还草、恢复和重建植被结合起来,做到宜农则农、宜林则林、宜牧则牧,形成合理的土地利用结构和产业结构布局。

(3)坚持生态效益、经济效益和社会效益相统一,把生态环境建设、农业产业化建设、矿产资源开发利用结合起来,把生态效益、农民利益、企业利益结合起来,在改善生态环境的同时,为县域经济的发展奠定基础。

(4)坚持县计划委员会宏观调控、各业务局分工负责、相互支持、相互配合的原则,实行项目法人负责制,做到工程设计、施工及管理的科学化。加强工程监理,严把验收关,保障生态环境建设工程发挥长期效益。

(5)坚持依靠群众,发动全社会力量,多渠道筹集资金,建立以国家投资为主、社会筹资为辅的多元化投入机制。建立健全严格的资金管理制度,管好用好生态环境建设资金。

2)规划目标

(1)近期目标:从2009年开始,基本控制因矿产资源开采造成的人为水土流失,重点治理区的水土流失初步得到控制,全县生态环境不再继续恶化。在实施东部土石山区天然林保护和草场建设的同时,重点抓好汾河治理工程(含城区)、黄土丘陵区的水土保持工程、大运公路绿色通道工程及重点区的经济林建设和宜林荒山绿化。

(2)远期目标:从2014年到2020年,继续抓好一批重点流域和重点工程,全县水土流失初步控制,重点治理区的水土流失基本控制,生态环境明显改善。在继续实施天然林保护和草场建设的同时,重点抓好静升河、段纯河、交口河和仁义河的流域治理,全县宜林荒山绿化、首期重点治理区退耕造林种草及新增重点治理区的经济林建设。

4. 建设分区与总体布局

根据灵石县国民经济发展计划及土地、农业、林业、水土保持等区划和专项规划,将全县生态环境建设分为4个区域,根据不同区域的特点,提出相应的布局和重点实施的工程。

1)东部土石山区

灵石县东部土石山区主要包括介庙林场和石膏山林场及马和、水峪、西许、南焉4个乡,涉及24个行政村,人口6 000人,该区域森林覆盖率达40%,人口稀少,有大面积油松、杨、桦、灌木和草坡,生态环境良好,对流域水资源起着十分重要的涵养作用。生态环境建设的重点是对现有森林、灌木采取保护措施,禁止砍伐和垦殖,并对现有草场进行改良,在保护水源的同时,发展该区的畜牧业,加强石膏山森林公园的开发,促进旅游业的发展。

2)中西部黄土残塬沟壑区

该区域占全县总土地面积的65%,涉及18个乡镇,220多个行政村,人口12万人。区内地形支离破碎,沟壑纵横,植被稀少,森林覆盖率不足8%,区内水土流失面积占总土地面积的80%,侵蚀模数达5 000~6 000t/($km^2 \cdot a$),水资源严重短缺,是灵石县生态环境最脆弱的地区。建设目标是:通过坡改梯工程、旱地雨水集流利用工程、小流域坝系工程和生态农业工程等农田基本建设,在保证粮食自给的前提下,退耕还林还草,加强恢复植被,使水土流失造成的不良生态环境得到根本改变;同时,大力发展经济林和畜牧业,促进农、林、牧、副全面发展,实现农村社会经济环境的协调发展,最终实现生态环境的良性循环。到2020年该区森林覆盖率提高到30%左右,水土流失面积的85%以上得到初步治理。建设的重点是:以灵石县汾河四大一级支流为框架,实施坡改梯工程,并以此为突破口,搞好区域生态防护林建设、经济林建设和生态农业建设。

3)汾河及其支流河谷阶地区

河谷阶地区面积为18 440hm^2,涉及12个乡镇,70多个行政村,人口10.35万人。该区以沿河交通为主干,企业林立,人口稠密,是灵石县的工业生产基地,环境污染十分严重,采煤漏水和地下水超采导致地下水下降甚至枯竭,成为灵石县生态环境问题最为突出的区域,以灵石城区周围最具有代表性。同时,全县80%以上的水浇地分布在这一地区,是重要的粮食高产区。该区域布局是:对河流中下游实施河道整治,提高防洪能力,有条件的拦河造地;对上游实施坝系工程,以小型淤地坝为骨架,淤地和引洪漫地结合,建设高产高效型农业;以节水灌溉为龙头,保护和合理开发利用水资源。同时,关停污染严重的小企业,对工矿企业集中的城关、两渡等地实施综合环境整治,这是关系能否实现灵石县社会、经济、环境可持续发展的关键性问题。

5. 优先实施的重点工程

(1)坡改梯综合治理工程,包括梯田建设、生物埂、田间道路及其配套的小型水利水保工程。主要布置在中西部黄土残塬沟壑区,以汾河四大支流为框架布局,以十大塬区为重点,对坡耕地实施治理。2009年项目优先安排静升、马和、两渡、水峪4个乡镇,目的是起到以点带面的作用;2010~2013年集中在十大塬进行大规模的集中连片治理;2014~2020年在其他符合坡改梯条件的地区实施。

(2)流域治理工程。对汾河及其四大支流治理包括上游沟道坝系建设、干流河道整治、防洪堤修筑与加固。2009~2013年首先完成汾河干流和城区静升河汇流入口段的治理,防洪标准一般达到30年一遇,城区和大型工矿区达到50年一遇,同时,完善和建成高标准、高质量的护岸林带;2014~2020年对四大支流进行治理,完成必要地段的防洪堤工程,进一步完善静升河上游、交口河上游、段纯河上游的坝系工程,提高防洪能力,扩大淤地面积。

(3)林业生态工程,包括全县植树造林、经济林建设、绿色通道建设及生态园林景点建设。涉及宜林荒山荒地绿化、退耕地造林、疏林地和部分灌木林地的改造。2009~2013年优先安排西部地区的梁家焉乡、段纯镇及中南部的城关镇、夏门镇、南关镇和富家滩镇;2014~2020年优先安排中北部地区的静升、马和、水峪、两渡等乡镇。经济林以地埂栽植为主,与坡改梯工程配合进行。绿色通道建设及生态园林景点建设分两期完成,2009~2013年完成大运公路灵石段绿化;2014~2020年完成祁临高速公路绿化。

(4)东山天然林保护与草场建设工程天然林保护工程。包括预防监督管理保护现有森林,宜林荒山荒地绿化及现有疏林地、灌木林地的改造。草场建设以现有草坡改良为主,安排在东部土石山区,总计完成造林1.2万hm^2,改良草坡1万hm^2。

(5)高效生态农业建设工程,包括保护耕地质量、培肥地力、防治农田污染、防止土壤退化的沃土工程,旱地雨水集流灌溉工程和节水灌溉工程。优先考虑在静升、马和、南关、王禹等农业生产条件好的地区实施。

(6)城区及汾河干流两侧生态环境综合整治工程,包括城区绿化、工矿区水土保持与绿化、土地复垦及污染治理。重点安排在城区、两渡、张家庄和富家滩。

第五章　水土保持生态建设工程设计

水土保持生态建设工程设计包括项目建议书、可行性研究、初步设计和施工图设计(作业设计),应按三阶段编制技术规程要求进行,不同阶段深度和重点有所区别,但核心内容是水土保持生态建设技术措施(或称为水土流失综合治理技术措施),其可分为三类:工程措施、生物措施(植物措施或林草措施)和耕作措施(农业技术措施或农艺措施)。《水土保持综合治理技术规范》(GB/T16453.1～16453.6—1996)从综合治理角度分为六大类,即坡耕地治理、荒地治理、沟壑治理、小型蓄排引水、风沙治理、崩岗治理。

第一节　水土保持耕作措施设计

水土保持耕作措施亦称水土保持农业技术措施或农艺措施,是在耕地上通过耕作技术保持水土的一项重要措施,农业耕作栽培学上也称为保水保土耕作法,其广泛适用于我国水蚀地区、水蚀风蚀交错区、风蚀区。在水蚀地区的坡耕地是径流和泥沙产生的主要策源地,将坡耕地改造为水平梯田是一项最为有效的水土保持措施,但山区大量的坡耕地和坡式梯田,全部实现水平梯田化需要较长时间和投入大量资金。因此,在坡耕地实施等高耕作、垄作区田、轮作等措施,配合改土培肥,不仅能够保持水土,而且能够有效提高土地生产力,也是生态农业建设的重要措施,在干旱缺水地区也能够起抗旱保收的作用。在平原农区、山区旱平地和水平梯田、风蚀地区的各类耕地上,通过间作套种、覆盖保水、休闲轮作等措施,能够有效保水保土,控制水蚀和风蚀,并在一定程度上提高作物产量。因此,山区、丘陵区、平原区、风沙区的农地耕作技术措施是水土保持综合治理措施的重要组成部分。

一、耕作措施类型及其作用

水土保持耕作措施主要有三类措施:一是改变微地形;二是增加地面覆盖;三是改良土壤。其目的是增加土壤入渗、保蓄水分、提高土壤抗蚀力,减轻土壤侵蚀,提高作物产量。

(一)改变微地形的耕作措施

改变微地形的耕作措施主要有等高耕作(或称横坡耕作)、沟垄种植、垄作区田、坑田(掏钵)种植、休闲地水平犁沟、蓄水聚肥改土耕作法(抗旱丰产沟)、半旱式耕作、防沙产业技术等。它是通过耕作改变坡耕地的微地形,增加地面粗糙度,强化降水就地入渗,拦蓄、消减或制止冲刷土体的耕作措施。

(二)增加地面覆盖的耕作措施

增加地面覆盖的耕作措施主要有草田轮作、间作、套种、带状(等高)种植、合理密植、休闲地种绿肥、残茬覆盖、秸秆覆盖、覆膜种植、砂田、少耕免耕等,国外称为覆盖耕作技术(Mulch Tillage)。它是通过增加地面植被覆盖(活地被——牧草,死地被——秸秆、残茬、砂石等)，改善和增强地面抗蚀性能，控制水蚀、风蚀的一种水土保持措施。

(三)改良土壤的耕作措施

改良土壤的耕作措施主要有深耕、松土、增施有机肥、留茬播种等，它是通过增施有机肥、深耕改土、培肥地力等改变土壤物理化学性质的措施，增加土壤入渗和提高土壤抗蚀力，以减轻土壤冲刷的水土保持措施。

以上每一种水土保持耕作措施可能同时具有几种功能，分类时是根据其主要功能进行的，实际上各项措施根据实际应用条件可以联合使用。如少耕免耕既有增加地面覆盖的作用，同时也有改变土壤物理化学性质的作用；蓄水聚肥改土耕作法(抗旱丰产沟)则是由第一类与第二类相结合，或再加上改土培肥的复合式耕作措施；聚土免耕沟垄种植法就是等高垄作与免耕覆盖相结合的耕作方法。

二、耕作措施的应用条件和技术要求

因为我国广大山区的农田所遭受水土流失的程度不同，适宜的耕作技术、栽培作物品种也不同。以下从耕作技术、种植技术、复合技术三个方面归纳来讨论其应用条件和技术要求。

(一)保护型耕作法

以改变小地形、强化降水就地入渗，拦蓄、消减径流冲刷动能为基本原理的耕作法，主要包括等高耕作、水平沟、垄作区田、格网式耕作等。

1. 等高耕作

等高耕作法是沿坡地等高线进行耕作的方法，也称横坡耕作法。它是改变传统性顺坡耕作最基本、最简单的水土保持耕作法，也是衍生和发展其他水土保持耕作法的基础。在我国的南方地区，由于雨量大，且土质粘重，耕作方向宜与等高线成1% ~2%的比降，以适应排水，并防止冲刷。凡是坡度在2°~25°的坡耕地上都应该采用横坡耕作技术，但以小于10°的缓坡地上效果最佳，随着坡度的增加，它的作用降低。

等高耕作一定要由下向上进行翻耕，这样做可使坡度变缓，为坡地逐渐改变成水平梯田创造条件。

2. 深耕

耕作深度是涉及土质、地形、作物生态特征和遗传特性等多因素综合影响的复杂问题，是影响耕作措施效果的重要因素。在等高耕作的条件下，耕层浅不易蓄积更多的水分和充分供给作物的矿物质养分，适度深耕对减少地表径流和减轻土壤冲刷有很大作用。

3. 平翻耕作

平翻耕作技术是世界上应用历史最久、采用最普遍的一种耕作技术。在我国北方的绝大部分地区都采用此法。在水土流失地区采取平翻耕作可以创造一个平坦松软、上虚下实的耕作表层，此种耕层结构具有良好的保水保肥和作物生长的优良条件。平翻耕作包括翻耕、耙、耱、镇压和中耕等环节。

4. 沟垄耕作

沟垄耕作是在等高耕作的基础上改进的一种耕作措施，即在坡面上沿等高线开犁，形成较大的沟和垄，在沟内或垄上种植作物。此为更有效地控制水土流失的一类耕作方法，适用于10°~20°的坡地。因沟垄耕作改变了坡地小地形，每条沟垄都发挥就地拦蓄水土的作用，同时增加了降水的入渗。

1）水平沟

水平沟适用于黄土高原的梁、峁坡面、塌地、湾地，坡度以不超过20°为宜。在坡耕地上沿等高线用套二犁播种，开沟深度在地面以下17cm，沟垄高差以播种盖土后10cm、沟距60cm为宜，将种子播在沟底或垄的下半坡。坡地水平沟在川台塬上的应用，称之为沟垄种植法。

2）垄作区田

东北漫岗区在等高垄作基础上，改为垄作区田，即在传统的垄作基础上，按一定距离在垄沟内修筑小土挡，成为区田，可分散径流，增强降雨入渗。

3）格网式垄作

川中丘陵紫色土坡耕地，在等高耕作的基础上，创造了格网式垄作制，其基本原理类同于北方的垄作区田，仅在操作和作物布局上有所不同。

（二）保护型种植法

农作物（含耕地上人工种植的牧草）实际上是一种人工覆被物，与自然植被一样具有防止水土流失的作用。保护型种植法是通过调整作物结构、增加作物覆盖地面空间和延长覆盖时间的水土保持种植法。例如间作套种、草粮带状间作等，以增加地面覆盖和地膜覆盖为主的保护型种植法与等高耕作的水土保持耕作法相结合，可充分发挥制止或削弱水力和风力对地面的侵蚀作用。

1. 间作套种

间作是指在同一地块，成行或成带（厢式）间隔种植两种或两种以上发育期相近的作物；套种是指在前茬作物的发育后期，于其行间播种或栽植后茬作物的种植方式。间作套种作物的选择，应具备生态群落和生长环境的相互协调与互补，例如高秆与低秆作物、深根与浅根作物、早熟与晚熟作物、密生与疏生植物、喜光与喜阴作物，以及禾本科与豆科作物的优化组合和合理配置。在黄土高原及东北等北方地区，间作套种多以等高条状布设；在南方地区实施水土保持耕作时还应考虑必要的排水，多以厢式结合排水沟布设。

2. 等高带状间作和轮作

1）等高带状间作

等高带状间作就是横着坡向将坡耕地划分成若干条带，又称等高条状种植。主要是多年生牧草和作物的草粮带状间作，在时间上作物与牧草轮换种植，可避免农田裸露，又组成草田轮作。

2）传统轮作和草粮带状间轮作

传统轮作是指不同作物之间有轮作，如黄土高原小麦→谷子→大豆的轮作，将地面划分成若干基本相同的小区，进行作物和牧草的轮作。在坡地上轮作小区的布设采用作物与牧草轮作或间作的方式称为草粮带状间轮作，如紫花苜蓿+马铃薯的轮作或间作，该种植方式可在大于20°的坡地实施。

3）草田轮作

现代轮作常指作物与牧草的轮作，也称草田轮作，是采用短期牧草、绿肥作物和大田作物轮换,恢复土壤肥力和提高大田作物产量的一种轮作类型,如大豆→草木樨→冬小麦→谷子轮作。在草田轮作中安排多年生牧草,特别是豆科和禾本科牧草混播,有着特殊的作用。实行草田轮作时,为了使作物与牧草的生物产量最高和控制土壤侵蚀作用最大,应注意作物种类与牧草种类的选择和配置。

3. 少耕、免耕和覆盖

少耕是指在传统耕作基础上,尽可能减少整地次数和减少土层翻动的耕作技术;免耕(Notillage)是指作物播种前不单独进行耕作,直接在前茬地上播种,在作物生育期间不使用农具进行中耕松土的耕作方法。我国西北地区的砂田法、华北地区的茬地直播法等都属于少耕、免耕。少耕、免耕与农业机械化作业相结合在美国、澳大利亚、欧洲国家等广泛应用,我国从20世纪70年代开始进行试验推广,黄土高原地区在少耕、免耕方面做了不少工作,但受土地条件的限制,至今尚没有得到大面积广泛应用。东北地区是我国有条件实施机械化作业的地区,值得试验和推广。

覆盖种植法主要有残茬覆盖、砂石覆盖和地膜覆盖种植法。砂田法是用砂或砾石覆盖农田、多年不犁耕的一种耕作法,在我国宁夏、甘肃干旱地区有悠久历史。地膜覆盖种植法则是我国近年来大面积推广的一种技术,在保水和提高水分利用率方面效果明显。

(三)复式水土保持耕作法

复式水土保持耕作法是前两类保护型耕作法和保护型种植法的组合及发展。

1. 川地垄沟种植

在川地平地,包括旱地和川水地,都需要实行垄沟种植。垄沟种植的标准:要求垄复均匀,梁直沟端。因使用农机具不同,沟的深宽应有差异。

2. 水平沟种植。

小于20°的坡地要实行水平沟种植。要求沿等高线自上而下开沟,沟深均匀,保持水土。因使用农机具不同,水平沟的深度和垄距也不同。

3. 水平沟粮草带状间轮作

20°~25°坡地,实行粮、草带状间轮作的标准是:要求粮、草呈水平带状间作种植,每带宽度根据地块坡长而定,坡长的地块,带可宽一些;坡短的地块,带可窄一些。一般以20m左右为好,最窄不宜小于10m,以便于耕作。

4. 草、灌带状间作

大于25°坡地可实行草、灌带状间作。草、灌带状间作的标准是:要求草、灌呈水平带状间作种植,草带宽4m,灌木带宽2m。

5. 蓄水聚肥改土耕作法(抗旱丰产沟)

蓄水聚肥改土耕作法(抗旱丰产沟)是山西省水土保持研究所总结坑田、沟垄种植、覆盖等技术相结合的一种耕作法。基本做法是:生土部位深翻并取土培垄,集两份带宽的表土和施肥量回填一份带宽的沟内,即形成蓄水聚肥的新型沟垄相间的复式耕作体系。用塑膜或秸秆覆盖沟或垄,可形成“垄盖膜”、“全盖垄半盖沟”、“垄盖膜沟盖秸秆”的集雨抗旱丰产沟覆盖耕作体系。

6. 聚土改土垄作和聚土免耕法

聚土改土垄作和聚土免耕法是西南紫色土丘陵区试验与推广的一种新型复合耕作

法。聚土改土垄作具体做法是：聚表层土成垄，沟内深翻或深凿施肥，每年垄沟互换，以达到促进紫色土风化熟化，全面改良土壤的目的。聚土免耕法与聚土改土垄作法具体技术上基本相似，不同的是垄沟免耕，连续种植 3～5 年后垄沟互换。

第二节　工程措施设计

水土保持工程措施是应用工程设计原理，为防治水土流失，保护、改良与合理利用山区、丘陵区和风沙区水土资源而修筑设施的各项技术措施。水土保持工程措施是流域综合治理措施体系的组成部分，它与水土保持农业耕作措施及水土保持林草措施同等重要，不能互相代替。

一、水土保持工程措施分类及其作用

根据《中国水利百科全书·水土保持分册》，我国水土保持工程措施按修建目的及其应用条件分为：山坡防护工程、沟道治理工程、山洪和泥石流排导工程、小型蓄水用水工程。

（一）山坡防护工程

山坡防护工程是布设在坡面以防止冲刷、控制侵蚀、维系坡面稳定的水土保持工程，主要包括梯田、拦水沟埂、水平沟、水平阶、鱼鳞坑、水窖（旱井）、蓄水池、沉沙凼、山坡截水沟、坡面排水沟或渠系、稳定山坡的挡土墙及其他防护工程（GB/T16453.1～16453.6—1996 将山坡截水沟、水窖（旱井）、蓄水池、山坡截水沟等归入小型蓄排引水工程）。

梯田、拦水沟埂、水平沟、水平阶、鱼鳞坑等工程的作用就是通过改变微地形的方法，防止坡面水土流失，将雨水及融雪水就地拦蓄、就地入渗，减少或防止形成坡面径流，使之渗入土壤，以增加林、草、农作物可利用的土壤水。

水窖（旱井）、蓄水池等工程是将坡地径流拦蓄起来，作为灌溉水源及人畜用水。

山坡截水沟、坡面排水沟或渠系工程的作用，主要是将地面径流排导进入沟渠、河流或引入贮水建筑物，目的是控制侵蚀、防涝（南方），也有助于控制滑坡、崩岗等重力侵蚀。

稳定山坡的挡土墙及其他坡面防护工程，主要布设于滑坡、崩塌等重力侵蚀地区，控制重力侵蚀。

（二）沟道治理工程

沟道治理工程是固定沟床、防止或减轻山洪及泥石流危害，而在沟道中修筑的水土保持工程。主要包括沟头防护工程、谷坊工程、拦沙坝、淤地坝、沟道护岸工程等。其作用是抬高侵蚀基准，减缓沟床纵坡，防止沟头前进，控制沟底下切和沟岸扩张；同时可具有调节洪峰流量，减少山洪、泥石流危害的作用。沟头防护和谷坊工程还可为林草措施创造条件，淤地坝则可变荒沟为良田，也是基本农田建设的重要组成部分。

一个流域内由治沟骨干工程（大型缓洪淤地坝）、淤地坝（含格子坝）、护岸护滩、引洪漫地组成的完整坝系工程，在我国黄土高原不仅是最为有效的水土保持措施，也是改变黄土高原农业生产条件、提高土地利用率和生产力的一项重要措施。

淤地坝工程是以淤地为主要目的的横拦在沟道内的建筑物，其库容由拦泥库容、滞洪库容等组成。淤地坝由坝体、溢洪道和放水建筑物组成，通过蓄引结合、蓄洪排清、轮蓄轮

种、生产坝和蓄水坝结合等多种方法,使泥沙淤积成良田,并有效利用地表水资源。

(三)山洪和泥石流排导工程

山洪和泥石流排导工程的作用是防止山洪或泥石流危害沟口冲积扇上的房屋、工矿企业、道路及农田等具有重大经济意义的防护对象。主要包括导流堤、急流槽和束流堤三个部分。导流堤的主要作用是改善泥石流流向;急流槽的主要作用是改善流速;束流堤的主要作用是控制流向,防止漫流。一般将导流堤与急流槽组成排导槽,以改善泥石流在冲积扇上的流势和流向。导流堤与束流堤组成束导堤,以防止泥石流漫流改道危害。

(四)小型蓄水用水工程

小型蓄水用水工程主要作用是将坡地径流及地下潜流拦蓄起来,一方面减少水土流失危害,另一方面可解决农村人畜用水、灌溉农田,提高作物产量。较大的河流通过截引洪水淤漫造地,提高土地资源利用率。主要包括小水库、蓄水塘坝、引水工程、引洪漫地、人字闸等。

为了有效发挥水土保持工程群体功能,各类工程措施应根据具体地形、地貌、地质条件等,因地制宜,统一规划,做到拦、蓄、排、护相结合。

二、梯田工程设计

在坡地上沿等高线修筑的台阶式或波浪式断面的农田叫梯田。梯田可改变地形坡度,滞蓄地表径流,稳定土壤,具有保水、保土、保肥作用,从而为山区农、林、牧、副业的全面发展创造条件。梯田适用于全国各地的水蚀地区和水蚀与风蚀交错地区。

(一)梯田的分类与选择

1. 梯田的分类

根据地面坡度不同,分陡坡区梯田与缓坡区梯田;根据田坎建筑材料不同,分土坎梯田、石坎梯田,还有近年来试验推广的生物埂梯田(植物篱);根据梯田的断面形式不同,分水平梯田(黄土高原区塬面塬边、平缓塬坡采取的软埝,又称埝地,也可看做是水平梯田的一种)、坡式梯田、隔坡梯田(见图5-2-1);根据梯田的用途不同,分旱作物梯田、水稻梯田、果园梯田、茶园梯田、橡胶园梯田等。

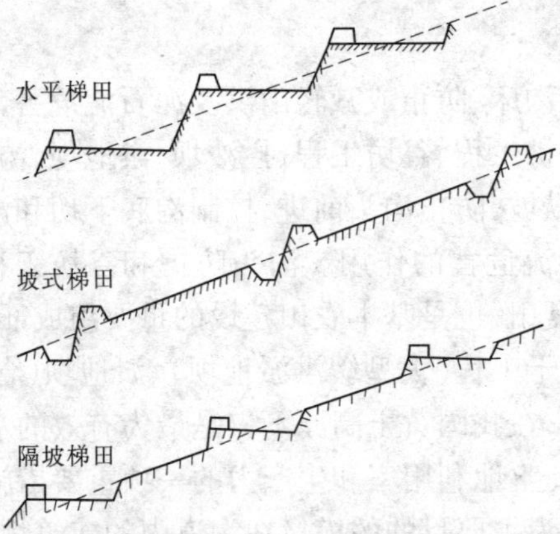

图5-2-1　三类梯田断面示意图

2. 梯田类型的选择

(1)黄土高原地区坡耕地土层深厚,坡度在15°以下的地方,可利用机械一次修成标准土坎水平梯田(田面宽度为10m);坡度在15°~20°的地方,可修筑非标准土坎水平梯田(田面宽度小于10m),也可以采用隔坡梯田,平台部分种庄稼,斜坡部分种林木或牧草;陡坡耕地(坡度一般为20°~25°)原则上应退耕,若必须进行梯田建设,应按陡坡区梯田要求进行专项规划设计。

(2)东北黑土漫岗区和西北黄土高原区的塬面以及零星分布各地河谷川台地上的缓坡耕地(坡度一般为3°以下,少数可达5°~8°),可按缓坡区梯田规划设计。

(3)当坡面土层较薄、坡度太陡时,在年降水量较少的地区,可以先修坡式梯田,经逐年向下方翻土耕作,减缓田面坡度,逐步变成水平梯田。坡度大于25°,水土流失严重地区,应退耕并结合梯田建设发展经济林或考虑造林种草。

(4)南北方土石山区或石质山区,坡耕地中夹杂大量石块、石砾的,应就地取材,并结合处理地中石块、石砾,修成石坎梯田。南方因人多地少,陡坡全面退耕极为困难,建设窄条石坎梯田在很多山区是必需的。

(二)梯田规划

1. 梯田区布置

(1)梯田规划是小流域综合治理规划的组成部分,对于坡耕地治理可根据不同条件,选择采取坡改梯、坡面小型蓄排水工程和保土耕作等措施。修建梯田的区域(梯田区)既要符合综合治理规划的要求,同时也要符合修建梯田的要求。

(2)梯田区布置时应充分考虑与小流域内其他措施配合,以保证梯田的安全。如梯田区以上坡面为坡耕地或荒地时,应部署坡面小型蓄排工程,防止地表径流进入梯田区。我国南方雨多量大地区,梯田区内也应部署小型蓄排水工程,以妥善处理周边来水和梯田不能容蓄的雨水。

(3)梯田区应选在土质较好、坡度相对较缓、邻近水源的地方。北方有条件的应考虑小型机械耕作和提水灌溉。南方应以水系和道路为骨架,选择具有一定规模、集中连片的梯田区,梯田区特别是水稻梯田区规划还应考虑自流灌溉,自流灌溉梯田区的高程不应高于水源出水口的高程。

(4)梯田区布置还应考虑距村庄的距离、交通条件等,以方便耕作,有利于机械运输。因此,梯田规划也应与道路规划一并考虑。

2. 梯田规划

1)土坎梯田规划

(1)梯田规划应与截水沟、排水沟、蓄水池等小型蓄排工程规划结合。有自流灌溉条件时,梯田规划中应考虑灌溉渠系配套。

(2)在地形条件允许时,地块规划应尽量使耕作区的上沿和下沿基本上与等高线平行,等高等宽布设,以方便耕作、减少修筑工程量。实际操作中应顺山坡地形,以等高为主,兼顾等宽,大弯就势,小弯取直,田块长度尽可能长一些,并力求将梯田修成比较规则的长条形,以便利耕作。缓坡地区,梯田长度一般在100~200m,陡坡地区视地形而定。

(3)缓坡梯田区应以道路为骨架划分耕作区,在耕作区内布置宽面(20~30m或更宽)、低坎(1m 左右)地埂的梯田,田面长 200 ~ 400m,便利大型机械耕作和自流灌溉。耕作区宜为矩形或正方形,有条件的应结合田、路、渠,布设农田防护林网。对少数地形有波状起伏的,耕作区应顺总的地势呈扇形,区内梯田埂线亦随之略有弧度,不要求一律成直线。

(4)陡坡梯田区从坡脚到坡顶、从村庄到田间的道路规划,宜采用"S"形,盘绕而上,减小路面最大比降。路面一般宽 2 ~ 3m,比降不超过 15%。在地面坡度超过 15% 的地方,可根据耕作区的划分规划道路,耕作区应结合四面或三面通路,路面 3m 以上,两端应与村、乡、县公路相连。

2)石坎梯田规划

(1)北方土石山区与石质山区的石坎梯田(如太行山区)规划,主要根据土层分布情况,梯田区划定后,梯田规划可视地形、下伏基岩、石料来源、土层厚度确定,应随形就势,就地取材,田面宽度、田块长度不应要求统一。

(2)南方土石山区与石质山区在梯田区划定后,应根据地块面积、用途、降雨和原有水源条件布设。南方土石山区梯田设计的关键是排水措施,在坡面的横向、纵向规划设计水系、道路工程。分层布设沿山沟、排洪沟、引水沟,沟中及梯田边沟、背沟出水处,分段布设沉沙凼(池)、水塘;纵向沟与横向沟交汇处布设蓄水池,蓄水池的进水口前配置沉沙凼(池),纵向沟坡度大或转弯处建消力坑。道路通常沿山麓、分水鞍、山冲沟渠岸边或山冲一侧布置,是通往田间道路和运输的主要通道。支线道路由田埂与干线道路连通。支线道路宽一般0.6 ~ 1.0m。

(三)梯田设计

1. 设计标准

根据 GB/T16453.1—1996,梯田防御暴雨标准一般采用 10 年一遇 3 ~ 6h 最大降雨,在干旱、半干旱或其他少雨地区,可采用 20 年一遇 3 ~ 6h 最大降雨。根据各地降雨特点分别采用当地最易产生严重水土流失的短历时、高强度暴雨。在选择设计标准时还应参考水工设计,一般 5 级临时建筑物为 5 年一遇(按 24h 最大降雨量),永久建筑物为 10 年一遇(按 24h 最大降雨量)。

2. 土坎梯田设计

1)水平梯田的断面设计

(1)水平梯田的断面要素,如图 5-2-2 所示。

(2)各要素间关系如下:

田坎高度	$H = B_x \sin\theta$
原坡面斜宽	$B_x = H/\sin\theta$
田坎占地宽	$b = H\cot\alpha$
田面毛宽	$B_m = H\cot\theta$
田坎高度	$H = B_m \tan\theta$
田面净宽	$B = B_m - b = H(\cot\theta - \cot\alpha)$

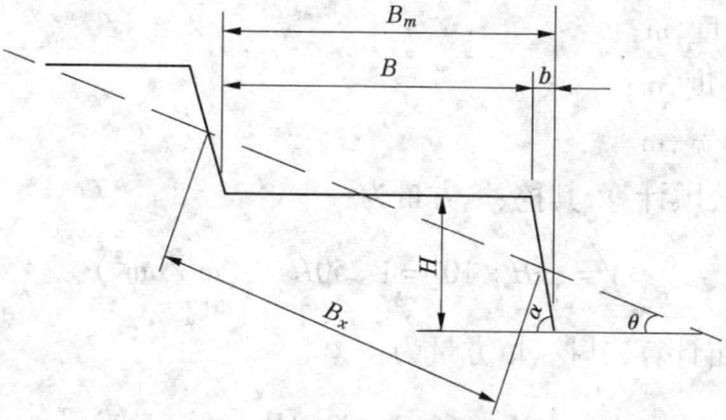

图 5-2-2　水平梯田断面要素

θ—原地面坡度；α—梯田田坎坡度；H—梯田田坎高度；

B_x—原坡面斜宽；B_m—梯田田面毛宽；

B—梯田田面净宽；b—梯田田坎占地宽

(3)水平梯田断面主要尺寸参考数值见表 5-2-1。

表 5-2-1　水平梯田断面尺寸参考数值

适应地区	地面坡度 θ(°)	田面净宽 B(m)	田坎高度 H(m)	田坎坡度 α(°)
北方	1 ~ 5	30 ~ 40	1.1 ~ 2.3	85 ~ 70
	5 ~ 10	20 ~ 30	1.5 ~ 4.3	75 ~ 55
	10 ~ 15	15 ~ 20	2.6 ~ 4.4	70 ~ 50
	15 ~ 20	10 ~ 15	2.7 ~ 4.5	70 ~ 50
	20 ~ 25	8 ~ 10	2.9 ~ 4.7	70 ~ 50
南方	1 ~ 5	10 ~ 15	0.5 ~ 1.2	90 ~ 85
	5 ~ 10	8 ~ 10	0.7 ~ 1.8	90 ~ 80
	10 ~ 15	7 ~ 8	1.2 ~ 2.2	85 ~ 75
	15 ~ 20	6 ~ 7	1.6 ~ 2.6	75 ~ 70
	20 ~ 25	5 ~ 6	1.8 ~ 2.8	70 ~ 65

注：本表中的田面宽度与田坎坡度适用于土层较厚地区和土质田坎；对土层较薄地区其田面宽度应根据土层厚度适当减小。

(4)机修梯田最优断面应满足机械施工、机械耕作及灌溉要求的最小田宽和保证梯田稳定的最陡坎坡，以减少修筑工作量和埂坎占地。缓坡地田宽 20 ~ 30m、一般坡地田宽 8 ~ 20m、陡坡地田宽 5 ~ 8m 即可满足机械施工和耕作要求，黄土高原地区人工筑埂坎安全坡度为 60° ~ 80°。

2）水平梯田工程量的计算

(1)当挖填方相等时，挖方和填方量计算公式为：

$$V = \frac{1}{2}\left[\frac{B}{2} \times \frac{H}{2} \times L\right] = \frac{1}{8}BHL \tag{5-2-1}$$

式中　V——梯田土方量，m^3；

L——梯田长度，m；

H——田坎高度，m；

B——田面净宽，m。

若梯田面积以公顷计算，其挖、填方量为：

$$V=\frac{1}{8}H\times 10^4=1\ 250H \quad (m^3/hm^2)$$

若梯田面积以亩计算，其挖、填方量为：

$$V=\frac{1}{8}H\times 666.7=83.3H \quad (m^3/亩)$$

（2）当挖、填方相等时，单位面积土方移运量的计算：

$$W=V\times\frac{2}{3}B=\frac{1}{12}B^2HL \tag{5-2-2}$$

式中　W——单位面积（公顷或亩）土方移运量，$m^3\cdot m$。

土方移运量的单位为 $m^3\cdot m$，是一复合单位，即需将若干立方米的土方量运若干米距离。

面积以公顷计算

$$W=\frac{BH}{12}\times 10^4=833.3BH \quad (m^3\cdot m/hm^2)$$

面积以亩计算

$$W=\frac{BH}{12}\times 666.7=55.6BH \quad (m^3\cdot m/亩)$$

（3）此外，田边应有蓄水埂，高 0.2～0.3m，顶宽 0.3～0.4m，内外坡比约 1∶1；我国南方多雨地区，梯田内侧应有排水沟，其具体尺寸根据各地降雨、土质、地表径流情况而定，所需土方量根据断面尺寸量算，未纳入上述各要素设计。

3）坡式梯田的断面设计

（1）确定等高沟埂间距。确定沟埂间距应综合分析地面坡度情况、降雨情况、土质情况（土壤入渗性能），并应满足耕作需要。一般地面坡度越陡，沟埂间距越小；雨量和强度越大，沟埂间距越小；土壤渗透性越差，沟埂间距越小。同时可参考当地水平梯田断面设计的 B_x 值，并考虑坡式梯田经过逐年加高土埂，最终变成水平梯田时的断面，应与一次修成水平梯田的断面相近。

（2）确定等高沟埂断面尺寸。沟埂的断面一般为埂顶宽 30～40cm，埂高 50～60cm，外坡 1∶0.5，内坡 1∶1（见图 5-2-3）。干旱、半干旱地区土埂上方容量应能拦蓄当地 10～20 年一遇的一次降雨中两埂之间坡面所产生的地表径流与泥沙。多雨地区土埂不能全部拦蓄的，应结合坡面小型蓄排工程，妥善处理多余的径流与泥沙。

（3）草带（或灌木带）坡式梯田。可在种草带（或灌木带）之前，先修宽浅式软埂（不夯实），将草或灌木种在埂上；草带或灌木带的宽度一般为 3～4m。其梯田形式如图 5-2-4 所示。

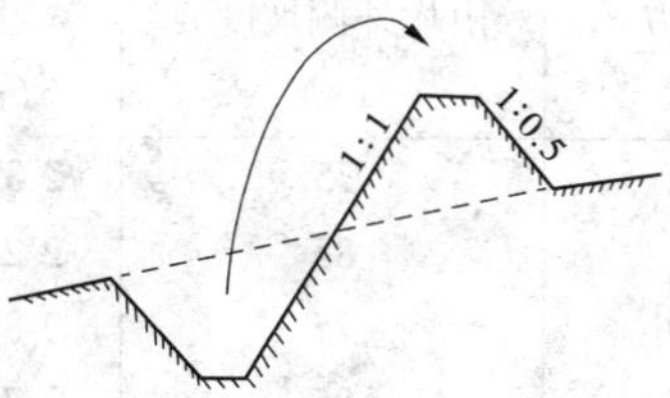

图 5-2-3　坡式梯田断面

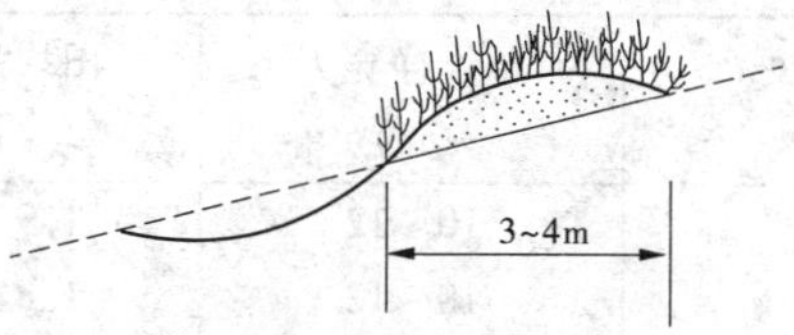

图 5-2-4　草带灌木带坡式梯田

4）隔坡梯田的断面设计

（1）隔坡梯田适应的地面坡度为 15°～25°，其断面设计就是确定梯田的斜坡部分与平台宽度及二者间的相对比例。

（2）平台宽度要求既能适应耕作，又能全部拦蓄斜坡径流（设计频率 10 年一遇一次暴雨下，水平田面能全部拦蓄本身及斜坡产生的径流，不发生漫溢），一般平台田面宽度 5～10m，坡度缓的可宽些，坡度陡的可窄些。

（3）斜坡宽度（按垂直投影计）以其与水平部分的宽度比例表示，它是根据平台宽度及其田面土壤的渗透性、斜坡受雨量及径流量确定。一般水平面宽与斜坡宽度的比例可为 1∶1～1∶3（或者更大）。

3. 石坎梯田设计

1）石坎梯田田面宽度设计

设计石坎梯田田面宽度时，应考虑坡地土层厚度。修平后，梯田表层土厚应大于 30cm，田面宽度按下式计算：

$$B = 2 \times (T - h) \times \cot\theta \tag{5-2-3}$$

式中　B——田面净宽度，m；

T——原坡地土层厚度，m；

h——修平后挖方处后缘保留的土层厚度，m；

θ——地面坡度（°）。

2）田坎高度和埂坎高度设计

田坎高度按下式计算：

$$H = B/(\cot\theta - \cot\alpha) \tag{5-2-4}$$

式中　H——田坎高度，m；

B——田面净宽，m；

θ——地面坡度（°）；

α——田坎坡度（°）。

田坎高加上田埂高（蓄水埂）即为埂坎高。

3）石坎梯田断面尺寸设计

石坎梯田断面尺寸设计规格见表 5-2-2 和图 5-2-5。石坎外坡坡度一般为 75°～85°；内侧接近垂直，顶宽 0.3～0.4m。

表 5-2-2　石坎梯田断面尺寸参考数值

地面坡度 θ (°)	田面净宽 B (m)	田坎高度 H (m)	田坎外侧坡度 α (°)	土石方量 (m^3/hm^2)
10	10～12	1.9～2.2	75	2 370～2 745
10	10～12	1.8～2.1	85	2 250～2 625
15	8～10	2.3～2.9	75	2 880～3 630
15	8～10	2.2～2.7	85	2 754～3 375
20	6～8	2.4～3.2	75	3 000～4 005
20	6～8	2.3～3.0	85	2 880～3 750
25	4～6	2.1～3.2	75	2 625～4 005
25	4～6	1.9～2.9	85	2 370～3 630

注：主要适用于长江流域以南地区，北方土石山区或石山区可参考。

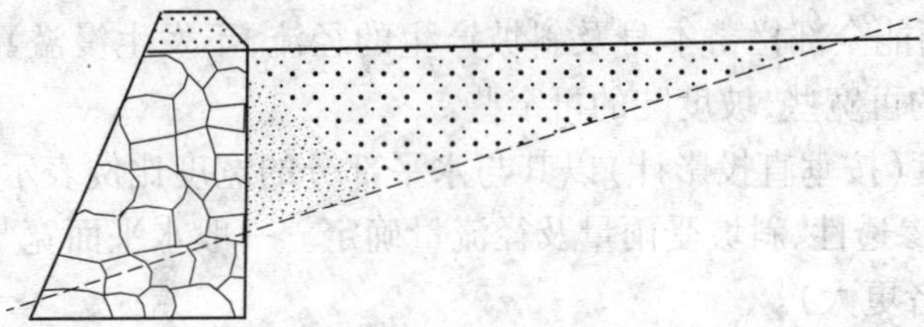

图 5-2-5　石坎梯田断面示意图

（四）梯田施工

1. 梯田定线

定线的主要任务，一是确定规划梯田区内，各台梯田的埂线；二是在各台田面内确定挖填分界线(一般称为中心线)。

1）确定埂线

在规划划定的梯田区的坡面，在其正中(距左右两端大致相等)从上到下划一竖直中轴线。根据梯田断面设计的田面斜宽 B_x，在中轴线上划出各台梯田的 B_x 基点。从各台梯田的 B_x 基点出发，用手水准向左右两端分别测定其等高点；连各等高点成线，即为各台梯田埂线。埂线原则上沿等高线布设，并与径流线垂直，但遇局部地形复杂处，应根据大弯就势、小弯取直的原则处理，有的为保持田面等宽，需适当调整埂线位置。

2）确定挖填分界线

当梯田区各台梯田地形规则、坡面顺直、坡度变化不大时，以各台梯田施工线的中心线为挖填分界线；当地形复杂时，应进行测量，并通过土方平衡计算，确定每一台面上的挖填分界线和不同部位的开挖深度。

2. 土坎梯田的施工

土坎梯田施工分为人工修筑梯田和机械修筑梯田(机修梯田)两种。

1）人工修筑梯田

(1)田坎清基。此法适用于需保留表土的地区；黄土高原土层深厚地区一般不需要保留表土，通过快速培肥技术完全可以达到生土熟化的目的。

①以各台梯田的施工线为中心,上下各划出 50 ~ 60cm 宽,作为清基线。

②在清基线范围内清除表土厚约 20cm,暂时堆在清基线下方,施工中与整个田面保留表土结合处理。

③将清基线内的地面翻松约 10cm,清除石砾等杂物(如有洞穴,及时填塞),整平,夯实。

(2)平整田面。根据田面宽度和培埂情况,一般采取下挖上填(下切上垫)和上挖下填(上切下垫)两种方法相结合,田坎线上、下各 1.5m 范围,采取下挖上填法,从田坎下方取土,填到田坎上方。其余田面采取上挖下填法,从田面中心线以上取土,填到中心线以下。这样可提高工效,节省劳工(见图 5-2-6)。

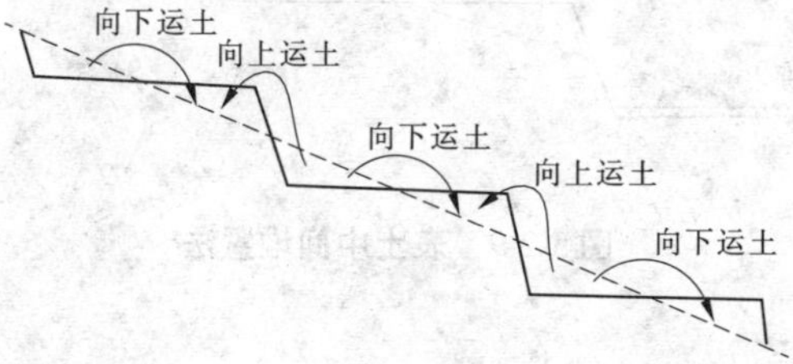

图 5-2-6 上挖下填与下挖上填结合平整田面示意图

(3)修筑田坎。有人工扣拍、椽帮缘、筑软埂三种形式。应用生土填筑,土中不能夹有石砾、树根、草皮等杂物。修筑时应清基,并应分层夯实,每层虚土厚约 20cm,夯实后厚约 15cm。

(4)保留表土。黄土高原黄土深厚地区修筑梯田无此工序。需保留表土的可采用以下方法:

①表土逐台下移法(见图 5-2-7):适用于坡度较陡、田面较窄(10m 以下)的梯田。步骤是:整个坡面梯田逐台从下向上修,先将最下面一台梯田修平,不保留表土;将第二台拟修梯田田面的表土取起,推到第一台田面上,均匀铺好;第二台梯田修平后,将第三台拟修梯田田面的表土取起,推到第二台田面上,均匀铺好;如此逐台进行,直到各台修平。

②表土逐行置换法(见图 5-2-8):适用于坡面坡度较缓,梯田田面较宽(20 ~ 30m)的情况。步骤是:先将田面中部约 2m 宽修平,将其上下两侧各约 1m 宽表土取来铺上;挖上

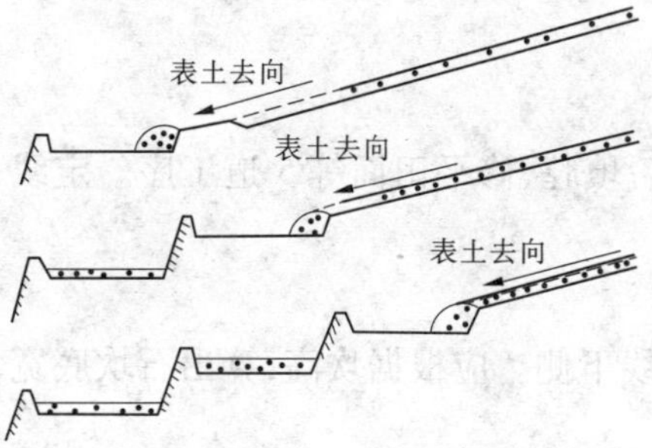

图 5-2-7 表土逐台下移法

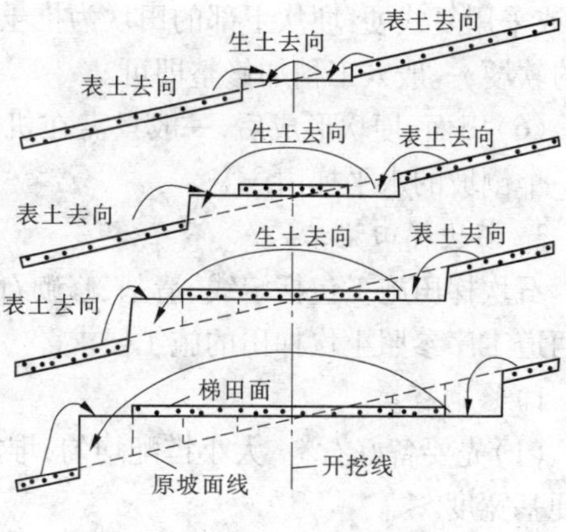

图 5-2-8 表土逐行置换法

侧1m宽田面,填下侧1m宽田面,将平台扩大为4m宽;按照前述方法,再向上下两端各发展1m宽将平台扩大为6m;如此进行,直到把整个田面修平。

③表土中间堆置法(见图5-2-9):适用于田面宽10~15m的情况。施工步骤是:将拟修田面的表土全部取起,堆置在田面中心线位置,堆宽2m左右;将中心线上方田面生土取起,填于下方田面,把整个田面修平;将堆置在中心线的表土均匀铺运到整个田面上。

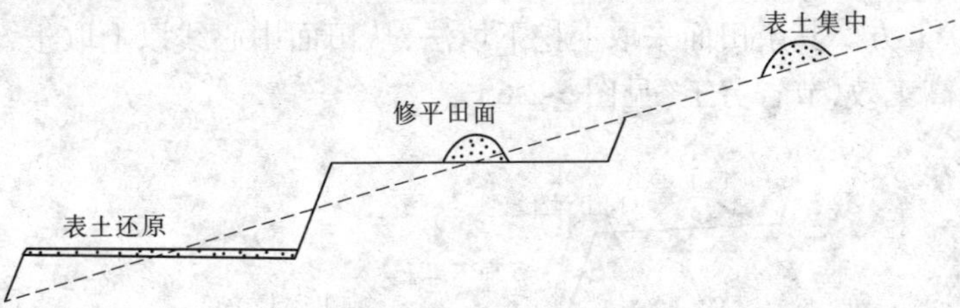

图5-2-9　表土中间堆置法

2)机械修筑梯田

(1)机修梯田的机具分为主要机具和辅助机具。主要机具为:正向运土的有推土机和铲运机;侧向运土的有机引犁、铲抛机;正侧向联合应用的有平地机、回转式推土机。

(2)在规划好的地块,以等高线为梯田中心线用推土机、中型挖掘机先将表土层集中,然后将等高线上方土往下倒,逐步修成内低外高、里外高差0.2m左右的反坡梯田带,最后将表土返还。黄土高原机修梯田则直接将上方土倒向下方,不必要保留表土。

(3)推土机推土,可就近调运土方,由近及远,工效高,但运土方向常与出土方向不一致,加之受机械回转半径影响,挖方部位易形成傍坎区、地角区、中间区,或无法开挖的死角。故需其他机械配合,必要时可进行人工辅助。

(4)挖运土方完成后,采取推土机平田整地,田面宽时可用两台以上联合推土。地形起伏时可用交叉推土法,即先沿埂线推土,并形成浅沟,然后八字形左右推土,将凸形部位的土方向内侧凹形部位运送,直至上下左右达到平整。

(5)机修梯田的埂坎可以采用人工方法修筑。黄土高原地区也可采用碾压切削筑埂,或采用复式埂:埂坎下部的田坎为推土机推土时形成的硬坎;上部田坎为虚土堆积形成的软埂,一般人工稍加修整即可。

(6)田面、埂坎形成后,一般只需在机械深耕后人工稍作平整即可,并使田坎内侧形成一个倒坡的水平梯田。

3. 石坎梯田施工

石坎梯田施工包括定线、清基、修砌石坎、坎后填膛、修平田面等5道工序。定线、清基两道工序参照土坎梯田的施工要求。

1)修砌石坎

(1)先要备好石料,大小搭配均匀,堆放田坎线下侧。应根据坎高,算出石坎底宽,确定埂基宽度。

(2)逐层向上修砌,每层需用比较规整的较大块石(长40~50cm,宽20~30cm,厚15~20cm)砌成田坎外坡,各块之间上下左右都应挤紧,上下两层的中缝要错开呈“品”字形。较长石坎每 10 ~ 15m 留一沉陷缝。

(3)石坎外坡以内各层,要求与外坡相同,但所用石料不必强求规整。修砌过程中整个石坎应均匀地逐层升高,压顶的块石要求规整,且具较大尺寸。

(4)因石坎梯田的建筑材料有条石、块石、卵石、片石、土石混合(南方近年还有素混凝土空心砖与石料结合的形式)等,在砌筑施工工艺上也略有不同。

2)坎后填膛与修平田面

(1)两道工序结合进行。在下挖上填与上挖下填修平田面过程中,将夹在土内的石块、石砾拾起,分层堆放在石坎后,形成一个三角形断面,对石坎起支撑作用。

(2)堆放石块、石砾的顺序是:从下向上先堆大块后堆小块,然后填土进行田面平整。

(3)通过坎后填膛,要求平整后的田面 30 ~ 50cm 深以内没有石块、石砾,以利耕作。

(五)梯田管理

1. 维修养护

(1)水平梯田。发生暴雨后,应及时检查,发现埂坎损毁现象,及时进行补修;新修梯田出现浅沟或产生不均匀沉陷,及时取土填平;坡式梯田的田埂,应随着埂后泥沙淤积情况,每年从田埂下方取土,加高田埂,保持埂后按原设计要求有足够的拦蓄容量。

(2)隔坡梯田。平台与斜坡交接处若有泥沙淤积,应及时将泥沙均匀摊在水平田面,保持田面水平。

2. 促进生土熟化

新修梯田应采取快速培肥技术,促进生土熟化;第一年应选种能适应生土的农作物或绿肥作物,如豆类、马铃薯、豆科牧草等。

3. 田坎利用

(1)田坎特别是机修梯田的软坎,应选择种植经济价值高、对田面作物生长影响小的树种、草种,如黄花菜、金银花、枣、花椒等。

(2)田坎利用应与田坎维修养护、保证田坎安全相结合。

(六)案例分析

(1)修一台梯田,已知田面净宽为 25m,埂坎高度为 3m,当挖填方相等时,梯田挖方的断面面积为 9.38m^2。

计算过程:$V = \frac{1}{2}\left[\frac{B}{2} \times \frac{H}{2} \times L\right] = \frac{1}{8}BHL = \frac{1}{8} \times 25 \times 3 \times 1 = 9.38(m^2)$

(2)修梯田时,已知田面净宽为 15m,埂坎高度为 2m,则每亩的土方量为 166.6m^3。

计算过程:$V = \frac{1}{8}H \times 666.7 = 83.3H = 83.3 \times 2 = 166.6(m^3/\text{亩})$

(3)原地面坡度为 10°,修成梯田后,埂坎坡度为 85°,埂坎高度为 3m,则田面净宽为 16.75m。

计算过程:$B = B_m - b = H(\cot\theta - \cot\alpha) = 3 \times (\cot 10° - \cot 85°) = 16.75(m)$

(4)修梯田时,已知田面净宽为 60m,埂坎高度为 3m,则每公顷的土方移运量为 149 994$m^3 \cdot m/hm^2$。

计算过程: $W = \frac{BH}{12} \times 10^4 = 833.3BH = 833.3 \times 60 \times 3 = 149\,994(m^3 \cdot m/hm^2)$

三、淤地坝设计

淤地坝是指在水土流失地区的沟道中兴建的以拦泥、淤地为主,兼顾滞洪的坝工建筑物。其主要作用是:调节径流泥沙,控制沟床下切、沟岸扩张,减少沟谷重力侵蚀,防止沟道水土流失,减轻下游河道及水库泥沙淤积,变荒沟为良田,改善生态环境。淤地坝设计的主要任务是对选定建筑物的位置和布置进行论证;确定建筑物的等级、设计标准,建筑物的结构形式及尺寸;提出建筑材料、劳动力等需要量;编制工程概算;进行工程效益分析和经济评价。

(一)淤地坝分类、分级及设计标准

1. 淤地坝分类

淤地坝按筑坝材料可分为土坝、石坝、土石混合坝等;按施工方法可分为碾压坝、水坠坝、定向爆破坝、浆砌石坝等。黄土高原淤地坝多数为碾压坝和水坠坝,有极个别为定向爆破坝。以下主要介绍碾压坝及其配套建筑物的设计。

2. 淤地坝分级

淤地坝一般根据库容、坝高、淤地面积、控制流域面积等因素分级。根据《水土保持综合治理技术规范》(GB/T16453.3—1996)和《水土保持治沟骨干工程技术规范》(SL289—2003)(以下简称《综合治理技术规范》和《骨干工程技术规范》),淤地坝可分为大、中、小三级。其中,大型淤地坝也称骨干坝,可分为大(二)型、大(一)型(见表5-2-3)。当按上述四因素确定等级不同时,应按最高等级确定。

表5-2-3 淤地坝分级标准

分级标准	小型淤地坝	中型淤地坝	大型淤地坝(骨干坝)	
			大(二)型	大(一)型
库容(万 m^3)	1~10	10~50	50~100	100~500
坝高(m)	5~15	15~25	>25	
控制流域面积(km^2)	<1	1~3	3~5	3~8
单坝淤地面积(hm^2)	0.2~2	2~7	>7	>10

骨干坝单坝控制面积按土壤侵蚀模数确定,大于15 000t/(km^2·a),一般3km^2;8 000~15 000t/(km^2·a),一般3~5km^2;5 000~8 000t/(km^2·a),一般5~8km^2;侵蚀模数低于8 000t/(km^2·a)的可适当放宽。

3. 淤地坝规模与设计标准

根据《综合治理技术规范》和《水利水电工程等级划分及洪水标准》(SL252—2000)的有关规定,并考虑淤地坝工程的运用特点,按库容规模确定设计标准(见表5-2-4)。对工程位置特别重要且对下游安全影响较大的,工程地质条件特别复杂或者采用实践经验较少的新型结构的淤地坝工程,可提高一级;对下游安全影响较小的淤地坝工程,经论证后可适当降低级别。

表 5-2-4　淤地坝等级划分及设计标准

工程类型		小型淤地坝	中型淤地坝	骨干坝	
总库容(万 m^3)		1 ~ 10	10 ~ 50	50 ~ 100	100 ~ 500
工程等别				五	四
建筑物级别	主要建筑物			5	4
	次要建筑物			5	5
洪水重现期(a)	设计	10 ~ 20	20 ~ 30	20 ~ 30	30 ~ 50
	校核	30	50	200 ~ 300	300 ~ 500
设计淤积年限(a)		5	5 ~ 10	10 ~ 20	20 ~ 30

一般库容小于 50 万 m^3 的淤地坝,设计按《综合治理技术规范》执行;库容 50 万 ~ 500 万 m^3 的按《骨干工程技术规范》执行;库容大于 500 万 m^3 的应进行专门研究。

(二)淤地坝坝系工程布设

坝系是指以小流域为单元,合理布设骨干工程和淤地坝等沟道工程而形成的沟道工程防治体系。其目的是提高沟道整体防御能力,实现流域水土资源的全面开发和利用。

1. 坝系工程布设原则

1)全面规划,统筹安排,利用水沙,淤地灌溉的原则

坝系工程布设应以小流域为单元,在综合治理的基础上,干支沟、上下游全面规划,统筹安排;以长期控制小流域洪水泥沙为主,结合防洪、保收、防碱治碱,充分利用水沙资源,发挥坝系滞洪、拦泥、淤地、灌溉、种植和养殖等多种效益。

2)大(骨干坝)、中、小型淤地坝联合运用,充分发挥坝系整体功能的原则

合理布设控制性的骨干坝,大、中、小型淤地坝相互配合,调洪削峰,确保坝系安全,与小水库、塘坝、引水用水工程等联合运用,保护沟道泉眼与基流,合理利用水资源,充分发挥坝系整体功能,保证坝地高产稳产。

3)骨干坝一次设计,分期加高,经济合理的原则

应充分考虑坝系工程建设的经济合理性,骨干坝可一次设计、分期加高,并达到最终坝高。坝系其他工程也应根据流域实际情况、坝系运行管理等,实施一次规划、分期建设。分期加高时,应根据淤地坝变形规律及经济条件,经论证后确定加高部位、尺寸和方法,应注意与放水建筑物、溢洪道的协调。

2. 坝系工程布设内容

1)建坝密度

应根据沟壑密度、侵蚀模数、洪水、地形、地质条件等因素,结合坝系运用方式和当地经济发展需要,合理确定骨干坝和淤地坝等沟道工程的数量。布设坝密度可通过坝地面积与流域面积的比来反映,黄土高原一般为 1/10 ~ 1/20。

2)工程规模

应根据工程在坝系中的作用,考虑防洪、生产、水资源利用等要求,按有关规范合理确定各类工程规模。

3)建坝顺序

应按照有利于合理利用水沙资源、发挥工程效益、保证防洪安全、合理安排工程建设投资与投劳的要求出发,因地制宜,统一规划,合理确定坝系工程的修建顺序。

(1)汇水面积小于1km^2的支沟,宜先下后上,先在沟口建坝,依次向上游推进。

(2)汇水面积3~5km^2的支沟,应从上游向中下游依次建坝,其坝高和库容指标应依次加大。也可在中、下游同时修建中型淤地坝,待淤平逐步向上游推进,中上游应布设一座骨干坝,确保坝系安全。

(3)汇水面积10~20km^2的主沟,应先上后下,先上游主沟和支沟建设淤地坝,后中下游主沟建设骨干坝和支沟淤地坝。

(4)淤地坝多为梯级开发形式,汇水面积大时,建坝顺序上应首先考虑建设控制性的、安全可靠的骨干工程。

4)方案优选

坝系工程布设方案应进行多方案比较、优选,经分析论证后,择优确定。

3. 坝系工程布设方式

坝系工程布设方式应根据流域面积大小、沟道地形、防洪安全、利用方式及经济技术上的合理性等因素确定。一般地,骨干坝布设在沟道适当位置,起到拦洪滞洪、拦沙的作用,确保坝系整体防御标准,综合利用水沙资源,保护淤地坝、小水库和其他小型拦蓄工程的安全生产;淤地坝在沟道各干支沟其他部位,主要功能是拦泥淤地、种植作物;小水库主要修建在泉水露头的沟段,主要功能是蓄水利用。目前常见的布设方式有以下几种:

(1)骨干坝控制,水沙资源综合利用的方式;

(2)分批建坝,分期加高,蓄种相间的布设方式;

(3)一次成坝,先淤后排,逐坝利用的方式;

(4)坝体持续加高,增大库容,全拦全蓄的方式;

(5)上坝拦洪拦泥,下坝蓄清水,库坝结合的方式;

(6)清洪分治,排洪蓄清,蓄排结合的方式;

(7)引洪漫地,漫排兼顾的方式。

(三)淤地坝建筑物组成及坝型选择

1. 建筑物组成

淤地坝建筑物由坝体、放水工程、溢洪道组成(见图5-2-10);在经济合理,一次设计、分期建设原则指导下,经黄土高原多年实践表明,初期建设时可按下列方案择优确定。

1)建筑物组成方案

(1)"三大件"方案,即由坝体、放水工程、溢洪道三部分组成。该方案后期对洪水泥沙处理以排为主,工程建成后运用较安全,上游淹没损失小。但工程量较大,工程建设、维修及运行费均较高。

(2)"两大件"方案,即由坝体、放水工程两部分组成。该方案对洪水泥沙处理以滞蓄

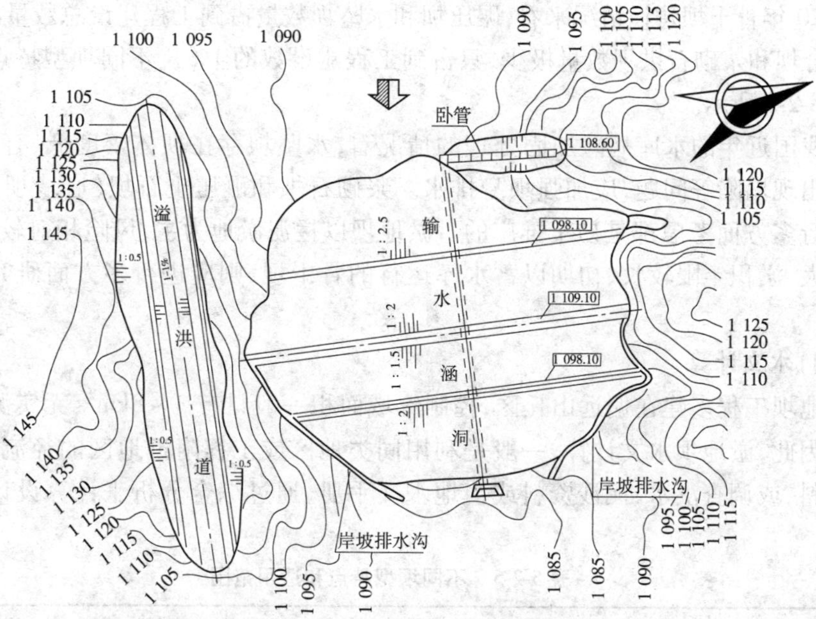

图 5-2-10　淤地坝建筑物组成示意图

为主,不修溢洪道,库容大,坝较高,工程量大,上游淹没损失大,但石方和混凝土工程量小,工程总投资较小。此类工程由较大的滞洪库容和放水建筑物,保证设计频率条件下的防洪安全。

(3)"一大件"方案,即仅有坝体。该方案洪水泥沙处理为全拦全蓄,仅适用于集水面积较小的小型淤地坝。为了增加其安全性,一般坝顶布设浆砌石非常溢流口。

2)方案选择和工程规模确定

(1)方案选择。淤地坝建筑物布设方案应根据自然条件、流域面积、暴雨特点、建筑材料、环境状况(如道路、村庄、工矿等)和施工技术水平确定。"三大件"方案适用于起控制性的骨干坝,流域面积较大,土料含粘粒量大、水坠施工困难,以排为主。"两大件"方案适用于流域面积一般 3 ~ 5km^2,筑坝土料含粘粒适中,水坠、碾压施工均可选择,以滞蓄为主的情况。选择何种方案须进行技术经济比较。

(2)工程规模。坝高与库容应通过水文计算确定,同时应综合考虑各方面的因素。应特别注意对于沟深坡陡、地形破碎且局部短历时的暴雨,雨洪径流一般峰高量小,采用较大库容的办法,易取得较好的效果。

2. 坝型选择

坝型选择应本着因地制宜、就地取材的原则,结合当地的自然经济条件、坝址地形地质条件,以及施工技术条件,进行技术经济比较,合理选择。

当沟道两岸及河床均为岩石基础,石料丰富,相对容易采集,但土料缺乏,设计中多采用浆砌石拱坝或砌石重力坝。定向爆破土坝和土石坝混合坝在极个别地区做过试验,因施工技术较难掌握,并有特殊的地形、地质条件要求,故目前尚未大范围推广。从黄土高原在近20年骨干坝建设情况来看,碾压坝和水坠坝数量占到工程建设总数量的99%,而土石混合坝和浆砌石拱坝数量极少,只占到工程建设数的1%。不同坝型特点和适用范围如表5-2-5所示。

从我国近年的水库病险加固处理的情况看,水坠坝存在坝体密度低、有效应力低、运行中出现塌陷等问题,应加强坝身排水。浆砌石坝和碾压土石坝(心墙坝)无论从稳定和运行多方面考虑都是易于推广的。淤地坝以拦泥淤地为主,风险相对较小,但对于库容较大、淤积年限较长、初期以蓄水库运行的骨干坝,则应进行多方面研究比较确定坝型。

(四)水文计算

淤地坝工程多建在偏远山丘区,控制流域面积一般只有3~8km^2,无实测水文泥沙资料。因此,淤地坝水文计算,一般是利用同类地区或工程附近地区的径流站、水文站实测资料,或调查洪水、泥沙资料或当地水文手册,通过综合分析来计算设计洪水和输沙量。

表5-2-5　不同坝型特点和适用范围

坝型		特点	适用范围
均质土坝	碾压坝	就地取材,结构简单,便于维修加高和扩建;对土质条件要求较低,能适应地基变形,但造价相对水坠坝要高,坝身不能溢流,需另设溢洪道。小型的碾压均质土坝可设浆砌石溢流口	黄土高原地区
均质土坝	水坠坝	就地取材,结构简单,施工技术简单,造价较低;但对土料的粘粒含量有要求(一般要低于20%),且要有充足水源条件	黄河中游多沙粗沙区的陕西、内蒙古、山西和甘肃的部分地区得到广泛应用
均质土坝	定向爆破—水坠筑坝	就地取材,结构简单,建坝工期短,对施工机械和交通条件要求较低;但对地形条件和施工技术要求较高	黄河中游交通困难、施工机械缺乏、干旱缺水的贫困山区
土石混合坝		就地取材,充分利用坝址附近的土石料和弃渣,但施工技术比较复杂,坝身不能溢流,需另设溢洪道	晋、陕、豫三省的黄河干流和渭河干流沿岸,当地石料、土料丰富,适合修建土石坝
浆砌石拱坝		坝体较薄,轻巧美观,可节省工程量,但施工工艺较难,对地形、地质条件要求较高,施工技术复杂	适用于晋、陕、豫三省的黄河干流沿岸,当地沟床较窄,多为石沟库,石料丰富,砌筑拱坝条件优越

1. 计算标准与资料收集

1)水文计算的标准

根据《水土保持治沟骨干工程技术规范》和《水土保持综合治理技术规范》,黄土高原地区淤地坝设计和校核洪水的标准如表5-2-4所示。当工程下游有重要村镇、密集居民区、重要厂矿和交通干线时，应根据实际情况，设计洪水标准应取上限，或经充分论证并经上级批准后可适当提高其设计洪水标准。

2）水文资料的收集和整理

水文资料的收集主要通过当地水文手册和洪水调查。

（1）水文手册。一般包括区域性地理和气候资料；降水、径流、暴雨、洪水、泥沙、水化学、地下水、冰情等方面水文特征值的统计表和等值线图；适合当地情况用以计算水文特征值的经验公式、经验系数、关系曲线、参考资料和计算方法等。有时，还将其中的图专门编成水文图集。当短缺水文资料时，可用水文手册进行水文估算，估算成果可作为设计的主要参考依据。

（2）历史洪水的调查和估算。方法、步骤如下：

①调查、访问和野外测量工作。在进行历史洪水调查前，应收集流域相关的基本资料，如流域及调查河段的地形图、河道的纵横剖面图、沿河水准点高程及位置等；查阅有关历史文献，了解历史洪水的次数、发生年代、洪水的大小次序等情况。在查勘河段时，应特别注意选择顺直河段，有古庙等建筑物、卡口及陡坡等留下较可靠的洪水痕迹；应访问附近居民点上亲身经历过当地历史洪水的老人，通过召开座谈会，了解历史上发生过大洪水的年月日、大小次序、最高洪水位的位置和洪水涨落过程等情况，并到现场指认确定洪水痕迹的位置。洪水痕迹的可靠程度根据调查情况的综合分析，可分为三级：可靠、较可靠和供参考。

调查、访问以后，接着进行测量工作，包括测量洪水痕迹的高程和河道纵横断面图，并确定洪水痕迹在纵断面图上的位置。

②历史洪水的估算。对于一次历史洪水，需要估算洪峰流量、洪水过程线及洪水总量。

如果调查所得的洪水痕迹靠近某一水文站，则可先根据几个洪痕点确定纵向水面线，求出水文站基本水尺断面处该次历史洪水的最高水位。然后，利用水文站实测的水位流量关系曲线，向上延长，求得该次历史洪水的洪峰流量。

如果附近没有水文站，则可利用明渠均匀流的满宁公式推求洪峰流量：

$$Q_{峰} = \omega C\sqrt{Ri} \tag{5-2-5}$$

$$C = \frac{1}{n}R^{1/6} \tag{5-2-6}$$

式中 ω——相应于最高洪水位时的过水断面面积，m^2；

R——相应的水力半径，m，$R=\omega/\chi$，χ为过水断面湿周，m；

i——水力比降，由上、下断面洪痕点的高差除以两断面间沿河间距而得，即$i=h/l$，一般认为，有两个以上洪痕点确定的比降才比较可靠；

n——糙率，应根据调查了解到历史洪水发生时的河道情况，查水力学手册中n值表确定；

C——谢才系数。

在调查历史洪水的同时，也应尽可能调查了解历史暴雨的情况，以供分析之用。

③调查洪水频率 P 的确定：

$$P = \frac{m}{n+1} \times 100\% \tag{5-2-7}$$

式中 P——调查洪水的经验频率(%)；

m——该次洪水在已调查的几次洪水系列中由大至小的序位；

n——调查年代与该次洪水发生年代之差，a。

调查洪水的重现期 N 与经验频率 P 有以下关系：$N=100/P$。

2. 设计洪水计算

1)设计暴雨计算

设计暴雨量是指设计范围内某一选定频率下的暴雨量。即实测暴雨资料系列中，选定的某一暴雨量发生的次数与实测系列总次数的比率(频率)时的暴雨量。设计暴雨量可采用各地水文手册中给定的方法和参数进行计算。

$$H_{24 \cdot P} = K_P \cdot \overline{H}_{24} \tag{5-2-8}$$

式中 $H_{24 \cdot P}$——频率为 P 的24h暴雨量，mm；

$\overline{H}_{24}$——多年最大24h暴雨量均值，mm；

K_P——频率为 P 的皮尔逊Ⅲ型曲线模比系数。

2)设计洪峰流量

设计洪峰流量是指设计范围内某一选定频率下的洪峰流量。即实测洪峰流量资料系列中，选定的某一洪峰流量发生的次数与实测系列总次数的比率(频率)时的洪峰流量。由于无实测水沙资料，淤地坝设计洪峰流量计算一般采用暴雨资料推求洪峰流量的推理公式法、历史洪水调查法和地区经验公式法。

(1)推理公式法。设计洪峰流量可按下列公式计算：

$$Q_P = 0.278 \times \frac{H}{\tau} F \tag{5-2-9}$$

$$\tau = 0.278 \times \frac{L}{mJ^{1/3} \cdot Q_P^{\ 1/4}} \tag{5-2-10}$$

式中 Q_P——设计频率洪峰流量，m^3/s；

H——净雨深，mm，在全面汇流时代表相应于 τ 时段的最大净雨，在部分汇流时代表单一洪峰对应的面平均净雨；

F——流域面积，km^2；

τ——流域汇流历时，h；

L——沿主沟道从出口断面至分水岭的最长距离，km；

m——汇流参数，无资料条件下 m 值确定可参考表5-2-6，表中 $\theta = L/J^{1/3}$；

J——沿流程 L 的平均比降(以小数计)。

表 5-2-6　汇流参数 m 值

类别	雨洪特性、沟道特性、土壤植被条件	推理公式洪水汇流参数 m 值		
		$\theta=1\sim10$	$\theta=10\sim30$	$\theta=30\sim90$
Ⅰ	植被条件较差，以荒坡、梯田或少量的稀疏林为主的黄土丘陵沟壑区，旱作物较多，沟道呈宽浅型，间歇性水流，洪水陡涨陡落	1.00～1.30	1.30～1.60	1.60～1.80
Ⅱ	植被条件一般，以稀疏林、针叶林、幼林为主的黄土丘陵沟壑区或流域内耕地较多	0.60～0.70	0.70～0.80	0.80～0.95
Ⅲ	植被条件良好，以灌木林、乔木林为主的黄土丘陵沟壑区，治理度达40%～50%，沟床多砾石、卵石，两岸滩地杂草丛生，大洪水多为尖瘦型，中小洪水多为矮胖型	0.30～0.40	0.40～0.50	0.50～0.60

（2）历史洪水调查法。当坝址处沟道有历史大洪水调查资料时，可借用邻近沟道最大流量系列的变差系数 C_v 及偏态系数 C_s，采用洪水调查法进行设计洪峰流量的计算。

（3）地区经验公式法。常用的有洪峰面积相关法和综合参数法。

3）设计洪水总量

设计洪水总量是指设计范围内某一选定频率下的洪水总量，即实测洪水总量资料系列中，选定的某一洪水总量发生的次数与实测系列总次数的比率（频率）时的洪水总量。洪水总量包括设计洪水总量和校核洪水总量，设计洪水总量用于确定淤地坝施工度汛时的防汛坝高，校核洪水总量用于计算淤地坝防洪库容。设计洪水总量一般采用设计暴雨间接推求，其频率与设计洪峰的频率相同。至于设计暴雨的时段应取多长，需根据淤地坝工程规模及泄洪能力的大小而确定。对于无实测洪水资料，洪水陡涨陡落的小流域，一般可用24h设计暴雨所形成的洪水总量作为设计洪水总量。

（1）推理公式法，计算公式为：

$$W_P=0.1\alpha\cdot H_P\cdot F \tag{5-2-11}$$

式中　W_P——设计洪水总量，万 m^3；

α——洪量径流系数，可采用当地经验值；

其他符号含义同前。

（2）经验公式法，计算公式为：

$$W_P=A\cdot F^m \tag{5-2-12}$$

式中　A、m——洪量地理参数及指数，可由当地水文手册中查得；

其他符号含义同前。

4）设计洪水过程线

设计洪水过程线是洪水流量随时间变化过程。淤地坝调节洪水能力较低，放水涵（或卧）管一般只起放空库容的作用，不参与调洪。同时，考虑到小流域暴雨产生的洪水多为暴涨暴落，因此在推求设计洪水过程线时可将单峰的设计洪水过程线概化为三角形过程线（见图5-2-11）。三角形的顶点为设计洪峰流量 Q_P，三角形的面积等于设计洪水总量 W_P。洪水过程线的总历时 T 可用下列公式计算：

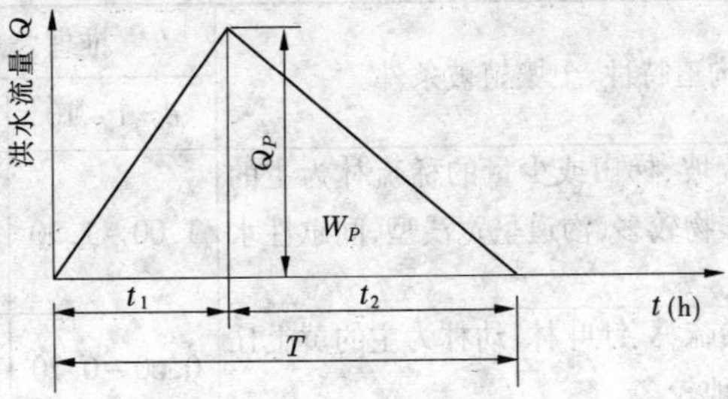

图 5-2-11　概化三角形过程线

$$T = t_1 + t_2 = 2\frac{W_P}{Q_P} \tag{5-2-13}$$

式中　T——洪水总历时，h；

t_1——涨洪历时，h；

t_2——退洪历时，h；

Q_P——设计洪峰流量，m^3/s；

W_P——设计洪水总量，万 m^3。

涨水历时计算公式：

$$t_1 = d_{t_1} \cdot T \tag{5-2-14}$$

式中　d_{t_1}——涨水历时系数，其值变化在 0.1～0.5，视洪水产汇流条件而异，在具体计算时取用当地的经验值；

其他符号含义同前。

5)调洪演算

淤地坝建筑物组成为“一大件”，全拦全蓄，一般标准较低，不参与调洪；“两大件”工程，由于放水工程的泄洪量较小，调洪演算也不予考虑，滞洪库容只计算坝控流域面积内的一次暴雨洪水总量；“三大件”工程需要进行调洪演算，主要是计算溢洪道的下泄流量、洪水总量和泄洪过程线。

(1)单坝调洪演算。按下列公式计算：

$$\left.\begin{aligned} q_P &= Q_P\left(1 - \frac{V_z}{W_P}\right) \\ q_P &= Mbh_0^{1.5} \end{aligned}\right\} \tag{5-2-15}$$

式中　q_P——频率为 P 的洪水时溢洪道最大下泄流量，m^3/s；

Q_P——设计洪峰流量，m^3/s；

V_z——滞洪库容，万 m^3；

W_P——设计洪水总量，万 m^3；

M——流量系数；

b——溢洪道宽，m；

h_0——包含行近流速的溢洪道堰上水头，m。

(2)上游有泄洪骨干坝的调洪演算。拟建工程上游有设置溢洪道的骨干坝时，其调洪演算参见《水土保持治沟骨干工程技术规范》(SL289—2003)。

以上单坝与上游有泄洪量的计算公式常用在溢洪道底面和设计淤泥面高程相平时的调洪演算。

6)输沙量计算

工程输沙量计算一般包括多年平均输沙量和某一频率输沙量及过程计算，目的是推算淤积库容和一次洪水排沙量。

输沙量计算包括悬移质沙量和推移质沙量两部分，可用下式计算：

$$\overline{W}_{sb} = \overline{W}_s + \overline{W}_b \tag{5-2-16}$$

式中 $\overline{W}_{sb}$——多年平均输沙量，t/a；

$\overline{W}_s$——多年平均悬移质输沙量，t/a；

$\overline{W}_b$——多年平均推移质输沙量，t/a。

(1)悬移质输沙量计算。小流域一般无泥沙观测资料，多采用间接方法进行估算。常用的方法有：

①输沙模数(侵蚀模数)图查算法，计算公式为：

$$\overline{W}_s = \sum F_i M_{si} \tag{5-2-17}$$

式中 M_{si}——分区输沙模数，t/(km^2·a)，可根据省、地有关水文图集、手册中输沙模数等值线图或表查算；

F_i——分区面积，km^2；

其他符号含义同前。

②输沙模数经验公式法，计算公式为：

$$\overline{W}_s = K\,\overline{M}_0^b \tag{5-2-18}$$

式中 $\overline{M}_0$——多年平均径流模数，万 m^3/(km^2·a)；

b——指数，采用当地经验值；

K——系数，采用当地经验值；

其他符号含义同前。

(2)推移质输沙量计算。目前小流域推移质输沙量缺乏实测资料，常采用以下两种计算方法。

①比例系数法，计算公式为：

$$\overline{W}_b = \beta\,\overline{W}_s \tag{5-2-19}$$

式中 β——比例系数，可采用当地调查值或采用相似流域实测值，黄土丘陵型区 β 一般可采用0.05～0.30；

其他符号含义同前。

②坝库淤积调查法。利用已成坝库淤积量和进出库泥沙观测资料计算推移质输沙量。其计算公式为：

$$\overline{W}_b = \overline{W}_1 - (\overline{W}_s - \overline{W}_2) \tag{5-2-20}$$

式中　$\overline{W}_1$——多年平均库坝淤积量，t/a；

$\overline{W}_2$——多年平均库坝排沙量，t/a；

其他符号含义同前。

(五)土坝坝体渗流和坝坡稳定分析计算

坝体计算包括作用力及其效用的分析、渗流计算、固结计算和稳定分析等。对于蓄水运用或坝高大于30m、库容大于100万m^3的淤地坝，坝体设计计算包括进行稳定分析、渗流计算、沉降计算。地震活动地区还应进行抗震验算。对于小型淤地坝可参照同类工程采用类比法设计。

1. 坝体渗流计算

土坝的渗流计算一般采用水力学方法，近似确定浸润线的位置，计算渗流流量、平均流速和坡降。根据淤地坝建设和运行实践，下面主要介绍淤地坝工程常用的不透水地基上均质土坝渗流计算公式。

常用的坝体排水形式有棱体排水、贴坡排水和褥垫排水。以下主要对棱体排水进行渗流计算分析，其他排水形式的渗流计算可参见《淤地坝设计》(中国计划出版社)相关章节的内容。

对于棱体排水，无论下游有水还是无水，其(见图5-2-12)渗流水深h_0为：

$$h_0 = H_2 + \sqrt{L_1^2 + (H_1 - H_2)^2} - L_1 \tag{5-2-21}$$

通过坝体的单宽渗流量q为：

$$q = K\frac{H_1^2 - h_0^2}{2L_1} \tag{5-2-22}$$

其中K为坝体渗透系数。

替代上游三角体的渗流水头损失而虚拟的矩形体宽$\Delta L = \frac{m_1}{2m_1 + 1} \cdot H_1$；坝体浸润线方程为：

$$y^2 = 2\frac{q}{K}x + h_0^2 \tag{5-2-23}$$

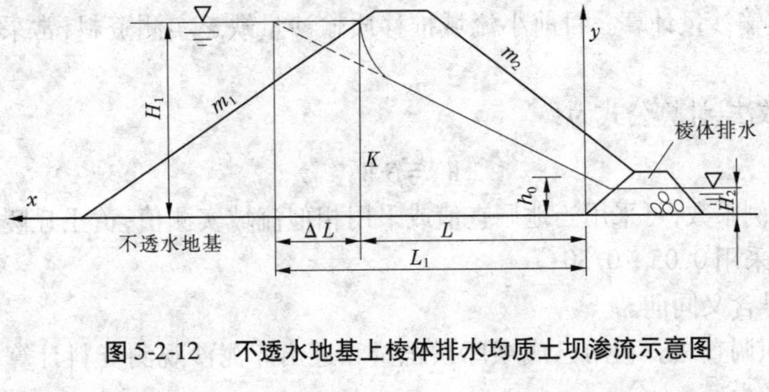

图5-2-12　不透水地基上棱体排水均质土坝渗流示意图

2. 坝坡稳定分析

土坝稳定分析是确定其设计剖面和评价坝体安全的主要依据。淤地坝与水库的运用方式不同,库内蓄水时间短,多数坝体内形不成浸润线,即使形成浸润线,其出逸点也比较低,超不出下游坝脚。鉴于淤地坝运行的复杂性,对于库内初期蓄水量较大的大型淤地坝,必须进行坝坡稳定分析计算,同时还应参考工程经验加以判断。

1)稳定安全系数

淤地坝运用有两种:一是正常运用条件,即骨干坝水位处于死水位和设计洪水位之间的各种水位的稳定渗流期,骨干坝水位处于上述范围内经常性的正常降落;二是非常运用条件,即骨干坝施工期或校核洪水位有可能形成稳定渗流的情况。

按《水土保持治沟骨干工程技术规范》规定,坝坡抗滑稳定的最小安全系数,按照正常运用条件和非常运用条件应分别采用1.25和1.15。小型淤地坝可根据工程经验应用类比法设计。

2)抗剪强度指标的测定与选择

土坝的强度指标应按坝体设计干容重和含水量制样,采用三轴仪测定其总应力或有效应力强度指标,抗剪强度指标的测定和应用方法可按照《碾压式土石坝设计规范》(SL274—2001)的规定选用。试验值可按表5-2-7的规定取值进行修正。

表5-2-7 强度指标修正系数

计算方法	试验方法	修正系数
总应力法	三轴不固结不排水剪	1.0
	直剪仪快剪	0.5~0.8*
有效应力法	三轴固结不排水剪(测孔压)	0.8
	直剪仪慢剪	0.8

注:*根据试样在试验过程中的排水程度选用,排水较多时取小值。

3)稳定分析方法

碾压坝稳定分析一般按平面问题,采用瑞典圆弧法或简化毕肖普法计算。

(1)瑞典圆弧法。该法假定土坡失稳破坏可简化为一平面应变问题,破坏滑动面为一圆弧形面,将面上作用力相对于圆心的阻滑力矩与滑动力矩的比值定义为土坡的稳定安全系数。计算时将可能滑动面以上的土体划分成若干铅直土条,略去土条间相互作用力的影响。

(2)简化毕肖普法。瑞典圆弧法不满足每一土条力的平衡条件,一般使计算出的安全系数偏低,个别情况可达60%。毕肖普法在这方面作了改进,近似考虑了土条间相互作用力的影响。

(六)淤地坝坝体设计

淤地坝设计包括坝体基本剖面、坝体构造以及淤地坝配套加固设计等内容。

坝体的基本剖面应根据坝高、建筑物级别、坝基情况及施工、运行条件等,参照现有关工程的经验初步拟定,然后通过渗流和稳定分析,最终确定合理的剖面形状。也可参照《水土保持治沟骨干工程技术规范》的经验数值直接选用。

1. 坝高确定

淤地坝库容由拦泥库容、滞洪库容组成,因此坝高由拦泥坝高、滞洪坝高加上安全超

高确定,即

$$H = H_L + H_Z + \Delta H \tag{5-2-24}$$

式中 H——总坝高,m;

H_L——拦泥坝高,m;

H_Z——滞洪坝高,m;

ΔH——安全超高,m。

1)拦泥坝高

淤地坝以拦泥淤地为主,拦泥库容对应的坝高就是拦泥坝高(H_L)。拦泥坝高一般取决于淤地坝的淤积年限、地形条件、淹没情况等,应根据设计淤积年限和多年平均来沙量,计算出拦泥库容,再由坝高—库容曲线查出相应的拦泥坝高。拦泥库容的计算公式为:

$$V_{拦} = \frac{M_s \cdot F \cdot N}{\gamma} = W_s \cdot N \tag{5-2-25}$$

式中 $V_{拦}$——拦泥库容,万 m^3;

W_s——多年平均输沙量,万 m^3/a;

F——坝控流域面积,km^2;

M_s——多年平均侵蚀模数,$t/(km^2 \cdot a)$;

γ——淤积泥沙干容重,一般为 $1.3t/m^3$;

N——设计淤积年限,a。

2)滞洪坝高

就是滞洪库容所对应的坝高。淤地坝为有效拦蓄泥沙,并结合洪水峰高量小的特点,多修建成高坝大库的"两大件"形式,库容组成除考虑拦泥库容外,一般还要考虑一次校核标准的洪水总量作为其滞洪库容。滞洪坝高 H_Z 的确定如下:当工程由"三大件"组成时,滞洪坝高等于校核洪水位与设计淤泥面之差,即溢洪道最大过水深度;当工程为"两大件"时,滞洪坝高为设计淤泥面上,一次校核洪水总量所对应的水深,即由一次校核洪水总量查库容曲线得出相应的滞洪坝高。

3)安全超高

为了保障淤地坝安全,库内校核洪水位之上要有足够的安全超高,但淤地坝不长期蓄水,不考虑波浪爬高。安全超高是根据各地淤地坝运用的经验确定的,设计时参考表5-2-8。

表5-2-8 碾压土坝安全超高参考值

坝高(m)	10~20	>20
安全超高(m)	1.0~1.5	1.5~2.0

淤地坝的设计坝高是针对坝沉降稳定以后的情况而言的,因此竣工时的坝顶高程应预留足够的沉降量。根据淤地坝建设的实际情况,碾压土坝坝体沉降量取设计坝高(三部分坝高之和)的1%~3%,水坠坝较碾压坝沉陷量大,一般应按设计坝高的3%~5%增加土坝的施工高度。

2. 坝顶宽度

土坝的坝顶宽度应根据坝高、施工、构造和交通等方面的要求综合考虑后确定,当坝顶有交通要求时,还应满足交通需要。无交通要求时,按表 5-2-9 确定。

表 5-2-9　碾压坝坝顶宽度

坝高(m)	10~20	20~30	30~40
碾压坝顶宽度(m)	3	3~4	4~5

为了排除雨水,坝顶面应向两侧或一侧倾斜,坡度宜采用 2%~3%,并应做好坝面排水系统。

3. 坝坡与马道

1)坝坡

坝坡坡度对坝体稳定以及工程量的大小均起重要作用。碾压土坝的坝坡选择可参考表 5-2-10,同时掌握以下的原则:

表 5-2-10　坝坡坡率

坝型	土料或部位	坝高(m)		
		10~20	20~30	30~40
水坠坝	砂壤土	2.00~2.25	2.25~2.50	2.50~2.75
	轻粉质壤土	2.25~2.50	2.50~2.75	2.75~3.00
	中粉质壤土	2.50~2.75	2.75~3.00	3.00~3.25
碾压坝	上游坝坡	1.50~2.00	2.00~2.50	2.50~3.00
	下游坝坡	1.25~1.50	1.50~2.00	2.00~2.50

注:水坠坝上、下游坝坡一般采用相同坡率,冲填速度应控制在 0.2m/d 左右。

(1)上游坝坡在汛期蓄水时处于饱和状态,为保持坝坡稳定,上游坝坡应比下游坝坡缓。

(2)粘性土料的稳定坝坡为一折线面,上部坡陡,下部坡缓,所以用粘性土料做成的坝坡,常沿高度分成数段,每段 10~20m,从上而下逐段放缓,相邻坡率差值取 0.25。

(3)由粉土、砂壤土、轻壤土修建的均质坝,透水性较大,为了保持渗流稳定,一般要求适当放缓下游坝坡。

(4)当坝基或坝体土料沿坝轴线分布不一致时,应分段采用不同坡率,在各段间设过渡区,使坝坡缓慢变化。

(5)对于小型淤地坝坝坡坡率可采用类比法确定。

2)马道

马道,又称戗台。土坝坝坡(主要是下游坡)常沿高程每隔 10~15m 设置一条马道,马道宽为 1~1.5m。其作用是:拦截雨水、防止冲刷坝坡;同时便于进行坝体检修和观测;增加坝底宽度,有利于坝体稳定。马道一般设在坡度变化处。

4. 坝顶、护坡与排水

1) 坝顶

淤地坝一般对坝顶构造无特殊要求,可直接采用碾压土料,如兼作乡村公路,可采用碎石、粗砂铺坝面,厚度 20 ~ 30cm。为了排除雨水,坝顶面应向两侧或一侧倾斜,做成 2% ~3% 的坡度。

2) 护坡与排水

设计淤积面以上的土坝上游坝坡及下游坝坡必须设置护坡与排水。

(1) 护坡。护坡材料应因地制宜,就地取材,或铺砌砾石,或种植多年生牧草及灌木。严寒地区的粘性土坝坡应设防冻垫层,其厚度不得小于当地的冻结深度。

(2) 坝坡排水。下游坝坡应设纵横向排水沟。横向排水沟一般每隔 50 ~ 100m 设置 1 条,其总数不少于 2 条;纵向排水沟设置高程与马道一致并设于马道内侧,尺寸和底坡按集水面积计算确定。纵向排水沟应从中间向两端倾斜(坡度 $i = 0.1\% \sim 0.2\%$),以便将雨水排向横向排水沟。坝体与岸坡连接处也必须设置排水沟。排水沟一般采用现浇混凝土或预制件拼装或浆砌石砌筑。

5. 坝体排水

1) 棱体排水

棱体排水又称滤水坝趾,它是在下游坝脚处用块石堆成的棱体。棱体顶宽不小于 1.0m,排水体高度可取坝高的 1/5 ~1/6,顶面高出下游最高水位 0.5m 以上,而且应保证浸润线位于下游坝坡面的冻层以下。棱体内坡根据施工条件确定,一般为 1∶1.0 ~ 1∶1.5,外坡取为 1∶1.5 ~1∶2.0。棱体与坝体以及土质土基之间均应设置反滤层,应避免在棱体上游坡脚处出现锐角。

棱体排水是一种可靠的、被广泛应用的排水设施,它排水效果好,可以降低浸润线,能防止坝坡遭受渗透和冲刷破坏,且不易冻损,但用料多,费用高,施工干扰大,堵塞时检修困难。在松软地基上棱体易发生沉陷。

2) 贴坡排水

贴坡排水又称表面排水,它是用一二层堆石或砌石加反滤层直接铺设在下游坝坡表面,不伸入坝体的排水设施。排水顶部需高出浸润线逸出点 1.5m 以上,排水体的厚度应大于当地的冰冻深度。排水底脚处应设置排水沟或排水体,并具有足够的深度,以便在水面结冰后,下部保持足够的排水断面。

这种形式的排水结构简单,用料少,施工方便,易于检修,能保护边坡土壤免遭渗透破坏,但对坝体浸润线不起降低作用,且易因冰冻而失效。

3) 褥垫排水

褥垫排水是沿坝基面平铺的由块石组成的水平排水层、外包反滤层。伸入坝体内的深度一般不超过坝底宽的 1/2 ~2/3,块石层厚 0.4 ~0.5m。这种排水倾向下游的纵坡一般为 0.005 ~0.1。

这种形式的排水能降低坝体浸润线,可防止坝坡土体浸水冻胀和坝坡的渗透破坏,且用石料少,造价低,适用于在下游无水的情况下布设。水坠坝冲填土料的粘粒含量大于 20% 时,宜采用褥垫排水。其缺点是施工复杂,易堵塞和沉陷断裂,检修较困难。当下游水位高于排水设备时，降低浸润线的效果将显著降低。

（七）放水建筑物设计

1. 放水建筑物的组成及位置选择

1）放水建筑物的组成

淤地坝放水建筑物由取水建筑物、放水涵洞、出口消能段组成。取水建筑物采用卧管或竖井，并通过消力池（井）与之连接；放水涵洞位于坝下，一般与坝轴线基本垂直；出口消能段一般砌筑锥体或翼墙与明渠连接，当明渠为缓坡，出口流速较小（如低于6m/s）时，通常采用防冲铺砌与沟床连接；当明渠为陡坡，出口流速较大时，采用消能设施，如底流消能或挑流消能。

2）放水建筑物的位置选择

放水建筑物的位置选择应满足以下条件：

（1）放水建筑物应设置在基岩或质地均匀而坚实的土基上，以免由于地基不均匀沉陷而发生洞身断裂，引起漏水，影响工程的安全。

（2）放水卧管与涵洞的轴线夹角应不小于90°；涵洞的轴线应当与坝轴线基本垂直，并尽量使其顺直，避免转弯。

（3）放水涵洞有灌溉任务时，其位置应布置在靠近灌区的一侧；若考虑将来坝地排洪渠的布置，则最好选在排洪渠和溢洪道的同侧。出口高程应能满足自流灌溉的要求，出口消能设施应布置在坝脚以外；进口高程应根据地质、地形、施工、淤积运用情况等要求确定。

（4）对于分期加高的淤地坝，要考虑土坝在上游淤积面上加高后放水建筑物的处理问题。不但竖井或卧管部分要随时加高，而且放水涵洞也应视具体情况而延长。

（5）对于骨干工程及多地震区的淤地坝，不应在软基土坝下埋管。

2. 放水建筑物的结构形式与材料

1）卧管、竖井

（1）卧管是一种分段放水的启闭设备，一般采用方形砌石或圆形钢筋混凝土结构。它砌筑在靠近涵洞附近的山坡上，上端高出最高蓄水位，管上每隔0.3～0.6m（垂直距离）设一放水孔，平时用孔盖（或混凝土塞）封闭（见图5-2-13），用水时，随水面下降逐级打开。卧管下端用消力池与涵洞连接。孔盖打开后，库水就由孔口流入管内，经过消力池由涵洞放出库外。为防止放水时卧管发生真空，其上端设有通气孔。

卧管应布置在原状土质或石质基础上，以避免沉陷而折裂。其纵坡按山坡地形确定，坡度太陡，则水流过急且管身易向下滑动；坡度太缓，会加长卧管，浪费材料，一般为1∶2～1∶3。在卧管与涵洞接头处需做消力池，然后由涵洞放出。此种放水设备技术比较简单，适宜就地取材，同时不受死库容的影响，下孔淤塞，上孔仍可放水。另外放水时，库面水先放，放的是清水，同时水温较高，有利于作物生长。其优点是便于管理，排放灵活；缺点是工程量大，造价较高。目前淤地坝多采用这种形式。

（2）竖井，常用圆形砌石结构，底部设消力井，井深0.5～1.0m，井壁每隔0.5m设一对放水孔，相互交错排列，孔口顶留门槽以插入闸板（见图5-2-14）。竖井下部与输水涵洞连接。竖井的优点是结构简单，工程量少；缺点是闸门关闭困难，管理不便，目前较少采用。

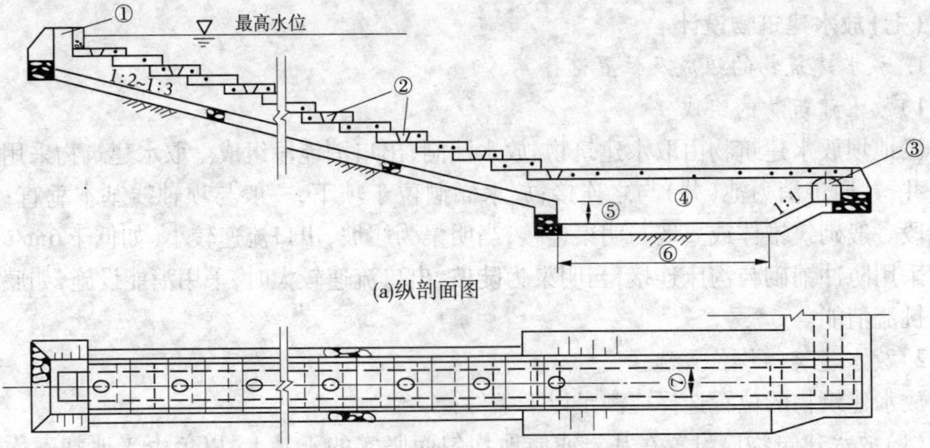

(a)纵剖面图

(b)平面图

图 5-2-13　卧管结构图

①—通气孔；②—放水孔；③—涵洞；④—消力池；⑤—池深；⑥—池长；⑦—池宽

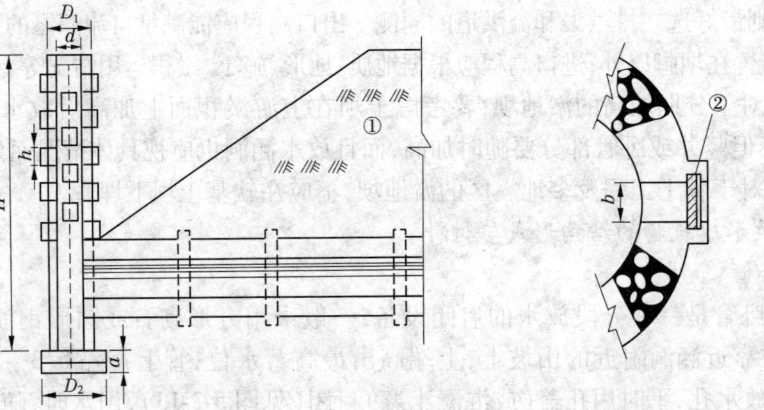

(a)竖井剖面图　　(b)放水孔大样图

图 5-2-14　竖井结构图

①—土坝；②—插板闸门

2)涵洞

涵洞结构形式主要有盖板涵、圆涵和拱涵三种，采用的主要材料为钢筋混凝土、素混凝土和浆砌石。

(1)盖板式涵洞。由洞底、两侧边墙及顶部盖板组成(见图 5-2-15)。两侧边墙与洞底可做成整体式(图 5-2-15(a))，也可做成分离式(图 5-2-15(b))，当洞内流速不大时也可不做洞底，仅采用简单护砌(图 5-2-15(c))。

盖板涵的洞底、边墙多采用浆砌石或素混凝土建造。盖板则多采用钢筋混凝土板。当跨径较小时，在盛产石料地区也可采用石盖板。

(2)圆涵洞，多采用钢筋混凝土预制管，目前一般采用的标准直径主要有 0.6m、

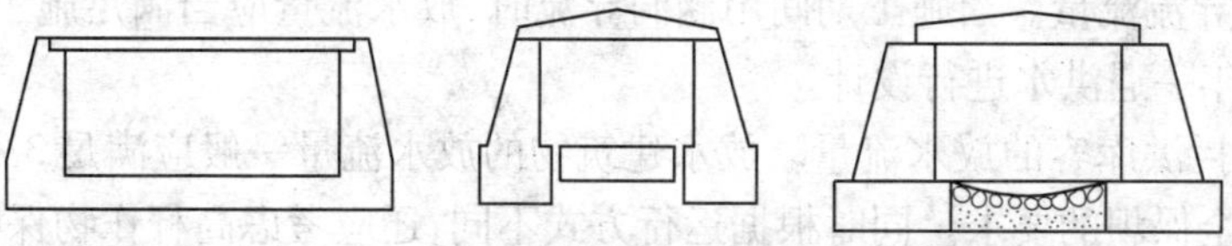

(a)整体基础盖板涵　(b)分离基础盖板涵　(c)护底盖板涵

图 5-2-15　盖板涵洞

0.75m、0.8m、1.0m、1.25m,钢筋混凝土圆涵可根据基础情况选择采用有底座基础(见图 5-2-16(a))或直接放在地基上(见图 5-2-16(b))。

当涵洞直径很小时,也可用混凝土制作的圆涵,但直径不宜超过 0.4m。

(3)拱涵洞,淤地坝中的拱涵多为平拱或半圆拱。采用平拱(见图 5-2-17(a))和半圆拱(见图 5-2-17(b)),可根据跨径大小和地基情况采用整体式(见图 5-2-17(a))或分离式基础(见图 5-2-17(b))。拱涵一般采用石砌体或素混凝土建造。

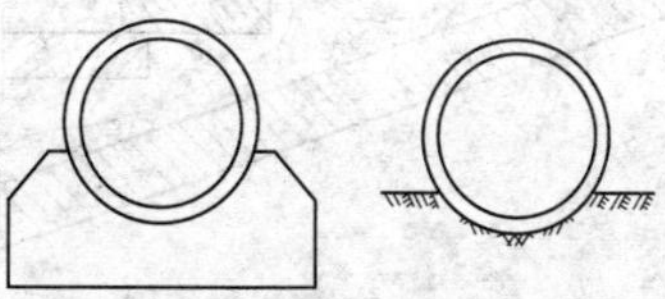

(a)有底座圆涵　(b)无底座圆涵

图 5-2-16　圆涵洞

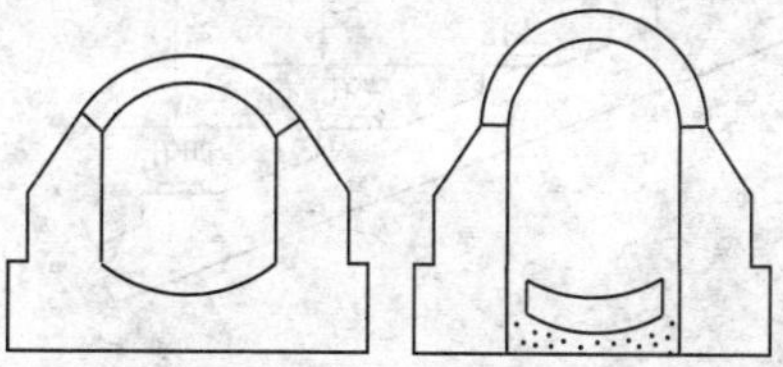

(a)平拱　(b)半圆拱

图 5-2-17　拱涵

3. 放水建筑物设计

放水建筑物设计包括确定放水建筑物的设计流量、卧管孔径,卧管流量校核,卧管与涵洞结合部的消力池设计,竖井水力设计,涵洞水力设计和出口的消能防冲设计等。

1)放水流量的确定

放水流量是设计放水工程断面尺寸的依据,其大小应根据下游灌溉、施工导流、排沙以及泄空库容等所需要的流量来确定。

(1)灌溉流量 Q 按下式计算:

$$\left.\begin{aligned} &\text{连续灌溉} \qquad Q = \frac{q_k \cdot A}{\eta} \\ &\text{轮流灌溉} \qquad Q = \frac{N \cdot q_k \cdot \bar{A}}{\eta} \end{aligned}\right\} \tag{5-2-26}$$

式中 Q——灌溉流量,m^3/s;

q_k——设计灌水率,$m^3/(s \cdot hm^2)$;

A——灌溉面积,hm^2;

$\bar{A}$——轮灌组平均灌溉面积,hm^2;

N——轮灌组数;

η——灌溉水利用系数,对于小灌区 $\eta = 0.7$。

(2)施工导流流量。当施工期间用涵洞导流时，放水流量应当满足施工导流要求，按施工期间 10 年一遇洪水进行设计。

(3)泄空拦洪库容的放水流量。放水建筑物的放水流量一般应满足 3 ~ 5d 腾空拦洪库容，达到安全保坝的要求。同时根据运行方式不同，还应考虑高秆作物保收要求。

对某一具体工程，应根据淤地坝所担负任务(如灌溉、导流、泄空库容)分别计算其所需要的流量，然后取其中的大值(必要时加 10% ~20% 的保证系数)。

2)卧管式放水工程

(1)卧管放水孔直径按小孔出流公式计算确定。计算时，一般按同时开启两孔或三孔计算。开启一孔时，孔上水头通常按一个台阶高度考虑，同时开启两孔或三孔时，分别按一个级差和两个级差考虑(见图 5-2-18)。

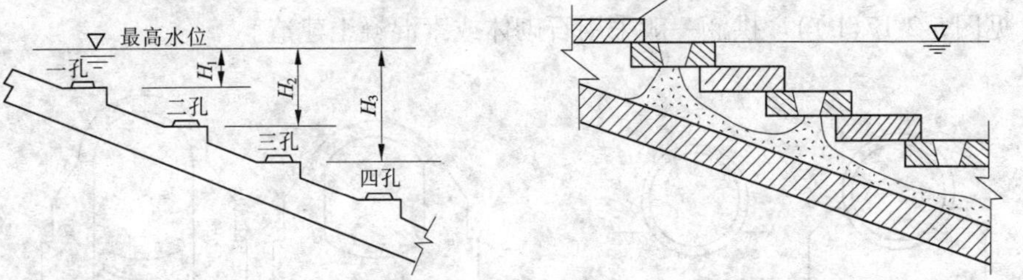

图 5-2-18　卧管放水孔

开启一孔：
$$d = 0.68\sqrt{\frac{Q}{H_1^{1/2}}} \tag{5-2-27}$$

同时开启两孔：
$$d = 0.68\sqrt{\frac{Q}{H_1^{1/2} + H_2^{1/2}}} \tag{5-2-28}$$

同时开启三孔：
$$d = 0.68\sqrt{\frac{Q}{H_1^{1/2} + H_2^{1/2} + H_3^{1/2}}} \tag{5-2-29}$$

式中　d——放水孔直径，m；

Q——放水流量，m^3/s；

H_1、H_2、H_3——各级孔上水深，m。

(2)卧管通过的流量。应考虑水位变化而导致的流态变化，设计流量比正常运用时加大 20% ~30%。按明渠均匀流公式计算其所需过水断面。

$$A = \frac{Q_{加}}{C\sqrt{Ri}} \tag{5-2-30}$$

式中　$Q_{加}$——通过卧管的流量，m^3/s；

A——卧管断面面积，m^2；

C——谢才系数，$C = \frac{1}{n}R^{1/6}$，其中 n 为糙率，混凝土 $n = 0.014 \sim 0.017$，浆砌石 $n = 0.02 \sim 0.025$；

i——卧管纵坡，1∶2 ~ 1∶3；

R——水力半径，m。

(3)卧管断面尺寸。卧管有圆管和方管(正方形和长方形)两种，一般用浆砌石、混凝土和钢筋混凝土做成。流量小时，也可用陶瓷管或混凝土预制管。当采用方管时，盖板修成台阶状；如系圆卧管，则应在管上或管旁另筑台阶。为保证卧管及涵洞内为无压流，卧管下部的消力池跃后水位应不淹没涵洞进口，卧管高度应较正常水深加高3~4倍。

(4)消力池水力计算。消力池一般采用浆砌石或钢筋混凝土筑成的长方形结构，其水力计算公式见本节放水涵洞部分。

(5)卧管与消力池结构尺寸。卧管与消力池主要承受水压力，其结构尺寸决定于它在水下的位置、跨度以及卧管使用的材料，其结构计算公式可参考本节盖板涵结构尺寸计算公式。

有关各类卧管断面尺寸可参考有关规范和《淤地坝设计》(中国计划出版社)。

3)竖井式放水工程

(1)竖井水力计算。按孔口出流公式计算：

$$\omega = \frac{Q}{2\mu\sqrt{2gH_1}} \tag{5-2-31}$$

若采用上、下两对放水孔同时放水时：

$$\omega = \frac{Q}{2\mu(\sqrt{2gH_1} + \sqrt{2gH_2})} \tag{5-2-32}$$

式中 ω——孔口面积，m^2；

Q——要求放水流量，m^3/s；

μ——流量系数，一般取$\mu = 0.65$；

H_1、H_2——孔口中心至水面深度，m；

g——重力加速度，m/s^2。

竖井底布设的消力井，可按下式计算：

$$\left.\begin{aligned} E &= 9.81QH \\ V &= \frac{E}{8} = \frac{9.81QH}{8} = 1.23QH \end{aligned}\right\} \tag{5-2-33}$$

式中 H——作用水头，m，可近似采用正常蓄水位与竖井底部高程的差值；

V——消力井的最小容积，m^3；

E——单位体积的消能量，kW/m^3；

其他符号含义同前。

(2)竖井结构尺寸。竖井应选在岩石或硬土地基上。较高的竖井或地基较差时，还应在其底部修筑井座，以减小对地基的压力，其高度为1.5~3.0m，厚度可为井壁的2倍。竖井结构和不同井深的各部分断面尺寸，可参考《淤地坝设计》(中国计划出版社)。

4. 放水涵洞

1)涵洞洞型选择

(1)淤地坝放水涵洞洞型通常采用圆涵、盖板涵和拱涵三种。治沟骨干工程的涵洞一般为无压涵洞，多采用圬工结构，如石砌盖板涵和拱涵等。小型涵洞或缺少石料的地方也常用圆涵。

(2)本着就地取材、节约资金的原则选择洞型,有石料的地区一般采用石砌拱涵和石砌盖板涵,在缺乏石料的地区采用圆涵或混凝土盖板涵。一条小流域内可采用同一洞型,统一集中预制圆涵,比较经济。

(3)拱涵要求有较坚实的基础,软弱地基不宜采用。在寒冷地区修建拱涵要求做好基础防冻处理,以免由于不均匀冻胀或沉降使拱涵遭到破坏。

(4)当设计流量较小时,一般宜采用预制圆涵或石(混凝土)盖板方涵;当设计流量较大时,宜采用钢筋混凝土盖板涵或石(混凝土)拱涵。

2)过水能力计算

过水能力计算的目的在于设计洞径尺寸。淤地坝的涵洞出流一般为无压自由出流,其过水能力计算公式按均匀流公式计算(即 $Q=\omega C\sqrt{Ri}$)。选定的涵洞孔径应能同时满足通过设计流量和选定流态。洞内流速应不超过洞身材料允许抗冲流速要求,净空面积应不少于涵洞断面的10%~30%。涵洞流量与涵洞尺寸、洞身材料允许抗冲流速、洞内的净空高度等参考《淤地坝设计》(中国计划出版社)。

3)涵洞结构尺寸

(1)盖板涵(方涵)结构尺寸。盖板涵由盖板、边墙和底板组成,主要承受土压力。盖板涵断面如图5-2-19所示。具体可参见《淤地坝设计》(中国计划出版社)。

(2)拱涵结构尺寸。拱涵断面如图5-2-20所示。拱圈厚度可参考已有的设计或按经验公式初拟。小跨度石拱涵可按下式初拟拱圈厚度:

$$\left.\begin{aligned} t &= 1.37\sqrt{R_0+\frac{L_0}{2}}+6 \\ R_0 &= \frac{L_0}{2\sin\varphi_0} \end{aligned}\right\} \tag{5-2-34}$$

式中 t——等截面圆弧拱拱圈厚度,cm;

L_0——圆弧拱净跨径,cm;

R_0——拱圈内半径,cm;

φ_0——拱脚至圆心的连线与垂线交角(半圆心角)(°)。

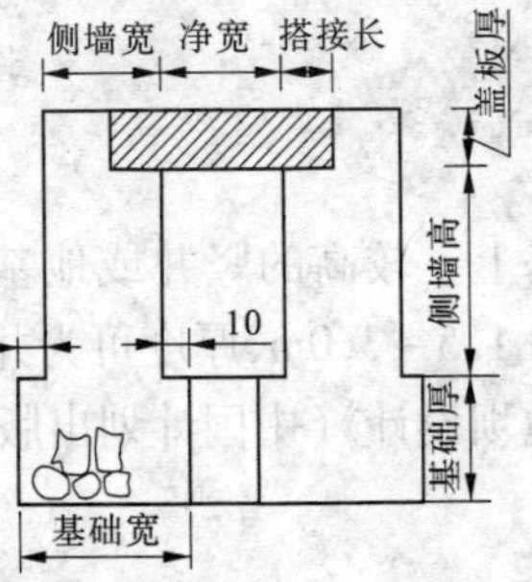

图 5-2-19 盖板涵(方涵)断面图

(单位:cm)

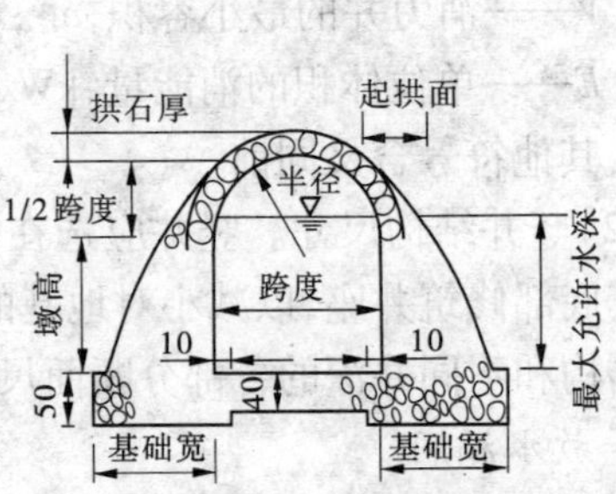

图 5-2-20 拱涵断面图

(单位:cm)

(3)圆涵的结构尺寸。圆涵的孔径尺寸由水力计算确定,其断面尺寸可参照已有设计或根据经验初步拟定。在一般情况下,可按以下方法初拟圆涵的断面尺寸:填土高度在6m以下时,管壁厚度可按管节内径的1/12.5初拟;填土高度在6m以上时,管壁厚度可按管节内径的1/10初拟。管壁厚度按构造要求,一般不宜小于8cm。混凝土圆涵的管壁厚度亦可按下式计算:

$$t = \sqrt{\frac{0.06Wd_0}{\sigma_b}} \tag{5-2-35}$$

式中 t——混凝土管涵壁厚,m;

W——管上垂直土压力,t/m,$W = \gamma HD$,其中 γ 为填土饱和容重,t/m³,H 为填土高,m,D 为管涵外径,m;

d_0——涵管计算直径,m;

σ_b——混凝土弯曲时容许的拉应力,t/m²。

5. 涵洞出口的消能防冲设计

淤地坝涵洞出口水流的流速一般不大于6m/s,涵洞或明渠出口可采用防冲铺砌消能;当涵洞出口接陡坡明渠时,水流流速较大,防冲措施不能满足要求时宜采用消能设施,如底流消能等。

1)防冲铺砌

涵洞出口铺砌长度、厚度及垂裙深度可按经验初步确定,亦可参考《淤地坝设计》(中国计划出版社)。

2)消能设计

涵洞或明渠出口消能多采用底流消能,其主要有挖深式消力池、消力墙和综合式消力池三种型式。消能水力设计的主要内容为:计算、分析水流的衔接形式,判别是否需要采取消能措施,以及确定消能设计的结构形式与尺寸。以下介绍挖深式消力池和综合式消力池的水力设计。

(1)水跃的计算。为判别涵洞出口的水面连接形式,确定是否要采取消能措施及确定消能设施的基本尺寸,需进行水跃计算。水跃计算的主要内容为跃前水深 h'_c、跃后水深 h''_c 和水跃长度 L 的计算。根据水跃的计算结果,即可判断出口水流衔接形式。

(2)判别出口水流衔接形式,确定是否需要采取消能措施。涵洞或明渠出口水流衔接形式,可通过下游水深 h_t 与出口后收缩水深 h'_c 的共轭水深 h''_c 进行比较来判别(图5-2-21)。当 $h''_c > h_t$ 时,为远离水跃;当 $h''_c = h_t$ 时,为临界水跃;当 $h''_c < h_t$ 时,为淹没水跃。若为远离水跃,则必须采取工程措施,强迫水流发生临界或稍有淹没的(淹没系数 $\sigma = 1.05 \sim 1.10$)水跃。

(3)挖深式消力池的水力设计。挖深式消力池是在涵洞或明渠出口要求发生水跃的范围内,以挖深池底的办法局部加大下游水深,促成淹没水跃消能。其消力池水力设计的主要任务是确定池深值 S 和消力池长度 L_B(见图5-2-22)。

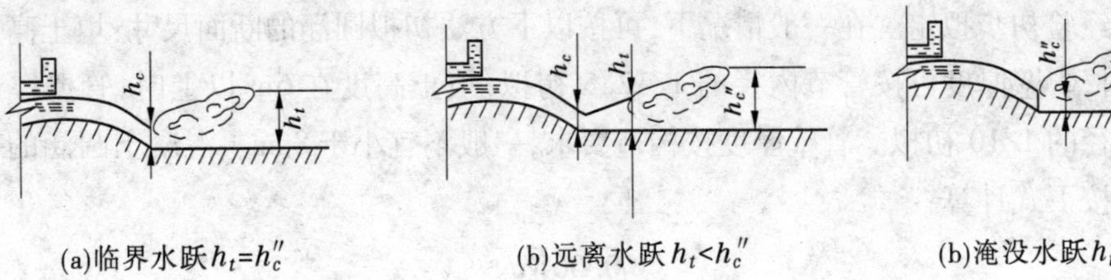

图 5-2-21　涵洞出口后的水面衔接形式

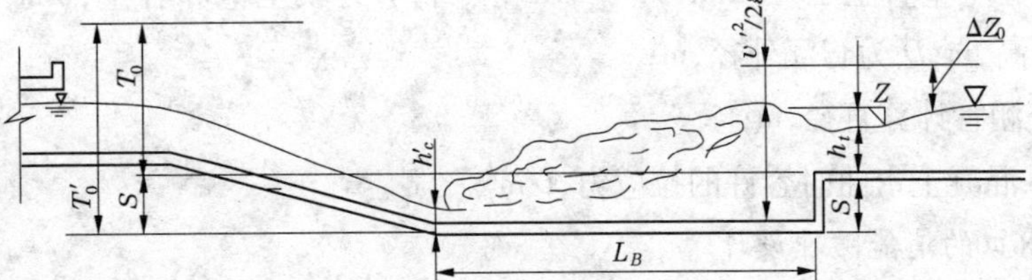

图 5-2-22　挖深式消力池

(4)综合式消力池的水力设计。综合式消力池(见图 5-2-23)是采用降低护坦高程和建造消力墙两种措施,以局部加大下游水深,促使发生淹没水跃来消能。设计综合式消力池时,应使墙后和消力池内均产生淹没水跃。

具体计算可参见《淤地坝设计》(中国计划出版社)。

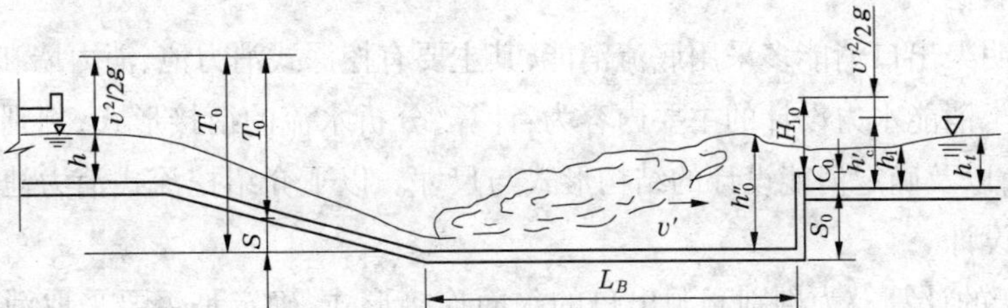

图 5-2-23　综合式消力池

(八)溢洪道设计

淤地坝多为土坝和土石混合坝,多采取岸边溢洪道形式,需在坝体以外的岸边或天然垭口处建造溢洪道。

1. 溢洪道的类型与位置选择

1)溢洪道的类型

溢洪道按其构造类型可分为开敞式和封闭式两种类型。开敞式溢洪道包括正槽溢洪道和侧槽溢洪道两种。开敞式溢洪道泄洪时水流具有自由表面,它的泄流量随库水位的增高而增大很快,运用也安全可靠,因而被广泛应用。开敞式溢洪道根据溢流堰与泄槽相对位置的不同,又分为正槽式溢洪道与侧槽式溢洪道。溢洪道平面布置见图 5-2-24。

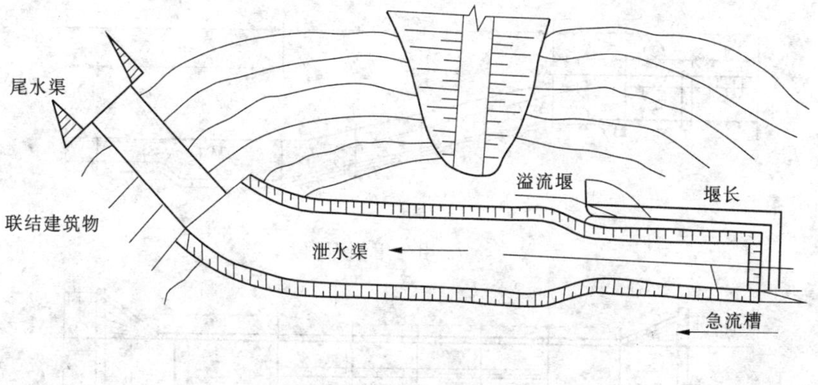

图 5-2-24　侧槽式溢洪道平面布置图

淤地坝一般采用正槽溢流堰式溢洪道，它是从面向水库的溢流堰泄流，堰的轴线与下游泄槽的中轴线正交，其优点是构造简单，水流顺畅，施工和运用都比较简便可靠，当坝址附近有天然马鞍形垭口时，修建这种型式更为有利。

2）溢洪道位置选择与布置

溢洪道位置应根据坝址地形、地质条件，进行技术经济分析来确定。

（1）尽量利用天然的有利地形条件，如分水鞍（或山坳）以减少开挖土石方量，缩短工期，降低造价。

（2）溢洪道位置最好选在两岸山坡比较稳定的岩石和红胶土上，以耐冲刷，降低工程造价。若为土基，应选择坚实地基，将溢洪道全部筑在挖方的地基上，并采用浆砌石或混凝土衬砌，防止泄洪时对土基的冲刷。

（3）在平面布置上，溢洪道应尽量做到直线布置，力求泄洪时水流顺畅。溢洪道进出口离坝端应不小于 10m，出口应离下游坝脚至少 20m 以上。如地形限制，进口引水渠可采用圆弧形曲线布置，弯道凹岸做好护砌，而其他部分应尽量做成直线布置。

（4）溢洪道布置应尽可能不与泄水洞放在同一侧，以免造成水流干扰和影响卧管安全。

2. 溢洪道结构布置

淤地坝的溢洪道一般多为开敞式溢洪道，由进口段、陡坡段和出口段三部分组成，见图 5-2-25。

1）进口段

进口段由引洪渠、渐变段和溢流堰组成。

（1）引洪渠应尽量缩短长度，以减少工程量和水头损失。断面一般采用梯形，新岩石的边坡采用 1∶0.1～1∶0.3，风化岩石采用 1∶0.5～1∶1.0，土坡采用 1∶1.5～1∶3.0。根据工程地质条件情况，岩基和土基条件差时应用块石砌护，必要时设置挡土墙或护坡工程。

（2）进口渐变段断面应由梯形变为矩形的扭曲面。其作用是使洪水平顺地流到溢流堰上去。若进口渐变段所处岩基和土基条件差时，应采用块石砌护。

（3）溢流堰采用矩形宽顶堰，由浆砌石、灰土、水泥土等做成，堰顶长度一般为堰上水

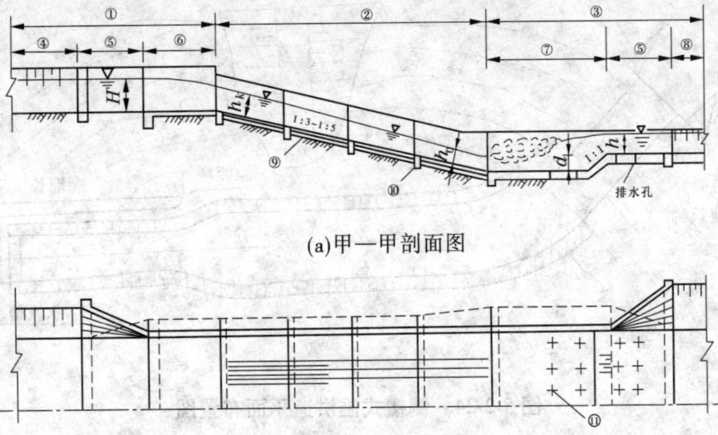

(a)甲—甲剖面图

(b)平面图

图 5-2-25　溢洪道结构示意图

①—进水段；②—泄槽；③—出口段；④—引水渠；⑤—渐变段；⑥—溢流堰；
⑦—消力池；⑧—尾渠；⑨—卵石垫层；⑩—截水齿墙；⑪—排水孔

深的 3～6 倍，溢流堰两端应布设于岸坡连接的边墩，墩顶应比最高洪水位高出 0.5m 左右；堰底靠上游端应做砌石齿墙，以减少渗流和增加稳定性。

2）陡坡段

溢流堰下游衔接一段坡度较大（大于临界坡度）的急流渠道称为陡坡段。在布置时应尽量使陡坡段顺直，保证槽内水流平稳。

（1）陡坡坡度的确定。陡坡坡度大于临界坡度，通常采用的陡坡为 1∶3～1∶5，在岩基上可达 1∶1。陡坡段布置应根据当地的地形和地质情况，进行必要的方案比较后确定，以衬砌工程量和开挖量都小，与地面坡度相适应为好。

（2）陡坡横断面尺寸的确定。陡坡在岩基上，断面为矩形；在土基上，断面为梯形，边坡为 1∶1～1∶2。黄土高原地区，因黄土直立性好，亦可做成矩形断面。陡坡宽度一般与溢流堰的宽度相同。

陡坡内水流为明渠非均匀流。陡坡两边边墙高度应根据水面曲线来确定。当槽内水流流速大于 10m/s 时，水流中会产生掺气作用，槽内水深因而要增加，边墙高度应等于该处的水深和掺气高度再加 0.5～0.7m 的安全超高。

3）出口段

溢洪道的出口段一般由出口渐变段、消力池（或挑流消能）和下游尾渠组成。出口渐变段及下游尾渠断面尺寸的确定与进口段的渐变段及引洪渠相同。

3. 溢洪道水力计算

溢洪道水力计算的主要任务是：根据调洪计算所确定的溢洪道设计流量和地质、地形条件及建筑物布置要求等，计算溢流堰前沿宽，并确定进口导水墙的型式及尺寸；确定陡坡断面的型式和各部位尺寸，计算水面曲线和流速大小，选择护面型式及确定边墙高度；计算消能设施的各部位尺寸，保证尾水渠不受冲刷。

具体可参见《淤地坝设计》(中国计划出版社)。

(九)淤地坝配套加固

1. 配套加固的内容及标准

1)配套加固内容

水土保持骨干坝多数为“两大件”(坝体和放水涵卧管),配套加固一般指土坝加高、卧管(竖井)加高,个别包括排洪渠、灌渠等附属设施的改造;少部分“三大件”工程,也有溢洪道的改建问题。

2)配套加固的标准

土坝配套加固必须满足控制一定的设计洪水的要求,改建后的设计总库容应为新增库容与原有剩余库容之和,工程设计标准应满足《水土保持治沟骨干工程技术规范》和《水土保持综合治理技术规范》的规定,按计划加高运用年限的来沙总量和一次设计洪水总量作为土坝配套加固计算的依据。在已基本形成坝系的沟道中,考虑到库坝之间相互影响的关系,为便于施工,土坝每次加高的高度控制在10m左右。配套放水建筑物的设计标准,必须满足3天泄完一次10年一遇洪水总量的要求,为便于维修养护,放水涵管的最小内径应不小于0.8m。

2. 配套加固设计

淤地坝采用多期加高方式时,涵洞、卧管(或竖井)等放水建筑物的布设与修建,应按规划最终坝高考虑,即初修涵洞进口应伸出最终坝高的上游坝坡外一定距离,以免分期加坝时埋没卧管或竖井。

1)土坝的加高设计

淤地坝淤满后,一般坝地已开始耕种,坝前不蓄水,应从长远和当前的生产需要考虑,按设计标准确定土坝加高高度,也可通过一次规划设计,分期加高,达到最终坝高。为节省工作量,宜采用坝前淤土上分期加高的方式,如图5-2-26所示。

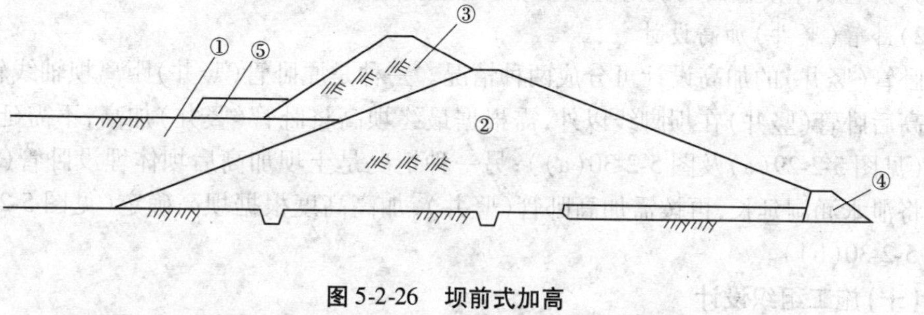

图5-2-26　坝前式加高

①—坝前淤积层;②—旧坝体;③—加高体;④—排水反滤体;⑤—盖重体

每期加高高度应根据滞洪库容要求设计。当坝前淤土为沙性土或轻、中粉质壤土,土的脱水固结性能较好时,可不设盖重体。反之,当坝前淤土粘粒含量大于20%,脱水固结速度较慢时,则需设置盖重体,并通过滑弧分析法进行抗滑稳定性计算,校核新老坝体接触面及坝基淤土的稳定性,合理设计盖重土体的厚度及长度;对于淤地坝可根据经验确定盖重体的厚度及长度。

如加坝次数有限,或受地形、地质条件限制不宜从坝前淤土上加坝时,亦可采用骑马式(见图 5-2-27)或坝后贴坡式(见图 5-2-28)加高坝体,但后者则需要加设排水反滤棱体,新增反滤棱体应与原有排水棱体连通,以保证坝体渗流稳定。

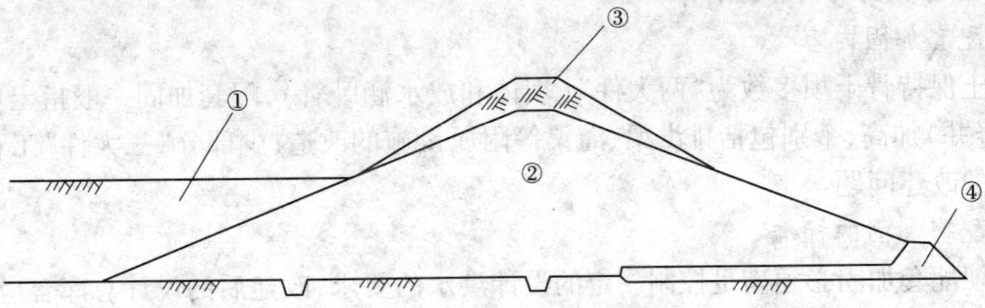

图 5-2-27　骑马式加高

①—坝前淤积层;②—旧坝体;③—加高体;④—排水反滤体

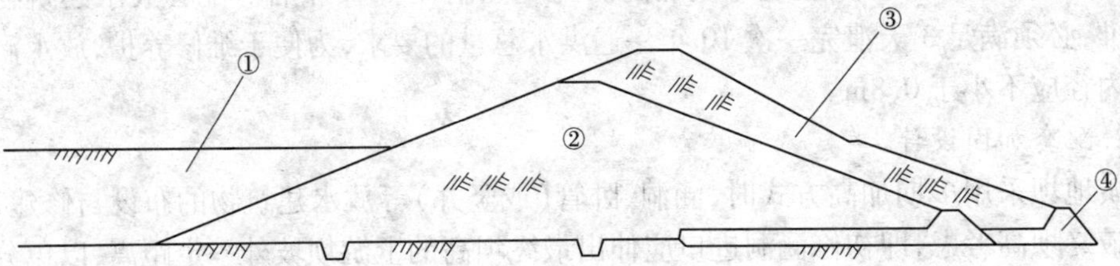

图 5-2-28　坝后贴坡式加高

①—坝前淤积层;②—旧坝体;③—加高体;④—排水反滤体

一般来说,坝后贴坡式加高土方量大,不经济,而骑马式则是在老坝体上把坝坡由缓变陡而加高,加坝高度易受限制,其稳定计算方法、坝体结构设计与一般土坝类同,关键是要验算新老坝体接触面的抗滑稳定性,合理选用计算指标。

2)卧管(竖井)加高设计

卧管(竖井)的加高设计可分成两种情况。一种是原卧管(竖井)距离坝轴线较远,土坝加高后卧管(竖井)在坝脚线以外,需根据最终坝高将卧管(竖井)加高,不需延长泄水涵洞(见图 5-2-29(a)及图 5-2-30(a));另一种情况是土坝加高后坝体埋没卧管(竖井),应先将泄水涵洞延长,再按需加高卧管(竖井),加高高度根据坝高确定(见图 5-2-29(b)及图 5-2-30(b))。

(十)施工组织设计

淤地坝施工组织设计相对比较简单,主要包括施工条件分析,围堰工程、主体工程施工,施工交通运输,施工总布置,施工总进度安排等。进行施工组织设计时,应做必要补充勘测工作。以下对施工总布置和施工进度计划作一简单介绍,有关内容可参考《水土保持治沟骨干工程技术规范》和《水利水电工程施工组织设计规范》。

1. 施工总体布置

1)施工总体布置的任务

施工总体布置的主要任务是:根据主体工程施工要求和场区施工条件,分别就施工场地划分、临时设施的分区布置、场内主要交通运输线路布置以及场内外交通的衔接等，拟订各种可能的布局方案，进行比较和论证，选择合理的方案。

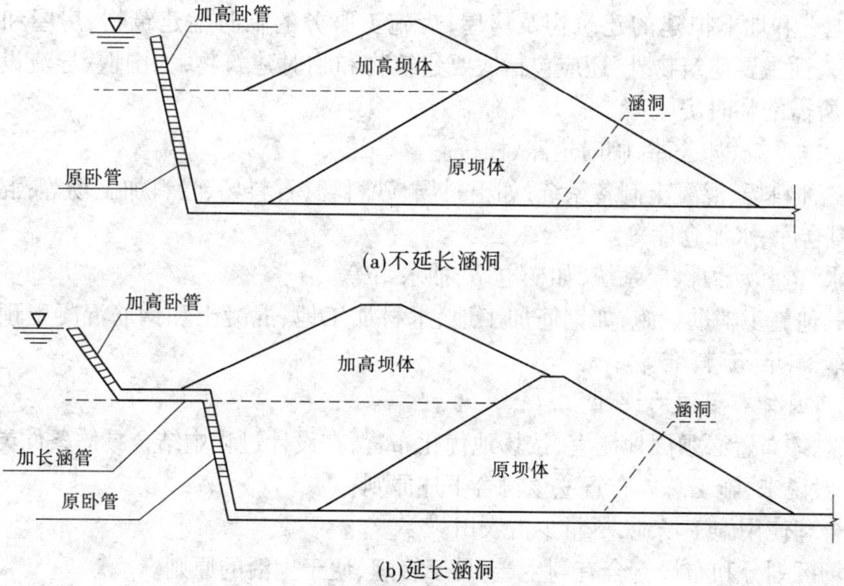

图 5-2-29　卧管加高布置示意图

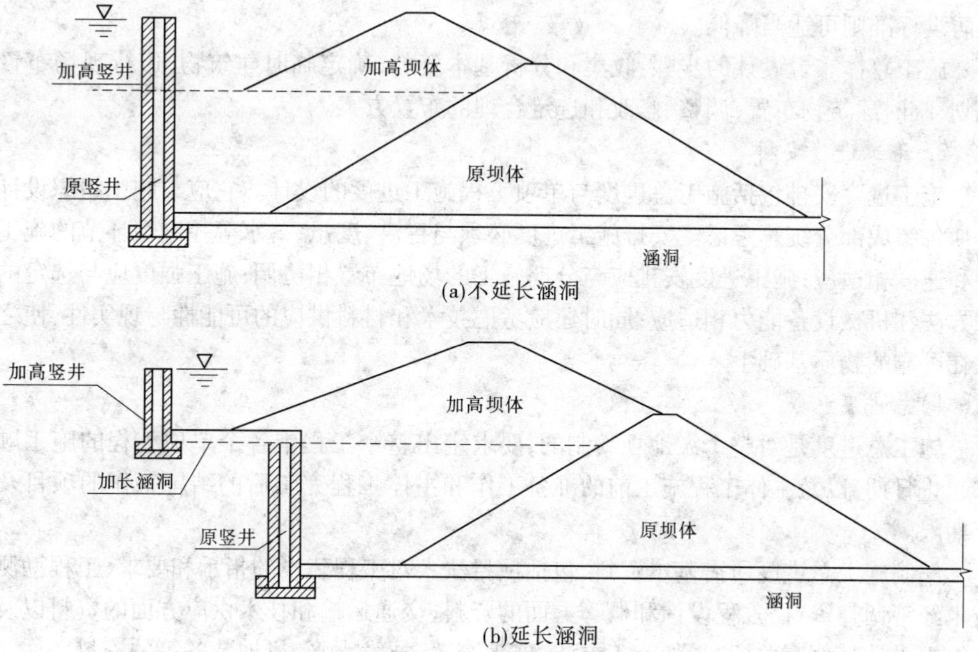

图 5-2-30　竖井加高示意图

2)施工总体布置图的内容

施工总体布置需要标注在一定比例尺的施工场区地形图上，构成施工总体布置图。施工总体布置图上应该包括以下内容：

(1)地上和地下拟建的建筑物及房屋；为施工服务的临时性建筑物、房屋和施工设施。除永久性主要建筑物外，还应包括次要建筑物和临时建筑物，如围堰、导流设施和办公及生活所需的临时房屋等。

(2)运输系统，如公路、临时道路、栈桥。

(3)各种料场、混凝土制备系统，如土料场、砂料场、石料场、骨料加工场等；混凝土加工点、骨料仓库、水泥仓库等。

(4)水、电和动力供应系统，如变电站、抽水站等。

(5)其他施工辅助设施，如钢筋加工地、木材加工地、混凝土和钢筋混凝土预制构件场等；仓库、料堆、弃料堆等。

3)施工总体布置图的设计

施工总体布置必须因地制宜，按场地优化布置，在设计过程中结合具体条件灵活加以运用。一般说来，施工总体布置应该符合下述原则：

(1)合理使用施工场地，尽量少占农田。

(2)场区划分和布局符合有利生产、易于管理、便于生活的原则。

(3)一切临时建筑和施工设施的布置，必须满足各项主体工程施工的要求，适应各个施工时期的特点，互相协调配合，避免干扰影响，特别不能影响主体工程的施工和运转。

(4)主要施工设计、辅助设计的防洪标准一般不应低于10年一遇，而次要临时设施的防洪标准则可适当降低。

施工总体布置设计的步骤：收集和分析基本资料，确定临时建筑物，进行现场布置总规划，临时建筑物布置，调整、修改和选定合理的布置方案。

2. 施工进度安排

施工进度安排包括施工总进度与单项工程施工进度的设计。它应与施工组织设计的其他各组成部分统筹考虑。安排施工进度必须与拦洪、度汛、蓄水等控制性环节的施工顺序和速度相适应；施工进度安排应与分期施工的场地布置相协调；施工强度应与选定的施工方法和机械设备能力相适应；同时还应考虑技术和材料供应的可能性与现实性，使之建立在可靠的物质基础上。

1)总进度

施工总进度是对整个淤地坝编制的，要求定出整个工程中各个单项工程的施工顺序和起止日期，以及主体工程施工前的准备工作和主体工程完工后的结尾工作的项目及施工期限。

编制施工总进度所需基本资料，包括项目法人对工程建设的指示和要求、工程勘测和技术经济调查资料、工程设计和概算方面的资料、交通运输和技术供应方面的资料以及施工组织设计其他有关资料，如施工方法、施工布置、技术水平、机械装备等的资料。

总进度安排应着重分析整个工程的主次，确定关键工程的施工程序，合理安排施工分期，协调各单项工程的施工进度，提出各施工阶段的中心任务，使整个工程的施工形成一个整体,前后兼顾,均衡生产,使各项工程的施工互相衔接,减少干扰。

2)单项工程进度

单项工程进度是针对主要单项工程项目,如土坝、放水建筑物、泄水建筑物等进行编制的。初步设计阶段与施工图设计阶段(淤地坝常合并设计)编制单项工程进度,主要是根据施工总进度来安排单项工程中各工种、各结构部位的施工顺序和起止日期,定出单项工程施工准备工作的项目和施工期限。

(十一)碾压坝设计案例

本案例所有采用公式符号含义同前所述。工程概算、效益分析、工程管护有关内容从略。

1. 概况

某治沟骨干坝地处黄河三级支流的某小流域,为典型的黄土丘陵沟壑区第二副区地貌。收集资料表明,所在地区多年平均气温11.3℃,年极端最高气温40.1℃,极端最低气温-19.6℃,无霜期170天。流域多年平均降水量475mm;流域侵蚀模数为10 000 $t/(km^2 \cdot a)$。

根据现场查勘,工程控制流域面积3.0km^2,沟道断面呈"U"形,坝址处河谷深切,沟底宽度80m,沟深约100m,坝址基础和两岸岩石出露,岩石上部分别覆盖20~50m厚的黄土层,土壤主要为中粉质壤土、黄绵土和红胶土,其中以中粉质壤土为主,其特性和储量均能满足筑坝要求。坝址两岸地层结构完整,无软弱带,裂隙不发育,两岸边坡无冲沟和滑塌体,右岸岩石出露相对较高,表面无严重风化,坡度较缓,适宜布设放水工程。

该流域由于无洪水、泥沙观测资料,相邻流域有已建工程的观测资料。

2. 建筑物组成、布置及等级与设计标准

分析认为可布设碾压均质土坝,控制面积3.0km^2,根据骨干坝控制流域面积和规划工程总库容(55.5万m^3),查《水土保持治沟骨干工程技术规范》,结合实际情况,确定建筑物由土坝和放水涵卧管组成;工程规模为五等,所属建筑物皆为5级;工程设计洪水标准为:20年一遇洪水设计,200年一遇洪水校核,淤积年限10年。

3. 水文计算

根据当地水文手册提供的资料,参考相邻流域已建工程的观测实际,确定相关参数。

1)设计洪峰流量计算

设计暴雨量、设计洪峰流量采用当地水文手册中给定的方法和参数进行计算。即采用$H_{24 \cdot P} = K_P \cdot H_{24}$;$Q_P = CH_{24 \cdot P}F^{2/3}$。

2)设计洪水总量的计算

采用当地水文手册中的经验公式:$W_P = K \cdot R_P \cdot F$。其中,$K$为小面积折减系数,查水文手册得$K=0.8$;$R_P$为设计暴雨的一次洪水模数,由设计暴雨查水文手册附表得$R_{5\%}=4.21$万m^3/km^2,$R_{0.5\%}=9.38$万m^3/km^2。

3)输沙量的计算

(1)悬移质输沙量采用《水文手册水文图集》和手册中输沙模数(侵蚀模数)等值线图查算,采用公式:$W_s = \sum M_{si}F_i$。

(2)推移质输沙量采用比例系数法计算：$W_b = \beta W_s$。其中，β为比例系数，根据黄土丘陵沟壑区相似流域实测值，取0.1。

(3)水文计算结果见表5-2-11。

表5-2-11　某骨干坝水文计算结果

洪水频率P(%)	10	5	0.5
24h暴雨量(mm)	104.31	131.1	223.44
设计洪峰流量(m^3/s)	50.4	68.6	158.5
设计洪水总量(万m^3)	6.9	10.1	22.5
年输沙量(万m^3/a)	3.3		

4. 土坝设计

1)坝型选择

该骨干坝坝址两岸土料丰富，经现场查勘，土料储量和土料性质均满足筑坝要求，取土条件便利，砂、石料在坝址附近可就地开采，取运容易，施工方便。坝型确定为均质土坝。该流域沟道内无常流水，考虑到坝址两岸的地形地质条件和土料特性，采用碾压法施工，即坝型确定为碾压均质土坝。

2)筑坝土料选择

经实地勘测，坝址两岸分布土料主要为中粉质壤土，通过试验测定，其粘粒含量为16%，塑性指数为9，崩解速度为8min，渗透系数为3×10^{-5}cm/s，有机质含量<3%，水溶盐含量<8%，天然干容重为1.42t/m^3，土粒密度为2.7g/cm^3，含水量为13%。石料为石灰质砂岩，容重为2 600kg/m^3，抗冻性能良好；砂料质地坚硬、清洁，杂质含量<3%，颗粒级配符合要求。从测试结果看，坝址两岸的土、砂、石料的性质均能够满足工程施工的要求，取土场选择在坝址两岸，运距较短，运输条件便利。

3)坝体断面

(1)坝高确定。坝高由拦泥坝高、滞洪坝高和安全超高三部分组成，即

$$H = H_L + H_Z + \Delta H; V_L = N \cdot W_{sb}; V_{总} = V_L + V_Z$$

拦泥坝高由拦泥库容查水位—库容曲线确定；滞洪坝高由200年一遇一次校核洪水总量查水位—库容曲线确定。计算成果为：

拦泥库容、坝高：$V_L = 33$万m^3；$H_L = 14.5$m，设计淤积高程为$\nabla_L = 114.50$m。

滞洪库容、坝高：$V_Z = W_{200} = 22.5$万m^3；$H_Z = 4.3$m，滞洪水位高程为$\nabla_Z = 118.80$m。

安全超高：依据规范取$\Delta H = 1.2$m。

工程设计总库容：$V_{总} = 55.5$万m^3。

工程设计坝高：$H = 20.0$m。

(2)坝顶宽度。按照《水土保持治沟骨干工程技术规范》表4.1.4-2，并参考已建工程经验，考虑交通要求，确定该骨干坝坝顶宽度为5.0m。

(3)坝坡。根据《水土保持治沟骨干工程技术规范》表4.1.4-3，结合工程施工要求，迎水坡坡比为1∶2.5；背水坡采用两级坡率，在坝高10m以下坡比为1∶2.25，10m以上为1∶2.0；变坡处设马道，马道宽为1.5m。

(4)坝面护坡及排水。工程竣工后，为防止雨水冲刷，对土坝上游淤积面以上坝坡和下游坝坡设置护坡，护坡措施采用生物护坡，即上下游坝坡处密植紫穗槐。在下游坝坡处设置纵、横向排水沟，即坝体与两岸交会处顺坝坡布设横向排水沟，在马道内侧布设一条纵向排水沟，纵横向排水沟相互连通。排水沟采用浆砌石结构，断面尺寸参考已建工程经验，取0.3m×0.3m。

4)渗流计算

(1)渗流计算条件。本工程为均质土坝，下游有棱体排水，筑坝材料为中粉质壤土，假定坝体和坝基的渗透系数相同，为3×10^{-5}cm/s。考虑到该工程的运用方式，确定上游水位为设计水位，下游相应的最低水位为零时，作为渗流计算的控制条件，并相应计算上游水位为校核水位时的渗流计算。

(2)坝体浸润线出逸点高度。坝体下游设棱柱式反滤体，坝基渗透系数与坝体相同，浸润线近似按不透水坝基计算，求出的浸润线偏安全。采用以下公式计算(坐标原点位于棱体上游边坡与坝底交点，轴向下游为正，轴向上游为负)。

棱体处的渗流水深计算如下：

$$h_0 = H_2 + \sqrt{L_1^2 + (H_1 - H_2)^2} - L_1$$

$$L_1 = \Delta L + L = \frac{m_1}{2m_1 + 1}H_1 + L$$

计算得：设计水位时，上游水深16.5m，下游水深0m，$h_0=1.63$m；校核水位时，上游水深18.5m，下游水深0.5m，$h_0=2.16$m。

(3)渗流量计算。采用下式计算：

$$q = K\cdot\frac{{H_1}^2 - h_0^2}{2L_1}$$

计算结果为：设计水位时，$q=6.1\times10^{-7}$ m^3/(s·m)；校核水位时，$q=1.1\times10^{-6}$ m^3/(s·m)。

(4)浸润线方程。采用下式计算：

$$y^2 = 2\frac{q}{k}x + h_0^2 \quad (\text{适用于不透水地基且有堆石排水体})$$

计算结果为：设计水位时，$y^2=4.07x+2.66$；校核水位时，$y^2=7.33x+4.66$。

(5)排水设施。根据渗流计算结果，参考已建工程的经验，拟定反滤体高度为4.0m，顶宽2.0m，上游边坡1∶1.5，下游边坡1∶1.75。

5)坝坡稳定计算

(1)坝坡稳定计算方法。工程运用方式为滞洪拦泥，前期按水库运用，故需进行坝坡稳定计算。碾压坝在工程投入正常运行后，坝体形成稳定渗流，在设计和校核洪水位时水压力对上游坝坡稳定有利，故仅核算下游坝坡稳定分析。按照《水土保持治沟骨干工程技术规范》的规定，坝坡整体稳定计算，采用简化毕肖普法计算。

(2)材料物理、力学参数选用。经实验测定,并参考已建工程的有关资料,确定坝体材料选用参数(略)。

(3)坝坡稳定计算工况。按照《水土保持治沟骨干工程技术规范》的规定,结合工程实际运用:正常运用情况,设计水位时的下游坝坡;非常运用情况,校核水位时可能形成稳定渗流的下游坝坡。计算结果为:正常运用情况,抗滑稳定安全系数为 1.58 >1.25;非常运用情况,抗滑稳定安全系数为 1.36 >1.15。满足坝体抗滑稳定要求,原拟定坝体断面符合要求。

6)基础处理

(1)清基。在土坝填筑前,应清除坝基范围内的草皮、树根、耕植土和乱石,不得留在坝内作回填土用;清基范围应超出坝的坡脚线 0.5m,清基厚度为 0.5m。同时应清除岩石地基表面松动的石块、碎屑,用风镐清除岩石尖角、凸脊,用混凝土填平局部凹塘。基础开挖后要求轮廓平顺,避免地形突变。

(2)削坡。按照《水土保持治沟骨干工程技术规范》要求,坝体与岸坡结合应采用斜坡平顺连接,经现场查勘,坝址左岸坡度较陡,可削坡至 1:1.0;右岸坡度较缓,应削坡至1:1.5。

(3)结合槽。为增加坝体稳定性,防止坝体与坝基结合处形成集中渗流,保证坝体与基础紧密结合,在坝轴线处从沟底到岸坡布设一道结合槽,采用梯形断面,底宽 1.5m,深 2.0m,边坡 1:1.0。

5. 放水工程设计

1)放水工程布置与组成

根据现场查勘,坝址右岸下部为岩石基础,上部土质完整坚硬,岸坡较缓,布置放水卧管开挖量较小,且放水涵洞可直接布设在岩石基础上,因此放水工程进水形式采用分级卧管。卧管布置在上游右岸,坡度为 1:2.5,采用浆砌石砌筑,卧管下接消力池,后经涵洞输水、陡坡泄水后输入河槽。根据实际地形,陡坡段末端为坚硬岩层,直接将水流引入河床,故不设末端消能设施。

2)卧管设计

(1)设计放水流量的确定。根据该工程的运用方式,按 3 天泄完 10 年一遇一次洪水总量计算。由水文计算知:$W_{10}=6.9$ 万 m^3

计算公式:$Q_{设}=W_P/(3\times 86\,400)$

计算结果:$Q_{设}=0.27m^3/s$

(2)卧管放水孔尺寸的确定。按同时开启上下三孔放水设计,设计卧管台高为 0.4m,第一孔水头为 0.4m,第二孔水头为 0.8m,第三孔水头为 1.2m,则放水孔径为:

$$d=0.68\times\sqrt{\frac{Q_{设}}{\sqrt{H_1}+\sqrt{H_2}+\sqrt{H_3}}}$$

计算成果:$d=0.22m$,取 $d=0.25m$。

(3)消力池设计。消力池深度、长度取决于第二共轭水深:

$$h'' = \frac{h'}{2}\left(\sqrt{1 + \frac{8\alpha Q^2}{gb^2 h'^3}} - 1\right)$$

式中，α 采用1.1；Q 为卧管加大流量，m^3/s；g 取 $9.81m/s^2$。则：

$$h'' = \frac{0.15}{2} \times \left(\sqrt{1 + \frac{8 \times 1.1 \times 0.32^2}{9.81 \times 0.45^2 \times 0.15^3}} - 1\right) = 0.87(m)$$

消力池深度为 $d_0 = 1.25(h'' - h_0)$，其中 h_0 为坝下输水洞正常水深(m)。则：

$$d_0 = 1.25 \times (0.87 - 0.60) = 0.34(m)$$

取消力池深度 $d_0 = 0.6m$；消力池长度 $L_k = (4 \sim 7)h''$，取5倍的 h''。则：

$$L_k = 5 \times 0.87 = 4.3(m)$$

消力池宽：$b_0 = b_1 + 0.4 = 0.45 + 0.4 = 0.85(m)$

(4)卧管断面及结构设计。卧管断面尺寸确定时，考虑到由于水位变化而导致流态变化设计流量，比正常运用时的流量加大20%，即 $Q_{加} = 0.32m^3/s$。当卧管底宽为0.45m、比降为1∶2.5、正常水深为0.15m时，明渠均匀流公式计算放水流量：

$$Q = CA\sqrt{Ri}$$

式中，$C = \frac{1}{n}R^{1/6}$，糙率 n 取0.025，水力半径 $R = A/\chi = 0.09$。则：

$$Q = 0.38m^3/s > Q_{加}$$

考虑到放水孔水流跌落卧管时的水柱跃起，方形卧管高度取正常水深的3倍，即 $3 \times 0.15 = 0.45(m)$，故确定卧管断面尺寸为 $0.45m \times 0.45m$。

3)输水涵洞设计

涵洞进口高程107.00m，即坝高7.0m处，基础为砂岩，比降1%，涵洞全长93m。由公式 $Q = CA\sqrt{Ri}$，计算得洞内正常水深为0.6m、宽度为0.8m时：

$$Q = 0.79m^3/s > Q_{加} = 0.32m^3/s$$

涵洞设计为无压流，其净高的75%为正常水深，则涵洞净高为 $h = 0.8m$。

按规范要求，为便于施工及检修，涵洞净高不得小于1.2m，因此涵洞断面选用0.8m×1.2m。

4)陡坡段设计

输水涵洞后接陡坡，陡坡进口高程为106.00m，根据地形条件，坡比采用1∶4，斜长33m，陡坡出口高程为100.5m，总落差5.5m，采用矩形断面，M7.5水泥浆砌石砌筑，底部每隔10m砌一道抗滑齿墙，尺寸为0.5m×0.5m，陡坡断面尺寸由水力计算确定。

(1)陡坡段水力计算。

①陡坡起点水深：陡坡起点水深为临界水深 $h_k = \sqrt[3]{\frac{\alpha q^2}{g}}$，流速分布不均匀系数 α 取1.1。则：

$$h_k = \sqrt[3]{\frac{1.1 \times 0.71^2}{9.81}} = 0.38(m)$$

②正常水深 h_0：由公式 $Q = \omega C\sqrt{Ri}$ 试算得 $h_0 = 0.21m$，由于 $h_0 < h_k$，故水流呈降水曲线。

③水面线计算:采用能量平衡法逐段累计计算(略)得水面线长度为9.74m,小于实际陡坡长度33m,因此陡坡末端水深即为正常水深。

(2)陡坡断面及结构设计。因陡坡末端水流流速小于10m/s,故不考虑掺气增加的水深,陡坡侧墙高度可按计算的水深加安全超高。超高取0.5m,则陡坡断面尺寸确定为:陡坡进口断面为0.8m×1.0m,陡坡出口断面为0.8m×0.7m,长33m,底板厚0.5m;陡坡末端流速为4.7m/s,满足砌石允许流速要求。

6. 施工组织设计

1)工程量计算

工程量计算从略。

2)施工条件

(1)交通、水电、气候等因素。该小流域紧靠国家二级公路,交通运输条件便利,坝址至沟口有1km简易土路需拓宽改造以满足运输车辆的通行。10kV低压电网已通到农户,用电负荷能够满足施工要求,需架设施工线路0.5km。冰冻期从每年的11月至次年2月,年施工期为8个月,春、夏、秋均可施工,工程可在一年内完成。

(2)建筑材料来源。主要建筑材料为土料、石料、砂子和水泥,坝址两岸及上下游均有土料、石料分布,土料主要为中粉质壤土,储量和特性满足碾压筑坝要求,岩石为新生代砂岩,质地坚硬,储量丰富,力学性质符合放水工程的砌筑要求,可就地就近取材。砂子、水泥等材料可从县城购买,采购运输方便。

3)施工场地布设

坝址上游有较为平坦的开阔地,可用做料场、混凝土拌和设备及砂浆拌和站的布设,水泥仓库及主要设备放置于料场上部的临时工棚内。

土料场布设在坝址两岸上、下游100m范围内,就地推土,低土低用、高土高用。石料场根据储量、可开采量、运距和石料堆放点等因素,选择在坝址右岸上、下游500m范围内就地开采石料。

施工用水取用坝内拦蓄的径流,抽水设施放在上游水畔对施工没有干扰的地方,施工指挥所和民工居住应尽量利用坝址周围的民房或窑洞。

工程完工后,各类施工场地、开挖面、弃土场等应进行平整,采取措施,恢复植被。

4)施工导流

(1)根据地形和坝体碾压土方量情况,施工导流方式采用涵洞导流,其度汛洪水重现期为5年。

(2)坝体防洪度汛标准为20年一遇洪水,在具体计算时,以涵洞进口以上库容能够容纳20年一遇一次洪水总量为依据,由$W_{20}=10.1$万m^3,查水位—库容曲线,当$H_{涵}=7.0m$时,$V_{涵}=9$万m^3,则防汛库容为$V_{防}=10.1+9=19.1$(万m^3),对应坝高为10.0m,安全超高取2.0m,则防汛总坝高为12.0m。

(3)施工期应有可靠的度汛措施,应尽量避免临汛开工,坝体在汛前必须达到防汛坝高,否则应采用抢修小断面的施工方法,但坝体各段高差不宜大于3.0m。

5)施工进度

根据工程施工导流和度汛要求,本工程总工期为一年。先期安排放水工程中输水涵洞等隐蔽工程的施工,然后安排坝体碾压,充分利用有利坝体施工季节,合理确定土方上坝强度,保证按期完成施工任务。

工程施工总进度计划表、施工要求略。

四、沟头防护工程与谷坊设计

(一)沟头防护工程

沟头防护工程是指为了制止坡面暴雨径流由沟头进入沟道或使之受控制地进入沟道,从而制止沟头前进,减缓沟道下切和沟岸扩张速度,保护地面不被沟壑割切破坏的工程。沟头防护工程适用于我国北方高塬区、丘陵区、漫岗区和土石山区等沟壑发育、沟头前进危害严重地区。

1. 工程类型、布设原则和设计标准

1)工程类型

沟头防护工程分为蓄水型与排水型两类。应根据沟头以上来水量情况和沟头附近的地形、地质等因素,因地制宜地选用。

(1)当沟头以上坡面来水量不大,沟头防护工程可以全部拦蓄时,采用蓄水型。如降水量小的黄土高原多以蓄水型为主。

(2)当沟头以上坡面来水量较大,蓄水型防护工程不能完全拦蓄或由于地形土质限制不能采用蓄水型时,应采用排水型沟头防护。

(3)降水量大的地区,当沟头溯源侵蚀对村镇、交通设施构成威胁时,多采用排水型沟头防护工程。

2)布设原则

(1)沟头防护工程布设应以小流域综合治理措施总体布设为基础,与谷坊、淤地坝等沟壑治理措施互相配合,以达到全面控制沟壑发展的效果。

(2)沟头防护工程应布设在沟头上方坡面、暴雨径流可能引起沟头剧烈前进的位置。

(3)当坡面来水除集中沟头泄水外,还有分散径流沿沟边泄入沟道时,应在布设沟头防护工程的同时,围绕沟边布设沟边埂,共同制止坡面径流冲刷。

(4)当沟头以上集水区面积较大(10hm^2 以上)时,应布设相应的治坡措施与小型蓄水工程,以减少地表径流汇集沟头。

3)设计标准

根据《水土保持综合治理技术规范　沟壑治理技术》(GB/T16453.3—1996),沟头防护工程的设计洪水标准一般为 10 年一遇 3 ~ 6h 最大暴雨。实际上,根据各地不同降雨情况,参照同类工程经验,沟头防护工程设计标准可采用 5 ~ 10 年一遇 24h 最大降雨。

2. 沟头防护工程设计

1)蓄水型沟头防护工程设计

(1)蓄水型沟头防护工程的型式有以下几种:

①围埂式。围埂位置应根据沟头深度、土质等因素确定,第一道围埂距沟沿要有一定的安全距离,一般以蓄水时不发生渗透变形而引起坍塌为原则,一般情况下据经验而定,沟头深 10m 以内时围埂位置距沟沿 3 ~ 5m。围绕沟头修筑土埂拦蓄上游来水,制止径流

进入沟道。当来水量(W)大于第一道围埂可蓄水量(V)时,如地形条件允许可布置两道围埂至多道围埂,每一道围埂可以采用连续式或断续式,若采用断续式则上下应呈“品”字形排列。

②围埂蓄水池式。当沟头来水量较大,单靠1~2道围埂不能全部拦蓄,且无布置多道围埂的条件时,在围埂以上附近低洼处修建蓄水池,拦蓄部分坡面来水,配合围埂,共同防止径流进入沟道,蓄水池位置必须距沟头10m以上。此种形式适用于黄土高塬沟壑区的塬边沟头或道路处。

③围埂与其他工程结合式。在集流面积不大,沟头上部呈扇形、坡度比较均一的农田边沿,可采用围埂林带式,即在围埂与沟沿线之间的破碎地带种植灌木,围埂内侧种植10m宽的乔灌混交林;在集流面积不大、沟床下切不甚严重的宽梁缓坡丘陵区,采用沟埂片林式,即在沟头筑围埂,沟坡和沟头栽植成片灌木林(沙棘、柠条、沙柳),此种形式在内蒙古的伊克昭盟砒砂岩区广泛应用。

(2)蓄水型沟头防护工程设计,步骤如下。

①来水量按下式计算:

$$W = 10KRF \tag{5-2-36}$$

式中 W——来水量,m^3;

F——沟头以上集水面积,hm^2;

R——10年一遇3~6h最大降雨量,mm;

K——径流系数(与降雨量、土壤质地、地面坡度关系密切)。

②围埂蓄水量按下式计算(见图5-2-31):

$$V = L\left[\frac{1}{2}HB\right] = \frac{1}{2}LH^2\left[m + \frac{1}{i}\right] \tag{5-2-37}$$

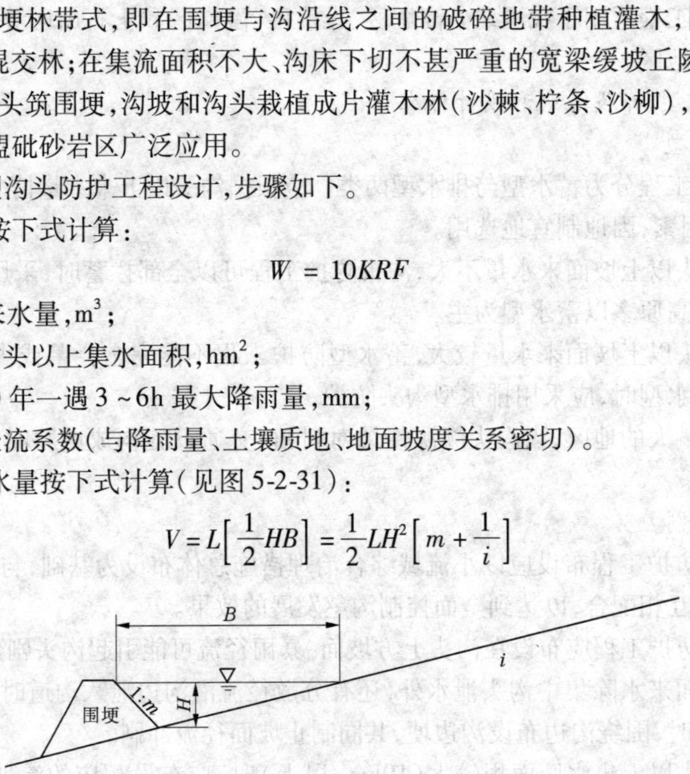

图5-2-31 沟头围埂蓄水量示意图

如忽略围埂上游边坡部分蓄水量则可写成式(5-2-38):

$$V = L\left[\frac{HB}{2}\right] = L\frac{H^2}{2i} \tag{5-2-38}$$

式中 V——围埂蓄水量,m^3;

L——围埂长度,m;

B——回水长度,m;

H——埂内蓄水深,m;

i——地面比降;

m——围埂上游边坡系数。

③围埂断面与位置。围埂断面为土质梯形断面,尺寸应根据来水量具体确定,一般埂高0.8～1.0m,顶宽0.4～0.5m,内外坡比各约1∶1。围埂位置应根据沟头深度确定,一般沟头深10m以内的,围埂位置距沟头3～5m。

2)排水型沟头防护工程设计

(1)排水型沟头防护工程的型式常见的有跌水式和悬臂式。

①跌水式。当沟头陡崖(或陡坡)高差较小时,用浆砌块石修成跌水,下设消能设施,水流通过跌水安全进入沟道。

②悬臂式。当沟头为垂直陡壁,陡崖高差达3～5m,用木制水槽(或陶瓷管、混凝土管)悬臂置于土质沟头陡坎之上,将来水挑泄下沟,沟底设消能设施。

(2)排水型沟头防护工程设计,步骤如下。

①设计流量按下式计算:

$$Q = 0.278KIF \tag{5-2-39}$$

式中 Q——设计流量,m^3/s;

I——10年一遇1h最大降雨强度,mm/h;

F——沟头以上集水面积,km^2;

K——径流系数。

②建筑物组成。跌水式沟头防护建筑物由进水口(按宽顶堰设计)、陡坡(或多级跌水)消力池及出口海漫等组成。悬臂式沟头防护建筑物由引水渠、挑流槽、支架及消能设施组成。

③跌水式排水沟头防护工程设计可参照淤地坝设计中的陡坡段设计。

3. 沟头防护工程施工

1)蓄水型沟头防护工程施工

(1)围埂式沟头防护。根据设计要求,确定围埂(一道或几道)位置、走向,做好定线;沿埂线上下两侧各宽0.8m左右清基,主要清除地面杂草、树根及石砾等杂物;开沟取土筑埂,分层夯实,埂体干容重达1.4～1.5t/m^3。沟中每5～10m修一小土垧,以防止水流集中。

(2)围埂蓄水池式沟头防护。围埂施工同上,蓄水池则根据设计蓄水池的位置、形式和尺寸,放线开挖。

2)排水型沟头防护工程施工

(1)跌水式沟头防护工程可参照淤地坝陡坡段施工技术要求执行。

(2)悬臂式沟头防护工程施工应注意以下几点:

①挑流槽置于沟头上地面处,应先挖开地面深0.3～0.4m,长、宽各约1.0m,埋一木板或水泥板,将挑流槽固定在板上,再用土压实,并用数根木桩铆固在土中,保证其牢固。

②用木料作挑流槽和支架时,木料应做防腐处理。木料支架下部扎根处,应使用浆砌石或混凝土等固定。扎根处必须保证不因雨水冲蚀而动摇;浆砌块石支架,应做好清基,坐底0.8m×0.8m～1.0m×1.0m,逐层向上缩小。

③消能设备(筐内装石)应先向下挖深,然后放进筐石。

4. 沟头防护工程管理

(1)汛前检查维修,保证安全度汛;汛后和每次较大暴雨后,派专人到沟头防护工程巡视,发现损毁,及时补修。

(2)围埂后的蓄水沟及其上游的蓄水池,如有泥淤积,应及时清除,以保持其蓄水量。

(3)沟头、沟边种植保土性能强的灌木或草类,并禁止人畜破坏。

5. 案例分析

由于沟头冲刷,拟在沟头修建一围埂,已知围埂长度为15m,回水长度为8m,埂内蓄水深度为50cm,沟头地面比降为7%,则围埂蓄水量为55.71m^3。

计算过程:$V = L\left[\frac{HB}{2}\right] = L\frac{H^2}{2i} = 15 \times 0.5^2/(2 \times 7\%) = 55.71(m^3)$

经计算,围埂上游来水量达70m^3,一道围埂无法拦蓄全部来水,查勘后分析认为无再建两道围埂的条件。在围埂的下方布设了10m^3蓄水池两处,满足了沟头防护的要求。

(二)谷坊

谷坊工程,又名闸山沟、砂土坝、垒坝阶或浮沙凼,其坝高一般为2~5m,主要任务是巩固并抬高沟床,制止沟底下切,同时也稳定沟坡、制止沟岸扩张(沟坡崩塌、滑塌、泻溜等)。谷坊适用于有沟底下切危害的沟壑治理地区,包括土石山区、丘陵区、高塬区及漫岗区等。

1. 工程类型、布设原则和设计标准

1)工程类型

根据谷坊的建筑材料分土谷坊、石谷坊和植物谷坊三类。土谷坊由填土夯实而成,适宜于土质丘陵区;石谷坊由浆砌或干砌石砌筑而成,适宜于石质或土石山区;植物谷坊,通称柳谷坊,由柳桩和编柳篱内填土或石而成。

2)布设原则

(1)谷坊工程布设应以小流域综合治理措施总体布设为基础,与沟头防护工程、淤地坝等沟壑治理措施互相配合,以达到全面控制沟壑发展的效果。

(2)谷坊工程在制止沟蚀的同时,尽可能利用沟中水土资源发展林果牧生产和小型水利,做到除害与兴利并举。

(3)谷坊工程主要修建在沟底比降较大(5%~10%或更大)、沟底下切剧烈发展的沟段。比降特大(15%以上)或其他原因不能修建谷坊的局部沟段,应在沟底修水平阶、水平沟造林,并在两岸开挖排水沟,保护沟底造林地。

(4)沟道治理中一般采取谷坊群的布设形式,层层拦挡。谷坊布设间距遵循"顶底相照"的原则,即上一谷坊底部高程与下一谷坊的顶部(溢流口)高程齐平。

3)设计标准

谷坊工程的设计标准为5~10年一遇3~6h最大暴雨,根据各地降雨情况,分别采用当地最易产生严重水土流失的短历时、高强度暴雨。

2. 谷坊工程设计

1)谷坊布设

(1)谷坊群布置。通过沟壑情况调查,选沟底比降5%~10%的沟段,用水准仪(或水平仪)测出其比降。绘制沟底比降(纵断面图)。根据沟底比降图,按"顶底相照"原则从下而上系统地布设谷坊群，初步拟定每座谷坊位置(见图5-2-32)。

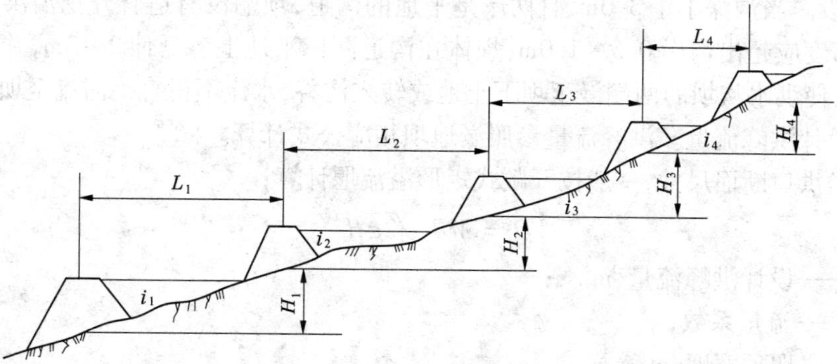

图5-2-32　谷坊布设示意图

(2)坝址选择。坝址应选在“口小肚大”，工程量小，库容大；沟底与岸坡地形、地质(土质)状况良好，无孔洞或破碎地层，没有不易清除的乱石和杂物；取用建筑材料(土、石、柳桩等)比较方便的地方。

(3)谷坊间距。下一座谷坊与上一座谷坊之间的水平距离按下式计算：

$$L = \frac{H}{i - i'} \tag{5-2-40}$$

式中　L——谷坊间距，m；

H——谷坊底到溢水口底的高度，m；

i——原沟床比降(%)；

i'——谷坊淤满后的比降(%)，不同淤积物 i' 见表5-2-12。

表5-2-12　谷坊淤满后的不冲不淤比降(i')

淤积物	粗砂(夹石砾)	粘土	粘壤土	沙土
比降(%)	2.0	1.0	0.8	0.5

2)土谷坊设计

(1)坝体断面尺寸。应根据谷坊所在位置的地形条件，参照表5-2-13执行。

表5-2-13　土谷坊坝体断面尺寸

坝高(m)	顶宽(m)	底宽(m)	迎水坡比	背水坡比
2	1.5	5.9	1:1.2	1:1.0
3	1.5	9.0	1:1.3	1:1.2
4	2.0	13.2	1:1.5	1:1.3
5	2.0	18.5	1:1.8	1:1.5

注：(1)坝顶作为交通道路时按交通要求确定坝顶宽度。

(2)在谷坊能迅速淤满的地方迎水坡比可采取与背水坡比一致。

(2)溢洪口。设在土坝一侧的坚实土层或岩基上，上、下两座谷坊的溢洪口尽可能左右交错布设。当沟深小于3.0m，且两岸是平地的沟道，坝端没有适宜开挖溢洪口的位置时，土坝高度应超出沟岸0.5～1.0m，坝体在沟道两岸平地上各延伸2～3m，并用草皮或块石护砌，使洪水从坝的两端漫至坝下土地或转入沟谷，水流不得直接回流至坝脚处。

(3)设计洪峰流量。洪峰流量参照淤地坝相应公式计算。

(4)溢洪口断面尺寸，一般按开敞式矩形溢流堰计算：

$$Q = MB\sqrt{2g}H_0^{3/2} \tag{5-2-41}$$

式中 Q——设计洪峰流量，m^3/s；

M——流量系数；

B——堰顶宽度，m；

g——重力加速度，m/s^2；

H_0——堰上水头（含行近流速水头），m。

如果溢洪道所在岸坡顺水流方向较缓，可采用明渠均匀流公式计算：

$$Q = Av \tag{5-2-42}$$

式中 A——溢洪口断面面积，m^2；

v——流速，m/s。

流速按下式计算：

$$v = c\sqrt{Ri} \tag{5-2-43}$$

式中 c——谢才系数，$c = \frac{1}{n}R^{1/6}$，其中 n 为糙率；

R——水力半径，$R = A/\chi$，m；

i——渠底比降(%)；

χ——溢洪口断面湿周，$\chi = b + 2h\sqrt{1+m^2}$，m。

3)石谷坊设计

(1)石谷坊型式有两种，即干砌阶梯式石谷坊和浆砌石谷坊（见图5-2-33）。

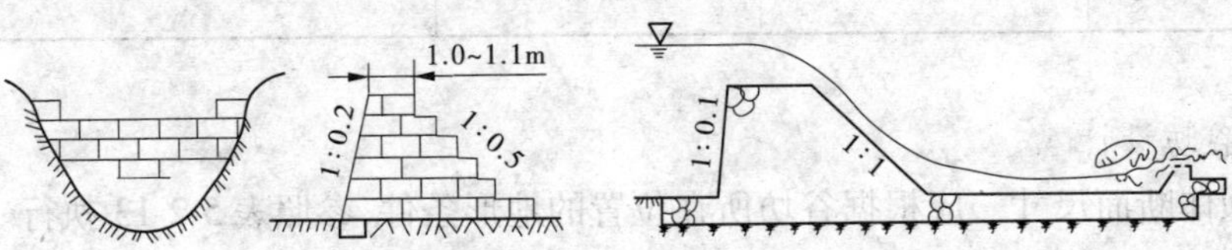

(a)干砌阶梯式石谷坊　(b)浆砌石谷坊

图5-2-33　石谷坊断面示意图

①干砌阶梯式石谷坊，一般坝高2～4m，顶宽1.0～1.3m，迎水坡1∶0.2，背水坡1∶0.5，过水深0.5～1.0m，一般不蓄水，坝后2～3年淤满。

②浆砌重力式石谷坊，一般坝高3～5m，顶宽为坝高的0.5～0.6倍（为便利交通），迎水坡1∶0.1，背水坡1∶0.5～1∶1。此类谷坊在巩固沟床的同时，还可蓄水利用，设计时需

作坝体稳定分析。

(2)溢洪口尺寸,石谷坊溢洪口一般设在坝顶,采用矩形宽顶堰公式计算:

$$Q = Mbh^{3/2} \tag{5-2-44}$$

式中 Q——设计流量,m^3/s;

b——溢洪口底宽,m;

h——溢洪口水深,m;

M——流量系数,一般采用1.55。

4)植物谷坊设计

(1)多排密植型。在沟中已定谷坊位置,垂直于水流方向,挖沟密植柳杆(或杨杆)。沟深0.5~1.0m,杆长1.5~2.0m,埋深0.5~1.0m,露出地面1.0~1.5m。每处(谷坊)栽植柳杆(或杨杆)5排以上,行距1.0m,株距0.3~0.5m。埋杆直径5~7cm。

(2)柳桩编篱型。在沟中已定谷坊位置,打2~3排柳桩,桩长1.5~2.0m,打入地中0.5~1.0m,排距1.0m,桩距0.3m;用柳梢将柳桩编织成篱,在每两排篱中填入卵石(或块石),再用捆扎柳梢盖顶;用铅丝将前后2~3排柳桩联系绑牢,使之成为整体,加强抗冲能力(见图5-2-34)。

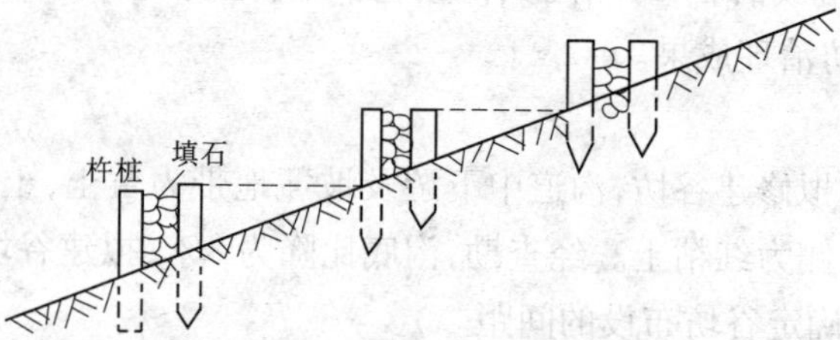

图5-2-34 柳谷坊断面示意图

3. 谷坊施工

1)土谷坊施工

(1)定线、清基、挖结合槽。根据规划测定的谷坊位置(坝轴线),按设计的谷坊尺寸,在地面划出坝基轮廓线;将轮廓线以内的浮土、草皮、乱石及树根等全部清除;沿坝轴线中心从沟底至两岸沟坡开挖结合槽宽、深各0.5~1.0m。

(2)填土夯实。填土前先将坚实土层深松3~5cm,以利结合。每层填土厚0.25~0.3m,夯实一次;将夯实土表面刨松3~5cm,再上新土夯实,要求干容重1.4~1.5t/m^3。如此分层填筑,直到设计坝高。

(3)开挖溢洪口,并用草皮或砖石砌护。

2)石谷坊施工

(1)定线、清基、挖结合槽。土沟床与土谷坊相同;岩基沟床应清除表面的强风化层。基岩面应凿成向上游倾斜的锯齿状,两岸沟壁凿成竖向结合槽。

(2)砌石。根据设计尺寸,从下向上分层垒砌,逐层向内收坡,块石应首尾相接,错缝砌筑,大石压顶。要求料石厚度不小于30cm,接缝宽度不大于2.5cm。浆砌石应做到

"平、稳、紧、满"(砌石顶部要平,每层铺砌要稳,相邻石料要靠紧,缝间砂浆要灌饱满)。

3)柳谷坊施工

(1)桩料选择和埋桩。按设计要求的长度和桩径,选生长能力强的活立木;按设计深度打入土内,注意桩身与地面垂直,打桩时勿伤柳桩外皮,牙眼向上,各排桩位呈"品"字形错开。

(2)编篱与填石。以柳桩为经,从地表以下0.2m开始,安排横向编篱。与地面齐平时,在背水面最后一排桩间铺柳枝厚0.1~0.2m,桩外露枝梢约1.5m,作为海漫。各排编篱中填入卵石(或块石),靠篱处填大块,中间填小块。编篱(及其中填石)顶部做成下凹弧形溢水口。

(3)填土。编篱与填石完成后,在迎水面填土,填土断面呈梯形或三角形。

4. 谷坊管理

(1)汛后和较大暴雨后,及时到谷坊现场检查,发现损毁等情况,及时补修。

(2)坝后淤满成地,应及时种植喜湿、耐淹和经济价值较高的用材林、果树或其他经济作物。

(3)柳谷坊的柳桩成活后,可利用其柳枝,在谷坊上游淤泥面上成片栽植柳树,形成沟底防冲林,巩固谷坊治理成果。

5. 案例分析

某一土质沟道内拟修建谷坊,沟道中下游及坡麓地带为黄土,土层深厚,有成片旱柳林,上游基岩出露,两侧为红粘土。经查勘,沟底比降为8%,拟建谷坊高度为4m,谷坊淤满后的比降为2%。确定谷坊布设的间距。

根据查勘数据计算:$L=\frac{H}{i-i'}=4/(8\%-2\%)=66.7(\text{m})$

即下一座谷坊与上一座谷坊之间的水平距离理论上应为66.7m。根据地形情况,下中游按60~70m布设土谷坊或植物谷坊(土柳谷坊),上游布设石谷坊。

五、小型排蓄引水工程设计

小型排蓄引水工程包括截排水工程、小型蓄水工程(蓄水池、水窖或窑、涝池)、蓄引工程(滚水坝、小型塘坝或山塘、人字闸)和引洪漫地。小型排蓄引水工程应与坡耕地治理、荒地治理和沟壑治理(含崩岗治理)的各项措施统一规划,在防治水土流失的同时,将排水、蓄水、引水、用水结合起来;雨水集蓄、沟道泉水、基流利用结合起来,充分利用有限水资源,发挥抗旱点种、浇灌、人畜禽用水,南方还应考虑山地稻田建设和灌溉用水。局部截排水工程、雨水集蓄工程、蓄引水工程(滚水坝、人字闸)及引洪漫地工程等适用于北方地区;大面积坡面截排水沟、塘坝(蓄水池)和沉沙池(凼)等工程适用于南方多雨地区。土石山区和丘陵区的小型排蓄引水工程应相互协调,紧密配合,既保证梯田、保土耕作和林草等措施的安全,同时充分利用水资源和泥沙资源(如引洪漫地),发挥其在水土保持生态环境建设和区域社会经济发展方面的作用。

(一)截排水工程

1. 截水沟设计

1)设计暴雨径流

截水沟设计按 5 ~ 10 年一遇 24h 最大降雨量设计。坡面径流量和土壤侵蚀量可参照水土保持试验站的小区径流观测资料或查阅当地水文手册确定。设计频率暴雨下,不同坡度、不同土质及不同植被的坡面,应采用不同的暴雨径流量与土壤侵蚀量。以一次暴雨径流模数 W_w(m^3/hm^2)和年均土壤侵蚀模数 M_s(t/hm^2)表示。小型截水沟工程也可根据工程经验确定。

2)断面设计

(1)蓄水型截水沟。

①截水沟的容量:

$$\left.\begin{aligned} V &= V_w + V_s \\ V_w &= M_w \cdot F \\ V_s &= 3M_s \cdot F \end{aligned}\right\} \tag{5-2-45}$$

式中 V——截水沟容量,m^3;

V_w——次暴雨径流量,m^3;

V_s——1 ~ 3 年土壤侵蚀量,m^3;

F——截水沟的集水面积,hm^2;

M_w——次暴雨径流模数,m^3/hm^2;

M_s——年土壤侵蚀模数,m^3/hm^2。

②截水沟断面面积:

$$A_1 = V/L \tag{5-2-46}$$

式中 A_1——截水沟断面面积,m^2;

L——截水沟长度,m。

③截水沟断面尺寸:截水沟一般由半挖半填做成梯形断面,其断面要素见表 5-2-14。

表 5-2-14 截水沟断面要素常用数值

沟底宽 B_d(m)	沟深 H(m)	内坡比 m_i	外坡比 m_0
0.3 ~ 0.5	0.4 ~ 0.6	1:1	1:1.5

④案例分析:某土石山区,一次暴雨径流模数为 $40m^3/hm^2$,年土壤侵蚀模数为 $32m^3/hm^2$,截水沟的集水面积为 $0.2hm^2$,截水沟长 120m。则该截水沟的容量和断面面积应为:

$$V_w = M_w \cdot F = 40 \times 0.2 = 8(m^3)$$

$$V_s = 3M_s \cdot F = 3 \times 32 \times 0.2 = 19.2(m^3)$$

$$V = V_w + V_s = 8 + 19.2 = 27.2(m^3)$$

$$A_1 = V/L = 27.2/120 = 0.23(m^2)$$

(2)排水型截水沟。

①多蓄少排型：暴雨产生的坡面径流大部分蓄于沟中，只排除不能容蓄的小部分。断面尺寸基本上参照蓄水型截水沟，沟底取 1% 左右的比降。

②少蓄多排型：暴雨产生的坡面径流小部蓄于沟中，大部排入蓄水池。断面尺寸基本上参照排水沟的断面尺寸，同时取 2% 左右的比降。

2. 排水沟设计

1）排水沟断面设计

根据设计频率暴雨坡面最大径流量，按明渠均匀流公式计算：

$$A_2 = \frac{Q}{C\sqrt{Ri}} \tag{5-2-47}$$

$$Q = \frac{F}{6}(I_r - I_p) \tag{5-2-48}$$

式中 A_2——排水沟过水断面面积，m^2；

Q——设计最大径流量，m^3/s；

I_r——设计频率 10min 最大降雨强度，mm/min；

I_p——相应时段土壤平均入渗强度，mm/min；

F——坡面汇水面积，hm^2；

C——谢才系数，计算中土质排水沟糙度 n 一般取 0.025 左右。

排水沟断面形式多为梯形，设计中应考虑不冲不淤流速，具体可参考《综合治理技术规范》中引洪渠设计的有关内容。

2）案例

某地设计频率 10min 最大降雨量 40mm，相应时段土壤入渗量 25mm，坡面汇水面积 $1.2hm^2$。设计一浆砌石梯形排水沟，底宽 $b=0.5m$，水深 $h=0.4m$，比降 0.003，边坡系数 $m=1.5$，糙率 0.025，试求排水沟的过水能力，并校核沟中的流速是否满足不淤要求（已知不淤流速 $[v]=0.5m/s$）。

答案：设计最大径流量 $I_r=40/10=4(mm)$；$I_p=25/10=2.5(mm)$；

$$Q=\frac{F}{6}(I_r-I_p)=\frac{1.2}{6}\times(4.0-2.5)=0.3(m^3/s)$$

$$A=(b+mh)h=(0.5+1.5\times0.4)\times0.4=0.44(m^2)$$

$$\chi=b+2h\sqrt{1+m^2}=0.5+2\times0.4\times\sqrt{1+1.5^2}=1.94(m)$$

$$R=\frac{A}{\chi}=\frac{0.44}{1.94}=0.23(m)$$

$Q=AC\sqrt{Ri}=\frac{1}{n}A\sqrt{i}R^{2/3}=\frac{1}{0.025}\times0.44\times\sqrt{0.003}\times0.23^{2/3}=0.36\ (m^3/s)>0.3\ m^3/s$，满足过流要求。

$v=\frac{Q}{A}=\frac{0.3}{0.44}=0.68\ (m/s)>[v]=0.5m/s$，满足不淤要求。

注：先按 $Q=0.3m^3/s$，通过试算求得排水沟过流水深和过水断面面积，再计算出流速进行比较更明确。

3. 沉沙池(凼)设计

1)池体尺寸设计

沉沙池为矩形,宽1~2m,长2~4m,深1.5~2.0m,用于水流入池后能缓流沉沙。

2)进水口与出水口设计

沉沙池的进水口和出水口设计,可参照蓄水池进水口的尺寸进行。

4. 施工与管理

截排水工程均系小型水土保持工程,施工管理均为常见方法,不再复述。

(二)小型蓄水工程

1. 工程类型、总体布设和设计标准

1)工程类型和作用

小型蓄水工程可分蓄水池、水窖(窑)及涝池等类型。这类工程主要结合引洪(地表径流)排水,收集径流,一方面减少了地面径流防止了冲刷,另一方面可以解决农村人畜用水、点种、小面积浇灌等问题。

2)总体布设原则

(1)小型蓄水工程应结合坡耕地治理、荒地治理及沟壑治理的各项措施统筹考虑。黄土高原地区应将水窖、涝池等地表径流集蓄利用工程作为解决人畜用水、抗旱点种及灌溉的重要水源,与沟道泉水利用、淤地坝蓄水利用等统一规划、协调布设;力求做到因地制宜、合理布局、集中连片、注重实效。

(2)工程的规模、分布的数量及类型应由水土保持要求和需水用水要求确定。

(3)蓄水工程的选址要具备集水容易、引蓄方便的条件,按照少占耕地、安全可靠、来水充足、水质符合要求及经济合理的原则进行,同时还应与发展高效农业如庭院经济、温室大棚及覆盖蔬菜种植等规划结合起来,以充分利用有限降水资源,发挥其经济功能。

(4)蓄水工程布设应首先考虑集水场或水源。当在干旱半干旱地区利用道路汇集雨水时,应将道路排水系统与蓄水工程结合起来,有条件的地方最好能选择靠近泉水、引水渠、溪沟、道路边沟、屋顶及场院等便于引蓄天然径流的场所;无引蓄天然径流条件的,应考虑开辟新的集雨场,修建引洪沟或引水渠。

(5)集雨面积的大小应根据当地径流的特点及蓄水工程的容积(或库容)来确定。要充分利用房顶、场院、汇流路面集流;对于集流效率较低的下垫面可采取硬化措施,如混凝土、三合土等,以加大集流效率,保证蓄水工程在需水前的雨季基本蓄满水。

3)案例

宁夏海原县冯川村利用梁顶公路(沥青路面)鞍部处布设排水沟收集路面径流,在半山坡修水窖、蓄水池,自流灌溉坡脚下的农田,其引蓄水工程布置见图5-2-35。

4)设计标准

水窖、涝池一般按5~10年一遇3~6h最大降雨量设计。滚水坝、人字闸及小塘坝等应根据工程具体情况确定。

雨水集蓄利用工程的规模、总体规划和集流水源的设计,请参见开发建设项目地面径流利用部分及《雨水集蓄利用工程技术规范》(SL267—2001)。

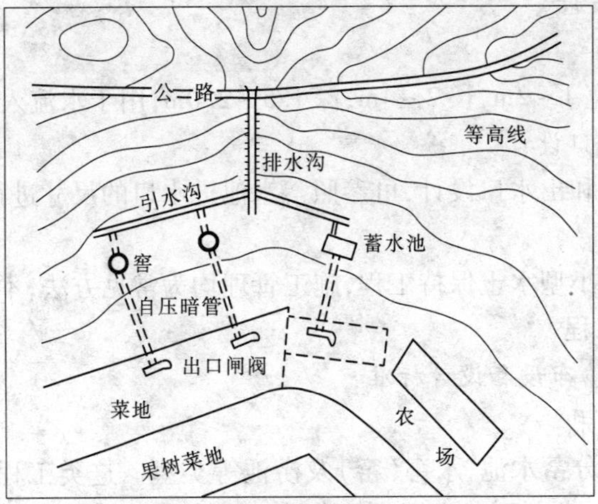

图 5-2-35 冯川村蓄水工程总体布置图

2. 蓄水池设计

1) 蓄水池容量设计

蓄水池总容量为：

$$V = V_w + V_s \tag{5-2-49}$$

式中 V——蓄水池容量，m^3；

V_w——设计频率暴雨径流量，m^3；

V_s——设计清淤年（n 年）累计泥沙淤积量，m^3。

当蓄水池与坡面排水沟终端相连时，V_w、V_s 即为排水沟的设计排水量与淤积量。当蓄水池与坡面排水系统不连接时应按下式计算：

$$V_w = M_w \cdot F; \quad V_s = 3M_s \cdot F \tag{5-2-50}$$

式中 F——蓄水池的集水面积，hm^2；

M_w——设计频率一次暴雨径流模数，m^3/hm^2；

M_s——年侵蚀模数，m^3/hm^2。

蓄水池超高应按表 5-2-15 取值。

表 5-2-15 蓄水池超高值

蓄水容积（m^3）	<100	100 ~ 200	200 ~ 500
超高（cm）	30	40	50

2) 主要建筑物设计

(1) 池体设计。根据当地地形和总容量 V，因地制宜地分别确定池的形状、面积、深度和周边角度。

(2) 进水口和溢洪口设计。石料衬砌的蓄水池，衬砌中应专设进水口和溢洪口；土质蓄水池的进水口和溢洪口，应进行石料衬砌。一般口宽 40 ~ 60cm，深 30 ~ 40cm，并用矩形宽顶堰流量公式校核过水断面：

$$Q = M\sqrt{2g}bh^{3/2} \tag{5-2-51}$$

式中　Q——进水(或溢洪)最大流量,m^3/s;

M——流量系数,采用0.35;

b——堰顶宽(口宽),m;

h——堰顶水深,m。

例如,某蓄水池进水口为浆砌石矩形断面,口宽0.4m,水深0.3m,则过水能力为$Q = M\sqrt{2g}bh^{3/2} = 0.35\times\sqrt{2\times9.8}\times0.4\times0.3^{3/2} = 0.10(m^3/s)$。

(3)引水渠设计。当蓄水池进口不是直接与坡面排水渠终端相连时,应布设引水渠,其断面与比降设计可参照坡面排水沟的设计进行。

3. 水窖的设计

水窖,又称(旱井),分井式水窖和窑式水窖两类。在干旱半干旱地区水窖设计包括集流面场、引流渠、沉沙池、窖体及窖水利用的设计。

1)水窖布置模式

(1)利用梁峁地形,沿沟槽附近修引水渠并布设水窖。

(2)利用山前台地(或沟掌)地带,窖群应沿路壕两侧布置,分段建引洪渠收集径流入窖(见图5-2-36),同时建好引水入窖前的沉沙设施,水窖蓄满后及时封堵进水口。如宁夏固原县七营乡倪壕村节水灌溉示范点就是利用山前沟壕集水,实行窖水节灌。

(3)沿省、地、县以及乡村各级道路集水条件结合地形情况,在公路凹槽两侧布设水窖群。水窖的位置应选在路界外的农田内,修建好引水渠、沉沙池等配套设施(见图5-2-37)。

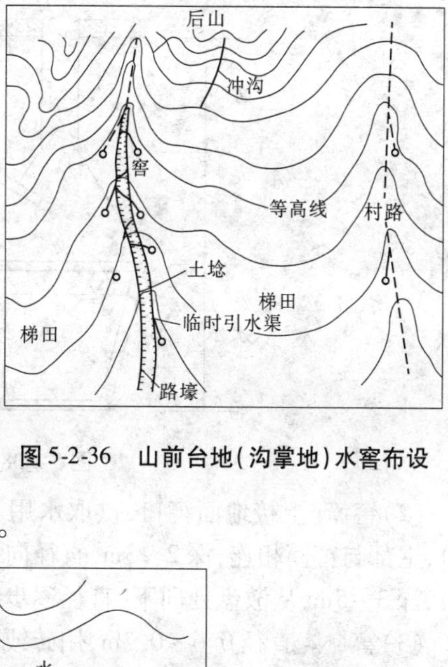

图5-2-36　山前台地(沟掌地)水窖布设

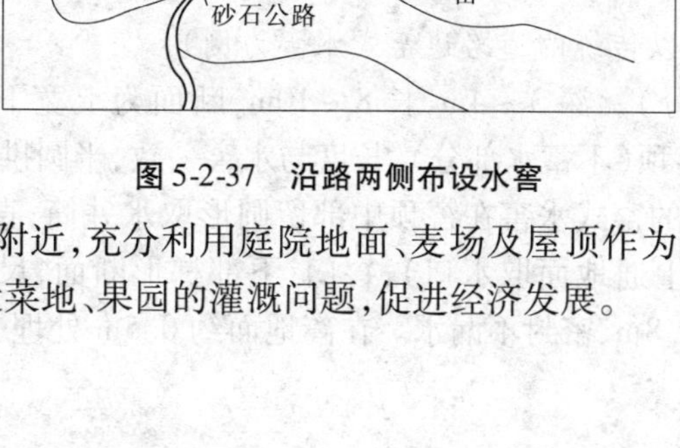

图5-2-37　沿路两侧布设水窖

(4)庭院内或庭院附近,充分利用庭院地面、麦场及屋顶作为集水场地布设水窖,解决吃水和庭院内或附近菜地、果园的灌溉问题,促进经济发展。

2）水窖组成与结构

（1）水窖组成。井式水窖由地下建筑物窖体和窖筒、地面建筑物窖口、沉沙池及进水管组成；窑式水窖的窖体由水窖、窖顶和窖门三部分组成。窑式水窖和井式水窖相比，具有容量大、技术简单、施工容易、出土方便及取水方便的优点。

（2）水窖结构和型式。近年我国雨水集蓄工程进行了大量的试验示范推广，形成多种形式的水窖，北方主要集中在黄土高原，南方的云南、广西、贵州、四川、重庆及海南等省（市区）、也发展了具有南方特色的水窖（广西称水柜）。各地的结构差别主要集中在窖体设计上，有土质（窖面胶泥捶捣而成）、浆砌石、水泥砂浆抹面及混凝土现浇等。

水窖型式各地因地制宜，各不相同，常见的有锅式、瓮式、酒瓶式、灯泡式、缸扣缸式及球形等。有关情况可参考《雨水集蓄利用工程技术规范》（SL267—2001）。

3）井式水窖设计（以传统型式酒瓶式旱井为例）

（1）窖体。井式水窖的窖体由窖筒、旱窖和水窖三部分组成（见图5-2-38）。

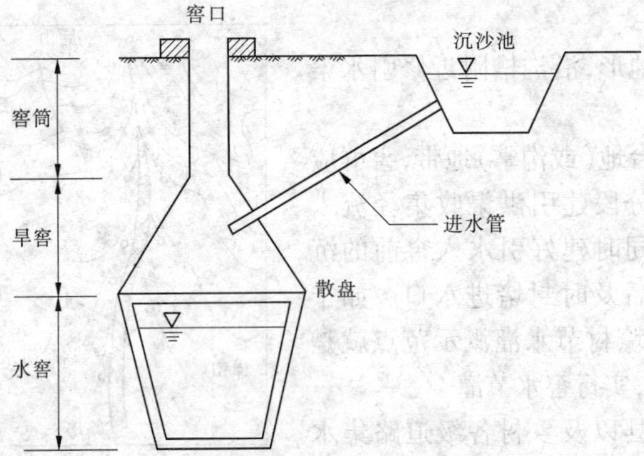

图5-2-38　井式水窖示意图

（2）窖筒（上接地面窖口，供取水用），直径0.6～0.7m，深1.5～2m；旱窖（不蓄水部分），上部与窖筒相连，深2～3m，直径向下逐步放大，到散盘处直径3～4m；水窖（蓄水部分），深3～5m，从散盘处向下，直径逐步缩小，到底部直径2～3m。

（3）窖口。直径0.6～0.7m，用砖或石砌成，高出地面0.3～0.5m。

（4）沉沙池。位于来水方向路旁，距窖口4～6m，池体呈矩形，长2～3m，宽1～2m，深1.0～1.5m。

（5）进水管。圆形，直径0.2～0.3m，在沉沙池从地表向下深约2/3处，以1∶1坡度向下与旱窖相连。

4）窑式水窖设计（以传统的道路边窑式水窖为例）

（1）水窖（蓄水部分）。深3～4m，长8～10m，断面为上宽下窄的梯形，上部宽3～4m，两侧坡比为8∶1；窖顶（不蓄水部分）：长度与水窖一致，半圆拱形断面，直径3～4m，与水窖上部宽度一致（有的窑式水窖在窖顶中部留圆形取水井筒，直径0.6～0.7m，深度随崖坎高度而异，从窖顶上通地面取水口）；窖门：下部梯形断面，尺寸与水窖部分一致，由浆砌石制成，厚0.6～0.8m，密封不漏水。在离地面约0.5m处埋一水管，外接阀门，可自由放水。上部半圆形断面，尺寸与窖顶部分一致，由木板（或其他材料）做成，木板中部有可以开关的 1.0m×1.5m 的小门。窑式水窖示意图见图 5-2-39。

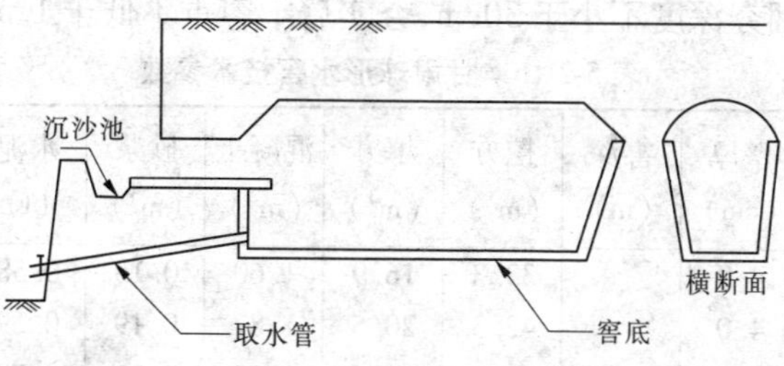

图 5-2-39　窑式水窖示意图

(2)地面建筑物。窑式水窖由取水口、沉沙池和进水管三部分组成。可参照井式水窖的设计，沉沙池的尺寸应根据来水量适当放大。

4. 涝池的设计

涝池主要修于路旁（道路附近或改建的道路胡同之中），用于拦蓄道路径流，防止道路冲刷与沟头前进，同时可供牲畜饮水和洗涤之用。

1) 一般涝池

涝池多为土质，深 1.0～1.5m，形状依地形而异，圆形直径一般 10～15m；方形、矩形边长各 10～30m，四周边坡一般 1:1。

2) 大型涝池

大型涝池深 2～3m，圆形直径 20～30m，方形、矩形边长一般 30～50m，特大型的可达 70～100m。土质的周边坡比 1:1，料石（或砖、混凝土板）衬砌的周边坡比 1:0.3。涝池位置不在路旁的需修引水渠，将道路径流引入池中。为防止过量洪水入池，在池的进水口前应设置退水设施。

5. 施工与管理

由于全国各地自然条件、农业传统生产及种植结构的差异，所选用蓄水工程的结构与类型都各不相同，而且名称各异。从施工角度看不外乎窖（池）体、沉沙池开挖和防渗处理。开挖多由人工施工；窖（池）壁防渗处理方面各地方法有所不同，主要有红胶泥捶捣（传统方法）、三合土或二合土抹面及水泥砂浆抹面等。

蓄水工程维护管理包括蓄水及配套设施的维护管理。蓄水设施管护包括适时蓄水、检查维修（特别是渗漏检查）及清淤等；配套设施的维护管理包括集水场（主要指人工集水场，有混凝土集水场、塑膜覆砂、三七灰土、表土层添加防渗材料等多种形式）及沉沙池维护管理等。

6. 案例

混凝土球形窖是甘肃省创造并常见的一种水窖，比较坚固耐用。该窖型的直径按下式计算：

$$D = (6V/\pi)^{1/3} \tag{5-2-52}$$

式中　D——水窖内径，m；

V——水窖容积，m^3。

经试验研究，其技术参数列于表5-2-16，供设计参考。混凝土球形水窖包括现浇混凝土上半球壳、水泥砂浆抹面的下半球壳、两半球壳接合部圈梁、窖颈、进水管等几部分。下部土基应进行翻夯，翻夯深度不小于30cm，夯实后干容重不低于1.5t/m^3。

表5-2-16　甘肃球形水窖技术参数

窖型	容积(m^3)	直径(m)	壁厚(cm)	窖深(m)	挖方(m^3)	填方(m^3)	混凝土(m^3)	砂浆(m^3)	水泥(t)	砂(m^3)	石子(m^3)	水(m^3)
球形窖	15	3.1	4.0		33.3	16.9	1.60	0.15	0.58	0.85	1.07	0.9
	20	3.4	4.0		42.3	20.5	1.87	0.19	0.69	1.01	1.24	0.9
	25	3.6	4.0		51.0	22.6	2.13	0.21	0.78	1.15	1.41	1.0
	30	3.9	4.0		59.6	23.5	2.36	0.24	0.86	1.28	1.56	1.2

(三)小型蓄引水工程

小型蓄引水工程主要包括滚水坝、小型塘坝或山塘、人字闸，主要目的是汇集蓄存泉水、基流、岩体裂隙水及地表径流(小洪水)等，用于引水灌溉(自流或抽水)。蓄水规模比上述蓄水工程要大，由几千立方米至上万立方米不等。

小型蓄引水工程是指拦蓄地表径流，充分利用小水资源，提高发展土地生产力的工程。小型蓄引水工程有助于退耕还林还草，减少径流冲刷(如引小洪水)，保持水土。小型蓄引水工程包括蓄水、引水和灌溉三部分。本书仅介绍蓄水部分，引水和灌溉部分请参考农田水利有关规范。

1. 滚水坝

滚水坝主要用于拦蓄山丘间的泉水和小洪水，以集蓄库容、壅高水位，以便自流灌溉或抽灌，同时也具有抬高侵蚀基准、控制沟床下切的作用。滚水坝一般采用浆砌石重力坝的结构形式。坝高一般在2~3m，梯形断面，顶宽1.0~1.5m，上游坡比1:0.1左右，下游坡比1:0.7左右。

当滚水坝超过5m以上，且有一定的库容时，需在稳定计算的前提下，设计坝体的断面尺寸。

1)库容与水位计算

滚水坝的库容(V)由水利水文计算确定。根据当地的地形、地质与筑坝条件，可以采用一座坝蓄存，也可多坝(坝系)蓄存，其规模等级是一座坝蓄水数百至数千立方米，少数也有上万立方米的，其坝高一般都不超过15m。

(1)死库容和死水位的确定。死库容可按经验公式计算：

$$V_{死} = \frac{F \cdot S_0(1 - N_s) \cdot n}{\gamma_s} \tag{5-2-53}$$

式中 $V_{死}$——使用年限内泥沙淤积体积，即死库容，m^3；

F——滚水坝控制汇水面积，km^2；

S_0——年侵蚀模数，t/(km^2·a)；

N_s——排沙比，一般不超过0.3，库容越小，流域面积越大，取值越大；

n——滚水坝使用年限，可考虑10年；

γ_s——泥沙干容重,在 1.2～1.4t/m^3 之间,一般取 1.33t/m^3。

计算出死库容后,即可根据测绘的库容—水位曲线求得相应的死水位 $H_{死}$(假设坝底高程为 0,此值即为坝前设计淤积高度)。

案例:某地拟建一滚水坝,已知坝控面积 1.2km^2,年侵蚀模数 520t/(km^2·a),泥沙容重为 1.33t/m^3,坝库使用年限为 10 年。假定排沙比为零,确定该坝库的死库容为:

$$V_{死} = \frac{F \cdot S_0 \cdot n}{\gamma_s} = \frac{1.2 \times 520 \times 10}{1.33} = 4\ 692(\mathrm{m}^3)$$

(2)正常库容和正常年设计水位的确定。滚水坝的库容 V 即为滚水坝的可用水量(相当于水库的兴利库容)。根据 $V_{死} + V =$ 正常库容 $V_{设}$ 值,即可在库容—水位曲线上确定出正常年设计蓄水位 $H_{设}$。

(3)防洪库容和设计洪水位的确定,按以下步骤计算。

①设计洪峰流量,采用流量平衡法计算:

$$Q_m = 0.278KIF \tag{5-2-54}$$

式中 K——径流系数;

Q_m——洪峰流量,m^3/s;

I——设计频率时,1h 降雨强度,mm/h;

F——滚水坝控制汇水面积,km^2。

②设计滚水坝泄水量:

$$Q_{泄} = Mbh^{3/2} \tag{5-2-55}$$

式中 $Q_{泄}$——滚水坝泄水量,m^3/s;

M——流量系数,一般取 1.42～1.62;

b——滚水坝溢流坝段长度,m;

h——滚水坝溢流坝顶以上过水深,m。

根据 $Q_m = Q_{泄}$ 的原理,通过计算,即可求得 b 和 h。

③防洪库容:

$$V_{防} = h\Omega \tag{5-2-56}$$

式中 $V_{防}$——防洪库容,m^3;

h——防洪水位与汛限水位之差,m,一般情况为滚水坝溢流坝段渲泄全部洪水时,堰顶以上水深,当滚水坝设有底孔或冲沙闸等参与泄洪的设施时,应通过调节计算确定防洪水位;

Ω——汛限水位至防洪水位间的平均水面面积,m^2。

④设计洪水位:

$$H_{洪} = H_{汛限} + h \tag{5-2-57}$$

⑤滚水坝总库容:

$$V_{总} = V_{死} + V + V_{防} \tag{5-2-58}$$

(4)滚水坝坝高。按下式计算确定:

$$H = H_{洪} + \Delta h \tag{5-2-59}$$

式中 Δh——滚水坝安全超高,一般取 $\Delta h = 0.5$m。

2）滚水坝设计

（1）取水设施设计。

①取水设施：一般情况下，取水设施大都采用坝下埋管（如铸铁管），在坝外安装阀门进行控制的办法。当个别库容和取水流量较大时，可采用石砌拱涵、方涵或钢筋混凝土管配置闸门进行控制的办法；对库容很小的滚水坝，可不留固定的取水设施，而采取灌溉时临时倒虹的办法，把软管搭在坝面将水吸到坝下游。这种办法也可作为一般的坝体放水涵管失去作用时的补充措施。

②放水涵管孔径：其选择应以满足灌溉制度要求为前提，采用下式计算：

$$q = \mu\omega\sqrt{2gh} \tag{5-2-60}$$

式中 q——有压涵管流量，m^3/s，根据灌溉制度拟定；

ω——涵管断面面积，m^2，$\omega = \frac{\pi}{4}d^2$，$d$ 为管径，m；

h——坝前设计水头，m，灌溉期可取正常蓄水深的1/3；

μ——流量系数，$\mu = \sqrt{1 + \lambda\frac{l}{d} + \sum\xi}$，其中 l 为坝下埋管的长度，m，λ 为埋管的沿程水头损失系数，$\lambda = \frac{8g}{C^2}$，$C = \frac{1}{n}R^{1/6}$，$R = \frac{1}{4}d$，埋管糙率 n 见表5-2-17，$\sum\xi$ 为埋管的局部水头损失系数之和，一般的坝下埋管只有两项：一是直角进口 ξ_1，取0.50，二是坝后采用闸阀出口 ξ_2，按表5-2-18取值。

（2）断面设计。

①初拟断面：滚水坝上游坝坡一般采用1∶0.05～1∶0.25，下游坝坡采用1∶0.65～1∶0.80，上、下游总坝坡变化在1∶0.7～1∶0.9之间。

②坝型选择：滚水坝体比较小，宜采取实体坝形式，且坝顶采用梯形断面溢流，溢流段宽度在满足下游河床允许抗冲流速的条件下（岩石河床的允许流速一般为5～15m/s）能短则短，坝后一般采用底流消能的形式。

（3）荷载计算。

表5-2-17　常用输水管糙率 n 值

管道表面性质	表面粗糙程度		
	较光滑	中等	较粗糙
1. 玻璃管、塑料管	0.007 5～0.008 3		
2. 钢管、铸铁管	0.011	0.012 5	0.014
3. 木质管道	0.011	0.013	0.015
4. 陶瓷管、缸瓦管	0.012	0.013	
5. 混凝土及钢筋混凝土管			
①抹灰护面的混凝土管	0.011	0.012	0.013
②不抹灰的混凝土管	0.013	0.014～0.015	0.017
③水泥喷浆面	0.016	0.018	0.021
6. 浆砌石涵管	0.022	0.030	

表 5-2-18　闸阀全开时的局部水头损失系数 ξ_2 值

管径 d(cm)	1.5	2~5	8	10	15	20~25	30~45	50~80	90~100
ξ_2	1.5	0.5	0.4	0.2	0.1	0.08	0.07	0.06	0.05

①坝体自重:按实际断面计算。

②水压力:一般情况坝下游无水或水深不大,为安全计,下游水压可忽略不计。水平水压力 P_1:$P_1=\frac{1}{2}\gamma H_1^2$;垂直水压力 P_2:不设溢流口水从坝顶直接溢流时,$P_2=\left(by_1+\frac{1}{2}by_2\right)\gamma$,当设计梯形溢流口时 y_1 为超高部分,则 $P_2=\frac{1}{2}y_2\gamma$。式中 γ 为水的容重,t/m³;其他符号的含义见图 5-2-40。

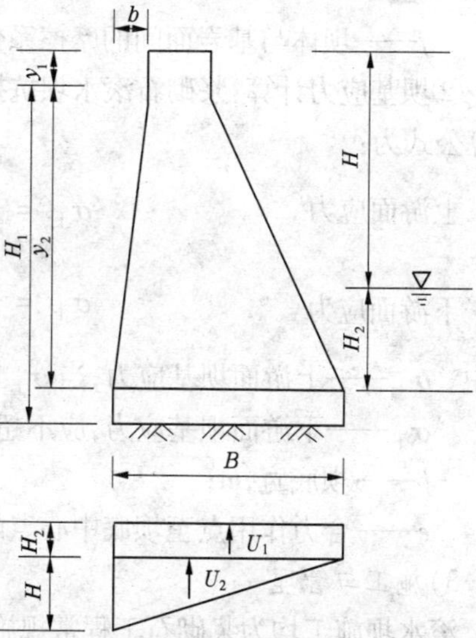

图 5-2-40　基岩上坝底扬压力分布图

③泥沙压力:一般以放水孔高程作为淤积的极限高程。泥沙压力 P_s 的计算公式为:

$$P_s=\frac{1}{2}\gamma_s H_s^2\tan^2\left(45°-\frac{\varphi}{2}\right) \tag{5-2-61}$$

式中　γ_s——泥沙浮容重,kg/m³;

φ——泥沙内摩擦角;

H_s——淤积深度,m。

④扬压力:扬压力包括浮托力及渗透压力。

浮托力 U_1:

$$\left.\begin{array}{ll}\text{当下游无水时} & U_1=0\\ \text{当下游水深为 } H_2 \text{ 时} & U_1=\eta\gamma BH_2\end{array}\right\} \tag{5-2-62}$$

式中　η——浮托力作用面积系数,一般可近似取 $\eta=1$。

渗透压力 U_2:

$$U_2=\frac{1}{2}HB \tag{5-2-63}$$

式中　H——上、下游水位差,m。

波浪压力、冰压力和地震荷载等,滚水坝可忽略不计。

(4)稳定与应力分析。

①抗滑稳定计算:一般取坝体稳定安全系数[K]=1.05。在此前提下,通过坝体受力稳定计算,可进一步调整坝体断面尺寸,达到技术经济合理。坝体抗滑稳定安全系数计算式为:

$$K=\frac{f\sum W}{\sum P}\geqslant[K] \tag{5-2-64}$$

式中　$\sum W$—— 作用在坝基基岩面上的所有垂直力总和,包括坝的重量,上游坝面为斜坡时,还应加上斜坡上的水重和泥沙重量,此外,还有作用在坝底面上的垂直向上的扬压力;

$\sum P$—— 将坝推向下游的水平力的总和,包括上下游的水平水压力、泥沙压力;

f——坝体与基岩面间的摩擦系数。

②坝基应力计算:浆砌石滚水坝抗拉强度很低,设计时不容许坝体上游面出现拉应力。计算公式为:

$$\left.\begin{aligned} &\text{上游面应力} \quad \sigma_{上} = \frac{N}{b}\left(1 - \frac{6e}{b}\right) > 0 \\ &\text{下游面应力} \quad \sigma_{下} = \frac{N}{b}\left(1 + \frac{6e}{b}\right) \leqslant [\sigma] \end{aligned}\right\} \qquad (5\text{-}2\text{-}65)$$

式中　$\sigma_{上}$——上游面坝基应力,当 $\sigma_{上} > 0$ 时,不产生拉应力,kg/cm²;

$\sigma_{下}$——下游面坝基应力,应不超过岩石的允许压应力$[\sigma]$;

b——坝底宽,m;

e——合力作用点至坝底中心点的距离,m。

3)施工与管理

滚水坝施工均为浆砌石工程常规施工方法,对有常流水的沟道施工时要做好导流工作。滚水坝日常维护管理均为常规要求。

2. 小型塘坝(山塘)

南方小型塘坝包括傍山腰或山麓、山冲随地形修建或开挖而成的山塘以及小溪沟修建的拦水建筑物——塘坝。一般山塘是一种大蓄水池,塘坝则是一种小水库。坝高达 5m 以上的滚水式塘坝设计,可参照滚水坝来进行。

1)小型塘坝布设原则

(1)选择有较大汇流面积的地方,如两山丘相接的山槽下部、居民点附近、山冲中央及小溪沟道等。

(2)应选择塘坝汇水面植被覆盖率大、生长茂密及水土流失较轻的地方。

(3)塘坝位置高程应考虑灌溉农田的高程,应尽量实现自流灌溉,并与较大的引水灌溉渠连接,最好能实现引水渠回灌山塘。

(4)塘坝坝址应避开滑坡体,并应有修建溢洪道的条件;修溢洪道确有困难的也可采用滚水式塘坝。

2)设计洪水总量计算

(1)建于山腰、山麓地带的山塘,洪水总量按下式计算:

$$W = 1\,000KRF_1 \qquad (5\text{-}2\text{-}66)$$

式中　W——洪水总量,m³;

K——径流系数;

R——设计频率下的暴雨量,mm;

F_1——汇流面积,km²。

(2)建于山冲中间的山塘,洪水总量按下式计算:

$$W = W_0 + 1\,000KRF_2 + 10[(h_0 + R) - h]F_3 \tag{5-2-67}$$

式中 W_0——上游山塘泄流量,m^3;

h——稻田最大许可蓄水深度,mm;

h_0——暴雨前稻田存水深度,mm;

F_2——设计山塘与上游山塘之间扣去稻田面积后的汇流面积,hm^2;

F_3——汇水区稻田的面积,hm^2;

其他符号含义同前。

3)山塘蓄水容积计算

山塘蓄水容积 V 可按下式计算:

$$V = V_0 + V_1 + V_2 \tag{5-2-68}$$

式中 V_0——死库容(垫底库容);

V_1——兴利库容;

V_2——滞洪库容。

南方地区当来水量丰富,可采用受益面积内稻田(F_0)连续干旱天数(用 n 表示,一般为 30~50d)耗水总量来确定:$V_1 = 10nmF_0$,其中 m 为早期的日耗水强度(mm/d)。

4)坝体断面、山塘溢洪道和泄水洞(塘坊)设计

可参照滚水坝设计和其他坝工设计规范。

5)施工与管理

浆砌石塘坝施工与管理为常规施工与管理。

(四)引洪漫地工程

引洪漫地工程是在水土流失地区的暴雨时期,引用坡面、道路、沟壑与河流的洪水,淤漫耕地或荒滩的工程措施,以充分利用水沙资源拦泥造地,减少水土流失。

1. 工程类型、组成和总体布设

1)工程类型与组成

(1)引洪漫地工程根据洪水来源分为引坡洪、路洪、沟洪和河洪漫地四种类型。

(2)引洪漫地工程由引洪渠首、引洪渠系和田间工程组成。

①引洪渠首工程分有坝引洪和无坝引洪两类,根据不同的地形条件,分别采取不同的工程结构。

②引洪渠系由引洪干渠、支渠和斗渠三级组成,根据洪漫区不同地形和引洪斗渠与地块间不同的相对位置,可分别采取串联式、并联式和混合式三种漫灌方式。

③田间工程以渠系为骨架,将漫灌区分为若干小区,每一小区再分若干地块。每一地块由田块、蓄水埂、进水口和出水口组成。

2)总体布设

引洪漫地工程总体布设是由引洪方式和漫淤方式决定的。

(1)引洪方式,有以下几种。

①傍山开渠引洪:适用于三面环山、坡面完整、坡脚平直、来洪分散、可就地拦蓄的地区。总体布设是:沿山、沟(垌)结合部布设引洪渠,开设引洪口,入沟(垌)漫地。

②侧坡开渠引洪:适用于沟滩(垌地)开阔,面积大,坡面来洪量少,需引侧坡径流的地方。总体布设是:在山坡修建截水渠,将洪水导入引洪渠淤漫沟滩(垌地)。

③顶渠建坝引洪:适用于沟已切割破碎的垌地,背靠梁峁高山,山垌之间有较大的深沟,来洪量大的地方。总体布设是:在来洪沟道适当位置布设主坝,在支沟打格子坝(小淤地坝)抬高水位导入主坝内,布设引洪渠,淤漫沟滩(垌地)。

④逐坝引洪:适用于在汇流面积小的沟道,洪水量不大,且容易控制的地方。其总体布设是:自上而下逐次建坝,上坝先淤,下坝后淤,依次递进。

(2)漫淤方式,有串联式、并联式和混合式。

①串联式:适用于集流面积小、来洪量小且工程仅为拦洪坝或引水渠的地方。总体布设为:上坝(格子坝)先淤,下坝(格子坝)后淤,依次递进,上一台出水口为下一台进水口。

②并联式:适用于来水量分散,且仅设引洪渠的地方。总体布设为:在引洪渠上多处布设进水口,同时漫淤多个田块。

③混合式:适用于流域面积大、来洪量大的沟道或河道的地方。总体布设为:引洪工程由拦洪坝、截洪渠(或沟)、引洪渠和排洪渠构成,拦洪、引洪、漫淤及排洪(余洪排出回归沟道或河道)相结合。

2. 引洪流量计算

引洪流量采用下式计算:

$$Q = \frac{10^4 Fd}{3\,600kt} = 2.78Fd/(kt) \tag{5-2-69}$$

式中 Q——引洪流量,m^3/s;

F——洪漫区面积,hm^2;

d——漫灌深度,m;

t——漫灌历时,h;

k——渠系有效利用系数,干渠一般取0.5~0.7,支渠取0.6~0.8。

应注意以上公式中,如果洪漫区面积大,需几次才能全漫一遍的,渠道设计引洪流量相应减小,一般可按一次洪水可淤漫的最大面积作公式中洪漫区面积。

3. 引洪渠首建筑物设计

(1)拦河滚水坝。拦河滚水坝一般高4~5m;少数高8~10m,坝体需作稳定分析和应力分析,其具体设计方法参考滚水坝设计。

(2)导洪堤。导洪堤与河岸成20°左右的夹角,长10~20m(从渠首向上游河道延伸到接近主流),高1~2m,顶宽1~2m,内外坡比1∶1。

(3)引洪闸。引洪闸的尺寸,根据引洪水位、流量和引洪干渠断面确定孔口尺寸;引洪闸底应高出河床0.5m以上,以防止推移质进入洪漫区。

4. 引洪渠系设计

1)渠道比降

对高含沙水流,引洪渠长度一般不超过1 000m,比降0.5%~1.0%,有条件的应进行试验确定。渠道的比降必须与渠道断面设计紧密配合,达到不冲不淤(见表5-2-19和表5-2-20)。

表 5-2-19　不同流量的不淤比降

流量(m^3/s)	0.5	1.0	2.0	3.0	5.0
比降(%)	1.0 ~ 2.0	0.7 ~ 1.0	0.5 ~ 0.7	0.4 ~ 0.5	0.3 ~ 0.4

表 5-2-20　不同土质渠道允许的最大流速

渠道土质	轻壤土	中壤土	重壤土	粘土
允许最大流速(m/s)	0.6 ~ 0.8	0.65 ~ 0.85	0.75 ~ 0.95	0.80 ~ 1.00

2)引洪渠道断面设计

引洪渠一般采用梯形断面:

$$A = (b + mh)h \tag{5-2-70}$$

式中　A——渠道断面面积,m^2;

b——渠道底宽,m;

h——渠道水深,m;

m——渠道边坡系数,见表 5-2-21。

表 5-2-21　不同土质渠道的边坡系数

土质	粘土	重壤土	中壤土	轻壤土	砂壤土
渠道边坡系数 $1:m$	1:1	1:1	1:1	1:1.25	1:1.5

考虑不冲不淤流速,渠道断面按下式计算:

$$A = Q/v, \quad v = C\sqrt{Ri} \tag{5-2-71}$$

式中　A——渠道断面面积,m^2;

Q——引洪流量,m^3/s;

v——引洪流速,m/s;

i——渠道比降;

R——水力半径,m;

C——谢才系数,$C = \frac{1}{n}R^{1/6}$,n 为渠道糙率,一般土渠取 0.025 ~ 0.03。

为了保证行水安全,渠道堤顶应高出渠水位 0.3 ~ 0.4m。

5. 田间工程设计

支渠以下为田间工程或称为洪漫区地块。地块大小、形状、布局和围埂质量及进出水口布设应考虑洪漫要求和耕作方便。

1)地块布设

一般呈长方形布置,长边沿等高线,短边垂直于等高线。其短边(B)及长边(L)分别按下式计算:

$$B = \frac{h_2 - h_1}{i} = \frac{\Delta h}{i}, L = \frac{10\,000A}{B} \tag{5-2-72}$$

式中　h_1——地块上游边计划漫淤深度,m;

h_2——地块下游边计划漫淤深度,m;

Δh——地块上、下游计划漫淤水深差或地面高程差;

i——地面比降；

A——田块面积，hm^2。

2）地块大小

地块过大，高差大，洪水落淤不匀，费水费时；地块过小，地埂过密，工程量大，同时应考虑引洪量与机耕要求。一般河滩、垧地 4～10hm^2，黄土丘陵区 0.76～2.67hm^2。

3）地块围埂（堰）

地块围埂用来拦蓄洪水，漫淤耕地。一般埂高 1.0～1.5m，顶宽 0.3～0.5m；边坡 1∶0.5；较大的围埂高可达 2.0m；顶宽 1.5m，边坡 1∶1。

4）进出水口

进出水口应根据漫淤洪水的进水量与退水量计算，两高差大于 0.2m，应设简易消能设施。

6. 引洪漫淤技术设计

1）洪水选择、漫淤时间和厚度

（1）洪水选择。根据流域土质内洪水挟沙成分，选择每次洪水是否引淤。含沙量高，漫淤效果好。

（2）漫淤时间。对于不种植作物的河滩或沟滩，仅根据洪水情况确定漫淤时间；若有种植的作物，则要考虑不同作物生长季节、高度等，以不影响作物生长为原则（见表 5-2-22）。

（3）漫淤厚度。决定于土地利用、土质、作物生长等条件。漫淤盐碱地、沙地及河滩等非耕地可以厚些，以 0.3～1.0m 为宜；漫淤农田其厚度则应以不影响作物生长为宜（见表 5-2-22）。

表 5-2-22　不同作物在生长期的漫淤时间与厚度

作物	播种期	收获期	可漫淤时间及厚度			
			6月	7月	8月	9月
糜子	4月下旬	9月中旬		中		
谷子	4月下旬	9月下旬		中	浅	
麻	4月上旬	9月下旬	浅	中	深	浅
玉米	4月上旬	9月上旬		中		
荞麦	6月上旬	9月中旬	浅	浅		
大豆	4月中旬	9月下旬		浅		
向日葵	4月下旬	9月中旬		中		

注：浅漫水深 15cm 左右；中漫 25cm 左右；深漫 50cm 左右。

2）漫淤定额

$$M = \frac{d \cdot \gamma}{c} \times 10^7 \tag{5-2-73}$$

式中　M——漫淤定额，m^3/hm^2；

d——计划漫淤层厚度，m；

γ——漫淤层干容重，t/m^3；

c——洪水含沙量,kg/m^3。

一般情况下,$\gamma=1.25t/m^3$ 左右,每次每公顷漫灌水量 1 500 ~ 2 250m^3。

3)案例

某地拟进行引洪淤漫,淤漫定额确定为 2 200m^3/hm^2,淤漫层干容重 1.25t/m^3,洪水含沙量 300kg/m^3,则计划淤漫层厚度为:

$$d=\frac{M\cdot c}{\gamma\times10^7}=\frac{2\ 200\times300}{1.25\times10^7}=0.053(\mathrm{m})=5.3\mathrm{cm}$$

7. 施工与管理

引洪漫地为土石方工程,施工与管理方面均为常规方法,请参见有关规范。

六、拦砂坝设计

拦砂坝是以拦蓄山洪泥石流沟道中固体物质为主要目的的拦挡建筑物,多建在主沟或较大的支沟内,坝高一般大于 5m,拦砂量在 1 万 ~ 100 万 m^3,甚至更大。拦砂坝的主要作用是拦蓄泥沙(包括块石),调节沟道内水沙,以免除对下游的危害,便于下游河道的整治;提高坝址的侵蚀基准,减缓坝上游淤积段河床比降,加宽河床,减小水流流速,从而减小水流侵蚀能力;稳定沟岸崩塌及滑坡,减小泥石流的冲刷及冲击力,防止溯源侵蚀,抑制泥石流发育规模。

(一)拦砂坝的分类(坝型)

拦砂坝的坝型主要根据山洪或泥石流的规模及当地的材料来确定。

1. 拦砂坝按结构分类

(1)重力坝。依自重在地基上产生的摩擦力来抵抗坝后泥石流产生的推力和冲击力的拦蓄建筑物。其优点是结构简单、施工方便、可就地取材、耐久性强。

(2)拱坝。建在沟谷狭窄、两岸基岩坚固的坝址处,坝体在平面上呈凸向上游的拱形,拱圈受压应力作用,可充分利用石料和混凝土很高的抗压强度,具有省工、省料等特点。但拱坝对坝址地质条件要求很高,设计和施工较为复杂,溢流孔口布置较为困难,因此在泥石流防治工程中应用较少。

(3)格栅坝。它是泥石流拦砂坝又一种重要的坝型,近年来发展得很快,出现了多种新的结构。格栅坝具有良好的透水性,可选择性地拦截泥沙,还具有坝下冲刷小、坝后易于清淤等优点。格栅坝主体可以在现场拼装,施工速度快。格栅坝的缺点是坝体的强度和刚度较重力坝小,格栅易被高速流动的泥石流龙头和大砾石击坏,需要的钢材较多,要求有较好的施工条件和熟练的技工。

(4)钢索坝。采用钢索编织成网,固定在沟床上而构成。这种结构有良好的柔性,能消除泥石流巨大的冲击力,促使泥石流在坝上游淤积。这种坝结构简单、施工方便,但耐久性差,目前使用得很少。

2. 拦砂坝按建材分类

1)砌石坝

可分为浆砌石坝和干砌石坝。

(1)浆砌石坝属重力坝,多用于泥石流冲击力大的沟道,结构简单,是群众常用的一种坝型。断面一般为梯形,但为了减少泥石流对坡面的磨损,在确保坝体稳定的前提下,坝下游面也可修成垂直的。泥石流溢流的过流面最好做成弧形或梯形,在常流水的沟道中,也可修成复式断面。

(2)干砌石坝只适用于小型山洪沟道,也是群众常用的坝型。断面为梯形,坝体用块石交错堆砌而成,坝面用大平板或条石砌筑,施工时要求块石上下左右之间相互"咬紧",不容许有松动、脱落的现象发生。

2)混合坝

可分为土石混合坝和木石混合坝。

(1)土石混合坝。当坝址附近土料丰富而石料不足时,可选用土石混合坝型。一般情况下,当坝高为5~10m时,上游坡为1:1.5~1:1.75,下游坡为1:2~1:1.25,坝顶宽为2~3m。

(2)木石混合坝。在木材来源丰富的地区,可选用木石混合坝。木石混合坝的坝身由木框架填石构成。为了防止上游坝面及坝顶被冲坏,常加砌石防护。

3)铅丝石笼坝

这种坝型适用于小型荒溪,在我国西南山区较为多见。其优点是修建简易、施工迅速及造价低;缺点是使用期短,坝的整体性也较差。

(二)坝高与拦砂量的确定

1. 坝高确定

拦砂坝的高度主要取决于坝址处地基及岸坡的地质条件、地形条件、拦砂坝的设计目标和最佳防护效益等。根据坝高可分为小型拦砂坝(坝高5~10m)、中型拦砂坝(坝高10~15m)和大型拦砂坝(坝高>15m)。

2. 拦砂量计算

(1)绘出坝址以上沟道纵断面图,并按山洪或泥石流固体物质的回淤特点,画出回淤线。

(2)在库区回淤范围内,每隔一定间距测绘横断面图。

(3)根据横断面图的位置及回淤线,求算出每个横断面的面积。

(4)求出相邻两断面之间的体积,计算公式为:

$$V = \left(\frac{\omega_1 + \omega_2}{2}\right) \cdot L \tag{5-2-74}$$

式中 V——相邻两横断面之间的体积,m^3;

ω_1、ω_2——相邻横断面面积,m^2;

L——相邻横断面之间的水平距离,m。

(5)将各部分体积相加,即为拦砂坝的拦砂量。

(三)拦砂坝的断面设计

以最常用的浆砌石重力坝为例说明。

1. 断面轮廓尺寸的初步拟定

浆砌石拦砂坝一般建在坚固基岩上，断面形式多为溢流坝(见表5-2-23)。砌石坝的断面轮廓尺寸是指坝高、坝顶宽度、坝底宽度以及上下游边坡等。坝址部位为松散的堆积层时，应加大拦砂坝底宽，增加垂直荷重(运行中上游面的淤积物亦作为垂直荷重)，以保证坝体抗滑稳定性。上游坝坡与坝体稳定性关系密切，坝坡比 m 值愈大，坝体抗滑稳定安全系数愈大，但筑坝成本愈高。因此，m 值应根据稳定计算结果确定。

表5-2-23　浆砌石坝断面轮廓尺寸

坝高(m)	坝顶宽度(m)	坝底宽度(m)	坝坡比 m	
			上游	下游
3	1.2	4.2	1:0.6	1:0.4
4	1.5	6.3	1:0.7	1:0.5
5	2.0	9.0	1:0.8	1:0.6
8	2.5	16.9	1:1	1:0.8
10	3.0	20.5	1:1	1:0.8

2. 稳定与应力计算

计算时，首先根据初步拟定的断面尺寸，进行作用力计算，然后进行稳定计算和应力计算，以保证坝体在外力作用下不至于遭到破坏。

1)作用力计算

拦砂坝作用力如图5-2-41所示。

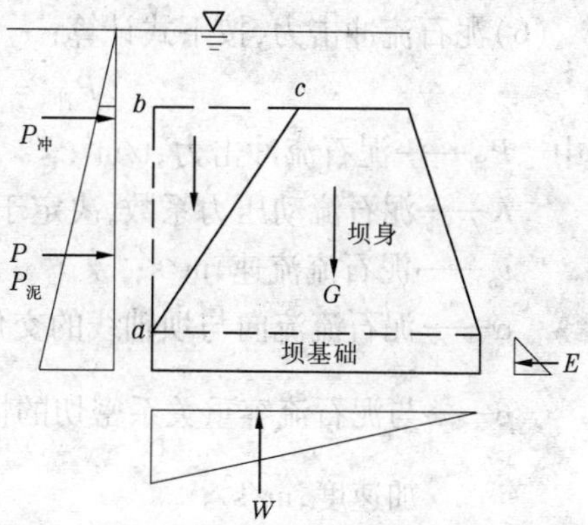

图5-2-41　作用力示意图

(1)坝体重力，计算式为：

$$G = A \cdot \gamma_d \cdot b \qquad (5\text{-}2\text{-}75)$$

式中　G——坝体重力，t；

A——坝体横断面面积，m^2；

γ_d——坝体容重，t/m^3；

b——单位宽度，$b = 1m$。

(2)淤积物重量。作用在坝体上游面上的淤积物重量等于淤积体积乘以淤积物容重。

(3)水压力，按下式计算：

$$P = \frac{1}{2}\gamma h^2 b \qquad (5\text{-}2\text{-}76)$$

式中　P——静水压力，t；

γ——水的容重，t/m^3；

h——坝前水深，m。

(4)泥沙压力，按下式计算：

$$P_{泥} = \frac{1}{2}\gamma_c \cdot H^2 \cdot \tan^2\left(45° - \frac{\varphi}{2}\right) \cdot b \qquad (5\text{-}2\text{-}77)$$

式中　$P_{泥}$——坝前泥沙压力，t；

b——单位宽度，$b = 1m$；

γ_c——堆沙容重,t/m³;

H——坝前淤积物的高度,m;

φ——淤积物的内摩擦角(°)。

作用在下游坝基上的泥沙压力为被动土压力:

$$E = \frac{1}{2}\gamma_c \cdot H_1^2 \cdot \tan^2\left(45° + \frac{\varphi}{2}\right) \cdot b \tag{5-2-78}$$

式中 E——被动土压力,t;

H_1——坝基础深度,m;

其他符号含义同前。

(5)坝基扬压力。拦砂坝多为实体坝,坝下无排水,下游边缘渗透压力为零,上游边缘渗透压力为:

$$W_\varphi = \frac{1}{2} \cdot \gamma \cdot H \cdot B \cdot a_1 \cdot b \tag{5-2-79}$$

式中 W_φ——渗透压力,t;

B——坝底宽度,m;

γ——水的容重,t/m³;

H——坝高,m;

a_1——基础接触面积系数,取 $a_1 = 1$。

(6)泥石流冲击力,按下式计算:

$$P_{冲} = K \cdot \rho \cdot v_c^2 \cdot \sin\alpha \tag{5-2-80}$$

式中 $P_{冲}$——泥石流冲击力,t/m²;

K——泥石流动压力系数,决定于龙头特性,一般取1.3;

v_c——泥石流流速,m/s;

α——泥石流流向与坝轴线的交角(°)。

ρ——与泥石流容重关系密切的惯性系数,$\rho = \frac{\gamma_c}{g}$,$\gamma_c$为泥石流容重,t/m³,$g$为重力加速度,m/s²。

(7)地震力。拦砂坝一般不考虑地震力。在地震区烈度7级以上时,大型拦砂坝的设计应考虑地震力的作用。地震作用通常有两种力,即地震惯性力(一般只考虑水平向)和地震泥沙压力。

①水平地震惯性力,按下式计算:

$$S = K_e \cdot \alpha \cdot \beta \cdot G \tag{5-2-81}$$

式中 S——水平地震惯性力,t;

K_e——地震系数,当地震烈度为7、8、9级时,根据抗震规范取值分别为0.1、0.2、0.4;

α——建筑物的惯性分布指数,$\alpha = 1.0 + 1.5\frac{y}{H}$,其中$y$为断面重心至坝基的高度,m,$H$为坝高,m;

β——地基对惯性力的影响系数，砂砾质沟床，β 约为 1.5；

G——单位长度坝体重，t。

②地震泥沙压力，按下式计算：

$$Q_c = (1 + 2K_e \tan\varphi) P_{泥} \tag{5-2-82}$$

式中 Q_c——地震作用下的泥沙压力，t；

φ——淤积物的内摩擦角（等于因地震作用减小的一部分）（°）；

其他符号含义同前。

（8）案例。某拦砂坝坝前沙容重为 1.5t/m^3，坝前淤积物的高度 5.2m，淤积物的内摩擦角为 0.129°。拦砂坝所受的坝前泥沙压力为：

$$P_{泥} = \frac{1}{2}\gamma_c \cdot H^2 \cdot \tan^2\left(45° - \frac{\varphi}{2}\right) \cdot b$$

$$= \frac{1}{2} \times 1.5 \times 5.2^2 \times \tan^2\left(45° - \frac{0.129°}{2}\right) \times 1 = 20(\mathrm{t})$$

2）坝体抗滑稳定计算

抗滑稳定安全系数按下式计算：

$$K_s = \frac{f \cdot N}{P} \tag{5-2-83}$$

式中 K_s——抗滑稳定安全系数，要求 $K_s = 1.0 \sim 1.05$；

N——坝体垂直力的总和，向下为正，向上为负；

P——坝体水平作用力的总和，向下游为正，向上游为负；

f——坝体与基础的摩擦系数，对于浆砌石坝或混凝土坝可采用下列数值：火成岩 $f = 0.65 \sim 0.75$，石灰岩及砂岩 $f = 0.5 \sim 0.65$，板岩、泥岩 $f = 0.30 \sim 0.50$。

同时还应考虑基础条件。

3）坝基应力计算

（1）坝基应力计算。浆砌石拦砂坝不容许坝体上游面出现拉应力。坝基应力计算公式为：

$$\left.\begin{aligned} &\text{上游面应力} \quad \sigma_{上} = \frac{N}{b}\left(1 - \frac{6e}{b}\right) > 0 \\ &\text{下游面应力} \quad \sigma_{下} = \frac{N}{b}\left(1 + \frac{6e}{b}\right) \leqslant [\sigma] \end{aligned}\right\} \tag{5-2-84}$$

式中 $\sigma_{上}$——上游面坝基应力，当 $\sigma_{上} > 0$ 时，不产生拉应力，kg/cm^2；

$\sigma_{下}$——下游面坝基应力，应不超过岩石的允许压应力$[\sigma]$；

b——坝底宽，m；

e——合力作用点至坝底中心点的距离，m，$e = \dfrac{M}{N}$，当 $e \leqslant \dfrac{b}{6}$ 时，坝体不会产生拉应力；

M——所有作用在坝上的各力对坝底中心点力矩的代数和，顺时针为负，逆时针为正；

其他符号含义同前。

（2）案例。某浆砌石拦砂坝坝底宽为 10m，铅直向合力为 100t，合力的偏心距 1.5m，

地基允许承载力$[\sigma]=20t/m^2$,验证其坝基应力:

$$上游面应力:\sigma_上=\frac{N}{b}\left(1-\frac{6e}{b}\right)=\frac{100}{10}\times\left(1-\frac{6\times1.5}{10}\right)=1>0$$

$$下游面应力:\sigma_下=\frac{N}{b}\left(1+\frac{6e}{b}\right)=\frac{100}{10}\times\left(1+\frac{6\times1.5}{10}\right)=19<[\sigma]=20$$

3. 溢流口设计

(1)溢流口形状和两侧边坡。一般溢流口形状为梯形(见图5-2-42),边坡坡度为1:0.75~1:1。对于含固体物很多的泥石流沟道,可为弧形。

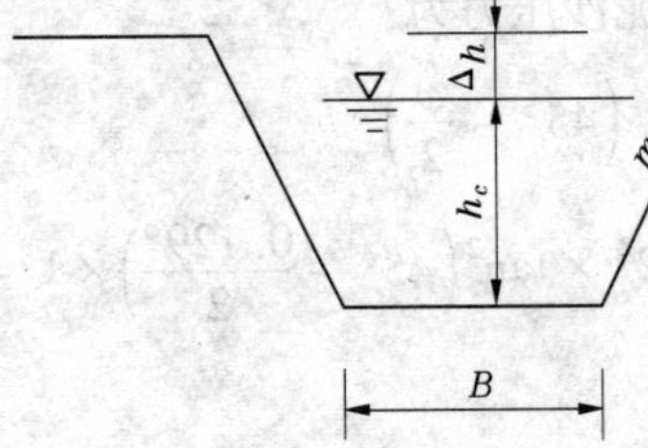

图5-2-42 拦砂坝溢流口简图

(2)坝址处设计洪峰流量,按下式计算:

$$Q_c=\omega_c\cdot v_c \tag{5-2-85}$$

式中 Q_c——泥石流流量,m^3/s;

ω_c——过流断面面积,m^2;

v_c——泥石流流速,m/s。

(3)溢流口宽度。选定单宽溢流流量$q(m^3/(s\cdot m))$,按下式估算溢流口宽度:

$$B=\frac{Q_c}{q} \tag{5-2-86}$$

式中 q——泥石流单宽流量,土基时取$q=20\sim30m^3/(s\cdot m)$;岩基时取$q=30\sim40m^3/(s\cdot m)$。

(4)溢流口过流深h_c,按下式试算求得:

$$Q_c=(B+mh_c)\cdot h_c\cdot v_c \tag{5-2-87}$$

式中 m——坡比系数;

其他符号含义同前。

(5)溢流口高度,按下式计算:

$$H_0=h_c+\Delta h \tag{5-2-88}$$

式中 Δh——安全超高,可取0.5~1.0m。

4. 坝下消能与冲刷深度计算

1)坝下消能

(1)子坝(副坝)消能。适用于大、中、小型山洪或泥石流荒溪。它是在主坝的下游设置一座子坝,形成消力池,以消耗过坝山洪或泥石流的能量。子坝的坝顶应高出原沟床0.5~1.0m,以保证子坝回淤线高于主坝基础顶面。子坝与主坝间的距离可取2~3倍主坝坝高。

(2)护坦消能。适用于小型沟道,多用浆砌石砌筑,长度为2~3倍主坝坝高,厚度按经验公式估算:

$$b = \sigma \sqrt{q\sqrt{z}} \tag{5-2-89}$$

式中 b——护坦厚度,m;

q——单宽流量,$m^3/(s \cdot m)$;

z——上、下游水位差,m;

σ——经验系数,取0.175~0.2。

2)坝下冲刷深度估算

坝下冲刷坑深度按下式计算:

$$T = 3.9q^{0.5}\left(\frac{z}{d_m}\right)^{0.25} - h_t \tag{5-2-90}$$

式中 T——从坝下原沟床面起算的最大冲刷深度,m;

q——单宽流量,$m^3/(s \cdot m)$;

d_m——坝下沟床的标准粒径,mm,一般可用泥石流固体物质的d_{90}代替,以重量计,有90%的颗粒粒径比d_{90}小;

h_t——坝下沟床水深,m。

5. 拦砂坝施工与管理

拦砂坝施工因拦砂坝的类型不同而不同。在我国多为浆砌石重力溢流坝或格栅坝,施工方法与管理要求参考有关规范。

七、水坠坝设计与施工

水坠坝,又称为水力冲填坝,是利用水力和重力将高位土场土料冲拌成一定浓度的泥浆,引流到坝面,经脱水固结形成的土坝。适用具备建设条件的治沟骨干工程与中小型水库坝体建设。按坝体断面结构和冲填方式等可分为均质坝和非均质坝。均质坝坝体由泥浆非分选冲填而成,冲填土料的颗粒在全断面内分布较为均匀,无明显分离现象的水坠坝。非均质坝坝体由泥浆分选冲填而成,冲填土料的颗粒在水的冲力和自重作用下,由粗到细逐步沉积,形成坝壳区、过渡区和中心防渗区。

(一)坝址与坝型选择

1. 坝址选择

坝址选择除应符合《碾压式土石坝设计规范》(SL274—2001)、《小型水利水电工程碾压式土石坝设计导则》(SL198—1996)及《水土保持治沟骨干工程技术规范》(SL289—2003)、《水坠坝技术规范》(SL302—2004)的有关规定外,还应在坝址区满足以下条件:①应有充足的适宜水坠筑坝的土料,土料的储量应大于设计坝体土方量的2倍;②土场的位置应满足冲填输入泥浆比降和造泥要求,并宜高出冲填坝面10m以上;③水源条件应能满足施工用水需要;④有蓄水要求的工程,坝基和两岸应满足防渗要求,且在库区不会产生大的坍岸、滑坡。

2. 坝型选择

水坠坝应根据土料类别、数量、物理力学指标和工程运行等要求选择坝型。

坝址附近土料性质适宜，数量足够时，宜选用均质坝。均质坝应采用非分选冲填的方法施工，适用于砂土、砂壤土、壤土及花岗岩和砂岩风化残积土筑坝。

坝址附近土料为花岗岩、砂岩风化残积土，工程有防渗要求时，应选用非均质坝。非均质坝应采用全断面分选冲填的方法施工。

(二)筑坝土料选择

(1)水坠筑坝土料的调查和土工试验应分别按照《水利水电工程天然建筑材料勘察规程》(SL251—2000)和《土工试验规程》(SL237—1999)的有关规定，查明坝址附近天然土料的性质、储量和分布，以及枢纽建筑物开挖料的性质和可利用的数量。

(2)对筑坝土料宜进行以下土工试验：

①颗粒分析试验。

②液限、塑限和含水率试验。

③有机质和水溶盐含量试验。

④干密度试验。

⑤渗透特性试验和崩解试验。

(3)冲填土料粒径在0.005mm以下的颗粒含量应小于30%，有机质、水溶盐的含量应分别小于3%和8%，崩解速度不应超过30min，渗透系数应大于1×10^{-7}cm/s。不同土料的控制性指标应符合表5-2-24的规定。

表5-2-24　筑坝土料控制性指标经验值

项目	均质坝						非均质坝
	砂土	砂壤土	壤土			花岗岩和砂岩风化残积土	花岗岩和砂岩风化残积土
			轻粉质	中粉质	重粉质		
粘粒和胶粒含量(%)	<3	3~10	10~15	15~20	20~30	15~30	5~30
砂砾含量(%)	—	—	—	—	—	砾≤30	60~80
塑性指数	—	—	7~9	9~10	10~13	—	—
崩解速度(min)	—	1~3	3~5	5~15	<30	—	—
渗透系数(cm/s)	$<2.0\times10^{-5}$	1.5×10^{-5}~2.0×10^{-5}	1.0×10^{-5}~1.5×10^{-5}	3.0×10^{-6}~1.0×10^{-5}	1.0×10^{-7}~3.0×10^{-6}	$>1.0\times10^{-6}$	$>1.0\times10^{-6}$
不均匀系数	—	—	—	—	—	—	>15

注：表中粘粒含量是用氨水作为分解剂得出的。

(三)填筑标注

(1)坝体冲填质量应以起始含水率作为主要控制指标。各种土料起始含水率应符合表5-2-25的规定。

表 5-2-25　不同土料冲填坝体起始含水率取值范围

均质坝			非均质坝	
砂土	砂壤土、壤土	花岗岩和砂岩风化残积土	花岗岩和砂岩风化残积土	
			坝壳区	中心防渗区
25～39	39～50	45～55	—	55

注：透水性大的土取小值，反之取大值。

(2)碾压式边埂的填筑标准，应以土的压实干密度作为质量控制的主要指标，并应符合下列要求：

①砂壤土、壤土边埂的压实干密度分别不小于 $1.50t/m^3$ 和 $1.55t/m^3$。

②花岗岩和砂岩风化残积土压实干密度不小于料场土的平均天然干密度。

(3)坝体允许冲填速度应符合下列规定：

①均质坝的允许冲填速度符合表 5-2-26 的规定。

表 5-2-26　均质坝允许冲填速度

项目	砂土	砂壤土	壤土			花岗岩和砂岩风化残积土		
						坝高分区(从底部起)		
			轻粉质	中粉质	重粉质	<1/3	1/3～2/3	>2/3
两日最大升高(m)	<1.0	<0.8	<0.6	<0.4	<0.3	<0.8	<0.5	<0.4
旬平均日冲填速度(m/d)	0.25～0.50	0.20～0.25	0.15～0.20	0.10～0.15	0.07～0.10	0.20～0.30	0.15～0.20	0.10～0.15
月最大升高(m)	<7.0	<7.0	<5.5	<4.0	<3.0	<7.0	<5.0	<3.0

注：土料的粘粒含量在 20%～30% 时，可按本规范 4.6.7 条规定在坝体内布置砂井(沟)或聚乙烯微孔波纹管网状排水，允许冲填速度可取表中数值的 1.5 倍。

②非均质坝的允许冲填速度，可按均质坝的允许冲填速度增加 40% 左右。

(4)非均质坝中心防渗区、坝壳区的土料颗粒组成和各分区宽度占坝体宽度比值，应符合表 5-2-27 的规定，中心防渗体的宽度还应满足防渗、施工及与坝基、岸坡连接的要求。

表 5-2-27　非均质坝分区指标

部位	颗粒组成(%)			分区宽度占坝面宽度
	>2.0mm	<0.1mm	<0.005mm	
坝壳区	>15	<50	5～15	>1/5
中心防渗区	<5	>50	15～30	1/8～1/5

注：过渡区指标介于坝壳区与中心防渗区之间。

（四）坝体断面设计

坝体应满足施工期和运行期的稳定安全要求，并做到经济合理。排水设施应满足施工期冲填泥浆脱水固结和蓄水运行期降低坝体浸润线的要求。

1. 坝高与坝顶宽设计

坝高应按《碾压式土石坝设计规范》（SL274—2001）和《水土保持治沟骨干工程技术规范》（SL289—2003）的有关规定确定。同时，不同土料的坝高预留沉陷量应符合表5-2-28的规定。

表5-2-28　不同土料坝高预留沉陷量

土　　料	砂　土	砂壤土、壤土	花岗岩和砂岩风化残积土
预留沉陷坝高占总坝高（%）	2～4	3～5	2～3

坝体施工中如不能直接冲填到坝顶高程，应停冲一段时间，待泥浆适当脱水后，采用碾压法封顶，封顶厚度宜取2～3m。

坝顶宽度应符合下列规定：当坝高在30m以上（含30m）时，坝顶宽度不小于5m；当坝高在30m以下时，坝顶宽度不小于4m；当坝顶有交通要求时，坝顶宽度还应满足交通需要。

2. 坝坡设计

坝坡应根据坝型、坝高、坝基地质条件、筑坝土料性质、冲填速度、脱水固结条件及工程运行条件等确定；坝高超过30m时，还应经过稳定计算确定。

当坝高超过15m时，应在下游坝坡沿坝高每隔10m左右设置一条马道，马道宽度应不小于1.5m。上游坝坡一般不设置马道；当坝作为水库运用时，上游坝坡也可设置马道，马道宽度应满足运行要求。

上游设计淤积面以上坝坡及下游坝坡应设置护坡，护坡材料可根据工程运行情况因地制宜选用。有蓄水要求的工程，可选用堆石、干砌石、浆砌石及预制混凝土块等进行护坡。

3. 边埂设计

1）边埂边坡坡度

砂壤土、壤土边埂应采用碾压法修筑，其外边坡坡度应与坝坡一致，内边坡坡度宜采用休止坡。

2）边埂高度

应根据土料性质和每次冲填层厚度确定，高出冲填层泥面0.5～1.0m（见图5-2-43）。

3）边埂顶宽

应根据设计坝高、坝坡、土料性质、冲填速度及流态区深度等确定，并不应小于3m。在坝体中下部应采用等宽边埂；在坝体上部1/3～1/4坝高范围内，边埂宽度可在满足稳定和施工要求情况下逐步缩窄（见图5-2-44）。

（1）砂壤土、壤土的边埂顶宽应根据坝高和土料类别（见表5-2-29）及坝体冲填泥浆的流态区深度（见表5-2-30）综合分析确定。

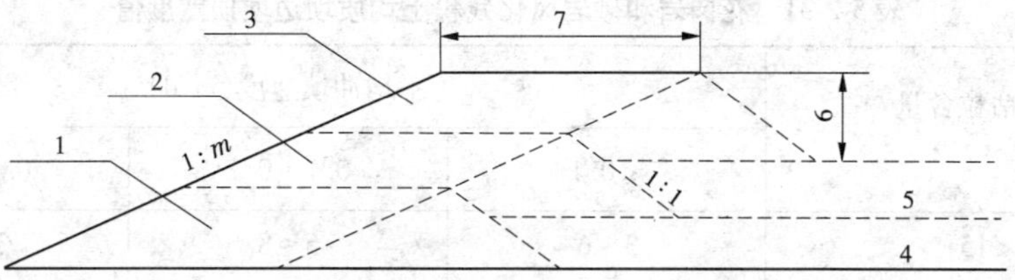

图 5-2-43　边埂实际碾压宽度示意图

1—第一层边埂；2—第二层边埂；3—第三层边埂；

4—第一冲填层；5—第二冲填层；6—边埂高；7—边埂宽

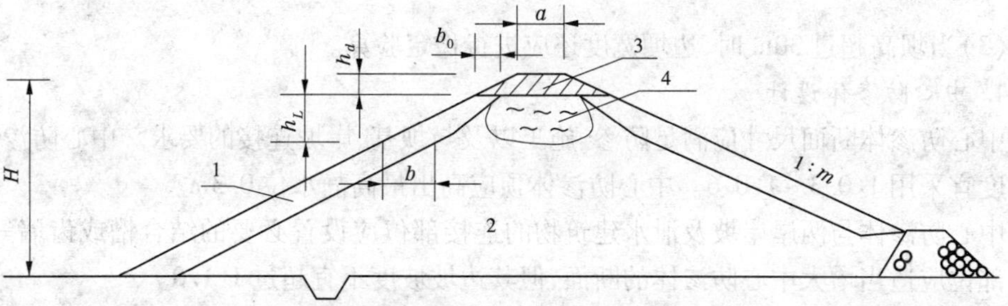

图 5-2-44　设计边埂示意图

H——设计坝高；b——设计埂宽；a——坝顶宽度；

h_L——流态区深度；b_0——坝顶附近埂宽；h_d——封顶厚度

1—边埂；2—冲填坝体；3—封顶；4—流态区

表 5-2-29　砂壤土、壤土边埂宽度值　（单位：m）

设计坝高	砂壤土	壤土		
		轻粉质壤土	中粉质壤土	重粉质壤土
>40	8 ~ 10	10 ~ 13	13 ~ 18	15 ~ 20
30 ~ 40	6 ~ 8	7 ~ 10	9 ~ 13	10 ~ 15
20 ~ 30	4 ~ 6	5 ~ 7	6 ~ 9	7 ~ 10
<20	3 ~ 4	3 ~ 5	4 ~ 6	5 ~ 7

表 5-2-30　水坠坝流态区深度与边埂顶宽度关系　（单位：m）

流态区深度	<3	3 ~ 4	4 ~ 5	5 ~ 6	6 ~ 7	7 ~ 8	8 ~ 9	9 ~ 10	>10
需要边埂顶宽	3	4 ~ 5	5 ~ 6	6 ~ 7	7 ~ 9	9 ~ 10	10 ~ 12	12 ~ 14	14 ~ 17

（2）花岗岩和砂岩风化残积土均质坝边埂顶宽度应根据土料的粘粒含量和平均冲填速度，按表 5-2-31 确定。

表 5-2-31　花岗岩和砂岩风化残积土均质坝边埂顶宽度值　（单位:m）

土料粘粒含量（%）	平均冲填速度(m/d)		
	<0.1	0.1~0.2	0.2~0.3
<15	3~6	5~8	7~10
15~20	4~7	6~9	8~11
20~25	5~8	7~10	9~12
25~30	6~9	8~11	10~13

(3)当坝高超过30m时,边埂宽度还应进行稳定验算。

4. 中心防渗体设计

中心防渗体断面尺寸应满足防渗、施工以及与坝基、岸坡连接的要求。中心防渗体边坡坡度宜采用1:0.3~1:0.6。中心防渗体顶应高出最高静水位0.3m。

中心防渗体与两岸岸坡及泄水建筑物的连接部位应设置必要的结合槽或齿墙等,在结合部位应适当增大中心防渗体的断面,但其边坡坡度不宜超过1:1.0。

5. 排水设计

1)坝体排水

坝体排水应满足:施工期能加速冲填泥浆的脱水固结,减小孔隙水压力;运用期能自由地向坝外排出全部渗透水;能有效防止坝体和地基产生渗透破坏;所使用的块石、碎石、砂砾料等应坚硬、耐风化。

坝体排水可选择以下形式:棱体排水、贴坡排水、褥垫排水、砂井(沟)排水、土工织物排水、聚乙烯微孔波纹管网状排水、竖井排水、廊道排水及垂直透水墙排水。

2)坝面排水设计

下游坝坡应布设坝面排水,根据坝高、坝长及马道的布设分别设置纵向、横向和岸坡排水沟。纵向排水沟应布设在下游马道的内侧;横向排水沟宜顺坝坡每隔50~100m布设一条,并与纵向排水沟和岸坡排水沟互相连通。

排水沟宜采用浆砌石或混凝土块(板)砌筑,断面尺寸不宜小于25cm×25cm。

(五)施工组织设计

1. 施工导流与度汛

1)设计标准

(1)施工导流建筑物度汛洪水重现期宜选取5年。

(2)施工期坝体防洪度汛标准为20年一遇洪水。

2)导流型式

施工导流宜选择围堰导流、涵(隧)洞导流、分期导流和明渠导流等型式。

(1)当一个枯水期能将坝体修筑至汛期水位以上时,可采用围堰导流或利用坝体挡水导流。

(2)当沟道狭窄、地质条件允许时,可采用涵(隧)洞导流。

(3)当沟(河)道流量大,且河槽宽、覆盖层薄时,可采用分期导流。非均质坝不应采用河床分期导流;而沟床一侧有较宽台地、垭口时,可采取明渠导流。明渠断面型式:土基宜采用梯形,岩石基础可采用矩形。

(4)坝体汛前应满足度汛要求。全断面冲填不能满足度汛要求时,应抢修临时度汛断面,修建在冲填坝面上的临时度汛断面可由一级或多级小断面组成,坝体上、下游相邻断面高差不宜大于3m;从坝基开始修建的临时度汛断面,其高差不受此限制。

2. 施工场地布置

1)施工总布置原则

(1)场地总布置应遵循因地制宜、就地取材、节约用地、有利施工、易于管理、安全可靠、经济合理的原则。

(2)土场、造泥沟、输泥渠、道路及供水、供电、防洪、排水设施布置,应与工程施工顺序和施工方法相适应。

2)土料场选择与布置

选择土料的开采与场地布置应符合高土高用、低土低用的原则;土料冲填宜与溢洪道和放水建筑物基础开挖相结合;边埂土场运距短,运土路线应避免与输泥渠等交叉;非均质坝应根据坝面冲填需要进行粗细料的搭配;不能在设计(包括预计加高)坝体区及放、泄水建筑物基础上布置土场或取土。

3)造泥沟与输泥渠布置

(1)造泥沟。布设长度宜大于70m,冲填土料为砂土类时宜大于50m;沟底纵比降可取10% ~20%。

(2)输泥渠布置应根据地形、土质、输泥量和供土条件(人力、机械或人机结合)确定。渠道断面宜采用底宽0.6 ~0.8m、深0.8 ~1.0m 的窄深式;渠底纵比降,冲填土料为砂土时宜采用7% ~10%,为砂壤土、壤土时宜采用7% ~20%,为花岗岩和砂岩风化残积土时宜采用25% ~40%。

(3)输泥渠与造泥沟布设结合。渠首可根据土场分布情况设置多条造泥沟,渠尾可根据坝面宽度设置1 ~3 个出泥口,轮换使用;输泥渠沿程应间隔设置不少于3 道跌坎,跌差以1.0m 左右为宜,输泥渠出口处不应设置跌坎;输泥渠出泥口与边埂的距离应大于3m,在输泥渠出口以上应设排水口;非均质坝的输泥渠,应按颗粒分选要求布设,上下层的进泥口位置应错开,出泥口可延伸至坝壳区内;输泥渠流量宜控制在0.1 ~0.5m^3/s 范围内。

4)施工道路和用水

(1)施工道路宜顺直,避免急弯、陡坡,与输泥渠、造泥沟交叉时应修桥涵。

(2)施工应有可靠的水源保障,水量应能满足坝体施工期全过程冲填用水的需要,均质坝一般用水量与冲填土方量基本相等,非均质坝用水量一般为冲填土方量的1.5 ~2.0倍。施工用水的拦蓄与利用方式可根据水源情况确定:当河(沟)基流能满足(包括干旱季节)坝身冲填用水时,可利用坝体或临时挡水坝、堰等拦蓄水;当河(沟)基流不能满足坝身冲填用水时,应采取拦蓄春季融冰(雪)水、汛末洪水或从邻近河(沟、渠)、水库引水等措施提前蓄水;缺水地区还应考虑坝面积水和脱水固结后的水循环使用。

3. 冲填机具的选择与布置

1）冲填机具的选择

水泵扬程应根据土场位置高低和输水管道长度、直径及水头损失等确定，采用水枪施工的工程还应满足冲土水枪的压力要求。

水泵流量应满足冲填用水的需要。应根据冲填强度、劳力、机械配备和施工方案等因素综合考虑确定，抽水流量宜大于8L/s。所需抽水流量按下式计算：

$$Q = \frac{AM}{3.6K_0t} \tag{5-2-91}$$

式中 Q——所需的抽水流量，L/s；

A——备用系数，取1.2～1.3；

M——日最大冲填土方量，m^3；

K_0——设计冲填泥浆的土水体积比，一般取2～3；

t——日内有效冲填时间，h。

当采用蓄水池“小贮大放”进行冲填时，水泵选择还应考虑蓄水池容积、蓄水池向输泥渠供水流量等因素。

2）机具布置

泵站应设在水源旁适当地方，水枪加压设备应布置在土场。

（六）工程施工

当日最低气温在0℃以下时应停止施工。冬季停工时应采用覆盖虚土等措施对冲填坝面予以保护。影响边埂填筑的淤泥软基础，可采用截断水源或开挖导流沟等方法排出泥内水分；淤泥强度低时，还可采用填干土（或抛石）挤淤修筑阻滑体等措施。

1. 均质坝施工

1）冲填施工

当坝高小于15m、坝面不大、冲填土料透水性较强及坝基透水条件较好时，宜采用一坝一畦的方法连续冲填；否则宜采用一坝双畦或多畦的方法间歇冲填，畦与畦之间用中埂（不需压实）隔开。

坝体冲填宜采用两岸交替冲填方式。要求控制冲填速度和泥浆浓度；对间歇冲填施工中形成的坝面硬壳应刨松后再继续冲填。

坝面积水可采用虹吸管排水、机泵抽水及埋管排水等方法及时排除。

2）边埂施工

砂壤土、壤土均质坝边埂宜采用分层碾压法填筑，外坡与坝坡保持一致，上下两层埂重叠部分的宽度应不小于埂底宽的1/2；砂土均质坝边埂宜采用淤泥拍筑；砂壤土和轻粉质壤土均质坝，当采用分畦间歇冲填施工时，边埂也可用淤泥拍筑。中埂宜采用虚土堆填，顶宽宜取3～4m，高度应超出冲填层0.5～1.0m，边坡宜取自然休止坡。

3）造泥施工

砂土、砂壤土宜采用人工松土造泥；轻粉质壤土和中粉质壤土宜采用水枪冲土造泥或推土机供土造泥；中粉质壤土和重粉质壤土宜采用爆破松土结合人工或推土机供土造泥的方式。

2. 非均质坝施工

非均质坝应采用全河床的全断面冲填,不应采用先填一岸的分段冲填方式。分选冲填应连续施工,避免坝面出现水平夹层,施工中应严格控制中心防渗体的位置,下游部分的坝面宜高于上游部分。中心防渗体顶高程以上的坝体宜采用均质坝的冲填方法施工。

输泥渠中冲填泥浆的流量应大于0.1m^3/s。当输泥渠较长、土的粒径较大时,宜加大冲填泥浆流量。

(七)设计案例

1. 工程概况

某骨干坝地处黄河三级支流某小流域,属黄土丘陵沟壑区第二副区,坝址断面呈“V”形。坝控制流域面积3.0km^2。多年平均降水量451.6mm,多年平均径流深140.6mm。沟道有常流水。多年平均侵蚀模数为1.35万$t/(km^2 \cdot a)$。坝址河床处岩石出露,沟道两岸结构完整,适宜修建均质土坝,坝基、坝肩处无软弱带和裂隙发育,两岸边坡无冲沟,无倾向下游的滑动面。坝址沟道两岸上部覆盖着深厚的黄土,深约50m,土质主要为轻粉质壤土,表层为砂壤土,并可两岸取土,储量能够满足工程施工需要。

2. 建筑物等级与设计洪水标准

设计为水坠均质土坝,规划工程总库容为91.1万m^3,根据《骨干工程技术规范》,工程规模为五等,建筑物由土坝、放水涵卧管和溢洪道组成,均为5级。工程设计洪水标准为20年一遇洪水设计、200年一遇洪水校核,淤积年限为20年。

3. 土坝设计

1)坝型与施工方法选择

经现场查勘,坝址两岸土料储量和土料性质均满足筑坝要求,两岸取土运距不足50m,取土条件便利,坝型确定为均质土坝。流域内沟道有常流水,流量约为0.05m^3/s,且取土场位置高出设计坝高20m以上,坝基和两岸满足防渗要求,因此施工方法采用水坠与碾压相结合筑坝,即18.5m以下采用水坠筑坝,18.5m以上采用碾压封顶。

2)筑坝土料

根据实地勘测,并经试验测定,两岸坝肩的土料可作为冲填土料。土质为轻粉质壤土,粘粒含量为13%,塑性指数为9,崩解速度为8min,渗透系数为2×10^{-5}cm/s,有机质含量$<3\%$,水溶盐含量$<8\%$,天然干容重为1.4t/m^3,土粒相对密度为2.7,含水量为12%。从以上测试数据可以看出,坝址两岸的土料具有一定的透水性,遇水易于崩解且脱水固结速度快,能够满足水坠施工的要求。

3)坝体断面

(1)坝高确定。坝高由拦泥坝高、滞洪坝高和安全超高三部分组成,按《水土保持治沟骨干工程技术规范》规定得出:

拦泥库容、坝高:$V_L=60$万m^3,$H_L=17.5$m,设计淤积高程为$\nabla_L=1\ 363.20$m;滞洪库容、坝高:$V_Z=W_{200}=31.1$万m^3,$H_Z=3.5$m,滞洪水位高程为$\nabla_Z=1\ 366.70$m;安全超高:$\Delta H=1.5$m。

工程设计总库容:$V_{总}=91.1$万m^3;工程设计坝高:$H=22.5$m。

(2)坝顶宽度。按照《水坠坝技术规范》结合已建工程情况,该骨干坝坝高在30m以下，考虑到其有交通要求，坝顶宽度取4.0m。

(3)坝坡。根据《水坠坝技术规范》，确定迎水坡和背水坡均采用两级坡率，迎水坡坝高13.5m以下坡比为1∶3，13.5m以上为1∶2.5；背水坡在坝高13.5m以下坡比为1∶2.25，13.5m以上为1∶2.0；变坡处均设马道，上下游马道宽均为1.5m。

(4)边埂。边埂采用推土机碾压施工，断面为梯形，其外坡与坝坡相同，内坡采用1∶1.5，边埂高度高出冲填层泥面1.0m。边埂顶宽根据坝高、坝坡和土料性质拟定为5.0m，在坝体中下部采用等宽边埂，在坝体上部1/3范围内，边埂宽度可逐步缩窄为3.0m。

4)渗流计算

(1)浸润线与渗透流量。本骨干坝为均质土坝，透水坝基，下游有棱体排水，筑坝材料为轻粉质壤土，透水系数为2×10^{-5}cm/s。

浸润线方程：

$$Y^2 = \frac{h_1^2 - h_0^2}{L + \Delta L - m_2 h_0}X + h_0^2 \tag{5-2-92}$$

渗透流量公式：

$$\left.\begin{aligned} q &= K\frac{h_1^2 - h_0^2}{2(L + \Delta L)} \\ h_0 &= h_2 + \sqrt{(L + \Delta L)^2 + (h_1 - h_2)^2} - (L + \Delta L) \\ \Delta L &= m_1 h_1/(1 + 2m_1) \end{aligned}\right\} \tag{5-2-93}$$

式中 h_0——排水棱体上游脚处的浸润线高度，m；

Y——坝体浸润线纵坐标；

X——坝体浸润线横坐标；

q——单宽渗透流量，$m^3/(s\cdot m)$；

K——渗透系数，cm/s；

ΔL——等效宽度，m；

L——最高入渗点至棱体内坡与浸润线交点的平距，m；

m_1——上游坝坡边坡系数；

h_1——上游水深，下游有水时，为上、下游水位差，m；

h_2——下游水深，m。

(2)正常运用工况计算结果。上游水位平溢洪道底，水深17.5m；下游无水时：

浸润线方程为 $Y^2 = 4.19X + 4.39$

渗透流量为 $q = kh_0 = 0.38(m^3/d)$

(3)校核洪水工况计算结果。上游校核洪水位，水深21m，下游水深1m(根据下游水位—流量关系曲线得出)：

浸润线方程为 $Y^2 = (5.74X + 8.25)^{1/2} + 1$

渗透流量为 $q = k[h_1^2 - (h_0 - h_2)^2]/[2\times(\Delta L + L)] = 0.65(m^3/d)$

(4)排水设施。为减轻施工期坝体脱水固结对下游坝坡的破坏，增加坝体稳定性，在背水坡坝脚处设棱式排水体，根据渗流计算，并结合工程运用条件和已建工程的经验，拟定排水体高度为5.6m,反滤料粗砂层、砾石层、碎石层厚均为0.2m。其各部尺寸详见土坝设计图。

5)细部构造

(1)护坡。上游淤泥面以上及下游坝坡均采用草皮护坡;下游坝坡每50m设横向排水沟一道;戗台内侧设纵向排水沟,沿坝坡与岸坡的连接线设岸坡排水沟。为便于坝面维护,下游坝坡的左、右坝端处各设一道踏步。

(2)坝顶。坝顶采用碾压封顶。

4. 基础处理

(1)清基。土坝填筑前,应清除坝基范围内的草皮、树根、腐殖土和乱石,清基厚度为0.5m,同时应清除岩石地基表面松动的石块、凹处积土和突出的岩石。基础开挖后要求轮廓平顺,避免地形突变,如开挖后发现破碎带,应视具体情况进行处理。

(2)坝体与基础连接。按照《水坠坝技术规范》的要求,经现场查勘,坝址右岸陡坎坡度为1:0.5,应削坡至1:1.0,左岸部分冲沟应结合开挖涵洞基础予以处理。

(3)结合槽。为防止坝体与坝基结合处形成集中渗流,保证坝体与基础紧密结合,在坝轴线处布设一道结合槽,采用梯形断面,底宽2m,深1.5m,边坡1:0.5。

5. 施工组织设计

该骨干坝交通便利,可在坝址两岸取土,土料储量和性质均能满足水坠筑坝的要求,石料可就近开采,可满足工程要求。流域沟道内有常流水,水量和水质均符合施工用水要求;施工用电利用流域主沟道内的低压线,距坝址仅1km,用电负荷能够满足施工要求;工程淹没区无搬迁、赔偿问题。坝址下游有较为平坦的开阔地,可作为料场和临时工棚用地。

1)施工要求

(1)筑坝材料。

①土料:利用两岸湿化崩解速度快、透水性大、粘粒含量低的轻粉质壤土。

②砂料:利用天然河砂,坚硬密实,洁净,耐风化,砂中的粘土、淤泥含量少,砂的细度模数一般以2.2~3.0较好,砂的自然容重为1.4~1.6t/m^3。

③石料:流域内的砂岩较多,强度和抗风化能力符合施工要求,料石厚应为20~30cm,外形方正,宽度为厚度的1~1.5倍,长为厚度的2.5~4倍,质地均匀,没有裂缝,天然容重不低于2 400kg/m^3;块石厚度在20~30cm之间,外形应大致方正。

④水泥:采用一般的普通硅酸盐水泥,水泥标号选用同龄期砂浆标号的4~5倍、混凝土标号的2~2.5倍。

(2)建筑物施工特点。根据坝址土场位置、土料性质,结合坝高情况,坝体冲填采用两岸冲填、一坝两畦间歇冲填的方式,畦与畦之间用横埂隔开。

①水泵选择流量为8L/s以上的机型,配套动力使用电动机,并备用柴油机一套,输水管道选用固定管道,因扬程低于50m,采用钢管,其布置应选择地面坡度均匀、基础稳固、便于安装和管理、施工干扰小的坡面。经计算,抽水流量$Q=9.2$L/s。

②根据土料性质及泥浆脱水固结条件,并参考已建工程的实践,确定该坝冲填速度为0.2m/d。

③根据已建工程的施工经验，经计算分析，渗透系数 K 值在 $(2.2\sim2.8)\times10^{-5}$ cm/s 之间，采用 $K=2.4\times10^{-5}$ cm/s，计算得泥浆容重为 $\gamma=1.8$ t/m³（土场土料的天然平均干容重：$\gamma_d=1.4$ g/cm³；土粒相对密度：$\Delta=2.7$；土场土料的天然平均含水量：$W=12\%$），满足施工要求。

④冲填泥面表层的积水采用埋管排水，排水管埋设在边埂内紧靠泥面积水较深处，并随冲填层积水部位相应变更，上下位置要错开，排水管与冲填泥浆的接触面应铺土保护，厚度不小于 0.3m。

⑤在冲填至距设计坝顶 3~4m 范围内，采用分层碾压法进行封顶，并在冲填坝面以下 5m 范围内的泥浆平均含水量小于该种土的液限之后施工。坝顶施工时应预留沉陷坝高，预留沉陷量按设计坝高的 3% 确定，即 0.67m。

⑥反滤体施工时应保证各层的厚度和位置，在斜面上铺筑时须自下而上进行，铺筑砂层时须洒水夯实。

2）施工场地布置

边埂填筑采用推土机和人工相结合供土，造泥沟沟岸的溜土面取 1∶1.5，造泥沟长度不小于 70m，沟底比降取 20%；输泥渠采用底宽 60cm、深 80cm 的窄深式断面，渠底纵比降根据地形条件采用 15%，沿输泥渠间隔设置 5 道跌坎，跌差取 1.0m。

第三节　水土保持生态工程林草措施设计

一、基本概念

（一）生态系统与生态工程

1. 生态系统与生态系统的类型划分

1）生态系统

生态系统简称生态，它是在一定的时间和空间内，生物群落与环境之间由于不断进行物质和能量流动过程而形成的统一有机体。

2）生态系统的类型划分

（1）按生态系统的环境划分。生态系统分为陆地生态系统和水生生态系统。陆地生态系统的环境因子复杂多变，波动性大，更为开放；生物系统从高等级植物到低等级微生物，组成和结构丰富多样；主要的特征是包含具有第一性生产力的绿色植物，生物之间构成典型的食物链。陆地生态系统一般分为森林生态系统、草原生态系统、荒漠生态系统、冻原生态系统及一些过渡生态系统，如森林草原生态系统、草原荒漠生态系统等。

（2）按人类对生态系统影响的大小划分。生态系统分为自然生态系统和人工生态系统。前者是未受或基本未受人类干扰的生态系统，具有独特的养分循环、能量流动和结构变化。后者是通过人工设计建造的，受人类认识和实践的限制。建造完全符合生物发生发展规律的、稳定的人工生态系统有相当的难度，但经过人工设计并投入外部能量后，对某些环境资源（如光、热及养分等）的利用率会大大提高。

（3）按生物在生态系统中的位置划分。生态系统可分为以植物为主体的植物生态系统，如农田生态系统、森林生态系统；动物生态系统，如草地生态系统、鱼塘生态系统；人类生态系统，如城市生态系统。

2. 林种与林种划分

1）林种

森林（按森林起源可将森林分为天然林和人工林）按其不同的效益（或功能）可划分为不同的种类，简称林种。对于人工林来说，不同林种反映不同的森林培育目的；对于天然林来说，不同林种反映不同的经营管理性质。林种在某些程度上可以看做是不同功能森林生态工程类型。林种划分只是相对的，实际上每一个树种都起着多种作用。如防护林也能生产木材，而用材林也有防护作用，这两个林种同时也可以供人们游憩。但每一林种都有一个主要作用，在培育和经营上是有区别的。

2）林种划分

根据《中华人民共和国森林法》（1998 年 4 月 29 日修正颁布），一级林种划分有五大类，二级林种若干（可再分三级、四级）。

（1）防护林。以防护为主要目的的森林、林木和灌丛，包括水源涵养林，水土保持林，防风固沙林，农田、牧场防护林，护岸林及护路林等。其山区、丘陵区水土保持林的进一步划分如表 5-3-1 所示。

表 5-3-1　山区、丘陵区水土保持体系

水土保持林种	林种的生产性
分水岭防护林	用材林、经济林
护坡林	用材林、经济林
梯田地坎造林	经济林、果树
侵蚀沟道防护林	用材林、饲料林、燃料林
护岸护滩林	用材林、经济林
石质山地沟道造林	用材林
山地护牧林	饲料林、燃料林
坡地果园（特用经济作物）的水土保持林	经济林
池塘水库防护林	用材林、经济林
山地渠道防护林	用材林、经济林
山地现有林（包括天然次生林）	用材林、林特产品

（2）用材林。以生产木材为主要目的的森林和林木，包括以生产竹材为主要目的的竹林。

（3）经济林。以生产果品、食用油料、饮料、调料、工业原料和药材为主要目的的林木。

（4）薪炭林。以生产燃料为主要目的的林木。

（5）特种用途林。以国防、环境保护、科学实验等为主要目的的森林和林木，包括国防林、实验林、母树林、环境保护林、风景林、名胜古迹和革命纪念地的林木及自然保护区的森林。

3. 工程与生态工程

1)工程

工程是指人类在自然科学原理的指导下,结合生产实践中所积累的技术,发展形成包括规划、可行性研究、设计、施工及运行管理等一系列可操作、能实现的技术科学的总称。工程的核心是设计,关键是自然科学原理与生产实践的结合。

2)生态工程

生态工程属于应用生态学的范畴,是应用生态学、经济学的有关理论和系统论的方法,以生态环境保护与社会经济协同发展为目的(也可以理解为可持续发展),对人工生态系统、人类社会生态环境和资源进行保护、改造、治理、调控及建设的综合工艺技术体系或综合工艺过程。

生态工程可简单地概括为生态系统的人工设计、施工和运行管理。它着眼于生态系统的整体功能与效率,而不是单一因子和单一功能的解决;强调的是资源与环境的有效开发以及外部条件的充分利用,而不是对外部高强度投入的依赖。这是因为生态工程包含着有生命的有机体,它具有自我繁殖、自我更新和自主选择有利于自己发育的环境的能力,这也是区别于一般工程如土木工程、水利工程等的实质所在。

(二)水土保持生态工程与林业生态工程

1. 水土保持生态工程

水土保持生态工程是根据生态学、水土保持学及生态控制论原理,设计、建造与调控以植物为主体的人工复合生态系统的工程技术,其目的在于保护、改善与持续利用以水土资源为主体的自然资源和环境。也可以说,水土保持生态工程是在水土流失区域实施以治理水土流失、改善生态环境和农业生产条件、促进农业和农村经济发展为目标的工程措施(土木工程措施)、植物措施和耕作措施相结合的综合工艺技术体系,是在传统水土保持的基础上更加注重应用生态学的理论解决问题。

人工造林种草、基本农田建设、修建小型蓄水保土工程,以及封山育林等生态自然修复和水土保持预防与监督等综合体系的建设,都是水土保持生态工程建设的具体内容。

我国正在实施和已完成的水土保持生态工程建设项目主要有:

(1)水土保持生态建设“十百千”示范工程;

(2)全国八片水土保持生态环境建设重点工程;

(3)长江上游水土保持综合治理工程;

(4)水土保持农业开发项目;

(5)水土保持生态建设国债工程;

(6)黄河流域专项治理工程;

(7)水土保持试点流域治理工程;

(8)开发建设项目水土保持示范工程;

(9)水土保持外资援助项目;

(10)水土保持生态环境监测工程。

【案例 5-3-1】 陕北黄土丘陵侵蚀沟水土流失综合治理模式(图 5-3-1)

(1)立地条件特征

模式区位于陕西省榆林市米脂县,地貌部位在侵蚀沟沿以下,河谷川台地以上,系长期受水力切割和重力侵蚀而形成的沟道,以“V”形切沟为主。坡面支离破碎,多为急陡坡,少数地段已成为绝壁陡崖,陷穴、土柱林立,土壤瘠薄。天然草本植被零星分布,部分地段栽植有小片以刺槐、柠条为主的乔灌林木。水土流失极其严重,每逢大雨,沟头向上延伸,沟边向外扩展,其间偶尔可见因山体滑坡而形成的塌地,面积大小不等,地势比较平缓,多数已被开垦耕种。

(2)设计技术思路

主沟沟头、沟边、沟底采取工程措施或生物工程措施,沟坡采取生物措施进行综合治理,控制水土流失。

(3)技术要点及配套措施

①工程措施:

沟头防护工程:为了控制沟头前进,在距沟头基部 1~2 倍于沟头沟壁高度的沟底,垂直水流方向修筑编篱柳谷坊或土柳谷坊,控制洪水冲淘沟头基部。在修建编篱柳谷坊的位置,横向打两排粗 8~10cm、长 1.5~2.0m 的活柳桩,入土深 0.5m,排距 1.0~2.0m,桩距 0.5m,然后用活的细柳条从桩基编篱至桩顶,最后在两篱之间填入湿土,分层夯实至篱顶。在谷坊前后栽植杞柳、紫穗槐等灌木;在修建土柳谷坊的地方,按谷坊设计规格,用湿土和粗 2~3cm、长 0.7~1.2m 的活柳枝分层铺夯筑坊,然后在谷坊的迎水坡和背水坡分别插植 1 行粗 6~8cm、长 2.0~2.5m 高杆柳,入土深 0.5m,在谷坊前后栽植灌木柳等灌木。

沟边防护工程:沿沟边留出 3.0m 以上距离修筑封沟埂和排水沟。埂、沟断面根据来水面积和地形高差而定,一般封沟埂高 1.0m,顶宽 0.5m,底宽 1.0m;外坡 1:0.2,内坡 1:0.3;排水沟深 0.7m,底宽 0.4m,开口 0.7m,每隔一定距离留一出水口。由外向里先埂后沟布设。埂外空地栽植刺槐、紫穗槐混交林带。

沟底防护工程:本着就地取材的原则,在沟底修建编篱柳谷坊以及土石谷坊或土柳谷坊等谷坊群,谷坊断面和间距根据地形高差、沟底宽度、洪水流量、泥沙含量等因素确定,谷坊之间栽植杨、柳、芦苇、杞柳、乌柳等乔灌木混交固沟林。

②生物措施:

为了有效控制水土流失,充分发挥沟道的生产潜力,在沟头、沟边、沟底修筑防护工程的同时,在沟坡上根据不同坡度,营造不同的水保林。在人员难上的急坡地段,采取投弹方法,见缝插针地播种柠条;在陡坡地段,鱼鳞坑整地,栽植侧柏、刺槐、沙棘、柠条、紫穗槐等乔灌木混交水土保持林;在缓坡地段和小片塌地,栽植刺槐、侧柏、榆树、小叶杨等乔木水保用材林或山桃、山杏等水保经济林;宽展平缓、面积较大的塌地,可进行果农间作或建立以仁用杏、苹果、梨、桃等为主的果园。

2. 林业生态工程

林业生态工程是应用生态学原理、系统工程学原理及森林培育原理,结合科学研究和生产实践的经验,按照一定的规则、规程,人工规划、设计、建造和调控以木本植物为主体

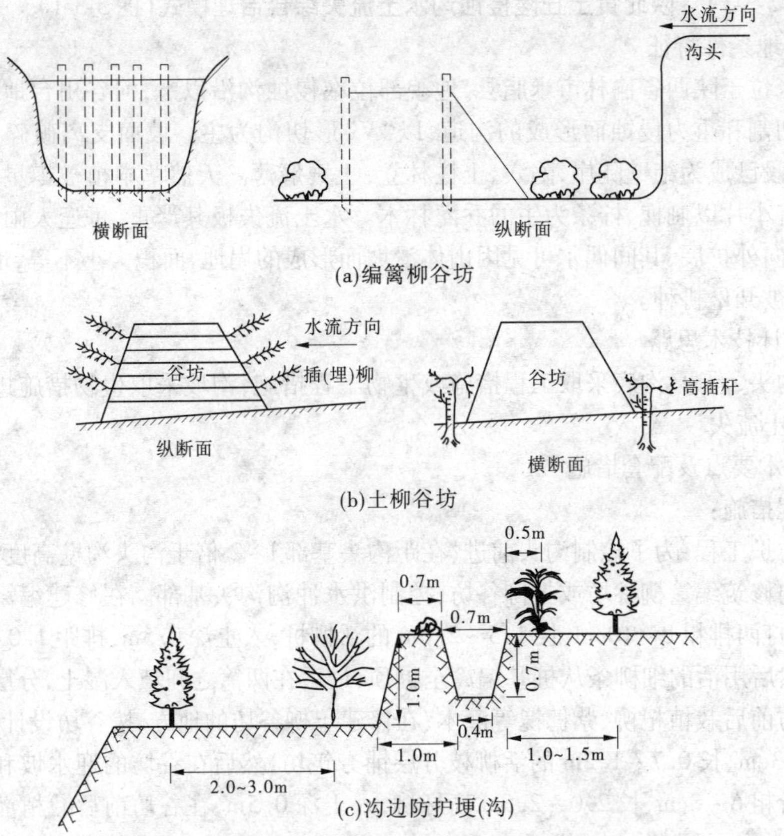

图5-3-1　陕北黄土丘陵侵蚀沟水土流失综合治理模式图

的森林生态系统和复合生态系统。也包括对现有不良的天然或人工森林生态系统和复合生态系统的改造及调控措施的规划设计。林业生态工程包括区域林业生态工程体系建设、生态工程的时空结构设计(乔灌草、林农牧在空间和时间上的配置)及食物链结构设计等。

林业生态工程核心是人工复合生态系统中物种共生关系与物质循环再生过程,目的是建造和实现人工复合生态系统的可持续经营。而传统森林培育只研究木本植物的种间和种内关系及其与环境的关系,提高林地的木材生产率,实现林木资源可持续利用。

(三)水土保持生态工程的林草措施体系

1. 水土保持生态工程林草措施体系的内容

水土保持林草措施体系,包含于林业生态工程,是水土保持生态工程的重要组成部分,其总体目标是在某一区域(或流域)建造以林草(包括乔木、灌木、草以及与之相关的农作物、经济作物等)植物群落为主体(有时也包括畜、禽、鱼等动物)的优质的、稳定的人工复合生态系统。水土保持生态工程丰富并扩展了传统水土保持林草措施的内涵与外延。主要内容包括:

(1)林草植物群落建造工程。这是把设计的林草按一定的时间顺序或空间顺序定植或安置在复合生态系统之中。

(2)立地(或生境)改良工程。水土保持生态工程建设,一般在水土流失严重的非森林或非草地环境中建造。为了保证林草植物(包括作物)正常生长发育,必须改良当地立地条件。例如改善造林立地条件的各类蓄水整地工程、径流汇集工程及风沙区的人工沙障,防止各类侵蚀的水土保持工程、地面覆盖保墒、吸水剂应用及低湿地排水工程等。目的在于为复合生态系统的建造提供一个良好的环境条件。在一些严重退化的立地条件下,不采用环境改良或治理工程,很难建造稳定的复合生态系统。

2. 水土保持生态工程林草措施体系构成

水土保持生态工程林草措施体系指在一个自然地理单元(或行政单元)或一个流域、水系及山脉范围内,根据当地的环境资源条件、生态经济条件、土地利用状况,以及山、水、田、林、路、渠布局和牧场等基础设施建设情况,针对影响当地生产生活条件的水土流失特点和其他主要生态环境问题,在当前技术经济条件下,人工设计建造和改良的以水土保持林草生态系统为主体的、与其他水土保持生态工程相结合的、包括农业生态工程在内的一个有机整体。也就是说,按照总体布局,人工配置水土保持林、水源涵养林、草地与牧场防护林、农田防护林及生态修复等生态工程,与原有的天然林草及水土保持工程措施有机结合,在空间配置上错落有序,生态效益和经济效益相互补充、相得益彰,从整体上形成一个因害设防、因地制宜的综合体,以期达到自然、社会与经济共赢的预期目的。

目前,水土保持生态工程和林业生态工程类型划分尚未形成统一的认识。本书暂按有关标准和规范,以常规的林种划分、草地类型划分及水土保持措施类型划分为依据,介绍有关情况。

【案例 5-3-2】 榆林河川阶地防护林体系建设模式(图 5-3-2)

(1)立地条件特征

模式区位于陕西省榆林市芦河流域,沿河流两岸分布的条带状阶地,地势平坦,宽窄不一,一般高出河床 1.5 ~5.0m,土壤肥沃,多数可提引河水自流灌溉,为基本农田区。邻近河岸地段遇到洪水易淹没或崩塌,系村舍集中分布区。阶地外沿紧靠不同类型的沙丘。

(2)设计技术思路

在河流两岸修堤、筑坝,营造护岸林;在川地内部结合修渠、筑路营造农田防护林带;在阶地外围沙丘上营造防风固沙林,同时对村舍进行绿化,以求达到稳定河道、保护农田、美化家园、改善生态环境、促进各业发展、增加群众收入、提高人民生活水平的目的。

(3)技术要点及配套措施

①河道护岸林:在河道两岸修防洪堤、筑土石坝或柳编坝的基础上,在防洪堤的迎水坡面营造护堤林,在背水坡面营造护滩林。树种以旱柳、垂柳、簸箕柳为主,采取乔灌混交方式。

②农田防护林:河流川道地区,人多地少,土地珍贵,风沙危害相对较轻,农田防护林宜结合渠路布设,一般栽植 2 ~3 行乔木,树种以杨、柳为主。

③防风固沙林:以阻沙和固沙为主,水分条件好的地方,可营造杨树、沙棘、苜蓿混交林;沙地营造花棒、杨柴固沙林,迅速固定流沙。造林方式以带状混交和团块状混交为主。

④综合发展:耕地本着因地制宜的原则,种植农作物、经济作物或发展果木经济林。

⑤居民点绿化:居民点周围地权归村民所有,自主性强,由村民根据自己意愿,利用房前屋后及村庄周围的空闲隙地,栽植用材、经济林木或种植蔬菜、药材、花卉等。

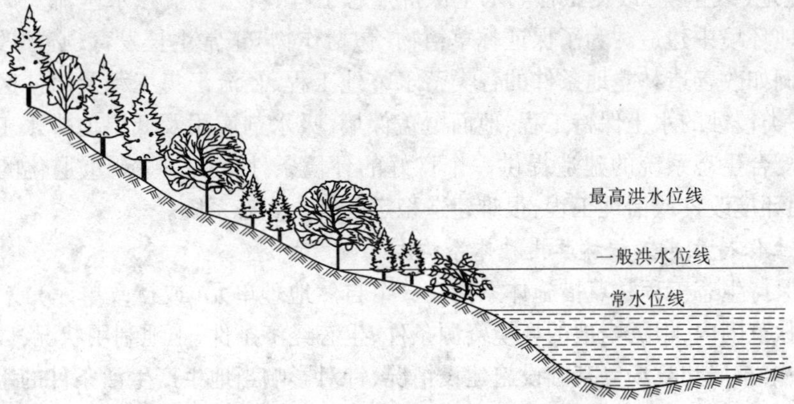

图 5-3-2　榆林河川阶地防护林体系建设模式图

二、水土保持林草措施设计基础

(一)适地适树(草)

树种草种选择是水土保持林草措施设计的一项极为重要的工作,是工程建设成功与否的关键之一。树种草种选择的原则是定向培育和适地适树(草)。定向培育是人们根据社会、经济和环境的需求确定的;适地适树(草)则是林草的生物学和生态学特性与立地(生境)条件相适应。适地适树(草)是树种草种选择的最基本原则。

1. 立地类型(生境)划分

1)概念

(1)立地条件与立地类型。立地是指有林(草)和宜林(草)的地段,在农业和草业上常称为生境,在水土流失、植被稀少的地区,立地实际就是造林(种草)地。在某一立地上,凡是与林草生长发育有关的自然环境因子的综合都称为立地条件。为便于指导生产,必须对立地条件进行分析与评价,同时按一定的方法把具有相同立地条件的地段归并成类。同一类立地条件上所采取的林草培育措施及生长效果基本相近,我们把这种归并的类型称为立地条件类型,简称立地类型。立地类型划分有狭义与广义之分,狭义地讲,就是造林地的立地类型划分;广义上包括对一个区域立地的系统划分,包括立地区、立地亚区、立地小区、立地组、立地小组及立地类型等,在这个系统中立地类型是最基本的划分单元。

(2)立地因子与立地质量。

①立地因子:立地条件中的各种环境因子叫做立地因子。造林(草)地的立地因子是多样而复杂的,影响林草生长的立地因子也是多种多样的,概括起来包括三大类,即物理环境因子,含气候、地形和土壤(光、热、水、气、土壤、养分条件因子);植被因子,含植物的类型、组成、覆盖度及其生长状况等;人为活动因子。

②立地质量:在某一立地上既定林草植被类型的生产潜力称为立地质量(生境质量),它是评价立地条件好坏的重要指标。立地质量包括气候因素、土壤因素及生物因素等。立地质量评价是划分立地类型的重要依据,它可对立地的宜林宜草性或潜在的生产

力进行判断或预测。

2)立地因子分析

立地条件是众多立地因子的综合反映,立地因子对立地质量评价、立地类型划分具有十分重要的作用。

(1)物理环境因子。包括以下因素。

①气候:气候是影响植被类型及其生产力的控制性因子。大气候主要决定着大范围或区域性植被的分布;小气候明显地影响种群的局部分布,是广义立地类型划分,即立地分类中大尺度划分的依据或基础。在狭义立地类型划分中不考虑气候因子。

②地形:包括海拔、坡向、坡度、坡位、坡型及小地形等,其直接影响林草生长有关的水热因子和土壤条件,是立地类型划分的主要依据。地形因子稳定、直观,易于调查和测定,能良好地反映着一些直接生态因子(小气候、土壤、植被等)的组合特征,比其他生态因子更容易反映林草生长的状况。如北方阳坡植被比阴坡植被生长差;低洼地植被比梁峁顶植被生长好等。

③土壤:包括土壤种类、土层厚度、土壤质地、土壤结构、土壤养分、土壤腐殖质、土壤酸碱度、土壤侵蚀度、各土壤层次的石砾含量、土壤含盐量、成土母岩和母质的种类等。土壤因子对林草生长所需的水、肥、气、热具有控制作用,它比较容易测定,综合反映性强,但土壤的直观性差,绘制立地图比较困难。在我国,除了平原地区外,一般不采用土壤单因子评价立地质量,而是结合地形因子联合评价立地质量,进行立地分类。

④水文:包括地下水深度及季节变化、地下水的矿化度及其盐分组成,有无季节性积水及其持续期等。对于平原地区的一些造林地,水文因子起着很重要的作用,而在山地的立地分类则一般不考虑地下水位问题。

(2)植被因子。植被类型及其分布综合地反映着大尺度的区域地貌和气候条件,在立地分类系统中它们主要作为大区域立地划分(立地区、立地亚区)的依据。在植被未受严重破坏的地区,植被状况特别是某些生态适应幅度窄的指示植物,可以较清楚地揭示立地小气候和土壤水肥状况,对立地质量具有指示作用。例如蕨菜生长茂盛指示立地生产力高;马尾松、茶树、映山红、油茶指示酸性土壤;披碱草、碱篷、甘草、芦根等指示碱性土壤;碱篷、白刺、獐毛、柽柳指示土壤呈碱性且含盐量高;黄连木、杜松、野花椒等指示土壤中钙的含量高;青檀、侧柏天然林生长地方母岩多为石灰岩;仙人掌群落指示土壤贫瘠和气候干旱等。但在我国多数地方天然植被受破坏比较严重,用指示植物评价立地相对受限制。

(3)人为活动因子。它是指人类活动影响土地利用历史与现状,从而影响立地因子。不合理的人为活动,例如超采地下水、陡坡耕种、放火烧荒及长期种植一种作物(草或树)等导致土壤侵蚀、土地退化,立地质量下降。但因人为活动因子的多变性和不易确定性,在立地分类中,只作为其他立地因子形成或变化的原因进行分析,不作为立地类型划分的因子。

3)立地质量评价

立地质量评价的方法很多,归纳起来有三类:一类是通过植被的调查和研究来评价立地质量,包括生长量指标(如蓄积量、产草量等)、立地指数法和指示植物法;第二类是通过调查和研究环境因子来评价立地质量,主要应用于无林区;第三类是用数量分析的方法评价立地质量,也就是将外业调查的各种资料用数量化方法进行处理,从而分析环境因子与林木(或草)之间的关系,然后对立地质量作出评价。最常用的评价方法是立地指数法,即以该树种在一定基准年龄时的优势木平均高或几株最高树木的平均高(也称上层高)作为评价指标。草地质量评价时多用产草量作为评价指标。

4)立地类型划分方法

立地类型划分就是把具有相近或相同生产力的立地划为一类,不同的则划为另一类;按立地类型选用树种草种,设计造林种草措施。通过自然条件的地域分异规律及立地与林草生长关系的研究,正确划分立地类型,对林草生态工程建设具有重要意义。

立地类型划分一般采用主导因子法,即在复杂的立地因子中,分析确定起决定性作用的因子——主导因子。根据主导因子分级组合来划分立地类型,一般均可满足树种草种选择和制定造林种草技术措施的需要。常用的方法有按主导环境因子的分级组合分类、生活因子分级组合和用立地指数来代替立地类型。对于林草植被稀少的水土流失地区多采用主导环境因子分级组合分类,后两者适用于有林区、草原区和草地。下面以造林地立地划分为例说明,草地生境划分可参照。

(1)主导因子确定方法。主导因子的确定可以从两个方面着手。一方面是逐次分析各环境因子与植物必需的生活因子(光、热、气、水、养)之间的关系,找出对植物生长影响大的环境因子,作为主导因子;另一方面是找出植物生长的限制性因子,即处于极端状态时,有可能成为限制植物生长的环境因子,限制性因子一般多是主导因子,如干旱、严寒、强风、土壤 pH 值过高或过低及土壤含盐量过大等。把这两方面结合起来,综合考虑造林地对林木生长所需的光、热、水、气、养等生活因子的作用,采用定性分析与定量分析相结合的方法确定主导因子。

(2)按主导环境因子分级组合分类划分立地类型。此方法的特点是:简单明了,易于掌握,因而在水土保持林草生态工程建设中广为应用。具体的划分方法是选择若干主导环境因子,对各因子进行分级,按因子水平组合编制成立地条件类型表,命名采用因子+级别(程度)的方法。下面举例说明。

【案例 5-3-3】 冀北山地立地条件类型的划分(见表 5-3-2)

主导环境因子:海拔、坡向、土壤种类和土层厚度;环境因子分级:海拔 2 级,坡向 2 级,土层厚度 3 级。分级组合为 11 个立地条件类型。

表 5-3-2 冀北山地立地条件类型

编 号	海拔(m)	坡 向	土壤种类及土层厚度(m)	备 注
1	>800	阴坡半阴坡	褐色土,棕色森林土,>50	
2	>800	阴坡半阴坡	褐色土,棕色森林土,25~50	
3	>800	阳坡半阳坡	褐色土,棕色森林土,>50	
4	>800	阳坡半阳坡	褐色土,棕色森林土,25~50	
5	>800	不分	褐色土,棕色森林土,>25	土层下为疏松母质或含 70% 以上石砾
6	<800	阴坡半阴坡	褐色土,棕色森林土,>50	

续表 5-3-2

编号	海拔(m)	坡向	土壤种类及土层厚度(m)	备注
7	<800	阴坡半阴坡	褐色土,棕色森林土,25~50	
8	<800	阳坡半阳坡	褐色土,棕色森林土,>50	
9	<800	阳坡半阳坡	褐色土,棕色森林土,25~50	
10	<800	不分	褐色土,棕色森林土,>25	土层下为疏松母质或含70%以上石砾
11	不分	不分	<25及裸岩地	土层,下为大块岩石

【案例 5-3-4】 晋西黄土残塬沟壑地区立地条件类型划分(见表 5-3-3)

主导环境因子:地形部位及坡向、1m 土层内含水量;环境因子分级:地形部位及坡向9级,1m 土层内含水量8级。分级组合为10个立地类型。

表 5-3-3 晋西黄土残塬沟壑地区立地条件类型

序号	土壤母质	地形部位及坡向	立地类型名称	1m 土层内含水量估算值(mm)	14龄刺槐上层高(m)
1	黄土	塬面	黄土塬面	162.1	12.0
2		宽梁顶	黄土宽梁顶	—	11.9
3		(梁峁)阴坡	黄土阴坡	168.69~182.76	11.9
4		(梁峁)阳坡	黄土阳坡	119.80~133.97	10.5
5		侵蚀沟阴坡	黄土阴沟坡	151.21	10.96
6		侵蚀沟阳坡	黄土阳沟坡	102.42	9.8
7		沟底塌积坡	沟底黄土塌积坡	209.31~218.75	—
8		沟坝川滩坡	黄土沟坝川滩坡	319.41	15.2
9		梁顶冲风口	黄土梁顶冲风口	—	丛枝状
10		崖坡	红粘土崖坡	—	7.9

【案例 5-3-5】 杉木中带东区湘东区幕阜山地亚区立地条件类型划分(见表 5-3-4)

主导环境因子:坡位、坡形和黑土层厚度;环境因子分级:坡位3级,坡形3级,土层厚度3级。分级组合为27个立地类型。

表 5-3-4 杉木中带东区湘东区幕阜山地亚区立地条件类型

坡位	坡形	立地类型序号		
		薄层黑土	中层黑土	厚层黑土
上部	凸	1	2	3
	直	4	5	6
	凹	7	8	9
中部	凸	10	11	12
	直	13	14	15
	凹	16	17	18
下部	凸	19	20	21
	直	22	23	24
	凹	25	26	27

【案例 5-3-6】 阴山山地水土保持林草防治模式(图 5-3-3)

(1)立地条件特征

模式区位于内蒙古自治区呼和浩特市、包头市所辖大青山林区。年平均气温 3 ~4℃,极端最低气温 -34.3℃,无霜期 117d。年降水量 300 ~400mm,年蒸发量 2 900mm,风力强劲,年平均大风日数为 55 ~60d。地带性土壤为栗钙土,山前分布有少量冲积土。水土流失十分严重。

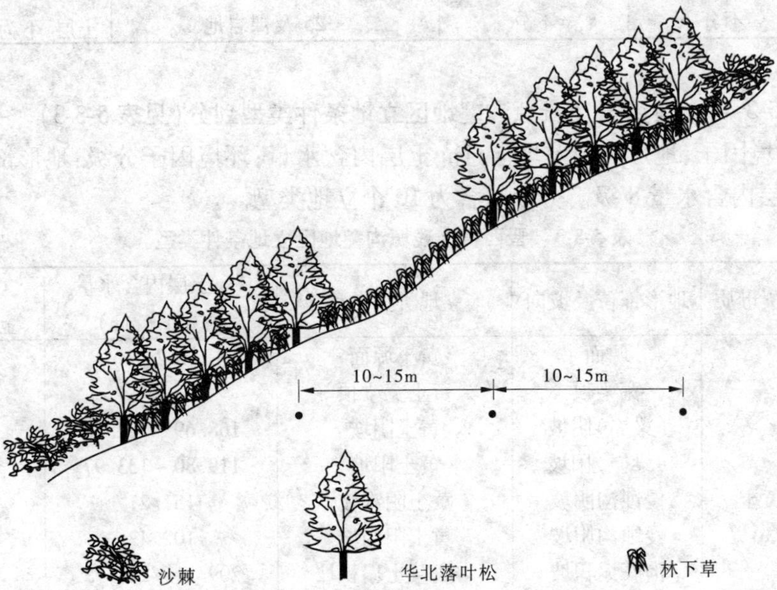

图 5-3-3 阴山山地水土保持林草防治模式图

(2)设计技术思路

在保护好现有山地植被的前提下,以适地适树适草为基本原则,精细整地与高质量造林相结合,进行坡面综合治理,逐步建成以水土保持林为主的防护林体系,防止水土流失,改善生态环境。

(3)技术要点及配套措施

造林立地分类:以 30cm 土层厚为界,区分为薄层土和中厚层土。小于 30cm 者为薄层土,大于 30cm 者为中厚层土。

树种选择:山地阴坡中厚层土立地类型,选用华北落叶松、油松、沙棘等树种营造水土保持林。山地阳坡薄层土立地类型,营造杜松、油松、侧柏与山杏、柠条等灌木树种的混交林。

配置形式:在阴坡中厚层土的立地条件下,乔木 5 行 1 带,林带两侧栽植沙棘,中间栽植落叶松或油松,带间种草;对于阳坡薄层土,营造灌木纯林或混交林带,两侧配置沙棘,林带间种草或保留原有植被,形成草田林带形式。

2. 树种的特性与分布

1)生物学与生态学特性

树种在整个生命过程中,在形态和生长发育上所表现出的特点与需要的综合,称为树种生物学特性,如树木的外形、寿命长短、生长快慢、繁殖方式、萌芽及开花结实的特点等,都属其生物学特性。树种同外界环境条件相互作用中所表现出的不同要求和适应能力，称为树种的生态学特性，是树种特性的重要方面。如耐阴性、抗寒性、抗风性、耐烟性、耐淹性、耐盐性以及对土壤条件的要求等。林学上常把树种生物学特性中与生产有密切关系的部分称为林学特性。所有树种特性的形成，是以树种的遗传性质为内在基础，同时又深受外界环境影响的结果，树种特性具有一定的稳定性（但不是固定不变的）。树种的生物学特性和生态学特性是选择树种、实现适地适树的重要基础。

2）树种形态学特征

（1）树种生长类型。可分为以下4类。

①乔木：树体高大（通常>6m），具有明显的主干，依其高度分为伟乔木（>30m）、大乔木（21～30m）、中乔木（11～20m）、小乔木（6～10m）；依其生长速度，则可分为速生树种、中生树种和慢生树种。

②灌木：树体矮小（<6m），主干低矮或不明显。主干不明显者常称为灌丛。

③藤本：也称攀援木本，是能缠绕或攀附它物而向上生长的木本植物，依生长特点可分为：绞杀类（具有发达的吸附根，可缠绕和绞杀被绕之树木）、吸附类（如爬山虎利用吸盘、凌霄利用吸附根向上攀登）、卷须类（如葡萄等）和蔓条类（枝上有钩刺，如蔓生蔷薇）。

④匍地类：干枝均匍地生长，与地面接触部分生长不定根以扩大占地面积，如铺地柏。

（2）其他形态学特征。包括树形、树干、枝叶、花果、根系形态等特征。根据树木形态可分为：针叶树种、阔叶树种、常绿树种、落叶树种。

3）树种的生长发育特性

（1）树种根系分布深度。根据树种根系的分布深度，可将树种分为深根性树种和浅根性树种。

（2）树种寿命与生长发育规律。不同树种寿命相差很大，侧柏寿命可达2 500年以上，而有些树种寿命只有几十年。生长发育规律包括整个生命周期和某一时间段、一年的生长规律，主要包括平均生长速度（可分为慢生、中生和速生）、不同龄级（幼龄期、壮龄期、中龄期、成熟龄期、过熟龄期）生长发育情况（生长速度、开花、挂果、盛果等）和一年中生长发展情况（发芽、展叶、开花、结果、落叶等）。

4）树种生态学特性

树种生态学特性对于树种选择极为重要，主要包括：

（1）树种对光的适应性。通常用树木的耐阴性，即树木忍耐庇荫和适应弱光的能力。一般分为5级，即极阴性、阴性、中性、阳性、极阳性。阴性树种或称耐阴性树种，如云杉、冷杉、紫杉、黄杨；阳性树种，如落叶松、油松、侧柏及杨等；中性树种，如华山松、五角槭及红松等，它们能耐一定程度侧方庇荫。

（2）树种对温度的抵抗性能。树种对温度的抵抗性能主要采用树种的抗寒性，即树种抵抗低温环境而继续生存的能力。根据发生机理和原理不同，树木在0～15℃下的生存能力称为树种的抗冷性，树木在0℃以下的生存能力则称为抗冻性。抗寒力强的树种称为抗寒性树种，如落叶松、樟子松、云杉、冷杉及山杨等；抗寒力差、喜温暖气候条件的树种称为喜温树种，如油松、槲栎、鹅耳枥及刺槐等。

（3）树种对水分的适应性。树种在干旱环境下的生存和生长能力称为树种的抗旱性;对水淹的适应能力称为耐涝性(或耐水淹性)。一般划分为旱生树种,如樟子松、侧柏、赤松、山杏、梭梭及木麻黄等;中生树种(大多数树种属此类型),如云杉、山杨、槭、红松、水曲柳、黄菠萝及胡桃楸等;湿生树种,如水松、落羽松及大青杨等;耐水淹树种,如柳、池杉等。

(4)树种对风的抵抗和适应性。此性能称为树种的抗风性,主要就抗风倒的能力而言。主根发达,木材坚韧,强风下不易发生风倒的树种称为抗风树种,如松、杨、国槐及乌柏等;而云杉、雪松及水青冈等多为浅根性,属容易风倒的树种。

(5)树种对土壤的适应性能和要求。包括很多方面,如对土壤的肥力、土壤通透性、土壤质地及土壤 pH 值等。有些树种很耐土壤瘠薄,如侧柏、臭椿及油松等;有些树种对土壤通透性要求严格,如樟子松及一些沙生植物;有些树种喜偏酸性的土壤,如油松、马尾松等;有些树种耐盐碱,如柽柳、胡杨等。

5)树种自然分布

树种的自然分布是判定和选择树种的基础依据。树种的自然分布区反映了树种的生态结构,即环境和竞争中诸因子的综合影响效果,同时也反映出树种的生态适应能力。应查清树种中心分布区、最大分布区及临界分布区等。一般来说,距中心分布区越近,树木生长越好。

3. 草种的特性

1)草种分类

(1)依种植目的,可分为牧草、绿肥草、水土保持草及草坪草等类型。水土保持草种(兼牧草功能的草种)绝大部分是禾本科和豆科的植物,还有少量的菊科、十字花科、莎草科、紫草科及蔷薇科等的植物;绿肥草基本上是豆科,草坪草大部分是禾本科植物,有少量的非禾本科草。同一草种可以有不同的种植目的,如沙拉旺、小冠花既可为牧草,又可为绿肥草,也是优良的水土保持草种;羊茅、紫羊茅等可为牧草,也可作为草坪草。

(2)依生长习性,可分为一年生草种,如苏丹草、栽培山黧豆;二年生草种,如白花草木樨、黄花草木樨;多年生草种,如平均寿命 3 ~4 年的黑麦草、披碱草;还有平均寿命 5 ~6 年的大部分禾本科、豆科草,如苇状羊茅、猫尾草、鸭茅、紫花苜蓿及白三叶等;平均寿命 10 年或更长,一般可利用 6 ~8 年的,如无芒雀麦、草地早熟禾、紫羊茅、小糠草及野豌豆等。

(3)按植株高矮及叶量分布,可分为以下 3 类。

①上繁草,植株高 40 ~100cm 以上,生殖枝及长营养枝占优势,叶片分布均匀,刈割时留茬重量不超过地上部总重量的 5% ~10%,适于刈割利用。如无芒雀麦、苇状羊茅、老芒麦、披碱草、羊草、紫花苜蓿、红豆草及草木樨等。

②下繁草,植株矮小,高 40cm 以下,短营养枝占优势,生殖枝不多,叶量少,刈割留茬占总重量的 20% ~60%。不宜刈割,适于放牧用。如草地早熟禾、紫羊茅、狗牙根、白三叶、草莓三叶草及地下三叶草等。

③莲座状草,根出叶形成叶簇状,没有茎生叶或很少。由于株体矮,产草量较低。如生长第一年的串叶松香草、蒲公英及车前草等。

草坪草种一般根据植株高矮分低矮草坪草(<20cm,如狗牙根、结缕草等)和高型草

坪草(30～100cm,如早熟禾、剪股颖及黑麦草等);根据叶的宽度分为宽叶草坪草和细叶草坪草。

(4)按茎枝形成(分蘖、分枝)特点,可分为以下7类。

①根茎型草类:此类草无性繁殖能力和生存能力强,根茎每年可向外延伸1～1.5m,具有极强的保水保土能力,耐践踏,适于放牧。如无芒雀麦、草地早熟禾、羊草、芦苇、鹰嘴紫云英及蒙古岩黄芪等。

②疏丛型草类:此类草形成较疏松的株丛,丛与丛间多无联系,草地易碎裂。如黑麦草、鸭茅、猫尾草、老芒麦及苇状羊茅等。

③根茎—疏丛型草类:此类草形成的草地平坦,富有弹性,不易碎裂,产草量高,适于放牧,保水保土能力很强。如早熟禾、紫羊茅及看麦娘等,其中早熟禾类非常适合于种植草坪。

④密丛型草类:此类草种根较粗,侧根少,分蘖节常被死去的枝、鞘所包围而处于湿润状态,可增强抗冻能力。如芨芨草、针茅属及甘肃蒿草等。

⑤匍匐茎草类:此类草种株型较矮,草皮坚实,耐践踏,产草量不高,保持水土的功能强,也适宜放牧。其中有些草种可作草坪草,如狗牙根(草坪草种)、白三叶草(草坪草种)、草莓三叶草、地下三叶草及俯仰马唐草(草坪草种)等。

⑥根蘖型草类:此类草种除用种子繁殖外,还可用根蘖繁殖,寿命长,喜疏松土壤,是极好的水土保持草种和放牧草种。如多变小冠花、黄花苜蓿、蓟、紫菀及蒙古岩黄芪等。

⑦根颈丛生型草类:此类草种再生能力强,生物产量高,覆盖度高,水土保持功能很强,其中少数草种也可用作草坪草。这类草主要靠种子繁殖,也可无性繁殖。如紫花苜蓿、红三叶(可作草坪草)及沙打旺等。

2)草种的一般特性

(1)生长迅速,见效快。草种生长迅速,分蘖、分枝能力强,茎叶繁茂,根系发达,穿透力强,生命力强,能够迅速覆盖地面,有效防止地表的面蚀和细沟侵蚀。与造林相比,由于其寿命短,根系分布浅,防止沟蚀和重力侵蚀的效益差。因此,对于荒山丘陵、地多人少的水土流失地区,种草或林草结合,生态与经济效益兼顾,效果好。草坪草生长迅速,绿化覆盖快,对于城市、工矿区、风景区等美化环境具有重要意义。

(2)籽粒小,收获多,繁殖系数高。牧草种子细小,收获量多,每公顷可收种子150～1 500kg,千粒重1～2g,1kg种子50万～100万粒。繁衍力很高,收获1个单位面积的草籽可种20～50个单位面积。

(3)耐刈割、耐啃食、耐践踏。大部分草种刈割后可迅速生长,继续利用。有的一年可刈割利用3～5次。多年生草可利用4～5年,甚至10年以上。既可用种子有性繁殖,也可用枝条、根、茎无性繁殖,能做到一次播种数年利用。耐刈割,适宜于打草养畜和草坪修剪;耐啃食,适于放牧;耐践踏,适于作运动场草坪。

(4)牧草对光热条件的适应性很强。阳性草种叶片小而厚,叶面光滑;阴性草种叶片大而薄,常与光照成直角,有利于多接受阳光。草坪草中冷季型草耐阴性强,如细羊茅、三叶草等;暖季型草耐阴性弱,如狗牙根等。一般草种适宜生长的温度是20～35℃,不同草种对温度(热量)的适应性不同,如结缕草、狗牙根及象草等为喜温草种,耐热性强;羊茅、紫羊茅、黑麦草及披碱草等则耐寒性强。

(5)对土壤的适应性,分述如下。

①水分:不同的草种,需水量不同,耐旱耐湿性不同。耐旱牧草,如冰草、鹅冠草及沙蒿等;介于耐旱与喜水之间,如多年生黑麦草、鸭茅、紫花苜蓿和红三叶等;喜水牧草,如虉草、意大利黑麦草、杂三叶、白三叶、田菁及芦苇等。另外,还有水生草类,如水浮莲、茭白等。牧草需水量多少并无严格界限,许多牧草适应性很广,难以严格归类。

②土壤硬度:土壤硬度对草的生长影响较大,禾本科草对硬度的适应性比豆科要强。在禾本科草中,对硬度的适应性也有差别。根据对草坪草的试验研究,狗牙根类、苇状羊茅类对硬度的适应性最强,剪股颖类适应性较差。

③土壤养分:豆科类草耐瘠薄;禾本科草类亦有一定的耐瘠薄性,如结缕草类、羊茅类就有较强的耐瘠薄性。

④土壤 pH 值:在酸性土壤上能良好生长的有结缕草类、假俭草、近缘地毯草、百喜草和糖蜜草等;狗牙根类和小糠草等有一定的适应性;草地早熟禾耐酸性最差。耐碱性最强的草类有野牛草、黑麦草等;耐碱性一般的有假俭草、芨芨草、芦苇等;狗牙根则较弱;近缘地毯草耐碱性最差。牧草和水土保持草种,以沙打旺、披碱草、草木樨及苜蓿等耐碱性强;紫花苜蓿、苇状羊茅、红三叶及苕子等则对酸性土壤适应性强。此外,还有耐沙草类,如沙蒿、沙打旺等。耐盐量草类,如芦苇(耐盐量可达1% ~2%)。

4. 适地适树(草)

1)概念

适地适树(草)就是使造林树种(或种植草种)的特性,主要是生态学特性与立地(生境条件)相适应,以充分发挥生态、经济或生产潜力,达到该立地(生境条件)在当前技术经济条件下可能达到的最佳水平,是造林种草工作的一项基本原则。随着林草业生产的发展,适地适树(草)概念中的树不仅仅指树种,也指品种(如杨、柳及刺槐等)、无性系、地理种源和生态类型。草也不仅仅指草种,也指品种。

适地适树是相对的和动态的。不同树种、草种有不同的特性,同一树种、草种在不同地区,其特性表现也有差异。在同一地区,同一树种、草种不同的发育时期对环境的适应性也不同。适地适树不仅要体现在选择树种上,而且要贯彻在林草培育的全过程。在其生长发育过程中要不断地加以调整,如松土、扩穴和除草(杂草),以改善环境条件,修枝抚育或修剪,以调整种间和种内关系。而这些措施又受一定的社会经济条件的制约。

2)适地适树的途径和方法

适地适树的途径有三条:一是选地适树和选树适地,这是适地适树的主要途径;二是改地适树;三是改树适地。

选地适树,就是根据当地的气候土壤条件确定了主栽树种或拟发展的造林树种后,选择适合的造林地;而选树适地是在造林地确定了以后,根据其立地条件选择适合的造林树种。

改地适树,就是通过整地、施肥、灌溉、树种混交及土壤管理等措施改变造林地的生长环境,使之适合于原来不太适应的树种生长。如通过排灌洗盐,降低土壤的盐碱度,使一些不太抗盐的速生杨树品种在盐碱地上顺利生长;通过高台整地减少积水,或排除土壤中过多的水分,使一些不太耐水湿的树种可以在水湿地上顺利生长;通过种植刺槐等固氮改土树种增加土壤肥力,使一些不耐贫瘠的速生杨树品种能在贫瘠沙地上正常生长;通过与马尾松混交,使杉木有可能向较为干热的造林地区发展等。

改树适地,就是在地和树某些方面不太相适应的情况下,通过选种、引种驯化和育种等手段改变树种的某些特性使之能够相适应。如通过育种的方法,增强树种的耐寒性、耐旱性或抗盐碱的性能,以适应在高寒、干旱或盐渍化的造林地上生长。

3)适地适树(草)的评价标准

衡量是否达到适地适树的客观标准是造林目的。对于水土保持林树种来说,起码要达到成活、成林,有相对的生物学稳定性,即对间歇性灾害有一定的抗御能力。衡量适地适树的数量指标标准有立地指数、平均材积生长量和立地期望值等。

适地适草评价指标主要是产草量、生长状况、退化情况等。

(二)树种或草种选择

树种、草种选择涉及内容很多,本书仅作概括叙述,有关树种、草种选择详细内容请参考《水土保持综合治理技术规范》、《生态公益建设技术规程》、《中国主要树种造林技术》和《林业生态工程学——林草植被建设的理论与实践》等。

1.树种选择

1)树种选择的原则

树种选择的原则有四个:第一是定向的原则,即造林树种的各项性状(经济与效益性状)必须定向地符合既定的培育目标要求,达到人工造林的目的,能够获得预期的经济或生态效益;第二是适地适树的原则,即造林树种的生态习性必须与造林地的立地条件相适应,造林地的环境条件能保障树种的正常生长发育;第三是稳定性的原则,即树种形成的林分应长期稳定,能够形成稳定的林分,不会因为一些自然因子或林分生长对环境的需求增加而导致林分衰败;第四是可行性原则,即经济有利、现实可行,在种苗来源、栽培技术、经营条件及经济效益等方面都是合理可行的。

2)树种选择要求

不同的林草生态工程(或林种)对树种的要求不同,以下仅就水土保持林要求做出说明。

(1)适应性强,能适应不同类型水土保持林的特殊环境,如护坡林的树种要耐干旱瘠薄(如柠条、山桃、山杏、杜梨及臭椿等),沟底防护林及护岸林的树种要能耐水湿(如柳树、柽柳及沙棘等)、抗冲淘等。

(2)生长迅速,枝叶发达,树冠浓密,能形成良好的枯枝落叶层,以截拦雨滴,避免其直接冲打地面,保护地表,减少冲刷。

(3)根系发达,特别是须根发达,能笼络土壤。在表土疏松、侵蚀作用强烈的地方,应选择根蘖性强的树种(如刺槐、卫矛、火炬树等)或蔓生树种(如葛藤等)。

(4)树冠浓密,落叶丰富且易分解,具有土壤改良性能(如刺槐、沙棘、紫穗槐、胡枝子、胡颓子等),能提高土壤的保水保肥能力。

3)树种选择方法

选择树种的程序和方法可概括为:首先按林草生态工程类型的培育目标,初步选择树种;据此,调查研究林草生态工程建设区或造林地段的立地性能,以及初选树种的生物学和生态学性状；然后按树种选择的四条原则选择树种，提出树种选择。为了得出更可靠的有关树种选择的结论，可进行树种选择的对比试验研究，在生产上需凭借树种的天然分布及生长状况、人工林的调查研究、林木培育经验等确定树种选择方案（见图5-3-4）。

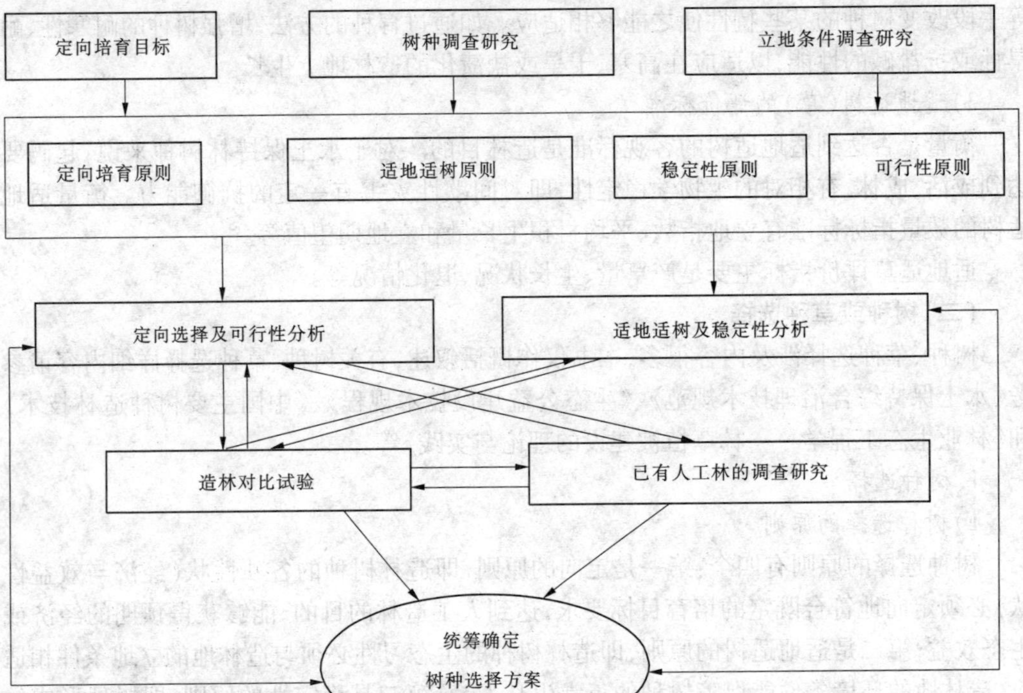

图5-3-4　树种草种选择的理想决策程式

在确定树种选择方案时，往往在同一立地类型上可能有几个适用树种，同一树种也可能适用于几种立地类型，应通过分析比较，将最适生、防护性能最高和经济价值最大的树种，列为主要造林树种，其他树种列为次要树种。同时，要注意将针叶和阔叶、常绿和落叶及豆科和非豆科树种结合起来，以充分利用和发挥多种立地的生产潜力，并能满足生态经济方面的需要。在最后确定树种选择方案时，应把立地条件较好的造林地，优先留给经济价值高、对立地要求严的树种草种；把立地条件较差的造林地，留给适应性较强而经济价值较低的树种。同一树种若有不同的培育目的，应分配给不同的地段。如培育大径材，分配较好的造林地；若是培育薪炭林、小径材，可落实在较差的立地上。例如，在华北平原和中原平原种植欧美杨，以生产胶合板材为目的，应选择土壤肥沃、土层深厚的造林地；营造农田防护林或纤维用材林，对造林地的条件可以适当放宽。

2. 草种选择

草种选择与树种选择相似，必须根据种草地的生境条件，主要是气候条件和土壤条件，选择适宜的草种，同时应做到生态与经济兼顾，就是说选择草种必须做到能发芽，生长、发育正常，且经济合理。如有些草种，种植初期表现好，但很快就出现退化；一些草种虽生长很好，但管理技术要求高，投入太大，这都不能算正确的草种选择。当然草种选择也要注意其定向目标，培育牧草应选用较好的立地，培育水土保持草地时可选用较差的立地。乔灌草结合时，应选择耐阴的草种。

草种选择的方法，一是调查现有草地（特别是人工草地）、草坪，获得草种生长状况的有关资料，如生物量、生长量和覆盖度等，比较分析，选择适宜的草种；二是通过试验研究，即在发展种草的地区，选择有代表性的地块，引进种植不同的草种，观察其生长情况，筛选出适宜的草种。由于草种生长周期短（树种引种周期很长），第二种方法也是经常采用的方法。

黄河中游黄土地区土壤瘠薄，气候干旱，雨量较少，冬春多风，夏季最高温度可达40℃，冬季最低温度为 -30℃。因此，适宜种植耐寒、耐旱、耐瘠薄、抗逆性强的草种。如紫花苜蓿、草木樨、红豆草、毛叶苕子、野豌豆、沙打旺、无芒雀麦、羊茅、老芒麦及冰草等。南方地区，土壤肥力中等，气候温暖湿润，年降水量丰富，昼夜温差中等，冬季与夏季的温差比北方地区小，夏季最高温度可以高达40℃，冬季最低温度低于 -10℃。因此，适宜种植的草种应具有中等耐寒力、适当耐旱，有一定的耐瘠薄能力，喜欢温暖湿润，有一定的抗逆能力，生长快，再生性强，产量高，割后恢复覆盖快，畜、禽、鱼爱吃的草或水土保持功能强的草种，如红三叶、白三叶、紫花苜蓿、草木樨、篙藤、黑麦草、鸡脚草、苏丹草及苇状羊茅等。南方的高山地区（海拔在 800～2 000m 高的山区），土壤肥力中等，气候温暖湿润，昼夜温差中等，冬夏温差也是中等，夏季最高温度为 28～32℃，冬季最低温度为 10～12℃，年降雨量高，一般为 1 500～1 800mm，比北方地区多了几倍。适宜的草种有红三叶、白三叶、杂三叶、多年生黑麦草、鸡脚草及苇状羊茅等。

草坪草种的选择除注重其生物学特性外，还应注意其外观形态与草姿美观、植株低矮、绿叶期长、繁殖迅速容易等要求。

3. 各地适宜栽培的水土保持树种和草种

各地适宜栽培的水土保持树种和草种见表 5-3-5。

表 5-3-5A　水土保持主要适宜树种

区域	主要水土保持造林树种
东北区	兴安落叶松、长白落叶松、日本落叶松、樟子松、油松、黑松、红皮云杉、鱼鳞云杉、冷杉、中东杨、群众杨、健杨、小黑杨、银中杨、旱柳、白桦、黑桦、枫桦、蒙古栎、辽东栎、槲栎、紫椴、水曲柳、黄菠萝、胡桃楸、色木、刺槐、白榆、火炬树、山杏、暴马丁香
三北区	兴安落叶松、樟子松、杜松、油松、云杉、侧柏、祁连圆柏、群众杨、中东杨、健杨、箭杆杨、银白杨、二白杨、胡杨、灰杨、旱柳、旱布 329 柳、垂暴 109 柳、白榆、白蜡、槭、刺槐、大叶榆、复叶槭、臭椿、心叶饭、白榆、四翅滨藜、山杨、青杨、桦树
黄河区	油松、白皮松、华山松、樟子松、云杉、侧柏、旱柳、新疆杨、群众杨、河北杨、健杨、白榆、大果榆、杜梨、文冠果、槲树、茶条槭、山杏、刺槐、泡桐、臭椿、蒙椴、山杨、楸、槭树、白桦、红桦、山杨、青杨、桦树、麻栎、栓皮栎、苦楝、中林 46 杨、沙兰杨、毛白杨、黄连木、山茱萸、辛夷、板栗、核桃、油桐、漆树、香椿、四翅滨藜
北方区	油松、赤松、华山松、云杉、冷杉、落叶松、麻栎、栓皮栎、槲栎、蒙古栎、白桦、色木、桦树、山杨、槭、椴树、柳、刺槐、槐、臭椿、泡桐、黄栌、毛白杨、青杨、沙兰杨、旱柳、漆树、盐肤木、白檀、八角枫、天女木兰、中林 46 杨、黄连木、板栗、香椿

续表 5-3-5A

区域	主要水土保持造林树种
长江区	马尾松、云南松、华山松、思茅松、高山松、落叶松、杉木、云杉、冷杉、柳杉、秃杉、黄杉、滇油杉、墨西哥杉、柏木、藏柏、滇柏、墨西哥柏、冲天柏、麻栎、栓皮栎、青冈栎、滇青冈、高山栎、高山栲、元江栲、樟树、桢楠、檫木、光皮桦、白桦、红桦、西南桦、枫杨、响叶杨、滇杨、意大利杨、红椿、臭椿、苦楝、旱冬瓜、桤木、榆树、朴树、旱莲、木荷、黄连木、珙桐、山毛榉、鹅掌楸、川楝、楸树、滇楸、梓木、刺槐、昆明朴、柚木、银桦、相思、女贞、铁刀木、银荆、楠竹、慈竹
南方区	马尾松、黄山松、华山松、油松、湿地松、火炬松、杉木、铁杉、水杉、柳杉、池杉、墨杉、墨柏、柏木、栓皮栎、茅栗、槲树、化香树、川桦、光皮桦、红桦、毛红桦、枫杨、青冈栎、刺槐、银杏、杜仲、旱柳、苦楝、樟树、朴树、白榆、楸树、侧柏、麻栎、小叶栎、檫木、小叶杨、黄连木、香樟、木荷、榉树、枫香、青冈栎、乌桕、喜树、泡桐、毛竹、刚竹、淡竹、茶杆竹、孝顺竹、凤尾竹、漆树
热带区	马尾松、湿地松、南亚松、黑松、木荷、红荷、枫香、藜蒴、椎、榕属、台湾相思、大叶相思、马占相思、绢毛相思、窿缘桉、赤桉、雷林一号桉、尾叶桉、巨尾桉、刚果桉、黑荆、新银合欢、夹竹桃、勒仔树、千斤拨、青皮竹、勒竹、刺竹

注:(1)三北区含黄河区和青藏高原区;北方区含东北区;南方区含长江区和东南沿海区。

(2)引自 GB/T18337.3—2001(生态公益林建设技术规程》附录 A。

表 5-3-5B(1)　不同立地适宜水土保持草种

气候带	荒山、牧坡	退耕地、轮歇地	堤防坝坡、梯田坎、路肩	低湿地、河滩、库区
热带 南亚热带	葛藤、毛花雀稗、剑麻、百喜草、知风草、山毛豆、糖密草、象草、坚尼草、芭茅、大结豆、桂花草	柱花草、香茅草、无刺含羞草、山毛豆、宽叶雀乒、印尼豇豆、紫花扁豆、百喜草、大翼豆	百喜草、香根草、凤梨、划分藤、柱花草、黄花菜、紫黍、非洲狗尾草、岸杂狗牙根	香根草、双穗雀稗、杂交狗尾草、小米草、稗草、毛花雀稗、非洲狗尾草
中亚热带 北亚热带	龙须草、弯叶画眉草、葛藤、坚尼草、知风草、菅草、芭茅、毛花雀稗	苇状羊茅、牛尾草、鸡脚草、象草、三叶草、无芒雀麦、印尼豇豆	岸杂狗牙根、串叶松香草、香根草、黄花菜、芒竹、弯叶画眉草、药菊、白三叶草、牛尾草、小冠花、细叶结缕草	小米草、稗草、五节芒、杂交狼尾草、双穗雀稗、香根草、水蚀、芦竹、杂三叶草
南温带	菅草、芭茅、沙打旺、龙须草、半茎冰草、弯叶画眉草、葛藤、多年生黑麦草、狗牙根	草木樨、苇状羊茅、沙打旺、红豆草、苜蓿、红三叶草、杂三叶草、葛藤、冬凌草、牛尾草、无芒雀麦	小冠花、药菊、黄花菜、冰草、龙须草、结缕草、菅草、地毯草、狗牙根、早熟禾、小糠草	芦苇、荻草、田菁、黄花菜、小米草、芭茅、冬牧 70 黑麦、双穗雀稗
中温带	草木樨、沙打旺、苜蓿、野豌豆、羊草、红豆草、披碱草、野牛草、狗牙根、扁穗冰草、伏地肤、多年生黑麦草	苜蓿、白草、苏丹草、沙打旺、马兰、无芒雀麦、鹅冠草、披碱草	野牛草、鹅冠草、紫羊草、马兰、白草、黄花、芨芨草、沙生冰草、草地早熟禾	芦苇、芭茅、黄花菜、扁穗、冰草、水烛、马兰

表 5-3-5B(2)　不同立地适宜水土保持草种

气候带	幼林间作	果园间作	饲料基础	绿化、草坪
热带 南亚热带	鸡脚草、桂花草、大绿豆、糖蜜草、山毛豆、木豆、印尼豇豆、无刺含羞草、猪屎豆、竹豆	印尼豇豆、紫花扁豆、山毛豆、百喜草、猪屎豆、竹豆、大翼豆	象草、菊苣、岸杂狗牙根、籽粒苋、墨西哥玉米、宽叶雀稗、非洲狗尾草	百喜草、地毯草、岸杂狗牙根、台湾草、黄花菜
中亚热带 北亚热带	鸡脚草、三叶草、印尼豇豆、大绿豆、龙须草、弯叶画眉草、黑麦草	猪屎豆、黑麦草、大绿豆、印尼豇豆、中豇豆、鸡脚草、白三叶草	墨西哥玉米、象草、菊苣、杂交狼尾草、苏丹草、苦菜、瑞蕾苜蓿、籽粒黄、黑麦草、红胡萝卜	岸杂狗牙根、黄花菜、早熟禾、小冠草、白三叶草、剪股颖、结缕草
南温带	沙打旺、龙须草、红豆草、鸡脚草、草木樨、三叶草、冬凌草、小冠花	三叶草、毛叶茹子、黄花菜、小冠花、鸡脚草、红豆草、大绿豆	籽粒苋、菊苣、三叶草、苏丹草、野豌豆、苜蓿、串叶松香草、冬牧70黑麦、甜高粱	结缕草、细叶苔、紫羊茅、白三叶草、地毯草、早熟禾、狗牙根、野牛草、异穗苔、不糠草、披针叶苔草
中温带	沙打旺、红豆草、野豌豆、鸡脚豆、毛叶苕子、黄芪、黄花菜	毛叶苕子、鸡脚草、野豌豆、红三叶草、红豆草	苜蓿、无芒雀麦、冬牧70黑麦、饲料甜菜、野豌豆、甜高粱、多年生黑麦草	冰草、红狐芽、狗牙根、地肤紫羊茅、马兰、野牛草、早熟禾

表 5-3-5B(3)　不同立地适宜水土保持草种

气候带	沙荒、沙地	盐碱地(含盐量,%)		
		0.1~0.2	0.2~0.4	0.4~0.8
热带 南亚热带	香根草、大绿豆、印尼豇豆、中巴豇豆、大翼豆、仙人掌、蝴蝶豆	盖氏虎尾草、葛藤、俯仰马唐	苏丹草	大米草
中亚热带 北亚热带	香根草、大绿豆、沙引草、印尼豇豆、蔓荆、瑞蕾苜蓿、黄花菜	无芒雀麦、冬牧70黑麦、黄花菜、葛藤、野大豆	杂交狼尾草、苇状羊茅草、五节芒、茵陈蒿	芦苇、大米草、盐蒿、小腊、田菁
南温带	苜蓿、沙打旺、白草、小冠花、鸡脚草、沙毛叶茹子、草木樨、芨芨草	野大豆、小冠花、冬牧70黑麦、白草、无芒雀麦、黄花菜	苏丹草、苜蓿、草木樨、沙打旺、苇状羊茅	芦苇、大米草、盐蒿、小腊、田菁
中温带	沙打旺、沙蒿、芨芨草、沙片、沙米、绵蓬、苜蓿、毛叶苕子、无芒雀麦、白草、披碱草	无芒雀麦、偃麦草、鹅冠草、野豌豆、冰草、芨芨草	草木樨、苜蓿、苏丹草、羊草、毛叶苕子、弯穗鹅冠草	田菁、芨芨草、芦苇、盐蒿、碱茅、地肤

注:引自 GB/T 16453.2—1996。

表 5-3-5C　不同气候带适生的草坪草种

气候带	适生草坪草种
青藏高原带	草地早熟禾、羊茅、高羊茅、紫羊茅、匍匐型剪股颖、多年生黑麦草、白三叶、小冠花
寒冷半干旱带	草地早熟禾、紫羊茅、粗径早熟禾、加拿大早熟禾、羊茅、高羊茅、匍匐型剪股颖、多年生黑麦草、野牛草、白三叶、小冠花
寒冷潮湿带	草地早熟禾、紫羊茅、粗径早熟禾、加拿大早熟禾、羊茅、高羊茅、、匍匐型剪股颖、多年生黑麦草、草坪型白三叶、小冠花
寒冷干旱带	在有水源或灌溉条件的地区与寒冷半干旱带基本相同
北过渡带	草地早熟禾、粗径早熟禾、加拿大早熟禾、高羊茅、匍匐型剪股颖、绒毛剪股颖、细弱剪股颖、多年生黑麦草、小冠花、苔草、羊胡子草、野牛草、日本结缕草、中华结缕草、细叶结缕草(尚无最适生草种,必须精心管理)
云南高原带	草地早熟禾、粗径早熟禾、加拿大早熟禾、高羊茅、紫羊茅、细羊茅、羊茅、匍匐型剪股颖、绒毛剪股颖、细弱剪股颖、多年生黑麦草、一年生黑麦草、草坪型三叶草、小冠花、苔草、野牛草、结缕草、中华结缕草、马尼拉草、假俭草、马蹄草、狗牙根
南过渡带	草地早熟禾、粗径早熟禾、多年生早熟禾、高羊茅、匍匐型剪股颖、草坪型三叶草、野牛草、结缕草、中华结缕草、细叶结缕草、尼拉草、马蹄金、狗牙根
温暖潮湿带	与南过渡带相似,暖季型更好,如野牛草、结缕草、马尼拉草、马蹄金、狗牙根
热带亚热带	结缕草、马蹄金、狗牙根、假俭草、地毯草、钝叶草、两耳草、匍匐型剪股颖

表 5-3-5D　生物气候带护坡的草种及其配置

气候生态带	范围	适宜的护坡草种(大多数混播)
青藏高原带	北纬 27°20′ ~ 40°,东经 73°40′ ~ 104°21′之间。主要包括西藏全部、青海高原和四川西北高原农区	草地早熟禾、紫羊茅、高寒苜蓿、细羊茅、燕麦草、冰草、无芒雀麦及当地野生的小灌木等
寒冷半干旱带	北纬 40° ~ 48.5°,东经 115.5° ~ 135.5°之间,主要包括黑龙江大部、吉林大部、辽宁大部及山东少部分地区	紫花苜蓿、沙打旺、红豆草、紫羊茅、细羊茅、碱茅、冰草、披碱草、羊草、小冠花、紫穗槐等
寒冷潮湿带	北纬 34° ~ 39°,东经 100° ~ 125°之间,主要包括青海的东部、甘肃的中部、陕西省的北部、山西大部以及河南、河北、内蒙古、辽宁、吉林、黑龙江等省(区)的少部分县市	草地早熟禾、紫羊茅、细羊茅、无芒雀麦、披碱草、羊草、碱茅、白三叶、紫花苜蓿、沙打旺、冰草、鸭茅等
寒冷干旱带	北纬 36° ~ 49°,东经 74° ~ 127°之间,主要包括新疆大部、甘肃的西北部、内蒙古大部以及青海、陕西、黑龙江少部分县市	紫花苜蓿、沙打旺、红豆草、紫羊茅、细羊茅、碱茅、冰草、披碱草、羊草、小冠花、紫穗槐等

续表 5-3-5D

气候生态带	范围	适宜的护坡草种(大多数混播)
北过渡带	北纬32.5°~42.5°,东经104°~122.5°,主要包括山东大部、河北大部、北京、天津、河南大部以及陕西、山西、安徽、江苏、湖北少部分县市	高羊茅、黑麦草、无芒雀麦、小冠花、紫穗槐、沙打旺、紫花苜蓿、冰草、野牛草、结缕草及当地野生的小灌木等
云贵高原带	北纬23.5°~34°,东经98°~111°,主要包括云贵省大部、贵州省大部、湖南省西部、湖北省西北部、甘肃省南部以及四川、广西、陕西少部分县市	草地早熟禾、紫羊茅、细羊茅、高羊茅、黑麦草、小冠花、白三叶、红三叶、紫花苜蓿、沙打旺、狼尾草、鸭茅及当地野生的小灌木等
南过渡带	北纬27.5°~32.5°,东经102.5°~108°,主要包括四川和重庆绝大部分,贵州少部分县市;北纬30.5°~34°,东经110.5°~122°,主要包括湖北大部、安徽中部、河南南部、江苏中部等	白三叶、红三叶、高羊茅、木蓝、狗牙根、百喜草、弯叶画眉草、黑麦草、马蹄金、鸭茅、荆条、大米草、结缕草及当地野生的小灌木等
温暖潮湿带	北纬25.5°~32°,东经108.5°~122°,主要包括浙江大部、江西大部、湖南大部、福建北部、上海、安徽南部、江苏少部分地区	白三叶、红三叶、高羊茅、木蓝、狗牙根、百喜草、弯叶画眉草、黑麦草、马蹄金、鸭茅、荆条、大米草、结缕草及当地野生的小灌木等
热带亚热带	北纬21°~25.5°,东经98°~119.5°,主要包括广东全部、台湾全部、海南全部、福建南部、云南南部及广西绝大部分地区	狗牙根、百喜草、弯叶画眉草、马蹄金、结缕草、柱花草、地毯草、飞机草、假俭草、狼尾草、高羊茅、黑麦草、两耳草等

(三)人工林(草)组成及配置

1. 树种组成

树种组成是指构成森林的树种成分及其所占的比例。

通常把由一种树种组成的林分叫做纯林,而把由两种或两种以上的树种组成的林分称为混交林。树种在混交林中所占比例的大小为混交比例。

混交林中的树种,依其所起的作用可分为主要树种、伴生树种和灌木树种三类。其中主要树种是人们培育的目的树种,伴生树种和灌木树种是在一定时期与主要树种生长在一起,并为其生长创造有利条件的树种。一般在造林初期,主要树种所占的比例应保持在50%以上,伴生树种或灌木应占全林分株数的25%~50%。但个别混交方法或特殊的立地条件,可以根据实际需要对混交树种所占比例适当增减。

混交类型是将主要树种、伴生树种和灌木树种人为搭配而成的不同组合,通常把混交类型划分为主要树种与主要树种混交、主要树种与伴生树种混交、主要树种与灌木树种混交及主要树种、伴生树种与灌木的混交。

混交方法是指参加混交的各树种在造林地上的排列形式。常用的混交方法有星状混交、株间混交、行间混交、带状混交、块状混交、不规则混交和植生组混交。

南方混交效果较好的有:杉木与马尾松、香樟、柳杉、木荷、檫树、火力楠、红椎、桢楠、香椿、南酸枣、观光木、厚朴、相思、桤木、旱冬瓜、桦木、白克木及毛竹等;马尾松与杉木、栎类、栲类(如黧蒴栲)、椆木、木荷、台湾相思、红椎(赤黎)及柠檬桉等;桉树与大叶相思、台湾相思、木麻黄、新银合欢等;毛竹与杉木、马尾松、枫香、木荷、红椎及南酸枣等。

北方混交效果较好的有:红松与水曲柳、胡桃楸、赤杨、紫椴、黄菠萝、色木及柞树等;落叶松与云杉、冷杉、红松、樟子松、桦树、山杨、水曲柳、赤杨及胡枝子等;油松与侧柏、栎类(栓皮栎、辽东栎和麻栎等)、刺槐、元宝枫、椴树、桦树、胡枝子、黄栌、紫穗槐、沙棘及荆条等;侧柏与元宝枫、黄连木、臭椿、刺槐、黄栌、沙棘、紫穗槐及荆条等;杨树与刺槐、紫穗槐、沙棘、柠条及胡枝子等。

【案例 5-3-7】 毛乌素沙地覆沙黄土区针阔叶混交林营造模式(图 5-3-5)

(1)立地条件特征

模式区位于内蒙古自治区伊克昭盟的东胜市、鄂托克前旗,属毛乌素沙地覆沙黄土区。年平均气温 7~8℃,无霜期 150~170d,年降水量 300~450mm,年蒸发量 2 000~2 500mm。土壤为沙壤质,下伏深厚黄土。

(2)设计技术思路

毛乌素沙地属温带半干旱季风气候区,光、热、水、土资源适宜栽植樟子松,营造樟子松、杨树等类型的混交林,形成生态效益显著且相对稳定的植被群落,可以长期有效地发挥林分的防护作用。

(3)技术要点及配套措施

①混交类型及比例:

樟子松+刺槐+沙柳混交,混交比例为 1:1:2。油松+沙柳混交,混交比例为 1:3。杨树+柠条+沙地柏混交,混交比例为 1:2:1。

②造林技术:

选用 2~3 年生苗造林。异地造林时一定要将苗木根部蘸浆,并用稻草包装,切忌风吹日晒根部。如用容器苗造林,成活率可达 90% 以上。新植幼树过冬时需用土全部埋严,翌年 4 月下旬再将其扒出。

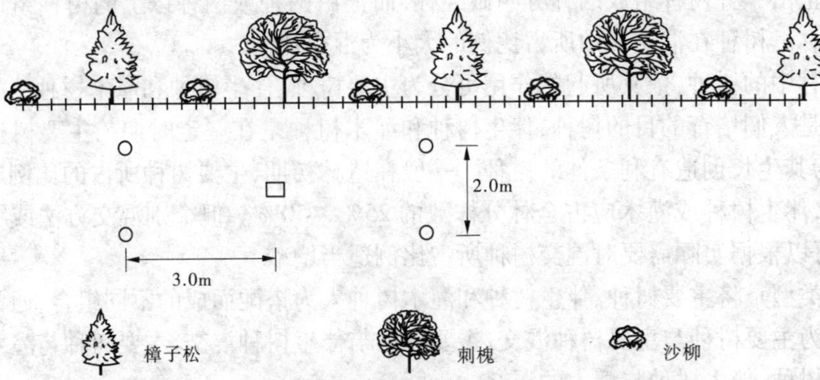

图 5-3-5 毛乌素沙地覆沙黄土区针阔叶混交林营造模式图

【案例 5-3-8】 定西地区刺槐混交林建设模式(图 5-3-6)

(1)立地条件特征

模式区位于甘肃省定西地区,年平均气温 6.3℃,极端最低气温 -27.1℃,≥10℃年积温 2 075.1℃,年降水量 415mm 左右。土壤为黄绵土、冲积土、沙黄土。现存植被以本氏针茅、冷蒿为建群种,残存有珍珠梅、沙棘等灌木树种,海拔 500 ~ 1 400m 的地带有刺槐分布。

(2)设计技术思路

刺槐适应性强,生长快,郁闭早,寄生有根瘤菌,能改良土壤,如与其他树种混交,不仅可以相互促进,而且可以增强防护功能,改善生态环境。

(3)技术要点及配套措施

①混交树种选择:与刺槐混交造林成功的树种主要有侧柏、沙棘、白榆、杨树、紫穗槐等。

②整地:整地方法随地形而异,平缓坡地一般采用水平阶、水平沟、反坡梯田整地,陡坡采用鱼鳞坑整地。整地深度 40 ~ 60cm,保证造林后根系能够很快深入土壤疏松、水分稳定的土层内。造林前一年雨季和秋季整地效果最佳。

③造林方式:刺槐与上述树种混交,一般均以植苗造林为主,春季栽植为宜。刺槐、侧柏、榆树造林密度为 2.0m × 2.0m 或 1.5m × 2.0m,每亩 160 ~ 200 株;杨树为 2.0m × 4.0m,每亩 80 株;紫穗槐为 1.0m × 2.0m,每亩 300 株;沙棘 2.0m × 3.0m,每亩 110 株。混交方式以带状、块状混交为宜,混交比例 5:5。侧柏选用 2 年生苗,其他树种选用 1 年生苗。

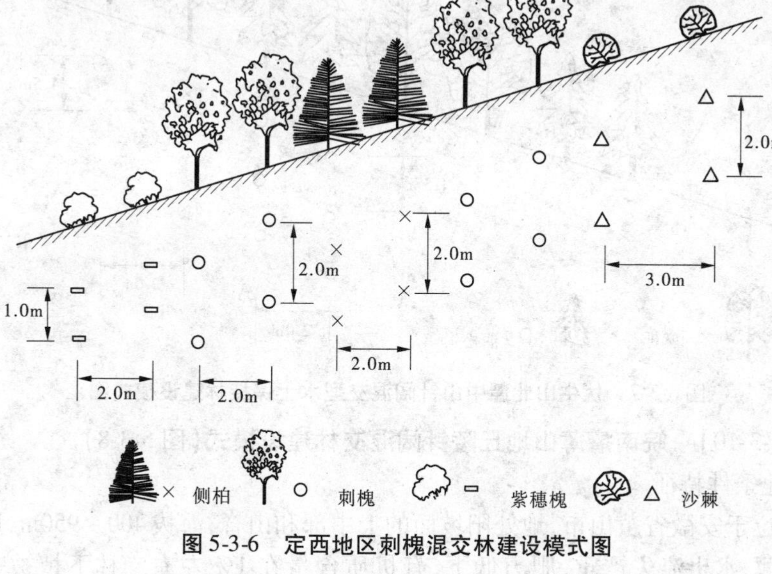

图 5-3-6 定西地区刺槐混交林建设模式图

【案例 5-3-9】 伏牛山北麓中山针阔混交型水土保持林建设模式(图 5-3-7)

(1)立地条件特征

模式区位于伏牛山北坡,海拔 1 000m 以上,年平均气温 12℃左右,无霜期 190d,年降水量约800mm。土壤为棕壤,土层厚度不足30cm。植被盖度50%以下,有轻微水土流失。

(2)设计技术思路

根据模式区地形复杂、起伏较大和气候差异显著的特点,因地制宜,合理配置,中山应发展水源涵养林以及防护用材林;低山丘陵除发展水土保持林外,应大力发展核桃、花椒、柿子等经济林和薪炭林。

(3)技术要点及配套措施

①树种:选择适应性强、根系发达、树冠浓密、落叶丰富、易于分解,可以较快形成松软枯枝落叶层的针阔叶树种。可选择麻栎、油松。

②苗木:油松用1~2年生Ⅰ、Ⅱ级苗木,地径0.30~0.45cm,苗高15cm以上。

③整地:整地方式以尽量减少对原有天然植被的破坏,不造成新的水土流失为原则,采用鱼鳞坑和穴状整地。穴状整地规格一般为30cm×30cm×30cm,鱼鳞坑规格为40cm×40cm×30cm。为促进土壤熟化,整地时间一般为秋季造林春季整地,春季造林秋冬整地。

④造林方式:油松为植苗造林,麻栎为直播造林。混交方式采用带状或小块状混交,针阔混交比例5:5,初植密度为每亩222株。栽植时间以春、秋两季为宜,直播在秋季进行,做到随起随栽,尽量缩短起苗到栽植的时间。

⑤抚育管护:栽植后抚育3年,第一年2次,第二年3次,第三年2次。抚育措施包括松土、除草、补植补播、平茬复壮、防治病虫害等。

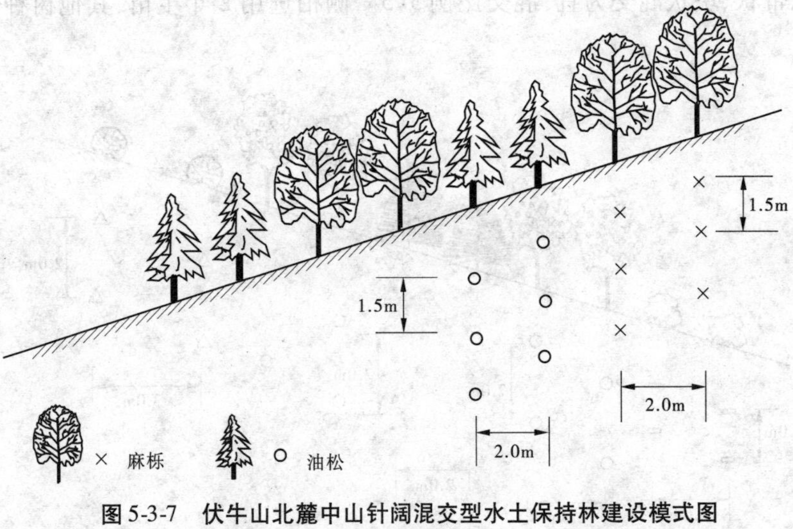

图5-3-7 伏牛山北麓中山针阔混交型水土保持林建设模式图

【案例5-3-10】 皖南瘠薄山地丘陵针阔混交林建设模式(图5-3-8)

(1)立地条件特征

模式区位于安徽省黄山市,地处阳坡面的上中部和山脊,海拔400~950m,坡度20°~35°,土壤瘠薄,水土流失严重,肥力低下,有机质含量在1%左右。林下植被有冬青、杜鹃、山矾、山苍子、白栎等灌木。灌木层总盖度不足0.4,草本层盖度0.65。

(2)设计技术思路

对植被恢复困难的瘠薄林地，充分利用先锋树种、乡土树种，实施松阔混交，以利于改善贫瘠立地的土壤结构，促进林分生长，增强抵御自然灾害的能力，防止水土流失，建立稳定的森林群落。

(3)技术要点及配套措施

①造林技术：选择栓皮栎、麻栎、枫香、木荷、马尾松、黄山松等树种，带状或块状混交，带的长度和每带的行数、块的大小依据具体条件而定。可以采用4行松树与4行或2行阔叶树混交，株间配置呈三角形。清除栽植点上的草灌，块状整地，穴规格为30cm×30cm×30cm；阔叶树整地规格为40cm×40cm×50cm。马尾松和黄山松用地径0.5cm、苗高20cm的Ⅰ级苗造林；栓皮栎和麻栎用地径0.8cm、苗高75cm的苗木。马尾松或黄山松的密度为120~330株/亩，阔叶树为50~70株/亩，于春季造林。

②抚育管理：造林后每年5~6月、8~9月松土锄草2次，第一年以锄草为主，松土宜浅。以后进行扩盘抚育。造林后第三年，对生长不良的栎类进行平茬培土，促进生长。

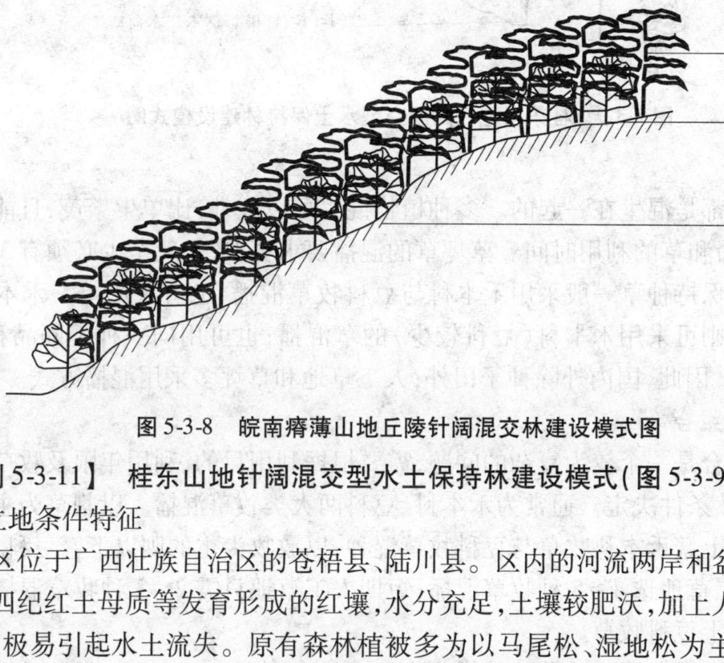

图5-3-8 皖南瘠薄山地丘陵针阔混交林建设模式图

【案例5-3-11】 桂东山地针阔混交型水土保持林建设模式(图5-3-9)

(1)立地条件特征

模式区位于广西壮族自治区的苍梧县、陆川县。区内的河流两岸和盆地周围，是由花岗岩和第四纪红土母质等发育形成的红壤，水分充足，土壤较肥沃，加上人多耕地少，农业活动频繁，极易引起水土流失。原有森林植被多为以马尾松、湿地松为主的人工纯林，易遭受病虫危害，形成低效林分，森林生态功能特别是水土保持功能脆弱，经济效益低。这种类型的林分亟需加快改造成针阔混交林。

(2)设计技术思路

当地人口稠密，人为活动频繁，烧柴、用材缺乏，因此要通过封山育林与人工造林相结合，促进植被的恢复，形成人工、天然混交林，培育具有用材、薪材功能的复合型森林。红椎、栎类、栲、木荷和稠木在广西壮族自治区东南山地丘陵生长良好，在自然条件下，一般年平均高生长达0.6~0.8m，年平均胸径生长达0.5~0.8cm，在人工管护情况下生长更快。在生长不良的松类纯林中混交红椎、栎类、栲、稠木，改造低效林，可改善树种结构，增强生态功能，提高经济效益。

(3)技术要点及配套措施

选择红椎、稠木、木荷、栲、栎类等作为松树纯林的混交树种。在马尾松、湿地松林中空地或在稀疏的株间、行间挖坑补播补植，形成块状或行株间混交。坑规格为 40cm × 40cm × 30cm。用 1 年生裸根苗或容器苗定植，每亩种植密度为 40 ~ 53 株。定植后要加强抚育和管护，连续抚育 3 年，每年坑内松土抚育 1 次，对缺苗的要及时移苗补缺。同时要采取封育措施，防止人畜破坏，促进混交林分形成。

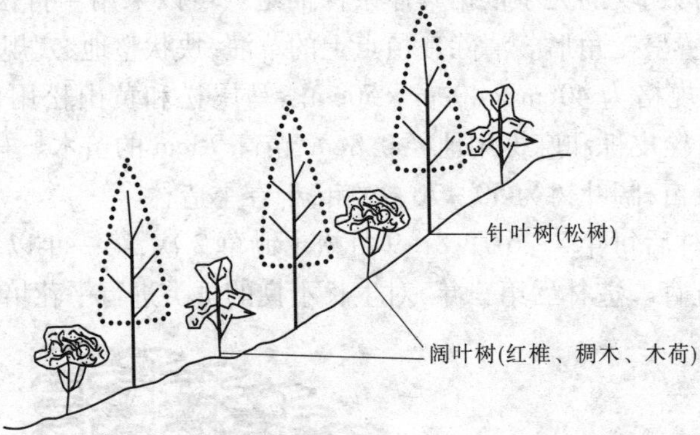

图 5-3-9　桂东山地针阔混交型水土保持林建设模式图

2. 草种混播

自然界植物都是混生在一起的。多种植物混生可以互补，比单生繁茂，且能延长青草生长期、草地寿命和草的利用时间。草坪草的混播要求更严，一般至少必须有 3 个品种混合。牧草或水土保持种草一般采用禾本科与豆科牧草混播，也有采用单一禾本科或豆科混种的。草坪草则可采用禾本科（豆科较少）的草混播；也可用同一种不同品种混播（习惯上称为混合）。因此，国内外除种子田外，人工草地和草坪多采用混播方式。

1）牧草混播组合

牧草混播组合是一个较为复杂的问题，需要根据利用目的、利用年限及牧草生物学特性，结合当地自然条件决定。通常为禾本科、豆科两大类牧草混播。以割草为主的利用年限是 4 ~ 7 年，取上繁禾本科牧草与豆科牧草混种；以放牧为主的则以下繁豆科、禾本科牧草为主；长期人工草地选 4 ~ 5 种牧草混播；短期人工草地只需 2 ~ 3 种牧草混播。各组合中必须有 1 种以上豆科牧草。

混播草的播种量各成员牧草比单播略少些（见表 5-3-6）。

表 5-3-6　混播牧草播种量比较

利用年限	豆科牧草（%）	禾本科牧草（%）	在禾本科牧草中	
			根茎型和根茎疏丛型（%）	疏丛型（%）
短期（2 ~ 3 年）	65 ~ 75	35 ~ 25	0	100
中期（4 ~ 7 年）	25 ~ 20	75 ~ 80	10 ~ 25	90 ~ 75
长期（8 ~ 10 年）	6 ~ 10	92 ~ 90	50 ~ 75	50 ~ 25

2）草坪草混播组合

草坪草混播组合中，通常包含主要草种和保护草种。保护草种一般是发芽迅速的草种，其作用是为生长缓慢和柔弱的主要草种提供遮阴及抵制杂草，如黑麦草、小糠草。在酸性土壤上应以剪股颖或紫羊茅为主要草种，以小糠草或多年生黑麦草为保护草种。在碱性及中性土壤上则宜以草地早熟禾为主要草种，以小糠草或多年生黑麦草为保护草种。混播一般用于匍匐茎或根茎不发达的草种。

草坪草混播比例应视环境条件和用途而定。我国北方以早熟禾类为主要草种的，以黑麦草作为保护草种，如采用早熟禾(40%)+紫羊茅(40%)+多年生黑麦草(20%)的组合。在南方地区宜用红三叶、白三叶、苕子、狗牙根、地毯草或结缕草为主要草种，以多年生黑麦草、高牛尾草等为保护草种。

高级运动场地的草坪草混播，必须经过试验研究确定。以广东某高尔夫球场为例，球道一般单种狗牙根或结缕草；而果岭可用70%的非匍匐紫羊茅和30%的细弱剪股颖；发球台可用40%的草地早熟禾、40%的紫羊茅、20%的多年生黑麦草；高草区用苇状羊茅、鸭茅(阴凉地区)和结缕草、狗牙根(温暖地区)。

3. 林草复合

林草复合是指在林下种草形成林草结合的一种林草生态工程，林草复合不仅能够迅速覆盖地面，控制水土流失，绿化美化环境；而且牧草和林木的叶子还可作为优质饲料，林下也可种植一些具有经济价值的草本如食用或药用植物，可达到以短养长的目的。

1)乔木林与草复合

人工林或天然林内人工种草(或草坪)，一般只需要1~3年的时间，就可以形成林草复合的人工森林草地(坪)或称为林下草地(坪)。

(1)林下草地(坪)。当郁闭度>0.6时，森林较密，林下透光系数很小，宜种植耐阴性草本植物，如耐阴豆科或禾本科草(或草坪)，如鸡脚草、鸭茅、三叶草及苔草等。林下草地(坪)常用于水土保持和观赏；也可种植一些经济价值高的耐阴药用植物，如人参、细辛、黄芪、贝母、党参及三七等。

(2)疏林草地(坪)。当郁闭度为0.3~0.6时，林下透光性较好，形成疏林草地，可混播具有一定耐阴能力的禾本科和豆科草，刈割或放牧利用，如刺槐+红豆草、水杉+红三叶等；也可种植一些药用植物，如刺槐+柴胡、胡杨+甘草；还可种植一些耐践踏、具有一定耐阴性的草坪，如林地早熟禾、野牛草、紫羊茅、两耳草、红三叶及黑麦草等，供游人在林阴下活动。

(3)稀树草地(坪)。当郁闭度≤0.30时，林下透光性很好，可以种植成面积较大的草地，称为稀树草地。由于光照条件好，大部分草种均能生长，可种植牧草，建设放牧型林间草地；也可建植草坪，供观赏或游憩。

2)灌木林与草复合

在灌木林下种植牧草，是放牧型林草复合的最好类型。此种类型要求灌木耐啃，萌蘖能力强，生长迅速，适口性好，如柠条、胡枝子和紫穗槐等。牧草可采用豆科牧草如红豆草、草木樨及沙打旺等，也可采用豆科与禾本科草混播，如红豆草+沙打旺+无芒雀麦。灌草复合也是水土保持绿化的重要形式，如紫穗槐+野牛草用于护坡效果很好。稀疏的灌木林下可种植草坪，供观赏和游憩。

3)乔灌草复合

自然界的植被多是乔灌草混生，乔灌草复合具有水土保持功能强、生物量大、生物学稳定性高等特点，是水土保持林草生态工程所要达到的较高目标。如广东小良水土保持试验站，在治理崩岗和绿化荒山时乔灌草复合，取得了很好的效果。此复合类型种间关系复杂，一般适用于城市园林和水土保持建设，以及降水量大的南方地区。

4. 造林密度

造林密度也叫初植密度，是指单位面积造林地上栽植点或播种穴的数量（株或穴/hm^2）。事实上，林木在不同生长发育时期都有相应的密度，如幼龄密度、成林密度等。林分在某一时段达到某一密度后发生自然稀疏，这一密度为林分的最大密度或饱和密度。抚育间伐中保留株数占最大密度株数的百分数为经营密度。林分生长量达到最大时的密度即适宜的经营密度。在水土保持林草工程设计中所说的密度一般是指造林密度。

造林密度是根据选定树种，在一定培育目标、一定的立地条件和栽培条件下测算确定的。确定造林密度的方法主要有经验与试验法、调查方法、林分密度管理图（表）法等。

经验方法是根据过去不同密度的林分，在满足其经营目的方面所取得的成效，来分析判断其合理性及需要调整的方向和范围，从而确定在新的条件下应采用的初始密度和经营密度；试验方法是通过不同密度的造林试验结果来确定合适的造林密度及经营密度；调查方法是对现有的森林处于不同密度状况下的林分生长指标进行调查，然后采用统计分析的方法，得出类似于密度试验林可提供的密度效应规律和有关参数；林分密度管理图（表）方法是对于某些主要造林树种（如落叶松、杉木及油松等），已进行了大量的密度规律的研究，并在制定了各种地区性的密度管理图（表）的基础上，通过查图表来确定造林密度。

一般地，水土保持防蚀林、薪炭林、灌木林及沟道森林工程等造林密度可大些；干旱且没有灌溉条件的地区、水土保持经济林及小片速生丰产林等密度应小些。我国主要造林树种密度见表5-3-7。

表5-3-7　水土保持生态工程主要树种造林初植密度　（单位：株或丛/hm^2）

树种（组）	三北	北方	南方
马尾松、华山松、黄山松		1 200 ~ 1 800	1 200 ~ 3 000
云南松、思茅松			2 000 ~ 3 300
火炬松、湿地松			900 ~ 2 250
油松、黑松	3 000 ~ 5 000	2 500 ~ 4 000	2 250 ~ 3 500
落叶松	2 400 ~ 3 300	2 000 ~ 2 500	1 500 ~ 2 000
樟子松	1 650 ~ 2 500	1 000 ~ 1 800	
红松		2 200 ~ 3 000	
云杉、冷杉	3 500 ~ 6 000	2 200 ~ 3 300	2 000 ~ 2 500
杉木			1 050 ~ 2 500
水杉、池杉、落羽杉、水松			1 500 ~ 2 500
秃杉、油杉			1 500 ~ 3 000
柳杉			1 500 ~ 3 500
侧柏、柏木	3 500 ~ 6 000	3 000 ~ 3 500	1 800 ~ 3 600
刺槐	1 650 ~ 6 000	2 000 ~ 2 500	1 000 ~ 1 500
胡桃楸、水曲柳、黄菠萝		2 200 ~ 3 300	

续表 5-3-7

树种(组)	三北	北方	南方
榆树	3 330 ~ 4 950	800 ~ 1 600	
椴树		2 000 ~ 2 500	1 200 ~ 1 800
桦树	1 500 ~ 2 200	1 600 ~ 2 200	1 500 ~ 2 000
角栎、蒙古栎、辽东栎		1 500 ~ 2 000	
樟树			630 ~ 810
楠木、红豆树			1 800 ~ 3 600
厚朴			950 ~ 1 650
檫木			750 ~ 1 650
鹅掌楸			1 250 ~ 2 250
木荷、火力楠、观光木、含笑			1 200 ~ 2 500
泡桐		630 ~ 900	630 ~ 900
栲、红椎、米槠、甜椎、青檀、麻栎、栓皮栎、板栗		630 ~ 1 200	810 ~ 1 800
青冈栎、桤木			1 650 ~ 3 000
枫香、元宝枫、五角枫、黄连木、漆树		630 ~ 1 200	630 ~ 1 500
喜树			1 100 ~ 2 250
相思类			1 200 ~ 3 300
木麻黄			1 500 ~ 2 500
苦楝、川楝、麻楝		750 ~ 1 000	630 ~ 900
香椿、臭椿	1 600 ~ 3 000	750 ~ 1 000	2 000 ~ 3 000
南洋楹、凤凰木			630 ~ 900
桉树			1 200 ~ 2 500
黑荆			1 800 ~ 3 600
杨树类	1 350 ~ 3 300	600 ~ 1 600	
毛竹、麻竹			450 ~ 600
丛生竹			500 ~ 825
秋茄、白骨壤、木榄			10 000 ~ 30 000
无瓣海桑、海桑、红海榄等			4 400 ~ 6 670
银桦、木棉(四旁)			330 ~ 550
悬铃木、枫杨(四旁)			405 ~ 630
柳树(四旁)		600 ~ 1 100	500 ~ 850
杨树(四旁)		500 ~ 1 000	250 ~ 850
山苍子			3 000 ~ 4 500
沙柳、毛条、柠条、柽柳	1 240 ~ 5 000		
花棒、踏朗、沙拐枣、梭梭	660 ~ 1 650		
沙棘、紫穗槐、山皂角、花椒、枸杞	1 650 ~ 3 300	1 650 ~ 3 300	
锦鸡儿	1 500 ~ 3 000	800 ~ 1 500	
山杏、山桃	450 ~ 650	350 ~ 500	
密油枝、黄荆、马桑			1 500 ~ 3 300

注:(1)三北区含黄河区和青藏高原区;北方区含东北区;南方区含长江区和东南沿海区。

(2)引自《生态公益林建设技术规程》(GB/T18337.3—2001)附录 D。

5. 种植点的配置

所谓种植点的配置是指一定的植株在造林地上分布的形式。种植点的配置是确定造林密度的重要基础。种植点的配置与林木的生长、树冠的发育、幼林的抚育和施工等都有着密切的关系。在城市绿化与园林设计中，种植点的配置也是实现艺术效果的一种手段。

对于防护林来说，通过配置能使林木更好地发挥其防护效能。种植点的配置方式，一般分为行列状配置（长方形、正方形和三角形）和群状配置（簇状或植生组）两大类。对于行列状配置，单位面积上种植点的数量（N）决定于株距（a）、行距（b）的大小和配置形式及带间距（d）。

长方形：
$$N = \frac{A}{a \cdot b} \tag{5-3-1}$$

正方形：
$$N = \frac{A}{a^2} \tag{5-3-2}$$

正三角形：
$$N = 1.155\frac{A}{a^2} \tag{5-3-3}$$

双行一带：
$$N = \frac{A}{a \times \frac{1}{2}(d + b)} \tag{5-3-4}$$

【案例 5-3-12】 由密度确定株行距。如果造林密度确定为 1 600 株/hm^2，分别采用长方形（要求株距不得小于 1.5m）、正方形、正三角形、双行一带（带间距 3.5m）种植点的配置形式时，行（株）距分别为：

长方形
$$b = \frac{A}{N \cdot a} = \frac{10\ 000}{1\ 600 \times 1.5} = 4.2(\text{m})$$

正方形
$$a = \sqrt{\frac{A}{N}} = \sqrt{\frac{10\ 000}{1\ 600}} = 2.5(\text{m})$$

正三角形
$$a = \sqrt{1.155\frac{A}{N}} = \sqrt{1.155 \times \frac{10\ 000}{1\ 600}} = 2.7(\text{m})$$

双行一带
$$b = \frac{2A}{N \cdot a} - d = \frac{2 \times 10\ 000}{1\ 600 \times 1.5} - 3.5 = 4.8(\text{m})$$

（四）造林整地

1. 造林整地方式与方法

1）造林整地的方式

造林整地方式可分为全面整地和局部整地。全面整地是翻垦造林的整地方法，主要应用于草原、草地、盐碱地及无风蚀危险的固定沙地。局部整地有带状整地和块状整地方法。

2）造林整地的方法

山地的带状整地带一般沿等高线走向，平原地区一般为南北走向，其山地断面形式有水平阶、水平沟、反坡梯田、撩壕及山边沟等形式，平原断面形式有带状、高垄等形式。块状整地的断面形式一般有穴状、块状、鱼鳞坑及高台等形式。

由于我国北方水土流失地区的水土保持林草工程建设的主要问题是干旱，因此以下介绍如何利用地面径流进行集水整地。

(1)集水整地。集水整地是水土保持径流调控技术在造林中的具体应用,国际上也称为径流林业技术。集水整地系统由微集水区系统组成,是根据地形条件,以林木为对象,在造林地上形成由集水区(径流的集水面)与栽植区(渗蓄径流的植树穴)组成的完整的集水、蓄水和水分利用系统。在树木的栽植区,自然降雨不能满足树木正常生长发育的需求,在不同的时间里土壤水分有一定的亏缺量,通过集水面积、径流系数来调节产流量,以弥补土壤水分的不足,保持水分供需的基本平衡。因此,集水面积大小、集水面上的产流率将直接影响到径流林业技术的综合效率。

在确定植树区面积时,主要从以下三个方面考虑:一是林木的生物学特性和生态学特性,即林木个体大小、根系分布及其对水分的需求等;二是汇集径流的贮存、下渗需求,即所收集的径流能有效地贮存在林木根系周围,不产生较大的渗漏损失;三是施工的难易程度与费用,即整地的规格、投入的劳动力和费用。

集水区面积的大小主要由植树区面积、降雨量与降雨性质、地表产流率、植树区水分消耗需求、林木需水量及土壤水分短缺量等因素来确定,其目标是使所产生的径流量能弥补土壤水分的短缺量。

在干旱、半干旱地区,提高集水区小雨强降雨的产流率是增加旱季林木水分供应量的重要手段之一,也是提高降水利用率的重要措施。一般防渗处理的方法有压紧密实表层土壤的物理方法和用防渗剂进行处理的方法两种,应用中要根据降水特性、林木水分需求量和林种而定,依据当地的经济条件做出合理的选择。

考虑到径流水分的利用效率,可以采用下式来计算总的集水系统的面积,即集水区面积与栽培区面积的总和:

$$MC = RA \times \frac{WR - DR}{DR \times k \times EFF} \tag{5-3-5}$$

式中 MC——集水区面积与栽培区面积的总和,m^2;

RA——林木根系所分布的面积,一般按照林冠冠幅大小计算,m^2;

WR——林木生长的年总水分需求量,mm;

DR——设计年降雨量,mm;

k——年平均降雨径流系数;

EFF——水分利用系数,一般为0.5~0.75。

集水区面积$=MC-RA$;相应的造林密度N(株/hm^2)为:$N=\frac{10\,000}{MC}$

【案例5-3-13】 在年水分需求量(WR)=550mm,设计年降水量(DR)=350mm,壮龄期树木冠幅(RA)=8m^2,设计年平均降雨径流系数(k)=0.5,水分利用系数(EFF)=0.5,则总的集水系统的面积为:

$$MC = 8 \times [(550 - 350) \div (350 \times 0.5 \times 0.5)] = 18(m^2)$$

即栽培区面积为8m^2时,集水面积为10m^2,造林密度$N=10\,000/18=556$(株/hm^2)。

(2)不同整地断面形式蓄水量。从林木的水分需求与防止坡面径流冲刷安全方面考虑,不同整地断面形式对径流的拦蓄容积在保障林木水分需求的同时,在一定的暴雨标准下还应当保障坡面整地工程的安全。因此,林木需水量是容积计算的基础,而以暴雨径流校核工程的安全性。

若设计暴雨量为 P(mm),径流系数为 k,则坡长 L(m)单位宽度坡面径流的总容积 V_0(m^3)为:

$$V_0 = 0.001P \cdot k \cdot L \tag{5-3-6}$$

不同整地断面形式的设计蓄水容积 $V \geqslant V_0$ 时坡面才安全。常用的几种整地方法的计算如下。

①反坡梯田:种植的田面向内倒倾斜成坡度较大的反坡,以造成一定的蓄水容积(见图 5-3-10)。当植树区的宽度(反坡梯田水平宽度)确定后,若挖方与填方相等,则单位长度梯田的最大有效蓄水容积 V 为:

$$V = \frac{B^2 \tan\beta}{2}\left(1 + \frac{\tan\beta}{\tan\varphi}\right) \tag{5-3-7}$$

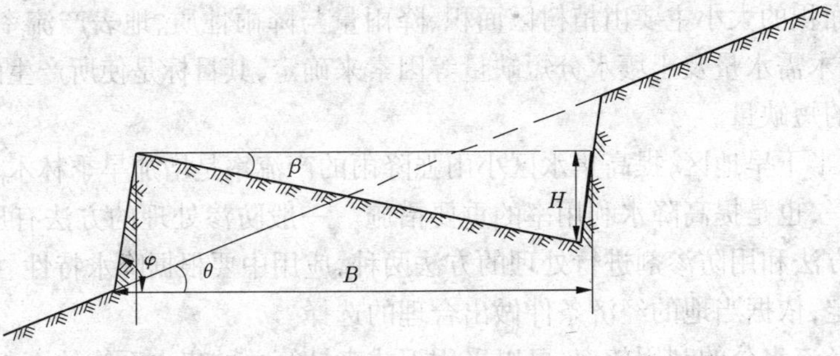

图 5-3-10　反坡梯田示意图

式中　V——单位长度梯田的有效容积,m^3/m;

B——梯田田面的水平宽度,m;

β——梯田的反坡角(°);

φ——梯田的外坡角(°)。

则梯田的反坡角 β 为:

$$\beta = \arctan\left[\frac{\tan\varphi}{2}\left(\sqrt{1 + \frac{8V}{B^2 \tan\varphi}} - 1\right)\right] \tag{5-3-8}$$

②水平沟:断面如图 5-3-11 所示,沟顶宽为 B(m),沟底宽为 d(m),外埂顶宽为 e(m),则实际栽植区占的水平宽度为 $B+e$,外侧坡度 φ 一般取 45°左右,内侧斜坡 φ_1 一般取 35°左右,里内侧斜坡 φ_2 一般取 70°左右,当自然坡度为 θ(°)时,则单宽有效容积 V(m^3)为:

$$\left.\begin{aligned} V &= \frac{U\left(h + \frac{d}{2}\right)^2 - d^2}{2U} \\ U &= \frac{1}{\tan\varphi_1} + \frac{1}{\tan\varphi_2} \end{aligned}\right\} \tag{5-3-9}$$

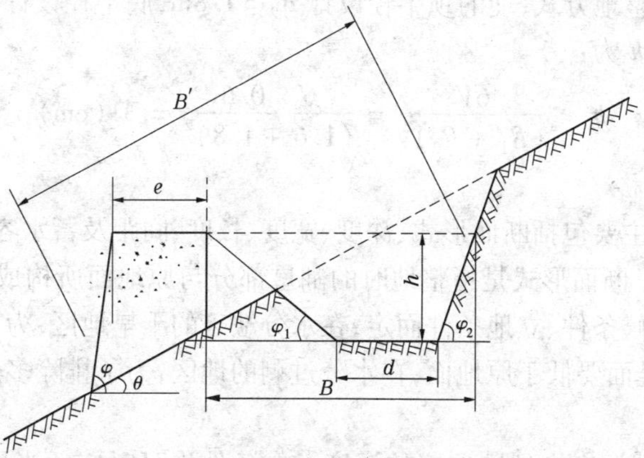

图 5-3-11　水平沟整地示意图

③鱼鳞坑：形状似半月形坑穴，坑面一般取水平状，坑的两角设有引水沟，外侧坡度 φ 较大，底面半径一般取 0.5～1.0m，埂顶宽 e 一般取 0.2～0.25m（见图 5-3-12）。设顶面半径为 R_2（m），底面半径为 R_1（m），h（m）为坑深，φ_2 为内侧坡度（°），在自然坡度为 θ（°）时，单个有效容积 V（m^3）为：

$$V = \frac{1}{6}(R_1 + R_2)^2 \times h \tag{5-3-10}$$

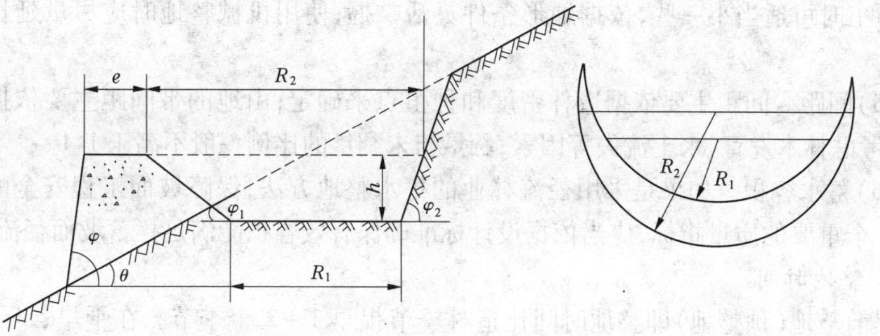

图 5-3-12　鱼鳞坑设计图

【案例 5-3-14】　最大 24h 降雨量 200mm，地表径流系数为 0.5，设计坡面集水长度为 6m 时，坡面单宽径流量为：

$$V_0 = 0.001 \times 200 \times 0.5 \times 6 = 0.6(m^3)$$

若采用反坡梯田整地，假定反坡梯田内降雨期间的降雨量与土壤入渗量相等，田面宽 $B = 1.5m$，外坡角 $\varphi = 60°$ 时，完全拦蓄坡面径流需要的反坡角 β 为：

$$\beta = \arctan\left[\frac{\tan\varphi}{2}\left(\sqrt{1+\frac{8V}{B^2\tan\varphi}}-1\right)\right] = \arctan\left[\frac{\tan60°}{2}\left(\sqrt{1+\frac{8\times0.6}{1.5^2\times\tan60°}}-1\right)\right] = 23.2°$$

如果土壤入渗速率小于降水速率，则还要考虑田面中接受的降雨量。

若采用鱼鳞坑整地方式,埂的顶半径设计 $R_2=1.8\text{m}$,底半径设计 $R_1=1.6\text{m}$ 时,拦蓄径流所需要的深度 h 为:

$$h=\frac{6V}{(R_1+R_2)^2}=\frac{6\times0.6}{(1.6+1.8)^2}=31(\text{cm})$$

2. 整地技术规格

整地技术规格主要包括断面形式、深度、宽度、长度、间距及蓄水容积。

(1)断面形式。断面形式是指整地时的翻垦部分与原地面所构成的断面形式。断面形式依据当地的气候条件、立地条件而定;在水分缺乏的干旱地区,为了收集较多的水分,减少土壤蒸发,翻垦面要低于原地面;在水分过剩的地区,为了排除多余的水分,翻垦面要高于原地面。

(2)深度。整地深度指翻垦土壤的深度。在条件许可时应适当增加整地深度;在干旱地区,整地深度要适当大一些,以蓄积更多的水分;在阳坡、低海拔地区,整地深度应大一些;土层薄的石质山地应视情况而定;土壤有间层、钙积层和犁底层时,整地深度应使其通透;整地深度还应考虑苗木根系的大小和经济条件。

(3)宽度。整地宽度应考虑树种所需要的营养面积大小;坡度缓时可适当加大整地的宽度,坡度大时若整地宽度太大工程量也大,容易使坡面不稳定,因此不宜太大;植被生长较高影响苗木的光照时可以适当加大整地的宽度,否则可以窄一些;整地宽度越大,工程量越多,整地成本越高。

(4)长度。一般情况下应尽量延长整地的长度,以使种植点能均匀配置;地形破碎,影响施工时可适当小一些,依据地形条件灵活掌握;使用机械整地时应尽量延长整地的长度。

(5)间距。间距主要依据造林密度和种植点来确定;山地的带间距主要依据行距确定,要考虑林木发育、水土流失等因素;翻垦与未翻垦的比例一般不高于1∶1。

(6)蓄水容积。如果是采用径流林业的集水整地方法,保障坡面工程安全的蓄水容积是一个重要的质量指标,应当依据设计标准确保有效容积能满足拦蓄坡面径流的需求。

3. 整地时间

提前整地(预整地)即整地时间比造林季节提早 1~2 个季节。在干旱、半干旱地区整地与造林之间应当有一个降水季节,以蓄积更多的水分;选择在雨季整地,土壤紧实度降低,作业省力,工效高。

一般在风蚀比较严重的风沙地、草原、退耕地上,整地与造林同时进行。南方雨量大的地区一般也采用此法。

(五)种草整地设计

1. 牧草种植整地

农田、退耕地上种植牧草整地与农业耕作基本相同,但在山区、丘陵区的荒草地上种草,常因不具备耕作条件,采取与造林相同的整地方法,在田面或穴面上翻耕播种。种植牧草整地,土壤耕作措施分为基本耕作和辅助耕作。

基本耕作为犁地,深翻 18~25cm。应做到适时耕作,适当早耕,不误农时,保证质量。东北、华北多秋耕,可加速土壤熟化。春播牧草应在解冻时浅耕,夏播牧草结合灭茬、施肥浅耕。

辅助耕作是犁地的辅助作业,主要在土壤表层进行,包括耙地、浅耕灭茬、耱地、镇压和中耕(锄地)。

2. 草坪建植整地

草坪建植整地,即坪床准备或整理,是草坪建植的基础。坪床的质量好坏,直接关系到草坪的功能。建坪前应对欲建植草坪的场地进行必要的调查和测量,制订可行的方案,尽量避免和纠正诸如底地处理、机械施工引起的土壤压实等问题。坪床准备包括清理、翻耕、平整、土壤改良、排水灌溉系统的设置及施肥等内容。详细内容请参考园林设计有关规范。

(六)造林方法

造林的方法有播种造林、植苗造林和分殖造林,一般多采用植苗造林;在直播容易成活的地方也可采用人工播种造林,在偏远、交通不便、劳力不足而荒山荒地面积大的地方,可采用飞机播种;对一些萌芽力强的树种,可根据情况采用分殖造林。目前生产上除少数树种(如柠条),有时尚采用播种造林外,一般都采用植苗造林,分殖造林基本不用。以下简单介绍播种造林、植苗造林,其他方法请参照有关标准、规范。

1. 播种造林

播种造林,也叫直播造林,是以种子为造林材料,直接播种到造林地的造林方法。播种造林可分为人工播种和飞机播种。

1)人工播种造林

适用于核桃、栎类、文冠果、山杏及华山松等大粒种子的树种,也适用于油松、柠条及花棒等小粒种子的树种。播种之前要进行种子检验(种子纯度、千粒重及发芽率等),有些树种还需要进行种子处理。

(1)播种造林方法。常用的播种方法有撒播、穴播、块播、条播等。

①撒播:适用于大面积宜林荒地造林(飞机播种实际上是撒播的一种)。

②穴播和条播:在生产中应用广泛,是我国当前播种造林应用最多的方法。在我国西北黄土高原地区,柠条、沙棘灌木种常采用穴播或条播。

③块播:块播是在面积较大的块状地上,密集或分散播种大量种子,在沙地造林中应用较多。

(2)播种量。决定于种子品质和单位面积要求的成苗数,也与树种、播种方法和立地条件有一定的关系。

(3)播种造林覆土厚度。覆土厚度直接影响播种造林的质量。通常覆土不宜太厚,厚则导致幼芽出土困难,一般穴播、条播造林时覆土厚度为种子直径的3~5倍。沙性土可厚些,粘性土则薄些;秋季播种宜厚,春季播种宜薄。覆土后要略加镇压。

(4)播种前的处理与播种季节。播种前种子应进行种子检验,包括消毒、浸种和催芽等。北方大部分地区可在雨季(6~7月)播种,南方其他季节亦可。

2)飞机播种造林

在我国,飞机播种造林主要应用于沙荒地造林和大面积荒山造林,具体设计方法参见固沙造林有关内容。

2. 植苗造林

植苗造林是将苗木直接栽到造林地的造林方法，与播种造林相比，节省种子，幼林郁闭早，生长快，成林迅速，林相整齐，林分也较稳定。苗木从圃地到造林地栽植后，有一段缓苗期，即苗木生根成活阶段。植苗造林的关键是：栽植时，造林地有较高土壤含水量，并需采取一系列的苗木保护措施，保持苗木体内的水分平衡，使根系有较高的含水量，保持其活力，以促进造林成活和生长。植苗造林几乎适用于所有树种（包括无性繁殖树种）及各种立地条件，在水土流失地区、植被茂密及鸟兽危害的地区，植苗造林比播种造林稳妥。

1）苗木的种类、年龄和规格

植苗造林的苗木种类主要有播种苗、营养繁殖苗及两者的移植苗和容器苗等。按苗木根系是否带土坨，分为裸根苗和带土坨苗。裸根苗起苗容易，重量小，运输轻便，栽植省工，造林成本低，生产上应用最广泛。带土坨苗包括容器苗和一般带土坨苗，栽植易活，造林效果好，但搬运费工，造林成本较高，适用于劣质地造林和园林建植。

苗木规格，应根据国家和地方的苗木标准确定。苗木分级一般分为三级，分级以地径为主要指标，苗高为次要指标，选择苗木应以地径为准。一般应采用Ⅰ、Ⅱ级苗造林。有关苗木分级标准请参见国家苗木分级标准。

2）苗木栽植前的保护和处理

植苗造林苗木成活的关键在于保持体内的水分平衡，特别是裸根苗造林，苗木要经过起苗、分级、包装、运输、造林地假植和栽植等工序，各项工序必须衔接好，加强保护，以减少苗木失水变干，才能保证有较高的成活率。

（1）起苗时的保护与处理。选择苗木失水最少的时间起苗为佳，裸根苗一般应在春、晚秋的早晨、晚上、阴雨天气湿度大的时候起苗；起苗前，应灌足水；起苗时要多留须根，减少伤根，并做好苗木分级工作；苗木起运包装前，应对苗木地下部分进行修根处理，阔叶树还应对苗木地上部分可进行截干、修枝及剪叶等处理。容器苗则直接起运，一般不进行上述处理。起苗后如不能及时运走，则应假植。

（2）苗木运输时的苗木保护与处理。苗木由苗圃往造林地运输时，应做好苗木的包装工作，防止苗木失水。常用的包装材料有塑料袋、草袋和能分解的纱布袋。应做到运苗有包装、苗根不离水、途中防发霉。

（3）栽植过程中的苗木保护。凡苗木运到当天不能栽植的苗木，应在阴凉背风处开沟假植，假植时要埋实、灌水。栽植过程中做好苗根保水工作，以防止苗木根系暴晒，这对针叶树苗尤其重要。常绿阔叶树种，或大苗造林时，应修枝、剪叶，减少蒸腾；萌蘖能力强的树种，用截干造林，维持苗木体内水分平衡，以提高成活率。栽植前将苗木根在水中浸泡一段时间，或对苗木做蘸根处理，如蘸 25～50mg/kg 的萘乙酸、生根粉及根宝等，以加速生根，缩短成活时间。

3）苗木的栽植方法

苗木栽植方法按植穴的形状可分为穴植、缝植和沟植等方法。按苗木根系是否带土可分为裸根栽植和带土栽植。按同一植穴栽植的苗木数量多少可分为单植和丛植造林。按使用工具可分为手工栽植和机械栽植。山区、丘陵区一般均采用人工栽植，机械栽植仅适用于集中连片的大面积平坦地造林。

(1)穴植。就是种植田面开穴栽植,在我国南北方应用普遍,每穴植苗单株或多株。

(2)缝植。又叫窄缝栽植,即用植树锹或锄开成窄缝,将苗根置于缝内,再从侧方挤压,使苗根与土壤密接。适用于在比较疏松、湿润的地方栽植针叶树小苗及其他直根性树种的苗木。

(3)靠壁栽植。也称靠边栽植,即穴的一壁垂直,将苗根紧贴垂直壁,从一侧覆土埋苗根。适用于水分不稳定地区栽植针叶树小苗。

(4)沟植。以植树机或畜力拉犁开沟,将苗木按一定株、行距摆放在沟底,再覆土、扶正苗木和压实。适用于地势平坦区造林。

(5)丛植。丛植是指在一个栽植点上3~5株苗木成丛栽植的方法。适于耐阴或幼年耐阴的树种,如油松、侧柏等。

4)栽植技术

栽植技术指的是栽植深度、栽植位置和施工具体要求等。植苗时,要将苗木扶正,苗根舒展,分层填土、踏实,使苗根与土壤紧密地结合,严防窝根栽植。

根据立地条件、土壤水分和树种等确定栽植深度,一般应超过苗木根颈3~5cm。干旱地区、沙质土壤和能产生不定根的树种可适当深栽。栽植施工时先把苗木放入植穴,埋好根系,使根系均匀舒展、不窝根。然后分层填土,先把肥沃湿土壤填于根际四周,填土至坑深一半时,把苗木向上略提一下,使根系舒展后踏实,再填余土,分层踏实,使土壤与根系密接。穴面可依地区不同,整修成小丘状(排水),或下凹状(蓄水)。干旱条件下,踏实后穴面再覆一层虚土,或撒一层枯枝落叶,或盖地膜、石块等,以减少土壤水分蒸发。

带土坨大苗造林和容器苗造林时,要注意防止散坨。容器苗栽植时,凡苗根不易穿透的容器(如塑料容器)在栽植时应将容器取掉,根系能穿过的容器如泥炭容器、纸容器等,可连容器一起栽植。栽植时应注意踩实容器与土壤间的空隙。

5)造林季节

我国地域辽阔,造林的适宜季节,从南方到北方自然条件相差悬殊,必须因地制宜地确定造林季节和具体时间。春季造林适宜我国大部分地区;夏季造林也称雨季造林,适用于夏季降水集中的地区,如华北、西北及西南等地,雨季造林主要适用于针叶树种、某些常绿树种的栽植造林及一些树种的播种造林;秋季造林,适用于鸟兽害和冻害不严重的地区,在北方地区,秋播应以种后当年不发芽出土为准;冬季造林适用于土壤不结冻的华南和西南地区。

(七)种草和草坪建植

广义上种草的材料包括种子或果实、枝条、根系、块茎、块根及植株(苗或秧)等。播种是牧草生产中重要环节之一,普通种草以播种(种子或果实)为主。草坪建植中除播种外,还有其他方法,如植生带、营养繁殖。无论是种草还是草坪建植材料,播种都是最主要的方法。

1. 播种

1)种子处理

大部分种子有后熟过程,即种胚休眠,播种前必须进行种子处理,以打破休眠,促进发芽。

种子处理包括：机械处理、选种晒种；浸种；去壳去芒；射线照射、生物处理和根瘤菌接种等其他处理。

2）播种期

（1）牧草。一年生牧草宜春播；多年生牧草春、夏、秋季均可，以雨季播种最好；个别草种也可冬季播种。

（2）草坪草。寒地型禾草最适宜的播种时间是夏末，暖地型草坪草则宜在春末和初夏播种。

3）播种量

根据种子质量、大小、利用情况、土壤肥力、播种方法、气候条件及种子价值而定。播种量大小取决于种子的大小，以及单位面积上拥有的额定苗数，详见种草量计算一节。

4）播种方法

（1）一般牧草或水土保持种草，条播、撒播、点播或育苗移栽均可。山区、丘陵区及草原区有条件的，可采用飞机撒播。播种深度2～4cm。播后覆土镇压，以提高造林成活率。

（2）草坪草种播种，首先要求种子均匀地覆盖在坪床上，其次是使种子掺合到1～1.5cm的土层中去。大面积播种可利用播种机，小面积则常采用手播。此外，也可采用水力播种，即借助水力播种机将种子喷洒到坪床上，是远距离播种和陡坡绿化的有效手段。

2. 营养繁殖

营养繁殖法的材料包括草皮块、塞植材料、幼枝和匍匐茎等，营养繁殖法是依靠草坪草营养繁殖材料繁殖，当前草坪繁殖的主要形式见表5-3-8。

表5-3-8　营养繁殖法一览表

名称	操作	优缺点
密铺法	将草皮切成宽25～30cm、厚4～5cm、长2m以内的草皮条，以1～2cm的间距，邻块接缝错开，铺装在场地内，然后在草面上用0.5～1.0t重的滚轮压实和碾平后充分浇水	能在一年的任何时间内，有效地形成“瞬时草坪”，但建坪的成本最高
间铺法	此法有两种形式，但均用长方形草皮块。一为铺块式，即草皮块间距3～6cm，铺装面积为总面积的1/3。一为梅花式，即草皮块相间排列，所呈图案颇美观，铺装面积为总面积的1/2。此法应将铺装处坪床面挖下草皮的厚度，草皮镶入后与坪床面平，铺装后应镇压和灌水	草皮用量较上法少2/3～1/2，成本相应降低，但全部覆盖坪床的时间较长
点铺法	又叫塞植法，是将草皮心土耕作时取出的草皮塞（直径5cm、高5cm的草皮柱）或草皮块（宽6～12cm的草皮条）以20～40cm的间距插入坪床	较节省草皮，分布也较均匀，但全部覆盖坪床面的时间较长
蔓植法	将不带土，具2～4节的草坪草小枝，置于间距15～30cm、深5～8cm的沟内，将沟用土覆平、镇压和灌溉	用于具匍匐茎的暖地型草坪草，也适用于匍匐剪股颖。做法简单，用料少（1m^2可铺30～50m^2），成本较低，也可用专用机械作业，在两年后可覆盖草坪床面

续表 5-3-8

名称	操作	优缺点
匍匐垦法	也称撒播式蔓植。将植物材料在春季开始萌发时均一地撒播在湿润(但不是潮湿)的土表，施量 0.2 ~ 6.4 g/m^2，然后地坪床上表施土壤，部分覆盖匍匐茎，或轻耙使部分插入土壤，此后尽快地镇压和灌溉	此法适用于匍匐茎发生较强的品种，如狗牙根、地毯草、细叶结缕草及匐匐剪股颖，此法较少繁殖材料($1m^2$ 的面积可播 5 ~ $10m^2$)，在年内可形成优质草坪
广播法	将不带根土的草坪草单株或株丛插入坪床内，捣实，灌溉	适用于密丛型的草坪草类，操作简便，但较费土
湿插法	将不带根土的草坪草单株或株丛像插秧一样插入泡湿的床土中去	适用于喜湿的密丛型草类，操作简便，成活率较高

3. 草坪植生带(纸)建植法

草坪植生带(纸)建植法是将草种或营养繁殖材料和定量肥料夹在“无纺布”、“纸 + 纱布”或“两种特种纸”间，经过复合定位工序后，形成一定规格的人造草坪植生带(纸)，种植时，就像铺地毯一样，将植生带(纸)覆盖于坪床面上，上面再撒上一层薄土，经若干天后，作为载体的无纺布(纸)逐渐腐烂，草籽在土壤里发芽生长，形成草坪。草坪植生带(纸)建坪，具有简便易行、省工、省时、省钱、建成快及效果好的特点。

铺设草坪植生带(纸)时，应选择土质好、肥力高、杂草少、光照充分、灌溉与保护方便的地段，除去石块、杂草根茎及各种垃圾，并施足底肥；坪床应精心翻整、适当浇水并轻度镇压，当日均温度大于 10°C 时，将植生带(纸)铺于坪床上，然后覆盖 0.2cm 左右的肥土；铺植后出苗前每天至少早、晚各浇一次，要求地表始终保持湿润，有条件的，可浇水后在植生带(纸)上覆盖塑料薄膜，一般经 7 ~ 10 天后小苗即可出土。

(八)种苗量计算

林草生态工程的种苗量是根据造林的密度和种植点的配置计算的。植苗造林时，苗木用量 = 种植点数量 × 每穴株数。

播种造林时，其播种量主要由树种、种子大小(千粒重)、发芽率和单位面积上要求的最低幼苗数量来决定，与播种方法有关。一般大粒种子 2 ~ 3 粒/穴，例如核桃、胡桃楸及板栗等；次大粒种子 3 ~ 5 粒/穴，如油茶、山杏及文冠果等；中粒种子 4 ~ 6 粒/穴，如红松、华山松等；小粒种子 10 ~ 20 粒/穴，如油松、马尾松及云南松等；特小粒种子 20 ~ 30 粒/穴，如柠条、花棒等。播种造林生产上已经很少用。

牧草播种量是由种子大小(千粒重)、发芽率及单位面积上拥有的额定苗数决定的。常见牧草播种量见表 5-3-9。

表 5-3-9　常见牧草播种量

名　称	播种量(kg/hm²)	名　称	播种量(kg/hm²)
紫花苜蓿	11.5～15	春箭舌豌豆	75～112.5
沙打旺	3.75～7.5	无芒麦草	22.5～30
白花草木樨	11.25～18.75	扁穗冰草	15～22.5
黄花草木樨	11.25～18.75	沙生冰草	15～22.5
红豆草	45～60	苇状羊茅	15～22.5
多变小冠花	7.5～15	老芒麦	22.5～30
鹰嘴紫云英	7.5～15	鸭脚草	11.25～15
百脉根	7.5～12	俄罗斯新麦草	7.5～15
红三叶	11.25～12	苏丹草	22.5～30
山野豌豆	45～60	串叶松香草	4.5～7.5
白三叶	7.5～11.25	鲁梅克斯	0.75～1.5
籽粒苋	0.75～1.5	猫尾草	3.75
黄芪	11.25	甘草	15～75
披碱草	52.5～60	羊草	37.5～60

(九)林草生态工程典型设计

林草生态工程典型设计包括造林典型设计、种草设计及各种复合工程类型的设计。它的目的是进行分类设计、简化设计,以便于计算种苗量和工程量,提高设计效率。林草典型设计应在外业调查的基础上,分析地貌、土壤、植被及水文等环境因子的分布变化规律,并进行立地类型划分,然后分立地类型、林种或工程类型及适生树种草种进行编制。每个典型设计要确定其适用的立地类型。一般一个立地类型有一个或数个不同树种的典型造林设计,也有一个树种的典型设计适用于两个以上的立地类型。所以,在一个地区内编制林草工程典型设计,应在前面附上立地类型相应的典型设计对照表。典型设计应做到适地适树、技术先进、简洁明了和直观实用。

林业生态工程典型设计,主要包括树种草种、林种或工程类型、树种组成(或草种混播类型或林草复合结构)、造林密度及株行距、整地方式和规格、整地季节、林草种植方法(造林种草方式)、种植季节、苗木或种子处理、栽植方式、幼林抚育措施及次数、种苗用量及其他材料用量(如浇水)以及其他特别需要说明的问题等,以下以造林典型设计为例说明。有关种草或草坪的典型设计可根据其特点要求参照编制。

【案例 5-3-15】　方山县峪口镇土桥沟流域花果山造林典型设计(图 5-3-13)

设计号:6

林种:油松、刺槐混交林

造林地种类:黄土丘陵沟壑区丘陵坡面与沟坡面

立地类型:山梁坡、沟坡黄土

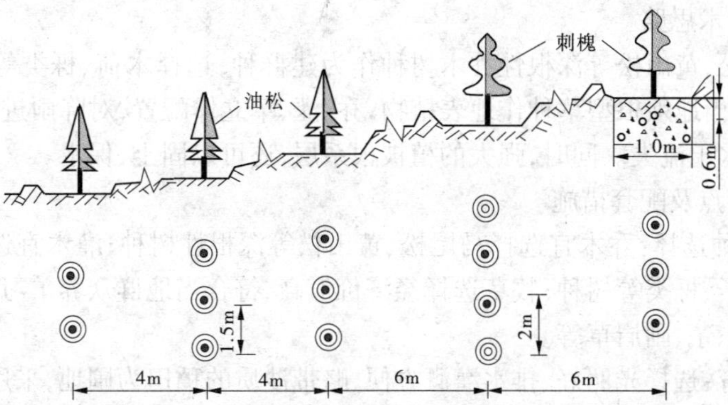

图 5-3-13　方山县土桥沟油松、刺槐混交林设计示意图

苗木设计见表 5-3-10。

表 5-3-10　苗木设计

造林树种	混交方式	株距（m）	行距（m）	每穴栽植株数	苗木规格			用苗量（株/hm^2）
					苗龄	基径（cm）	苗高（cm）	
油松	3 行	1.5	4	3	2	0.45	15	2 500
刺槐	2 行	2.0	6	1	1	1.2 ~ 1.5	150	420

技术措施设计见表 5-3-11。

表 5-3-11　技术措施设计

项目	时间	方　式	规　格　与　要　求
整地	春、夏、秋	反坡梯田	宽 × 深：100cm × 60cm，每隔 2.5 ~ 3.5m 做一 20cm 高横挡，田面反坡 20°，梯田外侧修地埂，高 25cm，宽 30cm
栽植	春、秋	植苗	油松：春季随起苗随造林，苗木要稍带些原土，保持根系舒展，踏实 刺槐：用截干苗造林，留干长 10 ~ 12cm，栽时要根系舒展，埋深使切口与地面平，填土踏实
抚育	春、秋	松土、除草培修地埂、修枝	造林后连续抚育 3 年，第一年松土除草一次，于 5 ~ 8 月进行，第 2 年 5 ~ 8 月松土除草一次，抚育时注意培修地埂，蓄水保墒刺槐栽植后第 2 年起每年修枝，修枝强度为保留树冠高 2/3

【案例 5-3-16】　湘东花岗岩山地乔、灌、草综合治理模式（图 5-3-14）

（1）立地条件特征

模式区位于湖南省平江县南江乡，地处湖南省、湖北省、江西省交界地带，海拔 600m 左右。主要土壤为由花岗岩石风化发育而成的沙质土壤，质地以沙性为主，加之降水量大，山体高，坡面长，地表径流量大，土壤侵蚀严重。西北面受洞庭湖平原和江汉平原的影响大，冬季易受南下寒流的侵袭，南面有罗霄山脉的阻拦，暖湿气流难以进入。降雨较湖南其他地区少，夏季干旱，冬季寒冷。

(2)设计技术思路

选择马尾松、黄山松等深根性乔木树种作为建群种;选择木荷、栎类等树种作为群落的第2层;选择当地须根型草种作地表植物,乔、灌、草立体配置,对降雨进行层层截留,遏制地表径流和水土流失。同时,强大的植被根系层,还可以固土、保水。

(3)技术要点及配套措施

①树(草)种选择:乔木宜选择马尾松、黄山松等深根性树种;灌木宜选择当地适生的木荷、乌药、栀子、栎类等树种;牧草选择经济价值高、符合当地群众养羊习惯的牛鞭草、黄竹草、白三叶、东茅、画眉草等。

②苗木培育:选择光照好、排水灌溉方便、略带沙质的稻田为圃地,采用优良种源种子播种育苗。9月份进行苗床截根处理,增加苗木的须根数,提高造林成活率。截根前浇透水,截根后及时浇水保证截根成功。苗木应达到当地Ⅰ级苗标准。

③栽植:乔木树种植苗造林,灌木点播或植苗造林;草本采用分蔸繁殖的方法,植于林内土壤裸露处、水土流失区及侵蚀沟内。

④配套技术:牧草以收割为主,减少放牧;制定一些保护措施,封育1~3年。

图5-3-14　湘东花岗岩山地乔、灌、草综合治理模式图

【案例5-3-17】　金沙江上游高山峡谷林业生态工程建设模式(图5-3-15)

(1)立地条件特征

模式区位于金沙江上游农业生产经营活动集中的地带,人口集中,开发历史久远,雅砻江、金沙江、大渡河两岸的阶地、山麓地段为农耕地,中山部分已被开垦成斑块状不连续的农耕地,作物单一,生产力低下,土壤肥力退化。由于垦殖过度,生态环境出现退化,如大渡河泸定段河谷两岸已出现沙化,部分流动沙丘在风蚀作用下已翻过河岸在山麓形成堆积沙滩,河两岸为大面积荒山。雅砻江、金沙江河谷两岸高山栎林呈不连续斑块状分布,部分高山栎木林已退化成高山栎灌丛。

(2)设计技术思路

本着先易后难、统筹兼顾的原则,先治理江河两岸和坡地,坡沟兼治,水土兼治,进行林业综合生态建设与治理。具体措施是:江河两岸大于6°的阶地、坡耕地,退耕还林还草;低山带封山育林;中山带植树造林。

(3)技术要点及配套措施

根据立地条件,本着乔、灌、草结合,1年生和多年生植物结合,水土保持工程与生物工程相结合的原则，由分水岭到沟口，由高到低，营造松树与杂灌木树种混交的防风林，或进行林草间作，并在山沟中部发展核桃、花椒等干果经济林。

①河谷两岸：在河滩地、阶地、沟台地等，选择高山松、云南松、油松、杨树、高山柳、柳树、木麻黄、刺槐、臭椿、槭树、桦木、领春木等树种，营造护坡固岸林带。

②侵蚀沟道：从沟头到沟口，从毛沟到干沟，从沟岸到沟底，因沟制宜，全面布置，层层设防，分类施治，建设沟头防护、蓄水池、谷坊坝、小水库、塘坝、排灌渠系等蓄、引、提、挖相结合的沟道工程防治体系，综合治理水力、重力侵蚀地段。

③坡面治理：河岸以上山坡上的农耕地退耕还林还草；土层深厚的农地可以退耕还果；林间隙地种植经济作物或药用植物。杜仲、黄柏、红景天、小檗属、大黄、秦艽、羌活、木香等中药材适生于海拔 1 800 ~ 2 200m 的河谷地带，也可考虑与其他种类间种或套种。

在 25°以下的荒山营造防护林，主要树种有云南松、高山松、桦木、花楸、高山柳、杨树等树种。雨季造林，营养袋上山植苗造林均可。造林整地可采取 30cm × 30cm × 30cm 的规格，株行距 2.0m × 2.0m 或 3.0m × 3.0m。

全面封禁 25°以上的荒山，育林育灌育草。

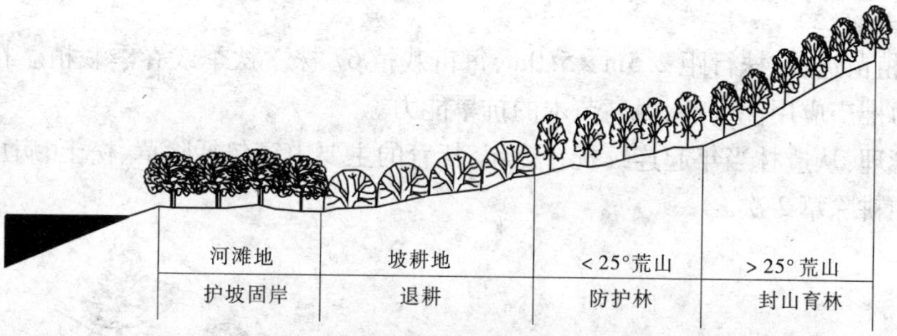

图 5-3-15　金沙江上游高山峡谷林业生态建设模式图

【案例 5-3-18】　冀西低中山石灰岩山地林业生态综合治理模式（图 5-3-16）

（1）立地条件特征

模式区位于河北省满城县、易县、涉县、武安市等地，属冀西低中山石灰岩山地。低山海拔在 800m 以下，中山海拔 800 ~ 1 500m，基岩为石灰岩、白云岩、大理岩。低山土壤为褐土，以典型褐土、碳酸盐褐土为主，中山土壤主要为生草棕壤、淋溶褐土；土层厚度坡面上下差异明显。土壤干旱、贫瘠，植被盖度在 60% 左右，水土流失严重。

（2）设计技术思路

冀西低中山石灰岩山地为北京周边水库和河流的重要水源涵养区，气候干旱，水土流失严重，给当地的生产和生存环境带来很大影响。应以植被建设为中心，采取封造结合的手段，建成中、低山完善的水源涵养林和生态经济林体系。达到既能保持水土、保护河流下游水利工程，又能生产林、果产品，增加经济收入的目的。

（3）技术要点及配套措施

①水源涵养林营造技术：

树种选择：低山石灰岩山地适生的树种有辽东栎、油松、侧柏、刺槐、黄连木、紫穗槐、臭椿等；中山石灰岩山地适生的树种有油松、侧柏、蒙古栎、辽东栎。

树种配置:不规则块状混交,最小株行距 1.5m×2.0m。

种苗规格:选用无病的健壮Ⅰ级苗。针叶树尽量用容器苗,苗木必须有健壮顶芽,雨季造林。

整地:穴状整地,提前1年或1个季节进行整地。整地规格,针叶裸根苗 30cm×30cm×30cm,外沿土埂高10cm;阔叶乔木苗 50cm×50cm×40cm。

造林:植苗造林,春秋季栽植。为了提高造林成活率,要大力推广生根粉蘸根技术、保水剂应用技术,以提高苗木的抗旱能力。

抚育管理:从造林当年起连续抚育3年,抚育的主要内容有除草、松土、病虫害防治等,时间为5~7月份。1年除草2次。

②水土保持经济林营造技术:

树种选择:山杏,宜布置在立地条件较好的山坡中下部。

种苗规格:选择2年生Ⅰ级或Ⅱ级苗木。Ⅰ级苗苗高要大于100cm,地径要大于1cm,根长要大于20cm;Ⅱ级苗苗高要在80~100cm,地径要在0.8~1cm,根长15~20cm。

整地:鱼鳞坑整地,三角形配置。提前1年或1个季节整地,规格 100cm×70cm×40cm。

造林:植苗造林,株行距 2.5m×5.0m,每亩栽植67株。秋季或春季栽植。在栽植过程中要大力推广应用保水剂,提高苗木的抗旱能力。

抚育管理:从造林当年起连续抚育3年,抚育的主要内容包括除草、松土、病虫害防治等。每年中耕除草2次。

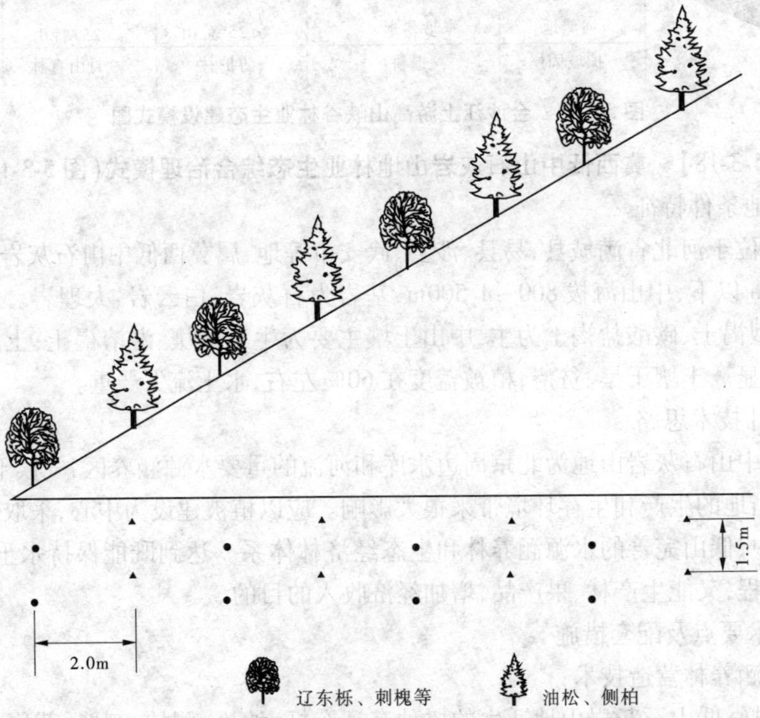

图 5-3-16 冀西低中山石灰岩山地林业生态综合治理模式图

三、总体设计及配置原则和要求

（一）总体设计原则与要求

1. 总体设计原则

水土保持林草生态工程应根据水土流失地区的地形地貌、气候、土壤、植被等条件及水土流失特点和土地利用现状进行总体设计，主要遵循以下原则与要求：

（1）服从于水土保持总体规划与设计的原则。水土保持林草生态工程总体设计应在国家生态建设规划及相关文件的框架下，以区域（县级以上或大中流域）水土保持总体规划与设计为指导，以小流域综合治理总体布设（初步设计）为基础，以防治水土流失、改善生态环境和农牧业生产条件为目的进行总体布设。

（2）因地制宜，因害设防，植物措施与工程措施相结合的原则。林草生态工程总体设计应在大中流域（区域）土地利用总体规划和水土保持总体规划的指导下，确定水土保持林草生态建设用地，以小流域为基本单元，因地制宜、因害设防、综合规划，植物措施和工程措施相结合，合理布设。具体地说，就是应根据流域内土地立地类型划分，在宜林宜牧土地上根据不同立地类型、生产与防护目的等布设各种类型的林草生态工程（包括不同森林、牧草、草地、草场、复合林草、复合林农等工程），做到造林与种草、育林与育草、治理与封禁、林草与工程、林草与农牧紧密配合、协调发展、互相促进。

（3）生态效益优先，兼顾经济效益、社会效益的原则。林草生态工程总体设计必须符合当地自然资源和社会经济资源的最合理有效利用原则，做到局部利益服从整体利益，局部与整体相结合，遵循生态效益优先，兼顾经济效益、社会效益，做到当前利益和长远利益、生态效益和经济效益相结合，做到有短有长，以短养长，长短结合。

2. 总体设计要求

水土保持林草生态工程总体设计应达到以下要求：

（1）水土保持林草生态工程总体设计，应拟定水土流失治理度、林草覆盖率等防治指标，在技术、经济可行的前提下，达到国家水土流失防治指标的要求。

（2）水土保持林草生态工程总体设计，在平面上应做到网、带、片、块相结合，林、牧、农、水相结合，在空间上应做到乔、灌、草相结合，植物工程与水利工程相结合，力求各类生态工程以较小的占地面积达到最大的生态效益与经济效益。

（3）林草生态工程总体布设，在经济发展方面应与当地产业结构调整、生产发展方向、生态环境保护要求相适应，在实施技术方面，做到设计合理，群众接受，施工简便易行。

（二）配置原则与要求

1. 配置与设计基础

在一个流域或区域范围内，水土保持林草生态工程体系配置及设计的基础是各工程在流域内的水平配置和立体配置。通过各种工程的水平配置与立体配置使林农、林牧、林草、林药得到有机结合，使之形成林中有农、林中有牧、植物共生、生态位重叠、生物学稳定、多功能、多效益的人工森林生态系统、草地生态系统、复合生态系统，以充分发挥土、水、肥、光、热等资源的生产潜力，不断提高和改善土地生产力，以求达到最高的生态效益和经济效益，从而达到持续、稳定、高效的水土保持生态环境建设目标。

(1)水平配置。水平配置是指在流域或区域范围内，各个林业生态工程平面布局和合理规划。对具体的中、小流域应以其山系、水系、主要道路网的分布，以及土地利用规划为基础，结合水土流失特点和水源涵养、水土保持要求，发展林业产业和人民生活的需要，生产与环境条件的需要，进行合理布局和配置。在配置的形式上，兼顾流域水系上、中、下游，流域山系的坡、沟、川，左、右岸之间的相互关系，统筹考虑各种生态工程与农田、牧场、水域及其他水土保持设施相结合，(林)带、片(林)、(林)网相结合，林草生态工程建设用地在流域范围内的均匀分布和达到一定林草覆盖率，在流域平面上形成有机结合的水土保持措施体系。

(2)立体配置。立体配置是指某一林草生态工程(或林种)的树种草种选择与组成、人工森林生态系统的群落结构的配合形成。应根据其经营目的，确定目的树种与其他植物种及其混交搭配，形成合理群落结构。并根据水土保持、社会经济、土地生产力及林草种特性，将乔木、灌木、草类、药用植物和其他经济植物等结合起来，以加强生态系统的生物学稳定性和形成长、中、短期开发利用的条件，特别应注重当地适生的树种和草种的多样性及其经济开发的价值。除此之外，还有水土保持林草工程与农牧用地、河川、道路、庭院、水利设施等结合的立体配置。

立体配置的另一层含义是指根据流域内生态环境因子随着海拔变化形成的垂直分异规律，充分利用自然资源，建立梯层结构的配置模式。同时这种梯层配置要与流域的地形条件与水土流失特点紧密结合，考虑到不同地形地貌部位、地质条件下的水土流失形式、强度，从分水岭到流域口随着地形的变化，由上而下形成层层设防、层层拦截的水土保持生物措施体系，使径流得到过滤，泥沙就地沉积，控制流域坡面、沟道的水土流失。

2. 配置原则与要求

(1)水土保持林草生态工程有时也配置经济林和果园，主要目的是保持水土，防治侵蚀，改善生态环境，同时也能一定程度增加农民经济收入。因此，各类生态工程(林业上称为林种、牧业上称草地类型)的配置上，应优先安排生态功能强的林草工程。在水蚀地区应以水土保持林、水源涵养林、护坡种草、封山育林育草工程为主；在风蚀区沙漠治理工程应以防风固沙林、封山(沙)育林育草等恢复沙区植被的工程为主。同时，在这些地区也应适当考虑短轮伐期用材林、薪炭林、果园、经济林、人工牧草、草库仑建设等工程，但比重不宜过大。如国家林业局规定生态林建设中果园、经济林的造林面积不应超过造林总面积的20%。

(2)水土保持林草生态工程原则上应配置在荒地上(是指除耕地、林地、草地和村庄、道路、水域以外，一切可以利用而尚未利用的土地)，包括荒山、荒坡、荒沟、荒滩、河岸以及村旁、路旁、宅旁、渠旁等地，同时应考虑在退耕地、轮歇地、残次林、疏林、退化天然草坡和草场、河岸、堤岸、坝坡等地上配置。

(3)水土保持林草生态工程应本着适地适树(草)，宜乔则乔、宜灌则灌、宜草则草的原则，选择具有水土保持功能的、抗逆性强的乡土树种草种，在不破坏原生地带性植被的同时适当选用引种成功的外来树种草种，实现生态互补。

(4)水土保持林草工程配置上应尽量考虑混交林和乔灌草复合的人工群落，不应大面积营造纯林，尤其是针叶林纯林。如每块纯林的最大面积不应超过20hm^2(大径级珍贵阔叶树种可放宽到50hm²);造林带状配置时,纯林林带的最大宽度不应超过100m;树种相同的两块(带)纯林之间可设计生态隔离林带,隔离林带的树种与被隔离的纯林树种之间的生态特性要有互补性。

四、山区、丘陵区的水土保持林草生态工程设计

山区、丘陵区的水土保持林草生态工程,实际上就是传统水土保持造林种草工程,或者说林草措施拓展。

山区、丘陵区大中流域(或县级以上)水土保持林草生态工程设计,一般直接反映到小流域或小片区,总体上是一个宏观设计,主要反映小流域内主要单项水土保持林草工程(林种或草地或草场类型)布置情况,其设计的工程量是按典型小流域(或中小流域)分类推算的。因此,中小流域是在充分考虑行政区界、地形的基础上,按小班布置和设计。所以中小流域(或县级以下)水土保持林草生态工程的平面布置与设计是大中流域总体布置与设计的基础,也是反映实际施工组织的布置与设计。

(一)林草生态工程总体布置

1. 水土保持林总体布置

1)按水土保持林种布置

(1)水土保持林。主要布置在荒山、荒坡、荒沟、荒滩、退耕地、轮歇地与残林、疏林地、河岸以及村旁、路旁、宅旁、渠旁等土地利用类型。

(2)水土保持种草。主要布置在荒地、荒坡、荒沟、荒滩,没有林草覆盖的河岸、堤岸、坝坡、退耕地以及由于过度放牧引起退化的天然牧场、草坡。

事实上,水土保持林和草在布设上往往是结合在一起的,如草地周边布设防护林;水土保持林下种草、经济林下种草等。

(3)水土保持经济林(含果园)。主要布置在立地条件好(最好有水源条件)的土地类型上;高效果园、经济林栽培园也可布置在耕地上。此类林种对于促进农村经济发展作用显著,但作为国家投资项目比例不应太高,可占人工林地总面积的15%~20%(国家林业局规定生态林建设中经济林的比例不大于20%)。

(4)水土保持薪炭林。在农村燃料缺乏的地区此类林种应占相当比重。可根据各地人均年需烧柴数量和每公顷林木可能提供的烧柴数量确定种植面积。

(5)水土保持饲料林。在我国北方干旱、半干旱饲料不足地区,可结合水土保持营造柠条、紫穗槐等灌木树种作为补充。可根据每公顷放牧林的载畜量和牲畜发展数量,确定放牧林面积。

(6)水土保持用材林。主要布置在立地条件较好的土地类型上,也可布置在路旁、村旁、宅旁、渠旁、河滩和沟底。

2)按不同地形部位布置

(1)丘陵、山地坡面水土保持林。根据荒坡所在位置、坡面坡度与水土流失特点,分别布设在坡面的上部、中部或下部,与农地、牧地成带状或块状相间;在地多人少的地方,可在整个坡面全部造林。

(2)沟壑水土保持林。分沟头、沟坡、沟底三个部位,与沟壑治理工程措施中的沟头

防护、谷坊、淤地坝等紧密结合。

(3)河道两岸、湖泊水库四周、渠道沿线等水域附近的水土保持林。主要用于巩固河岸、库岸与渠道,防止塌岸和冲刷渠坡。

(4)路旁、渠旁、村旁、宅旁造林。在平原区和黄土高塬沟壑区的塬面,一般是道路与渠道结合形成大片方田林网。路旁、渠旁造林,应按照农田林网的要求进行。山区、丘陵区村旁、宅旁造林,应以经济林为主,形成庭院经济。

3)按树种组成配置

(1)灌木纯林。主要适应于干旱、半干旱等水土流失严重、立地条件很差的地区,一般用做薪炭林和饲料林。

(2)乔木纯林。主要适应于立地条件较好的地区,同时其生物学特性要求为纯林。一般用做经济林和速生丰产林。

(3)混交林。有条件的地区应尽量布置此类型,以充分利用水土资源,减轻病虫害,提高造林效率。混交方法有:株间混交、行间混交、带状混交和块状混交。

2. 水土保持种草布置

1)按用途布置

(1)特种经济草生产基地。包括药用、蜜源、编织、造纸、沤肥、观赏等草类,应根据各种草类的生物生态学特点与适应性,分别选用相应立地条件安排种植。

(2)饲草基地。以饲养牧畜为主,有以下两种情况:割草地主要选距村舍较近和立地条件相对较好的退耕地或荒坡;放牧地主要选离村较远和立地条件相对较差的荒坡或沟壑地。

(3)种籽基地。应选用地面坡度较缓、水分条件较好、通风透光、距村较近、便于田间管理的土地,以保证草籽优质高产。

2)按地类布置

(1)布置在陡坡退耕地、撂荒地、轮荒地及过度放牧引起草场退化的牧地上。

(2)布置在沟头、沟边、沟坡,土坝、土堤的背水坡,梯田田坎上。

(3)布置在河岸、渠岸、水库周围及海滩、湖滨等地上。

(二)平面布置与设计

1. 平面布置

中小流域水土保持林草生态工程的平面布置直接通过小班反映在图面上,是初步设计阶段的细部布置图。在流域内或片区内一般按乡—村—小班分级区划,在流域较小、造林面积不大时可直接划分为村—小班或直接划到小班。根据《水土保持综合治理技术规范》、《生态林建设技术规范》,结合我国南北方水土保持生产实践,总结列出水土保持林草生态工程的分类及配置(见表5-3-12)。

2. 林草生态工程设计

各种林草业生态工程的具体设计,限于篇幅,有关详细内容请参阅《林业生态工程学——林草植被建设的理论与实践》一书。

林草生态工程的设计是以小班为单元进行的,小班是调查设计、施工管理的基本单位,要求小班内的立地、典型设计、权属等条件应保持一致,小班的划分应反映出自然条件的地域分异规律，一个小班应能一次施工完成。小班的图面面积不小于 0.5～1.0cm²。

在平面布置图上应显示出行政区界（县、乡、村）、流域界、小班界、小班编号、小班面积、立地类型编号、典型设计编号、林种或生态工程类型、树种草种、施工时间等信息。可以使用不同的颜色显示小班、林种、树种等信息。

同时应根据调查资料将设计区域内的造林种草地进行立地类型划分，并进行相对应的典型设计，将立地类型与典型设计落实到小班上，并在图面上进行小班注记。具体注记形式见调查与勘测部分及制图规范。

表 5-3-12　水土保持林草生态工程分类及其配置

工程类型	工程名称	地形或小地貌	侵蚀程度	土地利用类型	防护对象与目的	生产性能	配置技术
坡面荒地水保林草生态工程	坡面防蚀林	各种地貌下的沟坡或陡坡面	强度以上	荒地、荒草地、稀疏灌草地、覆盖度低的灌木林地和疏林地	各种地类的坡面侵蚀	一般禁止生产活动	以萌蘖力强的树种为主；沟底下切严重的沟道坡面防蚀林应与沟底防冲工程措施结合
	护坡放牧林	各种地貌下的较缓坡面或沟坡	强度以下	退耕地、弃耕地、荒地、荒草地、稀疏灌草地、覆盖度低的灌木林地和疏林地	各种地类的坡面侵蚀	刈割或放牧	以宜放牧、萌蘖力强、耐平茬的树种为主，应人工种草、草坡、草场建设相结合。充分利用稀疏草地、草坡，稀疏灌木林地、疏林地等配置林草结合的放牧林
	护坡薪炭林	各种地貌下的较缓坡面或沟坡	强度以下	荒地、荒草地、稀疏灌草地、覆盖度低的灌木林地和疏林地	各种地类的坡面侵蚀	刈割取柴	以萌蘖力强（或短轮伐期）、热值高的树种为主，南方可适当密植
	护坡用材林	坡麓、沟塌地、平缓坡面	中度以下	荒地、荒草地、稀疏灌草地、覆盖度低的灌木林地、疏林地、弃耕或退耕地	各种地类的坡面侵蚀	取材（一般为小径材）	耐旱、速生树种的乔木林为主，有条件的考虑针阔混交。可与沟道谷坊工程结合，建设小片林
	护坡经济林（含特用经济林）	平缓坡面	中度以下	退耕地、弃耕地、覆盖度高的荒草地	各种地类的坡面侵蚀	获取林副产品	坡面以耐旱和经济价值高的木本粮油树种为主，如建园应有相应的水源配套
	护坡种草工程	坡麓、沟塌地、平缓坡面	中度以下	退耕地、弃耕地、覆盖度高的荒草地、稀疏灌草地、覆盖度低的灌木林地和疏林地	各种地类的坡面侵蚀	刈割或放牧	以刈割型、放牧型草地为主，可充分利用稀疏灌木林地、疏林地在林下种草，种草宜采用混播

续表 5-3-12

工程类型		工程名称	地形或小地貌	侵蚀程度	土地利用类型	防护对象与目的	生产性能	配置技术
农地水土保持林业生态工程	坡耕地	植物篱(生物地埂、生物坝)	塬坡、梁坡、山地坡面	强度以下	坡耕地	坡耕地侵蚀	“三料”或其他	以灌木带、宽草带为主,沿等高线与径流中线垂直,间隔布置
		水流调节林带	漫岗、长缓坡	轻度或中度	坡耕地	坡耕地侵蚀	用材或其他	坡度小于3°可按农田防护林的要求布置;坡耕地坡度3°~5°每隔200~250m,坡度5°~10°每隔150~200m,10°以上每隔100~150m配置一条10~15m的乔木林带。灌木林带间距60~120m
		梯田地坎(埂)防护林(草)	塬坡、梁坡、山地坡面	轻度以下	土坎或石坎梯田	田埂(坎)侵蚀	林副产品或其他	采取坎外、坎内、坎上多种配置乔木林或经济林,也可种植灌木或经济价值高的草种
		坡地林农(草)复合工程	塬坡、梁坡、山地坡面	轻度或中度	坡耕地	坡耕地侵蚀(含风蚀)	林副产品或其他	林与农作物(或草)复合,一般配置为稀植经济林木,即林下种农作物或草
	塬面梁峁顶耕地	塬面塬边防护林	塬面塬边	轻度以下	旱平地	耕地侵蚀(含风蚀)	林副产品或其他	按农田防护林要求配置,与塬面其他林业生态工程相结合。塬边应布设灌木林带,并与蓄水沟埂工程结合
		梁峁顶防护林	梁峁顶、梁峁边	轻度以下	旱平地	耕地侵蚀(含风蚀)	林副产品或其他	宽梁顶布置农田防护林,峁顶全面造林
	沟(河)川台地	沟谷川地防护林	沟川或坝子	微度以下	旱平地、水浇地、沟坝地	耕地侵蚀(含风蚀)	林副产品或其他	沟道内布置小片速生丰产林;川台地布置经济林园
		沟川台(阶)地农林复合工程	沟台地、阶地山前	轻度以下	旱平地或梯地	耕地侵蚀(含风蚀)	林副产品或其他	布置经济林与农作物、林与药材、经济林与蔬菜等复合工程

续表 5-3-12

工程类型	工程名称	地形或小地貌	侵蚀程度	土地利用类型	防护对象与目的	生产性能	配置技术
侵蚀沟道、水文网水保林业生态工程	沟头防护林	沟头、进水凹地	强度以上	荒地或耕地	水蚀与重力侵蚀	一般禁止生产活动	与沟头谷坊工程相结合,可采用土柳谷坊、编篱柳谷坊,或沟道森林工程
	沟边防护林	沟边	强度以上	荒地或耕地	水蚀与重力侵蚀	一般禁止生产活动	与沟边埂结合,从沟缘线以上依次布置灌木林带(萌蘖力强的树种)、乔木林带。应与塬面农田防护林结合
	坝坡防护林	沟道淤地坝	强度以上		水蚀	一般禁止生产活动	布置草或灌木,与坝坡其他防护工程结合
	沟底防冲林	沟底	强度以上	荒滩或水域	水流冲刷	一般禁止生产活动	采取栅状、雁翅状造林;片断或全面造林;客土留淤造林等,沟道森林工程(柳谷坊、编篱柳谷坊)
水库河岸(滩)水保林业生态工程	水库防护林	库坝、岸坡及周边	中度以上	荒地或水域	水流冲刷、库岸坍塌	一般禁止生产活动	水库周边布置防浪灌木林和防风林;回水线以上布置拦泥挂淤林;坝后低湿地、盐碱地造林
	护岸防护林	河岸	中度以上	荒地或水域、两岸农田	水流冲淘、岸坡坍塌	一般禁止生产活动	护岸先护滩,护岸林与护滩林相结合,护岸林配置应乔灌草结合。护岸林应与堤防工程相结合
	护滩林及生物工程	河滩	中度以上	荒地或水域、两岸农田	水流冲淘	一般禁止生产活动	布置灌木护滩林(沙棘、柽柳等)、雁翅式造林和柳篱挂淤林等,护岸护滩森林工程(柳坝、柳盘头、石柳坝、柳泊护坡等)

【案例 5-3-19】 滇西北中山峡谷水土保持林体系建设模式(图 5-3-17)

(1)立地条件特征

建设区为云南省会泽县头塘小流域水土流失综合治理试验示范区。在海拔 3 000m 以下的中山、河谷相间地带,一般有两种主要地貌组合:一是直至河谷的大坡面或者是中间有些相对比较平坦地段的阶梯式大坡面结构;二是与中山盆地相连的坝山组合结构。根据地貌和气候差异又可进一步分为中山山地、中山盆地和河谷三种地貌单元,而河谷又有干热河谷和半干旱、半湿润河谷之分。境内气候温凉湿润,土层深厚,森林覆盖率较高,仅局部地段植被稀疏。由于地处山体径流的汇集区,海拔高度差异悬殊,坡面长而陡峭,因而也是滇西北高山峡谷亚区中最主要的土壤侵蚀区和泥石流危险区。

(2)设计技术思路

模式区植被条件虽然较好,但受地形等因子影响,植被稀疏的局部地区水土流失严重，甚至发生石砾化或泥石流。因此，应结合天然林保护、陡坡地退耕还林、封山育林及水土保持林营造等措施，综合考虑水土保持林体系的合理空间布局结构和林分结构，建设功能完善而强大的水土保持林体系，控制水土流失，防治泥石流。

(3)技术要点及配套措施

①体系布局：从水土流失及其治理来看，阶梯式大坡面结构地貌单元的水土流失危险性远大于坝山组合结构。因此，前者必须以大面积森林覆被为基础，辅以在平坦地区或农地周围营建水土保持林带，构成水土保持林体系；而后者则主要由山顶的防护林带、山坡的护坡林带与坝区的农田防护林带构成水土保持林体系。在河谷区主要是布设护岸林。

②封山育林：严格保护天然林，辅以适当的人工促进措施，逐步提高其防护功能。对于由于人为砍伐、火灾等形成的次生林、疏林、灌木林等，进行封山育林。特别是陡坡地带的次生林、疏林和灌木林地，更要严格封山，逐步恢复和增强其防护功能。必要时可以在尽量不破坏表土的情况下进行适当补植。

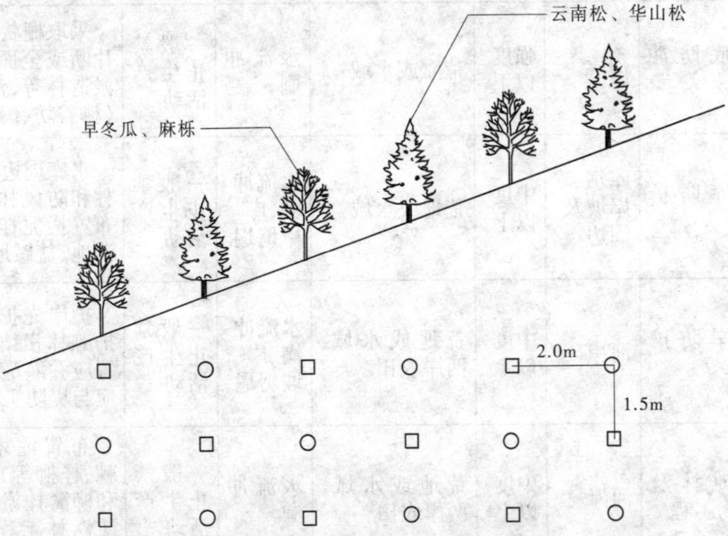

图 5-3-17　滇西北中山峡谷水土保持林体系建设模式图

③造林更新：宜林荒山和易引起水土流失的地段，营造水土保持林：比较平坦的地段、坝山部，土壤比较肥沃，可营造生态经济型防护林。

混交类型：针叶树有云南松、华山松、铁杉、三尖杉、黄杉、红豆杉、秃杉等；阔叶树以旱冬瓜和栎类为主，包括栓皮栎、麻栎、槲栎、青冈栎、高山栲、黄毛青冈等；灌木可以选择马桑、胡颓子、榛子，在干旱、半干旱河谷区可以选择苦刺、牡荆、车桑子、山毛豆等。在石质岩地区选择冲天柏、藏柏、墨西哥柏等柏类。选用上述树种营造针阔混交林或乔灌混交林，常用的混交类型有旱冬瓜与云南松、华山松混交，栓皮栎（麻栎、槲栎）与云南松混交，黄毛青冈与云南松混交等。行间混交或株间混交，株行距 1.5m×2.0m 或 2.0m×2.0m。

林种配置：采薪型水土保持林，以栓皮栎或麻栎等为主要造林树种，海拔 2 000m 左右的村庄附近可以选植银荆（圣诞树）；经济型水土保持林，在进行非全垦型种植的基础上再配置生物埂或防护林带，生物埂选择花椒、青刺尖等灌木树种。防护林带选择核桃、板栗等树种。等高带状配置,株距 1.5m×1.5m。

【案例 5-3-20】 滇中高原山地小流域水土流失综合治理模式(图 5-3-18)

(1)立地条件特征

建设区位于云南省会泽县头塘小流域,属滇中高原山区、半山区,典型的高原山地。山高坡陡,河谷纵横,海拔变化悬殊,气候垂直分布明显。土壤主要为红壤、黄壤、山地暗棕壤和紫色土。地表植被稀少而破坏严重,一遇降雨,地表松散物全部被径流冲刷入沟,水土流失严重。

(2)设计技术思路

以小流域为单元,因地制宜,综合治理,恢复植被,防治水土流失。对流域内宜林荒山荒地,人工造林和封山育林相结合,恢复和建设植被;对水土流失严重、易坍塌地段,生物措施与工程措施相结合,防治水土流失。同时边治理边开发,使小流域的各项收益得到不断的提高。

(3)技术要点及配套措施

①树种及其配置:主要乔木树种有云南松、华山松、水冬瓜、旱冬瓜、川滇桤木、圣诞树、栎类、柏类(藏柏、墨西哥柏、圆柏等)、刺槐等;灌木有马桑、胡颓子、苦刺等;草本有三叶草、香根草、龙须草、黑麦草等。乔灌或乔灌草混交配置,乔木和灌木的株行距为 2.0m×2.0m 或 1.5m×1.5m。乔灌采用行状或块状混交,草本采用带状混交。

②主要造林技术:乔灌木树种,在造林前一年的秋、冬季穴状整地,规格 40cm×40cm×40cm;草本植物,带状整地,带宽 50cm,深 30cm。乔灌木选用苗高 30cm 以上的 1 年生营养袋苗,于雨季造林;经济林可在冬季栽植。造林后连续封育 3 年,每年 10~12 月份进行抚育。

③配套措施:在冲沟中修筑土石谷坊,以稳定沟岸、防止沟床下切;在陡坡且易发生滑坡地段,截流排水,筑挡土墙稳固坡脚,防止水体渗透侵蚀和坡体下滑;在主沟内选择有利地形构筑拦沙坝,拦蓄泥沙。同时,在冲沟的谷坊淤泥后扦插或种植滇杨、柳树、旱冬瓜等速生树种,快速封闭侵蚀沟。

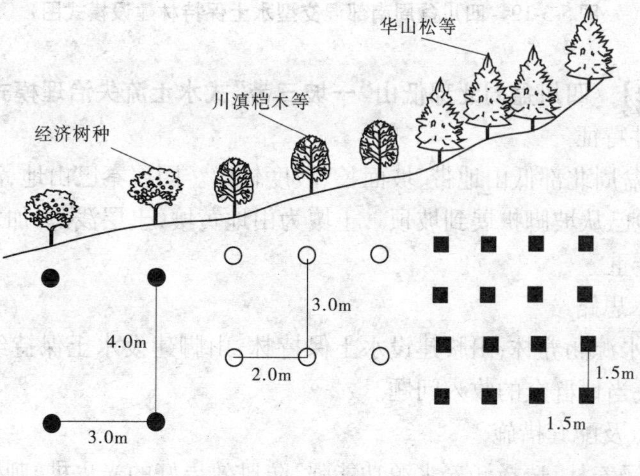

图 5-3-18　滇中高原山地小流域水土流失综合治理模式图

【案例5-3-21】 四川盆周南部混交型水土保持林建设模式(图5-3-19)

(1)立地条件特征模式

建设区位于盆周南部500～1 500m的低中山地带,年降水量在1 000mm左右,丘陵、丘坡地的土壤为黄壤、酸性紫色土,土层厚40cm以上,杂草、灌丛盖度40%～60%。

(2)设计技术思路

在保护现有植被的基础上,选用根系发达、耐干燥瘠薄、生长较快的树种营造针阔混交林,提高森林生态系统的防护效益。

(3)技术要点及配套措施

①造林树种:选用杉木、马尾松、湿地松、栎类、檫木、香樟、刺槐、马桑等。

②整地:在保护现有植被的基础上进行穴状整地,其规格为:针叶树30cm×30cm×30cm,阔叶树40cm×40cm×30cm。

③造林:造林时间春秋皆可。针叶树和阔叶树带状混交,其中针叶树2行,阔叶树2行。造林株行距为:针叶树2.0m×2.5m,阔叶树2.0m×3.0m。马尾松造林用容器苗,逐步推广菌根处理和切根技术。麻栎用切根苗,也可直播。在灌草较少处,撒播一些马桑种子。造林后连续抚育3年,仅进行局部锄草松土。

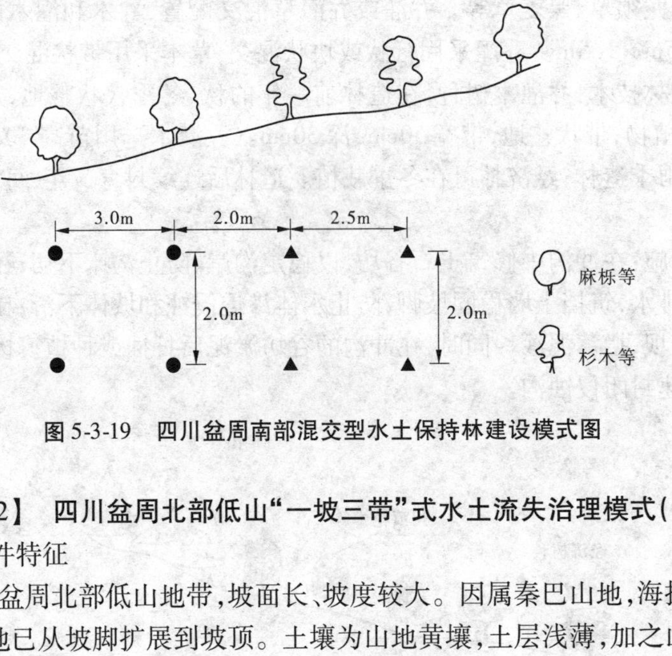

图5-3-19 四川盆周南部混交型水土保持林建设模式图

【案例5-3-22】 四川盆周北部低山"一坡三带"式水土流失治理模式(图5-3-20)

(1)立地条件特征

建设区位于盆周北部低山地带,坡面长、坡度较大。因属秦巴山地,海拔较高,人均耕地少,群众的耕地已从坡脚扩展到坡顶。土壤为山地黄壤,土层浅薄,加之山高坡陡,降雨集中,水土流失严重。

(2)设计技术思路

山顶上建设水源涵养林,山腰建设水土保持林,山脚建设水土保持经济林,有效控制水土流失,并解决当地群众的收入问题。

(3)技术要点及配套措施

①山顶水源涵养林:选择涵养水源功能强、防风效果好的光皮桦、刺榛、日本落叶松等树种,窄带状或行带状混交,营造多树种混交林,形成乔、灌、草结合的多层结构林分,郁闭

度维持在0.5～0.7。

②山腰水土保持林：选择保土功能强的麻栎、柏木、马桑、桤木等树种，同时要注意种植一些耐阴树种，带状混交，营造多树种、多层次的混交林，林分郁闭度维持在0.5～0.7。混交带的数量和带宽应根据坡长、坡度而定。

③山脚经济林带：选择以木本油料和木本药材树木为主的经济树种，如漆树、核桃、乌桕、油桐、杜仲等，水平阶或大穴整地造林。经济林带间每隔10～20m配置一条沿等高线的草带或灌木带，以保护林地，防止水土流失。

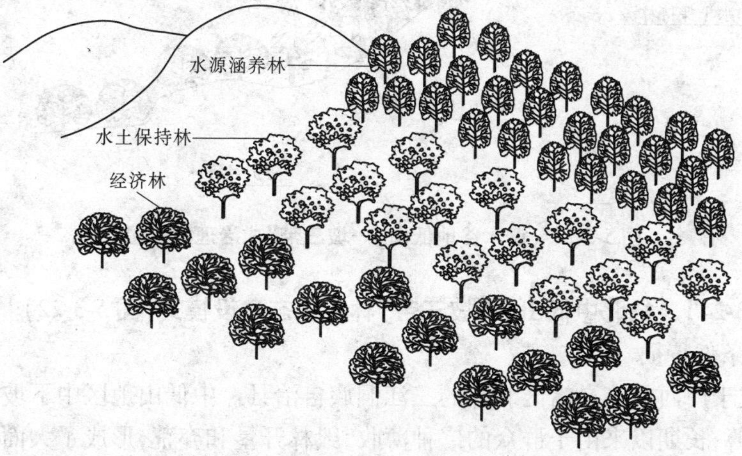

图5-3-20　四川盆周北部低山"一坡三带"式水土流失治理模式图

【案例5-3-23】　汉水谷地低山"一坡三带"式治理模式(图5-3-21)

(1)立地条件特征

模式区位于陕西省安康市、商洛地区，为海拔1 000m以下的山地。当地岭丘绵延、低缓浑圆。森林植被呈片状分布，覆盖率较低。区内人口密集、垦殖指数较高，水土流失比较严重。

(2)设计技术思路

当地人多地少，收入有限，人民生活水平低，生态环境脆弱。所以，必须把发展经济的着眼点放在改善生态环境上，把群众脱贫致富的切入点放在建设生态经济型林业上。因此在治理上应按照"山顶戴帽子、山腰系带子、山脚穿靴子"的"一坡三带"式模式，把控制水土流失与人民脱贫致富奔小康有效地结合起来，实现生态与经济双赢的目标。

(3)技术要点及配套措施

①山顶水土保持林：选择保持水土功能强、适应性强好的油松、栎类、侧柏等乔木和马桑、沙棘、紫穗槐等灌木树种，以乔、灌或乔、乔沿等高线带状混交的配置方式营建多层次、多树种的混交林。混交带宽视坡长、坡度而定。

②山腰防护用材林：选择速生、丰产、优质的杉木、马尾松、柏木等树种，营建以乔木与乔木混交为主的防护用材林。地势较缓处亦可营造纯林。

③山脚防护经济林：可供选择的主要经济树种有茶、桑、漆、油桐、油茶、核桃、板栗、杜

仲、柑橘等。各地应根据当地的自然条件，选择各具特色的优势树种，如紫阳县的茶、安康市的桑、镇安和柞水县的板栗等。造林采取陡坡梯田沿地埂栽植1～2行树的农林混作配置，立地条件优越的地段亦可成片建园经营。

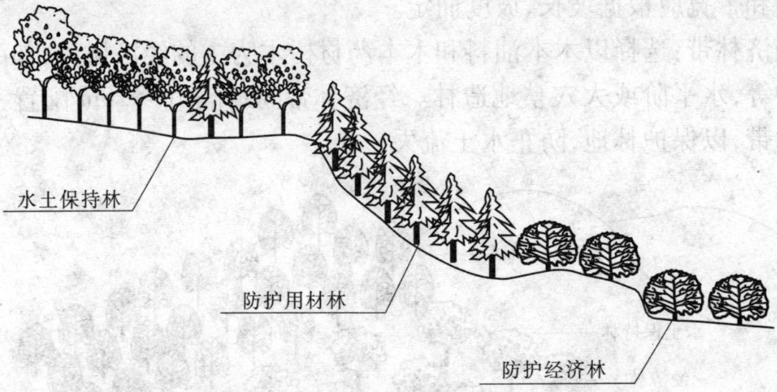

图5-3-21　汉水谷地低山“一坡三带”式治理模式图

【案例5-3-24】　桂北中低山“一坡三带”林业生态建设模式（图5-3-22）

（1）立地条件特征

模式区位于广西壮族自治区北部的三江侗族自治县。中低山地区中下坡，土层较厚：上坡，土层浅薄；长期以来由于群众的广种薄收，毁林开垦和弃荒，形成了大面积的宜林荒山地或低效林区，森林植被遭到破坏，水土流失加剧。

（2）设计技术思路

“一坡三带”是林区群众对“山项戴帽、山腰系带、山脚穿鞋”治理模式的惯称，即在山顶营造水源涵养林，山腰营造用材林，山脚营造经济林。通过“一坡三带”式治理，从整体上既可增加不同类型的森林植被，有效地控制水土流失，又能提供用材林和经济林产品，解决当地群众用材、烧柴等实际问题，增加群众经济收入，很好地解决生态效益和经济效益之间的矛盾，实现长短结合、以短养长的目标。

（3）技术要点及配套措施

①山顶水源涵养林：选择涵养水源功能强、耐贫瘠的树种，如马尾松、粗皮桦、余甘子、木荷、杨梅等营造混交林，混交方式有带状、块状，林分郁闭度维持在0.5～0.7。

②山腰水土保持用材林：选择保土能力强的树种，如松、杉、木荷、枫香、南酸枣、檫木等，进行针阔混交，混交比例为7∶3，带状混交，主要树种带比伴生树种带要宽些。林分郁闭度保持在0.5～0.7。

③山脚经济林：选择适宜本地生长且品种优良的果树、木本粮油及药材为主的经济树种，如水果类的柑橘、李、桃、柚子等，木本粮油类的板栗、柿子、油茶及工业用油的油桐等，药材类的黄柏、厚朴、杜仲等。水平阶或大穴整地，水平阶宽1.0～1.5m。穴的规格为，水果类及板栗、柿子等树种为100cm×100cm×80cm，密度33～66株/亩；药材类及油茶、油桐等树种60cm×60cm×50cm，密度130株/亩。间隔20～30m配置一条等高生草带或灌木带，以减少水土流失。

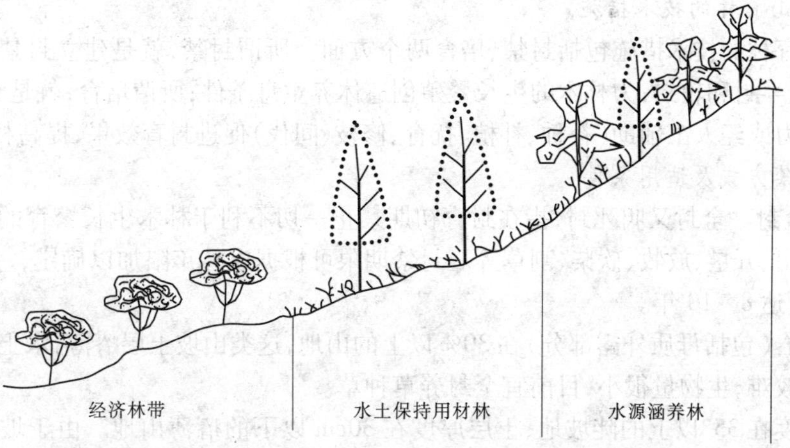

图 5-3-22　桂北中低山"一坡三带"林业生态建设模式图

五、封育治理

封育治理以封禁为基本手段,封禁、抚育与管理结合促进森林和草地成长的林草培育措施。主要包括在有水土流失的荒坡与残林、疏林地采取封山育林措施;在草场退化导致水土流失的天然草地采取封坡育草措施。目的是恢复林草植被、防治水土流失、提高林草效益。

(一)封山育林及其技术措施

1. 封山育林的特点

(1)封育治理见效快。一般说,具有封育条件的地方,经过封禁培育,南方各地少则 3~5 年,多则 8~10 年;北方和西南高山地区 10~15 年,林草覆盖度就可以达 50% 以上,其中乔木林的郁闭度大于 0.2。

(2)能形成混交林,发挥多种生态效益。通过封禁培育起来的森林,多为乔灌草结合的混交复层林分,保持水土、涵养水源的作用明显。

(3)封山治理具有投资成本低、成林成草效果突出、生态效益明显的优点。在我国江河上游和水库上游地区,大都分布着天然林、天然残次林、疏林、灌木及天然草地,这些地区往往交通不便,人口相对较少,人工造林种草的投资和劳力都显得不足。因此,封山治理、保护水源地是生态修复工程中最为重要的一项措施。

2. 封育治理的条件

(1)封山育林的条件是:有天然下种和萌芽根蘖的条件,如残次林地、疏林地、灌木林地、疏林草地、草地以及森林、草原的边缘和中间空地,采伐迹地和被破坏的林地,以便通过植株萌芽或天然下种,恢复林草植被。

(2)人工造林种草困难的高山、陡坡、裸岩、石漠化土地、沙地、沙漠等水土流失严重,但经封育有可能成林或增加林草植被的地区。

(3)通过配合封山采取其他相应的生物或工程措施,能够为迅速恢复林草发展创造条件的地区。

(4)有封禁条件,封禁后不影响当地人们的正常生活。

3. 封山育林的技术措施

封山育林的技术措施包括封禁、培育两个方面。所谓封禁，就是建立封禁制度，分别采用全封、半封和轮封，为林木的生长繁殖创造休养生息条件；所谓培育，就是利用林草自然繁殖能力或经人工辅助（补种、补植、抚育、修枝、间伐）促进封育效果，提高林分质量。

1）封禁方式及适用条件

（1）全封。全封又叫死封，指在封育初期禁止一切不利于林木生长繁育的人为活动，如禁止烧山、开垦、放牧、砍柴、割草等。封禁期限可根据成林年限加以确定，一般为3～5年，有的可达8～10年。

①裸岩（包括母质外露部分）在30%以上的山地，这类山坡土层瘠薄，水土流失严重，造林整地较难，生物量很小，目前宜全封养草种草。

②坡度在35°以上的陡坡地、土层厚度在30cm以下的瘠薄山地。由于坡陡，或土层薄，造林整地困难，一旦封禁不严，植被遭到破坏，就难以恢复。

③新近采伐迹地，有残留母树，可以飞籽繁殖；或有萌蘖力强的乔灌木根株；或有一定数量的幼树。这类地区只要全封起来，大部分都能迅速成林，如果采取半封，就会损坏幼树。

④分布有种源缺少或经济价值高的树种或药用植物的山地。

⑤邻近河道、水库周围的山坡，国家和地方政府划定封禁防护林、保护区或风景林等。

（2）半封。半封又叫活封，分为按季节封和按树种封两种。按季节封就是禁封期内，在不影响森林植被恢复的前提下，可在一定植物休眠季节开山；按树种封，即所谓的“砍柴”或“割灌割草留树法”。

（3）轮封轮放。将整个封育区划片分段，实行轮流封育。

2）培育措施

封山育林需要加强封禁后的培育。大体可以分为林木郁闭前和郁闭后两个阶段进行。郁闭前主要是为天然下种和萌芽、萌条创造适宜的土壤、光照条件，具体方法有：间苗、定株、整地松土、补播、补植等。郁闭后主要是促进林木速生丰产，具体方法有平茬、修枝、间伐等。

【案例5-3-25】 滇东及滇东南石质山地封山育林恢复植被模式（图5-3-23）

（1）立地条件特征

模式区位于云南省西畴县法斗乡，属滇东及滇东南劣质石质山地。由于反复垦荒和过度砍伐薪材，水土流失十分严重，石砾含量高，岩石裸露面积率达70%以上，特别是在山顶和山中上部，土壤瘠薄，基本不具备人工造林的条件，但有一些灌木和草本植物生长，目的树种数量符合封山育林的标准。

（2）设计技术思路

劣质石质山地由于立地条件十分恶劣，造林极为困难，因此应利用当地水热条件较好的优势，采取全面封禁的措施，并于个别地段辅以适当的人工造林措施，恢复植被，保持水土。

（3）技术要点及配套措施

①封山育林：在封育区内，对生态极度脆弱的地段，禁止采伐、砍柴、放牧、采药和其他

一切不利于植物生长繁育的人为活动,保护好现存的植被资源,以利其生殖繁衍。在条件稍好的地方,见缝插针地补植一些柏类植物和灌木,以促进植被的恢复进程。同时应制定相应的政策和管理措施,使封山育林措施落到实处。

②补植造林:在个别立地条件稍好的地段,选择墨西哥柏、郭芬柏、旱冬瓜、银荆、黑荆、滇合欢、刺槐、台湾相思、杜仲、香椿等树种。针阔叶树种小块状混交配置。见缝插针地进行穴状整地,规格为 40cm×40cm×30cm,尽量保留原有植被。在 6~8 月份雨季雨水把土壤下透后尽早用高 30cm 左右的容器苗造林,提高造林的成活率和保存率,进而提高封山育林效果。

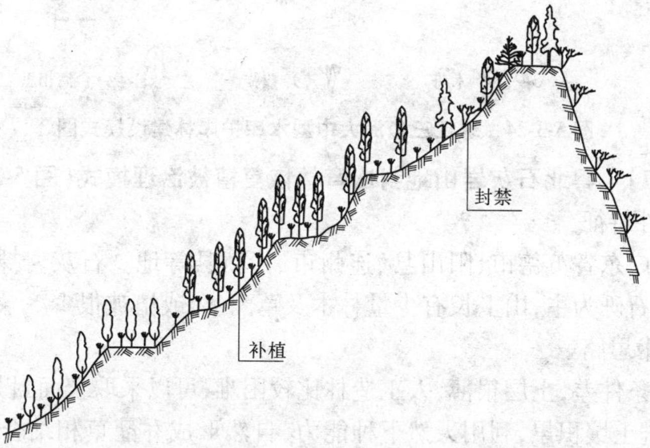

图 5-3-23　滇东及滇东南石质山地封山育林恢复被模式图

【案例 5-3-26】　珠江三角洲大中型水库护岸林建设模式(图 5-3-24)

(1)立地条件特征

模式区在广东省开平市的大中型水库集水区。模式区下游有 4 个大型水库及许多中小型水库。集水区内土壤主要为赤红壤或砖红壤,多薄土层。林草植被盖度虽普遍大于 50%,但针叶纯林多,阔叶林、混交林少,局部地区还存在疏林及少量荒山,水土流失现象较为严重,影响水库运行与使用年限。

(2)设计技术思路

在保护好现有森林植被的前提下,因地制宜,分类指导,采取有效措施调整树种结构,提高林草植被盖度,改善林分结构和质量,增强库区森林涵养水源、保持水土的功效。具体的内容是:在森林植被稀疏的地方补植阔叶树,在荒山营造阔叶林或针阔混交林,对大中型水库集水区范围内的针叶纯林逐步进行阔叶化和针阔混交化改造。

(3)技术要点及配套措施

①封禁:对大、中型水库集水区内第一层山脊中郁闭度 0.4 以上的森林进行严格保护,禁止砍伐、割草、放牧等一切人为破坏活动。

②疏林补植:对大中型水库集水区范围内第一层山脊中郁闭度 0.2~0.4 的森林,在比较稀疏的地方补种阔叶树。以木荷、黧蒴栲、三角枫、红椎、火力楠、台湾相思、大叶相思等乡土树种为主。

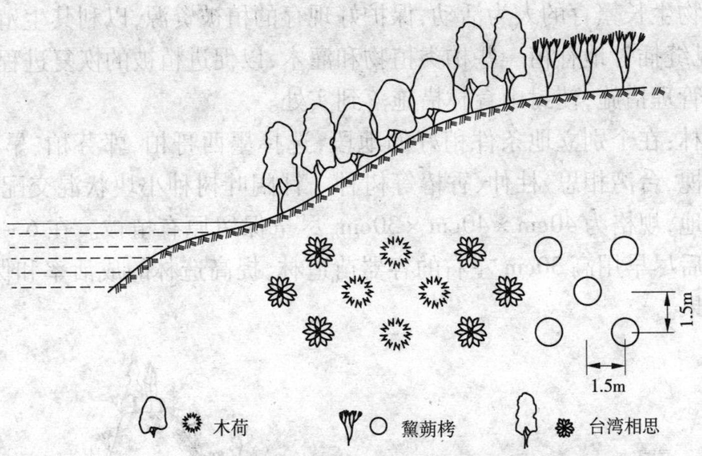

图 5-3-24　珠江三角洲大中型水库护岸林建设模式图

【案例 5-3-27】　粤北石灰岩山地封山育林恢复植被治理模式(图 5-3-25)

(1)立地条件特征

模式区位于广东省英德市、阳山县、连州市、清新县等地。石灰岩裸露 60% 以上,土层极薄,以砂砾、石砾为主,山上长有少量林木及草灌木,或植被很少。

(2)设计技术思路

模式区立地条件差,土层很薄,人工造林比较困难,可以采取全面封禁,减少人为活动和牲畜破坏,促进土壤积累,利用天然下种能力,自然形成乔灌草相结合的植被群落。对乔、灌、草极少的地方,可采取人工种草、植灌和栽植马尾松等手段,促进植被恢复。

(3)技术要点及配套措施

①封山育林:对一些乔灌木生长较好的地区,采取全封措施,封育期间禁止采伐、砍柴、放牧、割草和其他一切不利于植物生长的人为活动。

②人工促进更新:对于乔、灌、草植被很少,但有一定厚度土层的地方,选择一些适宜石灰岩地区生长的树种,如马尾松、任豆、泡桐、棕榈等,进行人工种植或点播,促进林草更新,然后对这些地区进行全面封山,加强管护,使这部分地区尽快恢复,发展成乔、灌、草相结合的植被群落。

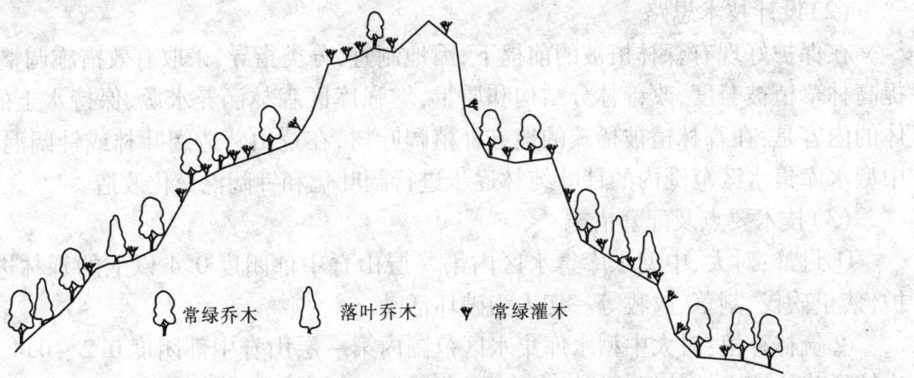

图 5-3-25　粤北石灰岩山地封山育林恢复植被治理模式图

(二)封坡(山)育草及技术措施

封坡(山)育草包括对植被稀疏的草坡(山)定期进行轮流封禁,依靠其自身繁殖能力,并进行适当人工补植或补种,发展形成草场;对天然草场,以地形为界,划定季节牧场和放牧区,按照一定的次序,轮封轮牧,合理利用和改良天然草场。

1. 封育区划分

(1)封育割草区。立地条件较好、草类生长较快、距村较近的地方,作为封育割草区,只许定期割草,不许放牧牲畜。

(2)轮封轮牧区。立地条件较差、草类生长较慢、距村较远的地方,作为轮封轮牧区。根据封育面积、牲畜数量、草被的再生能力与恢复情况,将轮封轮放区分为几个小区。草被再生能力强的小区,可以半年封半年放,或一年封一年放。

2. 封坡(山、沟、场)育草

封坡(山、沟、场)育草主要通过封禁,依靠草的再生能力,恢复和建设草场(坡)。对严重退化、产草量低、品质差的天然草坡、草场,在封禁的基础上,采取以下改良措施:

(1)对5°左右大面积缓坡天然草场,可通过撒播营养丰富、适口性较好的牧草种籽更新草场,有条件的可引水灌溉,促进生长。在草场四周,密植灌木护牧林,防止破坏。

(2)对15°以上陡坡,沿等高线分成条带,带宽10m左右,撒播更新草种,第一批条带草类生长10~20cm,能覆盖地面时,再隔带进行第二批条带更新。

(3)陡坡草场更新,可在上述措施基础上,每隔2~3条带,增设一条灌木饲料林带,提高载畜量和保水保土能力。

(三)封育治理规划设计

1. 封育治理规划原则

(1)封育治理应作为水土保持生态建设组成部分,特别是作为生态修复的重要组成部分,统一规划。

(2)对通过封山育林措施能恢复林草植被的,首先考虑封山育林;若仅封山育林不行,可以与人工辅助措施、人工林草生态工程建设相结合。

(3)封坡(山)育草应与人工草场建设相结合,合理划分封育区,轮封轮牧,远近结合,割草放牧草相结合,封育面积应根据牲畜数量、当年用草量、草坡(山、沟、场)大小及产草能力确定。

(4)必要情况下应考虑生态移民以及发展沼气池、节柴灶等配套措施。

2. 封育治理设计及标准

1)设计

(1)外业调查。封育治理的外业调查包括自然经济社会调查、宜封地调查、划分小班及小班调查。一般采用1:10 000或1:25 000的地形图或航片、卫片调查。

(2)内业设计。内业设计包括确定封山育林与封坡育草的面积和位置、封育类型、封育方式和封育年限;封禁和育林育草、管理保护的各项措施的设计,以及设计图件等。

2)封育治理的标准

(1)封育治理成林或草的年限。按不同成林方式、建设类型区域确定(见表5-3-13)。

表 5-3-13　不同封育方式成林年限　（单位:a）

封育方式	东北	三北	黄河	北方	长江	南方	热带	青藏
育乔林	7~10	8~15	5~10	5~10	5~8	5~8	4~6	5~10
育灌木林	4~16	5~8	4~6	4~6	3~6	3~6		4~6
育草	3~5	3~5	3~5	3~5	2~3	2~3		4

(2)成林标准。乔木型郁闭度大于0.2,灌木型覆盖度大于30%,草被覆盖度大于50%。

(四)封育治理的组织措施

1. 确定封育治理的范围

(1)在封山育林和封坡育草面积的四周,就地取材、因地制宜地采用各种防护手段以明确封育范围,作为封育治理的基础设施之一。

(2)明确封育治理范围的设施,必须有明显的标志,并能有效地防止人畜任意进入(例如设置木桩铅丝网围栏、草绳树枝围栏及用垒石涂白灰作标志等)。

2. 成立护林护草组织,固定专人看管

(1)按工作量大小和完成任务情况,确定护林护草人员数量。

(2)封育地点距村较远的,应就近修建护林护草哨房,以利工作进行。

3. 制定护林护草的乡规民约

(1)根据国家和地方政府的有关法规,制定乡规民约,其内容主要有:封禁制度(时间、办法)、开放条件(轮封轮牧)、护林护草人员和村民的责、权、利,奖励、处罚办法等,特别要严禁毁林、毁草和陡坡垦荒等违法行为。

(2)制定的乡规民约必须严格执行,纳入乡、村行政管理职责范围,维护乡规民约的权威性,保证真正起到护林护草作用。

六、水土保持林草抚育与管理

水土保持林草通常在自然条件相对较差、生态环境质量相对较低的水土流失地区营造,因此林草抚育与管理在造林种草后,对于造林成活率、保存率、生长量提高,发挥其生态、经济、社会综合效益具有重要意义。水土保持林草抚育与管理主要包括幼林抚育、成林管理及草地或草坪管理。

(一)幼林抚育

幼林抚育是造林后至郁闭前一阶段的时间里所进行的各种措施。包括幼林地管理、幼林林木抚育、林下植被管理、幼林保护和造林检查验收等。

1. 幼林地管理

幼林阶段基本处于散生状态,林木的主要矛盾是与外界环境条件的矛盾,因此造林初期的幼林地管理主要是保蓄增加土壤水分,促进苗木的生根成活,包括松土、除草、中耕、灌溉、施肥及幼林地林农间作等。

1）松土、除草

松土和除草是人工幼林抚育管理措施中重要的组成部分，常常结合在一起进行，但又有区别。

松土、除草的深度应根据树种和土壤条件而定，一般松土深度以5～20cm为宜，以不伤害幼树根系，并为幼树生产创造良好条件为原则。掌握里浅外深，树小浅松，夏秋浅松、冬季深松，沙土浅松、粘土深松的松土规律。

松土、除草的方式因整地技术和经济条件不同而异。在全面整地的情况下应进行全面松土除草，有机械化作业条件的，行间可用机械中耕，株间靠手工管理。而在局部整地的情况下，松土除草范围应考虑增加林木营养面积，提高保土保水效益。

2）中耕

中耕是指对人工林地进行翻垦的一种管理措施。主要目的是通过翻垦，增加土壤的通透性，并压青和对枯枝落叶进行埋压，提高有机质含量，促进林木生长。

3）灌溉

人工林灌溉是造林和林木生长过程中，人为补充林地土壤水分的措施，是人为改善土壤水分状况的一种积极有效的手段，对于提高干旱、半干旱地区的造林成活率、保存率，促进幼林生长，加速幼林郁闭，进而实现速生、丰产、优质的培育目标，具有极其重要的意义。

人工幼林的灌溉技术，应本着量多次少的原则进行，每公顷一次灌水量为500～600m^3，其湿润深度最好能达到50cm左右的土层，使主要根系分布层的土壤水分含量保持在田间持水量的60%～70%，灌溉的时间、次数和间隔等可根据当地降水量、蒸发量、土壤干湿情况及树种需水量等确定，灌溉的方法有漫灌、洼灌、沟灌等，有条件的地方可采用滴灌、喷灌。在灌溉较困难时，可通过径流蓄水保水等调节水分的措施来解决。

4）施肥

施肥是人为改善人工林营养状况和增加土壤肥力的措施，一般用于水土保持用材林或经济林。人工林施肥使用的肥料种类包括有机肥料、无机肥料以及微生物肥料。施肥量可依土壤贫瘠程度、树种特性、肥料种类等确定。一般有机肥料的用量为：杨树7 500～15 000kg/hm^2，杉木6 000～7 500kg/hm^2，桉树3 000～4 500kg/hm^2。化学肥料每株使用水平大体为：杨树施硫酸铵100～200g，杉木施尿素、过磷酸钙、硫酸钾各50～150g，落叶松施氮肥、磷肥、钾肥分别为150g、100g、24g。人工林的施肥方法有手工施肥、机械施肥和飞机施肥等多种，飞机施肥工效高，但浪费肥料。手工施肥时，一般将肥量施入栽植穴，并与土壤混合均匀。

施肥深度一般20～30cm，使肥料集中在根际附近。在林木生长过程中，可于树冠投影外缘或种植行行间开沟施肥。施肥时期一般在造林前、全面郁闭后和主伐前数年，施肥的具体时间应在每年的速生期之前。

2. 幼树林木抚育

幼树林木抚育是指幼林时期对苗木、幼树个体及其营养器官进行调节和抑制的措施，包括间苗、平茬、修枝、接干等。其目的是提高幼树形质，促进幼树更好地向培育方向发展，保证幼树迅速生长，迅速达到郁闭，增加林分稳定性。

3. 林下植被管理

林下植被管理是在2条植树带间的空地上为防止土壤流失所采取的一种措施。适当修枝、疏伐,改善林下光照条件是林分郁闭后保护林下植被的重要方法,但极易造成在林分郁闭之后出现喜光植物与耐阴植物交替的相对真空阶段,即地面缺少覆盖物。为了防止水土流失,在可能的情况下,可通过人工手段引入耐阴植物,以保护地表不受冲刷(干旱、半干旱地区,应注意林地水分的平衡)。一般林下植被以高度较小的下繁型草类为好,草本植物多为1~5年生植物,新陈代谢周期较短,可以较快地改善林地土壤条件,提高林地土壤的蓄水能力。

4. 幼林保护

造林后到幼林郁闭前要严格封禁,做好防火、防病虫害以及抗旱防冻和封禁保护、预防人畜破坏等工作。

5. 造林检查和验收

为了确保造林质量,要根据造林施工设计(作业设计)逐项验收。

1)幼林成活率

采用标准地(样地)法或标准行(样行)法检查造林成活率。成片造林面积在$10hm^2$以下,样地面积应占造林面积的3%;面积在$10 \sim 30hm^2$的,样地面积应占2%;面积在$30hm^2$以上的,样地面积应占1%。护林带应抽取总长度的20%林带进行检查,每100m检查10m。选择样地和样行时实行随机抽样。山地幼林调查,应包括不同海拔、部位和坡度、坡向及植苗造林和播种造林。每穴中有一株或多株幼苗成活均作为成活一株(穴)计算。造林平均成活率按以下公式计算:

$$\text{平均成活率}(\%) = \frac{\sum \text{小班面积} \times \text{小班成活率}}{\sum \text{小班面积}} \tag{5-3-11}$$

$$\text{小班成活率}(\%) = \frac{\sum \text{样地(行)面积} \times \text{样地(行)成活率}}{\sum \text{样地(行)面积}} \tag{5-3-12}$$

$$\text{样地(行)成活率}(\%) = \frac{\sum \text{样地(行)成活株树(穴)数}}{\sum \text{样地(行)栽植株(穴)数}} \times 100\% \tag{5-3-13}$$

平均成活率一般为整数或保留一位小数。

2)人工幼林的评价

(1)合格标准。年均降水量400mm以上地区及灌溉造林,成活率在85%以上(含85%);年均降水量在400mm以下地区,成活率在70%以上(含70%)。

(2)补植。年均降水量在400mm以上地区及灌溉造林,成活率在41%~85%(不含85%);年均降水量在400mm以下地区,成活率在41%~70%(不含70%)的幼林要及时予以补植。

(3)重造。经检查确定,造林成活率在41%以下(不含41%)时,要重新造林,即将统计的新造幼林面积中,凡是造林成活率低于41%的,要列为宜林地重新造林。

在调查成活率的同时,还要调查苗木死亡和种子不萌发的原因,以及病虫、鸟兽害情况和人畜破坏情况等,以积累造林经验,改进造林工作。

3)幼林保存面积和保存率检查

人工造林后3~5年,成活已经稳定,此时要核实幼林保存面积和保存率。当幼林达到郁闭成林时,可划归为有林地,列入有林地资源范畴。

4)补植

应按原设计树种大苗,按原株行距进行,必要时需要重新整地。播种造林补植,可从苗多的穴内移苗补植。补栽成功的前提在于成活,而关键则在于补植的植株应在生长上赶上原来成活的植株,否则,补植的植株很容易成为被压木,造成林冠不整齐,形成过早分化等不良后果,降低林分生产率,起不到补植应有的作用。补植必须及时,第一次补植一般是在造林后第二年春季或选择当地有利季节进行。当补植机会已错过,无法使同一树种补苗赶上成活植株的生长时,也可用速生或稍耐阴的其他树种苗木进行补植。为了避免补植时苗木运输费工,并使苗龄与幼林一致,可采用局部密植,在抚育过程中如发现缺苗,可随时就近带土起苗补植,这样不仅成活率高、生长快,而且经济、省工。有条件的地方,采取专门培养的容器苗补植,效果更好。

(二)成林管理

成林管理是对人工林组成和密度及其林木个体生长发育进行的管理与控制。主要措施有:人工修枝、抚育间伐、采伐更新及低价值人工林改造。

1. 人工修枝

主要应用于人工林幼林期的壮龄期,其目的、方法、原理及注意事项与幼林抚育中的修枝基本相同。

2. 抚育采伐

抚育采伐是从幼林郁闭到主伐前一个龄级为止,为促进留存林木的生长进行的采伐。其作用是调整混交林林分组成,淘汰非目的树种,为目的树种迅速生长创造良好条件;调整纯林林分密度,保证留存木具有合理的营养空间;缩短林木培育期,增加单位面积生产量,改善林分卫生状况,增强林木对各种自然灾害的抵抗能力;提高森林各种防护效能。

1)抚育采伐的类型

一般将抚育采伐分为除伐、疏伐和卫生伐。

(1)除伐主要是在混交林幼林中除去非目的树种。

(2)疏伐是在单纯林中调整林分密度,伐除部分株树。

(3)卫生伐是伐去一些病虫害木。

2)抚育采伐方式、强度和时间

抚育采伐方式及其强度因树种和立地条件而异。要注意三个问题:

(1)选择砍伐木,要考虑林木分级、树木干形品质(防护林还需考虑林冠的冠幅和枝叶的茂密程度)、病虫害状况等。有两种做法:一是重点放在某些优良木单株生长,从较早时期即将这些优良木选定,并对它们作标志,一直保留到最终采伐(主伐);二是重点放在全林分生长上,即在每次采伐时重新选择保留木,前者多用于用材林特别是大径材培育上,后者多用于防护林培育中。

(2)采伐强度，即采伐木的株数占伐前总株数的百分比或伐木蓄积量（或胸高断面面积）占伐前蓄积量（或胸高断面面积）的百分比。宜采用较小的采伐强度，一般小于25%，否则，郁闭度迅速下降且不易恢复，会严重影响防护效能。用材林及立地条件好的林分可大些，但一般不要超过30%～40%。

(3)采伐时期，包括抚育采伐的开始时期、两次采伐之间的时间间隔期、抚育采伐的结束期。如何确定这三个时期，因树种及抚育采伐种类而异。

3. 采伐更新

人工成林生长到某一成熟年龄（防护林为防护成熟龄，即超过此龄防护效能开始持续下降）时，要进行采伐，称之为主伐，主伐后清理采伐迹地和更新。

1）主伐方式

按照一定的空间配置和一定的时间顺序，对成熟林分（或某种特定意义的成熟，如防护成熟）进行采伐。有以下几种采伐方式：

(1)皆伐，即将伐区上的林木一次全部伐除或几乎全部伐除。

(2)渐伐，是在较长时间内（通常为一个龄级）分次将成熟林分逐渐伐除，逐渐实现伐前更新。

(3)择伐，是在一定地段，每隔一定时期，单株或群状地采伐达到一定径级或具有某一特征的成熟林木。

2）林下地被的保护及采伐迹地清理

在正常条件下，采伐作为森林经营的一种必然过程，对林地造成的扰动是可以避免的，因此应通过采伐迹地的清理，做好林下地被的保护工作。

3）森林更新

森林更新是森林采伐后，通过天然或人工方法，使新一代森林重新形成。常分为天然更新和人工更新。

4）低价值人工林分改造

由于多种原因造成人工林多年生长极慢，甚至停止生长的“小老树”林，或形成密度不够、经济价值和产量都很低的疏林，统称为低价值人工林。对此类林分进行抚育管理，称之为低价值人工林分改造。低价值人工林分改造的方法有：

(1)对于树种选择不当形成的低价值人工林，应更换树种，重新进行造林。

(2)对幼林抚育不及时或根本未抚育而形成的低价值人工林，只需采取适当的抚育措施。

(3)对密度过大而形成的低价值人工林，可采取抚育间伐使之复壮。

4. 人工草地与草坪管理

对纯人工草地的抚育管理与林地的抚育管理措施基本相同，包括人工草地管理和草坪培育管理。

1）人工草地管理

播种后和幼苗期以及2年以上人工草地的田间管理包括松土补种、中耕培土、松土、除杂草、灌溉排水及防治病虫害等，具体做法基本与林地相同，但也有一些特别的措施，值得注意的是刈割。

牧草一般在头年不刈割，头年生长太旺盛时，也可以刈割一次，但要注意水土保持。其刈割留高应为0～12cm，如果是春播牧草，第一年完全可以刈割。牧草的刈割时期，豆科在1/10～1/2开花期刈割；禾本科以在抽穗期刈割为好。刈割留高一般8～10cm，最后一次刈割留茬高在10～12cm以上，以利于牧草越冬。一般的牧草每年刈割3～5次。如红三叶、紫花苜蓿、黑麦草均可刈割4～5次，苏丹草一年可刈割6～8次。最后一次刈割应该在冬季结冻前30天左右结束。

2）草坪培育管理

新建草坪，当幼苗开始生长发育时，就应开始草坪培育改良。草坪的养护、培育、管理主要包括刈剪、施肥、灌溉、表施土壤、滚压、补播、除杂草和防治病虫害等措施。这些措施与常规的田间管理基本相似或相同，但在质量和细度要求上要更高。

七、林草工程的施工组织设计

林草工程施工组织设计包括施工条件、工程施工（组织形式、施工工序及时间）、施工质量要求、施工进度安排。

（一）施工条件

施工条件包括施工交通条件、水电及种子苗木来源等。

（二）工程施工

1. 施工组织形式

施工组织形式包括项目划分、地块多少、面积大小，确定施工队伍或劳动力数量、组织方式、施工安排等。

2. 施工工序

1）林草工程的施工工序

（1）整地及苗木准备工序。工程整地的施工工序为定线定位、挖方及筑埂夯实等；苗木准备的施工工序为浇水、选苗、分级、检疫、包装及保湿、运送、假植、浸水等。

（2）造林工序。植苗造林工序为挖植树坑、选苗、栽植、填土、浇水、覆土等。直播造林首先要经过种籽精选、发芽试验两道工序，然后分为几种类型工序：①穴播造林的再经挖穴、播种、覆土踩实、浇水等工序；②条播造林的再经水平犁沟整地、松土、播种、覆土踩实等工序；③飞播造林的再经种籽处理（大粒化、防害处理）、播期选择、飞播等工序。插条造林工序为选条、剪条、浸泡、插条、踏实等。造林的后期管理工序有封育、抚育整形、清除杂草杂灌、浇水、施肥、补植、整地工程维修及管护等。

2）种草工程的施工工序

种草的施工工序为条状整地保墒、种籽处理、选择播期、播种、镇压等。种草的后期管理工序有松土、除杂草、补种、整地工程维修及管护等。

3）封育治理措施的施工工序

封育治理的施工工序为划定并界标封育区、管护、补植及防病虫害等。

3. 施工时间

1）整地工程修筑时间

一般应尽可能在前一年秋冬二季整地，第二年春秋二季造林，有利于容蓄雨雪，促进生土熟化。易风蚀的沙地和南方多雨地区，应随整地随造林。

秋冬造林最迟应在当年春季整地；雨季和春季造林，最迟应在前一年秋季整地。

2）造林种草施工季节

容器苗和带土坨苗木可不受季节限制，适时造林。造林季节天气干旱、土壤含水量过低又无灌溉条件的，可延期造林。

（1）春季造林。应根据树种的物候期和土壤解冻情况适时安排造林，一般在树木发芽前7~10天完成。南方造林，土壤墒情好时应尽早进行；北方造林，土壤解冻到栽植深度时抓紧造林。

（2）雨季造林。应尽量在雨季开始后的前半期造林，保证新栽或直播的幼苗在当年有两个多月以上的生长期，以利安全越冬。干旱、半干旱地区应结合天气预报，尽量在连阴天墒情好时造林。

（3）秋冬造林。秋季应在树木停止生长后和土地封冻前抓紧造林。冻害严重的山区不宜秋季造林。秋季适宜阔叶树植苗造林和大粒、硬壳、休眠期长、不耐储藏种子的播种造林。

3）种草施工季节

（1）1年生草，春季施工。

（2）多年生草，春、夏、秋季施工均可，以夏季最好，长江以南地区有些地方冬季也可施工。

（三）施工质量要求

施工质量要求见质量管理有关内容。

（四）施工进度安排

根据施工总工期、总工程量、施工工序和时间安排施工总进度。

第四节　风沙治理工程设计

一、我国风蚀、风沙和沙漠情况

（一）我国沙漠的分布

我国是世界上沙漠分布最多的国家之一。沙漠广袤千里，呈一条弧带状绵亘于西北、华北和东北的土地上。这一弧形沙漠带，南北宽600km，东西长4 000km，面积超过71万km^2，其中荒漠、半荒漠地带（干旱区）的沙质荒漠约60万km^2，主要分布在新疆、甘肃、青海、宁夏及内蒙古西部；干草原地带（半干旱区）的沙地为11万km^2，主要分布在内蒙古东部、陕西北部、宁夏西北部，以及辽宁、吉林和黑龙江三省的西部等地。我国各主要沙漠（沙地）的分布情况见表5-4-1。

表 5-4-1　我国各主要沙漠(沙地)的基本情况

沙漠名称	地理位置	总面积(万 km^2)	流沙面积(万 km^2)	所属省(自治区)
塔克拉玛干沙漠	北纬 37°~42°,东经 76°~90°	32.74	28.70	新疆
古尔班通古特沙漠	北纬 44°~48°,东经 83°~91°	4.73	0.15	新疆
库姆塔格沙漠	北纬 39°~41°,东经 90°~94°	2.28	1.43	甘肃
柴达木盆地沙漠	北纬 37°~39°,东经 90°~96°	3.49	2.44	青海
巴丹吉林沙漠	北纬 39°~42°,东经 100°~104°	4.71	3.68	内蒙古
腾格里沙漠	北纬 37°54′~42°33′,东经 103°52′~105°36′	4.27	3.97	内蒙古、甘肃、宁夏
乌兰布和沙漠	北纬 39°40′~41°,东经 106°~107°20′	0.99	0.39	内蒙古
库布齐沙漠	北纬 39°30′~39°15′,东经 107°~111°30′	1.61	1.89	内蒙古
河东沙地	北纬 36°30′~39°15′,东经 105°15′~107°35′		0.45	宁夏
毛乌素沙地	北纬 37°28′~39°23′,东经 107°20′~111°30′	3.21	1.44	内蒙古、陕西、宁夏
浑善达克沙地	北纬 42°10′~43°50′,东经 112°10′~116°31′	2.14	0.58	内蒙古
科尔沁沙地	北纬 43°~45°,东经 119°~124°	4.23	0.42	内蒙古、吉林、辽宁
呼伦贝尔沙地	北纬 47°50′~49°20′,东经 117°30′~120°10′	0.91	零星	内蒙古

(二)我国风蚀风沙情况

我国可能发生荒漠化的地理范围,即湿润指数在 0.05~0.65 范围内的干旱、半干旱和亚湿润干旱区,总面积为 331.7 万 km^2(不包括散布在该范围内的湿润指数小于 0.05 的极端干旱区和湿润指数大于 0.65 的半湿润区),占国土总面积的 34.6%,其中干旱、半干旱和亚湿润干旱区的面积分别为 142.7 万 km^2、113.9 万 km^2 和 75.1 万 km^2(见表 5-4-2)。

表 5-4-2　中国干旱、半干旱和亚湿润干旱区面积

类型	干旱区	半干旱区	亚湿润干旱区	合计
面积(万 km^2)	142.7	113.9	75.1	331.7
占全区(%)	43.1	34.4	22.5	100
占国土(%)	14.9	11.9	7.8	34.6

据 2004 年全国荒漠化与沙化监测公报,我国荒漠化土地总面积 263.6 万 km^2,占国土面积的 27.46%。其中风蚀荒漠化面积 183.94 万 km^2,占荒漠化土地总面积的 69.78%,主要分布在干旱、半干旱地区,是面积最大、分布范围最广的一种荒漠化类型。

轻度风蚀荒漠化主要分布在半干旱和半湿润干旱区东部的巴丹吉林沙漠及腾格里沙漠以东的地区，其中连续分布区大体在东经108°～119°之间。重度风蚀荒漠化主要分布在干旱区，在东经103°以西即腾格里沙漠、巴丹吉林沙漠及其以西、新疆准格尔盆地以北、以东及南疆、西藏西北地区，为大片连续分布；而半干旱地区则分布较少，亚湿润干旱区几无分布。

我国沙化土地总面积为173.97万km^2，占国土总面积的18.12%。其中流动沙地面积41.16万km^2，占沙化土地总面积的23.66%；半固定沙地面积17.88万km^2，占沙化土地总面积的10.28%；固定沙地27.46万km^2，占15.79%；戈壁66.23万km^2，占38.07%；沙化耕地4.63万km^2，占2.66%；风蚀劣地6.48万km^2，占3.73%。

根据水利部统计，全国风力侵蚀面积190.67万km^2，占全国土地面积的20.07%，涉及16个省（区）。主要分布在大兴安岭—鄂尔多斯高原—河西走廊—塔里木盆地及其以北地区，而内蒙古西部的阿拉善高原、青海省西北部的柴达木盆地和新疆塔里木盆地、准格尔盆地、吐鲁番盆地等，是我国风力侵蚀最集中和最严重的区域。其中新疆、内蒙古、甘肃、青海、西藏5省（区），风力侵蚀面积183.62万km^2，占全国风力侵蚀面积的95.30%。

二、风沙治理措施的分类及体系

（一）风沙治理措施的分类

1. 生物措施

生物治沙又称植物治沙，是通过封育、营造植物等手段，达到防治沙漠和沙漠化，稳定绿洲、提高沙区环境质量和生产潜力的一种技术措施。依据沙漠化发展程度和治理目标，植物治沙的内容主要包括建立人工植被或恢复天然植被，以固定流动沙丘（地）；保护封育天然植被，防止固定、半固定沙丘和沙质草原向沙漠化方向发展；营造大型防沙阻沙林带，阻止绿洲、城镇、交通和其他经济设施外侧被流沙侵袭；营造防护林网，保护农田绿洲和牧场的稳定，并防止土地退化。由于植物固沙不仅在防沙固沙，更在改善生态环境、提高资源产出效益上有巨大功能，而成为最主要和最基本的防治途径。

1）沙区绿化或边缘农田防护林营造技术

沙区林带应力求做到条田（方田）、渠系、道路、林带四配套。绿洲内的护田林网覆盖度，包括绿洲内部的固沙林、用材林、经济林、四旁绿化林在内，一般以10%～15%为宜。

林带结构通常为通风结构、疏透结构类型。一般为窄林带、小网格的护田林网，在沙质地上，主林带间距为150～200m，副林带间距400～500m。窄林带应由2～3行乔木组成，最多不超过5行。树种多为杨树、榆树。

2）流动沙丘固沙造林技术

（1）丘间低地造林技术（沙湾造林技术）。流动沙丘的丘间低地（即沙湾），水土立地条件较沙丘优越，风蚀轻，可不必辅以沙障就可直接造林固沙。

（2）沙丘固沙造林技术。邻近绿洲边缘及绿洲内部的流动沙丘，环境条件不同于高大流动沙丘那么严酷，通过人工沙障的辅助，植物固沙是能够成功的。

3）防风阻沙林带造林技术

绿洲外围沙漠、戈壁、风蚀地相毗连的地带，是造成流动沙丘与风沙流对绿洲危害最主要的地段，在此地段营造大型防风阻沙林带，对于防止流动沙丘对绿洲的入侵和减弱沙尘暴的发生有显著功效。

4）沙漠沙源带封沙育草保护技术

绿洲阻沙带与大型高大密集流沙群之间，是一片由流动沙丘、固定沙丘、半固定沙丘及沙质荒漠组成的过渡地带，亦是干旱区域沙源向外扩张的区段。防止沙源向外扩张，对其进行封沙育草保护治理，是保护绿洲、改善沙区环境的重要组成部分，是干旱区生态环境建设的基本环节。对曾生长或现在仍残留有天然稀疏植被的地带，通过封育恢复天然植被，是提高生产力水平、防止沙漠化发展的有效途径。

2. 工程治沙措施

1）机械沙障固沙

机械沙障是采用柴、草、树枝、粘土、卵石、板条等材料，在沙面上设置各种形式的障碍物，以控制风沙流动的方向、速度、结构，改变风蚀积沙状况，达到防风阻沙、改变风的作用力及地貌状况等目的，统称机械沙障。

机械沙障在治沙中的地位和作用是极其重要的，是植物措施无法替代的。在自然条件恶劣的地区，机械沙障是治沙的主要措施，在自然条件较好的地区，机械沙障是植物治沙的前提和必要条件。多年来我国治沙生产实践的总结表明，机械沙障和植物治沙是相辅相成、缺一不可的，发挥着同等重要的作用。

2）化学固沙

利用稀释了的具有一定胶结性的化学物质喷洒于松散的流沙沙地表面，水分迅速渗入到沙层以下，而那些化学胶结物质则滞留于一定厚度（1～5mm）的沙层间隙中，将单粒的沙子胶结成一层保护壳，以此来隔开气流与松散沙面的直接接触，从而起到防止风蚀的作用。这种作用是属于固沙型的，只能将沙地就地固定不动，而对过境风沙流中所挟带的沙粒却没有防治功能。

3）风力治沙

风力治沙是以风的动力为基础，人为地干扰控制风沙的蚀积搬运，因势利导，变害为利的一种治沙方法。

从风沙运动规律认识风力治沙可以归结为：风力治沙指应用空气动力学原理，采用各种措施，降低粗糙度，使风力变强，减少沙量，使风沙流非饱和，造成沙粒走动或地表风蚀的一种治沙方法。

4）水力治沙

水力治沙是以水为动力，按照需要使沙子进行输移，消除沙害，以改造利用沙漠的一种方法。其实质是利用水力定向控制蚀积搬运，达到除害兴利的目的。

（二）风沙治理措施体系

风蚀荒漠化地区干旱风沙严重，农牧业生产极不稳定。为此，必须因害设防、因地制宜地建立各种类型的防护林。因风沙区自然条件复杂，必须因地制宜地设计乔灌草种。总体上应是带、网、面、线、点相结合，构成完善体系，发挥综合效益。

1. 干旱区绿洲防护体系

绿洲防护体系原则上由3部分组成。一是绿洲外围的封育灌草固沙带;二是骨干防沙林带;三是绿洲内部农田林网及其他有关林种。

1)封育灌草固沙沉沙带

该部分为绿洲最外防线,它接壤沙漠戈壁,地表疏松,处于风蚀、风积都很严重的生态脆弱带。为制止就地起沙和拦截外来流沙,需建立宽阔的抗风蚀、耐干旱的灌草带。其方法:一靠自然繁生;二靠人工培养;实际上常是二者兼之。灌草带必须占有一定空间范围,有一定的高度和盖度才能发挥固沙防蚀、削弱风速的作用。其必要的宽度,在有条件时,越宽越好,至少不应少于200m,防护需要与实际条件相结合。灌草带形成后,一般都有很好的生态效益及一定的经济效益,但利用时要格外慎重,不能影响防护作用及正常更新。

2)防风阻沙带

它是第二道防线,位于灌草带和农田之间。其作用是继续削弱越过灌草带的风速,沉降风沙流中剩余沙粒,进一步减轻风沙危害。此带因条件不同差异很大,勿强求统一模式。

在不需要灌溉的地方,当沙丘带与农田之间有广阔低洼荒滩地,可大面积造林时,应用乔灌结合,多树种混交,形成实际上的紧密结构。大沙漠边缘、低矮稀疏沙丘区以选用耐沙埋的灌木,其他地方以乔木为主。沙丘前移林带难免遭受沙埋,要选用生长快、耐沙埋树种(小叶杨、旱柳、黄柳、柽柳等),生长慢的树种不宜采用。为防止背风坡脚造林受到过度沙埋,应留出一定宽度的安全距离。其计算公式为:

$$L = \frac{h - k}{s}(v - c) \tag{5-4-1}$$

式中 L——安全距离,m;

h——沙丘高度,m;

k——苗高,m;

s——苗木年生长量,m;

v——沙丘年前进距离,m/a;

c——沙埋苗木高1/2处的水平距离,m,据生长快慢取0.4或0.8。

若地势不宽、林带较窄,林带应为乔灌混交林或保留乔木基部枝条不修剪,以提高阻沙能力。

营造多带式林带,带宽不必严格限制,带间应育草固沙。

在必须灌溉时,因水源限制,林带都较窄,20m左右即可,只有在外缘沙源丰富、风沙危害严重的地带才营造多带式窄带防沙林。其迎风面要选用枝叶茂盛、抗性强的树种,后面则高矮搭配。

如果第一道防线作用很强,第二道防线则以防风为主。第一道防线近期防护效果差,第二道防线需有较大宽度,乔灌混交,紧密结构。如林内积沙,要清除出去,铺撒在背风面。

3)绿洲内部农田林网

它是干旱绿洲的第三道防线,位于绿洲内部,在绿洲内部建成纵横交错的防护林网格。其目的是改善绿洲近地层小气候条件,有利于作物生长发育,提高作物产量、质量和改善生态环境,这些和一般农田防护林的作用是相同的,不同的是,它还要控制绿洲内部土地在大风时不会起沙。

2. *沙地农田和牧场防护林*

沙地农田和牧场防护林有关内容参见农田(牧场)防护林。还应注意:

(1)沙区农业防风沙措施,除营建农田防护林外,还应采用发展水利,扩大灌溉面积;增施肥料(粪肥、绿肥),改良土壤;防风蚀旱农作业措施如带状耕作、伏耕压青、种高秆作物和作物留茬等措施。

(2)沙区牧场防护林与牧区其他林种如薪炭林、用材林、苗圃、果园、居民点绿化等都应合理安排,纳入防护林体系之内。

(3)为根治草场沙化,还应采取其他措施,如封育沙化草场、补播优良牧草、建设饲料基地等。应确定合理载畜量,缩短存栏周期,提高商品率,实行划区轮牧。

(4)草原造林必须整地。为防风蚀可带状、穴状整地。整地带宽1.2~1.5m,保留带依行距而定。钙积层要打破。整地必须在雨季前,以便尽可能积蓄水分。造林在秋季或次春。开沟造林效果好,先用开沟犁开沟,沟底挖穴。用2~4年大苗造林,3年保护,旱时尽可能灌水,夏天除草、中耕蓄水。灌木要适时平茬复壮。

【案例5-4-1】 塔里木盆地干旱风沙区荒漠绿洲农田防护体系建设模式(图5-4-1)

(1)立地条件特征

模式区位于新疆维吾尔自治区和田县,地处昆仑山北麓、塔克拉玛干沙漠的西南边缘,玉龙喀什河与喀喀什河之间。年降水量仅34.8mm,年蒸发量达2 564mm。土地总面积为4.27万km^2,可供人类活动的绿洲面积仅占总面积的2.5%。总人口23.5万人,以维吾尔族为主。现有耕地32.23万亩,人均不足1.5亩,是全自治区人均耕地面积最少的县之一。沙化现象严重,塔克拉玛干沙漠正以每年3~5m的速度逼向和田县。

(2)设计技术思路

在干旱和风沙危害十分严重的地区,应利用绿洲水分条件相对较好的特点引洪灌溉,在进行封育、保护的同时,营造以窄林带小网格为主要形式的农田防护林网,阻沙与防风结合,层层设防,保护沙漠绿洲。农田防护林的营造,应尽量选择适生的经济树种,营建生态经济型防护林带,提高民族地区群众的收入。

(3)技术要点及配套措施

①设置引洪封育区、保护区:在风沙前沿、戈壁荒漠和三滩(碱滩、河滩、沙滩)荒地上引洪封育,封禁保护、恢复发展以胡杨、柽柳为主的天然荒漠植被,巩固和扩大绿洲。形成保护绿洲农田的第一道防护屏障,以遏制流沙南移。

②营建大型环绿洲防风固沙林体系:在绿洲边缘与沙漠衔接部营造乔灌草、带片网、多林种、多树种相结合的防风固沙林体系。基干林带长600km、宽50~100m。同时,在基干林带的外围建设10~15km宽的荒漠植被保护带。形成内有防风固沙基干林带,外有草灌保护带的第二道绿色防线。

③营建农田防护林网:在绿洲内部的农田上,建设以窄林带、小网格为主要形式的高标准的农田防护林网。在对原有防护林进行更新改造时,栽植1~2行的经济树种,如核

桃、杏、巴旦杏、红枣等。或利用已实现农田林网化绿洲的田间机耕道,营建葡萄长廊。

图 5-4-1 塔里木盆地干旱风沙区荒漠绿洲农田防护体系建设模式图

【案例 5-4-2】 青海共和盆地沙珠玉绿洲防护林体系建设模式(图 5-4-2)

(1)立地条件特征

模式区位于青藏高原东部边缘的青海省共和盆地黄河北岸的共和县沙珠玉和柴达木盆地香日德,属于高寒干旱沙质草原。海拔 2 800 ~ 2 900m,年降水量 246.3mm,年蒸发量 1 716.7mm,年平均气温 2.4℃,极端最高气温 31.3℃,极端最低气温 -28.9℃,无霜期平均为 91d。年平均大风日数 51d,最多可达 97d,风向主要为西、西北风,平均风速 2.7m/s,最大风速 40m/s。沙珠玉河自西向东横穿模式区,形成了由沙珠玉河下切侵蚀造成的大小不等的侵蚀面和风力作用形成的风蚀堆积地貌,沙漠化土地主要分布于沙珠玉河南岸。在西北风的作用下,流沙向东南方向侵袭,不仅危害沙珠玉河两岸的农田、牧场,而且对龙羊峡库区的安全也造成了威胁。

(2)设计技术思路

干旱、寒冷和风蚀沙化,使得模式区的生态环境十分脆弱,农牧业生产极不稳定。根据绿洲由内到外生态条件和立地类型变化的规律性,分别营造乔、灌、草,不同层次、不同功能组合的防风阻沙林带,形成综合防护体系,保证沙漠绿洲功能的正常发挥。

(3)技术要点及配套措施

①绿洲外围封沙育林育草带:在有残存种源的沙地上,采取封禁的方法,依靠天然下种或根系萌发,同时辅以人工移植、补种、抚育、管护等措施恢复植被。在种源缺乏的地段,要采用人工补植或植苗的辅助措施。

②防风阻沙林带:在流动沙丘上造林前必须设置沙障。材料可用麦草或砾石、粘土、芦苇等,规格一般为 1.0m×1.0m 或 1.0m×2.0m,垂直主风方向为 1.0m,顺主风方向为 2.0m。做麦草沙障时,先将麦草按走向线在沙面上铺好,用铁锨从中间插入沙地内 15cm,地上露出 15 ~ 20cm,草厚度 10cm 左右为宜。主要造林树种为柠条、花棒、沙棘、柽柳、梭梭、沙拐枣、沙蒿,障内造林。

③绿洲内部农田林网:农田林网的结构是疏透通风型。主林带间距 150 ~ 200m,副林带间距 400 ~ 600m,每个网格的面积为 90 ~ 180 亩。主林带带宽 5.0 ~ 8.0m,4 ~ 6 行乔木或乔灌混交;副林带的带宽 2.0 ~ 5.0m,2 ~ 4 行乔木或乔灌混交。营造农田林网的乔木树种主要为青杨、新疆杨、小叶杨、白柳、旱柳等;灌木树种有沙棘、柠条、柽柳、沙柳、棉柳、黄柳、乌柳等。

图 5-4-2 青海共和盆地沙珠玉绿洲防护林体系建设模式图

三、沙障分类、应用条件及设计要求

(一)沙障的设置方法与采用的重点地区

(1)沙障是用柴草、活性沙生植物的枝茎或其他材种平铺或直立于风蚀沙丘表面,以增加地面糙度,削弱近地层风速、固定地面沙粒、减缓和制止沙丘流动。

(2)采用沙障的重点地区,对流动沙丘和半流动沙丘,应首先采用沙障固沙,阻止沙丘移动,再营造防风固沙林带、农田防护林网。

(二)沙障的分类

1. 根据沙障在地面分布形状划分

(1)带状沙障。沙障在地面呈带状分布,带的走向垂直于主风向。

(2)方格状(或网状)沙障。沙障在地面呈方格状(或网状)分布,主要用于风向不稳定,除主风向外,还有较强侧风向的地方。

2. 根据沙障的不同材料划分

(1)柴草沙障。大部由柴草或作物秸秆做成,是铺设沙障的主要材料。

(2)粘土沙障。少数地方沙层较浅,或沙丘附近有碱滩地,用粘土压沙,堆成土埂,作为沙障。

(3)卵石或其他沙障。采用卵石或其他材料(如活性沙生植物枝茎)做成沙障。

3. 根据铺设沙障的柴草与地面的角度划分

(1)平铺式沙障。将做沙障的柴草横卧平铺在地面,上压枝条、沙土或用小木桩固定。

(2)直立式沙障。将做沙障的柴草直立,一部分埋压沙中,一部分露出地面。根据柴草直立的高度,分高立式与低立式两类。

(三)沙障的配置形式

沙障的一般配置形式有行列式、格状、人字形、雁翅形、鱼刺形等。主要是行列式和格状式两种。

1. 行列式配置

多用于单向起沙风为主的地区,在新月形沙丘迎风坡设置时,丘顶要留空一段,并先在沙丘上部按新月形划出一道设沙障的最上范围线,然后在迎风坡正面的中部,自最上设置范围线起，按所需间距向两翼划出设置沙障的线道，并使该沙障线微呈弧形。对在新月形沙丘链上设障时，可参照新月形沙丘进行。但在两丘衔接链口处，因两侧沙丘坡面隆起，形成集风区，吹蚀力强，输沙量多，沙障间距应小。在链身上有起伏弯曲的转折面出现处，标志着气流在此转向，风向很不稳定，可在此处根据坡面转折情况，加设横挡，以防侧向风的淘蚀。

2. 格状式配置

在风向不稳定，除主风外尚有侧向风较强的沙区或地段采用。根据多向风的大小差异情况，分别采用正方形格、长方形格状沙障。

(四)沙障的设计和施工

1. 平铺式沙障的设计与施工

(1)带状平铺式。带的走向垂直于主风方向；带宽 0.6 ~ 1.0m，带间距 4 ~ 5m。将覆盖材料平铺在沙丘上，厚 3 ~ 5cm。覆盖材料有柴草、秸秆、枝条或粘土、卵石等。覆盖物为柴草或枝条时，上面需用枝条横压，用小木桩固定，或在草带中线上铺压湿沙，柴草的梢端要迎风向。

(2)全面平铺式。适用于小而孤立的沙丘和受流沙埋压或威胁的道路两侧与农田、村镇四周。将覆盖物在沙丘上紧密平铺，其余要求与带状平铺式相同。

2. 直立式沙障的设计和施工

1)直立式沙障的平面配置

(1)在单向起沙为主地区与主风向垂直，呈带状布设。

(2)在新月形沙丘上设置时，丘顶空出一段，在迎风坡自上而下设置多带弧形沙障(与新月形弧度相适应)。

2)直立式沙障的间距

(1)4°以下的平缓沙地，高立式沙障间距为沙障高度的 10 ~ 15 倍，低立式沙障间距为 2 ~ 4m。

(2)沙丘迎风坡面设置的沙障间距，应使下一列沙障的顶端与上一列沙障的基部高出 5 ~ 8cm。

(3)在沙丘坡度较大的地方，沙障间距按下式计算：

$$d = h\cot\theta \tag{5-4-2}$$

式中 d——沙障间距，m；

h——沙障高度，m；

θ——沙丘坡度(°)。

3)直立式沙障的施工

(1)高立式沙障施工。在设计好的沙障条带位置上，人工挖沟深 0.2 ~ 0.3m，将柴草均匀直立埋入，扶正踩实，填沙 0.1m，柴草露出地面 0.5 ~ 1.0m。

(2)低立式沙障施工。将柴草按设计长度切好，顺设计沙障条带线均匀放置线上，草的方向与带线正交，用脚在柴草中部用力踩压，柴草进入沙内 0.1 ~ 0.15m，两端翘起，高 0.2 ~ 0.3m，用手扶正，基部培沙。

(3)粘土沙障的设计和施工。粘土沙障是低立式沙障的一种，设计施工要求：一般布设在沙丘迎风面自下向上约 2/3 的位置，用粘碱土堆成土埂，高 0.20～0.25m，埂底宽 0.6～0.8m，埂顶呈弧形。土埂间距 2～4m。

在风沙危害严重地区最好设成 1m×1m 或 1m×2m 的粘土方格沙障。其用土量主要根据沙障间距和障埂规格进行计算，并根据取土远近核算用工量，计算公式为：

$$Q = 0.5 \cdot a \cdot h \cdot s \cdot (1/c_1 + 1/c_2) \quad (5\text{-}4\text{-}3)$$

式中 a——障埂底宽，m；

h——障埂高，m；

c_1——与主风垂直的障埂间距，m；

c_2——与主风平行的障埂间距，m；

s——所设沙障的总面积，m^2；

Q——需土量，m^3。

四、固沙种草

本节主要介绍与固沙有关的种草内容，种草的基本内容请参见林草生态工程中有关种草部分。

（一）播种措施

1. 草地补播技术

补播地块应选择在植被盖度为 40%～60% 的地段。补播地段首先要进行地面处理：

（1）将补播草地上的牲畜不食的杂草和有毒有害的植物清除，减少对补播牧草发芽和幼苗生长的影响，处理方法采用化学除锈剂、机械割除、烧荒和人工割除等方法。

（2）补播地段应进行松土，地表具覆沙的草地补播不需松土。补播方法：一是撒播法；二是带状条播（隔带浅耕翻补播或隔带重耙补播），带状补播的播宽一般 3～5m，带间距6～15m。采用机引播种机补播，坡地沿等高线作业；平缓地沿垂直于主风方向作业。补播时间主要考虑牧草的成活和越冬，一般选择在春季补播或雨季来临前的夏季补播。为保证出苗和牧草良好生长发育，实施补播时最好与浅耕翻或重耙、补播、施肥、覆土镇压有机结合进行。

2. 保护播种

植被盖度在 40% 以下或沙丘完全裸露的地段，风沙活动极为显著。对这类地段种草要保护播种。

（1）障蔽保护。在强风蚀区搭设障蔽。主要材料以当地生长的沙蒿或锦鸡儿为主，晚秋或早春解冻后，带根挖取，随挖随栽。障蔽与主风向垂直，从而起到防风固沙作用。障蔽材料为沙蒿的防风固沙作用更好。有关试验资料表明，沙蒿障蔽的带间距以 7～10m、株距以 10～15cm 为宜，此时的积沙厚度较薄（0～4cm），出苗率高（88%～93%）。过密时积沙严重，沙埋太深，妨碍种子出苗；过稀时防风效果差。

（2）牧草混合播种。由于流动沙丘土壤极度贫瘠，因此在障蔽保护下的草种组合，应以适应性强的沙打旺为主，适当混播一年生牧草，其所占比例以 30% 左右为宜。

（3）适时播种。沙区最适宜的播种时间为 5 月下旬至 6 月初。此时风季结束，雨热集中,为牧草的发芽出苗创造了有利条件。

(4)播种保水技术。播种保水技术,如种子包衣化处理、稀土处理和营养栽培技术等,均可增强牧草种子的抗旱、抗病虫和抗瘠薄能力。

(二)田间管理

人工草地的田间管理也不能忽视。牧草的生长、发育需要一个适宜的条件范围,超出这个范围,牧草的生长、发育受抑制,甚至会死亡。有关内容不再赘述。

五、固沙林带

固沙造林包括防风固沙基干林带、农田防护林网、沿海岸线防风林带、风口造林等。

(一)基本概念

1. 农田(牧场)防护林概念与作用

(1)农田防护林及其体系。农田防护林是以一定的树种组成、一定的结构,并成带或网状配置在遭受不同自然灾害(风沙、干旱、干热风、霜冻等)农田(旱作农田与灌溉农田)上的人工林。根据田、水、林、路总体规划,在农田上将农田防护林的主要林带配置成纵横交错,构成无数个网眼(或林网),即农田林网化。以农田林网为骨架,结合"四旁"植树、小片丰产林、果园、林农混作等形成一个完整的平原森林植物群体,即为农田防护林体系。

(2)农田(牧场)防护林的作用。农田(牧场)防护林的主要功能在于抵御自然灾害、改善农田小气候环境,给农作物的生长和发育创造有利条件,保障作物或草高产稳定。抵御的自然灾害主要包括:①尘风暴,是风沙危害的主要形式;②干热风,是指气温为32~35℃,相对湿度25%~30%时,风速3m/s的风;③风灾,指由于风力过大,导致作物生理干旱而萎蔫或枯死;④低温灾害,是冷空气造成气温下降,致使作物延缓成熟甚至不能正常生长发育。

2. 有关农田(牧场)防护林的概念

1)林带结构

林带结构是指林内树木枝叶的密集程度的分布状况,也就是林带内透风空隙的大小、数量和分布状况。一般来说,林带结构是指林带的外部形态和内部结构的综合体。具体地说,林带结构就是林带的层次(林冠层次)、树种组成和栽植密度的总和。根据农田防护林外部形态和内部特征,或透光孔隙的大小和分布以及防风特性,林带结构划分为以下三种类型(见图5-4-3)。

(a) 紧密结构　(b)疏透结构　(c) 通风结构

图5-4-3　林带结构示意图

(1)紧密结构。由主要林种、辅佐树种和灌木树种组成的三层林冠,上下紧密,一般透光面积<5%,林带较宽,在背风林缘附近形成静风区,防风效果好,但防风距离较短。

(2)疏透(稀疏)结构。主要树种、辅佐树种和灌木树种组成的三层或二层林冠,林带的整个纵断面均匀透风透光,从上部到下部结构都不太紧密,透光孔隙分布均匀。在背风的林缘附近形成一个弱风区,防护距离较大。

(3)通风(透风)结构。这种结构的林带是由主要树种、辅佐树种和灌木树种组成的二层或一层林冠,上部为林冠层,有较小而均匀的透光孔隙,或紧密而不透光。在背风面林缘较远的地方形成弱风区,防护距离较大。

2)防护林带有关指标的概念

(1)疏透度。疏透度亦称透光度,指林带的透光程度。疏透度是林带林缘垂直面上透光孔隙的投影面积 S' 与该垂直面上总面积 S 之比(用小数或百分数表示)。

(2)林带透风系数。透风系数是指当风向垂直林带时,林带背风林缘 1m 处林带高度范围内的平均风速与空旷地区相同高度范围内的平均风速之比。

(3)林带高度。林带高度指林带中主要树种的成龄高度,一般用字母 H 表示。

(4)林带宽度。林带宽度是指林带本身所占据的株行距,两侧各加 1.5~2.0m 的距离。林带宽度直接影响疏透度,一种疏透型或通风型林带,如果宽度增大到一定限度就会变成紧密结构林带,一般认为这个行数限度是 15 行(约 30m)。

(5)林带断面形状。营造林带时,由于主要树种、辅佐树种及灌木树种在搭配方式上的差异,往往会形成不同的林带横断面几何形状,称为林带断面形状。

(6)林带走向。林带走向是指林带配置的方向,它是以林带两端的指向,即以林带方位角度表示的。林带方位角为林带水平纵轴线与子午线的交角。

(7)林带交角与偏角。实际设计的林带与理想林带走向的夹角称为林带的偏角;林带与主要害风方向的夹角称为林带的交角。

(8)有效防护距离。林带附近风速减弱至有害风速以下的空间范围,一般采用林带高度 H 的倍数表示。

(二)农田(牧场)防护林的规划设计

1. 总体布置原则

农田防护林的规划设计总体布置必须遵循以下原则:

(1)在遭受干热风危害、风蚀、风沙、海岸台风危害地区的农田、牧场、草场均应布设农田(牧场)防护林。首先考虑农田、牧场以及村庄、道路、灌溉渠系分布特点,确定规划设计的范围。

(2)田、路、渠、堤、坡、林统一规划,综合治理,使农田、牧场得到林网的保护。在大面积农田草场范围内有低山、岗地、阶地等易造成水土流失的地带应将周边防护林与水土保持林结合起来。

(3)形成以农田林网为主,与小片林、经济林、果园、“四旁”绿化有机结合,建立相互联系、相互影响的综合性防护林体系。

(4)利用现有小片林、渠系防护林、道路防护林、护村林分区划网,划网应与林带主向、现有道路、干支渠等走向结合;在平面图上应显示新建主副林带、改造补植林带、原有林带的关系。

(5)在人工草场、半人工草场和天然草场,根据草场植被类型、放牧牲畜种类、载畜量、畜群结构等划分放牧小区，并与水、草、林、基(基点)、料相结合，布置草牧场防护林。

2. 农田防护林规划设计

1)确定防护林带结构

应根据林带结构特点及防护对象或适用范围，选择确定林带结构(见表5-4-3)。

表5-4-3 不同林带结构特点与适用范围(或防护对象)

类型	主要特点	适用范围(或防护对象)
紧密结构	带幅宽，行数多，造林密度大，由乔灌木树种组成。透光度 <0.3，透风系数 <0.3	果园、种植园或重要工程设施、流沙前沿(阻沙林带)
疏透结构	带幅窄，行数较少，由乔灌木树种组成，灌木单行配置在乔木一侧或两侧。透光度0.3~0.5，透风系数0.3~0.5	广泛的平原农区和风沙区农地的防护
通风结构	行少，带幅窄，一般由乔木组成。透光度0.4~0.6，透风系数 >0.5	用于一般风害地区或风害不大的干热风危害，水网地区的农田防护

注：引自《生态公益林技术规程》。

沙区农田防护林，若乔灌混交或密度大时，透风系数小，林网中农田会积沙，形成驴槽地，极不便耕作。而没有下木和灌木，透风系数0.6~0.7的透风结构为最适结构。

2)确定防护林带方向

(1)当主害风风向频率很大，即害风风向较集中，其他方向的害风频率均很小时，林网呈长方形布置，主林带(长边)应与主要害风风向垂直配置。一般风害地区，在考虑和照顾农业耕作习惯等其他要求时，林带走向可在30°范围内做适当调整。

(2)主害风与次害风风向频率均较大，害风方向不集中或无主害风方向时，林网可设计成正方形林网。

3)确定林带间距与网格面积

(1)主林带间距，应根据预防的主要风害种类确定。

①风沙危害地区，为防止表土风蚀，保证适时播种和全苗，保持土壤肥力，主林带间距15~20H；干旱绿洲区，如北疆主林带间距170~250m；南疆风沙大，用250m×500m。

②以干热风危害为主的地区，由于干热风风速不大，在背风面相当林带高度20倍处，仍能降低风速20%左右，对温度的调节和相对湿度的影响仍然明显。加上下一条林带迎风面的作用，主林带间距按25H设计。

③风害盐渍化地区，生物排水和抑制土壤返盐是涉及林带考虑的又一重要因素。据江苏、新疆对影响地下水位和抑制土壤返盐的调查，一般主林带间距最大不超过125m。在盐渍化土壤上，林带高一般较低，因此这类地带一般主林带间距不应超过200m。

④以上两三种灾害同时存在的地带，应以其低限指标来设计主林带间距。

(2)副林带间距。按主林带间距的2~4倍设计为宜。如害风来自不同的方向，仍可按主林带间距设计，构成正方形林网。

(3)网格面积。按上述设计，风沙危害严重地带的网格面积为10hm^2左右，风沙危害一般地带13.3hm^2左右，仅少数严重风蚀沙地和盐渍化地区可以小于6.7hm^2。以干热风为主的危害地区，一般16.7～26.7hm^2。总的原则，按不同灾害性质、轻重和不同立地类型，因地制宜、因害设防地确定当地的适宜结构。窄林带、小网格类型是相对宽林带、大网格类型而言，决不是林带越小越好，应当科学确定。

4）确定防护林带宽度与横断面

（1）林带宽度。林带宽度影响林带结构，过宽必紧密。我国多采用林带宽度10m以下，3～5行窄林带，这种小网格窄带防护林效果好。在山、水、田、林、路相结合的情况下，一般采用1路2渠4行树，或者2～3行的林带，只要树势生长旺盛，林带完整，抚育及时，就能形成合理的防护林带。沙区可略宽一点。

（2）林带横断面。紧密结构以不等边三角形为好；疏透结构以矩形为好；通风结构以屋脊形为好。

5）适生树种与配置

（1）树种选择。①选择当地生长优良的乡土树种；②选择速生、高大、树冠发达、深根系的树种；③选择抗病虫害、耐旱、耐寒且寿命长的树种；④防止选用传播病虫害的中间寄生的树种；⑤适当选用有经济价值的树种作为伴生树种或灌木；⑥在灌木区可考虑蒸腾量大的树种，有利于降低地下水位，平原区、沿海地区有盐渍化问题的农田上，则要考虑耐盐耐碱的树种。

（2）树种配置。疏透结构与通风结构在我国多采用乔木纯林，或纯林外侧加灌木；紧密结构则是乔灌结合。

3. 牧草场防护林和牧区基点防护林规划设计

1）牧场防护林

（1）一般采用疏透结构，或无灌木的透风结构。应结合灌溉渠系、道路、放牧小区边界布设。

（2）林网由主副林带组成，主林带不必拘泥与主害风方向垂直，可依地形地势做适当调整，坡度大于8°时，应沿等高线布置。副林带原则上与主林带垂直。

（3）主林带间距20～30H，副林带间距是主林带间距的2倍。严重者主林带间距可为15H，病幼母畜放牧地可为10H。牧场、草场因草被覆盖好，风蚀危害轻的，林带间距应比农田防护林大些，一般400～800m，割草地不设副带。

（4）考虑草原地广林少，干旱多风，为形成森林环境，林带可宽些，东部林带6～8行，乔木4～6行，每边一行灌木。造林密度取决于水分条件，条件好可密些，否则要稀些。西部干旱区林带不能郁闭，林带可宽些。

2）牧区基点防护林

牧区基点是指饮水点（井、泉）、畜群点、畜舍、棚圈、居民点。应因地制宜营造畜群防护林、畜舍棚圈防护林、居民点防护林、疏林草地（树伞）、饲料型防护林或绿篱等，与牧区的薪炭林、用材林、苗圃、果园、居民点绿化一起形成牧区防护林体系。

【案例5-4-3】 松嫩平原西部流动沙地防风固沙治理模式（图5-4-4）

（1）立地条件特征

模式区位于吉林省前郭尔罗斯蒙古族自治县白沙尖流动沙地、扶余县松花江右岸流动沙地。地形起伏小，海拔为150～250m。土壤为风沙土、通体细砂，土壤贫瘠，在沙丘

5～10cm以下水分条件较好，干旱的年份含水量在2.0%左右。制约该区生态建设的主导因素是春季的风沙危害和春旱。

(2)设计技术思路

由于流沙发达的非毛管孔隙切断了沙丘中毛管水的蒸发，因而在沙丘表层5～10cm以下形成含水量较高沙层，水分条件较好，植树、种草均易成活。根据沙丘水分分布的特点和流沙的类型及危害程度，因地制宜，分类治理，机械固沙和生物固沙相结合，控制流沙，达到固定流沙和恢复沙区植被的目的。

(3)技术要点及配套措施

①为阻止流沙面积的扩大，在流动沙丘或流动沙丘群周围的固定或半固定沙地上，营造与盛行风向垂直的阻沙固沙林带。迎风面林带宽30～50m，背风面林带宽20～30m。造林株行距为1.0m×2.0m或2.0m×2.0m。造林树种为白城杨、小青黑杨或小黑杨。

②高度大于7.0m的流动沙丘，采用"前挡后拉"的方法，削平沙丘顶部而后全面固定。首先在沙丘的迎风面1/2或2/3处沿等高线设置2～3行沙障(沙障材料用粗5cm以上、长1.0m左右的杨树或柳树枝干，插入沙内40～50cm，上部留50cm)；在沙障下边，等高营造黄柳、沙棘等灌木林带，林带宽2.0～3.0m，株行距为0.5m×1.0m，带间距为2.0～3.0m。然后在沙丘背风坡脚处营造3～5行杨树林带，株行距为1.0m×2.0m。空留丘顶让风力自然削平，待平缓后再进行固沙造林。

③3m以下的小流动沙丘，不留丘顶，按等高线，由丘顶开始营造柳、沙棘、山竹子等灌木林带。林带宽2.0～3.0m，株行距为0.5m×1.0m，带间距2.0～3.0m。待沙丘被灌木固定后，再营造乔木林。

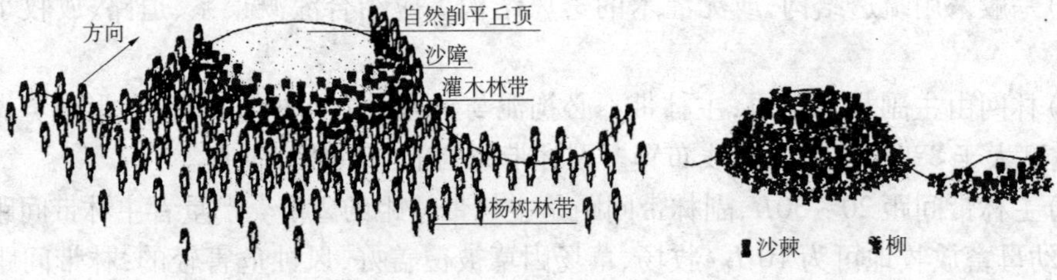

(a)7.0m以上流动大沙丘　　(b)3.0m以下流动小沙丘

图5-4-4　松嫩平原西部流动沙地防风固沙治理模式图

(三)固沙造林的树种选择

1. 树种选择要求

(1)耐旱性强。枝叶要有旱生型的形态结构，如叶退化、小枝绿色兼营光合作用，枝叶披覆针毛，气孔下凹，叶和嫩枝角质层增厚等特征；有明显的深根性或强大的水平根系。如毛条、沙柳、梭梭、沙拐枣等。

(2)抗风蚀、沙埋能力强。茎干在沙埋后能发出不定根，植株具有根蘖能力或串茎繁殖能力。一旦遇到适度的沙埋(不超过株高的1/2)生长更旺，自身形成灌丛或繁衍成片。在风蚀不过深的情况下，仍能正常生长。这样的灌木树种一般称为沙生灌木或先锋固沙灌木。

(3)耐瘠薄能力强。此类树种中，包括有相当一部分是具有根瘤菌的树种。如花棒、杨柴、沙棘、踏郎、沙枣等。

(4)分枝多,冠幅大,繁殖容易,抗病虫害。北方选择的树种须耐严寒,南方选择的树种须耐高温。

2. 主要固沙造林树种

1)北方风沙区造林主要树种

(1)乔木。杨树(青杨、胡杨、小叶杨、新疆杨、河北杨、合作杨、大官杨)、旱柳、白榆、樟子松等。

(2)灌木。沙柳、沙棘、沙米、沙蒿、花棒、踏郎、柠条、紫穗槐、沙拐枣、红柳、枸杞等。

2)黄泛区古河道沙区造林主要树种

(1)乔木。杨树、旱柳、榆树、臭椿、刺槐、侧柏、泡桐等。

(2)灌木。紫穗槐、胡枝子、杞柳、荆条等。

3)东南沿海岸线沙区造林主要树种

(1)乔木。木麻黄、相思树、水杉、柳杉、火炬松、侧柏、杨树、苦楝、麻栎、乌桕等。

(2)灌木。杞柳、刺梨、白刺、黄槿、夹竹桃等。

(四)固沙造林的施工

1. 造林整地

1)整地时间

(1)营造乔木林,在北方的中度、轻度风蚀区和杂草丛生的草滩地,质地较硬的丘间地和固定沙丘等,应于前一年秋末冬初整地,次年春季造林。流动沙丘和半流动沙丘造林不宜整地,以免造成风蚀。重风蚀区可在春季随整地随造林。南方可在造林前整地。

(2)营造纯灌木林时,可随整地随造林。营造乔灌混交林和乔木林整地时间相同。

2)一般整地方法

(1)在大片完整和坡度较缓的沙荒地上造林,一般用带状整地,带宽1.0~1.5m。带面耙平后,在其上再挖穴栽树,按设计的株行距“品”字形排列。有条件的可采用机械开沟作带。

(2)在地形破碎、坡度较陡的沙荒地上造林,采用鱼鳞坑整地,坑径1.0~1.5m,坑深0.6~0.8m,坑距3~5m,“品”字形排列。

(3)营造灌木林一般采用穴状整地,按设计的株行距,定点挖穴,穴深不小于0.6m,视苗木根系而定。

3)特殊的整地方法

(1)翻淤压沙整地。黄泛区古河道沙地,沙层较浅(0.5~0.6m),下为淤土。造林前,先用人工或机械将下层淤土翻起,压在沙上,厚0.3~0.4m,然后在淤土上造林。

(2)客土整地。东南沿海岸滩,夏季地温高,应先按株行距挖坑,然后用低温客土种树。

2. 植苗造林

有关植苗造林的基本内容,见林草生态工程的造林部分。

1)苗木规格

要求选用一、二级苗,以容器苗或植生针叶苗为好。

2）栽植技术

（1）沙区栽植应注意保墒，一般在春季或夏季采用窄缝栽植。用容器苗或植生针叶苗造林，应事先整地，待春季墒情好时造林，最好采用容器苗或植生针叶苗造林。阔叶乔木苗，可截干造林，以保证成活。

（2）风口造林，栽植深度必须超过当年最大风蚀深度，直达沙地的湿沙层，并在植穴周围培修沙埂，以增加地面糙度，减轻风蚀。

（3）营造海岸线防风林时，应采取客土和适时深栽。

3. 飞播造林

1）播前勘查、规划

（1）对飞播区进行勘查、调查，掌握沙丘类型、走向、原有植被种类和覆盖度以及降水季节沙地土壤水分条件等。

（2）根据飞播造林可能取得的效率，确定具体飞播范围，进行测量，规划接近于平行主风向的航播带，埋设入航、出航的标桩，绘制飞播作业图（1/10 000）和播区位置图（1/200 000）。

2）播幅与航高设计

（1）根据播区情况，确定单程或复程的航带长度、播种宽度和飞行高度，大粒种子设计播幅宽为50m，航高为50～70m；沙蒿等小粒种子设计播幅宽度为40m，航高为50～60m。

（2）如播幅较宽，应在上述宽度基础上增加20%～30%的重叠系数。

（3）飞播作业时侧风风速不应超过5.4m/s；侧风角度不应超过40°（小粒种子不应超过20°）。顺、逆风飞播大粒化种子，风速不应超过6～8m/s，播小粒种子风速不应超过6m/s。

3）播前的准备工作

（1）飞播固沙植物的选择，在流沙地区飞播应选择抗风蚀、耐沙埋、生长迅速、自然繁殖能力强、具有较高经济价值的植物。一般有沙蒿、踏郎、花棒等。

（2）飞播量的确定。单位面积播种量计算公式为：

$$S = \frac{N \cdot W \cdot D \cdot 1\,000}{R \cdot E \cdot C} \tag{5-4-4}$$

式中　S——播种量，g/m^2；

N——每平方米面积计划有苗数；

W——种子千粒重，g；

R——种子纯度（%）；

E——种子发芽率（%）；

D——修正系数（以小数表示，经验值）；

C——播区成苗率（%），经验值。

（3）种子大粒化处理。为了解决小粒种子和易飘移种子的位移，应在种子外面裹上黄土，制成比种子重2～3倍的大粒化种子丸，保证飞播种子分布均匀，提高飞播保苗的面积率。

（4）种子防害处理。播前应采用对人畜无害的药液浸种，防止鼠、兔、虫三害。

(5)根据规划设计飞播的范围与幅宽,在地面设置明显的标志。

(6)播种期的选定。一般在夏秋雨季,做好天气预报,一般在有效降雨前的7~15d较好。

4)播后调查

播后要进行成效调查,用路线(航带中央)调查方法,飞播当年在发芽后和生长季结束后各调查一次,调查路线上每隔5m(背风坡6m)设$1m^2$样方。当成苗面积率过小时,抽样数不足,可增设一条调查线,以保证精度。调查项目包括:地形部位、有苗株数、株高、冠幅、地径、蚀积情况、天然植被情况。计算发芽面积率($1m^2$样方有一株以上健壮苗为统计单位)。还可以根据需要进行沙地水分、风蚀、风速的定位观测。

$$有苗面积率 = (有苗样方数/调查样方数) \times 100\%$$

5)飞播区的封禁管护

飞播后数年,播区要严加封禁保护,防止人畜破坏。管护工作包括保护播区防止人畜破坏,移密补稀,在播区条件好的地方,栽植松树容器苗等。播区管护需要专门组织形成保护网络,有专人负责,也需要对群众进行广泛深入的宣传,真正提高群众的认识,把护林变成群众自觉的行动。

六、片状造林

(1)风蚀较轻的沙地或稳定的低沙丘、半流动沙丘,可以直接成片造林,全面固沙。

(2)对流动沙丘,应先设置沙障,减缓风速,固定流沙,然后成片造林。在背风坡丘间低地栽植乔木林带,阻挡流沙前移;在迎风坡脚下种植灌木,拉低沙丘。

(3)片状造林的株行距,根据树种和立地条件确定。植株一般都呈“品”字形排列。

第六章　开发建设项目水土保持工程设计

开发建设项目是指矿业开采、工矿企业建设、交通运输、水工程建设、电力建设、荒地开垦、林木采伐及城镇建设等建设与生产过程中可能引起水土流失的固定投资和技术改造项目。

开发建设项目按建设和生产运行情况划分为两类:建设类和建设生产类。建设类项目是指基本建设竣工后,在运营期基本没有开挖、取土(石、料)、弃土(石、渣)等生产活动的公路、铁路、机场、水工程、港口、码头、水电站、核电站、输变电工程、通信工程、管道工程、城镇新区等开发建设项目;建设生产类项目是指基本建设竣工后,在运营期仍存在开挖地表、取土(石、料)、弃土(石、渣)等生产活动的燃煤电站、建材、矿产和石油天然气开采及冶炼等开发建设项目。

开发建设项目水土保持工程设计与主体工程设计深度相协调,随主体工程设计的深化而不断优化、调整和完善。可行性研究阶段,需编制开发建设项目水土保持方案;初步设计阶段,根据水行政主管部门批准的水土保持方案报告书,对各项水土流失防治工程进行初步设计;施工设计阶段,按照项目水土保持初步设计,进行各项水土保持工程的技术设计和施工图设计。

第一节　设计内容与要求

一、设计原则

(一)基本原则

1. 谁造成水土流失,谁负责治理

(1)根据工程项目建设、生产的征占用地情况、扰动地表面积及产生的水土流失危害等,确定建设单位的水土流失防治责任范围,在此范围内的水土流失防治应由建设单位或生产单位负责。

(2)建设期水土保持工程投资列入项目建设总投资中,运行期水土流失防治费应从生产运行经费中支出。

2.“三同时”原则

开发建设项目水土保持设施必须与主体工程同时设计、同时施工、同时投产使用。水土保持设计文件阶段划分和设计深度与主体工程保持一致。

3. 预防优先的原则

开发建设项目水土保持工程设计应强化水土保持方案的约束功能,对主体工程设计提出水土保持要求,特别应与施工组织设计紧密结合,注重施工期临时防护措施,努力减少工程建设可能导致的水土流失。

4. 生态效益优先原则

开发建设项目水土保持设计应以生态效益优先为原则，结合项目区实际合理选择植物品种，乔灌草相结合，做好植物措施设计，将水土流失防治和项目区的生态环境恢复、改善结合起来，以此约束主体工程设计。

5. 综合防治、突出重点的原则

根据主体工程水土保持分析评价与水土流失预测，确定水土流失的重点防治区段和时段，采取综合防治措施，突出重点予以防治。

(二)设计总则

设计总则即在水土流失防治与布局所遵循的基本规定，主要包括：

(1)控制和减少对原地貌、地表植被和水系的扰动与损毁，采取措施尽量保护好原地表植被。

(2)在主体工程规划与总体布置上，应通过主体工程水土保持评价，提出减少占用水土资源，提高利用效率的意见，水土保持措施布局也应注重水土资源的合理利用。

(3)在扰动区域做好表土剥离、保存及回覆利用，风沙区施工过程中还应注重保护沙地表面结皮层，防治因施工扰动加剧风蚀和风沙危害。

(4)主体工程设计中的开挖、排弃、堆垫的场地，应布设拦挡、护坡、截排水以及其他整治措施。

(5)应提出弃土(石、渣)综合利用的意见或措施，不能利用的应集中堆放在专门的存放地，即弃土(石、渣)场，不得在江河、湖泊、建成水库及河道管理范围内布设弃土(石、渣)场。弃土(石、渣)场应采取拦挡措施，应遵循“先拦后弃”的原则，做好施工组织设计。

(6)通过主体工程分析评价，布设相应的临时防护措施，做好设计。

(7)施工迹地应采取土地整治和植被恢复等措施，恢复其利用功能。

(三)不同类型建设项目的特殊规定

开发建设项目根据总体布局可分为线形和点形两种类型。线形开发建设项目是指布局跨度较大，呈线状分布的公路、铁路、管道、输电线路、渠道等建设项目；点形开发建设项目是指布局相对集中，呈点状分布的矿山、电厂、水利枢纽等建设项目。不同类型建设项目水土保持应根据其特点进行设计，需符合以下规定。

1. 线形建设类工程

(1)应分析穿(跨)越工程的基础开挖、围堰拆除等施工组织设计，明确弃土(石、渣)量、泥浆排放量，选择相应存放场地并布设有效防护措施。

(2)对陡坡开挖地段，应在边坡上部布设截水沟、下部设置拦挡及排水设施，并遵循“先拦后弃”的原则，做好施工组织设计。

(3)当隧道进出口紧临江河、较大沟道时，不宜在隧道进出口布设永久渣场。

(4)输变电工程位于坡面的塔基从水土保持角度应要求其采取“全方位、高低腿”形式，并布设拦挡和排水设施。

(5)对主体工程设计中土质边坡开挖坡度超过45°或高度超过30m的，应重点进行分析，提出水土保持设计坡度和高度要求以及削坡开级等方案。

(6)公路、铁路等项目的取(弃)土场宜布设在沿线视线以外。

2. 点形建设类工程

(1)堆放弃土(石、渣)分类集中堆放,对于确不能达分类堆放要求的,应分析施工组织设计并商施工组织设计专业提出相应的方案。

(2)对水利枢纽、水电站等工程,弃渣场选址应布设在大坝下游或水库回水区以外。在高山峡谷地区,施工组织设计难以解决的情况下,应通过经济合理性论证,在征得水行政主管部门同意后,提出适当的解决方案。

(3)对城镇及其规划区、开发区、工业园区的项目,水土保持设计应根据实际需要,提高防护标准。

(4)除新疆、青海等省(区)的干旱内陆河施工导流可根据实际情况采用自溃式围堰外,根据水土保持规定,一般不宜采用。

3. 点形建设生产类工程

(1)应根据主体工程设计,确定需回覆表土的面积和方量,明确剥离表层土量,布设临时集中保存场地,并采取防护措施,最终回覆利用。

(2)对于露天矿山采掘场和排土场,应采取截排水和边坡防护等措施,防止滑坡、塌方和冲刷,并布设土地整治、复耕或林草植被恢复措施。

(3)应根据主体工程水土保持分析评价,明确排土(渣、矸石等)场地并布设拦挡设施和采取植物措施,通过施工组织设计,做到弃土(石、渣)有序堆放。

(4)对可能造成环境污染的废弃土(石、渣、废液)等,应布设专门的处置场,设计符合水土保持及其他相关防治标准的要求。

(5)采石场应在开采范围周边布设截排水工程,防止径流冲刷。施工过程中应控制开采作业范围,不得对周边造成影响。

(6)对井工开采的矿山项目,应对主体工程设计的疏干水和地下排水进行分析评价,提出减轻其对地表土壤水分和植被的影响对策或意见。对采空塌陷区(建设阶段主要是首采塌陷区)应布设保护水系、保护和恢复土地生产力等方面的措施。

二、主体工程水土保持分析评价

在工程项目建议书和可行性研究阶段,特别是可行性研究阶段,全面、客观、细致地对主体工程设计进行水土保持评价是做好水土保持设计的基础,体现了水土保持设计预防优先的原则。主体工程设计的总体规划与布置、范围、标准等方面评价能否控制水土流失,是否满足水土保持要求;并对主体工程设计中不能满足水土保持要求的应提出要求或在方案中进行补充设计。主体工程水土保持分析评价主要包括:主体工程选线(址)、建设方案及总体布局评价、弃渣场选址评价;土石料场选址评价、施工组织设计评价,综合分析工程建设可能产生的水土流失影响因素。

(一)主体工程选线(址)、建设方案及总体布局分析与评价

1. 基本要求

(1)选址(线)必须兼顾水土保持要求,应避开泥石流易发区、崩塌滑坡危险区以及易引起严重水土流失和生态恶化的地区。

(2)选址(线)应避开全国水土保持监测网络中的水土保持监测站点、重点试验区。

不得占用国家确定的水土保持长期定位观测站。

(3)城镇新区的建设项目的植被建设设计标准应适当提高,以满足景观要求,并根据实际需要布设灌溉、排水和雨水利用设施。

(4)对公路、铁路工程的高填深挖路段设计,应进行详细的水土保持分析评价,提出加大桥隧比例的建议与意见,以减少大填大挖。对填高大于20m或挖深大于30m的,主体工程设计必须有桥隧比选方案;在路堤、路堑设计边坡稳定的基础上,应布设采用植物防护工程与植物防护相结合的水土保持措施。

(5)选址(线)宜避开生态脆弱区、固定半固定沙丘区、国家划定的水土流失重点预防保护区和重点治理成果区,最大限度地保护现有土地和植被的水土保持功能。

(6)工程占地不宜占用农耕地,特别是水浇地、水田等生产力较高的土地。

2. 评价内容

(1)首先应对主体工程总体规划与布置的比选方案进行总体分析,分析其是否符合《开发建设项目水土保持技术规范》第3章的基本规定,特别是上述基本要求,分析其是否存在制约因素,若存在制约因素,应提出局部或全面的否决性意见

(2)从主体工程的选线(址)、总体布置、施工方法与工艺、土石料场选址、弃土(石、渣)场选址、占地类型及面积等方面,用扰动面积、土石方量、损坏植被面积、水土流失量及危害、工程投资等指标做出水土资源占用评价、水土流失影响评价和景观评价,提出或认定推荐方案。

(二)弃渣场比选分析与评价

应从弃渣组成、弃渣量、渣场占地面积和类型、防洪安全、地形地貌、弃渣运距、弃渣道路建设、可能发生的水土流失及其危害、弃渣防护整治工程量及弃渣场后期利用等角度,综合分析比选确定渣场布设选址。从水土保持角度分析其选址、占地面积、取弃容量及排放方式等的合理性,对不符合水土保持要求的,应商施工组织设计专业,提出新的弃土弃渣场布设方案,弃渣选择及比较应遵循以下规定:

(1)不得影响周边公共设施、工业企业、居民点等的安全。

(2)涉及河道的,应符合治导规划及防洪行洪的规定,不得在河道、湖泊管理范围内设置弃土(石、渣)场,水利工程堤防等项目因系公益性项目,在进行充分论证的基础上,征得河道管理部门同意的情况下,提出堤防建设、河道整治、弃渣造地相结合的方案。

(3)禁止在对重要基础设施、人民群众生命财产安全及行洪安全有重大影响的区域布设弃土(石、渣)场。

(4)不宜布设在流量较大的沟道,否则应进行防洪论证。

(5)山丘区宜选择荒沟、凹地、支毛沟,平原区宜选择凹地、荒地,风沙区应避开风口和易产生风蚀的地方。

(三)土石料场比选分析与评价

土石料因涉及工程地质与岩土力学特性相关工程设计的要求,主要由地质专业分析确定,但水土保持专业应参与工程土石料场选址,在分析评价的基础上提出建议和意见,石料选择应符合以下水土保持规定:

(1)严禁在县级以上人民政府划定的崩塌和滑坡危险区、泥石流易发区内设置取土

(石、料)场。

(2)在山区、丘陵区的选址,应分析诱发崩塌、滑坡和泥石流的可能性,对诱发崩塌、滑坡和泥石流的,应重新选址或采取相应的防护措施,对易造成较大水土流失危害的料场提出水土保持要求和建议。

(3)应符合城镇、景区等规划要求,并与周边景观相协调,宜避开正常的可视范围。

(4)在河道取砂(砾)料的应遵循河道管理的有关规定。

(四)主体工程施工组织设计分析与评价

1. 基本要求

(1)分析施工总布置,对施工场地征占用地的合理性进行分析,应尽量避开植被生长良好的区域。

(2)分区施工组织安排,对土石方平衡进行详细分析,提出减少开挖量和废弃量的建议与意见,对有重复开挖和土(石、渣)多次倒运内容的,应商施工组织专业,研究确定调整解决方案。

(3)分析评价施工进度与时序安排,提出缩小裸露面积和减少裸露时间,减少施工过程中因降水和风等水土流失影响因素可能产生的水土流失的建议与要求。

(4)当在河岸陡坡开挖土石方,以及开挖边坡下方有河渠、公路、铁路和居民点时,主体工程设计中应有开挖土石必需的渣石渡槽、溜渣洞等专门设施设计,并有相应施工运渣道路,可将开挖的土石渣导出后及时运至弃土(石、渣)场和专用场地。

(5)分析施工组织总布置是否存在施工开挖、填筑、堆置等裸露面,若有应布设临时拦挡、排水、沉沙、覆盖等措施。

(6)对土石料场开采应从开采工艺、开挖深度、爆破开挖装药量和爆破范围等方面进行分析评价,对于可能出现高陡后壁从植物恢复角度进行分析,不合理的应提出分台阶开采、"上挂下攀"的恢复植被措施。

(7)对弃土(石、渣)提出应分类堆放的具体要求,在分析评价的基础上提出布设专门的临时倒运或回填料的场地的要求与建议。

2. 评价内容

(1)土石方平衡分析:以主体工程土石方平衡为基础,查阅项目设计文件及技术资料,充分考虑地形地貌、土石方开挖回填施工时段、土石方组成成分、土石方运距、剥采比及回填利用等因素进行综合分析,从水土保持角度分析弃渣取土流向,不得简单对挖方量与填方量进行加减计算,并注意实方与松方换算时松散系数的选取。分析弃土弃渣和取料场优化调整后征占地面积的变化,从水土保持角度提出土石方调配的合理化建议。

(2)从施工方法、工艺、进度及时序安排等方面分析是否存在有不利于水土保持的因素,提出施工组织设计的合理化建议。

(3)分析评价施工交通布置,对可能造成较大水土流失问题的,应提出修改意见。

(4)根据主体工程设计,分析地表径流流路变化可能产生的水土流失影响,并提出相应的意见和建议。

（五）主体工程中具有水土保持功能的项目评价

1. 水土保持工程的界定原则

（1）主导功能原则。以防治水土流失为目标的工程为水土保持工程；以主体设计功能为主，同时具有水土保持功能的工程，不为水土保持工程。

（2）责任区分原则。对建设项目临时征、占地范围内的各项防护工程均作为水土保持工程。

（3）试验排除原则。难以区分以主体设计功能为主或以水土保持功能为主的工程，可按破坏性试验的原则进行排除。假定没有这些工程，主体设计功能仍旧可以发挥作用，但会产生较大的水土流失，此类工程应作为水土保持工程。

2. 主体工程中具有水土保持功能的项目工程评价

对于主体工程中被界定为不属于水土保持工程，但又同时具有水土保持作用的项目，应分析其是否满足水土保持要求，不满足的应提出相应要求或意见，或在水土保持设计中加以补充。

（1）一般来说，工程建设中的植被恢复和（或）绿化工程均应属于水土保持设计内容。但对特殊情况下纳入主体工程的植被恢复和绿化工程应从总体方案、种植配置和树种选择等方面评价是否符合水土保持要求，并补充相应设计。

（2）对主体工程安全稳定起重要作用，同时也具有水土保持功能的工程，如边坡防护、地表排水、路基路堑护坡、料场和砂石料防护、施工区地面和路面硬化及堤岸防护等工程，应从工程布置、范围、长度、宽度和高度等方面进行评价，分析其是否满足水土保持要求。

（六）综合分析结论、意见与建议

（1）主体工程方案比选的总体分析结论，主要是制约性因素的分析结论及对推荐方案的意见。

（2）弃渣场和取料场布设及调整方案、要求、意见与建议。

（3）主体施工组织设计优化的建议。

（4）主体工程水土保持措施补充完善的意见、措施和建议。

（5）经水土保持影响范围分析、弃渣场和取料场调整，提出相应的征、占土地调增或核减建议和意见，并结合主体工程设计做详细分析说明。

【案例 6-1-1】 某铁路弃土弃渣场选址分析与评价

（1）基本情况

某铁路工程线通过西南某区，该区年降水量达 1 200mm，位于地质构造活动带，沿线某区段地质灾害频发，根据标段划分及路线两侧的地理环境和运输、开挖条件，结合工程量的平衡等具体确定了 3 个取土场、3 个弃土场位置，在土石方计算中按各个标段为单位结合取土场、弃土场位置进行调配。总取土量为 56 万 m^3，总弃土量为 55 万 m^3。

①北河湾取土场位于铁路线 300m 一侧的冲沟内，取土方式为沿沟壁一侧开采，取土量 30 万 m^3，取土面积约 2. 0hm^2。

②马站取土场位于某国道西南，距线位约 200m，交通便利。取土场为突起的小岗地，四周均为农田，现状植被良好，取土量 12 万 m^3，取土场面积 6. 0hm^2。

③王岗取土场位于某钢铁厂东侧，距里程 K377 + 900 点约 2.5km，交通便利，取土场为农田，地形稍有起伏，取土量 24 万 m^3，取土场面积约 4.0hm^2。

④李村弃土场位于村庄北侧废弃土坑，距居民点较近，坑深 4m，面积约 0.3hm^2，距线路约 100m，弃渣 20 万 m^3。

⑤葛村弃土(石、渣)场位于 109 国道西南的一处较大呈漏斗状冲沟内，沟道纵比降达 6%，两侧为风化极为严重的花岗岩，拟弃渣 15 万 m^3，面积约 1.5hm^2。

⑥北店弃土场(石、渣)位于某车站西侧荒坡，坡度为 25°，坡脚下部有一 1 000 多人的村庄，弃渣量 20 万 m^3，面积约 1.0hm^2。

(2)分析评价

①线路比选分析

根据实地调查，在铁路建设选线中，有一处穿越当地水土保持工程重点预防保护区，两处穿越可能有泥石流暴发的区域，因此从水土保持角度分析，本工程在选线时应该考虑局部改线。

②取土场分析

北河湾取土场位于距干线铁路 300m 的冲沟内，经计算取土高度达 15m，应考虑取土后会形成高陡边坡，分析有可能产生滑坡或崩塌，建议扩大征地面积，进行分台开采；经分析马站取土场取土深仅 2m，不能削平岗地，开挖后植被破坏后，极易造成水土流失。而分析计算王岗取土场取土深度 6m，弃土场虽然不会对钢铁厂造成较大影响，但形成的深坑很难复耕。由于西南地区耕地资源严重不足，因此建议进一步分析土方调配，马站取土场宜增加取土量，马站取土场则应减少取土量，最好两个取土场均削平岗地，并复耕与周边农田连成一片，增加耕地，既有利于当地土地利用率的提高，又制止了水土流失。

③弃土(石、渣)场分析

葛村弃土(石、渣)场位于 109 国道西南，且为漏斗状冲沟，沟道纵比降陡，降水量达 1 200mm，两侧为风化极为严重的花岗岩，极易诱发泥石流，弃渣高度达 15m，即使采取拦渣坝工程进行防护，也很难避免泥石流的发生，因此该弃土(石、渣)场选址不合理，应重新选址。李村弃土场应考虑对村庄的影响，如果形成较高渣堆，应考虑对村庄安全的影响，如果设置拦挡工程后，仍可能有较大的危险性，则重新选择弃渣场。

北店弃土场(石、渣)位于某车站西侧坡度较陡、坡脚较大的村庄，经计算弃渣高度可达 25m 以上，弃渣量大，一旦发生整体滑动危害严重。因此，提出两种方案，一是增加征地面积，降低弃渣高度，二是进行地质勘测，提出基底处理、堆放工艺等方案，防止出现滑动层面，并采取高标准的挡墙防护。建议施工组织设计专业进一步复核，商水土保持专业共同确定采取何种方案。

【案例 6-1-2】 某水利枢纽工程弃渣场比选评价

(1)基本情况

某水利枢纽工程坝址左岸上游 2km 处有王家坝宽缓滩地，冲沟主要分布在左岸上游，有干溪沟、小溪河和沙溪浩沟冲沟，距离坝址距离分别为 8km、7km 和 3km。右岸下游 1km 处有车家溪冲沟、小坝沟冲沟，2km 处有漩头沟冲沟。可选弃渣场基本情况具体见表 6-1-1。

表 6-1-1　坝址区可选弃渣场基本情况

可选渣场	位置	基本情况
王家坝滩地	左岸上游 2km 处	位于死水位以下，容量大，运输方便
干溪沟冲沟	左岸上游约 8km 干溪沟	需新修 8km 道路
小溪河冲沟	左岸上游约 7km 小溪河	需新修 8km 道路
沙溪浩沟冲沟	左岸 3km 处沙溪浩沟	集水面积较大，分布大量耕地和居民
老屋湾	左岸 3.6km 处老屋湾谷坡	位于进场公路旁，运输方便，集水面积较小，容量大，分布居民和耕地
车家溪冲沟	右岸 1km 处车家坝冲沟	交通便利，集水面积较大，分布大量耕地和居民
小坝沟冲沟	右岸 1km 处小坝沟冲沟	运距近、容量大，水土保持措施易于实施
漩头沟冲沟	右岸下游 2km 漩头沟冲沟	堆渣高程偏高，渣体稳定性较差

根据工程区地形条件，考虑运距、容量、移民等方面，枢纽工程最终选择小坝沟渣场为右岸渣场，王家坝渣场为左岸渣场。请根据上述资料对主体工程选定的弃渣场进行水土保持评价。

(2)弃渣场比选评价

根据上述资料分析，坝址附近左岸可选弃渣场主要有老屋湾、沙溪浩、干溪沟、小溪河冲沟和王家坝滩地。老屋湾渣场容量约 400 万 m^3，王家坝渣场弃渣量 469.62 万 m^3，若用老屋湾渣场替代，容量无法满足要求，需额外选用其他渣场，且老屋湾谷坡内分布较多耕地和居民，弃渣将增加移民数量；沙溪浩冲沟集水面积较大，20 年一遇洪水流量为 $529m^3/s$，渣体上游排水工程量和施工难度较大；干溪沟冲沟和小溪河冲沟位于坝址上游约 8km 处，若作为弃渣场，需新修 8km 的施工道路，地表扰动和植被破坏面积较大。从经济上考虑，其他各渣场运距均较大，若考虑运输、防护措施及移民等，总费用均较高。王家坝渣场运距相对较短，不新增占地和移民数量，防护措施主要为施工期间的坡脚挡护和边坡防护，易于实施，总费用相对较小，同时王家坝渣场容量大、运距近，尽管该渣场弃渣占用部分死库容，但占用比例不足 0.3%，从经济性和水土保持角度考虑，选择王家坝渣场基本可行。

右岸可选渣场主要有车家溪冲沟、小坝沟冲沟、漩头沟冲沟等。从水土保持角度分析，车家溪冲沟渣场容量较大，但该渣场上游集水面积大，20 年一遇设计洪峰流量为 $398m^3/s$，排水工程量较大，且沟内分布大量的居民和耕地，弃渣将增加移民数量，相应增加移民安置区的地表扰动面积和新增水土流失量；漩头沟汇水面积较小，但该沟道相对较窄，容量较小，弃渣堆高较高，不利于渣体稳定，防护措施实施难度和工程量较大；小坝沟渣场运输方便、容量大，水土保持措施易于实施。若考虑弃渣的经济性，并从有利于水土保持的角度出发，右岸选择小坝沟渣场基本合理。

三、水土流失防治责任范围及防治分区

(一)水土流失防治责任范围的界定

水土流失防治责任范围包括项目建设区和直接影响区,不同设计阶段水土流失影响范围因设计文件的深度、方案优化等而变化。作为执法依据的水土流失防治责任范围应以施工建设实际发生的为准。

1. 界定的原则

1)项目建设区

项目建设区包括工程的永久征地、临时占地及租赁土地等建设征占地面积。如建(构)筑物占地,施工临时生产、生活设施占地,施工道路(公路、便道等)占地,料场(土、石、砂砾、骨料等)占地,弃渣(土、石、灰等)场占地,对外交通、供水管线、通信、施工用电线路等线形工程占地;水库正常蓄水位淹没区、移民安置区等永久和临时占地面积,但移民工程在竣工验收移交地方后,不属于工程运行期的防治责任范围。改建、扩建工程项目与现有工程共用部分也应列入项目建设区。建设区除文字叙述外还应列表、附图说明。

2)直接影响区

直接影响区包括规模较小的拆迁安置和道路等专项设施迁建区,排洪泄水区下游,开挖面下边坡,道路两侧,灰渣场下风向,塌陷区,水库周边影响区,地下开采对地面的影响区,工程引发滑坡、泥石流、崩塌的区域等。应依据区域地形地貌、自然条件和主体工程设计文件,结合对类比工程的调查,根据风向、边坡、洪水下泄、排水、塌陷、水库水位消落、水库周边可能引起的浸渍,排洪涵洞上、下游的滞洪、冲刷等因素,经分析后确定,不应简单外延。

2. 界定方法及注意事项

1)界定方法

水土流失防治责任范围界定的方法是:应以主体工程设计文件(项目建议书、可行性研究报告、初步设计报告等,包括水库淹没、移民规划等),特别是施工布置为依据,通过查阅设计资料,初步划定防治责任范围。进行外业调查并进一步抽查核实后最终确定。

2)注意事项

(1)经主体工程水土保持分析评价,认为有必要增加或减少征占地面积的,应与移民专业和施工组织设计专业充分协商并确认后,对征占地面积和防治责任范围进行相应调整。

(2)受设计阶段勘探精度影响,可行性研究阶段主体工程选取的土石料场面积一般是根据储量和分布扩大一定比例而确定的,一般为2~6倍,勘测精度高时为2~3倍,因此在初设阶段应根据实际情况作进一步复核。

(3)水库淹没造成直接影响区主要是指塌岸区域,应调查可能发生塌岸的地段,合理估算确定坍塌的范围,如必须采取措施,应商移民和施工组织设计专业后纳入工程建设范围,其面积应列入项目建设区。

(4)直接影响区的范围应通过调查及类比分析确定。线形工程的直接影响区应根据地貌和施工特点分段计算。

(5)直接影响区一般不布设措施，亦不估列水土流失补偿费，可作为主体工程方案比选分析评价(水土流失影响分析)的重要依据，影响区越大，说明主体工程合理性越差，应作充分的分析。

(二)水土流失防治分区

划分水土流失防治分区，是为了分区分类进行水土保持工程典型设计，并合理估算工程量。分区应根据水土流失预测的成果(类型、强度)，结合原地貌类型、施工工区划分进行。如有些施工区水土流失特征相似，采取的措施基本相同，可以划为一个分区。分区不宜太粗或太细，以满足水土保持典型设计为宜。对于一些小型工程采取全部设计，不做典型设计的，亦可不分区。水土流失防治分区应符合下列规定：

(1)在确定防治责任范围的基础上应划分防治分区，并分区进行典型设计，计算工程量。

(2)应根据野外调查(勘测)结果，在确定的防治责任范围内，依据主体工程布局、施工扰动特点、建设时序、地貌特征、自然属性、水土流失影响等进行分区。

(3)分区的原则应符合下列要求：

①各分区之间具有显著差异性。

②各分区内造成水土流失的主导因子相近或相似。

③一级分区应具有控制性、整体性、全局性，线形工程应按地貌类型划分一级区。

④二级及其以下分区应结合工程布局和施工区进行逐级分区。

⑤各级分区应层次分明，具有关联性和系统性。

(4)宜采取实地调查勘测、资料收集与数据分析相结合的方法进行分区。

(5)分区结果应包括文字、图表说明。

案例：

(1)点式工程水土流失防治分区可直接按工程建设造成水土流失的类型和强度，结合施工工区划分。如水库工程可分为弃渣场(水力剧烈侵蚀)防治区、管理区(水蚀轻中度侵蚀)防治区、坝区施工场地(水力重力中度侵蚀)防治区等。工程规模大，地形和水土流失形式复杂的也可以采用两级分区。

(2)线形工程宜先按地貌划分防治区，再按水土流失类型、特点，结合施工区进一步划分二级分区。如一个调水工程，一级分区可分为低山丘陵区、山前阶地(或岗地)区、平原区及山地丘陵区；二级分区可再分为隧洞施工(水力重力强度侵蚀)防治区、弃渣场(水力剧烈侵蚀)区、明渠施工场地(水力风力中强度侵蚀)区等；特大型工程也可进行三级分区，如地貌、施工段及施工区。

四、水土流失预测

水土流失预测分析的目的是为划分水土流失防治分区、拟定水土流失防治措施总体布局及制订水土保持监测方案等提供依据。

(一)基本原则

(1)水土流失预测应在主体工程设计功能的基础上，根据自然条件、施工扰动特点等进行预测。可从气象(降水、大风)、土壤可蚀性、地形地貌、施工方法等方面进行水土流失影响因素甄别，分析项目生产建设产生水土流失的客观条件。施工准备期和建设期的预测应在不采取水土保持措施的情况下进行。

(2)水土流失预测包括定量预测和定性预测。我国水土流失观测资料尚处于积累阶段，相对准确的定量预测现阶段不易做到。应与主体工程水土保持分析评价相结合，对不同工程比选方案的水土保持影响再深入分析，定性和定量预测相互结合，对水土流失做出预测。

(二)预测时段

开发建设项目可能产生的水土流失量应按施工准备期、施工期、自然恢复期三个时段进行预测。每个预测单元的预测时段按最不利的情况考虑，超过雨季(风季)长度的按全年计算，不超过雨季(风季)长度的按占雨季(风季)长度的比例计算。

(三)预测单元划分

水土流失预测单元的划分应遵循地形地貌、扰动地表的物质组成相近；扰动方式相似；土地利用现状基本相同；降水或大风特征值(降雨量、强度与降雨的年内分配等)基本一致。

(四)预测内容

(1)扰动地表的面积、占压土地面积和林草植被损坏面积，应根据主体工程可行性研究报告及相关资料，结合实地调查确定。

(2)弃土、弃石、弃渣量预测，应根据主体工程水土保持评价，在土石方平衡分析的基础上，列出弃土、弃渣量，对下阶段可能出现的变化进行分析预测。

(3)损坏水土保持设施数量的预测应以《水利部关于水土保持设施解释问题的批复》(水保[1996]393号)为依据，按各省对水土保持设施的有关规定计算。

(4)新增水土流失量预测应分区分时段进行，预测分区(预测单元)应根据原地貌水土流失状况、工程施工特点和扰动程度、可能产生的水土流失类型进行划分，宜与水土流失防治分区、水土保持监测分区基本保持一致。

(五)预测方法

1.原地貌水土流失预测

各区的水土流失背景值，可根据当地实测或当地科研试验资料(如自然条件、当地水文手册、土壤侵蚀模数等值线图、库坝工程淤积观测等资料)分析确定，也可根据不同分区的土地利用类型、土壤、植被、坡度及坡长等调查与量测，采用土壤流失预报方程、地方经验方程估算土壤流失背景值。在缺乏资料的地区还可通过土壤侵蚀分类分级标准，结合专家判估等方法获得。

2.扰动地貌水土流失预测

(1)采用类比法进行水土流失预测。

当具有类似工程水土流失实测资料时，应列表分析预测工程与实测工程在地形地貌和气象特征、植被类型和覆盖率、土壤、扰动地表的组成物质和坡度、坡长、侵蚀类型、弃土(石、渣)的堆积形态等水土流失主要因子的可比性。

当预测工程与实测工程具有较强的可比性时，可采用类比法进行水土流失预测，根据对水土流失影响的因子比较，对有关参数进行修正。

(2)有条件的地方可采用当地科学试验研究成果并经鉴定认可的公式和方法。

(3)宜通过试验、观测等方法进行水土流失预测,可在项目区设立监测小区(或径流小区)和土壤流失观测场,采用天然或人工模拟(降雨)试验,取得不同预测单元的土壤流失模数。通过对上述指标的论证分析与调整后,采用类比法的公式进行计算。

(4)位于大中城市及周边地区、南方石漠化地区和西北干旱地区的开发建设项目,以及有大量疏干水和排水的项目,还应进行水损失(或水资源流失、有效水资源的减少)的预测,以减轻城市排水防洪压力,改善水环境。预测基础应为工程按设计建成后的情况。

水损失的预测宜采用径流系数法,可按下式计算:

$$W_w = \sum_{i=1}^{n} [F_i \cdot H_i \cdot (a_i - a_{i0})]$$

式中 W_w——扰动地表水流失量,m^3;

F_i——第 i 个预测单元的面积,km^2;

H_i——项目区年降雨量,mm;

a_i——预测单元扰动地表的径流系数;

a_{i0}——预测单元原状地表的径流系数。

(5)弃土弃渣的流失量预测不宜采用流弃比的方法预测。应以主体工程设计为基础,根据弃土弃渣的堆置形式、形态、断面、坡度及周边来水等情况,分不同坡度(包括平台和斜坡),通过实测和专家判估相结合等方法获得相应的土壤流失模数,并按垂直投影面积分类计算流失量。

(6)沟谷或沿河岸(滩)设置的弃渣场应在设计基础上进行相应预测。当超过设计标准,弃渣存在被洪水大量冲蚀甚至全部流失的可能时,应视为水土流失灾害性事故(如确系需要提高标准,应经论证后调整),而不应在预测中将其视为大部分流失。

(7)土壤流失量计算方法。

土壤流失量可按下式计算:

$$W = \sum_{i=1}^{n} \sum_{k}^{3} F_i \cdot M_{ik} \cdot T_{ik}$$

新增土壤流失量可按下式计算:

$$\Delta W = \sum_{i=1}^{n} \sum_{k}^{3} F_i \cdot \Delta M_{ik} \cdot T_{ik}$$

$$\Delta M_{ik} = \frac{(M_{ik} - M_{i0}) + |M_{ik} - M_{i0}|}{2}$$

式中 W——扰动地表土壤流失量,t;

ΔW——扰动地表新增土壤流失量,t;

i——预测单元$(1,2,3,\cdots,n)$;

k——预测时段,1、2、3 指施工准备期、施工期和自然恢复期;

F_i——第 i 个预测单元的面积,km^2;

M_{ik}——扰动后不同预测单元不同时段的土壤侵蚀模数,$t/(km^2 \cdot a)$;

ΔM_{ik}——不同单元各时段新增土壤侵蚀模数,$t/(km^2 \cdot a)$;

M_{i0}——扰动前不同预测单元土壤侵蚀模数，t/(km^2·a)；

T_{ik}——预测时段(扰动时段)，a。

注：①当各区土壤侵蚀强度恢复到土壤侵蚀容许值及以下时，不再计算。

②当弃土弃渣外表面积每年变化时应分年计算和预测。

(8)对项目可能造成的水土流失危害进行预测和分析。预测水土流失危害形式、程度及可能产生的后果。

(9)根据预测结果，分析并明确产生水土流失的重点区域(地段)和时段、水土流失防治和监测的重点区段与时段，并对防治措施布设提出指导性意见。

五、防治目标

开发建设项目水土流失防治的基本目标是：项目建设区的原有水土流失得到基本治理；新增水土流失得到有效控制；生态得到最大限度的保护，环境得到明显改善；水土保持设施安全有效。

(一)防治指标

根据项目区所处区域"三区划分"情况，结合自然条件、水土流失背景、区域水土保持规划、生态环境、生态保护和水源保护等确定宏观的水土流失防治目标及相应的定量指标，这些定量指标既是水土保持工程设计的控制性指标，也是竣工达标验收的指标，它们包括：

(1)扰动土地整治率：项目建设区内扰动土地的整治面积占扰动土地总面积的百分比。

(2)水土流失总治理度：项目建设区内水土流失治理达标面积占水土流失总面积的百分比。

(3)土壤流失控制比：项目建设区内，容许土壤流失量与治理后的平均土壤流失强度之比。

(4)拦渣率：项目建设区内采取措施实际拦挡的弃土(石、渣)量与工程弃土(石、渣)总量的百分比。

(5)林草植被恢复率：项目建设区内，林草类植被面积占可恢复林草植被(在目前经济、技术条件下适宜于恢复林草植被)面积的百分比。

(6)林草覆盖率：林草类植被面积占项目建设区面积的百分比。

(二)不同开发建设项目类型与时段划分

(1)建设类项目可包括公路、铁路、机场、港口码头、水工程、电力工程(水电、核电、风电、输变电)、通信工程、输油输气管道、国防工程、城镇建设、开发区建设、地质勘探等水土流失主要发生在建设期的项目，其时段标准划分为施工期、试运行期。

(2)建设生产类项目可包括矿产和石油天然气开采及冶炼、建材、火力发电、考古、滩涂开发、生态移民、荒地开发、林木采伐等水土流失发生在建设期和生产运行期的项目，其时段标准划分为施工期、试运行期、生产运行期。生产运行期应为从投产使用开始至终止服务年，不同类型项目可根据生产运行期的长短再划分不同的时段，但标准不得降低。

(三)防治标准等级与适用范围

(1)开发建设项目水土流失防治标准的等级应按项目所处水土流失防治区和区域水土保持生态功能重要性确定。

(2)按开发建设项目所处水土流失防治区确定水土流失防治标准执行等级时应符合下列规定:

①一级标准:依法划定的国家级水土流失重点预防保护区、重点监督区和重点治理区及省级重点预防保护区。

②二级标准:依法划定的省级水土流失重点治理区和重点监督区。

③三级标准:一级标准和二级标准未涉及的其他区域。

(3)按开发建设项目所处地理位置、水系、河道、水资源及水功能、防洪功能等确定水土流失防治标准执行等级时应符合下列规定:

①一级标准:开发建设项目生产建设活动对国家和省级人民政府依法确定的重要江河、湖泊的防洪河段、水源保护区、水库周边、生态功能保护区、景观保护区、经济开发区等直接产生重大水土流失影响,并经水土保持方案论证确认作为一级标准防治的区域。

②二级标准:开发建设项目生产建设活动对国家和省、地级人民政府依法确定的重要江河、湖泊的防洪河段、水源保护区、水库周边、生态功能保护区、景观保护区、经济开发区等直接产生较大水土流失影响,并经水土保持方案论证确认作为二级标准防治的区域。

③三级标准:一、二级标准未涉及的区域。

(4)当按第(2)条、第(3)条的规定确定防治标准执行等级出现交叉时,按下列规定执行:

①同一项目所处区域出现两个标准时,采用高一级标准。

②线形工程项目应根据第(2)条、第(3)条的规定分别采用不同的标准。

(四)防治标准

(1)开发建设项目水土流失防治标准应分类、分级、分时段确定。其指标值必须达到表6-1-2和表6-1-3的规定。

表6-1-2　建设类项目水土流失防治标准

分类	一级标准		二级标准		三级标准	
	施工期	试运行期	施工期	试运行期	施工期	试运行期
1. 扰动土地整治率(%)	*	95	*	95	*	90
2. 水土流失总治理度(%)	*	95	*	85	*	80
3. 土壤流失控制比	0.7	0.8	0.5	0.7	0.4	0.4
4. 拦渣率(%)	95	95	90	95	85	90
5. 林草植被恢复率(%)	*	97	*	95	*	90
6. 林草覆盖率(%)	*	25	*	20	*	15

注:"*"表示指标值应根据批准的水土保持方案措施进度,通过动态监测获得,并作为竣工验收的依据之一。

表 6-1-3　建设生产类项目水土流失防治标准

分类	一级标准			二级标准			三级标准		
	施工期	试运行期	生产运行期	施工期	试运行期	生产运行期	施工期	试运行期	生产运行期
1. 扰动土地整治率(%)	*	95	>95	*	95	>95	*	90	>90
2. 水土流失总治理度(%)	*	90	>90	*	85	>85	*	80	>80
3. 土壤流失控制比	0.7	0.8	0.7	0.5	0.7	0.5	0.4	0.5	0.4
4. 拦渣率(%)	95	95	98	90	95	95	85	95	85
5. 林草植被恢复率(%)	*	97	97	*	95	>95	*	90	>90
6. 林草覆盖率(%)	*	25	>25	*	20	>20	*	15	>15

注："*"表示指标值应根据批准的水土保持方案措施实施进度，通过动态监测获得，并作为竣工验收的依据之一。

(2)矿山企业和水工程在计算各项防治指标值时，其露天矿山的采坑面积、井工矿山的塌陷区面积、水工程的水域面积应属于防治责任面积，但不包括在总防治面积内。

(3)开发建设项目水土保护方案编制、施工阶段检查、竣工验收及生产运行管理等，应符合本标准规定的分类分级分时段防治指标的要求。在竣工验收时，除满足规定的验收指标外，各项水土保持设施质量必须达到国家有关质量技术标准的要求。

(4)表 6-1-2 和表 6-1-3 中水土流失总治理度(%)、林草植被恢复率(%)、林草覆盖率(%)，应以多年平均年降水量 400 ~600mm 的区域为基准，降水量不在此范围时可根据下列原则适当提高或降低表中指标值：

①降水量 300mm 以下地区，可根据降水量与无灌溉条件及当地生产实践经验分析确定。

②降水量 300 ~400mm 的地区，表中的绝对值可降低 3 ~5。

③降水量 600 ~800mm 的地区，表中的绝对值宜提高 1 ~2。

④降水量 800mm 以上地区，表中的绝对值宜提高 2 以上。

(5)表 6-1-2 和表 6-1-3 中土壤流失控制比应以现状土壤侵蚀强度属中度侵蚀为主的区域为基准，以其他侵蚀强度为主的区域，可根据下列原则适当提高或降低表中指标的绝对值：

①以轻度侵蚀为主的区域应大于或等于 1。

②以中度以上侵蚀为主的区域可降低 0.1 ~0.2，但最小不得低于 0.3。

③同一开发建设项目土壤流失控制比，可根据实际需要分区分级确定。

(6)表 6-1-2 和表 6-1-3 中山区、丘陵区线形工程，拦渣率值可减少 5；在高山峡谷地形复杂的地段，表中的拦渣率值可减少 10。

六、水土保持措施总体布局及措施设计

根据编制原则、水土流失防治分区，提出水土保持措施的总体布局，拟定各类防治措施。应根据建设项目区的地貌类型、建设时序、造成水土流失特点、项目主体工程布局、防

治目标和防治分区，确定防治重点，提出水土保持分区防治措施体系及总体布局。

(一)措施体系

水土流失防治措施体系包括水力侵蚀、风力侵蚀、重力侵蚀和泥石流四大防治体系，此外还有水蚀风蚀交错区的防治体系以及其他防治体系。在同一个开发建设项目中各类防治措施体系可能交叉存在，应根据水土流失类型分区确定相应的措施体系。

(二)措施总体布局

1. 水土流失防治措施的布局原则

(1)结合工程实际和项目区水土流失现状，因地制宜、因害设防、总体设计、全面布局、科学配置，并与周边景观相协调。

①在干旱、半干旱地区以工程、防风固沙等措施为主，辅之以必要的植物措施。

②在半湿润区采用以植物措施、土地整治与工程措施相结合的防治措施。

③在湿润区应有挡护、坡面排水工程、植被恢复等措施。

(2)减少对原地貌和植被的破坏面积，合理布设弃土(石、渣)场、取料场，弃土(石、渣)应分类集中堆放。

(3)项目建设过程中应注重生态环境保护，设置临时性防护措施，减少施工过程中造成的人为扰动及产生的废弃土(石、渣)。

(4)宜吸收当地水土保持的成功经验，借鉴国内外先进技术。

2. 防治措施布局规定

(1)在分区布设防护措施时，应结合各分区的水土流失特点提出相应的防治措施、防治重点和要求，保证各防治分区的关联性、系统性和科学性。

(2)植物措施应在对立地条件的分析基础上，推荐多树种、多草种，供设计时进一步优化。

(3)防治水蚀、风蚀的植物措施应有针对性，水蚀风蚀复合区的措施应兼顾两种侵蚀类型的防治。

(4)应对所拟定的重要防护工程进行方案比选，提出推荐方案。防治措施比选的重点地段应为大型弃渣(土、石)场、取料(土、石)场、高路堑、大型开挖面等。防治措施比选的内容应包括防护措施类型、防护效果、投资等。防治措施比选的考虑因素应包括工程安全、水土保持防护效果、施工条件、立地条件、工程投资等。

(三)分区措施配置与设计

根据确定水土保持措施体系，落实各水土流失防治分区的水土保持措施，对拦渣工程、防洪排水工程、护坡工程、泥石流工程、土地整治工程、植被恢复与绿化工程、防风固沙工程及临时防护工程等措施做出典型设计。

(四)工程量与施工组织设计

1. 工程量计算

(1)水土保持工程量计算一般分为两类，一是进行全面设计，工程量相对准确；二是采取典型设计推求工程量，精度相对差一些。前者适用于点式中小工程，后者适用于线形工程或大型点式工程。

(2)各类工程措施工程量计算应根据《水利水电工程设计工程量计算规定》(SL328—

2005)进行。植物措施根据典型设计推算工程量,植苗造林需推算种植面积和株数,播种造林、种草及植草皮以面积计量,防护林带可根据株数折合为绿化面积。线形工程可按施工位置或里程、桩号分别统计。应注意防护林带工程量、混交林工程量(带状混交、行间混交、株间混交、块状混交计算有差别)的计算。

(3)水土保持工程量计算应根据《水利水电工程设计工程量计算规定》,按相应的阶段系数进行调整。对于植物措施工程量的调整系数,根据《水利工程水土保持设计技术文件编制的指导意见》(水总局科[2005]3号文),项目建议书阶段采用1.10,可行性研究阶段采用1.05。

2. 施工组织设计

(1)水土保持工程的施工组织设计包括砂石料来源、苗木种子来源、水源、各类工程施工技术与质量要求、施工进度以及对主体施工组织设计的要求与建议等。可参照水利工程施工组织设计规范执行。

(2)进度安排要求:

①应遵循"三同时"制度,按照主体工程施工组织设计、建设工期、工艺流程,坚持积极稳妥、留有余地、尽快发挥效益的原则,以水土保持分区进行措施布设,考虑施工的季节性、施工顺序、措施保证、工程质量和施工安全,分期实施,合理安排,保证水土保持工程施工的组织性、计划性、有序性以及资金、材料和机械设备等资源的有效配置,确保工程按期完成。

②分期实施应与主体工程协调一致,根据工程量组织劳动力,使其相互协调,避免窝工浪费。

③应先工程措施再植物措施,工程措施应安排在非主汛期,大的土方工程宜避开汛期。植物措施应以春季、秋季为主。施工建设中,应按"先拦后弃"的原则,先期安排水土保持措施的实施。结合四季自然特点和工程建设特点及水土流失类型,在适宜的季节进行相应的措施布设。

七、水土保持监测

开发建设项目水土保持监测应按照国家现行标准《水土保持监测技术规程》(SL277—2002)的规定进行。在水土保持方案中,应确定监测的内容、项目、方法、时段、频次,初步确定定点监测点位,估算所需的人工和物耗。能够指导监测机构编制监测实施计划,落实监测的具体工作。监测成果应能全面反映开发建设项目水土流失及其防治情况。

(1)水土保持监测时段应从施工准备期前开始,至设计水平年结束。建设生产类项目还应对运行期进行监测。

(2)水土保持重点监测应包括下列内容:

①项目区水土保持生态环境变化监测。应包括地形、地貌和水系的变化情况,建设项目占地和扰动地表面积,挖填方数量及面积,弃土、弃石、弃渣量及堆放面积,项目区林草覆盖率等。

②项目区水土流失动态监测。应包括水土流失面积、强度和总量的变化及其对下游

及周边地区造成的危害与趋势。

③水土保持措施防治效果监测。应包括各类防治措施的数量和质量,林草措施的成活率、保存率、生长情况及覆盖率,工程措施的稳定性、完好程度和运行情况,以及各类防治措施的拦渣保土效果。

(3)开发建设项目水土流失的监测应以水土流失严重区域为重点。不同类型建设项目的监测重点区域的选择应遵循下列规定:

①采矿类工程应为露天采矿的排土(石)场、地下采矿的弃土(渣)场和地面塌陷区,以及铁路和公路专用线,集中排水区下游。

②交通铁路工程应为施工过程中弃土(渣)场、取土(石)场、大型开挖破坏面和土石料临时转运场,集中排水区下游和施工道路。

③电力工程应为电厂施工中弃土(渣)场、取土(石)场、临时堆土场、施工道路和火力发电厂运行期贮灰场。

④冶炼工程应为施工中弃土(渣)场、取土(石)场和运行期添加料场、尾矿(渣)场,施工和生产道路。

⑤水工程应为施工中弃土(渣)场、取土(石)场、大型开挖面、排水泄洪区下游、施工期临时堆土(渣)场。

⑥建筑及城镇建设工程应为施工中的地面开挖、弃土弃渣和土石料的临时堆放地。

⑦其他工程应为施工或运行中易造成水土流失的部位和工作面。

(4)水土流失危害的监测可根据水土流失防治措施的薄弱环节以及生产生活集中区设置。施工过程中防治措施不能及时到位的施工区(段)应重点监测。

(5)开发建设项目水土保持监测站点的布设应根据开发建设项目扰动地表的面积、涉及的不同水土流失类型、扰动开挖和堆积形态、植被状况、水土保持设施及其布局,以及交通、通信等条件综合确定。应根据工程特点与扰动地表特征分别布设不同的监测点,并应符合下列要求:

①对弃土弃渣场、取料场及大型开挖面宜布设监测小区。

②项目区较为集中的工程宜布设监测控制站(或卡口站)。

③项目区类型复杂、分散、人为活动干扰小的工程宜布设简易观测场。

(6)开发建设项目水土保持监测布点应符合下列规定:

①建设类项目施工期宜布设临时监测点;建设生产类项目施工期宜布设临时监测点,生产运行期可布设长期监测点;工程规模大、环境影响范围广、建设周期长的大型建设项目应布设长期监测点;特大型建设项目监测点的布设还应符合国家或区域水土保持监测网络布局的要求,并纳入相应监测站网的统一管理。

②制定和完善调查和巡查制度,扩大监测覆盖面,并作为上述监测点的补充。

③监测小区、简易土壤侵蚀观测场应在同一水土流失类型区平行布设,平行监测点的数目不得少于3个。对铁路、公路、输油(气)管道、输电等线形工程,还应在不同水土流失类型区布设平行监测点。

(7)监测点的场地选择应符合下列规定:

①每个监测点都应有较强的代表性,对所在水土流失类型区和监测重点要有代表意

义,原地表与扰动地表应具有一定的可比性。

②各种观测场地应适当集中,不同监测项目宜相互结合。

③宜避免人为活动的干扰。

④交通方便,便于监测管理。

⑤监测小区应根据需要布设不同坡度和坡长的径流小区进行同步监测。

⑥控制(卡口)站的主要工程设施应与小流域水文、泥沙及其动力特性相适应。

⑦简易土壤侵蚀观测场应避免周边来水对观测场的影响。

⑧风蚀量监测点应避免围墙、建筑物、大型施工机械等对监测的影响。

⑨重力侵蚀监测点应根据开发建设项目可能造成的侵蚀部位布设。滑坡监测应针对变形迹象明显、潜在威胁大的滑坡体和滑坡群布置;泥石流监测应在泥石流危险性评价的基础上进行布设。

(8)开发建设项目水土保持监测应采取定位监测与实地调查、巡查监测相结合的方法,有条件的大型建设项目可同时采用遥感监测方法。监测方法的选择应遵循下列原则:

①小型工程宜采取调查监测或场地巡查的监测方法。

②大中型工程应采取地面监测、调查监测和场地巡查监测相结合的方法。

③规模大、影响范围广、有条件的特大型工程除地面监测、调查监测和场地巡查监测外,还可采用遥感监测的方法。

④水土流失影响因子和水土流失量的监测应采用地面监测法。

⑤扰动面积、弃渣量、地表植被和水土保持设施运行情况等项目的监测应采用调查法和实测法。

⑥施工过程中时空变化多、定位监测困难的项目可采用场地巡查法监测。

(9)标准径流小区的建设应按国家相关标准建设。

(10)非标准径流小区的观测设施可参照标准径流小区建设。

(11)具备条件的可建设人工模拟降雨径流小区进行观测。

(12)以控制站进行监测的应能满足监测工作的需要。

(13)风蚀监测应根据扰动地表情况、可能产生风蚀的区域和数量,合理布设监测点,主要是布设集沙池和插钎等。

八、投资概(估)算和效益分析

(一)投资估(概)算

开发建设项目水土保持工程投资概(估)算按水利部水总[2003]67号文及行业有关规定编制。

(二)效益分析

宜采用损益分析法,进行水土保持经济效益分析。

应分析采取治理措施后预期能达到的目标值及其防治效果。主要包括水土流失治理总面积、扰动土地整治面积、拦渣量、水土流失控制量、植被恢复面积、林草总面积以及对生态环境的影响。

九、方案实施保证措施

明确后续设计的责任和要求,招投标中水土保持工程设计和施工的要求,水土保持监理对水土保持工程施工质量控制的要求。提出水土保持监测进一步实施的保证措施,明确水土保持监督管理制度,以及竣工验收的内容。

十、结论与建议

(一)结论

主体工程水土保持总体评价的结论性及修正性意见。

(二)建议

主要是包括提出对主体工程优化设计,特别是施工组织设计的水土保持建议;本阶段遗留问题,对下阶段设计的指导性意见或建议。

第二节 拦渣工程

一、拦渣工程的类型与作用

拦渣工程是为专门存放开发建设项目在基建施工和生产运行中产生的大量弃土、弃渣、尾矿(沙)和其他废弃固体物而修建的水土保持工程。主要包括拦渣坝、拦渣墙、拦渣堤、拦渣围堰及尾矿(沙)坝等。

(一)拦渣坝

拦渣坝是在沟道中修建的拦蓄固体废弃物的建筑工程。目的是避免淤塞河道,减少入河入库泥沙,防止引发山洪、泥石流。修建时应妥善处理河(沟)道泄流问题。

(二)拦渣墙

拦渣墙是为了防止固体废弃物堆积体发生滑塌、崩塌或冲蚀,或稳定人工开挖形成的高陡边坡,或避免滑坡体前缘再次滑坡而修建的水土保持工程。

(三)拦渣堤

拦渣堤是指修建于沟岸或河岸,用以拦挡建设项目基建与生产过程中排放的固体废弃物的建筑物。一般同时兼有拦渣与防洪两种功能,堤内拦渣、堤外防洪。

(四)拦渣围堰

拦渣围堰是指修建于平地或河滩等较为平坦的地面上,用以排放建设项目基建与生产过程中排放的固体废弃物的一种封闭的拦挡建筑物。

(五)尾矿(沙)坝、贮灰坝、赤泥坝

选矿厂选出矿石后,产生的脉石“废渣”即尾矿,通常以矿浆状态排出,个别情况下也有以干沙状态排出。尾矿(沙)存放场地,统称为尾矿(沙)库。铝厂产生赤泥贮存库称为赤泥库,火电厂贮存灰渣的场所称为贮灰场。

为妥善存放和处理大量的尾矿(沙)、赤泥及灰渣而修建的拦挡建筑物,称为尾矿(沙)坝、赤泥坝、贮灰坝。在沟谷中建设的这类坝类似于拦渣坝,平原区建设的这类坝类似于拦渣围堰。

二、拦渣工程设计

(一)设计原则与要求

1. 设计原则

(1)拦渣工程类型应根据弃渣量及其堆放位置、形式、高度、周边地形状况与水文地质条件确定。

(2)总体布局应统筹考虑上下游行洪安全,防洪标准应按国家标准及行业标准执行。

(3)拦渣工程应以少占耕地为原则,尽量选择荒沟、荒滩和荒坡等,并力求与淤垫造地结合起来。

(4)对防洪、稳定及安全有特殊要求的,可根据有关规范适当提高设计标准。

2. 设计要求

1)可行性研究阶段

(1)根据主体工程设计和调查核实确定弃渣量,初步明确弃渣任务与规模,初步拟定可行的弃渣方式和场所。

(2)进行必要的水文和地质查勘,从技术、经济多方面比选分析弃渣及防护方案,包括工程类型、形式、规模、数量、位址、布局及建筑材料来源等。

(3)对周边环境安全产生较大影响的特大型弃渣场,应进行专门调查与研究,水土保持设计应结合环境保护要求。

2)初步设计阶段

(1)进一步复核弃渣方案,确定拦渣工程规模、数量、位址、形式、结构、断面剖面尺寸及计算工程量。

(2)确定弃渣场的施工组织方案。

(二)拦渣坝

1. 拦渣坝布置及坝型选择

1)拦渣坝布置

(1)按成坝形式分为一次成坝与多次成坝。一次成坝,即一次达到设计坝高,适用于一次性弃渣。多次成坝,首建初级坝,分期加高,适用于生产性弃渣场,如排矸场、贮灰场和尾矿库等。一次弃渣若上游来水量不大、堆渣高度较高时,也可首建初级坝,逐次分层加高。

(2)若拦渣坝上游有较大洪水,弃渣分散在沟道内时,可建溢流拦渣坝,按溢流坝形式布置。

(3)若拦渣坝上游来洪量大,弃渣集中且为一次性弃渣时,可按拦渣坝、放水建筑物(排水廊道)或溢洪道形式布置。

(4)上游汇水面积很大时,可在上游先建拦洪坝,下游建拦渣坝。

(5)上游来水量不大时,可采用拦渣坝、放水建筑物两大建筑物形式布置,放水建筑物可采用竖井与箱涵(管道),将上游洪水排至坝下。设计洪水计算及相关设计按贮灰坝有关规范执行,库容计算不按水库库容方法计算;坝高采用首建初级坝,逐期加高的方式。

2) 坝型选择

(1)拦渣坝按排洪形式可分为溢流坝和非溢流坝;按筑坝材料可分为土坝、土石混合坝和浆砌石坝等。应根据坝址区地形地质条件、水文条件、施工条件及运行条件,结合弃土、弃石、弃渣、尾矿等排弃物的物质组成及力学指标,综合分析确定拦渣坝的坝型。

(2)土料来源丰富的地区,推荐土石坝,以降低工程造价。可利用弃土、弃石、弃渣和尾矿等修筑碾压式土石坝。

(3)石料来源丰富,坝址具备条件的地区,可选择浆砌石坝。

2. 拦渣坝设计

拦渣坝应根据坝型及布置形式,参照有关规范设计。以下按坝体、放水建筑物和溢洪道三大建筑布置形式,说明其设计内容。

1)拦渣库容和拦泥库容的确定

(1)根据项目区的生产运行情况,确定每年的排渣量;根据每年的排渣量和拦渣坝的使用年限,确定其拦渣库容。若为开发建设时期一次性排渣,则该排渣总量对应容量即为拦渣库容。

(2)根据每年的来泥量和拦渣坝的使用年限,确定拦泥库容。

(3)拦渣、拦泥经常交错进行,实际拦渣库容与拦泥库容并非截然分开,但确定库容时可分开计算。

2)滞洪库容设计

(1)防洪标准:拦渣坝一般可采用相当于水土保持治沟骨干工程的防洪标准(见表6-2-1),对于某些开发建设项目,可根据本身的重要性另定较高的标准,使其防洪标准与项目主体工程的防洪标准相适应。

表6-2-1 水土保持治沟骨干工程的防洪标准

工程等级		五	四
总库容(万 m^3)		50~100	100~500
洪水重现期(a)	设计	20	30
	校核	200	300
设计淤积年限(a)		10~20	20~30

(2)滞洪库容设计:参照淤地坝的相应设计来进行。

3)总库容与坝顶高程的确定

拦渣坝总库容由拦渣库容、拦泥库容和滞洪库容三部分组成。坝顶高程为总库容在水位与库容曲线上对应的高程,加上安全超高之和。

坝高与超高关系见表6-2-2。

表6-2-2 坝高与超高关系

坝高(m)	<10	10~20	>20
超高(m)	0.5~1.0	1.0~1.5	1.5~2.0

若采用初级坝形式则坝高一般为8~10m。

3. 坝体设计

(1)断面尺寸。根据坝体形式与结构,可参照《碾压式土石坝设计规范》、《浆砌石坝设计规范》和《水土保持治沟骨干工程技术规范》初步拟定,最终通过坝体稳定计算确定。

(2)坝体稳定与应力计算。根据坝型,参照土石坝、浆砌石坝有关设计规范要求进行。

(3)结构设计与基础设计。一般坝高超过5m,原则上需进行结构设计与基础设计。

4. 放水建筑物设计

根据不同条件,可采取卧管式或竖井式放水工程。

卧管式放水工程,适于布置在坝上游岸坡基础较好,坡度为1∶2～1∶3的地方。设计内容包括卧管、涵管及消力池设计,具体技术要求参照淤地坝设计。

竖井式放水工程,适于布置在土坝上游沟坡且基础较好的地方。包括竖井、消力井及涵管设计,具体技术要求参照淤地坝设计。

采用竖井与排水廊道(铺设在贮灰场底部的排水箱涵或管涵)的形式,按贮灰场设计规范执行。

5. 溢洪道设计

根据不同条件,可采取陡坡式或明渠式溢洪道。

陡坡式溢洪道适用于坝高20m以上、库容50万m^3以上的较大坝库。由进水段、陡坡段和消力池三部分组成,具体技术要求参照淤地坝设计。

明渠式溢洪道一般适用于坝高20m以下、库容50万m^3以下的小型坝库,具体技术要求参照淤地坝设计。

采用竖井与排水廊道(箱涵或管涵)的形式,可不设溢洪道。

(三)拦渣墙

1. 结构形式

拦渣墙的结构形式主要有重力式、半重力式、衡重式、悬臂式、扶臂式、空箱式和板桩式等,可根据不同土质、地基及使用条件选用。水土保持工程多采用重力式拦渣墙的结构形式,除对拦渣墙进行稳定性分析外,周边有来水时应分析来水量并进行排水措施的设计。

2. 断面设计

重力式拦渣墙高度一般不超过8m,拦渣墙高度6m左右可采用悬臂式,拦渣墙高度6～10m一般采用扶壁式。重力式拦渣墙最小高度一般3m左右,断面尺寸用试算法确定,即先根据经验初步拟定尺寸,进行抗滑、抗倾覆和地基承载力的稳定验算,由此确定其合理尺寸。

3. 稳定性分析

重力拦渣墙必须对抗滑、抗倾覆和地基承载力进行稳定性分析,其安全系数可分别采用1.3、1.5和1.2。设计中应结合拦渣墙形式、材料,参照有关设计规范选定。

1)拦渣墙受力分析

拦渣墙受力分析见图6-2-1。

图6-2-1中:W为墙身自重,t;P_a为主动弃渣压力(如基础有一定埋深,则墙面埋深部

分有被动土压力 P_p，但在拦渣墙设计中，这部分土压力可忽略不计，使结果偏于安全）。

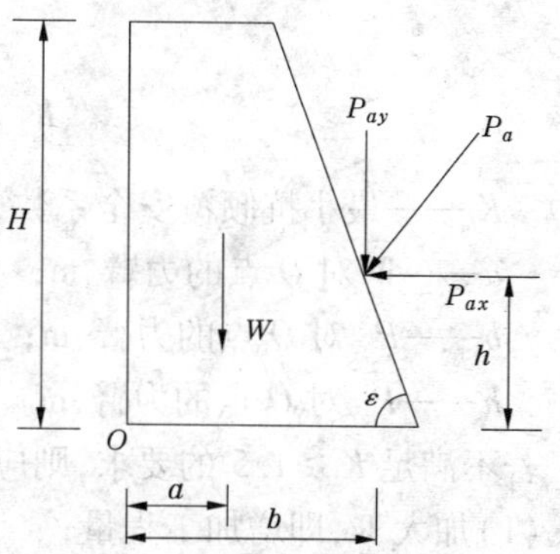

图 6-2-1　拦渣墙受力分析简图

【案例 6-2-1】

某拦渣墙墙后弃渣容重为 1.32t/m³，弃渣高度 6m，弃渣的内摩擦角 24°，求坝前的弃渣压力。

答案：$P_{泥} = \frac{1}{2}\gamma_c \cdot H^2\tan^2\left(45° - \frac{\varphi}{2}\right) \cdot b = \frac{1}{2} \times 1.32 \times 6^2 \times \tan^2\left(45° - \frac{24°}{2}\right) \times 1 = 10(\mathrm{t})$

2）抗滑稳定计算

抗滑稳定计算应满足以下关系：

$$K_1 = \frac{(W + P_{ay}) \cdot \mu}{P_{ax}} \geqslant K_s \tag{6-2-1}$$

式中　K_s——最小抗滑安全系数，要求 $K_s \geqslant 1.3$；

P_{ax}——主动渣压力的水平分力，$P_{ax} = P_a\cos(\delta + \varepsilon)$；

P_{ay}——主动渣压力的垂直分力，$P_{ay} = P_a\sin(\delta + \varepsilon)$。

其中，ε 为墙背倾斜角度；δ 为墙摩擦角；μ 为基底摩擦系数，可由试验测定，或参照表 6-2-3。

表 6-2-3　拦渣墙基底对地基的摩擦系数 μ 值

土的类别		摩擦系数 μ
粘性土	可塑	0.25 ~ 0.30
	硬塑	0.30 ~ 0.35
	坚塑	0.35 ~ 0.45
粉土	$Sr \leqslant 0.50$	0.30 ~ 0.40
中砂，粗砂，砾砂		0.40 ~ 0.50
碎石土		0.40 ~ 0.50
软质岩土		0.40 ~ 0.60
表面粗糙的硬质岩石		0.65 ~ 0.75

注：Sr 是与基础形状有关的形状系数，$Sr = 1 - 0.4B/L$，B 为基础宽度，m；L 为基础长度，m。

若演算结果不满足 $K_s \geqslant 1.3$，则应采取以下措施加以解决：

（1）修改拦渣墙的断面尺寸，加大 W；

（2）在拦渣墙底面铺沙、石垫层，加大 μ；

（3）将拦渣墙底做成逆坡，利用滑动面上部分反力抗滑；

（4）如在软土地基上，其他方法无效或不经济时，可在墙踵后加筑拖板，利用拖板上的渣重增加抗滑力，拖板与拦渣墙之间用钢筋连接。

3）抗倾覆稳定计算

在拦渣墙满足 $K_s \geqslant 1.3$ 的同时，还应满足抗倾覆稳定性。即对墙趾 O 点取力矩且满足：

$$K_2 = \frac{(Wa + P_{ay}b)}{P_{ax}h} \geqslant K_t \tag{6-2-2}$$

式中 K_t——最小抗倾覆安全系数，要求 $K_t \geqslant 1.5$；

a——W 对 O 点的力臂，m；

b——P_{ay} 对 O 点的力臂，m；

h——P_{ax} 对 O 点的力臂，m。

若不满足 $K_t \geqslant 1.5$ 的要求，则应采取以下措施：

(1)加大 W，即增加工程量；

(2)加大 a，可增设前趾，当前趾长度大于厚度时应配钢筋；

(3)减小渣压力，墙背做成仰斜，但施工要求较高。

4)地基承载力演算

墙基应力应小于地基允许承载力，当无现场试验资料时，地基允许承载力可参考有关手册。

软基墙基最大应力 σ_{max} 与最小应力 σ_{min} 之比，对于松软地基应小于 1.5～2.0；对于中等坚硬、紧密的地基则应小于 2.0～3.0。

在实际应用中，应在采用上述基本原理分析的基础上，灵活选择适宜的稳定分析方法。常用的稳定分析方法有瑞典圆弧法、泰勒圆表法及条分法等。对于一些重要的拦渣墙工程，需用多种稳定分析方法进行比较后，才能最终确定其稳定安全系数。

三、拦渣堤

拦渣堤一般修建于河、沟两岸，兼有防洪功能。

(一)拦渣堤类型

根据拦渣堤修筑的位置不同，可分为沟岸、河岸拦渣堤两种类型。

1. 沟岸拦渣堤

弃土、弃石、弃渣等堆放于沟道岸边的，采用沟岸拦渣堤。

2. 河岸拦渣堤

弃土、弃石、弃渣等堆放于河滩及河岸的，采用河岸拦渣堤。

当有足够筑堤土料时，应优先采用均质土堤，土料不足时，也可采用土石混合堤；非均质土堤可分别采用斜墙式、心墙式和混合形式；在地质条件、石料储备及工程的重要性等条件具备时，应考虑建造浆砌石拦渣堤。

(二)拦渣堤的设计

由于拦渣堤同时具有防洪和拦渣两种功能，其设计应同时满足二者的需求。

拦渣堤的防洪功能部分，其设计要求参照防洪堤的规定执行。

1. 拦渣堤高度的确定

拦渣堤应同时满足防洪和拦渣对堤顶高程的要求。防洪堤以设计洪水计算确定，按拦渣堤要求确定堤高的步骤如下：

(1)根据项目在基建施工或生产运行中的弃土、弃石、弃渣的具体情况，确定在规定时期内拦渣堤应承担的堆渣总量。

(2)由堆渣总量和堤防长度计算堆渣高程，再加上预留的覆土厚度，即为堤顶高程。

2. 堤顶

堤顶高程按设计洪水位、风浪爬高、安全超高确定；堤顶宽度根据防汛、管理、施工和结构等要求确定；堤顶路面结构根据防汛和管理要求确定，常用的结构形式有粘土、砂石、混凝土等；堤顶应向一侧或两侧倾斜，坡度采用2%～3%。

3. 堤坡

(1)堤坡根据拦渣堤的等级、堤身结构、堤基、筑堤材料、堤高、护坡形式、施工方法及运用条件，经稳定分析后确定。土堤常用的坡度为1∶2.5～1∶4.0。

(2)土堤的戗台根据堤身结构、防渗、交通等需要设置，具体尺寸经稳定分析后确定。堤高超过6m时，可设置2～3m的戗台。

(3)土堤背水坡及临水坡前有较高、较宽滩地或为不经常过水的季节性河流，应优先选用草皮护坡。

4. 防渗体

防渗体对土堤的稳定与安全起着至关重要的作用，必须引起足够的重视。

(1)防渗体的设置应使堤身的浸润线和背水堤坡的渗流出逸比降下降到允许范围以内，并满足结构与施工要求。

(2)防渗体可采用斜墙、心墙等；堤身其他防渗设施的必要性及形式，应根据渗流计算及技术经济比较，合理选定。

(3)土质防渗体的断面，一般自上而下逐渐加厚，其顶部最小水平宽度不小于1m，且高出设计水位0.5m以上。

(三)稳定性分析

拦渣堤的稳定性分析可参照拦渣墙来进行。

四、拦渣围堰

拦渣围堰的断面设计及稳定性分析，可参照拦渣墙来进行。不考虑围堰整体结构的影响，因此设计出的断面尺寸和稳定性都是偏于安全的。

五、尾矿(沙)坝、贮灰坝

尾矿(沙)坝、贮灰坝一般由初期坝、堆积坝两部分组成。

初期坝是在排弃土(沙、渣)、贮灰之前，采用土石料修筑而成的。

堆积坝是当尾矿(沙)堆积到初期坝设计堆积高程时，必须加高加固坝体，以满足拦蓄尾矿(沙)的要求。一般采用尾矿(沙)或采场剥离废石修筑加高，若当尾矿(沙)或废石不符合筑坝要求时，采用当地材料修筑加高。

贮灰坝设计按照《火力发电厂灰渣筑坝设计技术规定》(DL/T5045—95)，尾矿(沙)坝参照有关国家及行业标准执行。

六、案例分析：某排矸场拦矸坝设计

(一)基本情况

某排矸场流域面积0.44km^2，海拔985～1 144.5m，黄土覆盖较厚，经土工试验，库区内土质能够满足筑坝要求。该小流域主要由南、北两条毛沟组成，南沟较小。流域总体上属黄土丘陵地貌，最大相对高差244.5m，年侵蚀模数4 000t/(km^2·a)，多年平均24 h降雨量88mm，现状坡面治理措施的年平均拦沙率0.8，现拟在选定坝址(见图6-2-2)位置设计一拦矸坝。

(二)设计标准

综合考虑主体工程与水土保持的要求，确定采用洪水标准如下：设计洪水频率，$P_{设}$ = 5%；校核洪水频率，$P_{校}$ = 2%；主要建筑物级别为5级；设计淤积年限10年。

(三)水文计算

该坝控制流域范围内无实测水文资料，故根据设计暴雨推求设计洪水，根据当地经验公式计算的洪水结果为：20年一遇洪峰流量10.40m^3/s，相应洪水总量1.65万m^3；50年一遇洪峰流量18.38m^3/s，相应洪水总量2.55万m^3。

注：本例仅给出水文计算结果，具体工作中可根据当地常用方法进行水文计算。

(四)排矸场工程设计

1. 枢纽布置

根据坝址地形情况，经方案比较后确定该坝按两大件设计，即拦矸坝和放水建筑物。库区内有丰富的土料，适宜筑坝且取土方便、经济，故大坝坝型选定为均质碾压土坝；放水建筑物选用竖井，竖井布设在坝上游，井身设放水孔，底部设消力井，洪水经消力井消力后接横穿坝体的排洪涵洞将洪水排入下游主沟道。

枢纽地形图及栏矸坝布置具体见图6-2-2、图6-2-3。

2. 坝体设计

1)坝高设计

综合考虑主体工程拦矸、防洪及水土保持等要求，采用下式确定拦矸坝高。

$$H = h_{拦矸} + h_{拦泥} + h_{滞洪} + h_{安全}$$

式中 $h_{拦矸}$——拦矸坝高，m；

$h_{拦泥}$——拦泥坝高，m；

$h_{滞洪}$——滞洪坝高，m；

$h_{安全}$——安全超高，m。

(1)拦矸坝高($h_{拦矸}$)。施工期弃矸(非汛期)20万m^3，查库容曲线，相应坝高为10m。

(2)拦泥坝高($h_{拦泥}$)。拦泥库容采用下式计算：

$$V_s = K_s \cdot S \cdot F \cdot N$$

式中 V_s——拦泥库容，m^3；

S——年平均侵蚀模数，m^3/km^2，取4 000m^3/km^2；

K_s——坡面治理措施年平均拦沙率，取0.8；

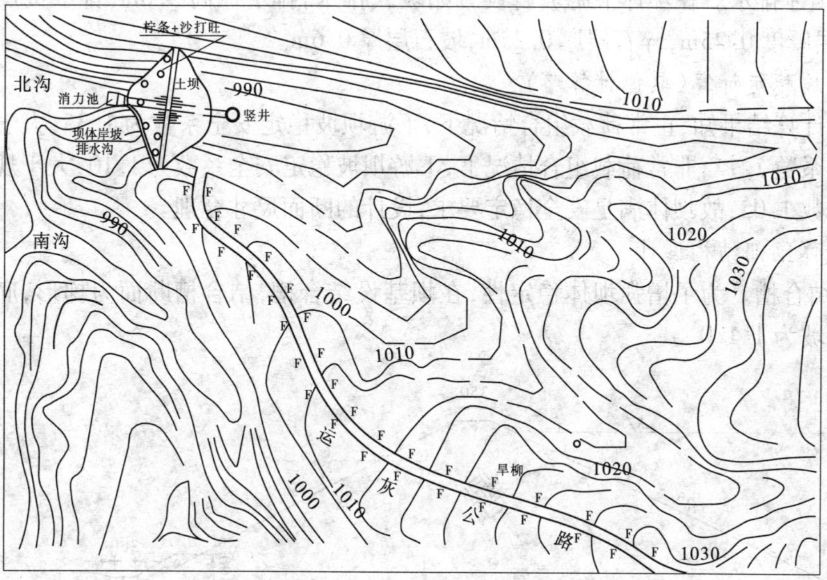

图 6-2-2　枢纽地形图

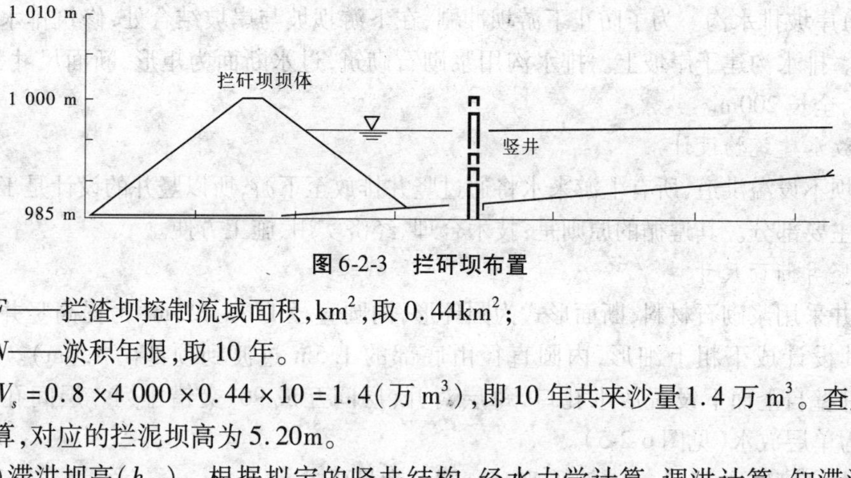

图 6-2-3　拦矸坝布置

F——拦渣坝控制流域面积，km^2，取 $0.44km^2$；

N——淤积年限，取10年。

则 $V_s = 0.8 \times 4\,000 \times 0.44 \times 10 = 1.4$（万 m^3），即10年共来沙量1.4万 m^3。查库容曲线并计算，对应的拦泥坝高为5.20m。

（3）滞洪坝高（$h_滞$）。根据拟定的竖井结构，经水力学计算、调洪计算，知滞洪库容 $W_{2\%} = 2.55$ 万 m^3，相应 $h_滞 = 1.85$m。

（4）安全超高（$h_安$）。坝高为10~20m，查规范取1.5m作为安全超高，即 $h_安 = 1.5$m。

（5）总坝高（H）。总坝高 H = 10.00 + 5.20 + 1.85 + 1.50 = 18.55（m），总库容为23.95万 m^3。

2）坝体断面体形设计

（1）坝顶宽度。坝顶无交通要求，为便于机械施工及安全要求，选定坝顶宽为3.5m。

（2）坝坡。根据规范的要求，坝坡应依坝型、坝高、坝基地质条件等选取。上游坝坡取1∶2.25；下游坝坡取1∶2.0（见图6-2-4）。

(3)坝体排水。在坝体下游坡脚设置贴坡式排水，排水体高 3.0m，排水按反滤结构设计，砂层厚度 0.25m，碎石层厚 0.25m，坡石层厚 0.6m。

3)坝坡稳定计算(具体计算略)

根据计算结果知，正常荷载组合情况下，下游坝坡稳定安全系数为 1.35，大于规范规定的安全系数 1.15；非常荷载组合情况下，下游坝坡稳定安全系数为 1.10，大于规范规定的安全系数 1.05；故坝体满足安全稳定要求，设计的断面尺寸合理。

4)坝体细部结构设计

(1)结合槽。为了增强坝体稳定性，在坝基设结合槽，结合槽断面为梯形，底宽 5m，深 3m，边坡为 1∶1.0。

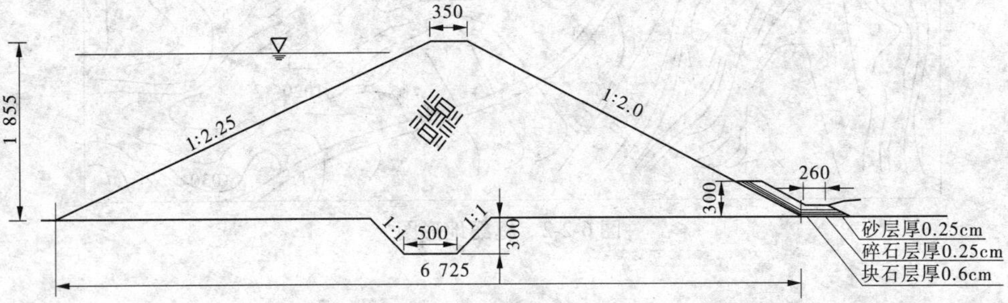

图 6-2-4　坝体断面体形设计　(单位：cm)

(2)岸坡排水沟。为了防止下游坝冲刷，在下游坝坡与岸坡结合处，修筑排水沟将径流导出。排水沟建于岸坡上。排水沟用浆砌石砌筑，过水断面为矩形，断面尺寸为 30cm×30cm，全长 200m。

3.放水建筑物设计

本坝不设溢洪道，所有上游来水将通过竖井排放至下游，所以竖井的设计是工程设计的又一主要部分。其遵循的原则是：技术合理、经济实用、施工方便。

1)竖井断面尺寸

竖井采用浆砌石材料，断面形式为圆环形，内圆直径 1.0～1.5m(为提高竖井的稳定性，将其设计成下粗上细形，内圆直径由底部的 1.5m 过渡到顶部的 1.0m)。井壁厚 0.6m，井壁自上而下设置放水孔口，每层对开，层间互成 90°交错排列。层间孔口相距 50cm，为单层放水(见图 6-2-5)。

竖井高度应取 15.2m，本例取 15.5m 即可满足要求。

消力井的直径和深度目前尚无科学的计算方法，一般按经验确定，本例取井深为 2.0m。

2)涵洞断面尺寸

根据地形条件，采用 M7.5 水泥砂浆砌筑的浆砌石拱涵，涵洞底坡设计为 1∶100。涵洞净尺寸为 $B \times H = 0.8\text{m} \times 1.2\text{m}$，基础及侧墙厚均为 0.8m，拱厚 0.8m，洞长 85m。

洞身每隔 10m 修一截水环，内设 2cm 宽的沉降缝，用沥青油毛毡填缝。

3)放水流量的确定

一般竖井放水流量的确定原则为：以放空滞洪库容为基本要求。

本工程要求按24h放完校核洪水的限定条件确定竖井结构尺寸。其放水流量为：

$$Q = \frac{V}{86\ 400T}$$

式中 V——校核洪水总量，2.55万m^3；

T——放水时间，按1d计算。

由上可知，$Q = 10\ 000 \times 2.55/86\ 400 \times 1 = 0.295(m^3/s)$。

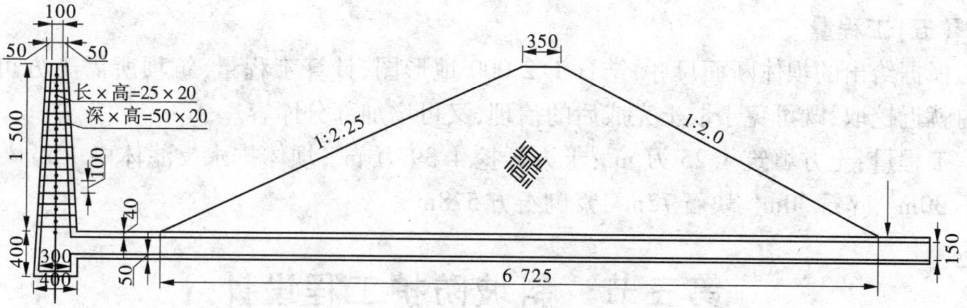

图6-2-5 竖井和涵洞断面尺寸 （单位：cm）

4）水力计算

（1）竖井放水孔数量及断面尺寸计算。

竖井自上而下分层设置放水孔口，孔口为矩形。放水孔断面尺寸的计算按下式进行：

$$\omega = 0.174Q/H^{1/2}$$

式中 ω——设计放水孔面积，m^2；

Q——设计放水流量；

H——放水孔口中心以上水深，m，取$H = 0.5m$。

经计算得$\omega = 0.073m^2$。孔口尺寸取20cm×20cm，则每层设两个放水孔。

（2）输水涵洞水力计算。

按设计要求，为保证涵洞内为无压流，涵洞充水深度应小于其净高的75%，本例涵洞纵坡为1/100。其断面尺寸按明渠均匀流公式计算。

明渠均匀流公式：

$$Q = AC(Ri)^{1/2}$$

式中 Q——涵洞过水流量；

A——明渠断面面积，m^2；

C——流量系数，按$C = \frac{1}{n}R^{1/6}$计算；

R——水力半径，m；

i——涵洞的比降。

为满足涵洞检修的需要，确定涵洞的断面尺寸为$B \times H = 0.8m \times 1.2m$。

令$B = 0.8m, H = 0.025, i = 1/100$；

设$h = 0.39$，则$\omega = Hh = 0.8 \times 0.39 = 0.312(m^2)$；

$X = 2h + B = 2 \times 0.39 + 0.8 = 1.58(\mathrm{m})$；

$R = \omega / X = 0.312/1.58 = 0.197(\mathrm{m})$；

$C = \frac{1}{n} R^{1/6} = \frac{1}{0.025} \times 0.197^{1/6} = 30.51$；

$Q = AC(Ri)^{1/2} = 0.312 \times 30.51 \times (0.197 \times 1/100)^{1/2} = 0.41(\mathrm{m^3/s}) > 0.295$，所以假设成立，即正常水位为 $h = 0.39\mathrm{m} \approx 0.40\mathrm{m}$。

故拟定尺寸 $B \times H = 0.8\mathrm{m} \times 1.2\mathrm{m}$ 既满足过水要求，又满足检修要求。

（五）工程量

根据给出的坝体断面尺寸，结合 1∶2 000 地形图，计算工程量，筑坝所需土方可在库区内就近挖取，既可免于取土完成后的治理，又可增加部分库容。

工程量：土方填筑 4.25 万 $\mathrm{m^3}$；土方开挖 4.39 万 $\mathrm{m^3}$；坝体排水反滤体中 $132\mathrm{m^3}$，其中砂子 $30\mathrm{m^3}$、碎石 $30\mathrm{m^3}$、块石 $72\mathrm{m^3}$，浆砌石方 $578\mathrm{m^3}$。

第三节　斜坡防护工程设计

开发建设项目在基建过程中，开挖、回填、弃土（石、沙、渣）形成的坡面，由于原地表植被遭破坏，裸露地面在风力、重力或水力等外营力侵蚀作用下，容易产生水土流失，必须采取边坡防护工程。

一、设计原则与要求

（一）设计原则

（1）开发建设项目因开挖、回填、弃土（石、沙、渣）形成的坡面，应根据地形、地质、水文条件、施工方式等因素，采取挡墙、削坡开级、工程护坡、植物护坡、坡面固定、滑坡防治等边坡防护措施。

（2）根据边坡稳定性分析、行业防护要求、技术经济分析等，确定护坡的类型和标准。对于土（沙）质坡面或风化严重的岩石坡面，应采取挡墙工程，保证边坡的稳定。对于易风化岩石或泥质岩层坡面，在采用削坡卸荷稳定边坡工程之后，还应采取喷锚支护工程固定坡面。对于易发生滑坡的坡面，采取削坡反压、拦排地表水、排除地下水、滑坡体上造林、抗滑桩、抗滑墙等滑坡整治工程。

（3）大型护坡工程应进行必要的勘探和试验，并采取多种方法进行比较论证，确定合理的护坡工程形式、结构、断面尺寸、基础处理等。

（4）护坡工程应力求与植物措施相结合，对经防护达到安全稳定要求的边坡，宜恢复林草植被。有关护坡植物工程设计详见本教材植物建设工程有关内容。

（二）设计要求

1. 可行性研究阶段

（1）根据调查勘测资料，明确护坡工程的任务和规模，进行方案比选，基本确定护坡工程的类型，力求拟定植物护坡与工程护坡的结合方案。

（2）进行稳定性分析，初步拟定具体布置形式、断面，估算工程量。

2. 初步设计阶段

(1)大型护坡工程需进行必要的地质勘探,复核稳定性。

(2)确定护坡工程的具体布置、结构、断面尺寸等,明确建筑材料来源及运输条件等。

二、斜坡防护工程适用(对象)范围

按照斜坡土质情况,通过稳定计算确定边坡的坡度值,并根据边坡的高度和坡度等不同条件,分别采取不同的护坡工程。主要有以下几种:

(1)对边坡高度大于4m、坡度大于1:1.5的,应采取削坡开级工程。

(2)对边坡小于1:1.5的土质或沙质坡面,可采取植物护坡工程。

(3)对堆置物或山体不稳定处形成的高陡边坡,或坡脚遭受水流淘刷的,应采取工程护坡措施。

(4)对条件较复杂的不稳定边坡,应采取综合护坡工程。

(5)对滑坡地段应采取滑坡治理工程。

三、斜坡防护工程的类型及适应条件

(一)削坡开级

1. 土质坡面的削坡开级

主要有直线形、折线形、阶梯形、大平台形等4种形式。

(1)直线形。直线形削坡就是从上到下,整体削成同一坡度,削坡后比原坡度减缓,达到该类土质的稳定坡度。适用于高度小于20m、结构紧密的均质土坡,或高度小于12m的非均质土坡。对有松散夹层的土坡,其松散部分应采取加固措施。

(2)折线形。折线形削坡重点是削缓上部,削坡后保持上部较缓、下部较陡的折线形。适用于高12~20m、结构比较松散的土坡,特别适用于上部结构较松散、下部结构较紧密的土坡。上下部的高度和坡比,根据土坡高度与土质情况具体分析确定,以削坡后能保证稳定安全为原则。

(3)阶梯形。阶梯形削坡就是对非稳定坡面进行开级,使之台坡相间以保证土坡稳定。它适用于高12m以上、结构较松散,或高20m以上、结构较紧密的均质土坡。每一阶小平台的宽度和两平台的高差,根据当地土质与暴雨径流情况具体研究确定。一般小平台宽1.5~2.0m,两台间高差6~12m。干旱、半干旱地区,两台间高差大些;湿润、半湿润地区,两台间高差小些。对于陡直坡面可先削坡后开级,开级后应保证土坡稳定。

(4)大平台形。大平台形是削坡开级的特殊形式,一般开在土坡中部,宽4m以上。适用于高度大于30m,或在8°以上高烈度地震区的土坡。平台具体位置与尺寸,需根据《地震区建筑技术规范》对土质边坡高度的限制分析确定,并对边坡进行稳定性验算。

2. 石质坡面的削坡开级

适用于坡度陡直或坡型凹凸、荷载不平衡或存在软弱夹层的非稳定坡面。除坡面石质坚硬、不易风化的外,削坡后的坡比一般缓于1:1。石质坡面削坡应留出齿槽,齿槽间距3~5m,齿槽宽度1~2m。在齿槽上修筑排水明沟和渗沟,一般深10~30cm,宽20~50cm。

3. 坡脚防护

削坡后因土质疏松可能产生碎落或塌方的坡脚，应修筑挡土墙予以防护，墙型选择、断面设计、稳定性分析、基础处理等具体参照《开发建设项目水土保持技术规范》(GB50433—2008)有关规定执行。无论土质削坡还是石质削坡，都应在距坡脚1m处开挖防洪排水渠，断面尺寸根据坡面来水情况计算确定。

4. 坡面防护

削坡开级后的坡面，应采取植物护坡措施。在阶梯形的小平台和大平台形的大平台中，宜种植乔木或果树，其余坡面可种植草类、灌木。植物护坡有关技术，参见本章“植物护坡”一节的要求执行。

5. 斜坡截排水

(1)山坡截水沟。在坡面上方距开挖(或填筑)边缘线10m以外布置山坡截水沟工程。

(2)平台截水沟。在阶梯形和大平台形削坡平台布置平台截水沟。

(3)急流槽。顺削坡面或坡面两侧布置急流槽或明(暗)沟工程，将山坡截水沟和平台截水沟中径流排泄至排水边沟。

(4)排水边沟。在削坡坡脚布置排水边沟，将急流槽中的洪水或径流排泄至河道(沟道)，以及其他排水系统中。

斜面截排水设计参照《水土保持综合治理　技术规范》(GB/T16453.4—1996)及有关规范中的规定执行。

(二)植物护坡

1. 种草护坡

对坡比小于1:1.5，土层较薄的沙质或土质坡面可采取种草护坡工程。

(1)种草护坡应先将坡面进行整治，并选用生长快的低矮匍伏型草种。

(2)种草护坡应根据不同的坡面情况采用不同的方法。一般土质坡面采用直接播种法；密实的土质边坡上，采取坑植法；在风沙坡地，应先设沙障，固定流沙，再播种草籽。

(3)种草后1～2年内，进行必要的封禁和抚育措施。

2. 造林护坡

对坡度10°～20°，在南方坡面土层厚15cm以上、北方坡面土层厚40cm以上、立地条件较好的地方，采用造林护坡。

(1)造林护坡应采用深根性与浅根性相结合的乔灌木混交方式，同时选用适应当地条件、速生的乔木和灌木树种。

(2)在坡面的坡度、坡向和土质较复杂的地方，将造林护坡与种草护坡结合起来，实行乔、灌、草相结合的植物或藤本植物护坡。

(3)坡面采取植苗造林时，苗木宜带土栽植，并应适当密植。

(三)工程护坡

1. 砌石护坡

砌石护坡有干砌石和浆砌石两种形式，可根据不同需要分别采用。

1)干砌石护坡

(1)坡面较缓(1:2.5～1:3.0)、受水流冲刷较轻的坡面，采用单层干砌块石护坡或双层干砌块石护坡。

(2)坡度小于1:1,坡体高度小于3m,坡面有涌水现象时,应在护坡层下铺设15cm以上厚度的碎石、粗砂或砂砾作为反滤层。封顶用平整块石砌护。

(3)干砌石护坡的坡度根据土体的结构性质而定,土质坚实的砌石坡度可陡些,反之则应缓些。一般坡度1:2.5~1:3.0,个别可为1:2.0。

2)浆砌石护坡

(1)坡度在1:1~1:2之间,或坡面位于沟岸、河岸,下部可能遭受水流冲刷,且洪水冲击力强的防护地段,宜采用浆砌石护坡。

(2)浆砌石护坡由面层和起反滤作用的垫层组成。面层铺砌厚度为25~35cm;垫层又分单层和双层两种,单层厚5~15cm,双层厚20~25cm。原坡面如为砂、砾、卵石,可不设垫层。

(3)对长度较大的浆砌石护坡,应沿纵向每隔10~15m设置一道宽约2cm的伸缩缝,并用沥青或木条填塞。

2. 混凝土护坡

混凝土护坡是在边坡坡脚可能遭受强烈洪水冲刷的陡坡段,采取混凝土(或钢筋混凝土)护坡,必要时需加锚固定。

(1)边坡介于1:1.0~1:0.5之间的、高度小于3m的坡面,用一般混凝土砌块护坡,砌块长、宽各30~50cm;边坡陡于1:0.5的,用钢筋混凝土护坡。

(2)坡面有涌水现象时,用粗砂、碎石或砂砾等设置反滤层。涌水量较大时,修筑排水盲沟。盲沟在涌水处下端水平设置,宽20~50cm,深20~40cm。

3. 喷浆护坡

喷浆护坡是在基岩裂隙小、无大崩塌的坡段,采用喷浆机进行喷浆或喷混凝土护坡,以防止基岩风化剥落。若能就地取材,用可塑胶泥喷涂则较为经济,可塑胶泥也可作喷浆的垫层。注意不要在涌水和冻胀严重的坡面喷浆或喷混凝土。

(1)喷射水泥砂浆厚度为5~10cm,喷射混凝土厚度为10~25cm,在冻融地区喷射厚度最好在10cm以上。在地质软弱、温差大的地区,喷射厚度应相应增厚。

(2)喷射水泥砂浆的砂石料最大粒径15mm,水泥和砂石的重量比为1:4~1:5,水灰比0.4~0.5。速凝剂的添加量为水泥重量的3%左右。

(3)喷射混凝土时,灰砂石比(c:s:g)为1:3:1~1:5:3,水灰比为0.4~0.5。在坡面高、压送距离长的坡面上喷射时,采用易于压送的配合比标准,灰砂石比为1:4:1,水灰比用0.5。喷混凝土的力学指标为:混凝土标号不低于C20,抗拉强度不低于1.5MPa(15kg/cm^2),抗冻标号不低于S_8,喷层与岩层的粘结强度在中等以上的岩石中,不宜小于0.5MPa(5kg/cm^2)。

(4)喷浆前必须清除坡面上松动岩石、废渣、浮土、草根等杂物,填堵大缝隙、大坑洼。

(5)破碎程度较轻的坡段,可根据当地土料情况就地取材,用胶泥喷涂护坡,或用胶泥作为喷浆的垫层。

4. 抛石护坡

当边坡坡脚位于河(沟)岸,暴雨条件下可能遭受洪水淘刷作用时,对枯水位以下部分采取抛石护坡。抛石护坡有散抛块石、石笼抛石和草袋抛石三种形式,根据具体情况选择采用。其技术要求可参照本章"护岸护滩工程"中的有关规定执行。

5. 综合护坡

1)砌石草皮护坡

在坡度小于1:1、高度小于4m、坡面有涌水的坡段采用砌石草皮护坡。

(1)砌石草皮护坡有两种形式,根据具体条件分别采用:坡面下部1/2~2/3采取浆砌石护坡,上部采取草皮护坡;坡面从上到下每隔3~5m沿等高线修一条宽30~50cm的砌石条带,条带间的坡面种植草皮。

(2)砌石部位一般在坡面下部的涌水处或松散地层显露处,在涌水较大处设反滤层。

2)格状框条护坡

在路旁或人口聚居地的土质或沙土质坡面采用格状框条护坡。

(1)用浆砌石在坡面做成网格状。网格尺寸一般2.0m见方,或将每格上部做成圆拱形;上下两层网格呈"品"字形排列。浆砌石部分宽0.5m左右。

(2)在护坡现场直接浇制宽20~40cm、长12m的混凝土或用钢筋混凝土预制构件,修成格状建筑物。为防止格状建筑物沿坡面下滑,应固定框格交叉点或在坡面深埋横向框条。

(3)在网格内种植草皮。种草方法参照SL204—98中4.3的要求执行。

3)挂网喷草护坡

挂网喷草护坡是指利用活性植物并结合土工合成材料等工程材料,在坡面构建一个具有自身生长能力的防护系统,通过植物的生长对边坡进行加固的一门新技术。挂网喷草护坡不仅显著提高了边坡的整体和局部稳定性,而且还有利于边坡植被的生长,同时工程造价也较低,符合边坡工程的发展方向,在我国水土保持中有很大的应用价值。

(1)边坡处理。将边坡上杂石碎物清理干净,将低洼处回填夯实平整,确保坡面平顺。

(2)铺设三维网。铺设:将三维植被网沿坡面由上至下铺于坡面上,网与坡面之间保持平顺结合。

预埋:三维网铺于坡顶时需延伸40~80cm,埋于土中并压实。

锚固:将三维网自下而上用ϕ6mm以上的U形钢筋固定,U形钢筋长15~30cm,宽约1cm,U形钢筋间距1.5~2.5m,中间用8#U形铁钉或竹钉进行辅助固定。

覆土:三维植被网铺设完毕,将泥土均匀覆盖于三维植被网上,将网包覆盖住,直至不出现空包,确保三维植被网上泥土厚度不小于12mm。然后将肥料、生长素、粘固剂按一定比例混合均匀,撒施于表层。肥料为氮:磷:钾=15:15:15或氮:磷:钾=10:8:7的复合肥及含N有机质,肥量为30~50g/m^2。

(3)喷播。覆土回填完毕,进行液压喷播,即将草籽(按每平方米25g左右喷播)和促使其生长的附着剂、木纤维、肥料、生长素、保湿剂及水按一定比例混合搅拌,形成均匀混合液,通过液压喷播机均匀喷洒于坡面上。

(4)覆盖。喷播植草施工完成之后,在边坡表面覆盖无纺布,以保持坡面水分并减少降雨对种子的冲刷,促使种子生长。若温度太高,则无需覆盖,以免病虫害的发生。

(5)养护管理。喷草施工完成之后,必须定期进行养护,直到草坪成坪。待草坪长至

5cm左右时，即可揭开无纺布。

（四）坡面固定

在有裂隙的、坚硬的岩质斜坡上，为了增大抗滑力或固定危岩，可用锚固法，所用材料为锚杆或预应力钢筋。

1. 锚杆支护

在节理、裂隙、层理的岩石坡面，根据岩石破坏的可能形态（局部或整体性破坏），采用局部（或对个别“危石”）锚杆加固，或在整个横断面上系统锚固加固。锚杆应穿过松弱区或塑性区进入岩层或弹性区一定深度，打入楔子并浇水泥混砂浆固定其末端，地面用螺母固定。锚杆杆径为16～25mm，长2～4m，间距一般不宜大于锚杆长度的1/2，对不良岩石边坡应大于1.25m，锚杆应垂直于主结构面，当结构面不明显时，可与坡面垂直。

锚杆根据加固需要可采用预应力钢筋，将钢筋末端固定后要施加预应力，为了不把滑面以下的稳定岩体拉裂，事先要进行抗拔试验，使锚固末端达滑面以下一定深度，并且相邻锚固孔的深度不同。根据坡体稳定计算求得的所需克服的剩余下滑力来确定预应力大小和锚孔数量。

2. 喷锚支护

对强度不高或完整性差的岩石坡面，当仅采用锚杆加固难以维持锚杆之间的围岩稳定时，常需采用锚杆与喷混凝土联合支护。

3. 喷锚加筋（挂网）支护

对软弱、破碎岩层，如锚杆和喷混凝土所提供的支护反力不足时，还可加钢筋网，以提高喷层的整体性和强度并减少温度裂缝。钢筋网一般用ϕ6mm～12mm，网格尺寸为20cm×20cm～30cm×30cm，距岩面3～5cm与锚杆焊接在一起，钢筋的喷混凝土保护层厚度不应小于5cm。

（五）滑坡整治

根据不同情况可分别采取削坡反压、阻挡地面水、排除地下水、滑坡体上造林、抗滑桩、抗滑墙，以及几种办法相结合的措施。

1. 削坡反压

适用于上陡下缓的移动式滑坡。将上部陡坡挖缓，削头取土，减轻上部荷载，将其反压在下部缓坡上，控制上部向下滑动，如图6-3-1所示。

2. 阻挡地面水、排除地下水

适用于地面和地下水较易形成滑坡主导因素的情况。首先在滑坡外缘开挖截水沟，阻挡并排除来自滑坡外围的水体，同时在滑床面修建纵、横排水系统，排除滑坡体内的地下水，防止其进入滑动面，制止土体下滑。

3. 滑坡体上造林

适用于滑坡体基本稳定，但由于人为挖损等原因仍有滑坡潜在危险的坡面。在滑坡体上种植深根性乔木和灌木，利用植物根系巩固坡面，同时利用植物蒸腾作用，减少地下水对滑坡的促动，如图6-3-2所示。

4. 抗滑桩

对建设施工区坡面两种岩层间有塑性滑动层，开挖后易引起上部剧烈滑动的，采取抗

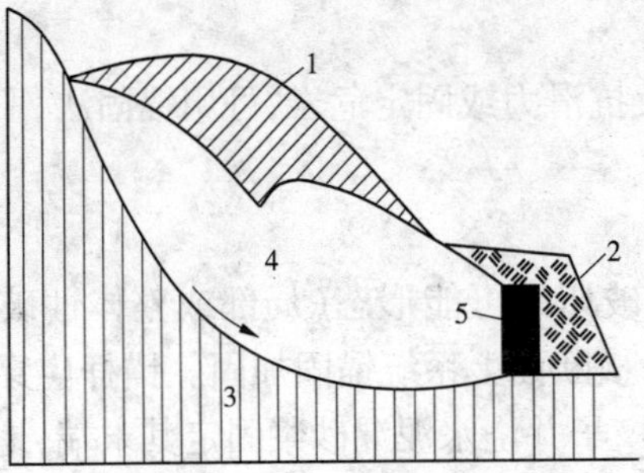

图 6-3-1　削坡反压

1—削土减重部位；2—卸土修堤反压；3—渗沟；4—滑坡体；5—不透水层

图 6-3-2　滑坡体上造林

1—排水沟；2—坡面造林；3—滑坡体；4—不透水层

滑桩工程稳定坡面，如图 6-3-3 所示。

（1）抗滑桩主要适用浅层及中型非塑滑坡前沿，对于塑流状深层滑坡则不宜采用。

（2）抗滑桩断面及布设密度根据作用于桩上土体特性、下滑力大小，以及施工条件等因素确定。

（3）抗滑桩的埋深与下滑推力及滑床土体物理学性质有关，应通过桩结构应力分析确定。

（4）抗滑桩可与其他措施配合使用，根据当地具体情况可在抗滑桩间加设挡土墙、支撑等建筑物。

5. 抗滑墙

这是利用抗滑墙重力阻止滑体下滑的工程措施，如图 6-3-4 所示。

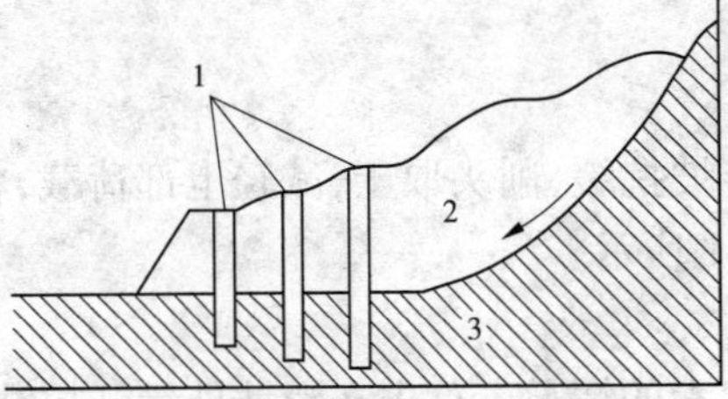

图 6-3-3　抗滑桩

1—抗滑桩；2—滑坡体；3—不透水层

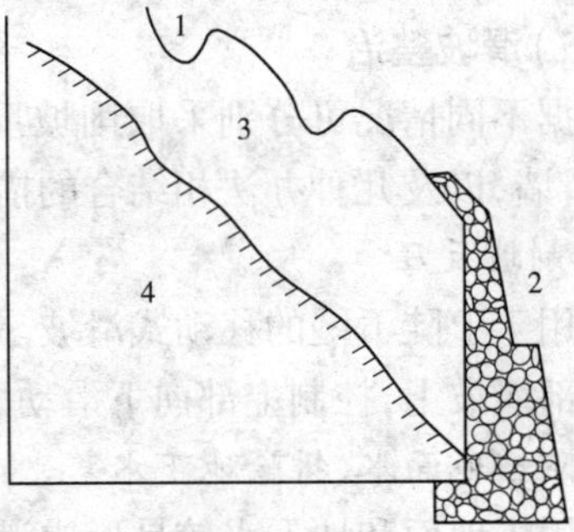

图 6-3-4　抗滑墙

1—排水沟；2—挡滑墙并块石护坡；3—滑坡体；4—不透水层

四、斜坡防护工程的稳定性分析

（一）影响边坡稳定的因素

斜坡在自身重量及外力作用下，坡体内将产生切向应力，当切应力大于土的抗剪强度时，就会产生剪切破坏。开发建设项目基建工程中经常遇到斜坡稳定问题，如果处理不当，斜坡失稳产生滑动，不仅影响工程进展，而且可能导致工程事故甚至危及生命安全，应当引起足够重视。

影响斜坡稳定的因素很多,包括斜坡的边界条件、岩(土)质条件和外界条件等。具体因素如下:

(1)边坡坡角。坡角越小就越安全,但不经济;坡角太大,则经济而不安全。

(2)坡高。试验研究表明,其他条件相同的土坡,坡高越小,土坡越稳定。

(3)岩(土)的性质。岩(土)的性质越好,斜坡越稳定。

(4)地下水的渗透力。当土坡中存在与滑动方向一致的渗透力时,对斜坡不利。

(5)震动作用。强烈地震、工程爆破和车辆震动等,都有可能引起边坡应力的瞬时变化,会使岩(土)的强度降低,对斜坡稳定性产生不利影响。

(6)施工不合理。对坡角的不合理开挖或超挖,将使坡体的被动抗力减小。

(7)人类活动和生态环境的影响。

(二)工程护坡的安全稳定性校核

斜坡防护工程的稳定性校核包括边坡表层滑动稳定性分析和边坡深层滑动稳定性分析,常见的边坡稳定计算方法有瑞典圆弧滑动法、条分法、毕肖普法、泰勒图表法等,各方法的具体应用请参照相关资料和规范。目前,斜坡防护工程的稳定性校核已经有了较为成熟的计算软件,可直接利用软件进行计算,以提高设计质量。

(三)无需稳定性校核的护坡工程

当开挖或填筑边坡在规范规定的稳定边坡范围内时,斜坡防护工程可不进行稳定安全校核。各种土类填土边坡以及碎石土边坡的稳定坡度见表6-3-1和表6-3-2。

表6-3-1　各种土类填土边坡的稳定坡度(高度:水平距离)

填土高度(m)	粘土	粉砂	细砂	中砂至碎石	风化岩屑(页岩、千枚岩等)
<6	1:1.5	1:1.75	1:1.75	1:1.5	1:1.5~1:1.75
6~12	1:1.75	1:2.0	1:2.0	1:1.5	1:1.75~1:2.0
12~18	1:2.0	1:2.5	1:2.0	1:1.75	1:2.0~1:2.25
20~30	1:2.0	—	—	1:2.0	—
30~40	1:2.0	—	—	1:2.25	—

五、案例分析

(一)基本情况

某水电站工程弃渣场位于右岸坝址下游约密度2.5km处,堆渣量约582.1 5万m^3,堆渣高程为390~485m,弃渣不受洪水影响。已知弃渣渣体干密度为20.3kN/m^3,湿密度为22.3kN/m^3,等效内摩擦角32°,渣场基础覆盖层干密度为18.1kN/m^3,湿密度为20.2kN/m^3,等效内摩擦角32°,渣场基础允许承载力为0.5MPa。请对该弃渣场的边坡进行防护设计。

表 6-3-2 碎石土边坡的稳定坡度参考值(高度:水平距离)

土体结合密实程度		边坡高度		
		<10m	10~20m	20~30m
胶结的		1:0.30	1:0.30~1:0.50	1:0.50
密实的		1:0.50	1:0.50~1:0.75	1:0.75~1:1
中等密实的		1:0.75~1:10	1:1	1:1.25~1:1.5
松散的	大多数块径>40cm	1:0.50	1:0.75	1:0.75~1:1
	大多数块径>25cm	1:0.75	1:1.00	1:1.00~1:1.35
	块径一般小于25cm	1:1.25	1:1.50	1:1.50~1:1.75

(二)弃渣场斜坡防护工程设计

1. 渣场稳定性分析

1)计算方法

渣场稳定计算方法采用瑞典圆弧法,计算软件采用理正岩土系列软件。本工程弃渣主要为碎块石,渣体凝聚力低,从偏安全角度考虑,可作为无粘性土考虑。

2)计算条件

(1)渣料按无粘性土考虑,不计渣体凝聚力;

(2)假定堆渣体渣料单一均匀;

(3)由于渣体的渗透性较强,假定渣体内部的浸润线与外界的水位一致;

(4)计算工况为正常工况,即为堆渣完毕后的工况。

3)计算结果

根据已知的渣料及渣场基础物理力学参数值,当渣场边坡坡比为1:2时,其渣场边坡稳定安全系数为1.246,大于其边坡稳定安全系数允许值1.15,表明渣场边坡稳定性满足规范要求。

2. 边坡防护设计

为提高弃渣场渣体的整体稳定性,堆渣完毕后需对坡面进行削坡开级处理,处理后渣体边坡为1:2,高程每升高10m增设宽2m的马道。

为恢复渣场坡面植被,加强景观效果,在渣场坡面采用拱形浆砌石网格植草护坡。浆砌石网格尺寸为3.0m×3.0m,中心转角120°,浆砌石骨架尺寸0.4m×0.4m(宽×高),网格骨架设计埋深20cm,顶部出露坡面20cm,浆砌石网格每10m设置一条2cm宽沉降缝,缝填塞沥青木板,骨架外缘设10cm高排水凸坎,将坡面集水汇入坡脚排水沟内,坡顶布置0.5m宽浆砌石封顶,坡脚布置浆砌石脚槽及排水沟,网格骨架交接处设置ϕ80mm的PVC排水管,排水管进口处包裹土工布反滤。

弃渣场边坡防护设计具体见图6-3-5。

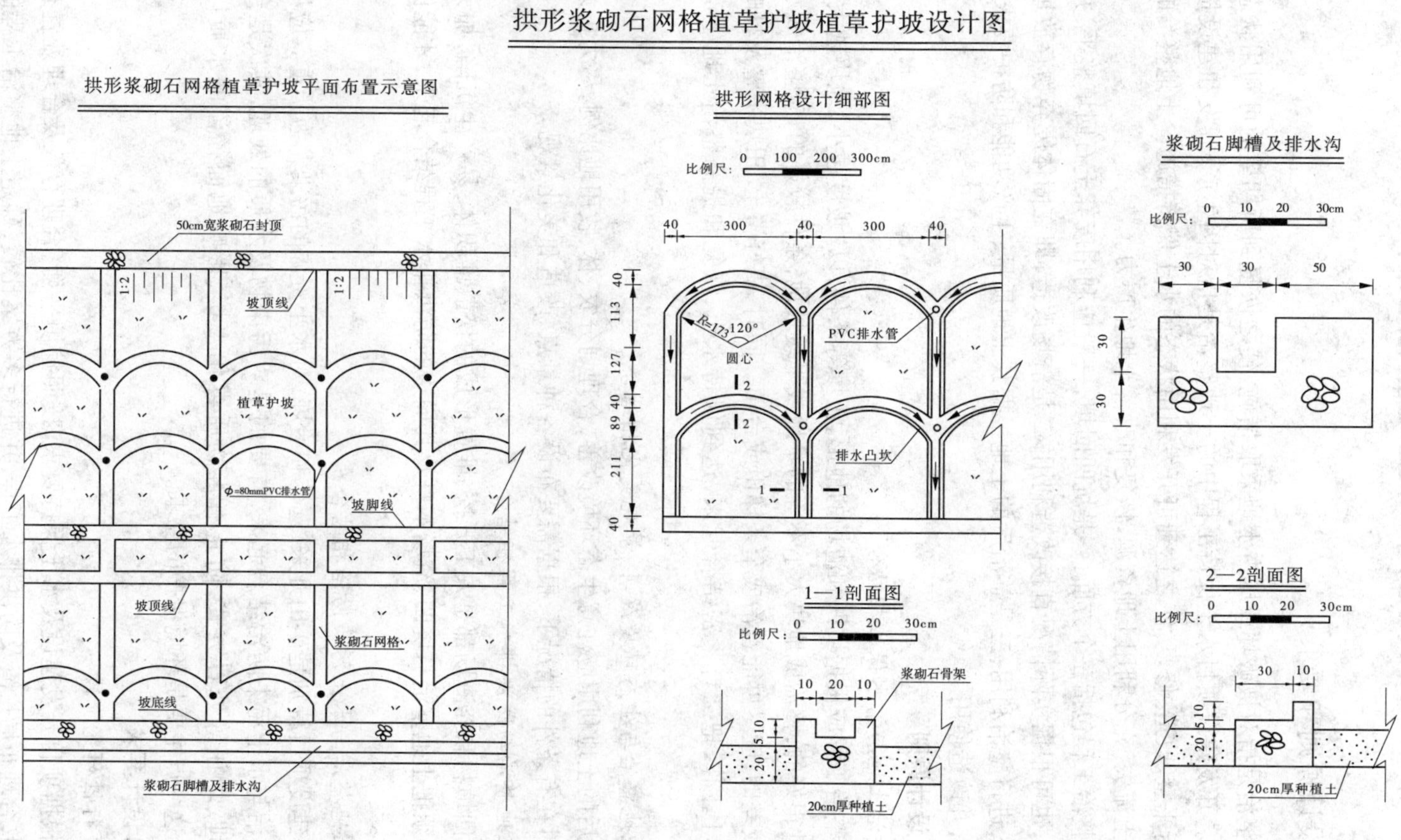

图6-3-5　弃渣场边坡防护工程设计图

第四节　土地整治设计

一、设计原则和要求

土地整治是指对被破坏或压占土地采取措施，使之恢复到所期望的可利用状态的活动或过程。开发建设项目水土保持工程中的土地整治是指对因生产、开发和建设损毁的土地，进行平整、改造、修复，使之达到可开发利用状态的水土保持措施。土地整治的重点是控制水土流失，充分利用土地资源，恢复和改善土地生产力。

土地整治工程包括三个方面：一是坑凹回填，一般应利用废弃土石回填整平，并覆土加以利用，也可根据实际情况直接改造利用；二是渣场改造，即在固体废弃物存放地终止使用以后，进行整治利用；三是整治后的土地根据其土地质量、生产功能和防护要求，确定利用方向，并改造使用。

（一）设计原则

1. 整治土地与蓄水保土相结合

土地整治工程应根据坑凹和渣场的地形、土壤等条件，以"坡度越小，地块越大"为原则，对条件很好的，整治成地块大小不等的平地或平缓坡地；条件较好的，应整治成水平梯田；条件较差的，应尽可能整治成窄条梯田或台田。同时，搞好覆土、田块平整及打畦围堰等蓄水保土工作，把二者紧密结合起来，达到保持水土、恢复和提高整治土地生产力的目的。

2. 土地整治与生态环境改善、景观美化相结合

整治后的土地利用应注意生态环境改善，合理划分农、林、牧用地比例，尽力扩大林草面积，同时在有条件的情况下，根据需要布设各种景点，改造和美化景观。

3. 土地整治与防洪排水工程相结合

坑凹回填物和弃渣场都是人工开挖、堆置形成的松散堆积体，易产生沉陷，加大产流汇流。必须把土地整治与坑凹、渣场本身及其周边的防洪排水工程结合起来，才能保障土地的安全。

4. 土地整治与水土污染防治相结合

开发建设项目特别是矿山开采、选矿和冶炼，对水土资源的污染尤为严重。应尽可能把土地整治与水土污染防治结合起来，首要的是对污染物及水质的处理，其次是土地整治，如包埋、填压等处置方式，防止有毒物质毒化土壤、影响地面径流的水质以及植物生长。这一点主要是环境保护的要求。

（二）设计要求

1. 可行性研究阶段

（1）根据项目开发建设及水土保持要求，按照挖填平衡、合理存放及合理处置有毒物质的原则，合理布局拦渣及防洪排水工程，并进行多方案比较，确定土地整治工程的总体方案。

（2）比选确定存放弃土、弃石、弃渣、尾矿、尾沙等场地及其堆放方式、堆放量、堆放高

度、稳定坡度和拦挡防护工程等方案。估测坑凹回填量、物质组成，比选确定平整、覆土的工艺和程序。估算土地整治的工程量。

（3）根据土地整治工艺，估计土地质量，根据生产功能、防护功能和景观美化功能，比选确定土地开发利用方案。

2. 初步设计阶段

（1）坑凹回填：回填面积与深度确定、回填物碾压容重的测定、回填碾压方式的确定、可能的沉陷及其危害预测与防治措施的确定；覆土厚度、覆土方量、覆土工艺的确定（尽可能与有毒物质处置措施结合起来）；并对回填物和覆土的运输线路、必要道路和坑凹利用进行设计。

（2）渣场改造：渣场或排土场、排矸场、尾矿库、贮灰场等面积、高度、坡度及稳定性等的补充论证分析；排渣场整治工艺设计（若主体设计中已有此内容，应根据水土保持要求提出合理的修正意见和措施）、覆土工艺设计；与土地整治结合的弃渣有毒物质处置措施的确定。

（3）相关设计：应根据土地位置、坡度、质量等进行土地适宜性评价，确定整治后的土地利用方向、方式和模式；农业利用的土壤改良措施设计、林牧业利用的植被配置和营造设计，其他利用方式的相关设计。

二、坑凹回填

坑凹是在基建和生产过程中挖掘形成的，主要可分为两种情况：一是剥离坑凹，如取土场、取石场、取沙场、路基两侧取土基坑、小型浅层露天采场、大型深层露天采场等；二是塌陷凹地，如井巷开采产生塌陷地等。

（一）剥离坑凹

剥离坑凹的土地整治主要是回填（填埋）、推平或垫高，以适应新的地形，形成新的合适坡度，并尽可能覆土。实施程序是回填—整平—覆土。

1. 回填工程

回填物应首先考虑弃土、弃石和弃渣，并力求做到“挖填平衡”。浅坑凹回填，一般广泛采用条带式分条回填，或任意的工作线回填，具体应由回填条件和工程要求决定。深坑回填有一定的工艺要求，如大型露天采坑，设计上采用采排结合的方式，终了采坑（即采矿结束时的最后采坑）回填后成为内排土场。此类项目的回填工艺设计一般是纳入主体设计之中的，但应论证其是否符合水土保持要求，并提出修正意见。

2. 整平工程

回填结束后开始堆垫场地的整平工程，可分两步进行，一是粗整平，二是细整平。由于坑凹分布的位置、地形不同，整平方式也不同。平地和宽缓平地上的坑凹回填后，堆垫高度基本接近原地面，可全面进行粗整平，在沉降稳定之前，补填沉陷穴、沉陷裂缝，并进行细整平，以待覆土。坡地上的坑凹回填之前，可在坑凹下坡部位修筑必要的挡拦建筑物，采用分阶后退的方法，然后通过粗整平，形成平行于等高线的阶式梯田，之后进一步细整平，并考虑防洪排水等设施。露天采场一般回填后形成高于原地面的排土场，整平过程与外排土场或弃渣场基本相同。

3. 覆土工程

土地整平工作结束之后即可覆盖物料，黄土区或附近有取土条件的地方表层应覆土。覆土厚度依据土地利用方向确定，农业用地 80～100cm，林业用地 50～80cm，牧业用地 30～50cm。取土困难的地方，可覆盖易风化物如页岩、泥岩、泥页岩、污泥等物料。覆盖物顺序倾倒后形成"堆状地面"，若作为农业用地，必须进一步整平；若为林牧业用地，可直接采用"堆状地面"种植，具有自动填补沉陷裂缝、分散贮存地面径流的功能。

（二）塌陷凹地

采空塌陷与矿产地质、开采工艺、地下水等条件有着密切的关系，对于拟建矿应准确预测塌陷的范围、深度和危害的程度，并提出相应的对策。已形成的塌陷凹地，应根据其深度分别采取整治利用措施。塌陷深度小于 1m 的，推土回填平整，然后作为农业用地；对塌陷深度 1～3m 的，可采取挖深垫高的办法，挖深段可蓄水养鱼、种藕，垫高段进行农业利用。必须注意塌陷凹地在我国南北方差异很大，应因地制宜，采取相应的措施。

三、坑凹直接利用

坑凹回填成本较高，若有条件可改造为蓄水池、养鱼池，也可结合周围地形、景观综合规划进行人工景观设计，如大型坑凹可设计为人工湖。

四、渣场改造

渣场是指固体废弃物的存放场所，如排土场、矸石山、贮灰场、尾矿库的堆放场地。渣场改造包括整治和覆土两部分内容。对于已有渣场，改造之前首先应确定弃土弃渣堆放场地是否合理，如不符合水土保持法及其他法律的规定，必须进行清理，搬运至规定的合理存放地。对可能造成滑坡、塌方等严重水土流失的渣场，改造之前应考虑修建挡拦建筑物、防排水工程或其他稳定边坡措施。

（一）平地渣场改造

平地起堆的渣场，根据堆置高度、弃渣容重及弃渣沉降性能等综合分析其稳定性。一般高度低于 3m 的，外围修筑拦渣围堰，并平整堆渣，然后覆土；高于 3m 的，根据稳定性分析设计挡土墙，并作落堆处理，最好修筑为阶式水平梯田，并覆土；大型平地起堆的排土场，应结合采排工艺进行设计；对于降水易产生淋溶污染的尾矿、尾沙、赤泥，设计时应采用严格防止径流外泻和渗漏的措施，毒性较大的弃渣必须包埋或作其他必要的处理，然后考虑覆土。

（二）坡地渣场改造

沿斜坡和沟岸倾倒形成的坡地渣场，应根据稳定情况，在坡脚部位修筑挡墙和护坡工程，坡顶修筑截水天沟，排泄上方来水。斜坡面根据坡度大小，选择水平梯田、窄条梯田、水平阶及水平沟等多种整治形式，并修建内部排水系统，然后覆土改造。

（三）拦渣坝和尾矿（沙）库整治

拦渣坝内弃渣弃土终止使用后，应平整渣面，覆土改造利用。尾矿库和尾沙库多数含有有毒物质，除必要的防渗漏和排水净化等措施外，可根据情况深埋，然后覆土改造利用。

拦渣坝、尾矿库还应处理好上游防洪问题。

五、整治后的土地利用

整治后的土地应根据其地理区位条件、坡度、土地生产力及所在区域的人口、经济和社会状况等,进行土地适宜性评价,确定土地利用方向,并提出恢复土地生产力的措施。对于拟建项目土地利用方向的确定是预测性的或具有设计意义的,对于已建成或投产的项目,则是现状评价。

(一)土地适宜性评价

土地适宜性评价是确定土地利用方向的基础,同时起着规范土地整治和指导水土保持措施布局的作用。土地评价应遵循以下原则:

(1)综合分析原则。根据生产建设的工艺、区域自然条件、区域社会经济发展水平和水土保持要求,综合分析整治后土地的质量和利用价值。

(2)主导因子原则。对各种可能影响土地质量的因子进行筛选,选择主导因子参评,主要考虑限制性因子。

(3)土地质量与土地利用互动原则。整治土地一般有一个稳定过程,土地生产力也是不断提高的,可在不同时段内采取不同的利用方式,初期土地质量差可作为林牧利用,随着土地质量的提高可改作农业利用。

(4)尽可能恢复为耕地的原则。我国人口多,耕地面积严重不足,从长远看,只要符合耕地条件的应尽可能恢复为耕地。

(5)社会、生态和经济综合效益最佳原则。土地适宜性评价的过程是首先确定土地评价单元和可能的土地利用方式,其次选择参评因子和确定评价标准,最终确定土地利用方向。

评价的方法很多,有经验评价法、专家系统法和数学模型法等。

(二)整治后的土地利用

根据《开发建设项目水土保持方案技术规范》要求,整治后的土地,坡度在15°以下、基本稳定、土地质量好的可作为农业用地;坡度大于15°或土地质量差的可作为林牧业用地;经过专门处理的,也可根据具体需要进行其他利用,如作建筑用地、旅游景点或养鱼池塘等。

(三)土地生产力恢复措施

整治后的土地往往缺乏表土或覆盖土贫瘠,生产力很低,故必须采取有效措施,恢复和提高土地生产力,通常的措施有以下几种:

(1)种植绿肥植物,选择具有根瘤菌或其他固氮菌的植物,主要是豆科植物,可改良土壤。

(2)对于覆盖风化物的土地,应采取加速风化的措施,如用城市污泥、河泥、湖泥、锯末等改良物质,接种苔藓、地衣促进风化等。对于贫瘠土地,通常经化学分析确定氮、磷、钾比例,加大施肥量,快速培肥。

(3)pH值过低或过高的土地,可施用化学物料如黑矾、石膏、石灰等加以改善。

六、案例分析

【案例 6-4-1】 某煤矿塌陷土地治理

某煤矿为地下采煤,首采期沉陷区面积经预测为 121.3hm^2,地貌属丘陵区,土地类型均为农田,地表塌陷下沉盆地不明显,可能造成地表塌陷。水土保持方案的服务年限为 10 年,在服务期内,可根据地表沉陷破坏分为轻度、中度、重度三种类型,分类进行治理。

(1)塌陷区土地治理工程

矿区塌陷土地治理工程,主要是填堵地表裂缝和整理、恢复土地。根据塌陷土地类型特点,对耕地需进行恢复,对果园、林地一般保持原地貌,只对塌陷裂缝充填处理。治理工程可采用人工治理和机械治理两种方法。人工治理适用于轻度、中度破坏程度的土地,即采用人工就近挖取土石直接充填塌陷裂缝,将梯田挖高填低进行平整。这种方法土方工程量小,土地类型和土壤的理化性态基本不变。机械治理一般使用推土机和铲运机,适用于破坏程度严重的土地治理。其特点是工序复杂,土方工程量较大,农田整治后,土地类型和土壤的理化性质会有改变。

根据首采塌陷土地预测,轻度、中度塌陷破坏地占 92%,重度塌陷区面积只占 8%,所以采煤塌陷区治理方式以人工治理为主。

耕地的塌陷采用人工治理,梯田采用挖高填低的平整方法,挖填土方量基本平衡。

对土地塌陷区治理,采用以下工程设计:①按图斑、地块分区进行平面与立体设计,分地块进行整治;②土地平整及覆盖表土设计;③对塌陷土地治理的配套工程设计;④塌陷土地生态恢复方案设计等。通过以上治理措施的实施,土地塌陷区造成的水土流失将得到全面控制。

由于塌陷土地造成水土流失增加的原因主要是塌陷裂缝和沉陷、滑坡,现对塌陷裂缝和梯田整治的工艺简述如下。

(2)人工治理工艺

人工治理是指以人工作业为主的简易工程治理技术,但为了达到最终治理的目标,也不排斥使用部分挖掘和运输机械。人工治理主要工程是充填塌陷裂缝和梯田整治,其作业程序大体可分为两个。

①第一个作业程序

在指定地点用人工或挖掘机械挖取耕地表土层,然后按指定路线将土方装运到指定地点堆放。取土场一般应选在作业区附近的土坡、质地相近的土壤。取土地点如为耕地,应事先剥离表层 0.5m 的耕植表土层堆放在取土场地周围。取土完毕后,进行梯田平整,再将耕植土覆盖在土场表面,以恢复耕地。运土应尽量利用原有道路系统,卸土地点应尽量靠近裂缝充填作业区。

②第二个作业程序

首道工序是沿地表裂缝和需要进行平整地的地表倾斜部位剥离表层耕植土,剥离宽度为裂缝两侧各 0.3 ~0.5m,剥离深度为 0.3 ~0.5m,剥离的耕植土层就近堆放在裂缝两侧和平整土地范围的周边。第二道工序为充填裂缝和平整土地,用装运来的新土充填裂缝,可用小平车或手推车向裂缝中倒土。

当充填高度距地表1m左右时，开始用木杠作第一次捣实，然后每充填40cm左右捣实一次，直到与原地表基本平齐时为止，然后将坡度大的梯田采用挖高填低作业平整田面。第三道工艺是覆盖耕植土层，将裂缝两侧和平整范围周边剥离的耕植土均匀覆盖在已完成整治工程的地表上。

(3)机械治理工艺

土地重度破坏的塌陷区，虽然所占总面积比例不大，但重度塌陷区严重损害了地面土壤、水体、植被等土地环境基本因素，影响了农业生产的正常发展。重度塌陷区裂缝深、宽度大、裂缝间隔小，对土地的原有耕作条件破坏较大，大大增加了充填裂缝所需的土方工程量和梯田整治的工程量。重度塌陷区每公顷充填裂缝的土方量，是中度塌陷区的4倍，是轻度塌陷区的19倍。特别是严重沉陷或滑坡区，梯田整治难度更大，必须进行机械治理。

机械治理工艺是以机械为主的塌陷区治理技术。有剥离式机械治理和生熟土混堆法机修水平梯田治理工艺。机械治理大体可分为四个工序。如采用剥离式机械治理，第一道工序是修筑施工道路，以便施工机车运行。第二道工序是剥离治理土地的表层耕植土层，剥离厚度不小于0.3m，剥离的表土层应存放在治理土地的周围。表土剥离应采用推土机和铲运机联合作业。第三道工序是按设计要求充填塌陷裂缝，特别是重度塌陷区的裂缝密度、深度较大，可将全部裂缝分段开挖，再分段全部回填夯实。耕作层以下裂缝的回填要求夯实到干容重1.4t/m^{3}以上。第四道工序是将存放的表层耕植土覆盖在平整后的土地表面。

生熟土混推法机修水平梯田治理工艺，适用于对重度塌陷区和田坎高度较大的梯田治理。此工艺不必先剥离表层耕植土层，而是先开挖裂缝，夯实充填后，用推土机将生熟土混推。按设计要求将坡地修成“外高里低”的高标准水平梯田，达到水不出地、土不流失、肥不出田的“三保田”标准。除充填塌陷裂缝，将塌陷区梯田进行整治外，还需很多配套工程，如修筑施工道路、田坎边坡支护、土地防洪、排灌蓄水和绿化工程等。

首采沉陷区无论是采取人工治理方式还是机械治理方式，都须保证不降低原土地生产能力，分期分区治理，特别是在施工过程中要加强临时防护措施，如施工中的临时拦挡、堆料场的防护、植被的迅速恢复等，以免引起新的水土流失。

(4)治理工程

根据设计人员在山西潞安集团有限责任公司所属某矿井土地塌陷破坏情况及治理的实地调查，以及参照潞安矿已有的塌陷地土地整治经验及规划报告，丘陵区轻度塌陷土地整治单价为9 028.2元/hm^2，中度塌陷土地为14 023.65元/hm^2，重度塌陷土地为28 371.9元/hm^2。经计算，本方案服务期内土地塌陷整治费总计为153.73万元(见表6-4-1)。

表6-4-1　土地塌陷区治理费用计算表

塌陷程度	面积(hm^2)	比例(%)	侵蚀程度	治理单价(元/hm^2)	合计(万元)
轻度	60.65	50	轻度	9 028.2	54.76
中度	50.95	42	中度	14 023.65	71.45
重度	9.70	8	中度	28 371.9	27.52
合计	121.3	100			153.73

【案例 6-4-2】 晋陕蒙接壤区露天煤矿土地整治模式

(1)立地条件特征

模式区位于黄河中游的乌兰木伦河一级阶地——神府东胜煤田露天煤矿矿区,地处毛乌素沙地与黄土丘陵的交错地带,水蚀、风蚀均十分强烈。典型大陆性半干旱干草原气候,年降水量 357mm,其中 7 ~ 9 月份的降水量占年降水量的 60% ~ 70%,年平均风速 3.6m/s,年最大风速 24m/s,年平均沙尘暴日数 17 ~ 26d,其中冬春季发生 11.9 ~ 18.3d。

(2)设计技术思路

矿区土地复垦以可持续发展、生态学和生态经济学的理论为指导思想,根据具体的环境条件和煤田开发建设的需求,露采、回填、覆土、整平有序进行,进行污水处理、林业、种植、养殖相结合的综合性土地整治。

(3)技术要点及配套措施

①污水处理:经过回填、垫底和边坡加固等土建工序,建成含氧性塘、好氧塘和养殖塘生活与井下三级污水处理厂 1 座。

②造林种草:将造林地和种植地 0 ~ 60cm 土层内大于 10cm 的碎石清理后,平整修垄,造林种草。乔木树种选用 3 年生油松和胸径 2.5 ~ 3.0cm 的杂交杨实生苗,密度 111 株/亩;灌木,沙柳扦插造林,条长 60 ~ 70cm,2 根/穴,栽植密度 333 穴/亩;饲草种植沙打旺与草木为,于雨季前 6 月上中旬开浅沟覆土播种。播种量沙打旺为 0.33kg/亩,草木樨为 1.17kg/亩。

③农业复垦:改土措施,首先将需整治的土地 1 ~ 30cm 土层内大于 10cm 的石块全部清出,然后按种植复垦项目分别改良土壤。大田种植地平均垫 35cm 厚的沙土,施羊粪、鸡粪等农家肥 8kg/m^2;大棚保护地内将 1 ~ 35cm 土层内大于 0.5cm 的砂石用筛子过滤清理,施农家肥 20kg/m^2,深翻土 2 次,平整后修筑床垄。

第五节　防洪排导工程设计

开发建设项目在基建施工和生产运行中,由于损坏地面或未妥善处理弃土、弃石、弃渣,易遭受洪水危害的,都应布设防洪排导工程。根据洪水的不同来源和危害程度,分别采取不同的防洪排导工程,主要包括护岸护滩工程、拦洪坝、排洪排水工程、泥石流防治工程等。

一、护岸护滩工程

(一)护岸护滩工程的目的及种类

修建水土保持护岸护滩工程的目的是抵抗水流冲刷,控制河岸侵蚀及河势,保护农田、城镇村庄及水利设施的安全,为农业生产服务。开发建设项目护岸工程一般是从防洪安全角度出发,针对工程保护对象修建的,在设计上与常规护岸护滩工程相同。

护岸护滩工程可分为坡式护岸、坝式护岸护滩和墙式护岸三种类型。对于坡式护岸,在枯水位以下采取坡脚防护工程,枯水位与洪水位之间采取护坡工程;坝式护岸护滩分为丁坝、顺坝两种形式;墙式护岸的临水面可采取直立式,背水面可采取直立式、斜坡式、折线式、卸荷台阶式及其他形式。具体采用何种类型，应根据河(沟)岸的地形、地质和水文条件选择采用。

(二)护岸护滩工程的规划与布局原则

(1)在进行护岸工程设计之前，应对上下游沟道情况进行调查研究，分析在修建护岸工程之后，下游或对岸是否会发生新的冲刷，确保沟道安全。

(2)为防止水流冲毁基础，护岸工程应大致按地形设置，并力求不形成急剧的弯曲。此外，还应注意将护岸工程的上游及下游部分与基岩、护基工程及已有的护岸工程连接，以免在护岸工程的上下游发生冲刷。

(3)护岸工程的设计高度，一方面要保证山洪不致漫过护岸工程，另一方面应考虑护岸工程背后有无崩塌之可能。如有崩塌可能，则应预留出堆积崩塌沙石的余地，即使护岸工程离开崩塌处有一定的距离并有足够的高度，如不能满足高度的要求，可沿岸坡修建向上成斜坡的横墙，以防止背后侵蚀及坡面的崩塌。

(4)在弯道段凹岸水位较凸岸水位高，因此凹岸护岸工程的高度应更高一些，凹岸水位比凸岸水位高出的数值(H)可近似地按式(6-5-1)计算：

$$\Delta H = \frac{v^2 B}{gR} \tag{6-5-1}$$

式中 ΔH——凹岸水位高于凸岸水位之数值，可作为超高计算；

v——水流流速，m/s；

B——沟道宽度，m；

R——弯道曲率半径，m；

g——重力加速度，$g = 9.8\text{m/s}^2$。

(三)护岸工程设计

1. *抛石护脚*

(1)抛石范围上部自枯水位开始，下部根据河床地形而定。对深泓线距岸较远的河段，抛石至河岸底坡度达1:3～1:4的地方。对深泓线逼近岸边的河段，应抛至深泓线。

(2)抛石直径一般为40～60cm，抛石大小以能经受水流冲击不被冲走为原则。抛石边坡应小于块石体在水中的临界休止角(1:1.4～1:1.5，根据实测资料确定，一般不大于1:1.5～1:1.8)，等于或小于饱和情况下河(沟)岸稳定边坡。抛石厚度一般为0.8～1.2m，相当于块石直径的2倍；在接坡段紧接枯水位处，加抛顶宽2～3m的平台；岸坡陡峻处(局部坡大于1:1.5，重点险段大于1:1.8)，需加大抛石厚度。

2. *石笼护脚*

(1)石笼护脚适用于水流流速大于5m/s，岸坡较陡的河(沟)段。

(2)石笼是由铅丝、钢筋、木条、竹蔑、荆条等制作成网格笼状物，内装块石、砾石或卵石。铺设厚度一般为1.0～1.5m。其他技术要求与抛石护脚相同。

3. *柴枕护脚与柴排护脚*

(1)柴枕抛护范围，上端在常年枯水位以下1m，其上加抛接坡石，柴枕外脚加抛压脚大块石或石笼。

(2)柴枕规格根据防护要求和施工条件确定，一般枕长10～15m，枕径0.6～1.0m，柴石体积比约为7∶3。柴枕一般做成单层抛护,根据需要也可采取双层或三层抛护。

(3)柴排护脚用于沉排护岸,其岸坡比不大于1∶2.5,排体上端在枯水位以下1.0m。排体下部边缘,应达到最大冲刷深处,并要求下沉后仍保持大于1∶2.5的坡度。相邻排体之间向下游搭接不小于1m。

4. 墙式护岸

(1)墙后与岸坡之间应回填砂、砾石,与墙顶相平。墙体设置排水孔,排水孔处设反滤层。沿墙式护岸长度方向设置变形缝,其分段长度为:钢筋混凝土结构20m,混凝土结构15m,浆砌石结构10m。岩基上的墙体分段长度可适当加长。

(2)墙式护岸嵌入岸坡以下的墙基结构,可采用地下连续墙结构或沉井结构。地下连续墙要采用钢筋混凝土结构,断面尺寸根据分析计算确定。沉井一般采用钢筋混凝土结构,应力分析计算方法与沉井结构相同。

(四)顺坝和丁坝设计

1. 丁坝的作用与种类

丁坝是由坝头、坝身和坝根三部分组成的一种建筑物,其坝根与河岸相连,坝头伸向河槽,在平面上与河岸连接起来呈"丁"字形,坝头与坝根之间的主体部分为坝身,其特点是不与对岸连接。

1)丁坝的作用

(1)改变山洪流向,防止横向侵蚀,有时山洪冲淘坡脚可能引起山崩。

(2)缓和山洪流势,使泥沙沉积,并能将水流挑向对岸,保护下游的护岸工程和堤岸不受水流冲击。

(3)调整沟宽,迎托水流,防止山洪乱流和偏流,阻止沟道宽度发展。

2)丁坝的种类

丁坝可按建筑材料、高度、长度、透水性能及与流水所形成的角度进行分类。

(1)按建筑材料不同,可分为石笼丁坝、梢捆丁坝、砌石丁坝、混凝土丁坝、木框丁坝、石柳坝及柳盘头等。

(2)按高度不同,即山洪是否能漫过丁坝,可分为淹没丁坝和非淹没丁坝两种。

(3)按长度不同,丁坝分为短丁坝与长丁坝。

(4)按丁坝与水流所成角度不同,可分为垂直布置形式(即正交丁坝)、下挑布置形式(即下挑丁坝)、上挑布置形式(即上挑丁坝)。

(5)按透水性能不同,可分为不透水丁坝与透水丁坝。

2. 丁坝的设计与施工

由于山区沟道纵坡陡,山洪流速大,挟带泥沙多,丁坝的作用比较复杂,在设计丁坝之前,应对山区沟道的特点、水深、流速等情况进行详细的调查研究。

1)丁坝的布置

(1)丁坝的间距。丁坝的布置一般为丁坝群的方式。一组丁坝的数量要考虑以下几个因素:第一,视保护段的长度而定,一般弯顶以下保护的长度占整个保护长度的60%,弯顶以上占40%;第二,丁坝的间距与淤积效果有密切的关系。间距过大,不能起到互相掩护的作用,间距过小,丁坝数量多,造成浪费。

合理的丁坝间距,可通过以下两个方面来确定:

①应使下一个丁坝的壅水刚好达到上一个丁坝处,避免在上一个丁坝下游发生水面跌落现象,既充分发挥每一个丁坝的作用,又能保证两坝之间不发生冲刷。

②丁坝间距 L 应使绕过上一个坝头之后形成的扩散水流的边界线,大致达到下一个丁坝的有效长度 L_P 的末端,以避免坝根的冲刷。此关系一般是:

$$\left.\begin{aligned} L_P &= \frac{2}{3}L_0 \\ L &= (2\sim3)L_P(\text{凹岸段}) \\ L &= (3\sim5)L_P(\text{凸岸段}) \end{aligned}\right\} \tag{6-5-2}$$

式中 L_0——坝身长度;

L_P——丁坝的有效长度;

L——丁坝间距。

丁坝的理论最大间距 $L_{\max}$,可按下式求得:

$$L_{\max} = \cot\beta\frac{B-b}{2} \tag{6-5-3}$$

式中 β——水流绕过丁坝头部的扩散角,据试验 $\beta = 6°6'$;

B、b——沟道及丁坝的宽度。

(2)丁坝的布置形式。丁坝多设在沟道下游部分,必要时也可在上游设置。一岸有崩塌危险,对岸较坚固时,可在崩塌地段起点附近,修非淹没的下挑丁坝,将山洪引向对岸的坚固岸石,以保护崩塌段沟岸;对崩塌延续很长范围的地段,为促使泥沙淤积,多做成上挑丁坝组;在崩塌段的上游起点附近,则修筑非淹没丁坝。丁坝的高度,在靠山一面宜高,缓缓向下游倾斜到丁坝头部。

(3)丁坝轴线与水流方向的关系。非淹没丁坝均应设计成下挑形式,坝轴线与水流的夹角以70°~75°为宜;而淹没丁坝则与此相反,一般都设计成上挑丁坝,坝轴线与水流的夹角为90°~105°。

2)丁坝的结构

丁坝的坝型及结构的选择,应根据水流条件、河岸地质及丁坝的工作条件,按照因地制宜、就地取材的原则进行选择。

(1)石丁坝:坝心用乱抛堆或用块石砌筑。其适用于水深流急、石料来源丰富的河段,但造价较高,且不能很好地适应河床变形,常易断裂,甚至倒覆。表面用干砌、浆砌石修平或用较大的块石抛护,其范围是上游伸出坝脚4m,下游伸出8m,坝头伸出12m;其断面较小,顶宽一般为1.5~2.0m,迎面、背面边坡系数均采用1.5~2.0,坝头部分边坡系数应加大到3~5。

(2)土心丁坝:此丁坝采用沙土或粘性土料作坝体,用块石护脚护坡,还需用沉排护底(即将梢料制成大面积的排状物)。

(3)石柳坝和柳盘头:在石料较少的地区,可采用石柳坝和柳盘头等结构形式。

3)丁坝的高度和长度

丁坝坝顶高程按历年平均水位设计,但不得超过原沟岸的高程。在山洪沟道中,以修筑不漫流丁坝为宜,坝顶高程一般高出设计水位1m左右。

丁坝坝身长度和坝顶高程有一定的联系,淹没丁坝可采用较长的坝身,而非淹没丁坝坝身都是短的。对坝身较长的淹没丁坝可将丁坝设计成两个以上的纵坡,一般坝头部分较缓,坝身中部次之,近岸(占全坝长的1/6~1/10)部分较陡。

4)丁坝坝头冲刷坑深度的估算

沟道中修建丁坝后,常形成环绕坝头的螺旋流,在坝头附近形成了冲刷坑。一般水流与坝轴线的交角愈接近90°,坝身愈长,沟床沙性愈大,坝坡愈陡,冲刷坑也愈深。冲刷深度一般根据经验确定。

5)丁坝的防护

在中细沙组成的河床上或在水深流急处修建丁坝,应以沉排护底。在河床组成较好的情况下,可用抛石护脚。坝头水流紊乱,应特别加固,可采用加大头部护底工程面积或加大边坡系数两种方式进行,如坝基土质较好,可不必全用沉排护底,只在坝头沟底设置即可。

6)丁坝的施工

丁坝的施工为常规施工。施工时应注意,先从流势较缓和的地点开始,然后再推向流势较急剧的地点,以保证工程安全。

3. 顺坝

顺坝坝身直接布置在整治线上,具有导引水流、调整河岸等作用。

1)土顺坝

土顺坝一般用当地现有土料修筑。坝顶宽度可取2~4.8m,一般为3m左右,外坡边坡系数因有水流紧贴流过,不应小于2,并设抛石加以保护;内坡边坡系数可取1~1.5。

2)石顺坝

石顺坝一般用在河道断面较窄、流速比较大的山区河道,如当地有石料,可采用干砌石或浆砌石顺坝。

坝顶宽度可取1.5~3.0m,坝的边坡系数,外坡可取1.5~2,内坡可取1~1.5。外坡亦应设抛石加以保护。

对土顺坝、石顺坝,坝基如为细砂河床,都应设沉排,沉排伸出坝基之宽度,外坡不小于6m,内坡不小于3m。

顺坝因阻水作用较小,坝头冲刷坑较小,无需特别加固,但边坡系数应加大,一般不小于3。

二、拦洪坝设计

(一)设计洪水计算

应依据《水利水电工程设计洪水计算规范》(SL44—1993)进行分析计算;对于无资料地区的设计洪水,应依据《水利水电工程设计洪水计算规范》,各省、市(区)编制的《暴雨洪水图集》,以及各地编制的《水文手册》所提供的方法进行多种计算,通过分析论证选用合理的成果。

调洪演算。当拟建工程上游无设计标准较高的坝库时,采取单坝调洪演算;当拟建工程上游有设计标准较高的坝库时，采取双坝调洪演算。具体方法可按照《水利工程水利计算规范》(SL104—1995)执行。

(二)库容与坝高

拦洪坝库容与坝高，参照《水土保持治沟骨干工程暂行技术规范》(SL289—2003)确定。

(三)拦洪坝坝址和坝型的选择

1. 坝址的选择

坝址的选择以满足拦洪效益大、工程量小和工程安全的要求为原则，同时符合坝系规划的要求。坝址选择一般应考虑以下几点：

(1)坝址在地形上要求河谷狭窄、坝轴线短，库区宽阔，容量大，沟底比较平缓。

(2)坝址附近应有宜于开挖溢洪道的地形和地质条件。最好有鞍形岩石山凹。还应注意到大坝分期加高时，放、泄水建筑物的布设位置。

(3)坝址附近应有良好的筑坝材料，取用容易，施工方便，因为建筑材料的种类、储量、质量和分布情况，影响到坝的类型和造价。采用水坠坝时应有足够的水源。

(4)坝址地质构造稳定，两岸无疏松的坍土、滑坡体，断面完整，岸坡不大于60°。坝基应有较好的均匀性，其压缩性不宜过大。岩层要避免活断层和较大裂隙，尤其要避免有可能造成坝基滑动的软弱层。

(5)坝址应避开沟岔、弯道、泉眼，遇有跌水应选在跌水上方。

(6)库区淹没损失要小，应尽量避免村庄、耕地、交通要道和矿井等被淹没。

2. 坝型的选择

防洪坝的坝型主要根据山洪或泥石流的规模及当地的材料来决定。

(1)按结构分，主要坝型有重力坝、拱坝、格栅坝、钢索坝。

(2)按建筑材料分可分为砌石坝(可分为干砌石坝和浆砌石坝)、混合坝(可分为土石混合坝和木石混合坝)、铁丝石笼坝三种。

3. 坝体设计

(1)土坝坝体设计参照《水土保持治沟骨干工程技术规范》(SL289—2003)执行。浆砌石坝坝体设计参照拦沙坝及《浆砌石坝设计规范》(SL25—91)执行。

(2)应力计算与稳定性分析依照《碾压式土石坝设计规范》(SL274—2001)有关要求及其附录提供的方法计算。

4. 放水建筑物

可根据情况设置或不设置放水建筑物。若设置放水建筑物请参照《水土保持治沟骨干工程技术规范》中有关放水工程设计规定执行。

5. 溢洪道设计

根据坝址岸坡的地形、地质条件，分别采用陡坡式溢洪道或明渠式溢洪道。

(1)陡坡式溢洪道。适用于坝高20m以上、库容50万m^3以上的较大型坝库。由进口段、陡坡段和消力池三部分组成。

(2)明渠式溢洪道。适用于坝高20m以下、库容50万m^3以下的小型坝库。具体技术参照《水土保持治沟骨干工程技术规范》中有关溢洪道设计规定执行。

6. 基础处理

根据坝型、坝基的地质条件、筑坝施工方式等,采取相应的基础处理方法。主要参照《碾压式土石坝设计规范》。

三、排洪排水工程设计

(一)排洪工程

1. 排洪渠

排洪渠按建筑材料分为土质排洪渠、衬砌排洪渠和三合土排洪渠三种类型。

1)坡面洪峰流量确定

(1)清水洪峰流量。可根据各地水文手册中有关参数按下式计算:

$$Q_B = 0.278kiF \tag{6-5-4}$$

式中 Q_B——最大清水流量,m^3/s;

k——径流系数;

i——平均 1h 降雨强度,mm/h;

F——山坡集水面积,km^2。

(2)高含沙洪峰流量。山洪容重为 1.1 ~ 1.5t/m^3 的,流量采取下式计算:

$$Q_S = Q_B(1+\varphi) \tag{6-5-5}$$

式中 Q_S——高含沙洪水洪峰流量,m^3/s;

Q_B——最大清水流量,m^3/s;

φ——修正系数。

2)排洪渠设计的原则

(1)排洪渠道渠线布置,应尽量利用天然沟渠,人工开挖时,宜选择地形平缓、地质稳定、拆迁少的地带,并力求顺直。

(2)排洪明渠设计纵坡,应根据渠线、地形、地质以及与山洪沟连接条件等因素确定。当自然纵坡大于 1:20 或局部高差较大时可设置陡坡或跌水。

(3)排洪明渠断面变化时,应采用渐变段衔接,其长度可取水面宽度之差的 5 ~ 20 倍。排洪明渠进出口平面布置,宜采用喇叭口或八字形导流翼墙。导流翼墙长度可取设计水深的 3 ~ 4 倍。排洪明渠应考虑安全超高。在弯曲段凹岸应考虑水位壅高的影响。

(4)排洪明渠弯曲段的弯曲半径,不得小于最小容许半径及渠底宽度的 5 倍。最小容许半径可按下式计算:

$$R_{min} = 1.1v^2\sqrt{A} + 12 \tag{6-5-6}$$

式中 R_{min}——最小容许半径,m;

v——渠道中水流流速,m/s;

A——渠道过水断面面积,m^2。

(5)排洪暗渠检查井的间距,可取 50 ~ 100m。暗渠走向变化处应加设检查井。排洪暗渠为无压流时,设计水位以上的净空面积不应小于过水断面面积的 15%。

(6)排洪渠道进口处宜设置沉沙池,拦截山洪泥沙。季节性冻土地区的暗渠基础埋深不应小于土壤冻结深度，进出口基础应采取适当的防冻措施。

3）排洪渠断面确定

排洪渠一般采用梯形断面。渠内过水断面水深按均匀流公式计算，并考虑安全超高。

排洪渠纵断面设计应将地面线、渠底线、水面线、渠顶线绘制在纵断面设计图中。

2. 排洪涵洞

根据建筑材料和断面形式将排洪涵洞分为浆砌石拱形涵洞、钢筋混凝土箱形涵洞、钢筋混凝土盖板涵洞三种类型。

浆砌石拱形涵洞：底板和侧墙用浆砌块石砌筑，顶拱用浆砌粗料石砌筑。当拱上垂直荷载较大时，采用矢跨比为1/2的半圆拱；当拱上荷载较小时，采用矢跨比小于1/2的圆弧拱。

钢筋混凝土箱形涵洞：其顶板、底板及侧墙是钢筋混凝土整体框形结构，适合布置在项目区内地质条件复杂的地段，排除坡面和地表径流。

钢筋混凝土盖板涵洞：涵洞边墙和底板由浆砌块石砌筑，顶部用预制的钢筋混凝土板覆盖。

涵洞排洪流量计算与排洪渠相同。

涵洞断面尺寸确定分无压、有压两种方法计算，通常情况采用无压排水方式计算确定，按明渠均匀流计算。

（二）排水工程

排水工程包括明沟排水系统、暗管排水系统等，开发建设项目中涉及的主要包括山坡排水工程、低洼地排水工程、盐碱地冲灌排水工程和道路排水工程。有关道路排水工程请参考《公路排水设计规范》。以下仅介绍明沟排水系统的设计。

1. 排水工程布设

明沟排水系统的设置应与灌溉渠道系统相对应，可依干沟、支沟、斗沟、农沟顺序设置固定沟道。根据排水区的形状和面积大小以及负担的任务，沟道的级数也可适当增减。明沟排水系统的布置应符合下列规定：

（1）排水沟宜布置在低洼地带，并尽量利用天然河沟。

（2）1～3级排水沟线路宜避免高填、深挖和通过淤泥、流沙及其他地质条件不良地段。

（3）排水线路宜短而直。

（4）1～3级排水沟之间及其与承泄河道之间的交角宜为30°～60°。

（5）排水沟出口宜采用自排方式。受承泄区或下一级排水沟水位顶托时，应设涵闸抢排或设泵站提排。

（6）排水明沟可与其他形式的田间排水设施结合布置。

（7）水旱间作地区，水田与旱田之间宜布置截渗排水沟。

（8）排洪沟（截流沟）应沿傍山（源边）渠道一侧及灌区边界布置，并就近汇入排水干沟或承泄区，交汇处应设防冲蚀护面。

2. 末级固定排水沟设计

（1）末级固定排水沟的深度和间距，应根据当地机耕作业、农作物对地下水位的要求和自然经济条件,按排水标准设计并经综合分析确定。在增设临时浅密明沟的情况下,末级固定排水沟间距可适当加大。

(2)用于排渍和防治土壤盐碱化的末级固定排水沟深度与间距,宜通过田间试验确定,也可按相关公式进行计算并经综合分析确定。

3. 除涝排水沟设计

排涝沟可只按排涝设计流量设计。排涝、排渍两用排水沟,可按排渍要求确定沟深和间距,按排涝设计流量进行断面校核;兼有防治土壤盐碱化作用的排水沟,有冲洗要求时,还应按冲洗排水流量进行断面校核。

4. 排水沟纵、横断面设计

排水沟设计流量和校核流量应根据排水面积、排水模数、产流与汇流历时以及对地下水位的控制要求等,按相关分析计算确定,并据此确定排水沟纵、横断面设计。排水沟纵、横断面设计应符合下列要求:

(1)应保证设计排水能力。排水沟设计水位宜低于地面(或堤顶)不小于0.2m。干、支、斗沟应按分段流量设计断面。

(2)排水沟分段处以及重要建筑物上、下游水面应平顺衔接。下一级沟道的设计水位宜低于上一级沟道0.1~0.2m。

四、泥石流防治工程

开发建设项目处于泥石流多发地区,易受泥石流危害的,应采取泥石流防治工程。泥石流防治工程体系包括:

(1)泥石流形成区(包括地表径流形成区)。主要采取小流域水土保持综合治理措施,包括坡面治理措施和沟道治理措施。易滑塌、崩塌沟段采取谷坊、淤地坝和各类固沟工程,可减少地表径流,减缓流速,减轻沟蚀,控制崩塌、滑塌,稳定沟坡,巩固沟床,削减形成泥石流的水力条件和物质来源。

(2)泥石流过流区。在土沟道的中、下游地段,应修建各种类型的格栅坝和桩林等工程,拦截水流中的石砾等固体物质,尽量将泥石流改变为一般洪水。

(3)泥石流堆积区。主要在沟道下游和沟口,应修建停淤工程与排导工程,控制泥石流对沟口和下游河床、农田、道路等的危害。

(一)设计原则与要求

1. 设计原则

1)预防为主

尽量避让原则。开发建设项目泥石流防治应以预防为主,通过主体工程总体规划,合理布置泥石流防护工程。主体工程弃渣场、取石场等均应避开泥石流易发区。

2)突出重点、工程为主的原则

开发建设项目泥石流防治是为了保护主体工程设施的安全,以拦渣工程、防洪工程、排导工程、停淤工程等为主。

3)统筹兼顾、综合治理的原则

泥石流防治必须坡沟兼治,上下游、左右岸综合治理,但作为工程建设项目不可能代替水土流失综合治理。因此,应统筹兼顾,把开发建设项目泥石流防治与地方小流域综合治理结合起来。

2. 设计要求

1)可行性研究阶段

(1)调查评价泥石流的危险性,分析泥石流易发区,提出主体工程设计的水土保持建议及主要泥石流的预防措施。

(2)初步确定影响工程建设的泥石流区域,以及泥石流防治方案的比选分析。

(3)初步拟定防治工程形式、规模、布局及建设条件,计算工程量和投资。

(4)对泥石流危害严重,又无法避让的,应提出专题论证的方案。

2)初步设计阶段

(1)进一步勘测、复核泥石流防治方案,确定防治任务、规模。

(2)确定泥石流防治工程形式、位置、结构、断面和基础设计等。

(二)泥石流防治工程设计

1. 泥石流形成区(含径流形成区)防治工程

泥石流形成区的防治工程包括:坡耕地治理、荒坡荒地治理、小型蓄排、沟头防护、谷坊、淤地坝、沟底防冲、护坡等工程。请参见前述内容和《水土保持综合治理技术规范》。

2. 泥石流过流区的防治工程

1)格栅坝

在沟中用混凝土、钢筋混凝土或浆砌石修筑重力坝,其过水部分,用钢材或其他建筑材料做成格栅,拦截泥石流中的巨石与大漂砾而使其余泥水下泄,减小石砾冲撞。

格栅坝上的过流格栅有梁式、耙式、齿状等多种形式。

(1)梁式坝

①在重力坝中部作溢流口,口上用钢材作横梁,形成格栅,梁的间隔应能上下调整,以便根据坝后淤积和泥石流活动情况及时将梁的间隔放大或缩小。

②溢流口尺寸一般为矩形断面,高为 h,宽为 b,高与宽之比 $h:b=1.5\sim2.0$。

③筛分率 e 按下式计算:

$$e=\frac{V_1}{V_2} \tag{6-5-7}$$

式中 V_1——一次泥石流过程中库内的泥沙滞留量,m^3;

V_2——通过坝体下泄的泥沙量,m^3。

④使用正常的梁式坝筛分效果一般应达到:当下泄粒径 $D_c=0.5D_m$ 时,滞留库内的泥沙百分比为 20%(D_m 为流体中砾石的最大粒径)。

⑤同一沟段布置的梁式坝,筛孔由大到小,依次向下布置成坝系,并使此坝系有最高的筛分效率。

(2)耙式坝

①坝和溢流口做法与梁式坝相同。不同的是,在溢流口处用钢材做成耙式竖梁,形成格栅。

②筛分率 e 计算与梁式坝相同。

(3)齿状坝

①将重力坝的顶部做成齿状溢流口，齿口采用窄深式的三角形、梯形或矩形断面。

②齿口尺寸，主要确定齿口的深宽比，一般要求深: 宽 =1:1 ~2:1。

③齿口密度要求为：$0.2 < \sum b/B < 0.6$ （b 为溢流口宽度，m；B 为齿口宽度，m）。当 $\sum b/B = 0.4$ 时，调节效果最佳。

④齿口宽与拦截作用关系。设 D_{m_1}、D_{m_2} 分别为中小洪水与特大洪水可挟带泥沙的最大粒径。则当 $b/D_{m_1} > 2 \sim 3$ 和 $b/D_{m_2} \leqslant 1.5$ 时，拦截效果最佳。

⑤齿口宽与闭塞条件。设 D_m 为洪水可挟带泥沙的最大粒径，则 $b/D_m > 2.0$ 时，不闭塞；$b/D_m \leqslant 1.5$ 时，闭塞。

2)桩林

在泥石流间歇发生、暴雨频率较低的沟道中下游，在沟中用型钢、钢管桩或钢筋混凝土桩，横断沟道成排地打桩，形成桩林，拦截泥石流中粗大石砾和其他固体物质，削弱其破坏力。布置原则如下：

①垂直于沟中流向，布置两排或多排桩。每两排桩上下交错成“品”字形。设 D_m 为洪水可挟带泥沙的最大粒径，桩间距为 b，要求 $b/D_m = 1.5 \sim 2.0$。

②桩基总长在地面外露部分在 3 ~8m 的范围时，要求桩高 h 为间距 b 的 2 ~4 倍。

③桩基应埋在冲刷线以下，且埋置长度不应小于总长度的 1/3。

④桩林的受力分析与结构设计类同悬臂梁。

3)拦沙坝

拦沙坝用来与栅格坝、桩林相配合，拦蓄经筛滤后的砂砾与洪水，巩固沟床，稳定沟坡，减轻对下游的危害。拦沙坝设计参见有关章节。

3. 泥石流堆积区防治工程

1)停淤工程

根据不同的地形条件，选择修建侧向停淤场、正向停淤场或凹地停淤场，将泥石流拦阻于保护区外，同时，减少泥石流的下泄量，减轻排导工程的压力。

(1)侧向停淤工程

当堆积扇和低阶地面较宽、纵坡较缓时，将堆积扇径向垄岗或宽谷一侧的山麓做成侧向围堤，在泥石流前进方向构成半封闭的侧向停淤场，将泥石流控制在预定的范围内停淤，其布置要点如下：

①入流口选在沟道或堆积扇纵坡变化转折处，并略偏向下游，使上部纵坡大于下部，便于布置入流设施，获得较大落差。

②在弯道凹岸重点靠上游布设侧向溢流堰，在沟底修建浅槛，并适当抬高，以实现侧向入流和分流。要求既能满足低水位下洪水顺沟道排泄，又有利于在超高水位时侧向分流，使泥石流的分流与停淤达到自动调节。

③停淤场入流口处沟床设横向坡度，使泥石流进入后能迅速散开，铺满横断面并立即溜走，避免在堰首发生壅塞、滞流，产生累积性淤积而堵塞入流口。

④停淤场具有开敞、渐变的平面形状，消除阻碍流动的急弯和死角。

(2)正向停淤场

当泥石流出沟处前方有公路或其他需保护的建筑物时，在泥石流堆积扇的扇腰处，垂直于流向修建正向停淤场。布设要点如下：

①正向停淤场由齿状拦挡坝与正向防护围堤结合而成，拦挡坝的两端有出口，齿状拦挡坝与公路、河流之间建防护围堤，形成高低两级正向停淤场。

②拦挡坝两端不封闭，两侧留排泄道，在堆积扇上形成第一级高阶停淤场，具有正面阻滞停淤、两侧泄流的功能，加快停淤与水土(石)分离。

③拦挡坝顶部做成疏齿状溢流口，在拦挡石砾的同时，将分选不带石砾的洪水排向下游。

④在齿状拦挡坝下游河岸(公路路基上游)修建围堤，构成第二级停淤场。经齿状拦挡坝排入的洪水在此处停淤。

⑤沿堆积扇两侧开挖排洪沟，引导停淤后的洪水排入河道。

(3)凹地停淤场

在泥石流活跃、沿主河一侧堆积扇有扇间凹地的，修建凹地停淤场。

①在堆积扇上部修导流堤，将泥石流引入扇间凹地停淤。凹地两侧受相邻两个堆积扇挟持约束，形成天然围堤。

②根据凹地容积及泥石流的停淤场总量，确定是否需要在下游出口处修建拦挡工程，以及拦挡的规模。

③在凹地停淤场出口以下，开挖排洪道，将停淤后的洪水排入下游河道。

2)排导工程

在需要排泄泥石流或控制泥石流走向和堆积的地方，修建排导工程。根据不同条件分别采用排导槽或渡槽等形式。

(1)排导槽

主要修建在泥石流的堆积扇或堆积阶地上，使泥石流按一定路线排泄。

①排导槽自上而下由进口段、急流段和出口段三部分组成。进口段做成喇叭形，并有渐变段，以利于与急流段相衔接。

②根据排导流量，确定排导槽的断面和比降，保证泥石流不漫槽。

③排导槽出口以下的排泄区要比较顺直或通过裁弯取直可变得比较顺直，以利于泥石流流动；或者通过有足够的坡度，或者通过一定的工程制造足够的坡度，保证泥石流在排导槽内不淤不堵，顺畅排泄。

④排泄区以下要有充足的停淤场，保证泥石流经排导槽导流后不带来新的危害。

(2)渡槽

在铁路、公路、水渠、管道或其他线形设施与泥石流的过流区或堆积区交叉处，需修建渡槽，使泥石流从渡槽通过，避免对建筑物造成危害。

①采用渡槽需具备以下条件：泥石流暴发较为频繁，高含沙水流与洪水或常流水交替出现，且沟道常有冲刷；泥石流最大流量不超过 $200m^3/s$，其中固体物粒径最大不超过1.5m；地形高差能满足线路设施立体交叉净空的要求；进出口顺畅，基础有足够的承载力并具备冲刷能力。

②不宜采用渡槽的条件：沟道迁徙无常；冲淤变化急剧；洪水流量、容重和含固体物粒

径变化幅度很大的高粘性泥石流和含巨大漂砾的泥石流。

③渡槽由沟道入流衔接段、进口段、槽身、出口段和沟道出流衔接段五部分组成。

沟道入口衔接段在渡槽进口以上需有15~20倍于槽宽的直线引流段,沟道顺直,与渡槽进口平滑连接。

渡槽进口段采用梯形或弧形断面的喇叭口,从沟道入流衔接段渐变到槽身渐变段,长度一般大于槽宽的5~10倍,且不应小于20m,其扩散角应小于8°~15°。

槽身部分,做成均匀的直线形,其宽度根据槽下的跨越物而定,其长度比跨越物的净宽再增加1.0~1.5倍。

渡槽出口段,采用沟道出流衔接段顺直相连,避开弯曲沟道,避免在槽尾附近散流停淤。

沟道出流衔接段的断面与比降,要求能顺畅通过渡槽出口排出的泥石流,不产生淤积或冲刷,保证渡槽的正常使用。

五、案例分析:排洪工程设计

(一)拟建工程概况

某基地选址地位于凤凰山迎风坡山脚下,交通便利,用地选址符合当地土地利用总体规划,中心占地约120亩,总建筑面积约40 000m^2,总投资约1亿元。经查勘,基地附近的凤凰山是该地区暴雨中心之一,历史上曾多次发生暴雨洪水,有明显的山洪冲蚀沟,洪水穿过拟建基地向南流出。凤凰山最高处海拔229.6m,基地最低海拔约57m。

从地形上看,基地东北高西南低,凤凰山山脊线将集水区分成两块,西部占44%,东部占56%。

上述情况详见图6-5-1。

(二)设计标准

按照《中华人民共和国防洪标准》(GB50201—94),设计防洪标准确定为20年一遇洪水设计,建筑物级别为5级。

(三)洪水计算

1.计算方法

基地东北部有两条山洪沟,皆为季节性河流。旱季沟中无水,遇到暴雨时则汇流迅速,水流湍急,由于洪水季节性较强,汇流面积较小,属于无资料地区。设计拟采用设计暴雨推求设计洪水,具体工作中采用推理公式法、市政行业经验公式、地区经验公式计算,并按照“多种方法,综合分析,合理选定设计洪峰流量”的原则确定设计洪峰流量。

1)推理公式法

(1)短历时设计雨量计算

根据当地年最大1h、6h、24h暴雨参数等值线图,求出某一设计频率的1h、6h、24h设计雨量,建立$H_t\sim\tau$相关图。求出不同历时设计雨量$H_{\tau p}$值。

(2)产流计算

当设计24h雨量H_{24p}已知,即可根据本次分析确定的$H_t/\tau\sim\mu$相关图查得相应μ值(下渗率)。

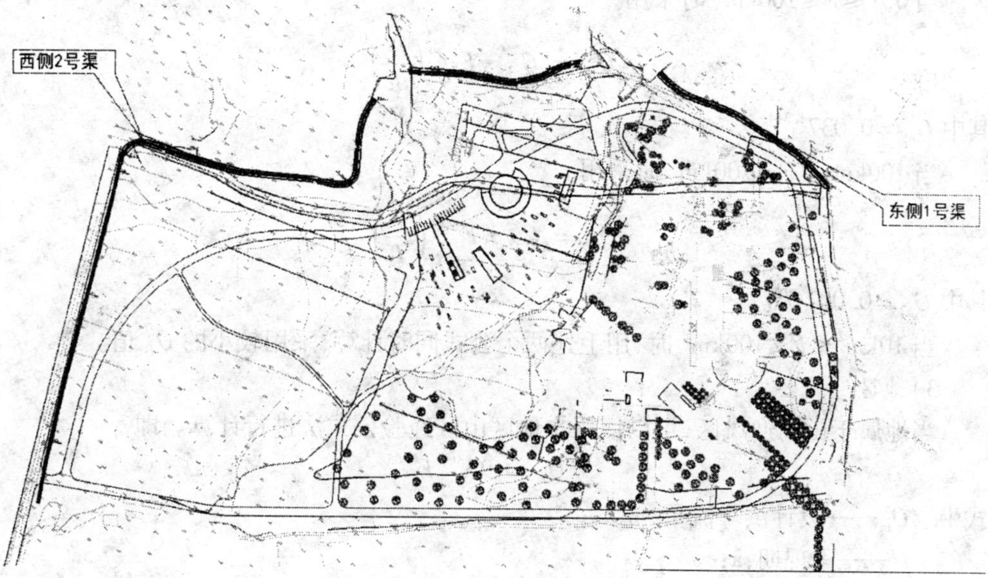

图 6-5-1　防排水沟总平面图

(3)汇流参数 m 确定

根据设计流域的地理参数 $\theta=\frac{L}{J^{1/3}}$,查 $m\sim\theta$ 相关图,确定所在流域计算断面处的 m 值。

(4)设计洪峰流量 Q_m 的计算

当不同历时的设计雨量、入渗率 μ 值、汇流参数 m 的值确定后,按全面汇流条件下的推理公式,计算设计洪峰流量 Q_m。

洪峰流量计算,可通过联解下面两个方程求得:

$$Q_m=0.278\frac{h_\tau F}{\tau}$$

$$\tau=\frac{0.278L}{mJ^{1/3}Q^{1/4}}$$

式中　Q_m——设计洪峰流量,m^3/s;

h_τ——设计净雨深,mm;

F——流域面积,km^2;

m——汇流参数;

τ——汇流历时,h;

J——河道比降;

L——河道长度,m。

2)市政行业经验公式

当地市政设计院的经验公式是根据实测水文资料,将有关暴雨径流参数,按推理公式结构形式简化而成,其公式为:

当$0.1 \leqslant F \leqslant 100km^2$时采用

$$Q_{p1} = C_{p1} \cdot F^{1.19}\left(\frac{J^{\frac{1}{3}}}{L}\right)^{0.6}$$

其中$C_{p1} = 0.037_{24p}^{1.314}$

当$100km^2 \leqslant F \leqslant 700km^2$时采用

$$Q_{p2} = C_{p2} \cdot F^{1.19}\left(\frac{J^{\frac{1}{3}}}{L}\right)^{0.92}$$

其中$C_{p2} = 0.007\ 7_{24p}^{1.74}$

当$10km^2 \leqslant F \leqslant 100km^2$时，用上述两个公式同时计算，采用较小的$Q_P$值。

3）地区经验公式

当地属于山前迎风区，可以使用本地区山区经验公式法进行计算。即

$$Q_m = 9N^{0.4}F^{0.65}$$

式中　Q_m——设计洪峰流量，m^3/s；

N——重现期，a；

F——流域面积，km^2。

2. 计算成果

综合分析上述各种计算方法的成果，确定设计洪峰流量成果见表6-5-1。

表6-5-1　设计洪峰流量成果

地点	设计洪峰（m^3/s）
东侧山洪沟	6.3
西侧山洪沟	4.5

（四）工程布置

本工程所在位置位于凤凰山山脚开阔地带，山体中有两条天然沟壑大致呈南北方向穿行，地形复杂，地势东北高西南低，呈阶梯形式分布，沿山脚地形起伏不平，东、南、西方向已经由砌砖墙拦出占地范围。由于本工程靠山而建，暴雨情况下，很容易导致山洪暴发。设计拟在山脚下布置排洪沟，以方便山洪洪水排出，保障建筑物安全。

根据地形情况，规划将山洪坡面洪水分成东西两部分排走，西侧2号排洪沟将洪水排至南侧已有浆砌石暗涵，东侧1号排洪沟将洪水排至工程东侧规划围墙下暗涵。工程布置详见图6-5-1。

排洪沟结构形式为边坡1∶1的浆砌石明渠，衬砌厚度60cm，渠底净宽100cm，深150cm，渠帮靠山体部分根据实际情况选择浆砌石重力挡墙，为增加绿化效果，渠内表层衬砌透水空心方砖，砖厚200mm，砖内填土植草。见图6-5-2。

2号排洪沟较长，约336.7m，设计纵坡为$i = 0.002 \sim 0.005$，由于山坡陡峭，个别段采取重力式浆砌石挡墙挡护山坡。详见图6-5-2。

1号排洪沟长度较短，约152m，设计纵坡为$i = 0.005$，靠山部分为1∶2浆砌石边坡护砌。

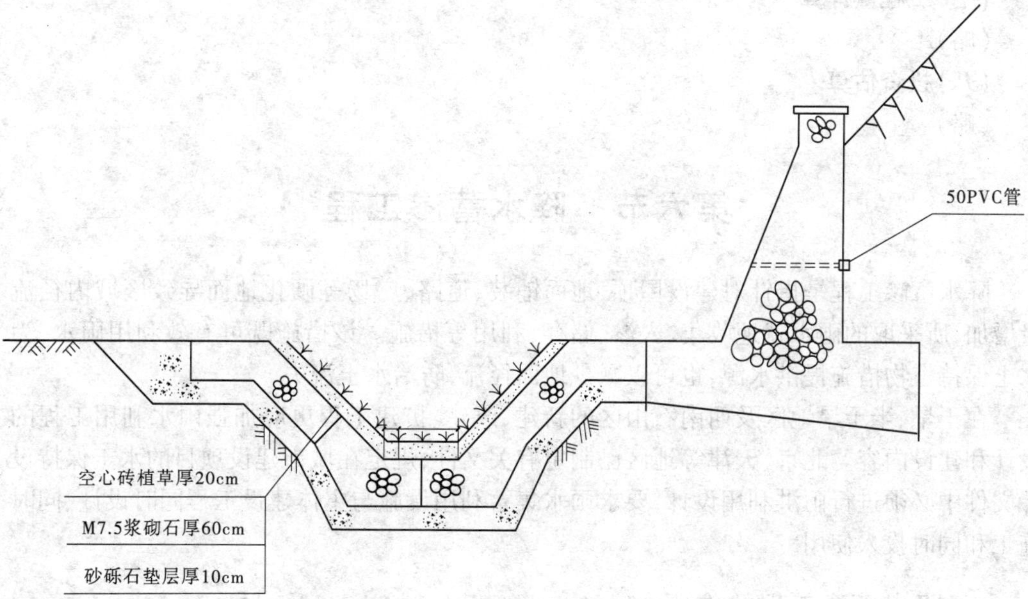

图 6-5-2　排洪沟横断面设计

(五)水力学计算

计算公式

$$Q = AC\sqrt{Ri}$$

式中　Q——流量,m^3/s;

A——渠道过水断面面积,m^2;

C——谢才系数,$C = \frac{1}{n}R^{1/6}$,n 为渠道糙率,考虑到断面内有植草,取 0.030;

R——水力半径,m,$R = A/x$,x 为湿周,m;

i——渠道纵坡。

2 号渠纵坡分别由 0.002 变至 0.005,故按纵坡 0.002 确定设计断面,东侧 1 号渠按纵坡 0.005 确定设计断面。经试算西侧 2 号渠水深 150cm,东侧 1 号渠水深 145cm,考虑 0.3m 安全超高,渠道净高分别为 180cm 和 175cm,因两者相差不大,统一取 1.8m。

渠道水力学计算各参数见表 6-5-2。

表 6-5-2　渠道水力学计算参数

流量 $Q(m^3/s)$	水深 H(m)	边坡系数 (m)	过水面积 $A(m^2)$	湿周 x(m)	水力半径 R(M)	糙率 n	底坡 i	备注
4.50	1.5	1	3.75	5.24	0.72	0.03	0.002	西侧 2 号渠
6.30	1.45	1	3.55	5.10	0.70	0.03	0.005	东侧 1 号渠

(六)挡土墙稳定计算

(略)

(七)工程量计算

(略)

(八)投资估算

(略)

第六节　降水蓄渗工程

降水蓄渗工程是指针对建设屋顶、地面铺装、道路、广场等硬化地面导致区域内径流量增加,所采取的雨水就地收集、入渗、储存、利用等措施。该措施既可有效利用雨水,为水土保持植物措施提供水源,也可以减少地面径流,防治水土流失。

在干旱、半干旱地区及西南石山区的新建、改建、扩建工程更应加强雨水利用工程的设计和建设内容。北京、天津等地区已制定有关文件,规定在城市建设项目的水土保持设计文件中必须进行雨洪利用设计,要求雨水集蓄利用设施与主体建设工程同时设计、同时施工和同时投入使用。

一、降水蓄渗工程的作用

开发建设活动对原地貌的地面漫流和河槽汇流均产生较大影响。在坡面汇流方面,因基本建设施工活动和生产运行,使土壤性状、土壤湿度、土层剖面特性、植被、地形、土地利用等下垫面条件发生变化,硬化地面、开挖裸露面等使地面糙率和入渗系数降低,入渗减少,冲刷能力加剧,地下水补给减少,破坏了局地水文循环。同时施工期间的回填土方、堆置土方等因排水不良,对边坡稳定产生不利影响。在河槽汇流方面,由于地面漫流大大增加,排洪量加剧,河流汇流量暴涨,加剧防洪压力。因此,降水蓄渗工程应用于大型开发建设项目以及城镇建设或开发区建设,具有改善局地水循环、节约用水、减免雨洪灾害等重要作用。

二、降水蓄渗工程的设计原则

(1)对于因开发建设项目建设和生产运行引起的坡面漫流和河槽汇流增大等问题,采取降水蓄渗措施,如渗水方砖、框格种草、集雨工程等,并与其他工程相结合,形成完整的防御体系,有效防止径流损失,并对雨水加以利用。

(2)硬化面积宜限制在项目区空闲地总面积的1/3以下,地面和人行道路的硬化结构宜采用透水形式。

(3)应恢复并增加项目区林草植被覆盖率、植被恢复面积,以达到项目区空闲地总面积的2/3以上。

三、降水蓄渗工程的设计要求

(一)可行性研究阶段

(1)结合工程总体布置,进行相应水文计算,初步确定硬化面积、入渗产流数等,收集资料对项目区及周边降水来水情况进行调查,计算径流损失量及可能的集水量。

(2)进行降水蓄渗工程的总体规划,初步确定工程总体布置。

(3)对不同型式的降水蓄渗工程进行分类典型设计,初步确定断面尺寸,计算工程量。

(二)初步设计阶段

(1)根据雨水集蓄利用有关规范,复核调整总体布置及水文计算。

(2)确定各种不同型式的降水蓄渗工程位置,查明地质条件,确定断面尺寸及基础处理方式,做出施工组织设计。

四、雨水集蓄利用方式

对产生径流的坡面,应根据地形条件,采取水平阶、窄条梯田、鱼鳞坑等蓄水工程;对径流汇的坡面,应根据地形条件,采取水窖、涝池、蓄水池、沉沙池等径流拦蓄工程;项目区位于干旱、半干旱地区及西南石质山部分地区,应结合项目工程供水排水系统,布置专用于植被绿化的引水蓄水、灌溉工程。降水渗蓄利用工程总体上讲就是两种方式,一是就地入渗,二是贮存利用。一般地:

(1)地面硬化利用类型为建筑物屋顶,其雨水应集中引入地面透水区域,如绿地、透水路面等进行蓄渗回灌或引入储水设施蓄存利用。

(2)如果地面硬化利用类型为建设工程的庭院、广场、停车场及人行道、步行街、自行车道等,应首先按照建设标准选用透水材料铺装,或建设汇流设施将雨水引入透水区域蓄渗回灌或引入储水设施蓄存利用。

(3)地面硬化利用类型为城市主干道、交通主干道等基础设施,其路面雨水应结合沿线的绿化灌溉,设计建设雨水利用设施。建设工程的附属设施应与雨水利用工程相结合。景观水池应设计建设为雨水储存设施,草坪绿地应设计建设为雨水滞留设施。用于滞留雨水的绿地须低于周围地面,但与地面高差最大不应超过20cm。

五、雨水集蓄利用工程

(一)基本资料

(1)建设雨水集蓄利用工程,应收集工程所在地区年降水量资料和多年平均年蒸发量资料,并分析计算得出多年平均保证率为50%、75%及90%的年降水量。无实测资料地区,可查本省(市、区)多年平均降水量、蒸发量及C_v等值线图求得。

(2)对拟作为集流面的屋顶、庭院、广场、公路、道路等的硬化地面面积进行测算。

(3)一般情况下可不测绘地形图,但应有蓄水设施及灌溉土地之间的相对位置和高差资料以及拟建工程位置的土质或岩性,必要时宜有1/500的局部地形图。

(4)应对相邻区域内已建集雨工程的集流效率,蓄水设施的种类、结构和容积,提水设备、节水灌溉设施以及节水灌溉制度和工程运行管理情况进行调查。

(5)对工程实施范围内可利用雨水进行灌溉的绿地种类、面积与需水、灌溉情况以及土壤质地应进行调查。

(6)对当地水泥、钢筋、石灰、防渗膜料以及砂、石、砖、土料等建筑材料的储(产)地、储(产)量、质量、单价、运距等应进行调查。

(二)集雨工程规划

1. 供水标准的确定

开发建设项目硬化地面集蓄的雨水，一般存在轻度或微度污染，只考虑作为绿地灌溉、小型加工业和工业供水水源。

(1)绿地灌溉供水量应根据本地区树、草的需水特性和可能集蓄的雨水量，采用非充分灌溉的原理，确定补充灌溉的次数及每次补灌量。缺乏资料时，灌水次数和每次灌水定额可参照表6-6-1的规定取值。

表 6-6-1 树木、果树集雨灌溉次数和定额

植物	灌水方式	降雨量 250～500mm 地区的灌水次数	灌水定额(m^2/hm^2)
树木、果树	滴灌	2～5	120～150
	小管出流灌	2～5	150～225
	微喷灌	2～5	150～180
	点灌(穴灌)	2～5	150～180

$$M_d = \beta(N - 10P_e - W_s)/\eta \tag{6-6-1}$$

式中 M_d——全年灌溉水量，m^3/hm^2；

β——非充分灌溉系数，取0.3～0.6；

N——农作物、果树或林草全年需水量，m^3/hm^2；

P_e——农作物、果树或林草生育期有效雨量，mm；

W_s——灌溉前土壤有效储水量，缺乏实测资料的地区可按 N 的15%～25%估算；

η——灌溉水利用系数，可取0.8～0.95。

(2)小型加工业供水应按照节约用水、提高回收利用率的原则，根据生产实际需要确定或参照《农村给水设计规范》进行。

(3)工业供水应按照节约用水、提高回收利用率的原则，根据生产实际需要确定。

2. 工程规模的确定

1)集流面面积确定

(1)供水保证率应按表6-6-2的规定取值。

表 6-6-2 雨水集蓄利用工程供水保证

供水项目	集雨灌溉	小型加工业
保证率(%)	50～75	75～90

(2)一种用途雨水集蓄利用工程的集流面面积按下式计算：

$$\sum_{i=1}^{n} S_i \cdot k_i \geqslant \frac{1\,000W}{P_p} \tag{6-6-2}$$

式中 W——一种用途的年供水量，m^3；

S_i——第 i 种材料的集流面面积，m^2；

P_p——保证率为 P 时的年降水量，mm；

k_i——第 i 种材料的年集流效率(%);

n——材料种类数。

(3)几种用途雨水集蓄利用工程的集流面总面积按下式计算:

$$S_i = \sum_{j}^{m} S_{ij} \tag{6-6-3}$$

式中 S_i——第 i 种材料集流面总面积,m^2;

S_{ij}——第 j 种用途第 i 种材料的集流面面积,m^2。

(4)年集流效率应根据各种材料在不同降雨情况下试验观测资料确定。缺乏资料时,可参考表 6-6-3 取值。

表 6-6-3 不同材料集流面在降雨量 200~500mm 地区的年集流效率

集流面材料	降雨量 200~500mm 地区年集流效率(%)
混凝土	75~85
水泥瓦	65~80
机瓦	40~55
手工制瓦	30~40
浆砌石	70~80
良好的沥青路面	70~80
乡村常用土路、土碾场和庭院地面	15~30
水泥土	40~55

2)蓄水工程容积的确定

蓄水工程容积可按下式计算:

$$V = \frac{KW}{1 - \alpha} \tag{6-6-4}$$

式中 V——蓄水容积,m^3;

W——全年供水量,m^3;

α——蓄水工程蒸发、渗漏损失系数,取 0.05~0.1;

K——容积系数,半干旱地区灌溉供水工程可取 0.6~0.9,湿润、半湿润地区可取0.25~0.4。

3. 集雨工程设计

1)集流工程

(1)集流工程应由集流面、汇流沟和输水渠组成。当集流面较宽时,宜修建截流沟拦截降雨径流并引入汇流沟。

(2)屋顶集流面可采用接水槽或在屋檐下的地面上修建汇流沟汇流。利用道路、广场等硬化地面作为集流面时,均应修建汇流沟。汇流沟可采用混凝土现浇或预制、块(片)石、砖衬砌的矩形、U 形渠或土渠。汇流沟的纵向坡度应根据地形确定,衬砌渠(沟)一般不宜小于 1/300,土渠(沟)不宜小于 1/500,断面尺寸应按汇流量确定。

2)蓄水工程

参见第五章小型排蓄引水工程设计有关内容。

4. 节水灌溉系统及灌溉制度

(1)利用集蓄雨水进行灌溉时,应采用节水灌溉方法。集雨滴灌、微喷灌工程设计应符合 SL103—95《微灌工程技术规范》的要求,宜采用定型设计。小型集雨喷灌工程的设计应符合 GBJ85—85《喷灌工程技术规范》的要求,设备应选用经过法定检测机构检测合格的产品。

(2)应采用非充分灌溉方法,以提高灌溉水生产率为目标,根据当地降雨和植物需水规律,分析确定影响植物生长关键缺水期及需要补充的灌溉水量,进行关键期补水灌溉的灌溉制度设计。资料不足时,集雨节灌的灌水次数和定额可参照表 6-6-1 取值。

六、降水渗透利用工程

降水渗透利用工程是一项新技术,便于在城区及生活小区设置,对于我国大城市和开发区及大型开发建设项目,由于地面硬化、地下水开采过度等导致局地水循环破坏的地区,通过降水渗透利用工程,既可补充地下水,又可以减少泄洪径流、减轻城市防洪压力。降水雨水渗透利用技术在设计方面尚处于初步阶段,以下介绍的几种较适用于我国城市建设与开发建设项目,供参考。

(一)渗水管

渗水管是多孔管材,雨水通过埋设于地下的渗水管向四周土壤层渗透,其主要优点是占地面积少,管材四周填充粒径 20 ~ 30mm 的碎石或其他多孔材料,有较好的调蓄能力。缺点是发生堵塞或渗透能力下降时,很难清洗恢复,此外,不能利用土壤表层的净化作用。该方法对水质有一定要求,应不含悬浮固体。在用地紧张的城区、表层土壤渗透性差而下层土壤渗透性好的地区、旧排水管网改造利用地区和水质较好的地区适用该法。

(二)渗水沟

渗水沟是采用多孔材料或是自然的带植物浅沟。底部铺设透水性好的碎石层。屋顶花园 + 浅草沟雨水处理系统是典型的雨水渗透处理利用系统。屋面雨水先流经屋顶花园进行渗透净化,而后与道路雨水一并进入凹式绿地,流入浅草沟。浅草沟由上至下可分为两层,上层为种植草类植物的浅水洼,下层为渗透渠。通常水洼层铺设活土,深度不超过 0. 3m,通过土壤与植物的处理作用净化雨水,同时种植的植被绿色可以很好融入到建筑周围的生态景观当中。下层渗透渠一般填充高渗透性的棱柱状颗粒,例如砾石或熔岩颗粒等,可储存大量雨水,并逐渐将雨水释放以补充地下水,超过渗透能力的雨水排入市政管网。

(三)渗水地面

渗水地面分为天然渗水地面和人工渗水地面。前者以绿地为主,其透水性好。能美化环境并对雨水中的污染物有较强的截留和净化作用,但其渗透流量受土壤性质的限制。人工透水地面是人工铺设的透水性地面,如多孔沥青地面、碎石地面和草坪砖地面等,多铺设在道路两侧的透水人行道、停车场等地段。其主要优点是利用了表层土壤对雨水的净化能力,对预处理要求低,技术简单;缺点是渗透能力受土质所限,需要较大的透水面积。渗水地面在现代城市建设中已得到越来越广泛的应用。

（四）渗水洼塘

渗水洼塘即利用天然或人工修筑的池塘或洼地进行雨水渗透，补给地下水。种植草坪的洼地对雨水不仅有调蓄作用，还可以去除水中的污染物，同时具有很好的观赏价值。渗水池塘一般是人工修建的比洼地深的雨水滞蓄和入渗设施，其周围一般种植树木，也有较好的景观效果。

（五）渗水浅井

渗水浅井类似于普通的检查井，但井壁做成透水的，在井底和四周铺设 10～30mm 的碎石，雨水通过井壁、井底向四周渗透。其主要优点是占地面积和所需的空间小，便于集中管理；缺点是净化能力低，不能含过多的悬浮固体，需要预处理。适用于拥挤的城区地面和地下可利用空间小，表层土壤渗透性差而下层土壤渗透性好的场合。浅水井的另一作用是雨水地下入渗。地下入渗是在土地有限的情况下，或者表层有较浅的不透水层时，挖穿不透水层，在透水层开挖入渗沟，沟内铺设带孔的透水管，周围填装直径 16～32mm 的砾石，透水管连接浅水井。浅水井将收集到的屋项或道路等不透水地面产生的雨水，用管道输送到入渗沟内的透水管，沟内充填的砾石和管道有一定的蓄水空间，可存储一部分雨水，并使雨水通过周围的土壤下渗。

以上工程可以与雨水收集结合，经自然净化处理排入预定入渗区域。这种整体的雨水收集与入渗系统可分散控制来缓解城市排水管网的负担，并涵养地下水资源。该技术较符合我国实际情况，可广泛应用于以生态建设为目标的城市。但是，这种技术完全依赖自然的净化机理处理雨水，它需要占用较多的城市空间，无法适应建筑密度高且改建困难的城市；另一方面，由于该技术对雨水的净化效果有限，所以当地雨水回用水质要求较高时，就必须经过进一步的深度处理才能使用。

第七节　临时防护工程设计

开发建设项目从动工兴建到建成投产正常运行，其间往往历时较长，如不及时落实“三同时”制度和采取有效措施，可能会造成严重的水土流失。临时防护工程是开发建设项目水土保持措施体系中不可缺少的重要组成部分，在整个防治方案中起着非常重要的作用。

一、设计原则与要求

（一）设计原则

（1）施工建设中，临时堆土（石、渣）必须设置专门堆放地，集中堆放，并应采取拦挡、覆盖等措施。

（2）对施工开挖、剥离的地表熟土，应安排场地集中堆放，用于工程施工结束后场地的覆土利用。

（3）施工中的裸露地，在遇暴雨、大风时应布设防护措施。如裸露时间超过一个生长季节的，应进行临时种草加以防护。

（4）施工建设场地、临时施工道路应统一规划，并采取临时性的防护措施，如布设临时拦挡、排水、沉沙等设施,防止施工期间的水土流失。

(5)施工中对下游及周边造成影响的,必须采取相应的防护措施。

(二)设计要求

1. 可行性研究阶段

在可行性研究阶段,初步拟定临时防护工程的类型、布置、断面,并估算工程量。

2. 初步设计阶段

在初步设计阶段,应结合主体工程设计,确定临时防护工程的类型、布置、结构、断面尺寸等,明确防护工程量、建筑材料来源及运输条件。

二、临时防护工程的适用范围

(1)临时防护工程主要适用于工程项目的基建施工期,为防止项目在建设过程中造成的水土流失而采取的临时性防护措施。

(2)临时防护工程一般布设在项目工程的施工场地及其周边、工程的直接影响区范围。

(3)防护的对象主要是各类施工场地的扰动面、占压区等。

三、临时防护工程的类型

(一)临时工程防护措施

临时工程防护措施主要有挡土墙、护坡、截(排)水沟等几种。临时工程防护措施不仅工程坚固、配置迅速、起效快,而且防护效果好,在一些安全性要求较高和其他临时防护措施不能尽快发挥效果时,则必须采取这种防护措施。

(二)临时植物防护措施

临时植物防护措施主要有种树、种草或树草结合,或者种植农作物等。临时植物防护措施不仅成本低廉、配置简便,宜农则农、宜林则林、宜草则草,时间可长可短,而且防护效果好、经济效益高、使用范围广。

(三)其他临时防护措施

由于工程性质不同,开发建设的方式、特点也不一样,有许多时候难以配置临时植物或工程防护措施,需要因地制宜地采取其他有效的防护措施,如开挖土方的及时清运、集中堆放、平整、碾压、削坡开级、薄膜覆盖等。

四、临时防护工程的适应条件

(一)临时工程防护措施

临时工程防护措施在设计要求上标准可适当降低,但必须保证安全运行。设计时应对项目的生产特点、工艺流程、地形地貌、生产布局等情况进行详细调查,准确计算工程量,使工程措施既满足防护需要,又不盲目建设而造成浪费。

1. 临时挡土(石)工程

临时挡土(石)工程一般修建在施工场地的边坡下侧,其他临时性土、石、渣堆放体及地表熟土临时堆放体的周边等。临时挡土(石)工程的规模应根据渣体的规模、地面坡度、降雨等情况的分析确定。临时挡土(石)工程防洪标准可以根据确定的工程规模,参考相应的弃渣防治工程的防洪标准确定。

2. 临时排水设施

临时排水设施可以采用排水沟(渠)、暗涵(洞)、临时土(石)方挖沟等,也可利用抽排水管,一般布置在施工场地的周边。临时排水设施规模和标准,根据工程规模、施工场地、集水面积、气象降雨等情况分析确定。临时排水设施的防洪标准应根据确定的工程规模,参考相应的弃渣防治工程的防洪标准确定。

3. 沉沙池

沉沙池一般布置在挖泥和运输方便的地方,以利于清淤,其作用主要是沉积施工场地产生的泥沙。沉沙池的容量根据流域地形地质和可能产生的径流、泥沙量确定沉积泥沙的数量。

(二)临时植物防护措施

对裸露时间超过一个生长季节的地段,应采取临时植物防护措施。临时植物防护措施的应用较为普遍,配置方便,设计时要充分考虑地形条件、生产工艺、防护要求等,要在满足防护需要的同时,尽可能降低防护成本。

1. 种植农作物

对于需要临时防护的地段,能种植农作物者尽量种植,不仅可以降低防护成本,同时也可增加一定收益。种植农作物前需采取必要的土地整治措施,其种植方法可参照常规农业耕作方法。

2. 临时种草

临时种草是最常见的配置方式,临时种草主要采取土地整治、播撒草籽的方式进行。具体要求参见相关的标准执行。

3. 临时植树

临时植树主要针对裸露时间较长的地段,临时植树前应采取必要的土地整治,植树方式需根据树种特性和立地条件具体确定,或植苗播或播种。具体要求参见相关的标准执行。

(三)其他临时防护措施

1. 表面覆盖

表面覆盖是一种应用最为广泛的临时防护措施,其作用也较为明显。施工中的各类裸露地、开挖的弃土以及弃土石、建筑用砂石料的运输过程中,应采用土工布、塑料布等覆盖,风沙区部分场地也可用草、树枝等临时覆盖,避免大风或强降雨天气产生水土流失。

2. 平整碾压

平整碾压主要针对临时堆放的弃土弃渣,应对其采取平整碾压措施,改变弃土弃渣局部地貌,增加其紧实度,避免大风或强降雨天气产生水土流失。

【案例 6-7-1】

(1)基本情况

某建设项目取土场现状为耕地,在取料前需对表层耕作土进行剥离,取料结束后用于回填覆土。取土场共占用农用地面积 5.4hm²,剥离厚度 0.3m,表土剥离总量约为 1 600m³。清除表层耕作土临时堆放在取土场旁的平缓地,堆高约 4m。需对表层剥离土临时堆放进行防护设计。

(2)表层剥离土临时防护工程设计

在堆土周边布置临时袋装土挡墙,挡墙高 1.0m,顶宽 0.5m,内外坡均为 1∶1;挡墙外侧设置土质临时排水沟,采用 0.4m × 0.4m 的梯形断面,坡比 1∶1;临时堆土表面撒播草籽加以防护,草种选择紫花苜蓿和白喜草。

表层剥离土临时防护工程设计具体见图 6-7-1。

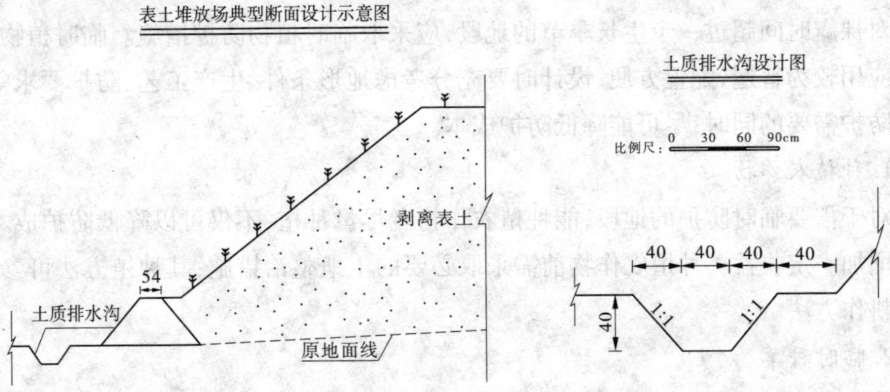

图 6-7-1　表层剥离土临时防护工程设计图

第八节　植被恢复与绿化工程设计

开发建设项目水土保持中的植被恢复与绿化工程包括对弃渣场、取土场、石料场及各类开挖扰动面的林草恢复工程,以及工程本身的各类边坡绿化和生活区、厂区、管理区及施工道路等区域的植被绿化。

一、设计原则与要求

(一)设计原则

(1)开发建设项目应通过选线、选址和工程总体布置等进行方案比选,尽量避让人工片林、天然林,以及自然保护区、草原保护区、湿地等自然植被;应尽量减少征占、压埋地表和植被的范围。对具有特殊功能的植被,应改变主体工程选线(址)或采取相应保护措施。

(2)对各类开挖破损面、堆弃面、占压破损面、渣面工程不再使用的临时占地及各类边坡,在安全、稳定的前提下,应尽可能采取植物防护措施,恢复自然景观。对含有有害物质(指对植被生长有害)的扰动地块、高陡裸露岩石边坡等特殊场地也应采取攀缘植物分台阶实施的特殊措施恢复植被。

(3)应根据工程项目所在区域和建设项目类型,分别确定植被建设目标。城市周边或对景观有特殊要求的区域,其植被建设应兼顾景观要求,偏远区域则以防护型为主。

(4)在南方地形较缓或边坡稳定的地方,可采取封育管护措施恢复自然植被。北方干旱地区,在当前技术经济条件下无法人工恢复的地方,应采取相应的土地整治措施,创造条件进行自然恢复。

(二)设计要求

1. 可行性研究阶段

(1)在调查基础上,初步确定水土保持植被恢复与绿化范围、任务和规模,对主体工程提出植被保护的相关建议。

(2)分析预测植被恢复与建设可能出现的限制因子和需要采取的特殊措施。

(3)结合主体工程设计分区,基本确定植被恢复与绿化的标准,比选论证植被恢复与绿化总体布局方案。

(4)初步确定进行植被恢复与绿化的立地类型划分、树种选择和造林种草的方法,做出典型设计,并计算工程量和投资。

2. 初步设计阶段

(1)根据水土保持方案和主体工程可行性研究,调整与复核植被恢复及绿化方案,确定分区绿化功能、标准与要求。

(2)划分植被恢复与绿化的小班,分析评价各小班的立地条件。对特殊立地条件需要人为改良的,提出土壤改良方案。

(3)根据林草工程的设计要素与要求,对每一小班做出具体设计。

二、弃渣场、取土场、采石场等造林种草的设计

(一)弃渣场植被恢复与绿化技术

弃渣按组成成分大体可分为两类,一类是以弃石(碎石、小块石)为主,一类是以弃土或土状物为主。以弃石为主的弃渣又因地质条件和开挖工艺等不同而有所差异,石灰岩弃渣多为块石,砂页岩多为碎石;Tunnel Boring Machine(TBM)施工以碎石弃渣为主,钻爆法弃渣为较大块石。具体设计时应根据弃渣组成采取相应的土地整治措施,然后按确定的土地利用方向进行植被恢复。

1. 以弃石为主的渣场植被恢复与绿化设计

在土石山区明挖、隧洞开挖形成的弃渣场,煤炭开采形成的矸石场(山)、铁矿开采形成的排石场、铜矿开采形成的毛石堆等,均以弃石为主。这类渣场需覆土(河泥、风化碎屑)或实施客土措施才能恢复植被。

1)树(草)种选择

(1)应有较强的适应能力。对干旱、潮湿、瘠薄、盐碱、酸害、毒害、病虫害等不良土地

因子有较强的忍耐能力，同时对粉尘污染、冻害、风害等气候条件有一定抵抗能力。

(2)栽植较容易，成活率高，或适宜播种、栽植时期较长、发芽力强且繁殖量大。

(3)地上部分生长迅速繁茂，能及早覆盖地面，并能长期大面积地覆盖地面，地下部分能尽快伸展，以便更好地稳固表土，有效地阻止风蚀和水蚀。

(4)具有固氮和改良土壤能力，有利于林草后期生长和土地生产力的持续提高。

2)栽植技术

(1)直播。适于弃石渣场覆土后的植被恢复，多用于草灌种植，乔木很少用；可采用条播、穴播和撒播的方法。

(2)植苗。

①有覆土条件的可覆土后进行植苗造林。覆土可分为覆薄土(30cm以下)和覆厚土(50cm以上)。前者开穴后，可将周边土置入穴内，相当于客土造林；后者可直接开穴栽植。

②无覆土条件但有风化碎屑物质(如矸石场)的，可提前(一年或半年挖坑)挖穴促进坑内矸石风化，将坑外的碎石、石粉填入坑内，将坑内未风化矸石捡出，这样利于蓄水保墒，可直接栽植。

③无覆土条件但有土料、河泥等来源的，可采用客土栽植。即开穴后将土料或河泥等物质置于穴内栽植。

④无覆土条件，也可采取大苗带土坨栽植。

⑤北方针叶造林或小苗造林最好采用容器苗。

【案例6-8-1】 矸石场造林

根据风化程度，可分别采取如下措施：

(1)矸石风化壳达10cm左右，可采取无覆盖方式植树造林(见图6-8-1)。

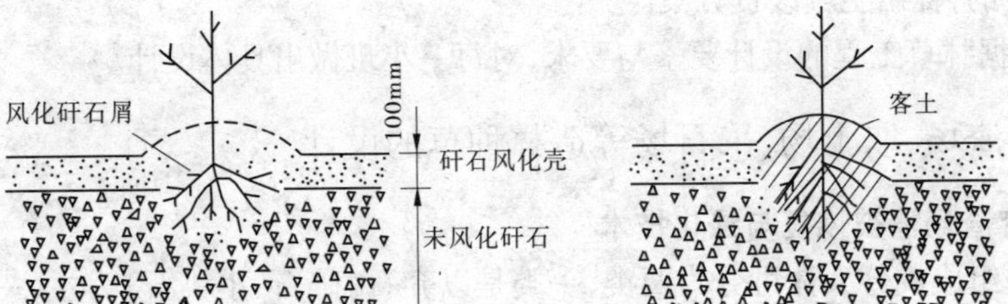

图6-8-1 不覆土种植模式

(2)风化壳5～10cm，5mm以下碎屑颗粒达60%左右，小于0.25mm的颗粒达10%以上时，可直接播种豆科与禾本科牧草，或采用薄覆盖方式种植(见图6-8-2(a))。

(3)未风化或风化度很低的矸石复垦场地，必须盖土30～50cm，即采用厚覆盖方式，进行植被恢复(见图6-8-2(b)、(c))。图6-8-2(c)中的隔离层可以是粘土、碱性物料或其他物料。为防止漏水，可采用粘土作为隔水层，起保水保肥的作用；为防止酸害，可采用碱性物料作为隔离层，如石灰。

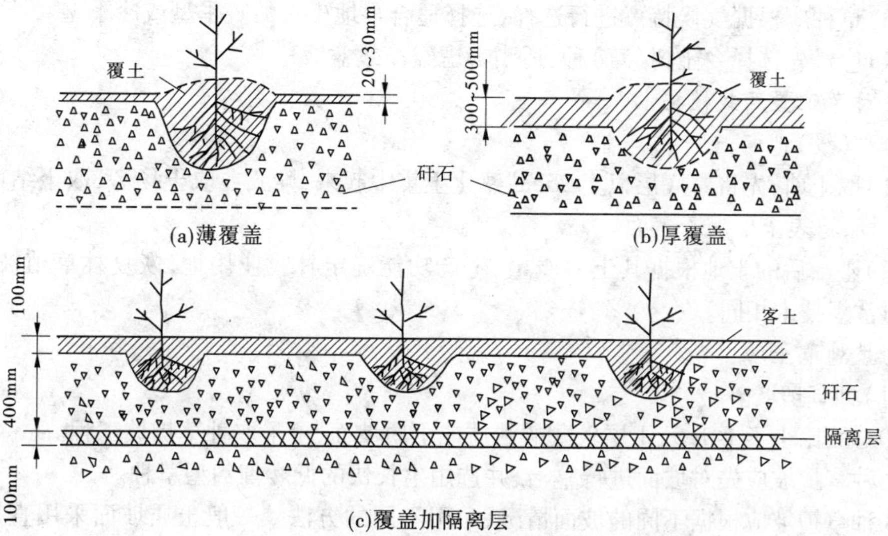

图 6-8-2　覆土种植模式

2. 以弃土为主的渣场植被恢复与绿化设计

在土层覆盖厚的黄土高原、丘陵、阶地、盆地、平原区，或下伏岩性为强风化层，以土或土状物为主的弃渣场（如黄土高原露天矿山排土场，公路、铁路或水工程开挖形成的弃渣场等），稍作土地整治即可确定土地利用方向，进行植被恢复（有的可直接恢复为耕地）。

1）树（草）种选择及配置

（1）抗逆性强、耐瘠薄，抗旱、抗病虫害能力强。

（2）根系发达、固土能力强，灌草最好有固氮能力。

（3）对于排土场平台，首先覆土种植灌草，培养肥力，改善环境，后期可改造为农田、经济林等。

（4）对于排土场边坡，应及时种植牧草和灌木以取得控制水土流失、加速生土熟化的效果。

2）栽植技术

（1）弃土场边坡绿化，有条件情况下，可采取削缓边坡至 28°～35°，挖鱼鳞坑或水平阶整地植树种草，防止水土流失。

（2）北方黄土高原可不覆土直接造林种草；南方弃土场可根据树种不同，覆不同厚度的表土。

（3）乔灌木栽植可采用鱼鳞坑、水平阶等整地方式。

（二）取土场

平原区取土场不能恢复成农田或鱼塘的，可种植耐水湿的速生树种；山区、丘陵区可根据整治后的立地条件进行林草恢复；取土场植被恢复应与附近的植被和景观等相适应。

1. 树（草）种选择

（1）应选择抗逆性强、病虫害少、易成活和便于管护的树（草）种。

（2）周边为农田时，树（草）种不应有与农作物相对的转主寄生病虫害。

(3)草种应根据气候特点进行选择,选择适合当地生长的暖季型或冷季型。

(4)应优先选择乡土树(草)种,适当考虑经济效益。

2. 林草配置及栽植技术

1)平(缓)地取土场

(1)取土前,先将犁底层以上25cm熟化土集中起来,堆放在取土场旁,取土结束后平整取土场,将表土平铺于表面。

(2)整治后的土地根据其土地质量、生产功能确定林牧业用地,恢复林草植被,栽植技术与常规技术相同。

2)坡地取土场

(1)种草护坡。

①对坡比小于1:1.5,土层较薄的沙质或土质坡面,可采取种草护坡工程。

②种草护坡应先对坡面进行整治,并选用生长快的低矮匍匐型草种。

③种草护坡应根据不同的坡面情况,采用不同的方法。一般土质坡面采用直接播种法;密实的土质坡面上,采取坑植法。

④在风沙坡地,应先设沙障固定流沙,再播种草籽。

⑤种草后1~2年内,进行必要的封禁和抚育措施。

(2)造林护坡。

①坡度10°~20°,在南方,坡面土层厚15cm以上;北方,坡面土层厚40cm以上,立地条件较好的地方,采用造林护坡。

②护坡造林应采用深根性与浅根性相结合的乔灌木混交方式,同时选用适应当地条件、速生的乔木和灌木树种。在坡面的坡度、坡向和土质较复杂的地方,将造林护坡与种草护坡结合起来,实行乔、灌、草相结合的植物或藤本植物护坡。坡面采取植苗造林时,苗木宜带土栽植,并应适当密植。

(3)综合护坡工程。

①砌石草皮护坡:

a. 在坡度小于1:1,高度小于4m,坡面有涌水的坡段,采用砌石草皮护坡。

b. 砌石草皮护坡有两种形式:坡面下部1/2~2/3采取浆砌石护坡,上部采取草皮护坡;在坡面从上到下,每隔3~5m沿等高线修一条宽30~50cm砌石条带,条带间的坡面种植草皮。

c. 砌石部位一般在坡面下部的涌水处或松散地层显露处,在涌水较大处设反滤层。

②格状框条护坡:

a. 在路旁或人口聚居地的土质或沙土质坡面,采用格状框条护坡。

b. 用浆砌石在坡面做成格网状。网格尺寸一般2.0m见方,或将每格上部做成圆拱形;上、下两层网格呈"品"字形排列。浆砌石部分宽0.5m左右。

c. 在护坡现场直接浇制宽20~40cm、长12m的混凝土或用钢筋混凝土预制构件,修成格式建筑物。为防止格式建筑物沿坡面下滑,应固定框格交叉点或在坡面深埋横向框条。

d. 在网格内种植草皮。

具体栽植技术可参考矸石渣场、取土场边坡植被设计，或参考高陡坡和裸岩绿化设计部分。

（三）采石场

1. 40°以下石壁的治理

一般采用直接挂网喷草技术，其步骤如下：

（1）将石壁表面整修平整。

（2）将各种织物的网（如土工网、麻网、铁丝网等）固定到石壁上（可以按一定的间距，在石壁上锚钉或用混凝土固定）。

（3）再向网内喷一定厚度的植物生长基（生长基包括可分解的胶结物、有机和无机肥料、保水剂等），最后将草籽与一定浓度的粘土液混合后，喷射到生长基上。

2. 40°~70°石壁的治理

一般采用喷混植生技术。

首先将有一定抗拉强度的钢丝网（抗拉强度低的网不能用）用锚钉固定到石壁上，然后在网下喷一层厚度为5~10cm的混凝土作为填层，再将草籽、肥料、粘合剂和保水剂等的混合物均匀地喷射到填层上。

3. 70°以上陡壁的治理

应在石壁上开凿人工植生槽，加填客土，栽植藤本植物，以接力的方式绿化石壁。植生槽的制作要充分利用石壁凹凸不平的微地形，因地制宜，见缝插针。必要时要对石壁作适当的处理，人工开凿成若干个长1~2m、宽0.4m、深0.4m的植生槽，并注意预留排水孔。藤本植物的选择要注意上爬与下垂品种的搭配。

可参考高陡坡和裸岩绿化设计部分。

三、陡坡和裸岩绿化设计

（一）一般陡坡的绿化设计

1. 水力喷播

1）应用范围

（1）主要适用于湿润、半湿润地区，特别是降水量大于800mm的地区，当降水量达到1 000mm以上时效果更好。但在干旱、半干旱地区采取此类措施应保证养护用水的持续供给，考虑造价与养护费。

（2）一般用于土质路堤边坡，土石混合路堤边坡经处理后可用，也可用于土质路堑边坡等稳定边坡。常用坡比1:1.5，坡比超过1:1.25时应结合其他方法使用，坡高每级高度不超过10m。

2）技术要求

（1）对于岩质坡面，首先应对其进行刷平处理。

（2）排水设施施工。对于长大边坡，坡顶、坡脚从平台均需设置排水沟，并应根据坡面水流量的大小考虑是否设置坡面排水沟，一般坡面排水沟横向间距为40~50m。

（3）喷播施工。按设计比例配合草种、木纤维、保水剂、粘合剂、肥料、染色剂及水的混合物料，通过喷播机均匀喷射于坡面。

(4)应在喷射后覆盖无纺布或者塑料薄膜,以防被雨水冲刷。在干旱、半干旱地区则可覆盖草帘以增温保湿,利于种子发芽、生长。

3)典型设计图

水力喷播植草护坡典型设计见图6-8-3。

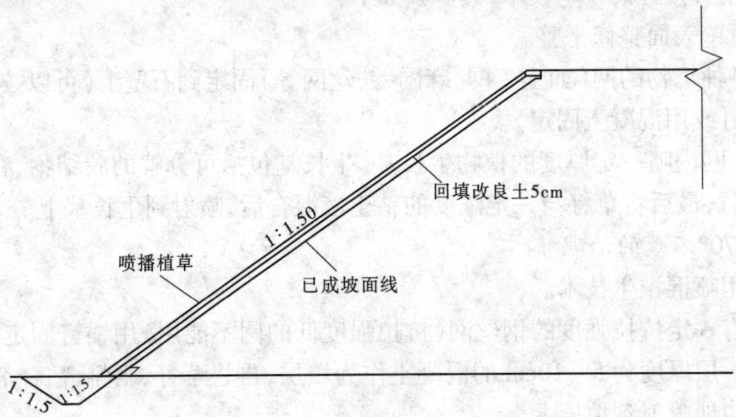

图6-8-3 水力喷播植草护坡典型设计图

2. 格状框条护坡

1)适用范围

(1)适用于我国大部分地区,在降水量极少的干旱地区应有灌溉措施。

(2)适用于泥岩、灰岩、砂岩等岩质路堑边坡,以及土质或沙土质道路边坡、堤坡、坝坡等稳定边坡,坡度不陡于1:1.0。坡度超过1:1.0时慎用。每级坡高不超过10m。

2)技术要求

(1)用浆砌石在坡面做成网格状。网格尺寸一般2.0m见方,或将每格上部做成圆拱形,上、下两层网格呈"品"字形排列。浆砌石部分宽0.5m左右。

(2)在护坡现场直接浇制宽20~40cm、长12m的混凝土或用钢筋混凝土预制构件,修成格式建筑物。为防止格式建筑物沿坡面下滑,应固定框格交叉点或在坡面深埋横向框条。

(3)在网格内种植草皮。

3)典型设计

格状框条铺草皮护坡设计见图6-8-4。

3. 植生带绿化

1)适用范围

(1)适用于各类地区,但在干旱、半干旱地区应保证养护用水的持续供给。

(2)一般用于土质路堤边坡,土石混合路堤边坡经处理后也可使用,也可用于土质路堑边坡。坡高一般不超过1m,常用坡度1:1.5。

植生带结构见图6-8-5。

2)技术要求

(1)平整坡面。

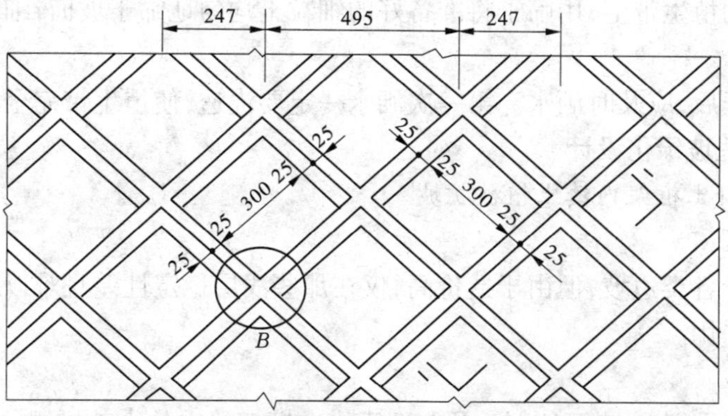

图 6-8-4　格状框条铺草皮护坡正视图　（单位：cm）

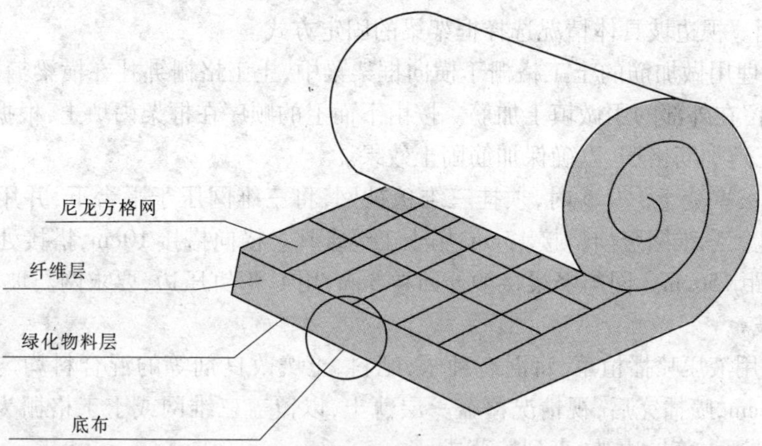

图 6-8-5　植生带示意图

①消除坡面所有石块及其他一切杂物，全面翻耕边坡，深耕 20～25cm，并施入有机肥，如腐熟牛粪或羊粪等，用量为 0.3～0.5kg/m²，打碎土块，耧细耙平。若土质不良，则需改良，对粘性较大的土壤，可增施锯末、泥炭等改良其结构。

②准备足够的用于覆盖植生带的细粒土，以沙质壤土为宜，每铺 100m² 的植生带，需备 0.5m³ 细土。

③铺植生带前 1～2d，应灌足底水，以利保墒。

（2）开挖沟槽。在坡顶及坡底沿边坡走向开挖一矩形沟槽，沟宽 20cm，沟深不少于 10cm。坡面顶沟离坡面 20cm，用以固定植生带。

（3）铺植生带。

①铺植生带前，在耧细耙平的坡面，再次用木板条刮平坡面，把植生带自然地平铺在坡面上。将植生带拉直、放平，但不要加外力强拉。植生带的接头处，应重叠 5～10cm，植生带上、下两端应置于矩形沟槽，并填土压实。

②用 U 形钉固定植生带，钉长为 20～40cm，松土用长钉。钉的间距一般为 90～150cm（包括搭接处）。

（4）覆土、洒水。

①在铺好的植生带上,用筛子将准备好的细粒土均匀地筛于坡面,细粒土的覆盖厚度为0.3～0.5cm。

②覆土完毕后,应及时洒水。第一次洒水一定要浇透,使植生带完全湿润。

(二)高陡边坡绿化设计

1. 钢筋混凝土框架内填土植被护坡

1)适用范围

该法适用于各类边坡,但由于造价高,仅在那些浅层稳定性差且难以绿化的高陡岩坡和贫瘠土坡中采用。

2)技术要求

(1)整平坡面,清除坡面危石。预制埋于横向框架梁中的土工格栅。

(2)按一定的纵横间距施工,锚杆框架梁、竖向锚梁钢筋上预系土工绳,以备与土工格栅绑扎用。视边坡具体情况选择框架梁的固定方式。

(3)预埋用做加筋的土工格栅于横向框架梁中,土工格栅绑扎在横梁箍筋上,然后浇注混凝土,留在外部的用做填土加筋。按由下而上的顺序在框架内填土,根据填土厚度可设二道或三道加筋格栅,以确保加筋固土效果。

(4)当坡率陡于1∶0.5时,须挂三维植被网,将三维网压于平台下,并用土工绳与土工格栅绑扎。三维网竖向搭接15cm,用土工绳绑扎。横向搭接10cm,搭接处用U形钉固定,坡面间距150cm。网与竖梁接触处回卷5cm,用U形钉压边,要求网与坡面紧贴,不能悬空或褶皱。

(5)采用液压喷播植草,将混有种子、肥料、土壤改良剂等的混合料均匀喷洒在坡面上,厚1～3cm,喷播完后,视情况覆盖一层薄土,以覆盖三维网或土工格栅为宜。覆盖土工膜并及时洒水养护边被,直到植草成坪。

3)典型设计图

框架内加筋固土植草设计见图6-8-6。

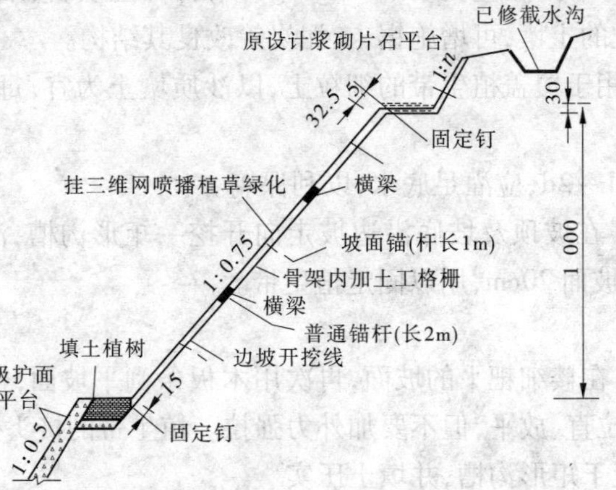

图6-8-6　框架内加筋固土植草设计　(单位:cm)

2. 预应力锚索框架地梁植被护坡

1)适用范围

适用于边坡坡度大于1:0.5(高度不受限制)、稳定性很差的高陡岩石边坡,且无法用锚杆将钢筋混凝土框架地梁固定于坡面的,必须采用预应力锚索加固边坡,同时将钢筋混凝土框架地梁固定到坡体上,然后在框架内植草护坡。

2)技术要求

(1)根据工程情况确定预应力锚索间距、锚杆间距。

(2)施工锚索,浇筑锚索反力座。反力座达到强度后,将锚索张拉到设计值。锚索头应埋入混凝土中。

(3)钻锚杆孔,浇筑框架地梁。锚索反力座和框架内都应配钢筋,浇筑反力座时应预留钢筋,以便和框架梁相连。张拉锚杆后,将锚头埋入混凝土中。整平框架内的坡面,视需要填入部分土质。

(4)采用厚层基材喷射植被护坡技术,在框架内喷射种植基和混合草种,其厚度略低于格子梁高度2cm,根据工程情况和当地的气候条件选择草种。

3)典型设计图

预应力锚索框架地梁植被护坡设计见图6-8-7。

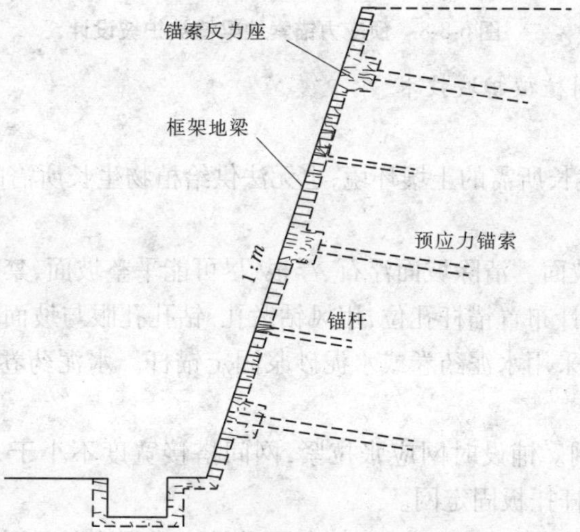

图6-8-7　预应力锚索框架地梁植被护坡设计

3. 预应力锚索植被护坡

1)适用范围

适用于浅层稳定性好但深层易失稳的高陡岩土边坡,不必用框架固定浅层,只用地梁即可。

2)技术要求

(1)开挖并平整坡面,在坡面上定出地梁位置并铺设模板,留出预应力锚索孔的位置,浇筑地梁,待地梁强度达到要求后钻锚索孔,清孔下锚索并给锚孔注浆,待浆体强度达到设计要求后按一根地梁上的锚索数量和设计的张拉工序张拉锚索到设计吨位。

(2)视情况在地梁之间采用浆砌片石等方法形成框架。

(3)采用液压喷播或厚层基材喷射植被护坡等方法进行护坡。

(4)对坡面植被进行养护直到长出茂盛的植被。

3)典型设计图

预应力锚索地梁植被护坡设计见图6-8-8。

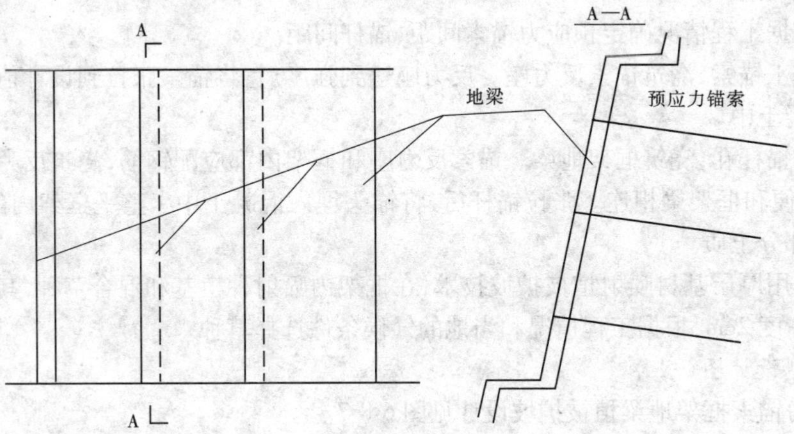

图6-8-8 预应力锚索地梁植被护坡设计

4. 厚层基材喷射植被护坡技术

1)适用范围

适用于无植物生长所需的土壤环境,也无法供给植物生长所需的水分和养分的坡面。

2)技术要求

(1)清理、平整坡面。清除坡面浮石、浮根,尽可能平整坡面,禁止出现反坡。

(2)钻孔。按设计布置锚杆孔位,用风钻凿孔,钻孔孔眼与坡面垂直,孔径25mm。

(3)安装锚杆。采用水泥药卷或水泥砂浆固定锚杆。水泥药卷或水泥砂浆应填满钻孔并捣实。

(4)铺设、固定网。铺设时网应张拉紧,网间搭接宽度不小于5cm,每隔30cm用18号铁丝绑扎,安装锚杆托板固定网。

(5)拌和基材混合物。把绿化基材、纤维、种植土及混合植被种子按设计比例依次倒入混凝土搅拌机料斗搅拌,搅拌时间不应小于1min。

(6)上料。采用人工上料方式,把拌和均匀的基材混合物倒入混凝土喷射机。

(7)喷射基材混合物。喷射尽可能从正面进行,避免仰喷,凹凸部及死角部分要充分注意。基材混合物的喷射应分两次进行,首先喷射不含种子的基材混合物,然后喷射含种子的基材混合物,含种子层厚度为2cm。

3)典型设计图

厚层基材喷射植被护坡基本构造见图6-8-9。

【案例6-8-2】 铁路绿化

(1)项目背景

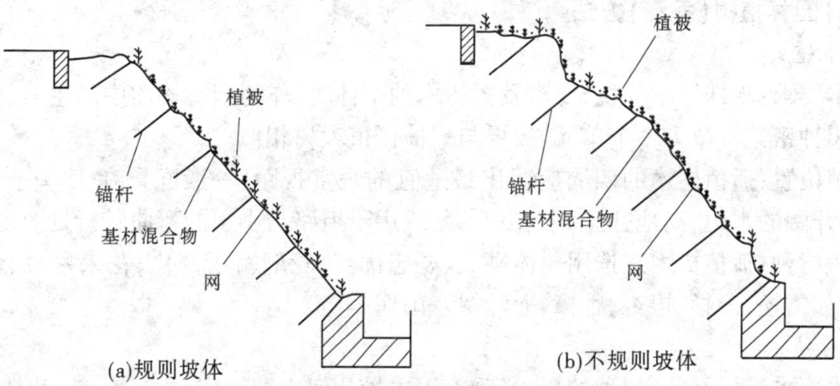

图 6-8-9　厚层基材喷射植被护坡基本构造

南方某铁路穿过花岗岩地区时,因存在严重坡面冲刷,造成水土流失,直接增加了线路养护维修费用,影响运营,恶化铁路周边生态环境,且可能导致路堑边坡崩塌和滑坡等灾害。为解决风化花岗岩边坡坡面的冲刷侵蚀,并迅速恢复风化花岗岩边坡的植被,确定在花岗岩风化侵蚀较严重地区采用植被护坡技术进行绿色防护试点。

(2)绿色防护用植物的选择

通过对该地区某公路绿色防护现状的调查,发现采用混合草种比单一草种效果更为显著,且符合生物多样性稳定原理。而铁路边坡原仅采用禾本科草种,导致草坡退化,生长不良。故确定增加豆科草种作为铁路边坡绿色防护草种,并在较缓的边坡播种对当地环境适应性极强的马尾松。

(3)不同风化程度花岗岩边坡植被防护方法

①路堤边坡

路堤边坡坡度小于 1∶1. 5 的,采用喷播植草防护。因风化花岗岩形成的土壤母岩呈酸性,其 pH 值为 4. 5 ~5. 5,且有机质和养分都很缺乏,为营造植物生长的适宜环境,保障植物生长所需养分、水分的供给,在喷播前需先覆 5cm 厚的改良客土,然后进行喷播。

②残积土及全风化花岗岩路堑边坡

边坡坡度小于 1∶1. 25 的,采用三维网喷播植草防护。

③强风化花岗岩路堑边坡

边坡坡度不陡于 1∶1. 0 的,采用挖沟植草防护。挖沟指坡面上按一定的行距人工开挖楔形沟,以利于回填改良客土能稳定地附着于坡面。

④中等风化及弱风化花岗岩路堑边坡

边坡坡度 1∶0. 5 ~1∶0. 75 的,采用厚层基材喷播植草防护。

四、园林式林草种植工程

开发建设项目水土保持工程经常涉及到厂区、生活区、管理区的道路及园林小景,一般需采取园林式绿化。园林设计是一门单独学科,以下将结合开发建设项目水土保持工程设计做简单介绍。有关内容请参考园林设计有关规范。

(一)园林植树(乔灌)方法

1. 孤植

基本要求:单株树木孤植,要求发挥树木的个体美,作为园林构图中的主景,也可将数株同一树种密集种植为一个单元,效果与一株孤植大树相似。

孤植位置:孤植树木的四周应留出最适宜的观赏视距,一般配置在大草坪及空地中央,地势开阔的水边、高地、庭园中、山石旁,或用于道路与小河的弯曲转折处。

孤植树种:孤植树木宜选用树体高大、姿态优美、轮廓富于变化、花果繁茂、色彩艳丽的树种,如雪松、云杉、银杏、香樟、七叶树及国槐等。

2. 对植

基本要求:采用同一树种的树木,垂直于主景几何中轴线作对称(对应)栽植。

对植位置:常用于大门入口处或桥头等地。

对植的灵活处理:自然式园林布局,可采用非对称种植,即允许树木大小、姿态有所差异,与中轴线距离不等,但须左右均衡,如左侧为一株大树,则右侧可为两株小树。

3. 丛植

基本要求:将2~3株至十几株乔木加上若干灌木栽植在一起,以表现群体美,同时表现树丛中的个体美。

丛植树种:以庇荫为主时,树种全由乔木组成,树下配置自然山石、座椅等供人休憩。以观赏为主时,用乔木和灌木混交,中心配置具独特价值的观赏树。

4. 群植

基本要求:将20~30株或更多的乔、灌木栽植于一处,组成一种封闭式群体,以突出群体美。林冠部分与林缘部分的树木,应分别表现为树冠美与林缘美。群植的配置应具长期的稳定性。

群植位置:主要布置在有足够视距的开阔地段,或在道路交叉角上。也可作为隐蔽、境界林种植。

5. 带植

基本要求:布设成带状树群,要求林冠线有高低起伏,林缘线有曲折变化。

带植位置:布设于园林中不同区域的分界处,划分园林空间,也可作为河流与园路林道两侧的配景。

带植树种:用乔木、亚乔木、大小灌木以及多年生花卉组成纯林或混交林。

6. 风景林

结合游览休憩活动的风景林,其疏密配合应恰当,疏林下或林中空地,可结合布置草地或园林小品等。适当配置林间小路,使其构成幽美环境。

应注意树种的组成及其色彩、形态的配合,对周围景物、地形变化,包括近景、远景等都应综合考虑,加以调节和利用,以充分发挥森林风景的效果。

7. 绿篱

基本要求:用灌木等紧密栽植的围篱或围墙,起间隔空间、遮蔽、防尘、减少噪音等作用。

树种要求:建造绿篱应选用萌蘖力和再生力强、分枝多、耐修剪、叶片小而稠密、易繁殖、生长较慢的树种。

绿篱种类：绿墙，高 1.6m 以上；高绿篱，高 1.2～1.6m；中绿篱，高 0.5～1.2m；低绿篱，高 0.5m 以下。

绿篱树种：绿篱，由常绿灌木组成；叶篱，由带叶灌木组成；花篱，由开花灌木组成；果篱，由赏果灌木组成；蔓篱，将种植的蔓生植物缠绕在制好的钢架或竹架上。

（二）园林花卉建植

（1）在广场中心、道路交叉处、建筑物入口处及其四周，可设花坛或花台。

（2）在墙基、斜坡、台阶两旁、建筑物和道路两侧，可设置花境。

（3）对一些需装饰的地物或墙壁可用凌霄等观赏为主的攀缘植物覆盖，建成花墙。

（三）园林草坪建植

1. 布设要求

（1）较大面积的草坪布设应与周围园林环境有机结合，形成旷达疏朗的园林环境，同时还应利用地貌的起伏变化，创造出不同的竖向空间境域。

（2）草坪的地面坡度应小于土壤的自然稳定角（一般为30°），如超过则应采取护坡工程。运动场草坪排水坡度在 0.01 左右，游憩草坪排水坡度一般为 0.02～0.05，最大不超过 0.15。

2. 草种选定

铺设草坪的草种，应具有耐践踏、耐修剪、抗旱力较强等特性。北方地区还应重视草种的耐寒性。

3. 种植技术

根据不同草种的特点，分别采取铺草皮和播草籽等不同的种植方式。

（四）园林植树（乔灌）栽植标准

（1）先栽植较大型主体树木，而后配置小乔木及灌木类。

（2）植物材料应垂直埋入土中，植深以低于植穴上线 5～10cm 为原则，不得过深过浅，更应考虑新填土壤日久下陷的幅度。

（3）种植时植穴底部应先置松土 10～20cm 厚，回填应使用所定份量之肥料混合土，四周土壤应分次埋下，同时灌水充分夯实，夯实时应注意避免伤及根系及护根土球，然后表面再置一层松土，以利吸收水分和通气。

（五）种植穴开挖标准

（1）大乔木的植穴深度最好为 1～1.2m，植穴最底层需有 10～15cm 厚的土层。

（2）灌木的植穴深度最好为 35～45cm，植穴最底层需有 10～15cm 厚的土层。

（3）地被草坪的客土厚度至少 10cm。

【案例 6-8-3】 攀西采矿迹地植被恢复模式

（1）立地条件特征

模式区位于攀西地区。废弃的采矿（石）区一般光热条件、施工条件较好，但岩石裸露，坡度陡峻，几无土层，植被恢复的难度大。

（2）设计技术思路

采取客土造林的方法，分区分类恢复植被。

(3)技术要点及配套措施

①露天采矿区：

适用于磷矿、铝矿等露天采矿区的植被恢复。将先期剥离物回填采空区后，覆盖表土。选择刺槐、紫穗槐和松类、栎类等抗逆性强、耐干旱、耐瘠薄、生长快的树种，营造人工混交林。

②露天采石区：人工点播、撒播或栽植乡土乔灌木树种和草种，形成乔、灌、草结合的多层次林分，加快植被恢复进程，有效控制水土流失。造林季节为春季，造林或播种前注意清除石块，灌足底水，促进生根发芽。植苗造林中，松类应采用营养袋育苗和菌根技术。对于一些人为活动频繁的露天采石区废弃地，需严格进行封育。

③采矿塌陷区：浅溻陷区的塌陷深度一般在2m以内，表土破坏程度轻微，可直接在浅塌陷区表土上种植乡土乔灌木树种和草种。塌陷深度在2m以上的深塌陷区，应首先把表土剥离后运到塌陷区外，单独堆放，然后将矿区内的固体废弃物如矿渣、粉煤灰等填入塌陷区，最后再将剥离表土运回，覆盖在塌陷区表层上，使之成为可利用的土地，然后造林绿化。绿化树种可选择当地耐干旱、抗逆性强的乡土乔灌木树种。也可先种植豆科草类，然后种植林木。

④难风化矿(石)渣库区：在难风化的矿(石)渣倾倒的沟谷，采取修建拦挡库坝等工程措施，保证矿(石)渣库的稳定。覆盖客土后点播、撒播草种或种植绿肥植物。

⑤配套措施：对采矿(石)区要加强执法，严格执行《中华人民共和国森林法》和《中华人民共和国水土保持法》的有关规定，加强矿(石)区的植被保护、恢复及水土保持工作，及时编报并实施水土保持方案。

【案例6-8-4】 闽中裸露山体植被恢复模式

(1)立地条件特征

模式区位于福建省大田县。因修筑公路、水库开挖山体或开采石料，造成山体大面积裸露，水土流失严重，对农业、水利及生态环境构成威胁。

(2)设计技术思路

石质山地岩石裸露率高、造林难度大，充分利用亚热带地区充足的水热条件，采取天然更新与人工造林相结合的措施，达到裸露山体植被恢复的目的。

(3)技术要点及配套措施

①公路、铁路两侧一重山裸露山体绿化技术：高20m以下的石壁，在石壁基部栽植爬山虎，3年内就能达到绿化石壁的目的；高20～40m的石壁，通过基部种植与顶部种植两种绿化措施来绿化，主要栽植爬山虎和粉叶爬墙虎；高40m以上的石壁，必须通过基部种植、顶部种植、两侧种植和石壁上种植四种措施进行绿化，主要栽植爬山虎、粉叶爬墙虎、葛藤和鸡血藤；乱石堆绿化栽植油麻藤；石泥堆绿化栽植冠盖藤。

②水库两侧一重山裸露山体绿化技术：高20m以下的石壁，栽植藤金合欢；高度20～40m的石壁，栽植藤金合欢和藤黄檀；40m以上的石壁，栽植藤金合欢、藤黄檀和薜荔；乱石堆绿化栽植云石和类芦；石泥堆绿化栽植五节芒。

③村镇周围裸露山体绿化技术：高20m以下的石壁，栽植斑茅；高度20～40m的石壁，栽植斑茅和柘树；40m以上的石壁，栽植斑茅、芒萁和柘树；乱石堆和石泥堆绿化，栽植

台湾相思;乱石堆和石泥堆外围绿化,栽植马占相思。

④山区裸露山体绿化:以类芦为主,山麻油、相思、夹竹桃等为伴生树种。高 20m 以下的石壁,栽植大叶相思;高 20m 以上的石壁,栽植大叶相思和南洋楹;乱石堆绿化,栽植夹竹桃和黑荆;石泥堆绿化,栽植金合欢。

【案例 6-8-5】 鄂东南采矿迹地林业生态治理模式

(1)立地条件特征

模式区位于湖北省大冶市金山店矿区。主要矿种为铜矿、铁矿等。由于大量丢弃尾矿,给当地生态环境造成严重污染,且尾矿区植被稀少,在土体与母岩被机械迁移后逐渐呈现石漠化景观。大面积的土地石砾含量较高,甚至为石渣地。

(2)设计技术思路

采取合理规划、分类设计、分区治理的原则,在有土壤的弃矿地带直接进行造林,对石渣地带的地块客土植树造林,对石山等石漠化地块进行自然景观开发利用,对弃矿进行综合利用,在水土流失较强的沟谷设置沙凼、谷坊等工程控制水土流失,在泥沙稳定后建设生物带、埂。

(3)技术要点及配套措施

①措施体系:根据治理区的自然条件、弃矿种类等,将弃矿区分为石山、石渣及尾矿区 3 类,对不同区域采用不同治理对策,分类规划设计。开采强度不大、弃矿较少、土壤表面积较大的区域,可直接植树造林。石渣地带或石漠化地块应分步骤进行生态治理。首先客土栽植刺槐、马尾松和藤本植物等先锋树种,当立地条件得到一定程度改善后,再安排营造用材商品树种或经济林树种等目的树种,进一步治理。

废弃矿石一般是建筑、修路、坡改梯等工程的良好材料。对于弃矿较多的地段,首先应与建筑等部门合作,共同对弃矿进行二次开发和利用,在利用或搬走大量弃矿以后,再按造林技术规程要求进行整地造林。

②矿地清理与整地:一般采矿石地均具有良好的土壤层,可先对有土壤的弃矿地挖穴整地,规格 80cm×80cm×60cm。对已经利用的弃矿石地,需清除残留弃矿后再行植树造林。

③造林:杨树,株行距 4.0m×4.0m,每亩 42 株;香椿,株行距 1.5m×2.5m,每亩 178 株;水杉,株行距 2.0m×3.0m,每亩 111 株。

④抚育管理:苗木定植后,须精心培土、灌水和进行病虫害防治,保证造林的存活率和保存率。一般 3~5 年后成林。

第九节 防风固沙工程设计

风沙区或易遭受风蚀的地区进行开发建设,因开挖地面、破坏植被,必然加剧风蚀和风沙危害,对此危害不进行防治,项目区的开发建设也会受到影响。因此必须采取防风固沙工程来控制其危害。

一、设计原则和要求

(一)设计原则

开发建设项目在基建施工和生产运行中开挖扰动地面、损坏植被,引发土地沙化,或开发建设项目在风沙区遭受风沙危害时,应采取防风固沙工程。

我国遭受风沙危害的地区可分为三种类型。不同地区的风蚀和风沙危害特点不同,防风固沙的基本原则和措施也不一样。开发建设项目区的防风固沙工程应与保护建设工程紧密结合起来。应根据项目区所在地风沙危害的不同特点,布置防风固沙工程,并应符合下列要求:

(1)北方风沙区。北方风沙区主要分布在"三北"地区大部分省(区),区内沙漠、沙化土地和风蚀严重(极易沙化)的地区,存在着流动沙丘、半固定沙丘、固定沙丘及易风蚀的沙化土地。防风固沙应以植被措施为主,同时,结合人工沙障;特别重要的地段,又无法恢复植被的,可采用化学固沙;有条件的地区可平整沙丘和引水拉沙造地。

(2)黄泛沙区。黄泛区古河道沙地及河流沿岸沙地或次生沙地,应研究沙地的成因,在害风方向设置防风林带,堵截风源,并采取翻土压沙、植被固沙等措施,将沙地改造成果园地或农田。

(3)东南沿海风沙区。主要发生在海水潮涨的海岸线,风源是沿海大风,故应顺海岸线选择抗风性强的树种,采用客土造林法,营造海岸防风林带。

(二)设计要求

1. 可行性研究阶段

(1)根据项目总体可行性研究,预测项目破坏地表和植被的面积及引起的风沙危害,预测周边风沙对项目构成的威胁,从保障生产建设安全与防风固沙、改善环境出发,进行多方案比较,提出防风固沙工程的总体方案。

(2)根据项目所在区域气候条件、下伏地貌和下伏物的性质、沙地的机械组成、地下水埋深及矿化程度、风蚀程度(沙化、沙丘类型、沙丘高度、沙丘部位)、植被覆盖及破坏程度等,结合施工工艺,提出防风固沙应采取的措施,并论证其可行性。

(3)对于植物固沙,应分析立地条件,比选采用的树种和草种及种植方法等;对于机械固沙,应比选分析沙障类型、沙障材料、取材地点、材料运输路线,对于化学固沙,应论证分析比选化学胶结物料及来源、胶结方法。

(4)在风沙危害严重的地区,机械固沙和化学固沙结果是为植物固沙创造良好的环境,因此各类措施的先后顺序如何合理配合,应合理论证。防风固沙工程,特别是机械和化学固沙费用较高,应论证其经济合理性,并提出初步方案。

2. 初步设计阶段

(1)在可行性研究的基础上,确定防风固沙的总体方案,结合项目总体初步设计,做必要的分析论证,特殊情况可对原方案进行再次比选论证(机械固沙和化学固沙措施)。

(2)设计确定植被防护距离、沙障物料种类、沙障高度、间距、沙障铺设或修筑的方法、沙障与其他措施的结合等。

(3)根据可行性研究比选化学胶结物料,设计确定固沙面积、化学物料用量、覆盖或喷涂方式、化学固沙与其他措施的结合等。

(4)对于植物固沙,应划分立地条件类型、根据适地适树的原则选择合适的树种草种,确定种植方法、种植密度、种植时间等,将树种落实到小班上。若植物措施与其他措施结合,应设计确定施工顺序、结合方式、特殊的施工要求等。

二、固沙工程措施

(一)沙障固沙

沙障又叫风障,是用柴草、秸秆、粘土、树枝、板条、卵石等物料在沙面上做成的障蔽物,是消减风速、固定沙表的有效的工程固沙措施。主要作用是固定流动沙丘和半流动沙丘。

(二)造林种草固沙

1. 造林固沙

风沙区的开发建设项目,若有条件,应尽可能采用造林固沙,只有这样才能改变生态环境。在项目区周围应营造防风固沙林带,风口地带进行风口造林,林带间和风口内沙地进行成片造林。

2. 种草固沙

种草固沙在防风固沙中经常采用,草种应具有较强的抗风、抗旱、抗寒、耐沙埋和沙割等抗逆性能,并有较强的固沙能力,如北方沙区的沙蒿、沙打旺、无芒雀麦,南方的葛藤等。种草一般布置在风蚀较轻或固定沙丘地上,实际上与一般水土保持相同,可参考有关规范。

(三)化学固沙技术

我国于1956年开始研究化学固沙,20世纪60年代对沥青乳剂固沙进行了配方、喷洒工艺、机具、选择树种与栽植方法等综合性研究,取得了成效。但当前仍处在以沥青乳液为主的小面积应用阶段。

化学固沙属于工程治沙措施之一,可以看做是机械固沙的一种特例。

化学固沙是在流动沙地上喷洒化学胶结物质,使其在沙地表面形成一层有一定强度的防护壳,避免气流对沙表的直接冲击,达到固定流沙的目的。此种措施收效快,便于机械化作业,但成本高,多用于严重风沙危害地区的开发建设项目的防护,如铁路、公路、机场、国防设施、油田等,选择化学胶结物时应考虑沙地的透气性,尽可能与植物措施相结合。

目前,国内外用做固沙的胶结材料主要是石油化学工业的副产品。我国一般常用的有沥青乳液,它在常温下具有流动性,便于使用;价格也较低。

常见化学胶结物还有油叶岩矿液、合成树脂、合成橡胶等,也可使用一些天然有机物,如褐煤、泥炭、城市垃圾废物、树脂等。

此外,最近兴起的高分子吸水剂,可以吸附土壤和空气中的水分,供植物吸收,也有助于固沙。还可以使用土工织物,并在其中种植植物,以达到固沙的目的。

(四)平整沙丘造地技术

平整沙丘造地不仅能够防沙固沙,而且能够提高土地生产力,为项目区服务。无水源的地区可用推土机平整沙丘；有水源的地方可采用引水拉沙的办法平整沙丘。平整后的沙地如有条件可引洪淤地。整治好的土地应根据立地条件，植树种草恢复植被，条件好的，可考虑耕种。

【案例6-9-1】 包兰铁路中卫段“五带”一体防沙治沙模式（图6-9-1）

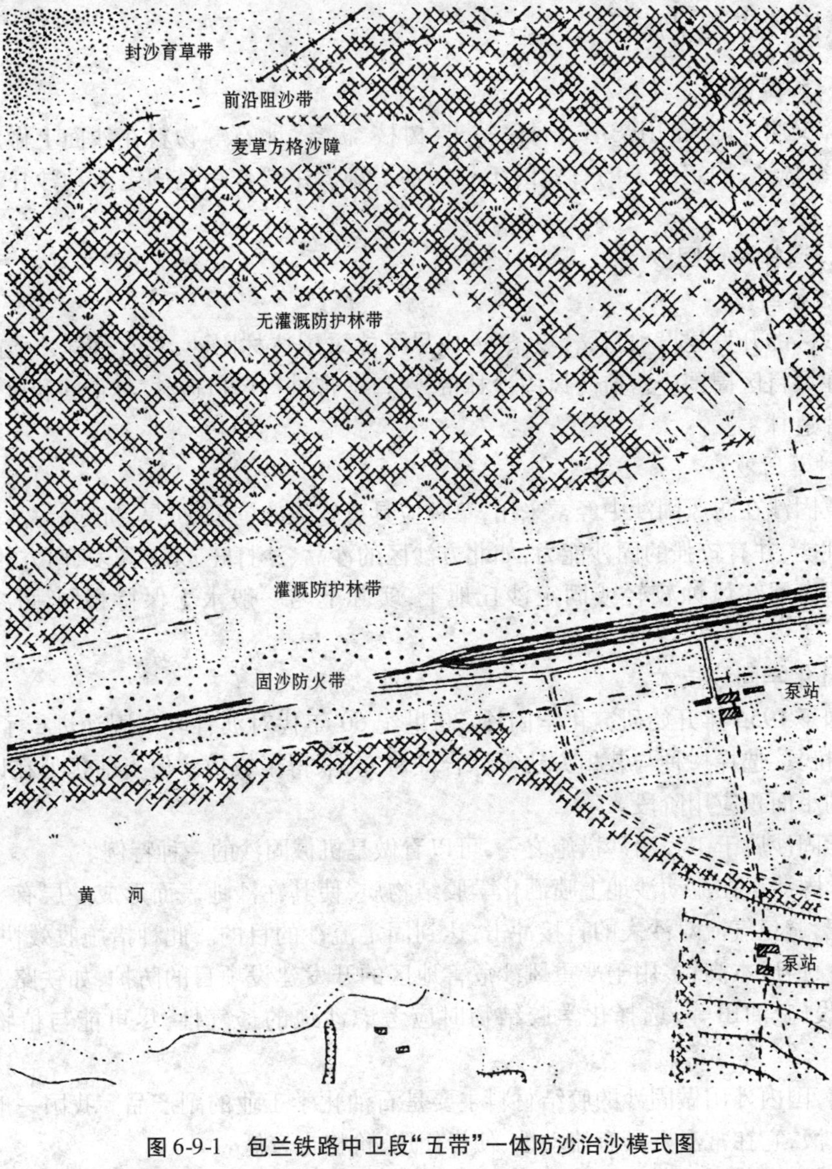

图6-9-1 包兰铁路中卫段“五带”一体防沙治沙模式图

（1）立地条件特征

中卫沙坡头位于腾格里沙漠东南缘，东临银川平原，西接半荒漠棕钙土山前冲积扇，境内流动沙丘密布，以格状沙丘及格状沙丘链为主。黄河水面海拔1 200m，沙丘高处的海拔为1 500m，相对高差300m。年降水量186mm，年蒸发量1 913mm，沙漠腹地的蒸发量高达3 206mm。年平均气温9.6℃，1月平均气温－8.1℃，7月平均气温22.6℃，无霜期150～180d，年平均风速2.8m/s，冬春盛行西北风。在西北风和东南风的交替作用下，腾格里沙漠由西北向东南以年平均前移3.0～5.0m的速度呈“之”字形前移，目前已逼临黄河沿岸，高悬于黄河左岸之上。包兰铁路即沿黄河左岸横穿腾格里沙漠东南缘，20世纪50～60年代曾备受风沙危害之苦。

（2）设计技术思路

在铁路上风方向远离铁路的地段设置高立式沙障，阻沙、聚沙成堤，阻止沙丘前移；在近铁路两侧营造机械沙障保护下的植物固沙带，全面固沙。以固为主，固、阻、输结合，保护铁路免受风沙危害。

（3）技术要点及配套措施

防护体系由固沙防火带、灌溉防护林带、无灌溉防护林带、前沿阻沙带和封沙育草带等5条防护带组成，上风方向300多m，下风方向200多m，总宽500多m，其中，无灌溉防护林带是必备的核心部分。由铁路向外，这5条防护带的营建技术要点分别为：

①固沙防火带：在路基上风方向20m、下风方向10m的范围内，清除植物，整平沙丘，铺设10～15cm厚的卵石、黄土或炉渣，形成固沙防火带。

②灌溉防护林带：在固沙防火带上风方向外侧60m、下风方向外侧40m的范围内，整修梯田，修筑灌渠，梯田内设置沙障，灌溉造林。可选的乔灌木树种有二白杨、刺槐、沙枣、樟子松、柠条、花棒、黄柳、沙柳、紫穗槐、小叶锦鸡儿、沙拐枣等。春季植苗造林，密度1m×2m，隔行或片状混交，混交时以灌木为主，建议采用柠条＋花棒、柠条＋油蒿、花棒＋小叶锦鸡儿的混交类型。乔木半月灌水1次，定额33m³/亩；灌木一月灌水1次，每次66m³/亩。

③无灌溉防护林带：在灌溉防护林带外侧上风方向240m左右、下风方向160m左右的范围内，于造林前1年的秋季全面扎设1.0m×1.0m的半隐蔽式麦草方格沙障；之后，垂直主风方向，按1.0m×1.0m×2.0m的株行带距营造以头状沙拐枣、乔木状沙拐枣、小叶锦鸡儿、花棒、柠条、黄柳、油蒿等树种为主的灌木林。春秋两季均可造林，秋季为主，多植苗造林，黄柳、沙柳扦插造林，油蒿也可于雨季撒播。株行距1.0m×1.0m或1.0m×2.0m，油蒿株距0.5m。

④前沿阻沙带：在无灌溉防护林带外侧上风方向的丘顶或沙丘较高位置，用柽柳笆或枝条建立折线形高立式沙障，沙障地下埋深30cm，障高1.0m，阻沙积沙，保护无灌溉防护林带外缘部分的安全。

⑤封沙育草带：在前沿阻沙带上风方向百米范围内的局部沙丘迎风坡上，采取设栏封沙、铺设沙障、栽植灌木的方法，减少人畜对自然植被的破坏，促进封育区内植被自然繁殖，抑制风沙运动。

【案例6-9-2】 库布齐沙漠穿沙公路防沙模式

（1）立地条件特征

模式区位于内蒙古自治区伊克昭盟杭锦旗穿沙公路两侧，南北纵贯6个苏木，全线长100km。年平均气温6.9℃，≥10℃年积温3 023℃，无霜期163d。年降水量139.4mm，年蒸发量2 110mm。最大风速19m/s，年沙尘暴日数6～7d。区内以流动沙丘和半固定沙丘为主，气候干旱，沙暴频繁，自然条件极为恶劣。

（2）设计技术思路

根据穿沙公路各段的沙丘类型与流沙活动程度，分高大流动沙丘、半固定沙丘、固定沙丘3种类型进行治理。

(3)技术要点及配套措施

①高大流动沙丘：先用机械沙障固定流沙，然后栽植灌木进一步进行治理。

a. 布设沙障。机械沙障分为平铺式、直立式2种。平铺式沙障根据设置形式及结构，可分为全面平铺和带状平铺式2种，所用材料就地取用。主要采用当地的沙柳、农作物秸秆等。直立式沙障又分为低立式、高立式2种。低立式沙障主要采用当地的柴草及农作物秸秆，布设时先将沙障材料与沙障线大致垂直平整地平铺在沙障线上，然后沿沙障线用锹将柴草从中部压入沙中5~10cm，两侧再用沙壅起即可，一般障高15~20cm。高立式沙障主要采用长70~80cm以上的沙柳等材料，沿规划线挖20~30cm深的沟，把沙障材料均匀地插放于沟中，梢端朝上，障材下部应比上部稍密，在沙障基部用杂草(沙蒿等)填缝，两侧培沙，扶正踏实，培沙高度10cm左右。

沙障的插设季节以秋末冬初沙层湿润时为宜，这时开沟省力，插后障基较稳固。高立式沙障的障间距应为障高的10倍左右，在坡度较大的沙丘应以顶底相照为原则。沙障一般设置在沙丘迎风坡的中下部，行列式设置，走向与主风方向垂直，在风向多变沙区，需全面方格式设置。

b. 障间地造林。造林树种主要采用花棒、沙拐枣、小叶锦鸡儿、杨柴、沙蒿等，植苗造林。在沙区水分条件好的地段也可采用插杆造林和压条造林的方法。春秋季造林，春季一般在4月份，秋季在10月份。栽植坑的大小以能使根系舒展为准。造林密度须根据树种、地下水位、降水量等因素综合确定。水分条件好的地段密些，否则要稀。在有明显主害风方向的沙区，林分的行向应与主害风方向大致垂直。

②半固定沙丘：通过建植生物沙障进行治理。生物沙障治沙主要选用杨柴、沙柳、黄柳等萌蘖能力强、经济价值较高的优良沙生灌木营造，沙障规格4.0m×4.0m。活沙障的设置，主要通过扦插造林完成。10月中下旬就近选取枝干木质化程度较好的灌木枝条作插条，注意保持湿润，尽可能做到随采条随造林。划好网格线，沿网格线挖栽植沟，沟深杨柴为60cm，沙柳80cm。采用"两埋两踩一培土"的方法栽植，即将插条按5cm左右株距直立于栽植沟内，回填湿沙，填至一半时踩实1次，填满湿沙后再踩实1次，最后再培10cm左右的湿沙。造林后保留地上部分20~30cm，剪掉其余部分，使呈疏透度为0.2~0.3的方格式紧密沙障。剪掉的部分要铺设于沙障两侧。翌春，插条成活，萌发枝条，沙地渐趋固定。造林后的3~5年内严禁人畜破坏。

③固定沙丘：采用生物措施。也就是直接造林措施进行治理，树种以灌木为主、乔木为辅，并以团块状混交为主的多种混交方式造林。灌木树种主要选用沙柳、柠条、枸杞等，乔木有杨、柳、榆等。

【案例6-9-3】 包神铁路沿线沙害综合防治模式(见图6-9-2)

(1)立地条件特征

模式区位于包神铁路伊克昭盟段。半干旱大陆季风气候，干旱少雨，风沙多，极端最高气温达40.2℃，极端最低气温-5.2℃，年降水量350mm，年蒸发量3 000mm。植被以沙生植被为主，分布有流动沙丘、固定和半固定沙丘。

(2)设计技术思路

以固为主,固、阻、输结合,保护铁路免受风沙危害。在铁路上风方向远离铁路的地段设置沙障阻止沙丘的前移,在近铁路两侧营造有机械沙障保护的植物固沙带,全面固沙。

(3)技术要点及配套措施

①机械沙障固沙。沙障材料以沙柳为主。沙障类型为多层网状高立式透风结构,沙障高度 90 ~ 100cm,沙障间距 6 ~ 11m,副沙障问距为主沙障的 1.5 ~ 2.0 倍,沙障孔隙度 0.25 ~ 0.50。主沙障走向与主风方向垂直,副沙障与主沙障垂直。沙障配置采用了由多条副沙障组成的长方形网格。保护带宽度在铁路上风方向宽 200 ~ 400m,另一侧宽50 ~ 100m。

②生物固沙。以生物措施为主,采用沙米、沙打旺、籽蒿、杨柴、沙棘、中间锦鸡儿、柠条锦鸡儿、沙柳、群众杨,并试验栽植了樟子松等乔木。

杨柴,株行距 1.0m × 5.0m;沙柳,1.5m × 2.0m、1.0m × 3.0m、2.0m × 3.0m;沙棘,1.5m×5.0m;樟子松,每侧 1 行,株距 5.0m;杨树每侧 3 行,株行距为 2.0m×3.0m。

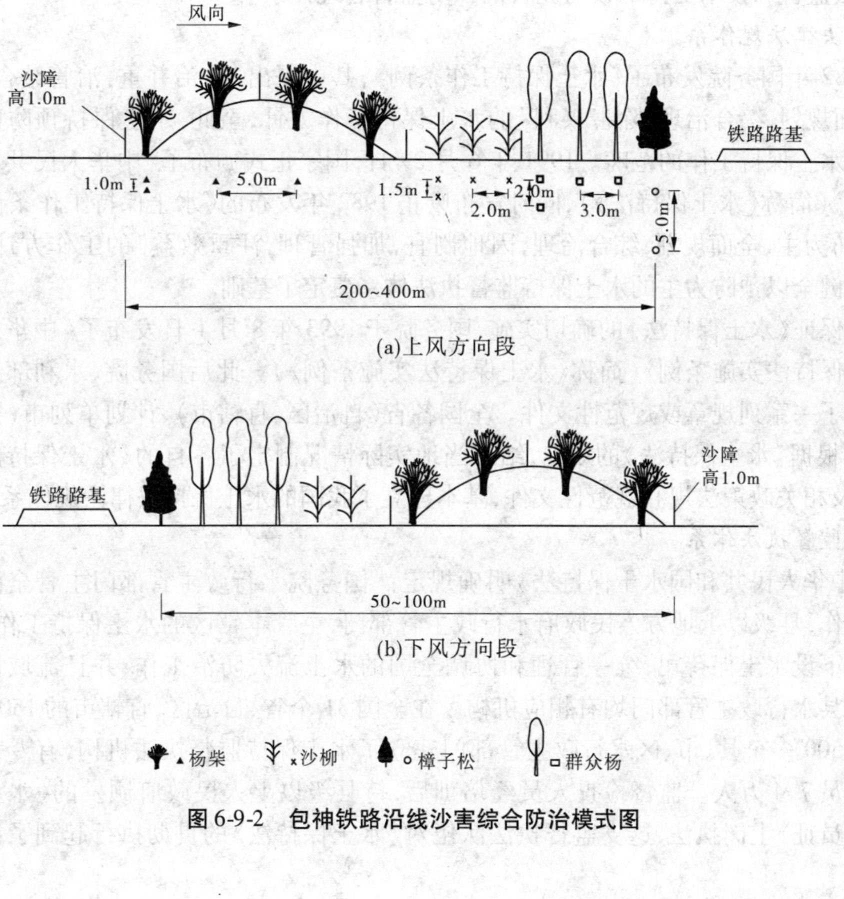

图 6-9-2　包神铁路沿线沙害综合防治模式图

第七章 水土保持监督、监测与试验

第一节 水土保持监督与管理

一、我国水土保持执法预防监督管理体系

（一）水土流失预防监督管理体系

我国水土保持行政机构从1952年开始，几经调整，不断完善。在党中央和国务院的领导与支持下，在全国各水行政主管部门长期努力下，目前已形成了包括水土保持法律法规、执法监督和技术支持的较为完善的预防监督管理体系。

1. 法律法规体系

1982年国务院发布了《水土保持工作条例》，其中提出“防治并重，治管结合，因地制宜，全面规划，综合治理，除害兴利”的水土保持工作方针，至此，水土保持预防监督初步纳入了水土保持工作的范畴。1991年6月29日，国家正式颁布了《中华人民共和国水土保持法》（简称《水土保持法》），同时宣布废止1982年发布的《水土保持工作条例》，确立了“预防为主，全面规划，综合治理，因地制宜，加强管理，注重效益”的工作方针，为进一步建立健全以预防为主的水土保持监督执法体系奠定了基础。

为保证《水土保持法》的确切实施，国务院于1993年8月1日发布了《中华人民共和国水土保持法实施条例》（简称《水土保持法实施条例》）。此后国务院、水利部及相关部委制定了一系列规章或规范性文件。全国各省（自治区、直辖市）、计划单列市（除上海市外），也根据《水土保持法》的规定，结合当地实际情况制定了各自的《水土保持法实施办法》以及相关政策法规和规范性文件，基本建立了我国的水土保持法律法规体系。

2. 监督执法体系

《中华人民共和国水土保持法》明确规定：“国务院水行政主管部门主管全国的水土保持工作，县级以上地方人民政府水行政主管部门，主管本辖区的水土保持工作。”目前，水利部下设水土保持司，统一管理和协调全国的水土流失防治工作，并且流域机构和各省、地、县水行政主管部门均有相应机构。在全国31个省、自治区、直辖市的150多个地、市和1 500多个县、市、区水行政主管部门建立了水土保持监督执法机构，有专兼职监督执法人员7.4万人。监督检查人员经培训后，持县级以上人民政府颁发的《水土保持监督检查员证》上岗执法，这支监督执法队伍对《水土保持法》的贯彻执行起到了重要的保障作用。

3. 技术支持体系

自《水土保持法》颁布以来，各级政府依法划定了水土流失重点预防保护区、重点治理区和重点监督区，国家、行业和地方颁布了一系列水土保持技术标准和规程，初步形成

了水土保持技术标准体系;同时加强对水土保持方案编制、工程设计、监理、监测、施工、咨询等社会中介机构技术人员的专业知识教育和技能培训,实现持证上岗,初步形成了包括项目设计、施工、监理、监测、技术评估和验收等一系列的技术服务体系;建成了全国水土保持监测中心、7个流域监测中心站、31个省级监测总站和175个重点分站的全国水土保持监测网络,建立了水土保持监测、预报系统,初步形成水土保持监测体系。

(二)水土保持监督管理

1.水土保持监督的概念

水土保持监督属行政监督范畴,是水土保持行政执法机构按照水土保持法律法规规定的权限、程序和方式,对公民、法人和其他组织与水土保持有关行为活动的合法性、有效性进行的监察和督导。

2.水土保持监督执法内容

一是对农业生产的监督。对在禁垦坡度(25°)以上陡坡地开垦种植农作物的要坚决制止;对水土保持法施行前已在禁垦陡坡地上开垦种植农作物的,要监督开垦者按计划逐步退耕还林还草,恢复植被;对于退耕确有困难的,要修建梯田后方可耕种;开垦禁垦坡度以下、5°以上荒坡地的单位和个人,必须经水土保持监督管理部门批准。

二是对采伐林木的监督。根据《水土保持法》的规定,采伐区水土保持措施由水行政主管部门和林业行政主管部门监督实施。监督林木采伐的重点是监督检查采伐方式;监督林木采伐方案中是否制订了水土保持方案,采伐区和集材道要有具体的水土流失防治措施,同时还要监督检查采伐方案是否抄送水行政主管部门备案;监督检查采伐迹地是否按水土保持方案及时完成了更新造林任务;对水源涵养林、水土保持林、防风固沙林等防护林是否采用抚育和更新性质的采伐进行监督检查。对在林区采伐而不采取水土保持措施造成严重水土流失的,要根据不同情况,做出责令限期改正、采取补救措施并处罚。

三是对交通、水工程、工矿企业以及资源开发活动的监督。首先,通过审批水土保持方案,保证水土保持方案制订的科学、合理,同时生产建设单位和个人接受国家的水土保持监督管理。其次,监督水土保持方案的实施。监督建设单位按照方案实施的进度安排落实资金、监理、管理和其他保证措施,确保方案的落实。最后,通过验收保证水土保持设施的质量和数量。

四是对从事挖药材、养柞蚕、烧木炭、烧砖瓦等副业生产的监督。这些活动在多方面可能诱导或直接产生水土流失,因此必须加强监督检查。

五是对水土保持设施的监督管护。监督管护是防止水土保持设施遭受破坏、巩固治理成果的重要保证。

六是对5°以上坡地整地造林、抚育幼林、垦复油茶与油桐等经济林木活动的监督。林木具有保持水土的功能,但在造林和抚育过程中,不注意水土保持工作,同样会造成新的水土流失。因此,对造林的整地和抚育方式也要进行监督。

七是对取土、挖砂、采石、开垦荒坡荒地等生产活动的监督。

水土保持监督的内容十分广泛,在实际工作中,应按水土保持法规所规定的内容和各省补充规定的内容,实行全面监督。

二、水土保持法律法规及规范性文件

水土保持法律法规由五个层次的内容组成。第一层次是法律,即由全国人民代表大会及其常委会通过的法律。《中华人民共和国水土保持法》是1991年6月29日全国七届人大第20次常委会审议通过,并于当天由国家主席杨尚昆以49号令公布实施。第二层次是行政法规,即由国务院制定或者批准颁布的规范性文件,如《中华人民共和国水土保持法实施条例》。第三层次是地方性法规,即由省级人民代表大会及其常委会制定、颁布的,或者是由省、自治区的人民政府所在地的市和经国务院批准的较大市的人民代表大会及其常委会制定,并报省、自治区的人大常委会批准后施行的规范性文件,如各省颁布的实施中华人民共和国水土保持法办法。第四层次是规章,即由国务院各部委、省级人民政府及省、自治区人民政府所在地的市和经国务院批准的较大市的人民政府制定颁布的规范性文件。第五层次是规范性文件,即由各级水行政主管部门印发的相关文件。

(一)水土保持法及其实施条例

《水土保持法》共6章、42条,包括总则、预防、治理、监督、法律责任及附则;《水土保持法实施条例》共6章、35条,包括总则、预防、治理、监督、法律责任及附则。其主要内容可以概括为以下11个方面。

1. 确定了"预防为主"的水土保持工作方针

《水土保持法》第四条规定:国家对水土保持工作实行"预防为主,全面规划,综合治理,因地制宜,加强管理,注重效益"的方针。其核心内容是"预防为主",改变了过去"防治并重"的工作方针。

2. 明确了各级人民政府对水土保持工作的职责

《水土保持法》第五条规定:国务院和地方人民政府应当将水土保持工作列为重要职责,采取措施做好水土流失防治工作。

《水土保持法实施条例》第三条进一步规定:水土流失防治区的地方人民政府应当实行水土流失防治目标责任制。

根据法律法规的规定,国务院国发[1993]5号文件《关于加强水土保持工作的通知》,进一步明确了各级人民政府的职责。

3. 明确了人为水土流失的防治责任

《水土保持法》总则第八条规定:从事可能引起水土流失的生产建设活动的单位和个人,必须采取措施保护水土资源,并负责治理因生产建设活动造成的水土流失。由此确定了人为水土流失防治的两条基本原则:谁开发谁保护,谁造成水土流失谁负责治理。即两条基本责任,一是保护责任,二是治理责任。这一规定是《水土保持法》的最核心条款。

4. 确定了开发建设项目水土保持管理的基本制度

主要包括水土保持方案报告制度、水土保持"三同时"制度及水土保持设施补偿制度等三项基本管理制度。

1)开发建设项目水土保持方案报告制度

《水土保持法》第十九条规定:在山区、丘陵区、风沙区修建铁路、公路、水工程,开办矿山企业、电力企业和其他大中型工业企业,在建设项目环境影响报告书中,必须有水行政主管部门同意的水土保持方案。水土保持方案应当按照本法第十八条的规定制定。在山区、丘陵区、风沙区依照矿产资源法的规定开办乡镇集体矿山企业和个体申请采矿,必须持有县级以上地方人民政府水行政主管部门同意的水土保持方案,方可申请办理采矿批准手续。

《水土保持法》第十八条规定:修建铁路、公路和水工程,应当尽量减少破坏植被;废弃的砂、石、土必须运至规定的专门存放地堆放,不得向江河、湖泊、水库和专门存放地以外的沟渠倾倒;在铁路、公路两侧地界以内的山坡地,必须修建护坡或者采取其他土地整治措施;工程竣工后,取土场、开挖面积和废弃的砂、石、土存放地的裸露土地,必须植树种草,防止水土流失。开办矿山企业、电力企业和其他大中型工业企业,排弃的剥离表土、矸石、尾矿、废渣等必须堆放在规定的专门存放地,不得向江河、湖泊、水库和专门存放地以外的沟渠倾倒;因采矿和建设使植被受到破坏的,必须采取措施恢复表土层和植被,防止水土流失。

《水土保持法实施条例》第十四条规定:在山区、丘陵区、风沙区修建铁路、公路、水工程,开办矿山企业、电力企业和其他大中型工业企业,其环境影响报告书中的水土保持方案,必须先经水行政主管部门审查同意。在山区、丘陵区、风沙区依法开办乡镇集体矿山企业和个体申请采矿,必须填写"水土保持方案报告表",经县级以上地方人民政府水行政主管部门批准后,方可申请办理采矿批准手续。水土保持方案的具体报批办法,由国务院水行政主管部门会同国务院有关主管部门制定。

开发建设项目水土保持方案报告制度,一是保证了法律规定的人为水土流失防治责任得到落实,二是有利于将水土保持措施纳入开发建设项目总体计划之中,三是使得人为水土流失防治有了科学规划和技术保证,四是便于水土保持监督管理部门依法监督实施。

2)水土保持"三同时"制度

《水土保持法》第十九条规定:建设项目中的水土保持设施,必须与主体工程同时设计、同时施工、同时投产使用。建设工程竣工验收时,应当同时验收水土保持设施,并有水行政主管部门参加。《水土保持法实施条例》第十四条规定:建设工程中的水土保持设施竣工验收,应当有水行政主管部门参加并签署意见。水土保持设施经验收不合格的,建设工程不得投产使用。

3)水土保持设施补偿制度

《水土保持法实施条例》第二十一条规定:任何单位和个人不得破坏或者侵占水土保持设施,企业事业单位在建设和生产过程中损坏水土保持设施的,应当给予补偿。

5.规定了水土保持规划的法律地位

《水土保持法》第七条规定:国务院和县级以上地方人民政府的水行政主管部门,应当在调查评价水土资源的基础上,会同有关部门编制水土保持规划。水土保持规划须经同级人民政府批准。县级以上地方人民政府批准的水土保持规划,须报上一级人民政府水行政主管部门备案。水土保持规划的修改,须经原批准机关批准。县级以上人民政府应当将水土保持规划确定的任务,纳入国民经济和社会发展计划,安排专项资金,并组织实施。

《水土保持法》第七条对水土保持规划的科学性、规划须经同级人民政府批准及规划的具体组织实施作出了明确规定,从法律上确定了水土保持规划的地位。

6. 确定了水土流失分区防治战略

《水土保持法》第七条规定:县级以上地方人民政府应当依据水土流失的具体情况,划定水土流失重点防治区,进行重点防治。

《水土保持法实施条例》第六条规定:水土流失重点防治区按国家、省、县三级划分,具体范围由县级以上地方人民政府水行政主管部门提出,报同级人民政府批准并公告。水土流失重点防治区可以分为重点预防保护区、重点监督区和重点治理区。

7. 确定了水行政主管部门和水土保持机构的执法主体地位

《水土保持法》第六条规定:国务院水行政主管部门主管全国的水土保持工作。县级以上地方人民政府水行政主管部门,主管本辖区的水土保持工作。

《水土保持法实施条例》第四条规定:地方人民政府根据当地实际情况设立的水土保持机构,可以行使《水土保持法》和本条例规定的水行政主管部门对水土保持工作的职权。

《水土保持法实施条例》第二十五条规定:县级以上地方人民政府水行政主管部门及其所属的水土保持监督管理机构,应当对《水土保持法》和本条例的执行情况实施监督检查。水土保持监督人员依法执行公务时,应当持有县级以上人民政府颁发的水土保持监督检查证件。

8. 确立了水土流失综合治理的技术路线

在水力侵蚀地区实施小流域综合治理。《水土保持法》第二十二条规定:在水力侵蚀地区,应当以天然沟壑及其两侧山坡地形成的小流域为单元,实行全面规划,综合治理,建立水土流失综合防治体系。

在风力侵蚀地区以开发水源为根本防沙治沙。《水土保持法》第二十二条规定:在风力侵蚀地区,应当采取开发水源、引水拉沙、植树种草、设置人工沙障和网格林带等措施,建立防风固沙防护体系,控制风沙危害。

9. 确立了水土保持监测的法律地位

《水土保持法》第二十九条规定:国务院水行政主管部门建立水土保持监测网络,对全国水土流失动态进行监测预报,并予以公告。

《水土保持法实施条例》第二十二条规定:《水土保持法》第二十九条所称水土保持监测网络,是指全国水土保持监测中心,大江大河流域水土保持中心站,省、自治区、直辖市水土保持监测站以及省、自治区、直辖市重点防治区水土保持监测分站。国务院水行政主管部门和省、自治区、直辖市人民政府水行政主管部门应当定期分别公告水土保持监测情况。

10. 明确了有关水土保持优惠政策

如承包治理小流域、“四荒”资源治理开发、保护治理者的合法权益等政策。

《水土保持法》第二十五条规定:水土流失地区集体所有的土地承包给个人使用的,应当将治理水土流失的责任列入承包合同。《水土保持法实施条例》第十八条规定:实行承包治理的,发包方和承包方应当签订承包治理合同。在承包期间,承包方经发包方同意,可以将承包治理合同转让给第三者。《水土保持法》第二十六条规定:国家保护承包治理合同当事人的合法权益。在承包治理合同有效期内，承包人死亡时，继承人可以依照承包治理合同的约定继续承包。

荒山、荒沟、荒丘、荒滩可以由农业集体经济组织、农民个人或者联户承包水土流失的治理。对荒山、荒沟、荒丘、荒滩水土流失的治理实行承包的，应当按照谁承包治理谁受益的原则，签订水土保持承包治理合同。承包治理所种植的林木及其果实，归承包者所有，因承包治理而新增加的土地，由承包者使用。《水土保持法实施条例》第十八条：荒山、荒沟、荒丘、荒滩的水土流失，可以由农业个人、联户或者专业队承包治理，也可以由企业事业单位或者个人投资投劳入股治理。

11. 规定了水土保持的法律概念

《水土保持法》第二条规定：本法所称水土保持，是指对自然因素和人为活动造成水土流失所采取的预防和治理措施。

（二）其他相关法律法规及规范性文件

1.《中华人民共和国农业法》

《中华人民共和国农业法》第五十六条规定：国家对水土保持工作实行预防为主、全面规划、综合防治、因地制宜、加强管理、注重效益的方针。各级人民政府应当采取措施，加强对小流域治理，控制风沙危害，预防和治理水土流失、土地沙化。

禁止毁林开荒、烧山开荒、围湖造田以及开垦国家禁止开垦的陡坡地。

2.《中华人民共和国草原法》

《中华人民共和国草原法》第十条规定：严格保护草原植被，禁止开垦和破坏。草原使用者进行少量开垦，必须经县级以上地方人民政府批准。已经开垦并造成草原沙化或者严重水土流失的，县级以上地方人民政府应当限期封闭，责令恢复植被，退耕还牧。

3.《中华人民共和国环境影响评价法》

《中华人民共和国环境影响评价法》第十七条规定：涉及水土保持的建设项目，还必须有经水行政主管部门审查同意的水土保持方案。这明确了水土保持方案与环境影响报告书的关系。《建设项目环境保护管理条例》（国务院令第253号）第九条也作出了相同的规定。

另外，在《开发建设项目水土保持方案管理办法》（水利部、国家计委、国家环保局水保[1994]513号文），还作出了如下规定：

第三条：环境保护行政主管部门负责审批建设项目的环境影响报告书。水行政主管部门负责审查建设项目的水土保持方案。建设项目环境影响报告书中的水土保持方案必须先经水行政主管部门审查同意。

建设项目的环境影响报告书经过环境保护行政主管部门审查批准后，开发建设单位方可申请计划行政主管部门审查建设项目可行性研究报告。

第四条：经过审批的开发建设项目如有较大变动时，项目建设单位应及时修改水土保持方案报告的内容，并报水行政主管部门审查。

第五条：建设项目中的水土保持设施实行“三同时”制度，建设项目水土保持设施的竣工验收，必须有水行政主管部门参加签署意见。水土保持设施未经验收或者经验收不合格的，建设工程不得投产使用。

第六条:《水土保持法》实施前已建或在建的生产建设项目造成水土流失的,项目单位或者生产者必须在县级以上人民政府水行政主管部门规定的期限内提出水土保持措施,并按规定程序报有关行政主管部门审查。

(三)全国水土保持预防监督纲要

为深入贯彻实施《水土保持法》,明确21世纪初期我国水土保持预防监督工作的指导思想、目标任务、总体布局、对策措施,全面推进水土保持预防监督工作,2004年8月,水利部以水保[2004]332号文印发了《全国水土保持预防监督纲要(2004~2015)》。其主要内容如下。

1. 水土保持预防监督工作的指导思想、基本原则

全国水土保持预防监督工作的指导思想是:全面贯彻"三个代表"重要思想和十六大精神,落实可持续的科学发展观,坚持保护资源和保护环境的基本国策,按照全面建设小康社会的要求,全面实施《水土保持法》,坚持预防为主、保护优先的原则,大力推进分区防治战略,强化预防监督,落实管护责任,遏制水土流失及生态环境恶化的趋势,以坚决控制人为水土流失和维护国家生态安全为目标,不断提高人民群众的生活质量,促进人与自然和谐,保障水土资源的可持续利用和维系良好生态环境,保障经济社会的可持续发展。

全国水土保持预防监督管理工作的基本原则如下:

(1)坚持"预防为主,保护优先"的原则,控制人为水土流失,全面加强预防保护工作,依法保护和合理利用水土资源。

(2)坚持"分类指导,分区防治"的原则,依法划定重点预防保护区、监督区、治理区,健全分区防治、分级负责的管理体制。

(3)坚持"依法行政,管理规范"的原则,依法建立健全监督机制,实现管理工作规范化。

(4)坚持"监测先行,科学管理"的原则,加强监测预报工作,提高水土保持工作的科学性和针对性。

(5)坚持"谁开发谁保护,谁造成水土流失谁负责治理"的原则,依法落实人为水土流失防治责任和水土保持"三同时"制度。

2. 水土保持预防监督工作主要目标与任务

目标:到2015年,建立完善配套的水土保持法规体系,健全执法机构,提高执法队伍素质,规范技术服务工作,全面落实水土保持"三同时"制度,落实管护责任,有效控制人为因素产生的水土流失,从根本上扭转生态环境恶化的趋势,使植被覆盖率大幅度提高,水土资源得到有效保护和可持续利用,为全面建设小康社会提供支撑和保障。建立水土保持监测系统,定期公告水土流失动态。

主要任务:

(1)建立全国水土保持监测系统。建成水利部水土保持监测中心、7个流域监测中心站、31个省级监测总站、175个重点分站和典型区监测点的全国水土保持监测网络。结合全国防汛信息系统建设,充分利用现有水文站网,合理布设监测站点,全面提高数据采集、传输的质量和稳定性。对三峡库区、晋陕蒙接壤区、环京津风沙源区、退耕还林区、塔河及黑河下游区、南水北调等区域实施重点监测。每年对重点项目水土流失动态进行公告,每

5 年对重点地区进行一次公告,每 10 年公告一次全国水土流失状况。

(2)加强对生态环境良好区域保护工作的力度。制止人为破坏,充分发挥其应有的生态效益和社会效益。

(3)有效保护综合治理的成果,落实管护责任,使其经济效益、生态效益和社会效益得到持续发挥,生态环境良性循环。

(4)水土保持生态修复工程全面展开并取得实质性进展。实施生态修复面积 120 万 km^2,通过自然修复,使大范围的植被覆盖率得到恢复和提高,水土流失程度大幅度减轻。

(5)加强"四荒"土地开发的管理工作,规范"四荒"土地开发方式,在"四荒"开发中,落实水土保持"三同时"制度,有效保护天然植被和自然生态景观。

(6)开发建设项目水土保持"三同时"制度得到全面落实,开发建设与水土流失防治同步,水土保持方案报批率达到 90% 以上,使 80% 以上的废弃土石渣得到拦挡和防护,水土保持功能得到恢复,生态环境更加良好。

(7)有效控制城市开发建设中的水土流失,使多数城市(镇)人居环境有较大改善,人与自然更加和谐,生态良好、环境优美,到 2015 年,全国建立 100 个国家级、300 个省级水土保持生态示范城市,建立 1 000 个水土保持生态示范城镇,推动水土保持生态示范村建设。

3. 重点工作

1)加快建设水土保持监测系统

建设全国水土保持监测系统。近一二年内完成全国、七大流域和省级水土保持监测规划,2006 年基本完成全国水土保持监测网络和信息系统建设一、二期工程,2008 年后将建成布局合理、覆盖全国的水土保持监测网络。

主要措施:建立健全各级水土保持监测机构,培养专业水土保持监测技术人才,制定数据采集、信息管理、设施设备条件等监测技术标准,建立健全监测工作年报制度,实现监测预报技术的规范化,建立监测机构和监测人员资质管理,提高监测质量和水平。

2)建立水土保持重点预防保护区

建立一批水土保持重点预防保护区。近期国家重点抓好子午岭、六盘山、桐柏山、大别山、大兴安岭、岷江、大渡河、白龙江、赣江、湘江上游山地植被保护区;呼伦贝尔、锡林郭勒草原植被保护区;首都水资源保护区、丹江口水源保护区、鄱阳湖周边保护区等预防保护重点工程。各级地方人民政府根据本地区实际,也要建立本辖区的重点预防保护区,明确保护区界线,并设立明显标志。

主要措施:加大保护现有植被的力度,严格限制森林砍伐,禁止毁林毁草开荒,25°以上耕地实施退耕还林、退牧还草;坚决制止一切人为破坏现象,减少人为因素对自然生态系统的干扰;推行以电代柴、以煤代柴,发展沼气,逐步改变燃料结构,发挥林草植被的生态功能。

3)全面推进生态修复

国家和省、地、县要划定生态修复区。在地广人稀、生态脆弱地区建立重点生态修复区,国家将重点抓好塔里木河绿洲、黑河流域绿洲、青海三江源区、准格尔盆地、毛乌素沙地和浑善达克沙地边缘、青海湖周边、白龙江上游的甘南及川北草原区、滇西三江地区等生态修复区。各省根据实际确定本省重点生态修复区。

主要措施:全面实施生态自我修复工程,加强监督和管理,改变粗放落后的生产经营方式,禁止乱采滥挖,防止过度放牧;科学合理安排生态用水,恢复植被,保护绿洲和湿地;实行舍饲养殖、轮封轮牧、生态移民,封禁育林育草,退耕还牧,休牧还草,通过生态自我修复,恢复其生态功能;开展牧区水利建设,建设高质量的饲草料基地,发展集约化、可持续发展的畜牧业。

4)强化重点监督区和"四荒"土地开发的管理

加强对各类资源开发和建设项目的监督管理。国家重点抓好黄河中游晋陕蒙接壤区煤炭开发区、黄河中游豫陕晋有色金属开发区、新疆石油天然气开发区、陕甘宁蒙接壤石油天然气开发区、长江三峡库区以及国家重点建设的南水北调、西气东输、西电东送、青藏铁路等重点工程的监督管理。各级地方人民政府也要确定本级重点监督区和监督的重点工程,对本辖区的所有重点监督区和重点工程实施有效监督。加强对"四荒"土地开发的管理,严格规范"四荒"及各类土地开发活动,实行保护性开发,减少对原生地貌的破坏,坚持山、水、田、林、路综合治理,开发与治理同步,恢复良好生态。

主要措施:严格依法行政,强化监管力度,认真落实水土保持"三同时"制度;加强宣传教育,增强开发建设单位和施工建设人员的水土保持意识;科学制订防治方案和研究治理措施,有效保护生态环境,对工程建设中的各类开挖面、边坡采取防护措施,弃土弃渣放置在规定的专门场地拦挡,裸露面恢复林草植被,施工场地进行综合整治,并落实水土保持设施的施工管理、监理、监测工作;各级水行政主管部门要加强执法检查,严把水土保持设施的竣工验收关;在监督管理区建立一批恢复治理示范工程。

5)加强重点治理成果管护

加强对重点治理工程区的管理和维护。国家重点抓好有国家投资的黄河中游多沙粗沙区、长江上中游重点支流区、京津周边风沙源区及草原区、西辽河上游区、东北黑土区、海河流域太行山区、珠江石灰岩区等重点治理区成果管护监督。各级地方人民政府要对本辖区重点治理成果落实管护责任,同时,根据本地区实际,确定本级重点治理成果管护区,落实管护责任。

主要措施:制定保护治理成果的相关政策,调动治理区群众积极性,按"谁治理谁受益谁管护"的原则,落实成果管护责任,制定管护制度;设立管护标志,建设管护设施,定期报告管护区情况;实行集体、个人、专业队等多种管护方式,明晰产权和使用权;治理成果允许拍卖、承包、继承、转让,同时要明确管护责任;严禁随意占用和破坏治理成果;水行政主管部门加强检查、监督,对破坏治理成果的要依法严厉查处。

6)大力推进城镇水土保持

加强城市水土保持及城镇化过程中的水土保持工作。国家主要抓好处于山丘区的经济特区和历史文化、旅游名城的水土保持生态示范城市工作;各省(区、市)根据本地实际抓好代表不同类型区域的省级水土保持生态示范城市工作,各市(县、区)抓好水土保持生态示范城镇、示范村工作。

主要措施:保护城市自然地貌植被,严格控制开山采石,实施裸岩裸地治理;对开发建设区的建设实施严格管理,控制和减少建设过程中的水土流失;对城市水系进行综合整治，提高水系绿化指数和城市雨洪调蓄能力；增加城市绿地，恢复和提高城市生态系统功能，改善人居环境；对城市郊区实施水土保持综合治理，建设普及科学知识、开展试验研究及供市民观光休闲的水土保持示范小流域。

（四）开发建设项目水土保持方案编制规定

《开发建设项目水土保持方案编制》于1995年5月30日以水利部令第5号公布，2005年7月8日，以《水利部关于修改部分水利行政许可规章的决定》（水利部令第24号）修改，其主要内容包括如下几方面。

1. 对开发建设项目水土保持方案及后续设计文件的管理要求

（1）凡从事有可能造成水土流失的开发建设单位和个人，必须编报水土保持方案（第二条）。开发建设项目的初步设计报告书中应有相应水土保持篇章（第三条）。

（2）水土保持方案分为水土保持方案报告书和水土保持方案报告表。凡征占地面积在1hm^2以上或者挖填土石方总量在1万m^3以上的开发建设项目，应当编报水土保持方案报告书；其他开发建设项目应当编报水土保持方案报告表。水土保持方案报告书、水土保持方案报告表的内容和格式应当符合《开发建设项目水土保持方案技术规范》及有关规定（第四条）。

2. 对水土保持方案审批的管理规定

（1）水土保持方案必须先经水行政主管部门审查批准，方可立项审批或者核准（备案）。水行政主管部门审批水土保持方案实行分级审批制度。

中央立项，征占地面积不足50hm^2且挖填土石方总量不足50万m^3的开发建设项目，水土保持方案报告书由省级水行政主管部门审批。地方立项的开发建设项目和限额以下技术改造项目，水土保持方案报告书由相应级别的水行政主管部门审批。水土保持方案报告表由开发建设项目所在地县级水行政主管部门审批。跨地区项目的水土保持方案，报上一级水行政主管部门审批。

（2）有审批权的水行政主管部门受理申请后，应当依据有关法律、法规和技术规范组织审查，或者委托有关机构进行技术评审。水行政主管部门应当自受理水土保持方案报告书审批申请之日起20日内，或者应当自受理水土保持方案报告表审批申请之日起10日内，作出审查决定（技术评审时间除外）。对于特殊性质或者特大型开发建设项目的水土保持方案报告书，20日内不能作出审查决定的，经本行政机关负责人批准，可以延长10日，并应当将延长期限的理由告知申请单位或者个人（第七条至第九条）。

（3）水土保持方案报告的审批应符合有关法律、法规、规章和规范性文件规定，《开发建设项目水土保持方案技术规范》等国家、行业的水土保持技术规范、标准；水土流失防治责任范围明确；水土流失防治措施合理、有效，与周边环境相协调，并达到主体工程设计深度；水土保持投资估算编制依据可靠、方法合理、结果正确；水土保持监测的内容和方法得当（第十条）。

3. 其他有关规定

包括设计变更的“三同时”制度等方面的规定（第十一条至第十三条）。

（五）水土保持生态环境监测网络管理办法

2000年1月31日，以水利部令第12号发布，共5章23条，包括总则、监测站网的建设与资质管理、监测机构职责、监测数据和成果的管理、负责。主要内容包括：

(1)水土保持生态环境监测工作的任务是通过建立全国水土保持生态环境监测站网，对全国水土流失和水土保持状况实施监测，为国家制定水土保持环境政策和宏观决策提供科学依据，为实现国民经济和社会的可持续发展服务。

(2)水土保持生态环境监测工作实行统一管理，分级负责。

水利部统一管理全国的水土保持生态环境监测工作，负责制定有关规章、规程和技术标准，组织全国水土保持生态环境监测、国内外技术合作与交流，发布全国水土保持公告。

水利部各流域机构在授权范围内管理水土保持生态环境监测工作。

县级以上水行政主管部门或地方政府设立的水土保持机构以及经授权的水土保持监督管理机构，对辖区内的水土保持生态环境监测实施管理。

(3)全国水土保持生态环境监测站网，其运行实行分级负责制。

全国水土保持生态环境监测站网由以下四级监测机构组成：一级为水利部水土保持生态环境监测中心，二级为大江大河(长江、黄河、海河、淮河、珠江、松花江及辽河、太湖等)流域水土保持生态环境监测中心站，三级为省级水土保持生态环境监测总站，四级为省级重点防治区监测分站。有水土流失防治任务的开发建设项目，建设和管理单位应设立专项监测点对水土流失状况进行监测，并定期向项目所在地县级监测管理机构报告监测成果。

(4)水土保持生态环境监测工作，须由具有水土保持生态环境监测资格证书的单位承担。从事水土保持生态环境监测的专业技术人员须经专门技术培训，考试合格，取得水利部颁发的水土保持生态环境监测岗位证书，方可持证上岗。

(5)省级以上水土保持生态环境监测机构的主要职责及各级监测机构分工负责。

省级以上水土保持生态环境监测机构的主要职责是：编制水土保持生态环境监测规划和实施计划，建立水土保持生态环境监测信息网，承担并完成水土保持生态环境监测任务，负责对监测工作的技术指导、技术培训和质量保证，开展监测技术、监测方法的研究及国内外科技合作和交流，负责汇总和管理监测数据，对下级监测成果进行鉴定和质量认证，及时掌握和预报水土流失动态，编制水土保持生态环境监测报告。

各级监测机构分工如下：水利部水土保持生态环境监测中心，对全国水土保持生态环境监测工作实施具体管理，负责拟定水土保持生态环境监测技术规范、标准，组织对全国性、重点区域、重大开发建设项目的水土保持监测，负责对监测仪器、设备的质量和技术认证，承担对申报水土保持生态环境监测资质单位的考核、验证工作。

大江大河流域水土保持生态环境监测中心站，参与国家水土保持生态环境监测、管理和协调工作，负责组织和开展跨省际区域、对生态环境有较大影响的开发建设项目的监测工作。

省级水土保持生态环境监测总站，负责对重点防治区监测分站的管理，承担国家及省级开发建设项目水土保持设施的验收监测工作。

省级重点防治区监测分站，按国家、流域及省级水土保持生态环境监测规划和计划，对列入国家与省级水土流失重点预防保护区、重点治理区、重点监督区的水土保持动态变化进行监测、汇总和管理监测数据，编制监测报告。

监测点的主要职责是:按有关技术规程对监测区域进行长期定位观测,整编监测数据,编报监测报告。

开发建设项目的专项监测点,依据批准的水土保持方案,对建设和生产过程中的水土流失进行监测。

(6)国家和省级水土保持生态环境监测成果实行定期公告制度,监测公告分别由水利部和省级水行政主管部门依法发布。省级监测公告发布前须经国家水土保持生态环境监测机构审查。监测公告的主要内容包括:水土流失面积、分布状况和流失程度,水土流失危害及发展趋势,水土保持情况及效益等。

国家水土保持公告每5年发布一次,重点省、重点区域、重大开发建设项目的监测成果根据实际需要发布。

(六)水土保持工程监理规定

1. 水土保持生态建设工程监理管理暂行办法

2003年3月3日,水利部以水建管[2003]79号文下发《水土保持生态建设工程监理管理暂行办法》。文件要求国家水土保持重点工程按基建程序管理,全面推行项目法人制或项目责任主体负责制、工程建设监理制,因地制宜推行招标投标制。今后,所有国家水土保持重点工程、利用世界银行等外资水土保持项目,都应全面实行工程建设监理制。其内容包括5章40条,主要为:

(1)水土保持工程监理必须由水利部批准的具有水土保持生态建设工程监理资格的单位承担,并实行总监理工程师负责制。水土保持工程监理单位受项目法人或项目责任主体委托,依据国家有关法律法规的规定、批准的设计文件及工程施工合同、工程监理合同,对工程实行监督管理。

(2)监理单位须向工程现场派驻项目监理机构,具体负责监理合同的实施。项目监理机构的设置、组织形式和人员组成,应根据监理工作的内容、服务期限及工程类别、规模、技术复杂程度、工程环境等因素确定。监理人员组成应满足水土保持工程各专业工作的需要。

(3)水土保持工程监理人员包括总监理工程师、监理工程师和监理员,必要时可聘用信息员。水土保持工程监理人员须经过培训、考试或考核,取得相应水土保持工程监理岗位证书后,方可从事水土保持工程监理工作。

(4)监理人员对治沟骨干工程、淤地坝和坡面水系等工程的隐蔽工程、关键工序应进行旁站监理;对造林、种草、坡改梯、小型的沟道治理、蓄水工程及封禁治理工程等可进行巡视检查。

(5)监理程序和监理人员的职责与任务。

2. 大中型开发建设项目

2003年,水利部以水保[2003]89号文下发《关于加强大中型开发建设项目水土保持监理工作的通知》。主要内容包括:

(1)凡水利部批准的水土保持方案,在其实施过程中必须进行水土保持监理,其监理成果是开发建设项目水土保持设施验收的基础和验收报告必备的专项报告。地方各级水行政主管部门审批的水土保持方案,其项目的水土保持监理工作可参照本通知执行。

(2)承担水土保持监理工作的单位及人员根据国家建设监理的有关规定和技术规范、批准的水土保持方案及工程设计文件,以及工程施工合同、监理合同开展监理工作。从事水土保持监理的工作人员必须取得水土保持监理工程师证书或监理资格培训结业证书;建设项目的水土保持投资在3 000万元以上(含主体工程中已列的水土保持投资),承担水土保持工程监理工作的单位还必须具有水土保持监理资质。

(3)水土保持监理实行总监理工程师负责制。根据项目特点设立现场监理机构,配备各专业监理人员,对水土保持设施建设进行质量、进度和投资控制。监理单位在监理过程中,应对水土保持设施的单元工程、分部工程、单位工程提出质量评定意见,作为水土保持设施评估及验收的基础。

(4)承担水土保持监理工作的单位,由建设单位通过招标方式确定,并向水土保持方案批准单位备案。承担水土保持监理工作的单位要定期将监理报告向建设单位和有关水行政主管部门报告。同时,其监理报告的质量将作为考核监理单位的依据。

(七)开发建设项目水土保持工程设施验收管理规定

根据2002年10月14日水利部令第16号公布和对2005年7月8日水利部令第24号《关于修改部分水利行政许可规章的决定》修改,《开发建设项目水土保持工程竣工验收设施验收管理规定》共19条,主要包括:

(1)开发建设项目水土保持设施经验收合格后,该项目方可正式投入生产或者使用。开发建设项目水土保持设施验收工作的组织实施和监督管理由县级以上人民政府水行政主管部门或者其委托的机构进行。

(2)水土保持设施验收的范围应当与批准的水土保持方案及批复文件一致。主要内容为:检查水土保持设施是否符合设计要求、施工质量、投资使用和管理维护责任落实情况,评价防治水土流失效果,对存在问题提出处理意见等。

(3)水土保持设施验收应符合以下条件:

①开发建设项目水土保持方案审批手续完备,水土保持工程设计、施工、监理、财务支出、水土流失监测报告等资料齐全。

②水土保持设施按批准的水土保持方案报告书和设计文件的要求建成,符合主体工程和水土保持的要求。

③治理程度、拦渣率、植被恢复率、水土流失控制量等指标达到了批准的水土保持方案与批复文件的要求及国家和地方的有关技术标准。

④水土保持设施具备正常运行条件,且能持续、安全、有效运转,符合交付使用要求。水土保持设施的管理、维护措施落实。

(4)开发建设项目土建工程完成后,应当及时开展水土保持设施的验收工作。建设单位应编制水土保持方案实施工作总结报告和水土保持设施竣工验收技术报告,报审批该水土保持方案的机关,提出水土保持设施验收申请。

(5)国务院水行政主管部门负责验收的开发建设项目,应当先进行技术评估。技术评估由具有水土保持生态建设咨询评估资质的机构承担,并提交评估报告。建设单位在提交验收申请时,应当同时附上技术评估报告。

(6)建设单位、水土保持方案编制单位、设计单位、施工单位、监理单位、监测报告编制单位应当参加现场验收。验收合格意见必须经 2/3 以上验收组成员同意，由验收组成员及被验收单位的代表在验收成果文件上签字。对验收合格的项目，水行政主管部门应当自作出验收结论之日起 10 日内办理验收合格手续，作为开发建设项目竣工验收的重要依据之一。对验收不合格的项目，负责验收的水行政主管部门应当责令建设单位限期整改，直至验收合格。

（八）水土保持生态建设工程竣工验收

关于水土保持生态建设工程竣工验收，水利部制定并颁布了《水土保持综合治理验收规范》（GB/T15773—1995）。规范规定了水土保持综合治理验收的分类、各类验收的条件、组织、内容、程序、成果要求、成果评价和建立技术档案，适用于以小流域为单元的水土保持综合治理验收。大、中流域或县以上大面积重点治理区可参照使用。以下介绍生态建设工程的验收评价标准。

根据小流域综合治理的不同治理程度、质量和效益，划分两个等级，作为成果评价的依据。列入国家重点和各级重点治理的小流域，都应达到一级标准；一般治理小流域，都应达到二级标准，达不到的为不合格。

1. 一级标准

（1）按规划目标全面完成治理任务，各项治理措施符合有关验收质量要求，治理程度达 70% 以上，林草保存面积占宜林宜草面积 80% 以上（经济林草面积占林草总面积的 20% ~50%），综合治理措施保存率 80% 以上，人为水土流失得到控制，并有良好的管理，没有发生毁林毁草、陡坡开荒等破坏事件，开矿、修路等生产建设，都采取了水土保持措施，妥善处理了废土、弃石；基本上制止了新的水土流失产生。

（2）各项治理措施配置合理，工程与林草、治坡与治沟紧密结合、协调发展、互相促进，建成了完整的水土流失防御体系；各项措施充分发挥了保水、保土效益（保土效益中主要是减蚀，其次是拦泥，不能用拦泥代替减蚀），实施期末与实施前比较，流域泥沙减少 70% 以上，生态环境有明显的改善。

（3）通过治理调整了不合理的土地利用结构，做到农、林、牧、副、渔各业用地比例合理，布局恰当，治理保护与开发利用相结合，建成了能满足群众粮食需要的基本农田和能适应市场经济发展的林、果、牧、副等商品生产基地。土地利用率 80% 以上，小流域经济初具规模，土地产出增长率 50% 以上，商品率达 50% 以上。到实施期末人均粮食达到自给有余（400 ~500kg），现金收入比当地平均增长水平高 30% 以上（扣除物价变动因素，下同），条件较好地区要求达到小康水平，达到人口、资源、环境、经济的良性循环。

2. 二级标准

（1）全面完成规划治理任务，各项治理措施符合质量标准，治理程度达 60% 以上，林草面积占宜林宜草面积的 70% 以上。

（2）各项治理措施配置合理，建成有效的防御体系。实施期末与实施前比较，流域泥沙减少 60% 以上（保土减沙效益中应以减蚀作用为主）。

（3）合理利用土地，建成满足群众粮食需要的基本农田，解决群众所需燃料、饲料、肥料，增加经济收入的林、果、饲草基地。到实施期末达到人均粮食 400kg 左右，现金收入比实施前提高 30% 以上。制止恶性循环，达到良性循环。

三、水土保持技术标准

标准是为一定的范围(行业或学科领域)内获得最佳秩序,对活动或其结果规定共同的和重复使用的规则、导则或特殊性的文件。该文件经协商一致制定并经一个公认的机构批准。标准应以科学、技术和经验的综合成果为基础,以促进最佳社会经济效益为目的。根据 WTO 有关规定和国际惯例,标准与法规或合同是不同的,标准是自愿性的,而法规或合同则是强制性的,标准的内容只有通过法规或合同引用才是强制性的。我国的标准,15% 是强制性标准,实际属于技术法规性质;85% 是推荐性或指导性标准,这与国际上的自愿性标准是一致的。我国的标准分为国家标准、部颁标准和地方标准。凡经过批准后颁布的标准,并标明是强制性的,无特殊理由,一般不得与之违背;推荐性标准一经法规或合同引用也具有强制性。目前,我国的标准制定尚需一段时间才能与国际接轨。

我国的标准可分为两类:一类是技术法规性的,如规定和规程;另一类则是技术标准,如导则、规范、标准等,是国家有关技术质量监督或业务部门制定的某一学科或行业内管理、研究、生产、设计单位遵循的基本准则。

(一)水土保持技术标准概况

我国的水土保持技术标准制定起步较晚。最早的水土保持技术标准为水利电力部 1984 年颁布的《水坠坝设计及施工暂行规定》(SD122—1984),是在总结 20 世纪 70 年代晋陕两省淤地坝修筑技术研究和推广成果的基础上编制的。1986 年,水利电力部在总结黄河中上游地区治沟骨干工程(控制性缓洪淤地坝)设计施工技术的基础上,制定了 SD 175—1986《水土保持治沟骨干工程暂行技术规范》。1988 年又颁布了《水土保持技术规范》(SD238—1987)和《水土保持试验技术规范》(SD239—1987)2 个标准。1995 年以后,由于国家对行业监管的力度加强,原有水土保持标准难以满足实际要求。1995 ~ 1996 年间,水利部修改和拓展了 SD238—1987,并提升其为国标,先后颁布了 GB/T15772—1995、GB/T16453.1 ~ 16453.6—1996、GB/T15774—1995 和 GB/T15773—1995,共 4 部 9 个标准,极大地推动了我国水土保持技术标准的建设。近年来,水土保持司加大了水土保持技术标准制定的力度,并得到了国科司的大力支持。1998 年颁布的《开发建设项目水土保持方案技术规范》(SL204—98),得到相关设计单位的认同,在水土保持方案编制中发挥了重要作用。2000 年水利部以水保[2000]187 号文颁发了《水土保持前期工作暂行规定》(包括规划、项目建议书、可行性研究和初步设计 4 个暂行规定)。2001 年颁布了《水利水电工程制图标准　水土保持图》(SL73.6—2001)。此后,水土保持技术标准体系不断完善。

目前水土保持及其紧密相关的标准和规范主要有:

(1)《水土保持综合治理　规划通则》(GB/T15772—1995);

(2)《水土保持综合治理　验收规范》(GB/T15773—1995);

(3)《水土保持综合治理　效益计算办法》(GB/T15774—1995);

(4)《水土保持保持综合治理　技术规范》(GB/T16453.1 ~ 16453.6—1996);

(5)《开发建设项目水土保持技术规范》(GB50433—2008)(开发建设项目水土保持设计依据);

(6)《开发建设项目水土流失防治标准》(GB50434—2008);

(7)《水利工程制图标准　水土保持图》(SL73.6—2001)(图件标准化设计依据)；

(8)《土壤侵蚀分类分级标准》(SL190—2007)；

(9)《水土保持监测技术规程》(SL277—2002)(监测设计依据)；

(10)《水土保持治沟骨干工程技术规范》(SL289—2003)(淤地坝、拦渣坝、防洪坝等的设计依据)；

(11)《水坠坝设计规范》(SL302—2004)(淤地坝、拦渣坝、防洪坝等采用水坠坝施工时的设计依据)；

(12)《水土保持工程运行技术管理规程》(SL312—2005)；

(13)《水土保持信息管理技术规程》(SL341—2006)；

(14)《水土保持监测设施通用技术条件》(SL342—2006)(监测设施设计、设备配置依据)；

(15)《开发建设项目水土保持设施验收技术规程》(SL387—2007)；

(16)《水土保持试验技术规范》(SL419—2007)；

与水土保持工程设计有关的技术规范和标准有：

(1)《主要造林树种苗木质量分级标准》(GB6000—1999)；

(2)《禾本科主要栽培牧草种子质量分级标准》(GB6142—1985)；

(3)《造林技术规程》(GB/T15163—1994)；

(4)《封山育林技术规程》(GB/T15776－1995)；

(5)《防洪标准》(GB50201—1994)；

(6)《豆科主要栽培牧草种子质量分级标准》(GB66141—1985)；

(7)《小型水利水电工程碾压式土石坝设计导则》(SL198—1996)；

(8)《水利水电工程等级划分及洪水标准》(SL252—2000)；

(9)《水工挡土墙设计规范》(SL379—2007)；

(10)《水利水电工程边坡设计规范》(SL386—2007)。

国家林业局有关标准、生态公益林建设标准等。

(二)重要标准的主要内容

1.《水土保持综合治理　规划通则》(GB/T15772—1995)

本通则规定了编制水土保持综合治理规划的任务、内容、程序、方法、成果整理等的基本要求。本标准是在水土保持生态建设项目实施基本建设程序管理之前颁布的标准,应用时必须与水土保持前期工作暂行规定结合使用。

本标准规定规划的任务以治理为主。基本任务:一是在综合调查的基础上,调整土地利用结构和农村产业结构,因地制宜地提出各项水土保持防治措施配置及技术要求;二是分析各项措施所需的劳工、物资和经费,在规划期内(小面积3～5年,大面积5～10年)安排好治理进度,预测规划实施后的效益,提出保证实施规划的措施。土地利用调查与调整是水土保持生态建设规划的基础。

2.《水土保持综合治理　验收规范》(GB/T15773—1995)

本标准规定了验收的分类,各类验收的条件、组织、内容、程序、成果要求、成果评价和建立技术档案,适用于以小流域为单元的水土保持综合治理验收。大、中流域或县以上大面积重点治理区可参照使用。该规范规定:水土保持林、防风固沙林、农田防护林网当年造林成活率应达到80%。

3.《水土保持综合治理　效益计算方法》(GB/T15774—1995)

本标准确定了水土保持治理效益的综合指标体系,规定了水土保持综合治理效益计算的原则、内容和方法。适用于水蚀地区和水蚀、风蚀交错地区小流域水土保持综合治理的效益计算,同时在大、中流域和不同范围行政单元(省、地区、县、乡、村)的水土保持综合治理效益计算中也可采用。标准将水土保持效益分为基础效益(保水保土效益)、经济效益、社会效益和生态效益四类,分别提出了相应的计算方法。

4.《水土保持综合治理　技术规范》(GB/T16453.1~16453.6—1996)

本标准包括了坡耕地治理、荒地治理、沟壑治理、风沙治理、崩岗治理和小型蓄引用水工程6个技术标准,主要是规定各项治理的具体措施及技术要求。

5.《开发建设项目水土保持技术规范》(GB50433—2008)

该规范为国家标准,规范适用于建设或生产过程中可能引起水土流失的开发建设项目的水土流失防治。

本规范共分为14章和两个附录。主要内容是总则、术语、基本规定、各设计阶段的任务、水土保持方案、水土保持初步设计专章、拦渣工程、斜坡防护工程、土地整治工程、防洪排导工程、降水蓄渗工程、临时防护工程、植被建设工程、防风固沙工程等。规范中用黑体字标志的条文为强制性条文,必须严格执行。其中特别重要的强制性条文有:

3.1.1　开发建设项目水土流失防治及其措施总体布局应遵循下列规定:

1　应控制和减少对原地貌、地表植被、水系的扰动和损毁,保护原地表植被、表土及结皮层,减少占用水、土资源,提高利用效率。

2　开挖、排弃、堆垫的场地必须采取拦挡、护坡、截排水以及其他整治措施。

3　弃土(石、渣)应综合利用,不能利用的应集中堆放在专门的存放地。并按“先拦后弃”的原则采取拦挡措施,不得在江河、湖泊、建成水库及河道管理范围内布设弃土(石、渣)场。

4　施工过程必须有临时防护措施。

5　施工迹地应及时进行土地整治。采取水土保持措施,恢复其利用功能。

3.2.1　工程选址(线)、建设方案及布局应符合下列规定:

1　选址(线)必须兼顾水土保持要求,应避开泥石流易发区、崩塌滑坡危险区以及易引起严重水土流失和生态恶化的地区。

2　选址(线)应避开全国水土保持监测网络中的水土保持监测站点、重点试验区。不得占用国家确定的水土保持长期定位观测站。

3　城镇新区的建设项目应提高植被建设标准和景观效果,还应建设灌溉、排水和雨水利用设施。

4　公路、铁路工程在高填深挖路段,应采用加大桥隧比例的方案。减少大填大挖。填高大于20m或挖深大于30m的,必须有桥隧比选方案。路堤、路堑在保证边坡稳定的基础上,应采用植物防护或工程与植物防护相结合的设计方案。

3.2.2　取土(石、料)场选址应符合下列规定:

1　严禁在县级以上人民政府划定的崩塌和滑坡危险区、泥石流易发区内设置取土(石、料)场。

2　在山区、丘陵区选址,应分析诱发崩塌、滑坡和泥石流的可能性。

3.2.3　弃土(石、渣)场选址应符合下列规定:

1　不得影响周边公共设施、工业企业、居民点等的安全。

2　涉及河道的,应符合治导规划及防洪行洪的规定,不得在河道、湖泊管理范围内设置弃土(石、渣)场。

3　禁止在对重要基础设施、人民群众生命财产安全及行洪安全有重大影响的区域布设弃土(石、渣)场。

3.2.4　主体工程施工组织设计应符合下列规定:

1　控制施工场地占地,避开植被良好区。

2　应合理安排施工。减少开挖量和废弃量,防止重复开挖和土(石、渣)多次倒运。

3　应合理安排施工进度与时序,缩小裸露面积和减少裸露时间。减少施工过程中因降水和风等水土流失影响因素可能产生的水土流失。

4　在河岸陡坡开挖土石方,以及开挖边坡下方有河渠、公路、铁路和居民点时,开挖土石必须设计渣石渡槽、溜渣洞等专门设施,将开挖的土石渣导出后及时运至弃土(石、渣)场或专用场地。防止弃渣造成危害。

5　施工开挖、填筑、堆置等裸露面,应采取临时拦挡、排水、沉沙、覆盖等措施。

3.2.5　工程施工应符合下列规定:

1　施工道路、伴行道路、检修道路等应控制在规定范围内,减小施工扰动范围,采取拦挡、排水等措施,必要时可设置桥隧,临时道路在施工结束后应进行迹地恢复。

2　主体工程动工前,应剥离熟土层并集中堆放,施工结束后作为复耕地、林草地的覆土。

3　减少地表裸露的时间,遇暴雨或大风天气应加强临时防护。雨季填筑土方时应随挖、随运、随填、随压,避免产生水土流失。

4　临时堆土(石、渣)及料场加工的成品料应集中堆放。设置沉沙、拦挡等措施。

5　开挖土石和取料场地应先设置截排水、沉沙、拦挡等措施后再开挖。不得在指定取土(石、料)场以外的地方乱挖。

6　土(砂、石、渣)料在运输过程中应采取保护措施。防止沿途散溢,造成水土流失。

3.3.1　风沙区的建设项目应符合下列规定:

1　应控制施工场地和施工道路等扰动范围,保护地表结皮层。

2　应采取砾(片、碎)石覆盖、沙障、草方格或化学固化等措施。

3　植被恢复应同步建设灌溉设施。

4　沿河、环湖、滨海平原风沙区应选择耐盐碱的植物品种。

3.3.2　东北黑土区的建设项目应符合下列规定:

1　应保护现有天然林、人工林及草地。

2　清基作业时,应剥离表土并集中堆放,用于植被恢复。

3　在丘陵沟壑区还应有坡面径流排导工程。

4　工程措施应有防治冻害的要求。

3.3.3　西北黄土高原区的建设项目应符合下列规定：

1　在沟壑区，应对边坡削坡开级并放缓坡度（45°以下），应采取沟道防护、沟头防护措施并控制塬面或梁峁地面径流。

2　沟道弃渣可与淤地坝建设结合。

3　应设置排水与蓄水设施，防止泥石流等灾害。

4　因水制宜布设植物措施，降水量在400mm以下地区植被恢复应以灌草为主，400mm以上（含400mm）地区应乔灌草结合。

5　在干旱草原区，应控制施工范围，保护原地貌，减少对草地及地表结皮的破坏，防止土地沙化。

3.3.4　北方土石山区的建设项目应符合下列规定：

1　应保存和综合利用表土。

2　弃土（石、渣）场应做好防洪排水、工程拦挡，防止引发泥石流；弃土（石、渣）应平整后用于造地。

3　应采取措施恢复林草植被。

4　高寒山区应保护天然植被，工程措施应有防治冻害的要求。

3.3.5　西南土石山区的建设项目应符合下列规定：

1　应做好表土的剥离与利用，恢复耕地或植被。

2　弃土（石、渣）场选址、堆放及防护应避免产生滑坡及泥石流问题。

3　施工场地、渣料场上部坡面应布设截排水工程，可根据实际情况适当提高防护标准。

4　秦岭、大别山、鄂西山地区应提高植物措施比重，保护汉江等上游水源区。

5　川西山地草甸区应控制施工范围，保护表土和草皮，并及时恢复植被；工程措施应有防治冻害的要求。

6　应保护和建设水系，石灰岩地区还应避免破坏地下暗河和溶洞等地下水系。

3.3.6　南方红壤丘陵区的建设项目应符合下列规定：

1　应做好坡面水系工程，防止引发崩岗、滑坡等灾害。

2　应保护地表耕作层，加强土地整治，及时恢复农田和排灌系统。

3　弃土（石、渣）的拦护应结合降雨条件，适当提高设计标准。

3.3.7　青藏高原冻融侵蚀区的建设项目应符合下列规定：

1　应控制施工便道及施工场地的扰动范围。

2　保护现有植被和地表结皮，需剥离高山草甸（天然草皮）的，应妥善保存，及时移植。

3　应与周围景观相协调，土石料场和渣场应远离项目一定距离或避开交通要道的可视范围。

4　工程建设应有防治冻土翻浆的措施。

3.3.8　平原和城市的建设项目应符合下列规定：

1　应保存和利用表土（农田耕作层）。

2 应控制地面硬化面积,综合利用地表径流。

3 平原河网区应保持原有水系的通畅。防止水系紊乱和河道淤积。

4 植被措施需提高标准时,可按园林设计要求布设。

5 封闭施工,遮盖运输,土石方及堆料应设置拦挡及覆盖措施,防止大风扬尘或造成城市管网的淤积。

3.4.1 线形建设类工程应符合下列规定:

1 穿(跨)越工程的基础开挖、围堰拆除等施工过程中产生的土石方、泥浆应采取有效防护措施。

2 陡坡开挖时,应在边坡下部先行设置拦挡及排水设施,边坡上部布设截水沟。

3.4.2 点形建设类工程应符合下列规定:

1 弃土(石、渣)应分类集中堆放。

2 对水利枢纽、水电站等工程,弃渣场选址应布设在大坝下游或水库回水区以外。

3 在城镇及其规划区、开发区、工业园区的项目,应提高防护标准。

3.4.3 点形建设生产类工程应符合下列规定:

1 剥离表层土应集中保存,采取防护措施,最终利用。

2 露天采掘场,应采取截排水和边坡防护等措施,防止滑坡、塌方和冲刷。

3 排土(渣、矸石等)场地应事先设置拦挡设施,弃土(石、渣)必须有序堆放,并及时采取植物措施。

4 可能造成环境污染的废弃土(石、渣、废液)等应设置专门的处置场,并符合相应防治标准。

5 采石场应在开采范围周边布设截排水工程,防止径流冲刷。施工过程中应控制开采作业范围,不得对周边造成影响。

6 排土场、采掘场等场地应及时复耕或恢复林草植被。

7 井下开采的项目,应防止疏干水和地下排水对地表土壤水分与植被的影响。采空塌陷区应有保护水系、保护和恢复土地生产力等方面的措施。

5.1.1 开发建设项目水土保持方案应达到下列防治水土流失的基本目标:

1 项目建设区的原有水土流失得到基本治理。

2 新增水土流失得到有效控制。

3 生态得到最大限度的保护,环境得到明显改善。

4 水土保持设施安全有效。

5 扰动土地整治率、水土流失总治理度、土壤流失控制比、拦渣率、林草植被恢复率、林草覆盖率等指标达到现行国家标准《开发建设项目水土流失防治标准》(GB50434—2008)的要求。

6.《开发建设项目水土流失防治标准》(GB50434—2008)

本标准为国家标准,共6章,主要内容有总则、术语、基本规定、项目类型及时段划分、防治标准等级与适用范围、防治标准。本标准适用于可能引起水土流失的开发建设项目的水土流失防治,主要可用于各类开发建设项目水土保持方案编制的设计目标控制、水土流失预测结果检验校核、水土流失防治措施布局合理性论证、水土流失防治效益分析以及开发建设项目竣工检查监督、验收,水土保持设施的总体评估与竣工达标验收。

其强制性条文如下:

3.0.1 开发建设项目水土流失防治应遵循下列要求:

3 应对防治责任区范围内的生产建设活动引起的水土流失进行防治,并使各类土地的土壤流失量下降到本标准规定的流失量及以下。

4 应对防治责任范围内未扰动的、超过容许土壤流失量的地域进行水土流失防治,并使其土壤流失量符合本标准规定量。

5 开发建设项目应在建设和生产过程进行水土保持监测,对水土流失状况、环境变化、防治效果等进行监测、监控,保证各阶段的水土流失防治达到本标准规定的要求。

6.0.1 开发建设项目水土流失防治标准应分类、分级、分时段确定。其指标值必须达到表6.0.1-1和表6.0.1-2的规定。

表6.0.1-1 建设类项目水土流失防治标准

分类	一级标准		二级标准		三级标准	
	施工期	试运行期	施工期	试运行期	施工期	试运行期
1 扰动土地整治率(%)	*	95	*	95	*	90
2 水土流失总治理度(%)	*	95	*	85	*	80
3 土壤流失控制比	0.7	0.8	0.5	0.7	0.4	0.4
4 拦渣率(%)	95	95	90	95	85	90
5 林草植被恢复率(%)	*	97	*	95	*	90
6 林草覆盖率(%)	*	25	*	20	*	15

注:"*"表示指标值应根据批准的水土保持方案措施实施进度,通过动态监测获得,并作为竣工验收的依据之一。

表6.0.1-2 建设类项目水土流失防治标准

分类	一级标准			二级标准			三级标准		
	施工期	试运行期	生产运行期	施工期	试运行期	生产运行期	施工期	试运行期	生产运行期
1 扰动土地整治率(%)	*	95	>95	*	95	>95	*	90	>90
2 水土流失总治理度(%)	*	90	>90	*	85	>85	*	80	>80
3 土壤流失控制比	0.7	0.8	0.7	0.5	0.7	0.5	0.4	0.5	0.4
4 拦渣率(%)	95	95	98	90	95	95	85	95	85
5 林草植被恢复率(%)	*	97	97	*	95	>95	*	90	>90
6 林草覆盖率(%)	*	25	>25	*	20	>20	*	15	>15

注:"*"表示指标值应根据批准的水土保持方案措施实施进度,通过动态监测获得,并作为竣工验收的依据之一。

7.《水土保持监测技术规程》(SL277—2002)

本标准为水利行业性标准,规定了水土保持监测网络的职责和任务,监测站网布设原则和选址要求；宏观区域、中小流域和开发建设项目的监测项目和监测方法；遥感监测、地面观测和调查等不同监测方法的使用范围、内容、技术要求，以及监测数据处理、资料整编和质量保证的方法；不同开发建设项目水土流失监测的监测项目、监测时段确定和监测方法。

8.《水土保持治沟骨干工程技术规范》（SL289—2003）和《水坠坝设计规范》（SL302—2004）

《水土保持治沟骨干工程技术规范》（SL289—2003）为水利行业标准，规范适用于黄河流域水土流失严重地区的水土保持治沟骨干工程的建设及管理运用，其他流域可参照使用。规范主要包括总则、规划设计和施工管理三部分。明确骨干工程定义及作用、建设规模、建设要求、等级划分及设计标准和建设程序。规定了骨干工程规划、水文计算、各设计阶段的要求，以及施工和管理方面的技术要求。

《水坠坝设计规范》（SL302—2004）是针对水坠坝（水力冲填坝），即利用水力和重力将高位土场土料冲拌成一定浓度的泥浆，引流到坝面，经脱水固结形成的土坝的设计规范。

第二节　水土保持监测

水土保持监测是从保护水土资源和维护良好的生态环境出发，运用多种手段和方法，对水土流失的成因、数量、程度、影响范围、危害及其防治成效等进行动态监测的过程，是防治水土流失的一项基础性工作。通过监测，可以适时、准确地掌握一定范围内水土流失的状况，了解水土流失的危害，为水土流失的防治以及现有水土保持工程的改进和完善提供技术资料。

一、水土保持监测的原则

（一）区域或中小流域监测

（1）宏观监测和微观监测相结合。

（2）连续定位观测、周期性普查和临时监测相结合。

（3）常规方法和现代先进技术相结合。

（4）充分利用现有水文、泥沙和水土保持观测资料与相关技术。

（二）开发建设项目监测

（1）建设项目的水土保持监测点应按临时点设置。生产性项目应根据基本建设与生产运行的联系设置临时点和固定点。

（2）水土保持监测点布设密度和监测项目的控制面积应根据开发建设项目防治责任范围的面积确定，重点地段应实施重点监测。

（3）水土保持监测点的观测设施、观测方法、观测时段、观测周期、观测频次等应根据开发建设项目可能导致或产生的水土流失情况确定。

二、水土保持监测项目与内容

根据监测范围的大小和监测内容的差异性，可以将水土保持监测分为微观监测和宏观监测两大类。微观监测是在小区域、小尺度的监测，开发建设项目的水土保持监测就属于微观监测；宏观监测是在较大区域内，基于宏观尺度上土壤侵蚀的发生、发展及其对环境影响的测定，区域和中小流域的水土保持监测则属于宏观监测。

（一）区域监测

（1）不同侵蚀类型（风蚀、水蚀和冻融侵蚀）的面积和强度；重力侵蚀易发区，对崩塌、滑坡、泥石流等进行典型监测。

（2）典型区水土流失危害监测，包括土地生产力下降，水库、湖泊、河床及输水渠淤积量，损坏土地数量。

（3）典型区水土流失防治效果监测：防治措施数量、质量（包括水土保持工程、生物和耕作等三大措施中各种类型的数量和质量），防治效果（包括蓄水保土、减少河流泥沙、增加植被覆盖度、增加经济收益和增产粮食等）。

（二）中小流域监测

1. 主要监测项目

（1）不同侵蚀类型的面积、强度、流失量和潜在危险度。

（2）水土流失危害监测，包括土地生产力下降，水库、湖泊、河床及输水渠淤积量和损坏土地面积。

（3）水土保持林、经济林、种草、封山育林（草）、梯田、沟坝地的面积、治沟工程和坡面工程的数量及质量；水土流失防治效果监测，包括蓄水保土、减沙、植被类型及覆盖度变化、增加经济效益、增产粮食等。

2. 小流域加测项目

（1）自然条件及土地利用方面：①小流域特征值：流域长度、宽度、面积，地理位置，海拔，地貌类型，土地及耕地的地面坡度组成；②气象：包括年降水量及其年内分布、雨强，年均气温、积温和无霜期；③土地利用：包括土地利用类型及结构，植被类型及覆盖度；④主要灾害：包括干旱、洪涝、沙尘暴等灾害发生次数和造成的危害。

（2）社会经济方面，主要包括人口、劳动力、经济结构和经济收入。

（3）水土流失及其防治，包括土壤的类型、厚度、质地及理化性状，水土流失的面积、强度与分布，防治措施类型及数量，以及治理前后土壤质地、厚度和养分变化。

（三）开发建设项目监测

开发建设项目监测，应根据批准的开发建设项目水土保持方案确定相应内容，通过设立典型观测断面、观测点、观测基准等，对开发建设项目在生产建设和运行初期的水土流失及其防治效果进行监测。监测应包括以下项目与内容：

（1）应通过设立典型观测断面、观测点、观测基准等对开发建设项目在生产建设和运用过程中的水土流失进行监测。

（2）水土流失因子监测：地形、地貌和水系的变化情况；建设项目占用土地面积、扰动地表面积；项目挖方、填方数量及其面积，弃土、弃石、弃渣量及堆放面积；项目区林草覆盖度。

(3)水土流失状况监测:水土流失面积变化情况;水土流失量变化情况;水土流失程度变化情况;对下游和周边地区造成的危害及其趋势。

(4)水土流失防治效果监测:防治措施的数量和质量;林草措施成活率、保存率、生长情况及覆盖度;防护工程的稳定性、完好程度和运行情况;各项防治措施的拦渣保土效果。此项内容是开发建设项目水土流失监测重点,监测指标主要包括土壤流失控制率、植被恢复系数、拦渣率、扰动土地整治率、水土流失治理度和林草覆盖度以及水损失控制方面的指标。

三、水土保持监测方法

(一)地面监测

1. 径流小区

1)适用范围

除砾岩堆积物外,小区监测适用于区域或开发建设项目的水土流失动态监测。区域(或流域)的径流小区观测技术比较成熟;开发建设项目的径流小区观测因项目区的气候条件、建设和生产特点、设计工艺、施工工艺等的不同,监测的适用性和精确度存在一定的差异。

2)径流小区布设

(1)区域或流域径流小区布设应选择在不同水土流失类型区的典型地段,尽可能选择或依托各水土流失区已有的水土保持试验站,并考虑观测与管理的方便性;坡面横向平整,坡度和土壤条件均一,在同一小流域内应尽量集中。

(2)开发建设项目径流小区应根据实际情况分别设置原地貌对照小区(附近有相应的地方监测小区资料,或有较为可靠的土壤流失观测或调查资料的可不设)和扰动地貌径流小区。选址时两者均应注意其代表性。布设径流小区的地段,应在一定时间段内保持相对稳定,且交通便利。

(3)无论是区域水土流失监测还是开发建设项目水土保持监测,设置径流小区时均应考虑剖面结构、土层厚度、土壤理化特征(机械组成、容重、有机质含量等)等,能代表区域或防治责任区内的自然条件。

3)主要观测项目和方法

(1)标准小区或对照小区主要观测雨量、径流量、冲刷量,除有特殊要求外,一般不需观测径流过程。关于土壤含水量、土壤抗冲性、土壤抗蚀性、土壤入渗的测定根据实际需要选择。

(2)植物措施小区除观测以上项目外,还应观测林草覆盖度或林木郁闭度。覆盖度可采用针刺法测定,若样方内有较大灌木时可用“线段法”,即用绳在植被上方水平拉过,垂直考察株丛在测绳垂直投影的长度,并用尺测量,计算植物总投影长度和测绳长度之比即覆盖度。郁闭度的观测采用林冠投影法、线段法、抬头法。

(3)开发建设项目弃渣坡面组成为岩石风化物、砂砾状物、砾状物的,坡面泥沙测定因粒径大,应将悬移物质和堆积物质分别测定。

2. 水蚀控制站

1) 适用范围

控制站即小流域断面监测站,或卡口站。选择适合小流域在其流域出口处设立控制站,修建量水堰,汛期观测小流域每次洪水的洪峰过程及挟带泥沙状况,从而动态监测小流域综合治理带来的消减洪峰和拦蓄泥沙的生态效益,是水土保持试验研究与生态监测中掌握小流域水力侵蚀的常用方法之一。

对于开发建设项目,控制站(卡口站)监测适用于扰动破坏呈面状、块状,并集中在一定流域范围内的开发建设项目,而不适用于线形开发建设项目。一般集中在山区小流域范围内的开发建设项目,如采石场、采矿区、工矿企业等可采用此法;而对铁路、公路、输气管道等线形工程,由于跨越多个区域,每个流域的破坏面不大,此方法不适用。

2) 控制站布设与选址

控制站布设与选址应符合以下条件:

(1) 控制站上游汇水面积要低于 $50km^2$。

(2) 尽量避开变动回水、冲淤急剧变化、分流、斜流、严重漫滩等妨碍测验进行的地貌、地物,选择沟道顺直、水流集中、便于布设测验设施的沟道段。

(3) 要求水流流动顺畅,无弯道和宽窄变化的河段,且河床(沟底)比降均一,无突兀和凹陷,河道边岸杂草不影响水流,床质均一;为保证测流准确,要求在量水建筑物上游有30m 以上、下游有 10m 左右的平直段,且不受下游回水影响。

(4) 控制站(监测站)布置应考虑交通条件与观测条件,选址应结合已有的水土保持试验观测站点及国家投入治理的小流域,并应方便监测与管理。

3) 观测内容与方法

控制站的观测内容主要有降雨、洪水过程、流量、泥沙含量及总量。开发建设项目还应观测小流域地貌破坏,并对弃土弃渣量、植被破坏等进行调查统计,以便于对原地貌进行对比分析。

为了确保观测安全,采取自动观测为主,人工观测作为备用手段,应急自动监测故障,并用人工观测校核自动观测精度。

推移质的测量视具体情况确定,一般采用沉淀池法,即在量水建筑物上游建筑沉沙池,分别测出进口的悬沙输沙量 D_1,通过建筑物的悬沙输沙量 D_2、沉沙池的淤积量 D_3 进行推算。当流域出口有适宜的小型水库、淤地坝和塘坝时,亦可采用此法。当推移质的量大时,采用体积量测法,即对推移质堆积物进行实地测量与测算。可引水准高程于固定处设置永久水准点,每次洪水之后和汛期终了测绘断面变化,比较计算沟道冲淤土方量。

3. 简易侵蚀观测场

1) 适用范围

简易侵蚀观测场,也称钢钎法,即利用打入地面的钢钎观测侵蚀厚度的方法,此法精度不高,但造价低,适用于类型复杂、分散、暂不受干扰或干扰少的地表或弃土弃渣流失的监测,也适于风蚀量的观测。

2) 场地布设与选址

选择不同类型坡面或弃土弃渣堆积坡面,开发建设项目最好在相应坡度原地貌设置对照。选址时应尽量避免外围来水的影响，当来水较大时应考虑排水，明确水流流路和来水量。

于汛期前将直径0.5～1cm，一般50～100cm（弃土渣堆沉降量大时可加长以防止沉降的影响）钉子形状的钢钎，按一定距离（视坡面面积而定）分上中下、左中右纵横各3排（共9条）打入地下，钉帽与地面齐平，并在钉帽上涂上红漆，编号登记注册。

3）观测方法与注意事项

（1）观测方法

①每次大暴雨后观测钉帽距地面高度，计算土壤侵蚀厚度和总的土壤侵蚀量。计算公式如下：

$$A = ZS/(1\,000\cos\theta) \tag{7-2-1}$$

式中 A——土壤侵蚀量，m^3；

Z——侵蚀厚度，mm；

S——水平投影面积，m^2；

θ——斜坡坡度值。

②开发建设项目的弃土弃渣堆应考虑沉降产生的影响，不同组成物质的土堆沉降率不同，一般土堆沉降5～10年才能完全稳定。实际中可在平坦地段设置对照观测，观察沉降高度，对式（7-2-1）中侵蚀厚度进行修正，按下式计算：

$$Z = Z_0 - \beta \tag{7-2-2}$$

式中 Z——实际侵蚀厚度，mm；

Z_0——观测值，mm；

β——沉降高度，mm。

（2）注意事项

①有人为干扰时，钢钎应在汛末收回，来年再用，布设数量可适当增加；人为扰动少时可长期固定不动，但要注意保护，以实现长期观测。对于临时土渣堆，用完即撤。

②长期固定不动的钢钎上，油漆易脱落，故每年（雨量大的地区，可2～3月一次）要进行一次标定。

③土壤侵蚀厚度要尽量消除沉降和意外事故的影响。

4. 风蚀观测

1）适用范围

风蚀观测主要布设在风蚀区、水蚀风蚀交错区。包括对自然风蚀的观测和对开发建设项目造成的风蚀的监测。

2）选址与布设

风蚀观测点应选择在能代表土壤侵蚀区二级类型区的典型地区。有条件时，应利用国家治理小流域或依托已有的野外生态观测点，还应注意观测与管理的方便性。

风蚀观测应选择有代表性的平坦、裸露、无防护的地貌作为对比区，在扰动地貌上选择有代表性的不同种类的监测区进行比较分析。开发建设项目风蚀监测选址时，应尽量避免围墙、建筑物、大型施工机械等对监测的影响。

3)监测项目与方法

风蚀观测应包括风蚀强度、降尘、土壤含水量、土壤坚实度、土壤可蚀性、植被覆盖度、残茬等地面覆盖、土地利用与风蚀防治措施等。

风蚀强度观测采用简易侵蚀场法(地面定位插钎法),每15天量取插钎离地面的高度变化;有条件时,可采用高精度地面摄影或高精度全球定位系统技术方法;主要观测风蚀量,其他观测项目根据实际情况确定,如土壤含水量、土壤紧实度、植被覆盖度等。

风蚀监测的方法还有土壤剖面法、风蚀模型法、风蚀遗迹法、^{137}Cs法、剖面粒度分析法等。风沙区最简易的方法是采用沉沙法计算积沙量。

应注意开发建设项目造成的扬尘监测属于环境因子监测,一般采用降尘管(缸)法,但不属于水土流失监测的范畴。

常规风蚀观测方法适用于半干旱和干旱平原区。目前,稳妥的方法还是野外实测或调查,利用与项目区条件相似的、能够得出野外调查对比数据的参照区域来计算项目区的风蚀是比较可靠的,如采用自然集沙池法(渠道、废弃水池等)和树根出露调查法等。

5. 滑坡(含崩塌)监测

滑坡监测应首先进行其危险性评价,对危险性大的地段进行监测。

1)监测点布设

(1)应布设于滑坡频繁发生而且危害较大、有代表性的地区。

(2)站址选择时应考虑已有的基础和条件且交通便利。

2)监测项目

监测项目主要包括:降水量及其降水历时、融雪时间、解冻时间、气温、湿度、蒸发量、滑坡体的位移、地表水、地下水、裂缝、小型崩塌、人为活动等。

3)观测方法

(1)降雨监测:采用雨量计法。

(2)地表变形与位移观测:采用排桩法,从滑坡后缘的稳定岩体开始,沿滑坡变形最明显的轴向等距离设一系列排桩,由滑坡后缘以外的稳定岩体开始量测其到各桩之间的距离。汛期每周观测一次,非汛期半月或一月观测一次。

(3)地表裂缝观测:滑坡体周界两侧选择若干点,在动体和不动体上埋设标桩,定期用钢尺测量两桩间的水平距离。汛期每周观测一次,非汛期半月观测一次。

(4)地下水观测:在地表变形明显的滑坡体附近观测地下水变化。观测项目包括地下水位、泉水流量、浊度和水温等。

(5)地表巡视:观察滑坡体的各种变形征兆,包括裂缝变形、位移加快程度、动物活动异常、温度和流量变化等。

(6)滑坡侵蚀量:可采用体积或者重量表示。

6. 泥石流监测

泥石流监测应首先进行泥石流的危险性评价,然后进行重点监测。危险性评价应根据沟道特征、降水量、沟道内原有堆积物以及弃土弃渣量和排放工艺结合起来进行。具体监测时,应在每次暴雨后对项目区泥石流的发生情况、运动特征及固体物质的搬运量进行一次调查,以估算一次泥石流过程的总输移量。对有可能危害重点工程的泥石流沟道进行监测预报,方法与常规方法相同。以下介绍泥石流常规监测。

1)监测点布设

(1)泥石流观测场应选在泥石流发生场次多、危害大且有代表性的流域。

(2)站址选择时应考虑有关部门已有的基础和条件,且水、电、交通、通信、场地均便利。

(3)站址选在流域下游过流堆积段附近,以能控制整个输出信息。同时还要布设能控制整个流域的观测断面和观测点,达到观测的同步性、连续性。

2)断面观测项目。

包括泥石流暴发的流态、龙头、龙尾、历时、泥面宽度、泥深、测速距离、测速、流速、流量、容重、径流量、输沙量、沟床纵比降、流动压力、冲击力等。

3)监测方法

(1)断面观测:在泥石流沟道上设立观测断面,利用测速雷达、超声波泥位计实现泥石流运动观测。

(2)动力观测:采用压电石英晶体传感器、遥测数传冲击力仪、泥石流地声测定仪等仪器。

(3)输移和冲淤观测:在泥石流沟流通区布设多个固定的冲淤测量断面,采用超声波泥位计、动态立体摄影等观测。

7. 冻融侵蚀

冻融侵蚀监测点通过遥感监测和地面调查相结合,利用 GPS 并辅以现场定点测量,获取冻融侵蚀量及相关测试参数,可为冻土区工程建设及冻融侵蚀治理提供基础数据。

1)监测点的布设

冻融侵蚀监测点应选择冻融侵蚀易发地区侵蚀明显的部位,且交通便利。

2)观测项目与设施设备

冻融侵蚀监测项目主要包括土壤类型、气温、地温、冻土深度、冻土位移等要素。

观测设施及设备包括观测用房、全自动气象观测站、全站仪、GPS 等。

(二)遥感监测

1. 遥感监测应用条件

遥感监测适用于全国性、大江大河流域乃至中小型流域的水土保持监测,对于大型开发建设项目(一般针对线形工程),如长距离调水工程、铁路、公路项目等亦可采用。

2. 遥感监测内容与要求

1)遥感监测内容

(1)土壤侵蚀因子,即植被、地形和地面组成物质等影响土壤侵蚀的自然因子,以及开矿、修路、陡坡开荒、过度放牧和滥伐等人为活动。

(2)土壤侵蚀类型、强度、分布及其危害等。

(3)水土流失防治现状,主要指已实施的水土保持措施数量和质量。

2)遥感监测要求

(1)监测区域级别与比例尺

按面积大小分为全国、大江大河流域、省(自治区、直辖市)与重点防治区、县与小流域等4个级别。全国与大江大河流域不小于1:25万,省(自治区、直辖市)与重点防治区不小于1:10万,县级不小于1:5万,小流域(包括大型建设及开发项目区)不小于1:1万。

(2)监测周期

全国、大江大河流域和省(自治区、直辖市)监测周期为5~10年,重点防治区、县和小流域(包括大型开发建设项目区)监测周期根据具体情况确定。

3)遥感信息的选择与使用

(1)信息源与使用:按照监测区域的大小和制图比例尺,选择相应的航天遥感、航空遥感信息。

(2)时间跨度:全国、大江大河流域和省(自治区、直辖市)及重点防治区遥感信息的时间跨度不超过2年;县和小流域的时间跨度不得超过6个月。

(3)时相选择:根据工作区域和任务的不同进行。

(三)调查监测

调查监测为常规调查方法,主要应用于土地利用、水土流失及其防治,以及与之相关的社会经济状况、土地利用结构、农业生产结构等综合调查,并可与遥感监测、地面监测等结合使用,同时可对遥感监测结果进行实地检验。

调查监测方法包括询问、资料收集、典型调查、普查、抽样调查等,各种调查监测方法的适用范围、调查要求等相关内容可参考本教材"水土保持调查与勘测"。

四、水土保持监测方法的选取

(一)区域监测方法的选取

区域监测方法主要采取遥感监测的方法,并进行实地勘察和校验。必要时还应在典型区设立地面监测点进行监测,也可以通过询问、收集资料和抽样调查等方法获取资料。

(二)中小流域监测方法的选取

小流域监测宜采用地面观测方法,同时还可通过询问、收集资料和抽样调查等方法获取有关资料;中型流域宜采用遥感监测、地面观测和抽样调查等方法。

(三)开发建设项目监测方法的选取

开发建设项目水土保持监测应采取定位监测与实地调查、巡查监测相结合的方法,有条件的大型建设项目可同时采用遥感监测方法。监测方法的选择应遵循下列原则:

(1)小型工程宜采取调查监测或场地巡查的监测方法。

(2)大中型工程应采取地面监测、调查监测和场地巡查监测相结合的方法。

(3)规模大、影响范围广、有条件的特大型工程除地面监测、调查监测和场地巡查监测外,还可采用遥感监测的方法。

(4)水土流失影响因子和水土流失量的监测应采用地面监测法。

(5)扰动面积、弃渣量、地表植被和水土保持设施运行情况等项目的监测应采用调查法和实测法。

(6)施工过程中时空变化多、定位监测困难的项目可采用场地巡查法监测。

五、案例

某公路建设项目,项目经过丘陵沟壑区,施工组织规划有料场、堆渣场以及施工生产生活设施。该项目水土保持监测规划如下。

(一)监测点布设

施工期是新增水土流失的主要来源,根据地貌类型区和监测项目的需要,考虑项目交通条件,结合监测点位选择的原则,确定监测点位布设见表7-2-1。

表7-2-1 监测点位布设

监测工程项目区	监测点位
路基挖填区	挖填路基、填方路基段各选1个
桥梁区	特大桥、大桥的基础、桥台施工区
料场区	石料场、卵石料场和土料场
施工道路占地区	某隧道出口公路
堆渣场占地区	缓坡型、沟道型
施工生产生活设施区	特大桥施工区、施工营地

(二)监测内容和方法

根据监测点的布置,由于各监测点新增水土流失发生原因、新增水土流失量类型和形式不同,各类型监测点的监测内容和方法也存在差异。各类监测点监测内容及频次见表7-2-2和表7-2-3。

表7-2-2 项目施工期监测内容和方法

监测工程项目区	监测内容	监测方法	监测频次
路基挖(填)区	施工期挖填边坡流失形式,流失量	设置简易坡面观测设施(桩钉)进行观测	每年雨季每月监测1次,全年遇到12h降雨量≥50mm的暴雨时加测1次,平均每个监测点每年监测次数为8~10次
桥梁基础、桥台施工区	围堰设置状况调查,钻孔桩基础施工抽排泥浆量,排放位置,基础开挖弃渣堆放位置,施工场地附近河水含沙量等	使用现场直接调查量测法,河水含沙量的测定可采集水样在实验室分析,也可使用便携式浊度仪在现场直接测定	
料场开采区	对采石场造成的景观破坏进行评价,自然恢复期迹地植物措施水土保持效果等	采用现场调查量测法,使用测绳、皮尺等进行量测	
施工道路占地区	道路施工过程中的水土流失形式,流失量	通过实地调查,结合高速公路路基监测成果估算水土流失量	
堆渣场占地区	弃渣堆放过程中的面蚀、沟蚀、崩塌等流失情况和各项水土保持措施	采用简易坡面量测法(桩钉法),同时采用侵蚀沟体积调查法	
施工生产生活设施区	建设期间和设施拆除后面蚀、沟蚀情况	采取简易小区观测法进行监测	

表 7-2-3 试运行期水土保持监测内容和方法

序号	监测内容	监测方法	监测频次
1	水土流失量的监测	点位布设和监测方法与施工建设期大致相同，各个监测点、监测小区的布设是固定的	与施工期相同
2	水土保持设施运行情况	对各监测项目区内的挡渣墙、护坡等工程措施的质量、完好性、稳定性进行普查，对截水沟、沉沙池等工程质量实施抽查，对拦沙、沉沙工程的拦渣淤积量进行抽样调查，对不同植物措施的成活率、生长状况进行样方调查。同时可结合样方调查结果使用最新的遥感影像判读，用地理信息系统进行统计和分析。最后根据监测结果，对水土保持设施运行情况进行综合评价	与施工期相同
3	水土保持效益监测	防治效果：可根据监测结果运用一定的模型技术对扰动土地整治率、造成水土流失总治理度、土壤流失控制比、拦渣率、植被恢复系数、植被覆盖率等六项指标进行定量计算	与施工期相同
		社会效益：通过向社会发放问卷进行调查	在自然恢复期末监测 1 次
		经济效益：对项目实施水土保持带来的经济效益进行定性评估	

第三节　水土保持试验研究

一、水土保持试验研究概述

水土保持项目试验研究的一般程序是小区试验研究、中间试验示范、大面积推广。水土保持研究包括水土保持理论研究和试验研究。水土保持理论研究包括水土流失机理研究、水土保持基础理论研究（生态学、地貌学、土壤学等方面）、水土保持综合理论研究；水土保持试验研究主要是面对生产实践中存在的关键技术问题，在现有的理论研究成果的指导下，对水土保持应用基础和应用技术进行试验研究。

（一）我国水土保持试验研究

水土保持试验研究始于 20 世纪 30 年代的美国，水土保持试验研究包括水蚀、风蚀及面源污染三个方面，我国主要是前两者。英美国家侧重于基础数据长序列观测和累积、水土流失机制与数理模型研究，以及水土流失预测预报。其重要成果是美国通用流失方程的建立与应用。

我国水土保持试验研究最早始于 20 世纪 40 年代，新中国成立以来，试验研究取得了一系列成果。20 世纪 50 年代至 80 年代初主要是进行小区和小流域综合治理试验研究，80 年代中期到 90 年代，主要是开展水土流失综合防治的区域试验示范研究，特别是黄土高原大面积综合治理试验示范研究在水土保持应用研究方面取得突破性进展;90 年代以后主要研究水土保持监测技术,初步启动了开发建设项目的研究和生态修复试验研究。

我国水土保持研究主要集中在流水侵蚀地貌、坡面水沙模型、细沟侵蚀、沟蚀与生态演变、森林水文效应、风蚀与荒漠化等方面,某些方面如黄土高原的水蚀及生态演变在国际上属于领先水平。但在水土保持理论和基础理论研究方面与国外有很大差距,这与我国对水土保持长期定位观测网站建设和长序列试验数据积累方面不够重视有很大关系。实际上,我国水土保持研究更加重视水土保持试验研究,因此在应用技术研究领域,我国有很多方面是领先的,特别是小流域综合治理和防风固沙技术的试验研究。

(二)水土保持试验研究的重点

目前,我国水土保持试验研究主要集中在生态修复、水土保持监测、“3S”技术应用、综合治理技术,以及开发建设项目和工矿区水土保持方面,近年来面源污染与水土保持、生态安全与水土保持、水源保护与水土保持也成为重要的研究领域。

(三)水土保持试验研究程序

1. 小区试验研究

在小面积范围,按试验统计要求布设小区进行试验,每个小区的面积从几平方米到几百平方米不等。多数是在同一流域或同一面坡上布设不同的水土保持措施试验小区。

2. 中间试验研究

中间试验的目的在于验证小区试验成果的可靠性、准确性,确定其适应条件和区域,检查并完善其不足之处。

(1)中间试验一般分为大、中、小面积三种。小面积中间试验是在同一水土流失类型区内,在不同地形部位、不同土地利用类型上布设试验;中面积中间试验是在同一水土流失类型区内不同地区(亚类型区)内进行试验;大面积中间试验是按不同水土流失类型区布设试验。

(2)中间试验选择小区试验中确定的最佳措施布设试验,并设对照区进行单一对比试验。

(3)中间试验的年限根据内容不同而不同,在通常情况下,农业措施试验应在 3 年以上,牧草措施试验应在 4 年以上,林业措施试验应在 5 年以上,水土保持工程措施试验应参考小型水利工程有关试验确定。

二、研究内容与布设要求

(一)水土流失规律试验研究

其目的是探索水土流失发生、发展的原因,了解各种自然因素、人为因素在水土流失过程中所起的作用及相互之间的定性定量关系,为研制水土保持措施,编制水土保持区划和规划,保护、改良和利用水土资源,预测预报江河干支流水沙变化趋势提供科学依据。

水土流失规律试验研究,一般包括水土流失机制研究(泥沙形成过程、土壤侵蚀机理等)、影响因子研究(单因子和多因子等)、分布及危害研究、产沙与输沙研究、土壤容许流失量研究等。

研究方法一般均采用小区试验法,标准小区(基准小区)面积 $100m^2$($5m \times 20m$),试验小区面积大小则根据试验条件、试验因子等确定。对照小区与试验小区，重复 2 ~ 3 次。

(二) 水土保持措施试验研究

1. 水土保持耕作措施

水土保持耕作措施试验的目的是探求有效保持水土的耕作法，为水土流失地区农作物种植提供科学依据。

水土保持耕作措施试验主要包括不同耕作法试验(如等高耕作、沟垄耕作等)、不同耕作制(连作、轮作)的试验。小区试验面积 20 ~ $100m^2$ 不等。小区试验布置应严格按照农业试验统一的要求进行。

2. 水土保持林草措施

水土保持林草措施试验的目的在于探求不同水土流失类型区的树种草种及其栽植方法，不同水土流失类型综合防治的最佳模式，为各类水土流失地区保持水土、提高地力，实现生态、经济、社会效益的最大化，提供科学依据。

水土保持林草措施方面的试验主要是林草配置试验、造林试验、种草试验、整治效果试验、引种试验等。试验布设应遵循试验统计方法的要求。开发建设项目水土保持林草试验可与工程建设施工协调进行。从水土保持角度看，检验试验效果的内容主要是植被生物量及相关指标、水土流失防治效果的相关指标。

1) 林草配置试验研究

林草配置试验研究包括天然植被群落研究、人为扰动土地自然恢复植被群落研究、现有人工林草群落研究、人工种植林草的配置研究等。一般前三者多通过样地调查进行研究；后者则是在研究前者的基础上，筛选部分配置模式，进行人工种植试验，以进一步确定可推广的类型。

2) 造林及引种试验研究

造林试验研究包括同一树种不同品种的试验(主要是杨、柳、经济林木)、同一立地不同树种试验，同一立地同一树种不同整地方式、造林方式(如植苗与分殖、裸根苗与容器苗等)等。引种试验包括引种与驯化两方面，引进树种的生长情况与类似的乡土树种的比较等。

造林与引种试验，因小区布置有限，一般采用对比试验、裂区试验等，一般一个小区 50 ~ 100 株，重复 2 ~ 3 次。试验小区的排列应注意区间差异的唯一性。

3) 种草及引种试验研究

种草及引种试验研究包括种草技术试验、草种(或品种)筛选、引种与驯化、草场草坡改良试验等。一般采用小区试验，小区面积 6 ~ $60m^2$ 不等，采用长方形布置。试验小区布设一般采用随机区组、正交设计、拉丁方设计等，应严格按试验统计要求布设。

3. 水土保持工程措施试验

水土保持工程措施试验，其目的在于寻求不同地形部位，不同土地类型，不同土壤、地质、降雨条件下，控制水土流失的作用最大，增加生产效益的工程模式。

水土保持工程试验研究应根据工程规模和要解决的关键技术问题，有针对性地开展。试验内容主要包括工程布置、设计计算、工程结构、断面尺寸、施工方法、建筑材料及相互优化配置等。因工程措施造价高，试验一般只布设对照和处理，不进行重复试验。某些规模较大的试验，可采用室内模型试验与野外试验相结合的方法。

4. 区域水土流失综合治理试验研究

区域水土流失综合治理试验研究是在上述各类试验研究的基础上，在不同水土流失类型区进行水土流失综合防治措施配置模式、措施技术体系及技术的集成、治理效益的评价。

试验研究一般以小流域或小片区为单元进行，应设相应的对照小流域或小片区。

5. 开发建设项目水土流失防治试验

主要包括人为水土流失规律研究、工程设计、施工与水土流失的关系、各类建设施工场地水土保持措施及效果等。

这方面的研究尚不多见，近年主要开展的是水土流失预测研究、水土保持植被恢复方面的研究，研究布设可参照上述方法进行。

三、试验研究的调查与观测项目和方法

水土保持试验研究调查与观测项目和方法，因试验目的、内容和要求的不同而不同。水土流失规律与水土保持效果以观测径流与泥沙为主；林草植被以调查生物量（地上与地下生物量）、植被作用的有关系数（林分郁闭度、林草覆盖度）为主，以及观测相应的生长发育要素的水土保持效果；耕作措施主要观测作物产量及其水土保持效果；工程措施主要观测土工试验要求方面的项目。

水土保持林草措施试验最基本的内容是植被调查，主要是生物量和植被类型及其作用的有关系数；水土流失规律及水土保持效果试验观测最基本的内容是：降雨、径流与泥沙，土壤流失量与径流量通过小区试验获得，小流域综合治理的径流与泥沙观测，应通过小流域测验获得。下面重点介绍这两方面的内容。其他试验调查与观测项目和方法参见《水土流失试验规范》、《水土保持监测技术规程》和《土工试验规程》等。

（一）植被调查

1. 调查标准地的设置及测定

植被调查方法又分为普查、小班调查、标准地调查和专项调查四种。但在水土保持生产和研究实践中，应用最多的是标准地调查（或样地调查）。

标准地是指能够代表调查植被特征的典型地块。以森林植被为例，标准地内的林木组成、密度、生长高度、郁闭度、优势种的多度、生活力、物候变化等都应能反映被调查的林分特征，即要有很强的代表性。作物植被调查的样地（标准地）要选设在作物品种一致、密度合理、生长相同、管理及水平相当的地块，在对比研究中，还要注意环境因子的一致性。

标准地面积的大小因植被类型而不同。一般乔木林地中设置的标准地为10m×10m或30m×30m，有的达0.25hm^2以上；灌木林地多为2m×2m或3m×3m；草地为1m×1m或2m×2m；作物植被调查的样地，面积以1m×1m、2m×2m居多。标准地的数量一般不少于3块。

标准地设置后应有明显的标志，以便进行标准地调查。标准地的调查内容依研究内容和要求而定，水土保持研究中多要测定标准株、标准枝。标准株也叫平均标准木，它先

测定标准地内的每一单株的生长数量特征（树高、冠幅、胸径及地径等），再求平均值，对照该平均值查找出与其相等或相近的单株，即为标准株，并作记号。标准株的求取可用卡尺、直尺等测量，其数量应不少于5株，有的要在10株以上。为了研究生物量需选择标准枝，标准枝的选择是在标准株选好后进行的。它在标准株上，依树冠的上、中、下层和阳向、阴向部位，目视选出粗度和长度有代表性的枝条作为标准枝，各层次和各部位的标准枝数应有多个，以提高调查精度。

2. 生物量调查与测定

植物物质生产研究，都以生物量测定为基础。生物量包括地上生物量和地下生物量（即根系）两部分，调查和测定方法不同。

1）地上生物量测定（亦称生物量测定）

其内容包括测定植物杆、枝、叶、果的生物量，方法有收获法和间接估算法。

收获法是最精确的方法，通过收获样地或标准地内的植株来测定杆、枝、叶、果（实）的生物量，算出总生物量。收获方法有全部收获（对于林地称皆伐），作物测产即如此；还有仅收获平均标准株的生物量（或标准枝的生物量），结合密度（或枝数）计算出总生物量。

间接估算法是通过精细的收获方法取得生物量数据和由实测得出植物生长的某个或几个数量特征，再用数学方法拟合，做生物量的预测模型，这是目前应用最多的方法。

2）地下部分（根系）测定

野外根系的测定方法主要有挖掘法和剖面法两种。

3. 植被覆盖指标及测定

植被覆盖指标有多种，如简单指标、遥感指标、复合指标等。用常规地面调查方法，对林草植被植株特征进行直接统计观测而得到的植被覆盖指标，在环境评价和水土保持中得到广泛运用。具体指标如下。

1）郁闭度

郁闭度是指森林中乔木树冠彼此相接而遮蔽地面的程度。它反映了林木植株间冠层生长状况的相互关系，对林地降水及降水能量消减影响很大，因而多用于林地。

测定郁闭度常用面积法和测针法。面积法是在上述有代表性的林地标准地内，用直尺量测林冠覆盖面积，再与样地总面积相比得出郁闭度，最后求出多块的平均郁闭度。测定时人站立于林下，仰视天空，估出无林冠的面积，也可反求得郁闭度。测针法较细致，是用直尺量出样地的边长（多取正方形），然后将样地边长10等分或更多，这样得到100块（或更多）更小的样方，将测针插入每个小样方中，若有覆盖为1，无覆盖为0，累加这些数除以总样方数，得出该样地郁闭度，再求平均郁闭度。

2）植被覆盖度

植被覆盖度为一个植被因子的综合度量指标，应用广泛，它常指林草地（包括乔木林、灌木林、草地和作物）上林草植株冠层或叶面在地面上的垂直投影面积占该林草标准地面积的比例。当为林地时，植被覆盖度与郁闭度概念类似。

测定植被覆盖度多用测针法或目估法估计。

3)植被覆盖率

植被覆盖率是水土保持治理统计中的重要指标,覆盖率愈大,表示治理程度愈高,水土流失减少;反之,治理程度低,水土流失控制还较弱。理论上,植被覆盖率是指林草冠层或叶面在地面的垂直投影面积占统计区总面积的比率。当统计区全为林草地覆盖时,则等同于植被盖度的概念。

在水土保持治理中,人们通常把具有一定覆盖度的林草地(覆盖度>0.40)的面积占统计治理区总面积的比率,作为植被覆盖率(不计作物)。

(二)降雨观测

水土流失试验研究区域多比较偏僻,缺乏降水资料,必须布以降雨观测设施。

1. 观测场地选择与雨量点密度

1)场地选择与布设

降雨受周围环境影响很大,因而观测场地应避开强风区,建在周围空旷、平坦的地方,不使树木、建筑物等障碍物对观测质量造成影响。在丘陵、山区,观测场不宜设在陡坡上或峡谷内,尽量选相对平坦的场地,并使仪器口至山顶的仰角不大于30°,还应考虑交通条件,保证观测方便。

小区径流场设置的降雨观测场,应距最远小区不超过100m;若径流小区分散,可增加观测点。安装雨量器中必须有一台自记雨量计和一台量雨筒,以便分析校正。小流域雨量观测点布设的要求是:在流域地形及高程变化较小且变化单一情况下,可以参考居民点均匀布设;当流域地形高程变化大、地面起伏剧烈时,可选典型地段布设,并尽量布设均匀。

观测场确定后,应加以平整,地面种植牧草(草高不超过15cm),四周设栏保护,防止人畜破坏。安装一台仪器面积不小于4m×4m,安装两台仪器面积不小于4m×6m。

2)流域雨量点密度

小流域雨量点的多少受小流域面积、形状和地形变化大小制约,也随降雨观测服务的目的而变。一般面积大、形状变化大、地形复杂的流域,雨量点密度要大;相反,雨量点可稀些。重点流域要研究暴雨量—面—深的关系及暴雨中心、频率、雨型和气团活动对水土流失的影响等,因而雨量点密度要求大,仅反映降雨和产流量的关系,雨量点可少些。

我国小流域测验,一般1km^2 面积至少应有1个雨量点。在水土流失较严重的重点流域或地形复杂的流域,雨量点数适当增加。流域在50km^2 以下,每1~2km^2 布设一个雨量站;超过50km^2,每3~6km^2 布设一个雨量站。

2. 仪器设备、安装与观测

多用雨量筒观测,有条件的地方应尽量使用自记雨量计(虹吸式或翻斗式),有关安装与观测方法请参见气象观测有关规范。

水土保持试验研究多采用2时段观测。即每天早8时和晚20时(2时段)观测,以满足研究的需要。若遇少雨或无雨天也可在早8时观测一次。在水土流失规律研究时应采用自记雨量计,以便计算所需各种时段的降雨量。

3. 暴雨观测与调查

暴雨是产生水土流失的重要降水形式,是水土保持试验研究最为重要的观测内容。一般都采用加测的办法,采集雨量数据或巡视,以防降水溢出储水桶。当特大暴雨出现无法进行正常观测时，应尽可能及时进行暴雨调查。

布设调查点时应注意观测精度，一般大范围暴雨调查，1km² 面积不少于 1 个调查点，对于靠近观测区的范围，1km² 不少于 2 个调查点。

(三)径流与泥沙观测和资料整编

水土保持试验研究中径流与泥沙观测有两类：一是径流小区观测；二是小流域断面观测。有关观测设施布置及观测设备与方法，参见水土保持监测有关章节。以下介绍径流泥沙资料整编的有关内容。

1. 流量资料的整理

流量资料整理除进一步检校水位流量关系、量水建筑物推算外，还应进行水位流量关系曲线的延长及流量插补。

1)关系曲线的高、低水位延长

小流域测流设施遇有特高或特低水位时，常不能测出，但对反映流失情况来说极为重要，因此需延长曲线，一般要求高水延长范围不得超过当年实测水位变幅的 30%，低水部分不超过 10%。

2)流量插补

水文计算需要长系列的资料，径流模数计算同样需要长系列资料，但实测资料常发生短缺、中断等情况，为此需要插补资料，目前尚没有成熟的插补方法，多用本站相邻期间的水位流量关系曲线，用已知水位插补出流量；或用邻近站的流量相关曲线，但这要求河床变化不大、地域环境大致相同。

2. 输沙率资料整编

输沙率资料整编的内容有：对实测悬移质单沙和输沙率测验成果的校核与分析，编制输沙率成果表；推求断面输沙率、平均含沙量的方法；推求逐日平均输沙率、含沙量，进行合理性推测检验。

1)实测资料分析

包括单沙过程线分析和单沙断沙关系分析。单沙过程线分析方法是：将水位、流量、单沙过程线绘在同一张纸上，发现有突出不相适应的测点，究其原因，可能是沙样称重或计算有误、取样位置不当、选择方法不当、洪水来源或暴雨性质变化引起的。

2)单沙断沙关系分析

点绘全年各次单沙和断沙关系，参照历年单沙、断沙关系曲线，作对照检查，如有不相适应的现象，点绘流速、含沙量横向分布图和偏离测次进行比较，可能是测绘或计算有误，也可能是水情变化。

第八章　水土保持概(估)算及经济评价

第一节　水土保持概(估)算

一、编制方法

水土保持投资在基本建设程序中根据所处阶段、工作深度和基础的不同区分为不同的类型。在项目规划及可行性研究阶段称为投资估算,在初步设计阶段称为概算。水土保持投资概(估)算主要编制方法有以下几种。

(一)概算定额法

概算定额法又称为扩大单价法或扩大结构定额法。它是采用概算定额编制水土保持工程概算的方法,根据设计图纸资料和概算定额的项目划分计算出工程量,然后套用概算定额单价(基价),计算汇总后,再计取有关费用,从而得出水土保持投资概(估)算。

概算定额法要求水土保持工程达到一定深度,平面布置和典型设计等比较明确,能按照设计计算工程量时,才可采用。

(二)概算指标法

当设计深度不够、主要工程量和辅助工程量难以最终确定时,可采用概算指标法。如植物措施设计中的园林绿化部分,在可行性研究阶段该部分的内容还没有达到相应的设计深度,为不丢掉该部分投资,可用概算指标法进行估算。概算指标法与概算定额法不同,是以技术条件相同或基本相同的其他工程的直接费指标平摊到单位面积或单位长度来计算概算指标,是一种较为粗略的估算方法。在其他工程直接费的基础上,按当地和行业的规定计算出其他直接费、现场经费、间接费、利润和税金等,计算出单位面积或单位长度的修正概算指标。然后,用拟建水土保持工程的面积或长度乘以计算出的修正概算指标得出工程投资估算。

概算指标法的适用范围是设计深度不够,不能准确地计算出工程量,但工程设计是采用技术比较成熟而又有类似工程概算指标可以利用时,可采用此法。

由于拟建工程(设计对象)往往与类似工程的概算指标的技术条件不尽相同,而且概算指标编制年份的设备、材料、人工等价格与拟建工程当时当地的价格也不会一样,因此,还需对其进行一定的调整。

二、编制规定

根据《中华人民共和国水土保持法》和建设部《关于调整建筑安装工程费用项目组成的若干规定》,结合近年来开发建设项目水土保持和水土保持生态建设实施情况,为适应水土保持工程前期工作的需要,满足财务制度要求,合理预测开发建设项目水土保持工程及水土保持生态建设工程造价,提高投资决策水平,规范计价行为,统一概(估)算编制方法,水利部委托水利部水利水电规划设计总院编制了《开发建设项目水土保持工程概(估)算编制规定》、《水土保持生态建设工程概(估)算编制规定》和《水土保持工程概算定额》。经水利部审查并经国家计委同意,于2003年以《关于颁发水土保持工程概(估)算编制规定和定额的通知》(水总[2003]67号)颁布。

水土保持工程造价体系由水土保持概(估)算编制规定和水土保持工程概算定额组成。水土保持概(估)算编制规定包括开发建设项目水土保持概(估)算编制规定和水土保持生态建设概(估)算编制规定两项内容。水土保持工程概算定额中包含了开发建设项目和水土保持生态建设的定额子目内容,在使用时根据施工组织、施工工艺和施工方法以及分部分项确定定额子目。由于开发建设项目水土保持和水土保持生态建设工程的特点和适用范围不同,两个编制规定内容有较大差异,在使用时应把握以下几个要点:

(1)适用范围。开发建设项目水土保持工程主要适用于中央投资、国家补贴、地方投资或其他投资的矿业开发、工矿企业建设、交通运输、水利工程建设、电力建设、荒地开垦、林木采伐以及城镇建设等一切可能引起水土流失的建设项目水土保持工程。

水土保持生态建设工程概(估)算编制办法主要适用于中央投资、国家补贴、地方投资或其他投资的水土保持生态建设综合治理工程。

(2)项目划分。两者都将投资分成四大部分,但又各有特点。开发建设项目水土保持,分为第一部分工程措施、第二部分植物措施、第三部分施工临时工程及第四部分独立费用;而生态建设工程水土保持,分为第一部分工程措施、第二部分林草措施、第三部分封育治理措施及第四部分独立费用。

同样是三级项目划分,但内容不同。开发建设项目水土保持第一部分一级项目,分为拦渣、护坡、防洪、泥石流防治、土地整治、机械固沙和设备安装工程;而生态建设工程水土保持第一部分一级项目,分为梯田、谷坊、水窖、蓄水池、小型蓄排引水工程、治沟骨干工程、机械固沙工程、设备安装和其他工程。

同样是植物措施,但开发建设项目水土保持第二部分一级项目,以植物防护、植物恢复和美化绿化为主划分;而生态建设工程水土保持第二部分一级项目,以水土保持造林、水土保持种草和苗圃建设为主划分。

(3)费用构成。费用构成基本相同,单价构成不同。

费用构成:开发建设项目水土保持,将工程费用分为建安工程费、植物措施费、设备费、独立费用、预备费和建设期贷款利息;而生态建设工程水土保持,将工程费用分为建安工程费、林草措施费、设备费、独立费用和预备费。

单价构成:开发建设项目水土保持,由直接工程费(包括直接费、其他直接费及现场经费)、间接费、企业利润和税金组成;而生态建设工程水土保持,由直接费(包括基本直接费、其他直接费)、间接费、企业利润和税金组成。

三、编制程序

(1)了解工程情况,进行实地调查,要掌握概算计算中使用当地定额的资料。

(2)编制概算编写工作大纲。

(3)编制基础价格。

(4)编制建筑工程及植物措施单价。

(5)编制材料、施工机械台班费、建筑和植物工程单价汇总表。

(6)编制建筑工程等各部分的概算。

(7)编制分年度投资。根据水土流失防治工程进度的安排,编制分年度投资。

(8)编制总概算和编写说明。

四、基础单价编制

在编制水土保持投资概(估)算时,需要根据材料来源、施工技术、工程所在地区有关规定及工程具体特点等编制人工预算单价,材料预算价格,施工用电、水、风预算价格,施工机械使用费,砂石料单价及混凝土料单价,作为计算工程单价的基本依据。这些预算价格统称为基础单价,是水土保持投资概(估)算编制的基础工作。

(一)人工预算单价

人工预算单价是指全行业平均的生产工人工作单位时间(工时)的费用,是计算工程单价和施工机械台时费的基础单价。

开发建设项目水土保持工程和生态建设水土保持工程都按工程措施和植物措施划分人工预算单价。但是计算方法及标准不一样。开发建设项目水土保持工程需要按水利工程的人工预算单价计算方式列表计算,由基本工资、辅助工资和工资附加费组成,比较复杂;而生态建设项目水土保持工程直接给出了人工预算单价范围值,工程措施为1.5~1.9元/工时,林草措施及封山育林措施为1.2~1.5元/工时。开发建设项目水土保持工程人工预算单价标准比较高,生态建设项目水土保持工程人工预算单价标准低。

(二)材料预算价格

材料预算价格一般包括材料原价、包装费、运杂费、运输保险费和采购及保管费等5项。

(1)材料原价指材料指定交货地点的价格。

(2)包装费指材料在运输和保管过程中的包装费及包装材料的折旧摊销费。

(3)运杂费指材料从供货地至工地分仓库或材料堆放场所发生的全部费用。包括运输费、装卸费、调车费及其他杂费。

(4)运输保险费指材料在运输途中的保险而发生的费用。

(5)材料采购及保管费指材料在采购、供应和保管过程中发生的各项费用。主要包括材料的采购、供应和保管部门工作人员的基本工资、辅助工资、工资附加费、教育经费、办公费、差旅交通费及工具用具使用费;仓库、转运站等设施的检修费、固定资产折旧费、技术安全措施费和材料检验费;材料在运输、保管过程中发生的损耗等。

主要材料预算价格编制方法基本相同,仅采购保管费率不一样。开发建设项目水土保持工程采购保管费率不分工程类别均采用2%;而生态建设项目水土保持工程要求工程措施按1.5%~2%,林草措施、封育措施按1%计算。

(三)电、水、风单价

开发建设项目水土保持工程,电、水、风要求按工时计算;而生态建设项目水土保持工程直接给出了电、水、风的单价,分别为0.6元/kWh、1.0元/kWh、0.12元/kWh,如果条件允许,也可根据当地实际情况进行水、电价计算。

(四)施工机械使用费

施工机械使用费指消耗在建筑安装工程项目上的机械磨损、维修和动力燃料费用等。施工机械使用费以台时为计算单位。台时是计算建筑安装工程单价中机械使用费的基础单价。随着工程机械化施工程度的提高,施工机械使用费在工程投资中所占比例越来越大,目前已达到20% ~30%,因此,计算台时费非常重要。

施工机械台时费由两类费用组成:一类费用和二类费用。一类费用用金额编制,其大小主要取决于机械的价格和年工作制度,是按特定年物价水平确定的,由折旧费、修理及替换设备费(含大修理费、经常性修理费)、安装拆卸费组成。二类费用在施工机械台班费定额中以实物量形式表示,是指机械所需人工费和机械所消耗的燃料费、动力费,其数量定额一般不允许调整,但因工程所在地的人工预算价格、材料市场价格各异,所以,此项费用一般随工程地点不同而变化。

施工机械台时费按《水土保持工程概算定额》中附录—《施工机械台时费定额》计算。

(五)混凝土材料单价

当没有查到主体工程中混凝土及砂浆的单价时,也可以计算得出。根据设计确定的不同工程部位的混凝土标号、级配和龄期,分别计算出单位体积混凝土的单价,同机械台时费的计算一样,从《水土保持工程概算定额》附录中查混凝土中水泥、掺合料、砂石料、外加剂和水的配合比,乘以材料单价即可计算而得。混凝土的配合比,还可依据工程试验资料确定。

五、工程单价编制

水土保持可行性研究阶段与后期设计阶段的工程单价编制方法基本相同,只是取费有所区别,开发建设项目投资估算单价应在概算单价的基础上扩大10%,生态建设项目投资估算单价应在概算单价的基础上扩大5%。

(一)主要工程单价编制

1.直接工程费

直接工程费指工程施工过程中直接消耗在工程项目上的活劳动和物化劳动。由直接费、其他直接费、现场经费组成。

1)直接费

直接费指施工过程中耗费的构成工程实体和有助于工程形成的各项费用,包括人工费、材料费、施工机械使用费。

①人工费,指直接从事工程施工的生产工人开支的各项费用。

②材料费,是指施工过程中耗费的构成工程实体的原材料、辅助材料、构配件、零件、半成品的费用。

③机械使用费,指消耗在工程上的机械磨损、维修安装、拆除和动力燃料及其他有关费用等。包括折旧费、修理费、替换设备费、安装拆卸费、保管费、机上人工费和动力燃料费以及运输车辆养路费、车辆使用税、车辆保险费和利息等。

2)其他直接费

其他直接费是指为完成工程项目施工,发生于该工程施工前和施工过程中非工程实体项目的费用,以直接费为基础,按费率计取。

开发建设项目其他直接费由冬雨季施工增加费、夜间施工增加费、特殊地区施工增加费及其他组成。可按地区类别及当地规定计取,计算基础为直接费。而生态建设项目其他直接费包括冬雨季施工增加费、仓库、简易路、涵洞、工棚、小型临时设施摊销费及其他组成,按工程措施、林草措施和封育治理措施等不同工程类别选择费率,可分别按基本直接费的3%~4%、1.5%和1%计取。工程措施中的梯田工程取基本直接费的2.0%,设备及安装工程和其他工程不再计其他直接费。

3)现场经费

现场经费包括临时设施费和现场管理费,计算基础为直接费,按不同工程类别选择费率计算。注意,现场经费只针对开发建设项目,生态建设项目无此项费用。

2. 间接费

间接费指承包商为进行工程施工而进行组织与经营管理所发生的各项费用。它构成产品成本,但又不便直接计量。

开发建设项目间接费包括企业管理费、财务费用和其他费用,按不同工程类别选择费率计算,计算基础为直接工程费。生态建设项目间接费包括施工单位管理人员工资、办公、差旅、交通、固定资产使用、管理用具使用和其他费用,按工程措施、林草措施和封育治理措施等不同工程类别选择费率,可分别按直接费的5%~7%、5%和4%计取。

3. 企业利润

企业利润(计划利润)指施工企业完成所承包工程获得的盈利。

企业利润按工程类别实行差别利率,并按直接费和间接费之和的百分率计取。开发建设项目水土保持工程,工程措施为7%,植物措施为5%。生态建设项目水土保持工程,工程措施为3%~4%,林草措施为2%,封育治理措施为1%~2%。

4. 税金

税金指国家税法规定应计入建筑安装等各类工程造价内的营业税、城市维护建设税和教育费附加。

开发建设项目水土保持工程按建设项目所在不同地点,市区、城镇以及城镇以外的费率计算。税金=(直接工程费+间接费+企业利润)×税率。税率分别为3.41%、3.35%、3.22%。生态建设项目水土保持治理区均在县城镇以外,所以按直接费、间接费和企业利润之和的3.22%计算。

(二)安装工程单价编制

考虑水土保持工程机电设备及金属结构设备投资比重较小,安装费不再按定额计算,直接按设备费的百分率计算。

排灌设备安装费按占排灌设备的6%计算。

水土保持监测设备安装费按占监测设备费的10%计算。

六、其他费用计取

(一)独立费用

独立费用又称其他基本建设支出,指在生产准备和施工过程中与工程建设直接有关而又难于直接摊入某个单位工程的其他工程和费用。

开发建设项目水土保持工程包括:①建设管理费(按一至三部分之和的1% ~2%计算);②工程建设监理费(按国家及建设工程所在地省、自治区、直辖市的有关规定计算);③科研勘测设计费(按国家计委、建设部计价格[2002]10号文计算);④水土流失监测费(按一至三部分的1% ~1.5%计列);⑤工程质量监督费(按国家及建设工程所在地省、自治区、直辖市的有关规定计算)。

生态建设项目水土保持工程的费用包括:①建设管理费:项目经常费(按一至三部分之和的0.8% ~1.6%计算)及技术支持培训费(按一至三部分之和的0.4% ~0.8%计算);②工程建设监理费(按国家及建设工程所在地省、自治区、直辖市的有关规定计算);③科研勘测设计费(按国家计委、建设部计价格[2002]10号文计算);④征地及淹没补偿费(按工程建设及施工占地和地面附着物等的实物量乘以相应的补偿标准计算);⑤水土流失监测费(按一至三部分之和的0.3% ~0.6%计算);⑥工程质量监督费(按国家及建设工程所在地省、自治区、直辖市的有关规定计算)。

(二)预备费计取

包括基本预备费和价差预备费。基本预备费主要是为解决在施工过程中,经上级批准的设计变更和为预防意外事故而采取的措施所增加的工程项目和费用;价差预备费主要为解决在工程施工过程中,因人工工资、材料和设备价格上涨以及费用标准调整而增加的投资。概算基本预备费开发建设项目和生态建设项目均按第一部分至第四部分之和的3%计取,估算基本预备费按第一部分至第四部分之和的6%计取。价差预备费以分年度投资为计算基数,按国家规定的物价上涨指数计算。

(三)水土保持设施补偿费

根据水土保持法及其实施条例的规定,损坏水土保持设施的要给予补偿。具体范围、标准,各省区政府或物价、财政、水利部门都有明文规定,可根据开发建设项目破坏地貌、植被、改变地形等的实际情况具体计算。注意:该费用只针对开发建设项目,生态建设项目无此项费用。

(四)建设期融资利息

建设期融资利用按国家财政金融政策规定计算。注意:该费用只针对开发建设项目,生态建设项目无此项费用。

七、概(估)算文件

(一)概算文件

(1)开发建设项目的概算文件主要由总概算表、分部工程概算表、分年度投资表、概算附表、概算附件表格组成。

(2)生态建设项目概算文件主要由总概算表,分部工程概算表,分年度投资表,独立费用计算表，单价汇总表，主要材料、林草（种子）预算价格汇总表，施工机械台时费汇总表，主要材料量汇总表，设备、仪器及工具购置表，概算附件组成。

（二）估算文件

投资估算是设计文件的重要组成部分，是初步设计概算静态总投资的最高限额。投资估算在组成内容、项目划分和费用构成上与投资概算基本相同，但工程单价扩大系数及基本预备费率与概算不同。

开发建设项目水土保持工程，采用概算定额编制估算单价时，扩大10%，基本预备费率取6%。

生态建设项目水土保持工程，采用概算定额编制估算单价时，扩大5%，基本预备费率取6%。

【案例8-1-1】 某生态建设水土保持工程概算编制

某生态建设水土保持工程，需修建农用水平梯田200hm^2，已知地面平均坡度为9°，田面宽度为16m，Ⅲ类土，采用人工修筑。经现场勘察，当地无可利用块石作为修筑石坎梯田的材料，需从外地采购，要求根据水总[2003]67号文规定编制水平梯田概算单价及投资。

解：①根据题意选用人工修筑石坎梯田（购买石料）定额，田面宽度16m，介于[09104]和[09105]子目之间，用插入法计算。

石坎水平梯田单价

定额编号：[09105b]　　　　（定额单位：1hm^2）

施工方法：人工修筑石坎水平梯田，土类级别Ⅲ，田面宽度16m。

编号	项目名称	单位	数量	单价（元）	合价（元）
一	直接费				34 157.40
（一）	基本直接费				33 652.61
1	人工费				11 345.51
	人工（工程措施）	工时	7 563.67	1.5	11 345.51
2	材料费				22 089.60
	块石	m^3	472	45	21 240.00
	其他材料费	%	4		849.60
3	机械使用费				217.50
	胶轮车	台时	241.67	0.9	217.50
（二）	其他直接费	%	1.5		504.79
二	间接费	%	5		1 707.87
三	企业利润	%	3		1 075.96
四	税金	%	3.22		1 189.51
	合计				38 130.74

②计算概算投资

200hm^2 × 38 130.74 元/hm^2 = 762.61 万元

第二节　水土保持效益分析

一、水土保持效益分类及指标体系

(一)水土保持效益分类

水土保持效益是指人类进行水土保持活动(单项、多项或综合性项目)给人类自身及其自然、生产环境等带来的种种有效结果。通常将水土保持效益划分为生态效益、经济效益和社会效益。《水土保持综合治理　效益计算方法》(GB/T15774—1995)将生态效益中的减少水土流失的效益单独列出来,称蓄水保土效益或基础效益。

1. 水土保持生态效益

水土保持生态效益是指通过实施水土保持措施,生态系统(包括水、土、生物及局地气候等要素)得到改善,及其向良性循环转化所取得的效果。

2. 水土保持经济效益

水土保持经济效益是指实施水土保持措施后,项目区内国民经济因此而增加的经济财富,包括直接经济效益和间接经济效益。前者主要是指促进农、林、牧、副、渔等各业发展所增加的经济效益,后者主要是指上述产品加工后所衍生的经济效益。

3. 水土保持社会效益

水土保持社会效益是指实施水土保持措施后对社会发展所做的贡献。主要包括促进农业生产发展,增加社会就业机会,减少洪涝、干旱及山地灾害,减轻对河道、库塘及湖泊淤积,保护交通、工矿、水利、电力、旅游设施及城乡建设、人民生命财产安全等方面的效益。

4. 蓄水保土效益

实施水土保持措施后,在保水、保土、保肥以及改良土壤方面所获得的实际效果。

(二)指标体系

GB/T15774—1995 中规定的指标体系见表 8-2-1。

二、效益计算基本规定

(一)效益计算的数据资料来源

水土保持效益计算,以观测和调查研究的数据资料为基础,采用的数据资料必须经过分析、核实,做到确切可靠,才能纳入计算。

(1)观测资料由水土保持综合治理小流域内直接布设试验取得;计算大、中流域的效益时,除有控制性水文站进行观测外,应在流域内选若干条有代表性的小流域布设观测。如引用附近其他流域的观测资料时,其主要影响因素(地形、降雨、土壤、植被、人类活动等)应基本一致或有较好的相关性。

各项效益的观测布设与观测方法见《水土保持综合治理效益计算方法》(GB/T15774—1995)中附录 A。

表 8-2-1　水土保持综合治理效益分类与计算内容

效益分类	计算内容	计算具体项目
基础效益	保水(一) 增加土壤入渗	1. 改变微地形增加土壤入渗 2. 增加地面植被增加土壤入渗 3. 改良土壤性质增加土壤入渗
	保水(二) 拦蓄地表径流	1. 坡面小型蓄水工程拦蓄地表径流 2. “四旁”小型蓄水工程拦蓄地表径流 3. 沟底谷坊坝库工程拦蓄地表径流
	保土(一) 减轻土壤侵蚀(面蚀)	1. 改变微地形减轻面蚀 2. 增加地面植被减轻面蚀 3. 改良土壤性质减轻面蚀
	保土(二) 减轻土壤侵蚀(沟蚀)	1. 制止沟头前进减轻沟蚀 2. 制止沟底下切减轻沟蚀 3. 制止沟岸扩张减轻沟蚀
	保土(三) 拦蓄坡沟泥沙	1. 坡面小型蓄水工程拦蓄泥沙 2. “四旁”小型蓄水工程拦蓄泥沙 3. 沟底谷坊坝库工程拦蓄泥沙
经济效益	直接经济效益	1. 增产粮食、果品、饲草、枝条、木材 2. 上述增产各类产品相应增加经济收入 3. 增加的收入超过投入资金(产投比) 4. 投入的资金可以定期收回(回收年限)
	间接经济效益	1. 各类产品就地加工转化增值 2. 种基本农田比种坡耕地节约土地和劳工 3. 人工种草养畜比天然牧场节约土地
社会效益	减轻自然灾害	1. 保护土地不遭沟蚀破坏与石化、沙化 2. 减轻下游洪涝灾害 3. 减轻下游泥沙危害 4. 减轻风蚀与风沙危害 5. 减轻干旱对农业生产的威胁 6. 减轻滑坡、泥石流的危害
	促进社会进步	1. 改善农业基础设施,提高土地生产率 2. 剩余劳力有用武之地,提高劳动生产率 3. 调整土地利用结构,合理利用土地 4. 调整农村生产结构,适应市场经济 5. 提高环境容量,缓解人地矛盾 6. 促进良性循环、制止恶性循环 7. 促进脱贫致富奔小康
生态效益	水圈生态效益	1. 减少洪水流量 2. 增加常水流量
	土圈生态效益	1. 改善土壤物理化学性质 2. 提高土壤肥力
	气圈生态效益	1. 改善贴地层的温度、湿度 2. 改善贴地层的风力
	生物圈生态效益	1. 提高地面林草植被覆盖程度 2. 促进野生动植物繁殖

(2)调查研究资料在本流域内进行多点调查,调查点的分布应能反映流域内各类不同情况。

(3)无论观测资料或调查资料都应进行综合分析,用统计分析与成因分析相结合的方法,肯定其确有代表性,然后使用。

(4)观测资料如在时间和空间上有某些漏缺,应采取适当方法进行插补。

(二)根据治理措施的保存数量计算效益

(1)水土保持效益中的各项治理措施数量,采用其实有保存量进行计算。对统计上报的治理措施数量,应分别在不同情况下,弄清其保存率,进行折算,然后采用。

(2)小流域综合治理效益根据正式验收成果中各项治理措施的保存数量进行计算。

(三)根据治理措施的生效时间计算效益

(1)造林、种草有水平沟、水平阶、反坡梯田等整地工程的,其保水、保土效益,从有工程时起就可开始计算;没有整地工程的,应在林草成活、郁闭并开始有保水、保土效益时开始计算;其经济效益应在开始有果品、枝条、饲草等收入效益时,才能开始计算。

(2)梯田(梯地)、坝地的保水、保土效益,从有工程之时起就可开始计算;梯田的增产效益在"生土熟化"后,确有增产效益时开始计算;坝地的增产效益,在坝地已淤成并开始种植后开始计算。

(3)淤地坝和谷坊的拦泥效益在库容淤满后就不再计算。修在原来有沟底下切、沟岸扩张位置的淤地坝和谷坊,其减轻沟蚀(巩固并抬高沟床、稳定沟坡)的效益应长期计算。

三、水土保持生态建设项目效益的计算

(一)水土保持基础效益的计算

水土保持的基础效益按就地入渗、就近拦蓄和减轻沟蚀等三种情况分别计算。

1.就地入渗措施的效益计算

就地入渗的水土保持措施包括造林、种草和各种形式的梯田(梯地),其作用包括:增加土壤入渗,减少地表径流,减轻土壤侵蚀,解决"面蚀"问题。

1)计算项目

包括两方面:一是减少地表径流量,以 m^3 计;二是减少土壤侵蚀量,以 t 计。

2)计算方法

按两个步骤:第一步先求得减少径流与侵蚀的模数;第二步再计算减少径流与减少侵蚀的总量。

(1)减流、减蚀模数的计算。用有措施(梯田、林、草)坡面的径流模数、侵蚀模数与无措施(坡耕地、荒地)坡面的相应模数对比而得,其关系式如下:

$$\Delta W_m = W_{mb} - W_{ma}$$

$$\Delta S_m = S_{mb} - S_{ma}$$

式中 ΔW_m——减少的径流模数,$m^3/(km^2 \cdot a)$;

ΔS_m——减少的侵蚀模数,$t/(km^2 \cdot a)$;

W_{mb}——治理前(无措施)径流模数,$m^3/(km^2 \cdot a)$;

W_{ma}——治理后(有措施)径流模数,$m^3/(km^2 \cdot a)$;

S_{mb}——治理前(无措施)侵蚀模数,$t/(km^2 \cdot a)$;

S_{ma}——治理后(有措施)侵蚀模数,$t/(km^2 \cdot a)$。

(2)各项措施减流、减蚀总量的计算。用各项措施的减流、减蚀有效面积,与相应的减流、减蚀模数相乘而得。其关系式如下:

$$\Delta W = F_e \cdot \Delta W_m$$

$$\Delta S = F_e \cdot \Delta S_m$$

式中 ΔW——某项措施的减流总量,m^3;

ΔS——某项措施的减蚀总量,t;

F_e——该项措施的有效面积,km^2。

减流模数(ΔW_m)与减蚀模数(ΔS_m)的数据来源如果是从20m长的径流小区观测得来,应注意采取辅助性全坡长监测或面上调查研究,取得修正系数,予以修正。

(3)减流、减蚀有效面积(F_e)的确定。

①根据计算时段内各项措施实施后减流、减蚀生效所需时间(年)扣除本时段内未生效时间(年)的措施面积,求得减流、减蚀有效面积。

②一般情况下,梯田(梯地)、保土耕作和淤地坝等当年实施当年有效;造林有整地工程的当年有效;没有整地工程的,灌木需3年以上,乔木需5年以上有效;种草第二年有效。

③保土耕作当年实施当年有效,第二年不再实施,原有实施面积不复存在,不能再计算其减流、减蚀作用。

④一个时段的治理措施,如是逐年均匀增加,则此时段的年均有效面积 F_e 用下式计算:

$$F_e = \frac{1}{2}(F_{eb} + F_{ee})$$

式中 F_{eb}——时段初有效面积,km^2;

F_{ee}——时段末有效面积,km^2。

2. 就近拦蓄措施的效益计算

就近拦蓄措施包括水窖、蓄水池、截水沟、沉沙池、沟头防护、谷坊、塘坝、淤地坝、小水库和引洪漫地。其作用包括拦蓄暴雨的地表径流及其挟带的泥沙,在减轻水土流失的同时,还可供当地生产、生活中利用。计算中应全面研究各项措施的具体作用。

1)计算项目

包括两方面:一是减少的径流量,以 m^3 计;二是减少的泥沙量,以t计。

2)计算方法

对不同措施,分别采取不同的计算方法,主要有典型推算法和具体量算法两种。

(1)典型推算法。用于数量较多而每个容量较小的水窖、蓄水池、谷坊、塘坝及小型淤地坝等措施。通过典型调查,求得有代表性的单个(座)拦蓄(径流、泥沙)量,再乘上该项措施的数量,即得总量。

(2)具体量算法。用于数量较少而每座容量较大的大型淤地坝、治沟骨干工程和小型以上的小水库等措施。其拦蓄(径流、泥沙)量,必须在现场逐个(座)具体量算求得。

(3)坝、库淤满后拦泥量计算。对淤满以前的淤地坝、小水库,可计算其拦泥、蓄水作用;在淤满以后,如不加高,则不再计算此两项效益。淤满后的拦泥量一般按新增坝地面积折算,其计算式如下:

$$\Delta V = \Delta m_s \cdot F_e$$

式中 ΔV——坝地拦泥总量,t;

Δm_s——单位面积坝地拦泥量,t/km^2;

F_e——坝地拦泥有效面积,km^2。

在一段时期内坝地的年均拦泥有效面积 F_{ea}用下式计算:

$$F_{ea} = \frac{1}{n}(F_{ee} - F_{eb})$$

式中 F_{ea}——时段内年均坝地拦泥的有效面积,km^2;

F_{ee}——时段末坝地拦泥的有效面积,km^2;

F_{eb}——时段初坝地拦泥的有效面积,km^2。

3. 坡沟兼治减轻沟蚀的效益计算

减轻沟蚀的效益包括四个方面,计算式如下:

$$\sum \Delta G = \Delta G_1 + \Delta G_2 + \Delta G_3 + \Delta G_4$$

式中 ΔG_1——沟头防护工程制止沟头前进的保土量,m^3;

ΔG_2——谷坊、淤地坝等制止沟底下切的保土量,m^3;

ΔG_3——稳定沟坡制止沟岸扩张的保土量,m^3;

ΔG_4——塬面、坡面水不下沟(或少下沟)以后减轻沟蚀的保土量,m^3。

这四个方面的作用分别采取不同的计算方法。算得保土量后都应将 m^3 折算为 t。

1)制止沟头前进效益(ΔG_1)的计算

对于治理后不再前进的沟头,应通过调查和量算求得未治理前若干年内平均每年沟头前进的长度(m)和相应的宽度(m)与深度(m),从而算得治理前平均每年损失的土量(m^3),即为治理后平均每年的减蚀量(或保土量)。

2)制止沟底下切效益(ΔG_2)的计算

对于治理后不再下切的沟底,应通过调查和量算求得在治理前若干年内每年沟底下切深度(m)和相应的长度(m)与宽度(m),从而算出治理前平均每年损失的土量(m^3),即为治理后制止沟底下切的减蚀量(或保土量)。

3)制止沟岸扩张效益(ΔG_3)的计算

对于治理后不再扩张的沟岸,应通过调查和量算求得在治理前若干年内平均每年沟岸扩张的长度(顺沟方向,m)、高度(从岸边到沟底,m)、厚度(即对沟壑横断面加大的宽度,m),从而算得治理前平均每年损失的土量(m^3),即为治理后平均每年的减蚀量(或保土量)。

4)水不下沟对减轻沟蚀效益(ΔG_4)的计算

根据不同的资料情况,分别采取直接运用观测成果和流域减蚀总量,反求两种不同的计算方法。

(1)在布设了水不下沟对减轻沟蚀试验观测的小流域,采取直接运用观测成果进行计算。但其计算成果应与全流域减蚀总量的计算成果互相校核,取得协调。

(2)在没有布设上述试验观测的小流域,可采用流域减蚀总量反求的方法,其计算式如下:

$$\Delta G_4 = \Delta S - \sum \Delta S_i$$

式中 ΔG_4——水不下沟(或少下沟)减轻的沟蚀量,m^3;

ΔS——流域出口处测得的减蚀总量,m^3;

$\sum \Delta S_i$——流域内各项措施计算减蚀量之和,m^3。

采用上式计算 ΔG_4 时,要求 ΔS 和 $\sum \Delta S_i$ 的观测符合精度要求,流域内没有较大的其他天然冲淤变化影响,或者虽有此类影响,已通过专门计算消除。

(二)水土保持经济效益的计算

1. 经济效益的类别与性质

水土保持的经挤效益有直接经济效益与间接经济效益两类,分别采取不同的计算方法。

1)直接经济效益

包括实施水土保持措施的土地上生长的植物产品(未经任何加工转化)与未实施水土保持措施的土地上的产品对比。其增产量和增产值按以下几方面进行计算:

(1)梯田、坝地、小片水地、引洪漫地、保土耕作法等增产的粮食与经济作物。

(2)果园、经济林等增产的果品。

(3)种草、育草和水土保持林增产的饲草(树叶与灌木林间放牧)及其他草产品。

(4)水土保持林增产的枝条和木材蓄积量。

2)间接经济效益

在直接经济效益基础上,经过加工转化进一步产生的经济效益,其主要内容包括以下两方面:

(1)基本农田增产后,促进陡坡退耕,改广种薄收为少种高产多收,节约出的土地和劳工,计算其数量和价值,但不计算其用于林、牧、副业后增加的产品和产值。

(2)直接经济效益的各类产品经过就地一次性加工转化后提高的产值(如饲草养畜、枝条编筐、果品加工、粮食再加工等),计算其间接经济效益。此外的任何二次加工,其产值不应计入。

2. 直接经济效益的计算

以单项措施增产量与增产值的计算为基础,将各个单项措施算得的经济效益相加,即为综合措施的经济效益。

单项措施经济效益的计算包括以下五个步骤:

(1)单位面积年增产量(ΔP)与年毛增产值(Z)和年净增产值(J)的计算。

(2)治理(或规划)期末,有效面积(F_e)、上年增产量(ΔP_e)与年毛增产值(Z_e)和年净增产值(J_e)的计算。

(3)治理(或规划)期末,累计有效面积(F_r)、累计增产量(ΔP_r)与累计毛增产值(Z_r)和累计净增产值(J_r)的计算。

(4)措施全部充分生效时的有效面积(F_t)、年增产量(ΔP_t)与年毛增产值(Z_t)和年净增产值(J_t)的计算。

(5)措施全部充分生效时,累计有效面积(F_{tr})、累计增产量(ΔP_{tr})与累计毛增产值(Z_{tr})和累计净增产值(J_{tr})的计算。

通过(1)、(2)、(4)三项的计算,了解该措施一年内的增产能力;通过(3)与(5)两项的计算,了解在某一阶段已有的实际增产效益。

五个步骤的具体计算方法见 GB/T15774—1995 中附录 B。

3. 间接经济效益的计算

水土保持的间接经济效益主要有以下两类,分别采取不同的计算要求和方法:

(1)对水土保持产品(饲草、枝条、果品、粮食等)在农村当地分别用于饲养(牲畜、蜂、蚕等)、编织(筐、席等)、加工(果脯、果酱、果汁、糕点等)后,其提高产值部分,可计算其间接经济效益,但需在加工转化以后,结合当地牧业、副业生产情况进行计算,标准 GB/T15774—1995 不规定其计算方法。

(2)建设基本农田与种草提高了农地的单位面积产量和牧地的载畜量,由于增产而节约出的土地和劳工应计算其间接经济效益,标准 GB/T15774—1995 着重规定此类效益的计算方法。

1)基本农田(梯田、坝地、引洪漫地等)间接经济效益的计算方法

(1)计算节约的土地面积 $\Delta F(\text{hm}^2)$

$$\Delta F = F_b - F_a = V/P_b - V/P_a$$

式中 V——需要的粮食总产量,kg;

F_b——需坡耕地的面积,hm^2;

F_a——需基本农田的面积,hm^2;

P_b——坡耕地的粮食单位面积产量,kg/hm^2;

P_a——基本农田的粮食单位面积产量,kg/hm^2。

(2)计算节约的劳工 ΔE(工日)

$$\Delta E = E_b - E_a = F_b e_b - F_a e_a$$

式中 e_b——种坡耕地单位面积需劳工,工日/hm^2;

e_a——种基本农田单位面积需劳工,工日/hm^2;

E_b——种坡耕地总需劳工,工日;

E_a——种基本农田总需劳工,工日。

节约出的土地和劳工只按规定单价计算其价值,不再计算用于林、牧等业的增产值。

(3)由于坡耕地修成基本农田而导致节约土地和劳工的计算示例,见 GB/T15774—1995 中附录 D(提示的附录)。

2)种草的间接经济效益

应该分别计算其以草养畜和提高载畜量节约土地两方面。

(1)以草养畜。只计算增产的饲草可饲养的牲畜数量(或折算成羊单位)以及这些牲畜出栏后,肉、皮、毛、绒的单价,不再计算畜产品加工后提高的产值。种草养畜的效益应结合当地畜牧业生产计算,标准 GB/T15774—1995 中不作具体规定。

(2)提高土地载畜量,节约牧业用地,采取下式进行计算:

$$\Delta F = F_b - F_a = V/P_b - V/P_a$$

式中 V——发展牧畜总需饲草量,kg;

P_b——天然草地单位面积产量,kg/hm^2;

P_a——人工草地单位面积产草量,kg/hm^2;

F_b——天然草地总需土地面积,hm^2;

F_a——人工草地总需土地面积,hm^2。

(三)水土保持效益的计算

水土保持的社会效益,有以下两方面。

1. 减轻自然灾害

其效益有的在当地,有的在治理区下游。包括以下几方面。

1)减轻水土流失对土地破坏的效益

通过调查和量测,取得治理前若干年内和治理后若干年内,因沟蚀割切或面蚀造成"石化"破坏土地面积的总量与年均破坏土地面积数量,计算保护土地免遭水土流失破坏的年均面积。

2)减轻沟道、河道洪水危害的效益

一般是在沟道出口处与河流适当位置设径流站和水文站进行监测,取得治理前、后洪水变化数据资料;同时,在某些较大暴雨后,对综合治理小流域和未治理小流域分别调查其洪水危害情况,对比分析水土保持的削洪效益。

3)减轻风蚀和风沙危害的效益

(1)保护现有土地不被沙化的效益。可用治理前后每年沙化损失的土地面积表达。

(2)改造原有沙地为农、林、牧生产用地的效益。通过造林、种草固定沙丘,治理后由于减轻风沙危害的效益。

(3)减轻风暴、保护生产、交通等效益。

①减轻风暴的计算。根据调查资料了解治理前、后风暴的天数和风力,进行治理前、后对比,计算治理后减少风暴的时间(天数)和程度(风力)。

②保护现有耕地正常生产的效益计算。根据调查资料,按以下两个步骤进行计算:计算治理前由于风沙危害损失的劳工、种籽、产量;计算治理后由于减轻风沙危害所节省的劳工、种籽、产量。以上二者都折算为人民币(元)。

③减轻风沙对交通危害的效益计算。根据观测或调查资料,按以下两个步骤进行计算:计算治理前每年由于风沙埋压影响交通的里程(km)和时间(d),清理压沙恢复交通所耗的人力(工日)和经费(元);计算治理后由于减轻风沙危害所减少的各项相应损失,折算为人民币(元)。

4)减少沟道、河流泥沙

根据观测与调查资料,用水文资料统计分析法(简称水文法)与单项措施效益累加法

(简称水保法)分别进行计算,并将两种方法的计算结果互相校核验证,要求二者间的差值不超过20%。

具体计算方法见GB/T15774—1995中附录C(标准的附录)。

5)减轻干旱危害的效益

在当地发生旱情(或旱灾)时进行调查。用梯田(梯地)、坝地、引洪漫地、保土耕作法等有水土保持措施农地的面积产量(kg/hm^2)与无水土保持措施坡耕地的单位面积产量(kg/hm^2)进行对比,计算抗旱增产作用。

6)减轻滑坡、泥石流危害的效益

在滑坡、泥石流多发地区进行调查,选有治理措施地段与无治理措施地段,分别了解其危害情况(土地、房屋和财产等损失,折合为人民币)进行对比,计算治理的效益。

2.促进社会进步

1)提高土地生产率

提高土地生产率的计算分各业用地和总土地面积两方面。

(1)调查统计治理前和治理后的农地、林地、果园、草地等各业土地的单位面积实物产量,进行对比,分别计算其提高土地生产率情况。

(2)以整个治理区的土地总面积为单元,调查统计治理前和治理后的土地总产值,进行对比,计算其提高的土地生产率。

2)提高劳动生产率

提高劳动生产率的计算分粮食生产和农村各业总产两方面。

(1)调查统计治理前和治理后的全部农地(面积可能有变化)从种到收需用的总劳工所获得的粮食总产量,从而求得治理前和治理后单位劳工生产的粮食,进行对比,计算其提高的劳动生产率。

(2)以整个治理区为单元,调查统计治理前与治理后农村各业(农、林、牧、副、渔、第三产业等)的总产值和投入的总劳工,从而求得的治理前与治理后单位劳工的产值,进行对比,计算其提高的劳动生产率。

3)改善土地利用结构与农村生产结构

以整个治理区为单元,分土地利用结构与农村生产结构两方面。

(1)调查统计治理前与治理后农地、林地、牧地、其他用地、未利用地等的面积和各类用地分别占土地总面积的比例进行对比,并分析未调整前存在的问题和调整后的合理性。

(2)调查统计治理前与治理后农业(种植业)、林业、牧业、副业、渔业、第三产业等分别的年产值和各占总产值的比例进行对比,并分析未调整前存在的问题与调整后的合理性。

4)促进群众脱贫致富奔小康

以整个治理区为单元,分总体与农户两方面。

(1)调查统计治理前与治理后全区人均产值与纯收入进行对比,并用国家和地方政府规定的脱贫与小康标准衡量,确定全区贫、富、小康状况的变化。

(2)根据国家和地方政府规定的标准,调查统计治理前后区内的贫困户、富裕户、小康户的数量(户)进行对比,说明其变化。

5)提高环境容量

以整个治理区为单元,分人与牲畜两方面。

(1)调查统计治理前与治理后全区的人口密度,结合人均粮食、人均收入进行对比,计算提高环境容量的程度。

(2)调查统计治理前与治理后全区的牧地(天然草地与人工草地,面积可能有变化)面积、产草量和牲畜头数,分别计算其载畜量和饲草量并进行对比,计算提高环境容量的程度。

6)促进社会进步的其他效益

通过调查统计,对治理前和治理后群众的生活水平,燃料、饲料、肥料、人畜饮水等问题解决的程度,以及教育文化状况等,进行定量对比或定性描述,反映其改善、提高和变化情况。

(四)水土保持生态效益的计算

1.生态效益的分类

生态效益包括水圈生态效益、土圈生态效益、气圈生态效益、生物圈生态效益等。水圈生态效益主要计算改善地表径流状况;土圈生态效益主要计算改善土壤物理化学性质;气圈生态效益主要计算改善贴地层小气候;生物圈生态效益主要计算提高地面植物被覆程度,并描述野生动物的增加。

2.生态效益的计算

1)水圈生态效益(改善地表径流状况)

(1)减少洪水流量

根据小流域监测资料,采取下式进行计算:

$$\Delta W_1 = W_{b1} - W_{a1}$$

式中 ΔW_1——减少的洪水年总量(或次总量),m^3;

W_{b1}——未治理小流域(或治理前)洪水年总量(或一次洪水总量),m^3;

W_{a1}——治理小流域(或治理后)洪水年总量(或一次洪水总量),m^3。

(2)增加常水流量

根据小流域监测资料,采取下式进行计算:

$$\Delta W_2 = W_{a2} - W_{b2}$$

式中 ΔW_2——增加的常水年径流量,m^3;

W_{b2}——未治理小流域(或治理前)常水年径流量,m^3;

W_{a2}——治理小流域(或治理后)常水年径流量,m^3。

(3)上述两项计算应选治理前与治理后的年降雨(或次降雨)情况相近的进行。

2)土圈生态效益(改善土壤物理化学性质)

(1)计算的措施范围。包括梯田、坝地、引洪漫地、保土耕作法、造林、种草等。

(2)计算的项目内容。包括土壤水分、氮、磷、钾、有机质、团粒结构、空隙率等。

(3)计算的基本方法。在实施治理措施前、后,分别取土样,进行物理、化学性质分析,将分析结果进行前后对比,取得改良土壤的定量数据。

对比内容主要为：梯田与坡耕地对比，保土耕作法与一般耕作法对比，坝地、引洪漫地与旱平地对比，造林种草与荒坡或退耕地对比。

3）气圈生态效益（改善贴地层小气候）

（1）计算包括以下措施范畴与项目内容。

①农田防护林网内温度、湿度、风力等的变化，减轻霜、冻和干热风危害，提高农业产量等。

②大面积成片造林后，林区内部及其四周一定距离内小气候的变化。

（2）计算的基本方法。利用历年农田防护林网内、外，治理前、后观测的温度、湿度、风力、作物产量等资料，进行对比分析，对改善小气候的作用进行定量计算。

①小气候（温度、湿度、风力等）的变化。

小气候的变化，采用如下公式计算：

$$\Delta q = q_z - q_b$$

式中 Δq——林网内、外小气候的变化量；

q_z——林网内的小气候观测量；

q_b——林网外的小气候观测量。

②由于改善小气候提高作物的产量，采用下式进行计算：

$$\Delta P = P_a - P_b$$

式中 ΔP——林网内、外单位面积作物产量的变化量，kg/hm^2；

P_a——林网内单位面积的作物产量，kg/hm^2；

P_b——林网外单位面积的作物产量，kg/hm^2。

4）生物圈生态效益（提高地面植物覆盖程度）

（1）计算项目。主要计算人工林草和封育林草新增加的地面覆盖度，野生动物变化情况。

（2）计算方法。先求得原有林草对地面的覆盖度，再计算新增林草对地面的覆盖度和累计达到的地面覆盖度。计算公式如下：

$$C_b = f_b F$$

$$C_a = f_a / F$$

$$C_{ab} = (f_b + f_a) / F$$

式中 f_b——原有林草面积，km^2；

f_a——新增林草面积，km^2；

F——流域总面积，km^2；

C_b——原有林草的地面覆盖度（%）；

C_d——新增林草增加的林草地面覆盖度（%）；

C_a——累计达到的地面覆盖度（%）。

f_b、f_a 都应是实有保存面积。

（3）野生动物变化情况的描述。对流域内由于提高林草覆盖度以后，山鸡、野兔、蛇等野生动物的增加，可通过观察进行定性描述。

四、开发建设项目效益计算

(一)水土保持效益计算及分析

开发建设项目水土保持效益包括生态效益、社会效益和经济效益等3个方面。水土保持效益分析主要根据《水土保持综合治理效益计算方法》,结合本项目水土流失特点及项目区环境状况,着重分析生态效益和社会效益,包括提高植被覆盖度、保水保土、减少泥沙等效益,简要分析经济效益。

1.水土保持生态效益

水土保持生态效益主要是通过水土保持方案中水土保持措施的实施,预测防治责任范围内扰动土地整治面积、水土保持措施防治面积、治理后平均土壤侵蚀模数、采取的植物措施面积、实施的林草面积等效益值,并进一步测算扰动土地整治率、水土流失总治理度、土壤流失控制比、拦渣率、植被恢复系数、林草覆盖率等指标的效益值。

1)六项防治指标计算公式

下列各式中面积均为项目建设区范围内的相应面积。

$$(1)扰动土地整治率(\%)=\frac{水土保持措施面积+永久建筑物占地面积}{建设区扰动地表面积}\times 100\%$$

$$(2)水土流失总治理度(\%)=\frac{水土保持措施面积}{建设区水土流失总面积}\times 100\%$$

式中:水土保持措施面积=工程措施面积+植物措施面积;建设区水土流失总面积=项目建设区面积-永久建筑物占地面积-场地道路硬化面积-水面面积-建设区内未扰动的微度侵蚀面积。

$$(3)土壤流失控制比=\frac{项目区容许土壤流失量}{方案实施后土壤侵蚀强度}$$

$$(4)拦渣率(\%)=\frac{采取措施后实际拦挡的弃土(石、渣)量}{弃土(石、渣)总量}\times 100\%$$

$$(5)林草植被恢复系数(\%)=\frac{林草植被面积}{可恢复林草植被面积}\times 100\%$$

式中:林草植被面积为采取植物措施的面积;可恢复林草植被面积为目前经济、技术条件下适宜恢复林草植被的面积(不含耕地或复耕面积)。

$$(6)林草覆盖率(\%)=\frac{林草植被面积}{项目建设区总面积}\times 100\%$$

式中:项目建设区总面积中,可扣除水利枢纽、水电站类项目的水库淹没面积。

2)需要说明的几个问题

(1)经过上述计算所获得的效益指标达到值,应与六项防治目标值进行列表比较,以分析说明效益计算值达到的程度。

(2)效益计算表格中的有关参数应与工程量表中的数据一致,但植物措施面积应转化为投影面积,乔、灌、草(特别是乔灌草结合布设的)的面积不能重复计算。

(3)工程措施面积即指工程措施所占压的面积,包括土地整治(与植物措施面积和复耕面积在投资估算时可以重复计算,但在面积计算时只能取其一)或者复耕面积和排水沟、挡土墙、拦渣坝、工程护坡等措施的投影面积之和。

(4)对于实际拦渣数量,应列表说明各处弃渣(包括临时堆土或渣)数量,以及所设计拦挡措施和渣场容量。

(5)方案实施后土壤侵蚀强度指项目区平均土壤侵蚀模数,应以各分区布设的水土流失防治措施为参考依据,分别给出各分区的土壤侵蚀模数,以面积加权计算项目区平均土壤侵蚀模数。

结合预测的效益值,综合分析实施水土保持措施后,对改善防治责任范围及影响范围内的环境质量,控制项目建设造成的水土流失,恢复被破坏的植被,以及对保护区域生态环境所起到的作用。

2. 水土保持社会效益

通过水土保持方案各项措施的实施,从保护和改善当地的环境质量、提高居民的生活水平和维护地方安定团结等方面,综合评价方案的实施对当地居民生活和发展所产生的社会效益。

3. 水土保持经济效益

由于水土保持的特殊性,导致各类水土保持措施具有投入大、投资回收期长的特点。如果单从投入产出的角度进行分析,就不能完全体现其效益价值。其水土保持经济效益应主要从两个方面进行分析:一是水土流失防治措施栽植的用材林、经济林、风景林等乔、灌、草,都具有一定的经济效益,且经济效益在逐年递增。另外,水土保持方案实施后,有效控制水土流失的发生,从而减少对环境的破坏,获得间接的经济效益。

(二)水土保持损益分析

项目建成后,从项目区及周边地区水土资源可持续利用,生态环境状况、水土保持功能、水土流失及危害、环境及耕地的人口容量、水土保持成本等方面进行较为全面的损失和效益分析。

五、案例

西部某县水土流失严重,境内面蚀发生最广,占水土流失面积的92%,其中坡耕地是水土流失产生的重点地类。从1964年到1997年,该县坚持兴修梯田,先后共建造了94.5万hm^2高标准的水平梯田,其中到1969年底共修建2.7万hm^2、到1979年底共修建30万hm^2、到1980年底共修建33万hm^2、到1992年底共修建71万hm^2、到1997年底共修建94.5万hm^2。

据流域实测资料,全县梯田的平均减少径流模数为$664m^3/hm^2$,减少侵蚀模数为$68.73t/(hm^2 \cdot a)$。依该省水文气象图集调查,无措施(坡耕地、荒地)坡面的径流模数为$679m^3/hm^2$,侵蚀模数为$69.96t/(hm^2 \cdot a)$。该县的土壤养分含量(全养分含量):有机质0.90%,氮0.095%,磷0.17%。

请根据以上资料,计算并分析梯田水土保持的基础效益。

解:(1)蓄水保土效益计算

①年度梯田减流减蚀量。

梯田减流减蚀量的计算,其关系式如下:

$$\Delta W = F_e \Delta W_m$$

$$\Delta S = F_e \Delta S_m$$

式中 ΔW——梯田的减流总量,m^3

ΔS——梯田的减蚀总量,t;

F_e——梯田的有效面积,hm^2;

ΔW_m——减少径流模数,m^3/hm^2;

ΔS_m——减少侵蚀模数,$t/(hm^2 \cdot a)$。

根据上述减流减蚀量计算公式,估算年度梯田减流减蚀量具体见表 8-2-2。

表 8-2-2 年度梯田减流减蚀情况表

项目	单位	年度				
		1969 年	1979 年	1980 年	1992 年	1997 年
梯田有效面积	万 hm^2	2.70	30	33	71	94.5
减流量	万 m^3	119.52	1 328	1 461	3 141	4 185
减蚀量	万 t	12.37	137.6	151	325	433

②梯田修建各阶段减流减蚀总量。

根据上述年度梯田减流减蚀量,估算梯田修建各阶段减流减蚀总量具体见表 8-2-3。

表 8-2-3 梯田修建各阶段减流减蚀总量情况

项目	单位	年度				
		1964 ~ 1969 年	1970 ~ 1980 年	1981 ~ 1992 年	1993 ~ 1997 年	1964 ~ 1997 年
减流量	万 m^3	418.32	8 764.80	10 185.76	3 120.80	61 652.40
减蚀量	万 t	43.30	907.20	1 054.30	323.00	6 381.33

③1964 ~ 1997 年 34 年梯田累计减流减蚀总量

$$\Delta W_{总} = \Delta W_{64-69} + 29 \times \Delta W_{69} + \Delta W_{70-80} + 18 \times \Delta W_{80} + \Delta W_{81-92} + 6 \times \Delta W_{92} + \Delta W_{93-97}$$

$= 61\ 652.40$ 万 m^3。

$$\Delta S_{总} = \Delta S_{64-69} + 29 \times \Delta S_{69} + \Delta S_{70-80} + 18 \times \Delta S_{80} + \Delta S_{81-92} + 6 \times \Delta S_{92} + \Delta S_{93-97}$$

$= 6\ 381.33$ 万 t。

(2)保肥效益计算

①1964 ~ 1997 年 34 年梯田累计保肥量:

有机质 = 6 381.33 万 t × 0.90% = 57.43 万 t,氮 = 6 381.33 万 t × 0.095% = 6.06 万 t,磷 = 6 381.33 万 t × 0.17% = 10.85 万 t。折合成过磷酸钙 = 10.85 万 t ÷ 14% = 77.5 万 t。

②1997 年底 94.5 万亩梯田稳定发挥效益时，每年保肥量：

有机质 = 433 万 t × 0.90% = 3.9 万 t，氮 = 433 万 t × 0.095% = 0.41 万 t，磷 = 433 万 t × 0.17% = 0.74 万 t。折合成尿素含量 = 0.41 万 t ÷ 46% = 0.89 万 t，折合成过磷酸钙 = 0.74 万 t ÷ 14% = 5.29 万 t。

(3) 基础效益分析

从 1964 ~ 1997 年 34 年间，全县梯田累计减少径流 61 652.4 万 m^3，减少泥沙 6 381.37 万 t，按保肥效益计算折合尿素 13.17 万 t，过磷酸钙 77.5 万 t，若尿素以 1.35 元/kg 计算，过磷酸钙以 0.56 元/kg 计算，两者共折合人民币 61 179.5 万元。从 1997 年开始，全县水平梯田每年可拦蓄径流 4 185 万 m^3，拦截泥沙 433 万 t，拦截泥沙以 1 元/t 计算，蓄水以 0.08 元/m^3 计，则 94.5hm^2 梯田拦蓄水和泥沙效益折合人民币 767.8 万元。到 1997 年末，拦蓄径流、泥沙量比 1992 年提高 1.3 倍，占全县总拦蓄径流泥沙的 78% 和 66%，有效地控制了水土流失，起到了保水、保土、保肥的作用。

第三节　生态建设项目经济评价

建设项目的经济评价就是预先估算拟建项目的经济效益，水土保持生态建设工程项目的管理现已纳入国家基本建设管理程序。对水土保持项目进行经济评价，以前主要根据《水土保持综合治理效益计算方法》(GB/T15774—1995) 中的规定计算经济效益，列入基本建设管理程序后，还要根据《水利建设项目经济评价规范》(SL72—94) 进行经济评价，水土保持生态建设工程经济评价包括国民经济评价和财务评价。

一、国民经济评价

国民经济评价是按照资源优化配置的原则，从国家整体角度考察项目的效益和费用，用影子价格、影子工资、影子汇率和社会基准收益率（贴现率）等经济参数，分析和计算项目给国民经济带来的净贡献，从而评价项目的经济合理性。

建设项目国民经济评价中的费用和效益应尽可能用货币表示；不能用货币表示的，应用其他定量指标表示；确实难以定量的，可定性描述。属于国民经济内部转移的税金、计划利润、国内借款利息以及各种补贴等，均不应计入项目的费用或效益。

进行国民经济评价时，一般应采用国家规定的 12% 的社会折现率。对属于或兼有社会公益性质的建设项目，可同时采用 12% 和 7% 的社会折现率进行评价，供项目决策时参考。

(一) 费用 (C) 计算

建设项目的费用应包括项目的固定资产投资、流动资金和年运行费。

1. 固定资产投资

固定资产投资应包括建设项目达到设计规模所需由国家、企业和个人以各种方式投入的主体工程和相应配套工程的全部建设费用。不同规模建设项目的主体工程投资按照不同规范标准计算，受条件限制的建设项目主体工程投资计算，应增加工程设计概（估）算中未计入的间接费用。

2. 流动资金

建设项目的流动资金应包括维持项目正常运行所需购买燃料、材料、备品、备件和支付职工工资等的周转资金，从项目运行的第一年开始，根据其投产规模分析确定。

3. 年运行费

建设项目的年运行费应包括项目运行初期和正常运行期每年所需支出的全部运行费用，可根据项目总成本费用、投产规模及实际需要分析确定。

（二）效益（B）计算

建设项目的效益应按有、无项目对比可获得的直接效益和间接效益计算。水土保持项目的效益可与农、林、牧等措施结合进行计算，其直接效益和间接效益的计算具体见本章第二节“水土保持效益分析”相关内容。项目运行初期和正常运行期各年的效益，应根据项目投产计划和配套程度合理计算。项目对社会、经济、环境造成的不利影响，应采取措施补救，未能补救的应计算其负效益。项目的固定资产余值和流动资金，应在项目计算期末一次回收，并计入项目的效益。除应根据项目功能计算各分项效益外，还应计算项目的整体效益。

（三）主要指标和评价准则

1. 经济净现值（Economical Net Present Value）

所谓净现值是指项目在使用年限内逐年净现金流量的现值之和。它表示项目支付了一切成本以后，在保证预定收益的条件下，可以净赚的钱。用社会折现率（i_c）将项目计算期内各年的净效益折算到计算期初的现值之和表示。其具体表达式为：

$$ENPV = \sum_{t=0}^{n} F_t \cdot \frac{1}{(1+i_c)^t}$$

式中　$ENPV$——经济净现值，万元；

n——项目的寿命或使用年限，年；

F_t——项目第 t 年的净现金流量，万元；

i_c——社会折现率。

项目的经济合理性应根据经济净现值（$ENPV$）的大小确定，当经济净现值（$ENPV$）$\geqslant 0$ 时，确定该项目在经济上是合理的。

2. 经济内部收益率（Economical Internal Rate of Return）

由净现值函数可知，社会折现率越小，项目或方案的净现值越大；反之，社会折现率越大，净现值越小。使项目或方案在计算期内各年净效益现值累计等于零时的社会折现率称为项目或方案的内部收益率。其表达式为：

$$\sum_{t=0}^{n} \frac{F_t}{(1+EIRR)^t} = 0$$

式中　$EIRR$——经济内部收益率；

F_t——项目第 t 年的净现金流量，万元；

n——项目的计算期，年。

内部收益率的经济含义表示项目的获利能力，从资金的时间价值和资金等值的角度来看，它表示项目的投资在项目经营过程中获利的利率，它显示了项目对贷款利率可以承担的最大能力。而这种能力完全取决于项目本身内部经营的好坏，故定名为内部收益率。当经济内部收益率大于或等于社会折现率（$EIRR \geqslant i_c$）时，该项目在经济上是合理的。

3. 经济收益成本比（B/C）

收益成本比是指在项目的寿命期内，收益 B 的现值之和与成本 C 的现值之和的比值。

假定项目初期有一投资 P_0，在寿命期的 $1 \sim n$ 年的年末有收益 B_t 和成本 C_t，则收益成本比值公式为：

$$B/C = \left[\sum_{t=0}^{n} B_t(1+i_c)^{-t}\right] / \left[P_0 + \sum_{t=0}^{n} C_t(1+i_c)^{-t}\right]$$

式中　B/C——经济收益成本比；

B_t——项目第 t 年的收益，万元；

C_t——项目第 t 年的成本，万元。

当经济收益成本比大于或等于 1.0（$B/C \geqslant 1.0$）时，该项目在经济上是合理的。

进行国民经济评价，应编制反映项目计算期内各年的效益、费用和净效益的国民经济效益费用流量表，计算该项目的各项国民经济评价指标。

（四）不确定性分析

不确定性分析一般包括敏感性分析、盈亏平衡分析和概率分析三项内容。盈亏平衡分析只用于财务评价，敏感性分析和概率分析可同时用于国民经济评价和财务评价。一般生态环境建设项目只做敏感性分析。

进行敏感性分析时，可就计算期内主要因素中一项指标单独发生浮动或多项指标同时发生浮动对经济评价指标的影响和其敏感程度进行分析。选取哪些浮动因素，可根据项目的具体情况，按可能发生对经济评价较为不利的原则分析确定。主要因素浮动的幅度，可根据项目的具体情况确定，也可参照下列变化幅度选用：

（1）固定资产投资：±10% ~ ±20%；

（2）效益：±15% ~ ±25%；

（3）建设期年限：增加或减少 1 ~2 年。

一般可只对主要经济评价指标，如国民经济评价中的经济内部收益率（$EIRR$）和经济净现值（$ENPV$），财务评价中的财务内部收益率（$FIRR$）、财务净现值（$FNPV$）、投资回收期（P_t）和固定资产投资借款偿还期（P_d）等进行分析，选取时应根据项目需要研究确定。

（五）案例

某小流域地处低山丘陵区，地形破碎，植被稀疏，规划从 2000 年开始对该流域进行综合治理，治理项目包括坡改梯、水保林、经果林、种草、封禁治理等，计划 2001 ~2005 年投资 10 750.46 万元，2006 ~2010 年投资 17 917.43 万元，2011 ~2015 年投资 7 166.97 万元。该工程效益显著，2001 ~2015 年投资期需投入一定的运行费用，同时，部分项目开始发生经济效益，2016 ~2020 年为经济恢复期，从 2020 年开始进入经济稳定期，经初步预测，流域综合治理工程运行费用及效益具体见表 8-3-1。

表 8-3-1　流域综合治理工程运行费用及效益预测

年份	2001 ~ 2005 年	2006 ~ 2010 年	2011 ~ 2015 年	2016 年
效益(万元)	2 723.64	30 663.88	81 376.70	23 076.42
运行费用(万元)	215.01	358.35	143.34	
年份	2017 年	2018 年	2019 年	2020 ~ 2045 年
效益(万元)	23 307.19	23 540.26	23 775.67	720 402.64
运行费用(万元)				

请根据以上资料,对该小流域综合治理工程进行国民经济评价。

解:国民经济评价如下。

1. 评价参数确定

(1)社会折现率取 7%。

(2)基准年取 2001 年,基准点为 2001 年初。

(3)综合治理期为 2001 ~ 2015 年,共 15 年。

(4)运行期分两部分:第一部分是初始运行期,即 2016 ~ 2020 年;第二部分为 2020 年以后,运行 30 年。

2. 现金流量表编制

根据所确定的参数以及预测的运行费用和效益,编制项目国民经济现金流量表,具体见表 8-3-2。

表 8-3-2　流域综合治理工程国民经济现金流量表　（单位:万元）

年份	现金流出				现金流入	
	投资		运行费用		效益	
	原值	现值	原值	现值	原值	现值
2001 ~ 2005	10 750.46	10 750.46	215.01	215.01	2 723.64	2 723.64
2006 ~ 2010	17 917.43	12 775.13	358.35	255.50	30 663.88	21 863.35
2011 ~ 2015	7 166.96	3 642.97	143.34	72.86	81 376.70	41 363.78
2016					23 076.42	8 362.90
2017					23 307.19	7 894.14
2018					23 540.26	7 452.85
2019					23 775.67	7 035.22
2020 ~ 2045					720 402.64	82 392.17
合计	35 834.86	27 168.56	716.70	543.37	928 866.40	179 088.05

3. 评价指标计算

(1)经济净现值($ENPV$)

经济净现值为所得效益减去投资及运行费的值

$$ENPV = 17\ 088.05 - 27\ 168.56 - 543.37 = 151\ 376.12(\text{万元})$$

(2)经济内部收益率($EIRR$)

据国民经济现金流量表及经济净现值,利用内插法计算经济内部收益率,公式为:

$$EIRR = i_1 + (i_2 - i_1)|ENPV_1|/(|ENPV_1| + |ENPV_2|)$$

其中 i_1、i_2 为试算过程中两次所得经济净现值在零的两侧,且两次计算的利率已极接近,通过计算得出 $i_1 = 30\%$;$i_2 = 35\%$。

$i_1 = 30\%$ 时　$ENPV_1 = 2\ 292.47$ 万元

$i_2 = 35\%$ 时　$ENPV_2 = -873.94$ 万元

$EIRR = 30\% + (35\% - 30\%)|2\ 292.47|/(|2\ 292.47| + |-873.94|) = 33.62\%$

(3)效益费用比($EBCR$)

$$EBCR = \text{效益现值}/\text{费用现值} = 179\ 088.05/(27\ 168.55 + 543.37) = 6.46$$

4. 敏感性分析

经济分析涉及的因素很多,工程的投入和产出存在不确定因素,有些参数或指标都含有一定的误差,为了分析不确定因素发生变化时,经济分析的可行度,本工程将主要参数或指标上下浮动,进行敏感性分析。取投资增加 20%,效益减少 20%,投资增加 20% 同时效益减少 20%,计算经济内部收益率见表 8-3-3。

表 8-3-3　经济效益敏感性分析

不确定因素变幅	估计值不变	投资增加 20%	效益减少 20%	投资增加 20% 同时效益减少 20%
$EBCR$(%)	33.62	29.01	28.63	24.26

5. 敏感性评价结论

敏感性分析结果表明,国民经济内部收益率高达 33.62%,远远大于社会折现率,而且在投资增加 20%、效益减少 20% 同时出现情况下,经济内部收益率仍为 24.26%,说明该流域水土流失综合治理工程经济效益良好,治理方案经济上是可行的。

二、财务评价

财务评价是经济效益评价的重要组成部分,是根据国家现行的相关制度和价格体系,分析、计算项目直接发生费用和效益,编制财务报表,计算价格评价指标,考查项目的盈利能力、清偿能力等财务状况,据以判别项目的财务可行性。它是项目可行性研究的核心内容,其评价结论是决定项目取舍的重要依据。

随着市场经济的不断完善,水土保持投资体制已发生了根本性的变化,由国家单一的投资主体向投资主体多元化发展,民间资本大量投资水土保持项目建设,而开发的产品主要是第二产业中的农副产品,市场竞争激烈,“高、新、奇、特”经济水果转型较快,市场发展前景要求快进快出，快速响应市场需求，求得短期效益或是中长期效益。通过经济财务评价，可以获得该项目的获利能力、变现能力、财务生存能力，形成多个方案的优化比较与优选，将财务特定评价指标作为决策标准或依据。因此，财务评价是传统水土保持向现代水土保持转变的必然要求，是水土保持可持续发展的需要。

（一）财务支出

建设项目的财务支出应包括建设项目总投资、年运行费、流动资金和税金等费用。

1. 项目总投资

应包括固定资产投资、固定资产投资方向调节税及建设期和部分运行初期的借款利息。

（1）固定资产投资包括建筑工程费、机电设备及安装工程费、金属结构设备及安装工程费、临时工程费、建设占地及水库淹没处理补偿费、其他费用和预备费等，应根据不同设计阶段的深度要求，按有关规范进行编制。

（2）建设项目借款应按年计息。建设期利息应计入固定资产，正常运行期利息应计入项目总成本费用，运行初期的利息可根据不同情况分别计入固定资产或项目总成本费用。

2. 年运行费

应包括工资及福利费、材料费、燃料及动力费、维护费和其他费用等，可分项计算，也可按项目总成本费用扣除折旧费、摊销费和利息净支出计算。

3. 流动资金

应包括维持项目正常运行所需的全部周转资金。

4. 产品销售税金及附加、所得税等税金

应根据项目性质，按照国家现行税法规定的税目、税率进行计算。

（二）总成本费用

建设项目总成本费用应包括项目在一定时期内为生产、运行以及销售产品和提供服务所花费的全部成本与费用。可按经济用途分类计算，也可按经济性质分类计算。

建设项目总成本费用按经济用途分类应包括制造成本和期间费用。制造成本应包括直接材料费、直接工资、其他直接支出和制造费用等项。期间费用应包括管理费用、财务费用和销售费用；按经济性质分类应包括材料费、燃料及动力费、工资及福利费、维护费、折旧费、摊销费、利息净支出和其他费用等项。

折旧费应根据有关标准，按各类固定资产的折旧年限，采用平均年限法计取；也可参照已建类似项目的实际年综合折旧费率，乘以本项目的固定资产原值计算。

（三）财务收入

建设项目的财务收入应包括出售产品和提供服务所获得的收入。年利润总额应包括出售产品和提供服务所获得的年利润，按年财务收入扣除年总成本费用和年销售税金及附加计算。年利润总额应首先弥补上年度的亏损，再按有关规定缴纳所得税，而后再按财会制度进行分配。

（四）财务报表

基本财务报表有现金流量表（分全部投资和自有资金两类）、损益表、资金来源与运用表、资产负债表和财务外汇平衡表。水土保持生态建设属于社会公益性质或财务收入很少的建设项目，财务报表可适当减少。

1. 财务现金流量表

现金流量是把项目看做一个独立的系统,反映项目在整个计算期内的现金流入和流出。净现金流量是指在一定时期内现金流入和现金流出的代数和。通常现金流入取正号,现金流出取负号。

现金流量只计算现金收支,因此在进行项目整个计算期的动态评价时,投资应按其实际发生的事件作为一次性支出计入现金流量。

(1)全部投资现金流量表是假定全部投资均为自有资金,即以全部投资为计算基础,用来计算项目全部投资的所得税前和所得税后的财务内部收益率、财务净现值、财务净现值率、投资回收期等指标,考察项目全部投资的盈利能力。

(2)自有资金现金流量表是从投资者的角度出发,以投资者的自有资金作为计算基础,把借款本金偿还和利息支付作为现金流出,用以计算自有资金的财务内部收益率、财务净现值等指标,评价分析投资者自有资金投入的经济效益。

2. 损益表

损益表反映项目计算期内各年的利润总额和所得税总额计税后的利润分配,用来计算投资利润率、投资利税率和投资回收期等静态评价指标。

3. 资金来源与运用表

资金来源与运用表反映项目计算期内各年的资金使用情况,用以进行清偿能力分析,并为编制资产负债表奠定基础。

4. 资产负债表

资产负债表综合反映项目历年来的资产、负债和资本的增减变化情况等,以考察项目资产、负债、所有者权益结构是否合理,用以计算资产负债率、流动比率和速动比率等指标。资产负债表依据会计平衡原理"资产 = 负债 + 所有者权益"编制。

5. 财务外汇平衡表

财务外汇平衡表表示用于有外汇收支的项目,用以反映在项目计算期内各年外汇余缺程度,进行外汇平衡分析。

(五)主要指标和评价准则

投资项目财务评价的内容包括:项目的赢利能力分析、清偿能力分析和外汇平衡分析等;其主要的评价指标有:财务内部收益率、投资回收期、财务净现值、资产负债率、投资利润率、投资利税率以及固定资产投资借款偿还期等。

1. 财务内部收益率(*FIRR*)

财务内部收益率以项目计算期内各年净现金流量现值累计等于零时的折现率表示。其计算公式为:

$$\sum_{i=0}^{n} \frac{F_t}{(1+FIRR)^t} = 0$$

式中 $FIRR$——财务内部收益率;

F_t——项目第 t 年的净现金流量,万元;

n——项目计算期,年。

财务内部收益率可根据现金流量表中的净现金流量,用试算法计算。当财务内部收益率大于或等于行业财务基准收益率(i_c)或设定的折现率(i)时,该项目在财务上是可行的。

2. 投资回收期(P_t)

投资回收期以项目的净现金流量累计等于零时所需要的时间(以年计)表示,从建设开始年起算。如果从运行开始年起算,应予说明。其表达式为:

$$\sum_{i=0}^{P_t} F_t = 0$$

式中 P_t——投资回收期,年。

3. 财务净现值($FNPV$)

财务净现值通过行业财务基准收益率(i_c)或设定的折现率(i),将项目计算期内各年净现金流量折算到计算期初的现值之和。其表达式为:

$$FNPV = \sum_{i=0}^{n} \frac{F_t}{(1+i_c)^t} \quad 或 \quad FNPV = \sum_{i=0}^{n} \frac{F_t}{(1+i)^t}$$

式中 $FNPV$——财务净现值,万元。

项目的财务可行性应根据项目财务净现值的大小确定。当财务净现值大于或等于零($FNPV \geqslant 0$)时,该项目在财务上是可行的。

4. 资产负债率

资产负债率应以项目负债总额与资产总额的比率表示。

5. 投资利润率

投资利润率应以项目达到设计规模后的一个正常运行年份的年利润总额或项目正常运行期内的年平均利润总额与项目总投资的比率表示。年利润总额为年财务收入与年销售税金及附加和年总成本费用的差值;项目总投资为固定资产投资、固定资产投资方向调节税及建设期和部分运行初期的借款利息之和。

投资利润率应与行业平均投资利润率比较,判别项目单位投资盈利能力是否达到本行业的平均水平。

6. 投资利税率

投资利税率应以项目达到设计规模后的一个正常运行年份的年利税总额或项目正常运行期内的年平均利税总额与项目总投资的比率表示。年利税总额可按年财务收入减去年总成本费用计算,也可按年利润总额加上年销售税金及附加计算。

投资利税率应与行业平均投资利税率比较,判别项目单位投资对国家积累的贡献是否达到本行业的平均水平。

7. 固定资产投资借款偿还期(P_d)

固定资产投资借款偿还期应以项目投入运行后可供还款的各项资金,偿还固定资产借款本金和利息所需的时间(以年计)表示,从借款开始年起算。如果从运行开始年起算,应予说明。

项目的财务可行性应根据项目固定资产借款偿还期是否满足贷方要求的期限确定。当固定资产投资借款偿还期满足贷方要求的期限时,该项目在财务上是可行的。

（六）案例

假定某水土保持投资项目100万元（拟建设期限内一次性投入借款100万元），效益受益期限10年，期末净残值10万元，建设期限1年，建设期内资本货币化利息10万元，流动资金10万元，经营期内6～10年每年归还借款20万元，预计投产后每年获得利润为4万、8万、25万、25万、25万、25万、25万、25万、25万、25万、25万元。假定该行业折现利率为10%（不考虑所得税及其再投入生产成本）。请根据所给资料对该项目进行财务评价。

解：财务评价指标计算如下。

（1）相关指标

固定资产原值 = 100 + 10 = 110（万元）

终结点回收额 = 10 + 10 = 20（万元）

固定资本折旧 = 10（万元）

（2）项目计算期

项目计算期 = 1 + 10 = 11（年）

（3）建设期现金净流量

$NCF0 = -100$（万元）

$NCF1 = 0$（万元）

（4）经营期现金净流量为422万元

$NCF2 = 4 + 10 + 0 + 0 + 0 = 14$

$NCF3 = 8 + 10 + 0 + 0 + 0 = 18$

$NCF4 = 25 + 10 + 0 + 0 + 0 = 35$

$NCF5 = 25 + 10 + 0 + 0 + 0 = 35$

$NCF6 = 25 + 10 + 0 + 0 + 0 = 35$

$NCF7 = 25 + 10 + 0 + 20 + 0 = 55$

$NCF8 = 25 + 10 + 0 + 20 + 0 = 55$

$NCF9 = 25 + 10 + 0 + 20 + 0 = 55$

$NCF10 = 25 + 10 + 0 + 20 + 0 = 55$

$NCF11 = 25 + 10 + 0 + 20 + 10 = 65$

（5）投资利润率

年平均利润（P）= 42.20（万元）

投资总额（I）= 固定资产投资 + 资本化利息

= 100 + 10 = 110（万元）

投资利润率（ROI）= $P/I \times 100\%$

$= 42.2/110 \times 100\% \approx 38.36\%$

（6）投资回收期

建设期（S）= 1年

经营期净现金流量（$NCF2-10$）= 422

原始投资（I）= 100（万元）

$m=8$，由于 m（经营期净现金流量）$=8\times25>100$（万元），则：

不包括建设期的投资回收期 $PP=100/25=4$（年）

包括建设期的投资回收期 $PP=PP+S=4+1=5$（年）

（7）净现值率

净现值（NPV）$=\sum_{t=0}^{n}NCF_t(P/F,I_c,t)=-100+25\times(P/A\times10\%\times10)\approx3.62$（万元）

原始投资现值 $=3.62/|-100-100\times(P/F\times10\%\times I)|\times100\%\approx1.9\%$

所以，净现值率（$NPVR$）$=NPV/\left|\sum_{t=0}^{s}NCF_t(1+i_c)^{-t}\right|\times100\%=$ $3.62/\left|\begin{matrix}-100-25\times\\(P/F\times10\%\times1)\end{matrix}\right|\times100\%=3.62/122.73\times100\%\approx2.95\%$

（8）获利指数

$\sum_{t=s+1}^{n}NCF_t(P/F,I_c,t)=NCF_2(P/F\times10\%\times2)+NCF_3(P/F\times10\%\times3)+\cdots+CF_{11}(P/F\times10\%\times11)$

$=14\times0.8264+18\times0.7513+35\times0.6830+35\times0.6209+35\times0.5645+55\times0.5132+55\times0.4665+55\times0.4241+55\times0.3855+65\times0.3505\approx217.7$（万元）

$|\sum_{t=0}^{s}NCF_t(1+I_c)^{-t}|=|NCF_0\cdot(P/F\times10\%+0)-NCF_1(P/F\times10\%+1)$

$=|-100\times1-25\times0.9091|\approx122.73$（万元）

所以，获利指数（PI）$=217.7/122.73\approx1.77$

（9）内部收益率

$\sum_{t=s+1}^{n}NCF_t\cdot(P/A,IRR,n)=0$

$(P/A,IRR,n)=I/NCF=100/25=4.000$

查10年期的年金现值系数表：

$(P/A,20\%,10)\approx4.1925>4.000$

$(P/A,24\%,10)\approx3.6819<4.000$

所以，$20\%<IRR<24\%$ 应采用内插法。

$IRR=20\%+4.1925-4.000/4.1925-3.6819\times(24\%-20\%)\approx21.51\%$

（10）结论分析

从以上计算结果：投资利润率为38.36%，投资回收期为5年，净现值为3.62，净现值率为2.95%，获利指数1.77，内部收益率21.51%。该方案可行。因为上述指标均符合经济财务评价特定数值的取值范围（净现值 $NPV\geqslant0$；净现值率 $NPVR\geqslant0$；获利指数 $PI\geqslant1$；内部收益率 $IRR>I_c$，不考虑建设期或者经营期为半年的计算值）。

三、国民经济评价与财务评价的关系

（一）国民经济评价与财务评价的相同点

（1）评价方法相同。它们都是经济效果评价，都使用基本的经济评价理论，即效益与费用比较的理论方法。

(2)评价的基础工作相同。两种分析都要在完成产品需求预测、工艺技术选择、投资估算、资金筹措方案等可行性研究内容的基础上进行。

(3)评价的计算期相同。

(二)国民经济评价与财务评价的不同点

(1)评价的角度不同。财务评价考察项目的盈利能力、清偿能力,评价项目的财务可行性;国民经济评价考察项目对国民经济所作的净贡献,评价项目的经济合理性。

(2)费用和效益的含义和划分范围不同。财务评价只根据项目直接发生的财务收支,计算项目的费用和效益;国民经济评价则从全社会的角度考察项目的费用和效益,这时项目的有些收入和支出,从全社会的角度考虑,不能作为社会费用或收益,例如,税金和补贴、银行贷款利息。

(3)采用的价格体系不同。财务评价用市场预测价格;国民经济评价用影子价格。

(4)使用的参数不同。财务评价用基准收益率;国民经济评价用社会折现率。财务基准收益率依分析问题角度的不同而不同,而社会折现率则是全国各行业各地区都是一致的。

(5)评价的内容不同。财务评价主要包括盈利性评价和清偿能力分析;国民经济评价主要包括盈利能力分析,没有清偿能力分析。

(6)应用的不确定性分析方法不同。盈亏平衡分析只适用于财务评价,敏感性分析和风险分析可同时用于财务评价和国民经济评价。